中国口含烟烟叶原料质量评价与加工工艺

◎ 窦玉青　汪　旭　著

中国农业科学技术出版社

图书在版编目(CIP)数据

中国口含烟烟叶原料质量评价与加工工艺 / 窦玉青，汪旭著. —北京：中国农业科学技术出版社，2020. 12

ISBN 978-7-5116-5096-2

Ⅰ. ①中… Ⅱ. ①窦… ②汪… Ⅲ. ①烟叶－原料－质量评价 ②烟叶－原料－烟草加工 Ⅳ. ①TS42

中国版本图书馆 CIP 数据核字（2020）第 247691 号

责任编辑 贺可香
责任校对 贾海霞

出 版 者 中国农业科学技术出版社
北京市中关村南大街12号　　邮编:100081
电　　话 (010)82106638(编辑室)　(010)82109702(发行部)
(010)82109709(读者服务部)
传　　真 (010)82106650
网　　址 http: // www.castp.cn
经 销 者 各地新华书店
印 刷 者 北京建宏印刷有限公司
开　　本 787mm×1 092mm　1/16
印　　张 21.5
字　　数 690千字
版　　次 2020年12月第1版　　2020年12月第1次印刷
定　　价 98.00元

《中国口含烟烟叶原料质量评价与加工工艺》

著者名单

主　　任：张忠锋

副 主 任：陈超英　沈　铁　李　鹏

主　　著：窦玉青　汪　旭

副 主 著：刘艳华　赵文涛　杨　菁

著　　者（以姓氏笔画为序）：

王允白　计　玉　田　峰　付秋娟　任　杰　刘　鸿
刘仕民　刘新民　刘德虎　李　冉　李　娜　杨　凯
杨　鹏　杨兴友　肖　鹏　吴国贺　张义志　张国峻
张映杰　陈　健　林珊珊　周　敏　周　超　郑成瑞
宗　浩　侯小东　姜洪甲　徐天养　殷红慧　高　强
崔俊明　程　森　蔡宪杰　谭家能　鞠馥竹

前 言

随着烟草消费者生活方式、消费观念的升级，同时受到烟草控制、社会舆论等因素的影响，传统卷烟的发展受到越来越多的制约，新型烟草制品的出现已经成为必然。目前技术条件下大幅降低传统卷烟的焦油和有害成分释放量，难度很大，且这种方式难以获得卫生界认可。因此，改变烟草燃吸的传统消费方式，研发无烟气烟草制品，是从根本上突破“减害降焦”瓶颈的重要途径，而开发无烟气烟草制品新型原料是基础和关键。

笔者调研分析了国外口含烟产品的质量现状和主要化学成分，结合不同产品的限量物质含量状况的分析，为口含烟烟叶原料研究与质量评价提供了初步评价的参考依据。笔者收集了国内外700余份晾晒烟烟叶原料进行了口含烟可用性分析，建立了晾晒烟烟叶的评价指标体系和测定方法，弥补了无烟气烟草制品重要关注指标无相应检测方法的不足，开发的检测方法准确性高、可靠性强。物理指标方面，初步发现烟叶填充值及pH值的差异相对较大，在加工环节评价烟叶原料时，填充值可作为主要的评价因素，其对成本和最终产品的饱满性影响较大；在成本方面磨粉得率是较重要的考量因素；不同烟叶原料的pH值和pH值可调节程度差别较大，在配方过程中也应将pH值纳入考量范围。常规化学成分方面，烟碱和总糖的变化范围都较大，烟碱为0.57%~8.33%，平均值为4.43%。烟碱含量3.0%~6.0%的样品占到半数以上，样品的整体烟碱含量较高。样品总糖含量平均值为3.33%，处于较低水平，从均值来看，国外样品总糖含量均值最高，国内收集样品次之。感官呈味物质，研究发现西松烷对烟叶苦味贡献起决定性作用，并开发了“溶出检验法”作为感官评价方法。安全性指标，参照瑞典火柴公司限量指标体系，分析了国内外晾晒烟样品的重金属、烟草特有亚硝胺、亚硝酸盐、甲醛、乙醛、巴豆醛、N-二甲基亚硝胺，苯并[a]芘、黄曲霉毒素（B1、B2、G1、G2）、赭曲霉毒素A、农药残留、微生物指标。初步认为，国内晾晒烟烟叶安全性要达到瑞典火柴公司产品等国际先进产品水平，在兼顾各项指标的同时，烟叶原料的开发或使用过程中应着重注意汞、镉、农药残留等指标的控制。

鉴于口含烟原料涉及指标众多，笔者设计了“品质指数”的量化方法，将各指标统一到综合评价方法中来。主要从原料的安全性、加工性能、烟碱及感官质量等几个方面入手，探讨了烟叶原料质量的综合评价方法。采用品质指数的评价方法可直观地看到原料的综合质量状况，根据产品的设计目标及主要关注物质的重要性，框定指标范围并根据重要性赋以权重，可有效区分不同原料的可用性，进而帮助决策原料的选择，为配方工作提供便利。

本书是以上海新型烟草制品研究院、中国农业科学院烟草研究所和中国烟草总公司郑州烟草研究院共同开展的“口含烟烟叶原料质量评价研究”“晾晒烟调研与质量评价”研究成果为基础，经查阅、整理相关资料撰写而成。由于我国无烟气烟草制品的研发尚处起步阶段，国内口含烟消费市场尚未培育，加之作者水平有限，敬请读者批评指正。

作者

2020年5月

目　录

第一章　国内外口含烟烟叶原料研究现状及调研

第一节　口含烟原料研究现状

一、口含烟主要烟叶原料

口含烟主要由烟草和烟草中的关键成分提取物（如烟碱、烟草香味物质等）组成，其核心原料仍然是烟草，包括烟丝、烟草碎片、烟草颗粒、烟末等。目前，最佳烟叶原料是明火烤烟和晒烟。明火烤烟在调制过程中所需燃料一般为硬木外皮和硬木屑，赋予明火烤烟特殊的香味。深色明火烤烟，是美洲古老调制烟叶的方法之一，其方法是直接在房内生煤火或柴火，烟叶挂在烤房内直接与火接触，所以也叫熏烟。烟叶直接接触烟气，调制后颜色深暗，有一种浓郁的杂酚油等特殊香味，在卷烟时作为配合原料之一，制作嚼烟和鼻烟以及雪茄烟时也有配合应用的。熏烟的品种一般用深色晾烟品种，有时也用烤烟品种。

（一）瑞典式口含烟的原料

瑞典式口含烟的原材料主要是来源于世界各地的晾晒烟烟叶，进行类似巴氏灭菌热处理的方式，制作时首先将烟叶进行干燥、混合、研磨，然后将经过研磨的烟草粉末与水和盐进行混合加热搅拌，这一操作能有效地杀死烟草中的微生物和细菌。加热搅拌之后添加一定量的碳酸钠，使pH值保持在8.5左右，同时添加保湿剂、调味剂、香料等，并最终使水分含量保持在40%左右。

（二）美式口含烟的原料

美式口含烟主要采用深色明火烤烟进行醇化处理，制作过程较繁琐，通常选用产自美国田纳西州和肯塔基州的口含烟专用烟叶为原料。这类烟叶的特点是外观宽厚且烟碱含量高，能经受住美式口含烟比较复杂的制作过程。烟叶在收割后进行晾干、烟熏、陈化。烟熏的过程通常在9—11月进行，陈化时则应保持烟草含水量为20%±2%，一般存储3～5年。然后将陈化好的烟叶堆积进行发酵2～3个月，然后将烟叶切割，并添加一定量的添加剂以达到防腐和控制pH值的作用。

（三）含化型烟草制品的原料

含化型烟草的制作过程不同于其他口含型烟草制品，该制品以微粒化的烟叶与添加剂混合制成，通常使用的添加剂有水、填料、调味剂、缓冲剂、黏合剂、pH值调节剂、崩解助剂、保湿剂、颜料、抗氧化剂、口腔护理剂和防腐剂。含化型烟草一般会添加调味剂、香料等制成各种不同口味的硬质糖，并用泡罩和纸盒包装。

（四）中式口含烟的原料

我国硬木资源缺乏，发展明火烤烟受到一定限制。所以，就原料供应方面，中式口含烟原料与卷烟不同，主要是晾晒烟品种。到目前为止，中国农业科学院烟草研究所遗传育种研究（北方）中心收集、保存烟草资源5 000余份，位居世界第一位，其中晾晒烟资源2 000余份，遗传基础丰富，这为我国特色类型烟草生产开发提供了良好的基础。

研究表明，在晒烟栽培时，适宜较黏重的土壤，较大的株、行距，打顶较低（留叶12～16片）等对烟叶化学成分影响较大，其中含氮物质含量较高，尤其是烟碱，而含糖量低。晒烟的烟叶主要是利用阳光调制，包括晒红烟与晒黄烟。一般晒黄烟外观特征和所含化学成分与烤烟相近，而晒红烟则同烤烟差别较大。晒红烟的叶片一般较少，叶肉较厚，分次采收或一次采收，晒制后多呈深褐色或褐色，以上部叶片质量最好。烟叶一般含糖量较低，蛋白质和烟碱含量较高，烟味浓，劲头大。晒烟主要用于斗烟、水烟和卷烟，也作为雪茄芯叶、束叶和鼻烟、嚼烟的原料。晾烟有浅色晾烟（白肋、马里兰）和深色晾烟之别，都是在阴凉通风场所晾制而成。而其中的白肋烟、马里兰烟和雪茄包叶烟因别具一格，均已自成一类。但在我国，除将白肋烟单独作为一个烟草类型外，其余所有的晾制烟草，包括雪茄包叶烟、马里兰烟和其他传统晾烟，均归属于晾烟类型。同时，郑州烟草研究院在口含烟方面前期的研究结果表明，国内部分烤烟烟叶也可以作为口含烟烟叶原料使用。

二、不同产区晾晒烟资源多样性的鉴定与评价

晾晒烟是指在阴凉通风处晾制或利用阳光调制而成的烟叶，主要有浅色晾烟和深色晾烟及晒红烟和晒黄烟之分。晾晒烟的外观特征及化学品质与烤烟差异显著，其含糖量较低，且烟碱含量及蛋白质含量较高，烟味浓，劲头大。有研究认为，在烤烟型卷烟中添加晾晒烟叶能有效降低焦油及CO含量，增加卷烟浓度、香气丰富性、透发性及甜润感。在混合型卷烟中使用适量的晒黄烟，能减弱其生理强度和刺激性，使其吃味醇和、香气浓郁、味香色更加协调，由于晾晒烟叶的含糖量低于烤烟且组织疏松，燃烧性好，使其焦油释放量低于烤烟，因此可以较好地控制焦油含量。国内地方晾晒烟还可作为口含烟主要烟叶原料，并且上海新型烟草制品研究院已经试制成功“金鹿”牌口含烟。口含烟属于新型烟草中无烟气烟草的一种，核心原料依然是烟叶，瑞典式口含烟的原料是来源于世界各地的晾晒烟叶，美式口含烟主要采用深色明火烤烟及深色晾烟为原料，由此可知口含烟最主要的烟叶原料便是晾晒烟。我国保存有晒晾烟资源共2 000余份，且分布广泛，香味风格各异，不仅为优质的混合型卷烟提供了原料，同时也为筛选适合我国口含烟原料的优质种质提供了丰富的物质基础。

目前晾晒烟的研究主要集中在亲缘关系鉴定、农艺性状遗传研究以及栽培调制等方面。张雪廷等利用云南省烟草研究院开发的3 000多对SSR引物对38份晾晒烟种质进行亲缘关系分析，并证明SSR分子标记对晒烟种质亲缘关系的鉴定具有可行性。刘艳华等利用SSR分子标记的方法对新收集的26份晒黄烟与种质库6份资源进行了遗传多样性分析，为晒黄烟资源的高效利用奠定了基础。戴培刚等利用8个晾晒烟种质配制完全双列杂交，并对其6个主要农艺性状进行遗传分析，结果表明多数农艺性状以加性效应和显性效应为主，各效应在不同农艺性状中所占的比例不同，为晒晾烟农艺性状的改良提供了理论依据。但晾晒烟应用范围相较烤烟并不广泛，对于优质晾晒烟种质的选择缺乏合理的指导，本研究筛选来源于不同产区的93份晾晒烟种质进行适应性和多样性的鉴定与评价，对晾晒烟资源的高效利用具有重大意义，并为新型烟草制品原料的筛选和新品种培育提供物质基础和理论指导。

(一)材料与方法

1. 试验材料

从2 000余份晒烟中随机筛选出原产地分别为山东、湖南、贵州、四川、吉林等15个省的种质共93份（表1-1），根据产区分为东北烟区（群体1）、黄淮烟区（群体2）、长江中上游烟区（群体3）、东南烟区（群体4）以及西南烟区（群体5）等5个群体（表1-1）。

表1-1　93份供试材料

编号	群体	材料名称	产地	编号	群体	材料名称	产地	编号	群体	材料名称	产地
S1	1	朝阳早熟	吉林	S15	5	铜仁二黄匹	贵州	S29	3	小样尖叶	湖南
S2	1	青湖晚熟	吉林	S16	5	鸡翅膀	贵州	S30	3	无耳烟	湖南
S3	1	大蒜柳叶尖	吉林	S17	1	元峰烟	吉林	S31	3	毛烟一号	湖南
S4	1	大青筋	吉林	S18	1	太兴烟	吉林	S32	3	小样毛烟	湖南
S5	5	二青杆	贵州	S19	1	万宝二号	吉林	S33	3	凤农家四号	湖南
S6	1	密山烟草	黑龙江	S20	5	绿春土烟-2	云南	S34	3	凤农家五号	湖南
S7	1	龙井香叶子	吉林	S21	5	元阳草烟	云南	S35	3	吉信大花	湖南
S8	3	牛舌头	湖南	S22	5	把烟	云南	S36	3	大南花	湖南
S9	5	兴仁大柳叶-1	贵州	S23	2	光把烟	河南	S37	3	南花烟	湖南
S10	5	付耳转刀小柳叶	贵州	S24	3	凤凰柳叶	湖南	S38	3	红花南花	湖南
S11	5	光炳柳叶-2	贵州	S25	3	镇江	湖南	S39	3	中山尖叶	湖南
S12	5	光炳柳叶-3	贵州	S26	3	枇杷叶	湖南	S40	3	毛大烟	湖南
S13	5	麻江小叶红花	贵州	S27	3	茄把	湖南	S41	3	龙山转角楼	湖南
S14	5	黄平小广烟	贵州	S28	3	中叶子	湖南	S42	3	二绺子	湖南

（续表）

编号	群体	材料名称	产地	编号	群体	材料名称	产地	编号	群体	材料名称	产地
S43	3	马兰烟	湖南	S61	3	州852	湖南	S76	4	云罗03	广东
S44	3	金枇杷	湖南	S62	2	黄苗2220	河南	S77	4	人和烟	广东
S45	3	平坝犁口	湖南	S63	5	红花铁杆	四川	S78	5	伟俄小柳叶	贵州
S46	3	泸溪柳叶尖	湖南	S64	1	小团叶	东北	S79	4	铁赤烟	江西
S47	4	邵严一号	湖南	S65	1	牡晒05-1	东北	S80	5	稀格巴小黑烟	贵州
S48	3	大晒烟	湖南	S66	4	督叶尖杆种	浙江	S81	1	迈多叶	东北
S49	3	大伏烟	湖南	S67	2	山东大叶	山东	S82	4	柳叶尖	安徽
S50	3	辰杂一号	湖南	S68	5	江油烟	四川	S83	1	柳叶尖	辽宁
S51	3	辰溪晒烟	湖南	S69	4	丹阳烟	江苏	S84	1	沂南柳叶尖	辽宁
S52	4	苦沬叶	湖南	S70	4	塘蓬	广东	S85	1	柳叶尖	吉林
S53	3	麻阳大叶烟	湖南	S71	5	红花铁杆子	四川	S86	2	沂水香烟	山东
S54	3	沅陵枇杷	湖南	S72	1	尚志一朵花	黑龙江	S87	2	黑苗柳叶尖	河南
S55	3	小扇子烟	湖南	S73	5	宣双晒烟76-2	四川	S88	2	新香烟	山东
S56	3	小尖叶	湖南	S74	5	什邡枇杷柳	四川	S89	5	小香叶5	四川
S57	5	龙里白花烟	贵州	S75	2	沂水大弯筋	山东	S90	4	五峰小香叶	湖北
S58	5	盘县红花大黑烟	贵州	S63	5	红花铁杆	四川	S91	2	小香叶	山东
S59	5	仁怀竹笋烟	贵州	S64	1	小团叶	东北	S92	2	柳叶尖	山东
S60	5	德江大鸡尾	贵州	S65	1	牡晒05-1	东北	S93	2	黑烟	山东

2. 试验方法

（1）农艺性状调查：试验于2016年、2017年在山东临沂沂水县高庄镇进行，选择肥力均匀、地力条件一致的田块，采用完全随机区组设计，93个品种，每品种为一个处理，分别种植60株，株行距110cm×50cm。田间管理和调制按当地统一模式进行。在第一青果期进行农艺性状调查，农艺性状调查按《烟草种质资源描述规范和数据标准》执行。每份种质调查15株，每5株为1个重复，共3个重复。

（2）化学成分测定：取调制后的中部烟叶样品磨粉，并利用Aataris Ⅱ FT-NIR光谱仪（Thermo Fisher公司）进行近红外化学成分检测。

（3）DNA提取与PCR扩增：以每份种质的嫩叶为材料，采用改良的CTAB法提取基因组DNA，利用1.0%琼脂糖凝胶电泳检测DNA。试验所用SSR引物来自Bindler等及Tong等开发的引物，由上海生物工程有限公司合成。

PCR总反应体系为10μl，其中模板DNA 1.5μl，2×Dream Taq Green PCR Master Mix 5μl，正反向引物各0.5μl，ddH_2O 2.5μl。扩增反应在T100™ Thermal Cycler上进行，扩增程序为：94℃预变性5min；94℃变性30s，54℃退火30s，72℃延伸1min，共35个循环；72℃延伸5min，4℃保存。在10%非变性聚丙烯酰胺凝胶上对扩增产物恒电压150V电泳1.5h。用改进的NaOH银染方法进行染色显影。

（4）数据统计：利用Excel计算农艺性状和化学成分含量的平均值、极差、标准差及变异系数。

将电泳图谱中扩增产物在同一位置的条带赋值为1，弱带或缺失的赋值为0，形成1、0数据矩阵。根据Nei等和Shannon等的方法，以PopGene32软件在假定哈丁—温伯格平衡条件下计算Shannon指数的估计值，同时计算群体内遗传一致度和群体间遗传距离，并利用NTSYS2.11软件以UPGMA法进行聚类分析。

（二）结果

1. 农艺性状分析

对93份晾晒烟种质资源农艺性状进行调查、分析（表1-2），结果表明，93份晾晒烟品种间主要农艺性状变异丰富，变异系数为7.60%～44.27%。其中，生育期变异系数最小，为7.60%，各种质材料适应性较强，在山东烟草生育期间均可成熟采收。产量为255.41～2 310kg/hm²，变异系数最大，为44.27%。其次是叶数为8.78～37片，变异系数为28.92%，表明种质间产量和叶数差异较大。另外，株高大于170cm的有8份种质，S75、S82最高，为180cm；叶数大于30片的有11份种质，其中S27最多，高达37片；叶数低于10片的有S1、S2两份种质。每公顷产量大于2 000kg的有8份种质，S69最高，为2 310kg。

表1-2　农艺性状指标基本数据特征

性状	最大值		最小值		极差		平均值		标准差		变异系数（%）	
	2016年	2017年	2016年	2017年	2016年	2017年	2016年	2017年	2016年	2017年	2016年	2017年
株高（cm）	180.00	293.00	67.67	70.0	112.33	223	130.33	153.28	31.58	41.54	24.23	27.10
节距（cm）	6.29	12.45	1.87	2.3	4.42	10.15	3.91	4.7	1.10	2.08	28.19	32.10
茎围（cm）	12.50	12.20	4.78	2.6	7.72	9.6	8.42	8.29	1.70	2.18	20.18	23.24
叶数（片）	37.00	40.4	8.78	9.4	28.22	31	21.48	21.87	6.21	6.47	28.92	29.57
腰叶长（cm）	63.50	75.2	30.28	25.9	33.22	49.3	47.10	55.33	8.69	10.92	18.44	19.74
腰叶宽（cm）	35.00	40.1	13.33	11.6	21.67	28.5	22.25	26.33	5.21	6.43	23.40	24.42
每公顷产量(kg)	2 310	1 662.45	255.41	586.5	2 054.59	1 075.95	1 157.17	1 041.58	512.27	297.24	44.27	38.54
生育期（d）	127	150	83	96	44	54	116.09	124.08	8.86	12.42	7.60	8.04

2. 化学成分含量分析

93份烟叶主要化学指标基本数据特征见表1-3，化学成分含量变异系数为14.45%～69.15%，变异丰富。其中总氯变异系数最高，为69.15%，在相同的土壤条件和环境条件下，总氯含量最高的是S11，为2.48%；S82氯含量最低，为0.09%，品种间相差27.6倍。总氮和挥发碱的变异系数最小，分别为14.45%和18.05%。

此外，烟碱和总糖含量在不同种质间也存在较大差异，分别为1.20%～8.63%和1.51%～7.84%。93份晒烟种质平均烟碱、总糖含量分别为5.3%、3.04%，其中烟碱含量高于4.5%的种质占一半以上，为52.7%。总糖含量低于2%的种质有7份，分别是S5、S36、S10、S19、S57、S55以及S78，且所有低糖含量种质的烟碱含量均高于4.5%，其中S5、S10、S19烟碱含量均大于7%。

表1-3　化学成分指标基本数据特征

化学成分	最大值		最小值		极差		平均值		标准差		变异系数（%）	
	2016年	2017年	2016年	2017年	2016年	2017年	2016年	2017年	2016年	2017年	2016年	2017年
烟碱（%）	8.63	8.13	1.20	2.57	7.43	5.56	5.30	5.50	1.70	1.55	32.12	30.24
总糖（%）	7.84	7.07	1.51	1.34	6.33	5.73	3.04	2.94	1.14	0.24	37.53	36.44
挥发碱（%）	1.05	1.06	0.45	0.26	0.61	0.80	0.76	0.67	0.14	0.16	18.05	20.49
总氮（%）	5.26	5.55	2.75	3.33	2.52	2.22	4.37	4.03	0.63	0.54	14.45	13.34
总钾（%）	4.18	3.37	1.44	0.91	2.74	2.46	2.57	1.90	0.64	0.54	24.89	28.37
总氯（%）	2.29	3.05	0.20	0.23	2.09	2.82	0.57	1.07	0.39	0.91	69.15	70.17

3. 遗传多样性分析

（1）多态性SSR引物筛选：从93份种质中选取来自不同产地的12份材料进行引物筛选，从580对引物中筛选出43对条带清晰且多态性好的SSR引物。利用这43对引物对93份晾晒烟种质资源进行多态性扩增，共获得146个多态性条带，多态性比率为97.99%（图1-1）。

（2）群体内遗传多样性分析：根据原产地将93份种质资源分为5个群体。群体1包括原产于吉林、辽宁、黑龙江的16份种质，群体2包括原产于河南、山东的10份种质，群体3包括原产于湖南的33份种质，群体4包括原产于广东、江苏、浙江等的10份种质，群体5包括原产于贵州、云南和四川的24份种质。群体内遗传多样性分析（表1-4）表明，群体3的遗传多样性指数为0.535 9，其遗传多样性最高，向下依次是群体1、群体2和群体4，遗传多样性指数分别为0.515 0、0.480 4和0.467 7。群体5的遗传多样性最小为0.449 2。

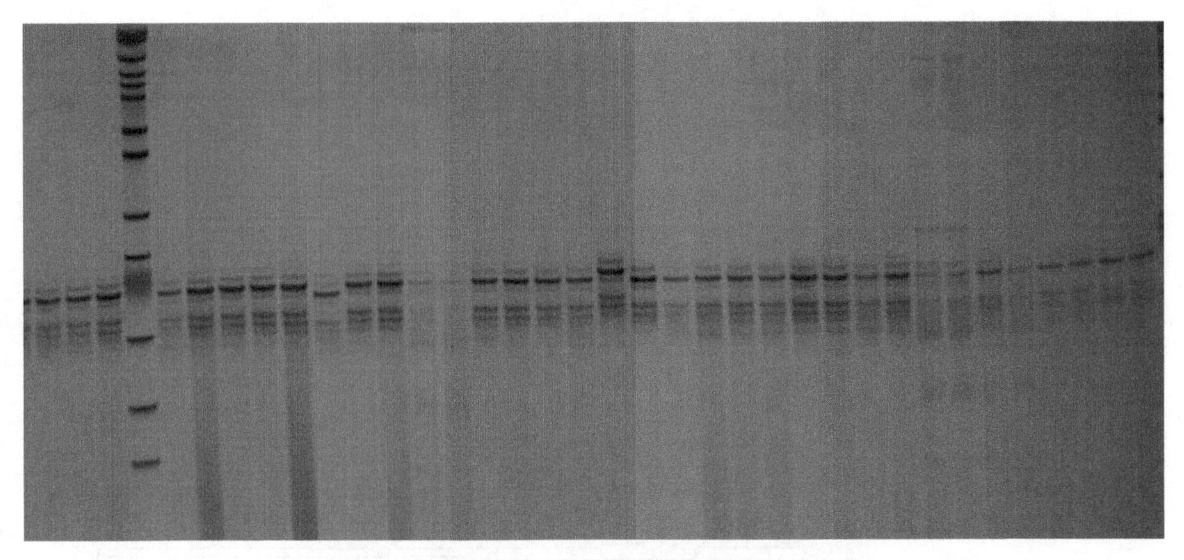

图1-1　引物PT50136在部分晒烟种质中的扩增结果

表1-4　群体内遗传多样性

群体	份数	等位基因数N_a	有效等位基因数N_e	香农指数I	基因多样性	多态性位点数
1	16	2.907 0	2.233 3	0.862 5	0.515 0	125
2	10	3.209 3	2.198 8	0.846 4	0.480 4	138
3	33	2.767 4	2.308 1	0.874 1	0.535 9	119
4	10	3.116 3	2.059 5	0.810 7	0.467 7	134
5	24	2.674 4	2.053 9	0.751 5	0.449 2	115
Total	93	3.395 3	2.381 4	0.937 9	0.535 6	146

（3）群体间遗传多样性分析：利用PopGene32软件对5个群体的遗传相似性进行计算（表1-5）。群体2和群体4的遗传相似性系数最高，为0.958 0，遗传距离最近，为0.042 9。群体2与群体5遗传相似系数次之，为0.888 4。群体1与群体5遗传相似系数最小，为0.782 0，遗传距离最远，为0.246 0。

表1-5　5个群体SSR分析的遗传一致度（上三角）和遗传距离（下三角）

群体编号	1	2	3	4	5
1	—	0.827 5	0.857 6	0.825 7	0.782 0
2	0.189 4	—	0.818 0	0.958 0	0.888 4
3	0.153 6	0.200 9	—	0.823 9	0.821 8
4	0.191 6	0.042 9	0.193 7	—	0.878 5
5	0.246 0	0.118 3	0.196 3	0.129 6	—

（4）聚类分析：聚类分析结果表明，93份晒烟种质的遗传相似性系数为0.49～0.94。在相似系数为0.49时，可将93份种质材料分成三大类群，第一类仅有S88一份种质，说明新香烟与其余92份种质遗传关系较远。第二类群有S2、S4、S17、S18、S67、S3、S64、S81、S86、S6、S7、S19共12份种质，这些种质全部来自吉林、黑龙江等烟区。第三类群包括两个亚类，共80份种质，其中第一个亚类有S65、S84、S83、S82、S74、S93、S71、S43、S53以及S35共10份种质，这些种质分别来源于东北、黄淮、西南、长江中上游烟区，第二亚类包括来源于5个产区的70份种质。另外，SSR引物PT30215和PT20286可将同名种质S82、S83、S84、S85、S87、S92区分开，其中分别来自安徽和辽宁的S82、S83遗传距离最近；而来自河南的S87与其他同名资源遗传距离最远（图1-2）。

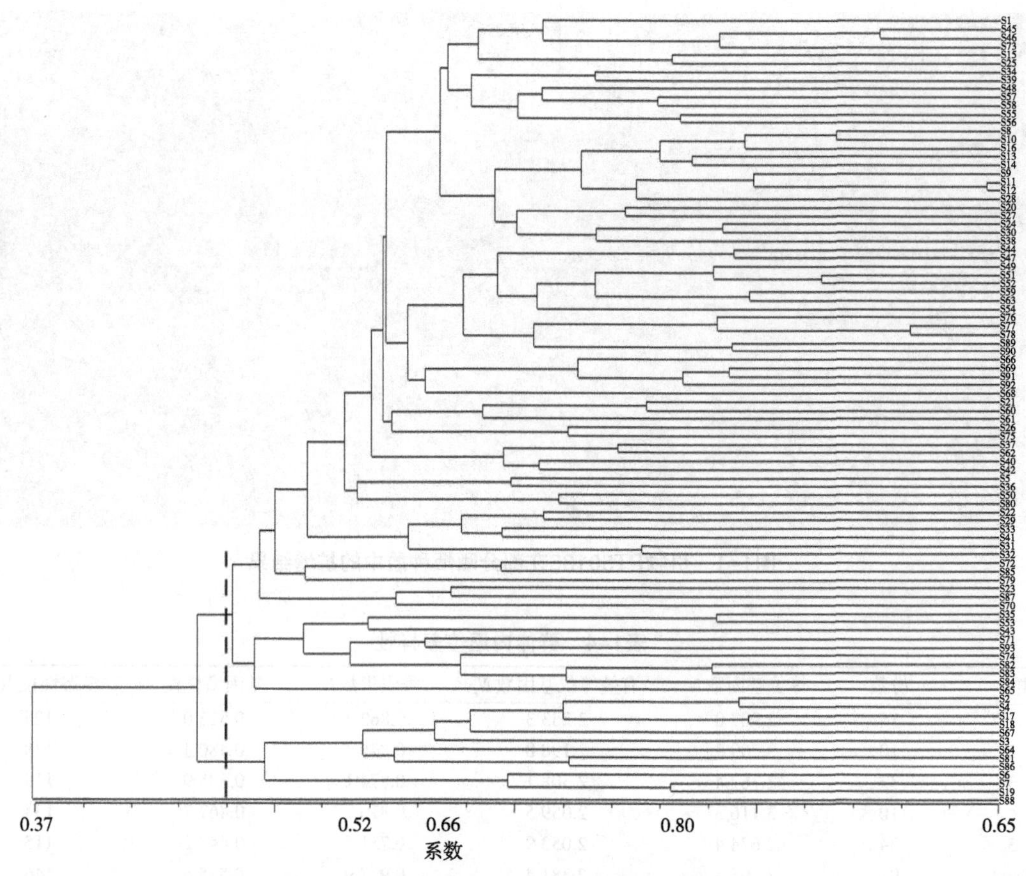

图1-2 基于SSR标记的93份晒烟资源聚类

(三)讨论

1. 晾晒烟农艺性状评价

烟草品种的农艺性状、产量以及适应性鉴定是优异种质筛选和优良品种选育的必要程序。雷丽萍等对12份云南晒烟品种进行外观质量评价和化学成分分析，筛选出了综合性状较好的Virginia 309、朝刀烟和Virginia 331等3个品种。刘岱松等对32份晒晾烟种质的农艺性状和化学成分数据进行聚类分析，筛选出综合性状优良的湖南宁乡晒烟、公会晒黄烟（深色）、公会晒黄烟。本研究对93份晾晒烟种质进行了适应性和农艺性状鉴定与评价，发现来自不同产区的晾晒烟种质适应性较强，在山东均能正常成熟；叶数、产量等农艺性状变异范围广泛，其中每株叶数大于30片的种质占11.80%，供试种质叶数较多可能与测量参考标准有关，生产上品种叶数是指打顶后的有效叶数量，一般比按《烟草种质资源描述规范和数据标准》测定的叶数少5片左右。S27、S82、S53等可作为多叶材料进行利用；另外，虽然S1、S4叶数较少，但其生育期短，在生产和生物学研究中可作为早熟遗传材料加以利用。而对于产量中等或高产种质，可结合其化学成分进行综合评价。

2. 晾晒烟化学成分评价

化学成分是影响烟叶品质的重要因素，其含量和协调性决定了烟叶的质量。王允白等研究表明，糖碱比与香气、吃味、杂气及评吸总分呈极显著、显著正相关，而与刺激性呈极显著负相关。于建军等对会理烟区的烟叶金属含量与评吸质量分析表明，烟叶钾含量对香气质、香气量以及评吸总分均有较大的正面影响，而氯含量则对这3个评吸指标有较大的负面影响。本研究对93份晾晒烟资源化学成分鉴定表明，烟碱含量为1.20%～8.63%，平均为5.30%，远高于我国烤烟烟碱含量；总糖含量为1.51%～7.84%，平均为3.04%，远低于我国烤烟总糖含量，研究结果与杨春元、何川生等的结果一致，但变异范围更大，这可能与所选种质的来源和数量有关。另外，93份晾晒烟资源氯含量变异系数最高，钾含量大于3%的种质占供试资源的1/4。因此，高烟碱低糖、高钾种质可为口含烟原料和低焦油种质的筛选和新品种培育提供丰富的物质基础。

3. 基于SSR分子标记的多样性分析

对烟草种质进行农艺性状及化学成分鉴定是资源鉴定中的必要步骤，但利用表型鉴定进行种质筛选仍存在一定的局限性。随着烟草SSR分子标记技术的发展，利用SSR分子标记进行种质资源的遗传多样性和亲缘关系的分析得到了广泛的应用。叶兰钦等利用SSR分子标记研究了云南烟区13个烟草主栽品种的遗传多样性。徐军等利用8对SSR引物可将80份烟草种质完全区分开。本研究聚类结果显示，93份种质之间遗传相似系数为0.49～0.94，遗传多样性大于王曼和刘艳华等的报道，表明本研究筛选的93份晾晒烟种质代表性更广泛，遗传多样性更丰富。而来自贵州的两份种质S11和S12遗传相似性最高，为0.97，这可能是因为在特定的环境条件下，由于育种目标相同，选育种质遗传基础也趋于相同的缘故。

群体间遗传相似性结果表明，群体2和群体4的遗传相似性最近，群体1和群体5的遗传相似性最远，这可能是因为黄淮烟区和东南烟区地理位置最近，而东北烟区和西南烟区地理位置最远的缘故，因此，遗传相似性与地理位置存在一定的相关性。聚类结果亦表明，来自不同产地的同名种质S82、S83及S85遗传差异较大，但各产区种质间并没有明显的界线，即来源于不同产区的种质遗传相似性却较高，反之亦然，这与刘国祥等的研究结果较一致，这可能是由于产区间互相引种造成的。综上所述，利用SSR分子标记技术对晾晒烟种质进行遗传多样性分析、亲缘关系鉴定以及同名异种材料的区分具有可行性，可为优异晾晒烟种质资源鉴定和混合型卷烟、口含烟原料的筛选提供理论依据。

第二节　晾晒烟种植现状调研

晾晒烟在我国种植历史悠久、资源丰富、品种类型多、分布范围广，相互之间风格特色差异较大。20世纪中国农业科学院烟草研究所（以下简称青州所）曾对全国晾晒烟资源进行过系统的普查，近年来随着卷烟工业降焦减害的需求，晾晒烟资源日益受到重视。上海烟草集团北京卷烟厂（以下简称北京烟厂）为了解决自身卷烟品牌发展对白肋烟、马里兰烟及晒红烟烟叶原料的需求，了解目前我国晾晒烟资源种植规模、品质状况等，于2012年与青州所开展技术合作和试验研究，普查我国晾晒烟（主要为白肋烟、马里兰烟及晒红烟）资源的历史、种类、分布、现状及生态条件，通过鉴定烟叶样品的外观质量、内在质量及安全性测试评价，结合卷烟工业减害降焦的需求，增强烟叶配伍性，筛选出适合非烤烟卷烟发展需要的优质晾晒烟资源，为今后建设国产晾晒烟的烟叶基地提供技术支撑。

一、调研内容

（一）晾晒烟基本情况调查

基本情况包括地域、面积、品种、经济性状、收购、流向和发展潜力（表1-6）。

表1-6　晾晒烟基本情况调查

县市	乡镇	面积	品种	经济性状		收购		流向	备注
				亩*产量	亩产值	组织者	收购标准		

注：　1亩≈667m²，15亩=1hm²，全书同

（二）晾晒烟生产技术调查

生产技术调查结果如表1-7所示。

表1-7 晾晒烟生产技术调查

县市	种子来源	育苗方式方法	施肥种类	施肥方法	移栽方法	灌溉	主要病虫害及防治方法	打顶方式	留叶数	调制方法

(三)烟叶样品采集

1. 烟叶样品采集要求

2012年在全国10个省22个县（市）进行取样和资料收集、调研工作。本次取样和资料收集选取在具有代表性产区进行，主要对白肋烟、晒红烟、马里兰烟3类晾晒烟取样和调研。为保证项目研究的客观和科学，要求取样产区把好样品代表性，白肋烟和马里兰烟取样等级为C3和B2，晒红烟取中部和上部最好等级，每个地点采集中部和上部烟叶样品各一份，每份5.0kg，要求项目负责人员在进行调研的同时，参与烟叶样品采集工作，以确保烟叶样品的代表性。

2. 烟叶样品包装。

烟叶样品选取完成后，调整烟叶含水量至（16±0.5）%（手拿烟把，竖起不倒，且晃动无沙沙响声），内层采用白新闻纸或普通白纸、牛皮纸包裹，不得使用报纸或带色纸等有异味的纸包装；中层用无色塑料薄膜包裹严实，防潮、防雨、保湿；外层用纸箱包装。

3. 样品卡的填写

每份样品需准确填写样品登记卡（卡片式样及具体内容见表1-8），一个样品两张卡片，随样品包装。

表1-8 烟叶样品卡片

编　号	
品　种	
部　位	
土壤类型	
采样地点	省　　县　　乡（镇）村
采样日期	
采 样 人	姓名：　　联系方式：
备　注	

注：本卡片一律用铅笔填写

二、晾晒烟资源调研和烟叶样品采集情况

(一)晾晒烟资源调研区域

1. 白肋烟

（1）四川省达州市宣汉县的峰城乡堰滩村、红峰乡万房村。主栽品种主要为达白一号。

（2）云南省大理州宾川县。主栽品种为TN86。

（3）湖北宜昌五峰付家堰、湖北恩施。

（4）重庆。

2. 晒红烟

晒红烟调研主要集中在以下省（区）。

（1）吉林省：

① 蛟河：蛟河市的白石乡育青村、吉林蛟河漂河镇横道子村、吉林蛟河新农乡。

② 延边：吉林省延边朝鲜族自治州龙井市铜佛寺乡泗水村、吉林省延边州龙德新乡南阳村。

（2）四川省：

① 德阳：四川省德阳市什邡皇角镇、四川省德阳市什邡师古镇。

② 成都：四川省新都区斑竹园镇华藏村1社、四川省新都区斑竹园镇华藏村。

③ 达州：四川省达州市万源县石窝乡、四川省达州市万源县大沙乡。

（3）湖南省：

① 怀化：湖南省辰溪县后塘乡大坪村、湖南省辰溪县谭家场乡柘枙村、湖南省辰溪县后塘乡新田村、湖南省辰溪县谭家场乡柘木屯村。主栽品种为大幅、香烟1号。

② 湘西：湖南省麻阳县板力乡板力树村、湖南省麻阳县锦和镇岩吡村。

③ 麻阳：湖南麻阳县板力乡板力树村、湖南麻阳县锦和镇岩吡村。

（4）江西省：

① 赣州：江西省石城县小松乡石田村、江西省石城县小松乡罗源村。

② 抚州：江西省抚州市广昌县驿前镇、江西省抚州市广昌县头陂镇。

（5）贵州省：

① 黔南：贵州省荔波县播尧乡架桥村、贵州独山县基长乡狮山村。

② 黔西南：贵州黔西南望谟县复兴乡岂赖村、贵州黔西南望谟县遮香县平亮村。

③ 黔东南：贵州省榕江县平永镇中寨村、贵州省镇远县焦溪乡路溪村。

④ 铜仁：贵州铜仁方山区（原铜仁县）。

（6）内蒙古自治区：内蒙古谟力达瓦旗。

（7）黑龙江省：黑龙江林口县刁翎乡半方地村、黑龙江穆棱县中振兴村、黑龙江汤原县胜利乡连胜村。

（8）浙江省：丽水松阳、桐乡、嘉兴。

（9）陕西省：汉中市城固县沙河营镇梁家山村、旬邑县底庙乡东牛村。

（10）山东省：蒙阴县坦埠镇、沂南县、沂水县。

3. 马里兰烟

湖北五峰县、京鲁复烤厂。

4. 雪茄烟

（1）海南省：光村、白沙、昌江、东方以及五指山，主要种植引进和自育海南号和建恒号品系。

（2）四川省：什邡、万源、达州、泸州。主要种植柳烟、毛烟、泉烟。

（3）湖北省：来凤，主要种植从印度尼西亚引进雪茄烟品种BES NO H382。

（4）浙江省：桐乡，主要种植督叶尖杆软叶子和硬叶子。

（5）广东省：廉江、罗定、南雄，主要种植青梗、吕宋种等。

（6）贵州省：镇远、麻江、打宾，主要种植莲花烟、金斗烟以及大叶烟等。

（7）广西壮族自治区：贺州、武鸣，主要种植武鸣牛利、大宁烟等。

（二）2012年、2013年烟叶样品采集情况

2012年完成11个省份28个县市晾晒烟的调研和烟叶样品采集工作，2013年完成9个省份20个县市晾晒烟的调研和烟叶样品采集工作（表1-9、表1-10）。

表1-9　2012年晾晒烟调研和烟叶样品采集情况

省份	类别	取样县（市）	取样地点	种植品种	土壤类型
云南大理	白肋烟	宾川	云南宾川	TN86	
四川	晒红烟	德阳	什邡市皇角镇	什烟1号	
	晒红烟	德阳	什邡市师古镇		
	晒红烟	德阳	什邡市皇角镇		
	晒红烟	德阳	什邡市师古镇		
	白肋烟	达州	宣汉县峰城乡堰滩村	达白一号	
	白肋烟	达州	宣汉县峰城乡堰滩村		
	晒红烟	达州	万源市石窝乡		
	晒红烟	达州	万源市大沙乡		
	白肋烟	达州	宣汉红峰乡万房村	达白一号	
	白肋烟	达州	宣汉红峰乡万房村		

（续表）

省份	类别	取样县（市）	取样地点	种植品种	土壤类型
四川	晒红烟	达州	万源市石窝乡		泥砂田
	晒红烟	达州	万源市大沙乡		
	晾晒烟	成都	四川省新都区斑竹园镇华藏村1社		
	晾晒烟	成都	四川省新都区斑竹园镇华藏村1社		
	晾晒烟	成都	四川省新都区斑竹园镇华藏村		
	晾晒烟	成都	四川省新都区斑竹园镇华藏村		
吉林	晒红烟	蛟河	吉林蛟河白石乡育青村		灰棕壤土、红棕壤土、白浆壤土
	晒红烟	蛟河	吉林蛟河白石乡育青村		
	晒红烟	蛟河	吉林蛟河漂河镇横道子村		
	晒红烟	蛟河	吉林蛟河漂河镇横道子村		
	晒红烟	蛟河	吉林蛟河白石乡育青村		
	晒红烟	蛟河	吉林蛟河白石乡育青村		
	晒红烟	蛟河	吉林蛟河新农乡		
	晒红烟	蛟河	吉林蛟河新农乡		
	晒红烟	蛟河	吉林蛟河漂河镇横道子村		
	晒红烟	蛟河	吉林蛟河漂河镇横道子村		
	晒红烟	延边龙井	吉林龙井市铜佛寺乡泗水村		暗棕壤
	晒红烟	延边龙井	吉林龙井市德新乡南阳村		
	晒红烟	延边龙井	吉林龙井市铜佛寺乡泗水村		
	晒红烟	延边龙井	吉林龙井市德新乡南阳村		
江西	晾烟	抚州	江西省抚州市广昌县驿前镇		黄沙泥田
	晾烟	抚州	江西省抚州市广昌县驿前镇		
	晾烟	抚州	江西省抚州市广昌县头陂镇		
	晾烟	抚州	江西省抚州市广昌县头陂镇		
	晒红烟	石城	江西省石城县小松乡石田村		
	晒红烟	石城	江西省石城县小松乡罗源村		
	晒红烟	石城	江西省石城县小松乡石田村		
	晒红烟	石城	江西省石城县小松乡罗源村		
湖南	晒红烟	麻阳	湖南麻阳县板力乡板力树村		紫色土
	晒红烟	麻阳	湖南麻阳县板力乡板力树村		
	晒红烟	麻阳	湖南麻阳县板力乡板力树村		
	晒红烟	麻阳	湖南麻阳县锦和镇岩吡村		
	晒红烟	麻阳	湖南麻阳县锦和镇岩吡村		
	晒红烟	麻阳	湖南麻阳县锦和镇岩吡村		
	晒红烟	湘西	湖南湘西自治州凤凰县		
	晒红烟	湘西	湖南湘西自治州芦溪县		
	晒红烟	湘西	湖南湘西自治州凤凰县		
	晒红烟	湘西	湖南湘西自治州芦溪县		
	晒红烟	怀化	湖南辰溪县后塘乡大坪村	大幅	黄色土壤
	晒红烟	怀化	湖南辰溪县后塘乡大坪村	大幅	
	晒红烟	怀化	湖南辰溪县谭家场乡柘杺村	大幅	紫色土壤
	晒红烟	怀化	湖南辰溪县谭家场乡柘杺村	大幅	
	晒红烟	怀化	湖南辰溪县后塘乡新田村	香烟1号	
	晒红烟	怀化	湖南辰溪县后塘乡新田村	香烟1号	
	晒红烟	怀化	湖南辰溪县谭家场乡柘杺村	香烟1号	
	晒红烟	怀化	湖南辰溪县谭家场乡柘杺村	香烟1号	
贵州	晒烟	黔西南	贵州黔西南望谟县复兴乡岜赖村		沙性黄壤
	晒烟	黔西南	贵州黔西南望谟县遮香县平亮村		
	晒烟	黔西南	贵州黔西南望谟县复兴乡岜赖村		
	晒烟	黔西南	贵州黔西南望谟县遮香县平亮村		
	晾晒烟	榕江	贵州省榕江县平永镇中寨村		黄沙泥
	晾晒烟	榕江	贵州省榕江县平永镇中寨村		

（续表）

省份	类别	取样县（市）	取样地点	种植品种	土壤类型
贵州	晒红烟	镇远	镇远县焦溪乡路溪村		黄壤
	晒红烟	镇远	镇远县焦溪乡路溪村		
	晒红烟	镇远	镇远县焦溪乡路溪村		
	晒红烟	镇远	镇远县焦溪乡路溪村		
	晒红烟	黔东南	贵州黔东南苗族侗族自治州天柱县社学乡金山村		紫色土
	晒红烟	黔东南	贵州黔东南苗族侗族自治州天柱县社学乡金山村		
	晒红烟	荔波	贵州省荔波县播尧乡架桥村		黄泥沙土
	晒红烟	荔波	贵州省荔波县播尧乡架桥村		
	晒红烟	铜仁	贵州铜仁方山区（原铜仁县）	小花烟（细花烟）	
	晒红烟	铜仁	贵州铜仁方山区（原铜仁县）	小花烟（细花烟）	
重庆	白肋烟	奉节	奉节县云雾乡屏峰村	OE4114	紫色土
	白肋烟	万州	罗田镇阳坪村	鄂烟1号	黄壤
陕西	晒红烟	汉中	陕西省城固县沙河营镇梁家山村		轻质黄壤土
	晒红烟	汉中	陕西省城固县沙河营镇梁家山村		
	晒红烟	旬邑	陕西旬邑县底庙乡东牛村		黄绵土
	晒红烟	旬邑	陕西旬邑县底庙乡东牛村		
湖北	白肋烟	恩施	湖北恩施沙地烟站	粤烟6号	黄标土壤
	白肋烟	恩施	湖北恩施沙地烟站	粤烟6号	
	白肋烟	恩施	湖北省鹤峰县燕子乡新行村	鹤峰五号	
	白肋烟	恩施	湖北省鹤峰县燕子乡新行村	鹤峰五号	
	白肋烟	恩施	无信息（巴东）		
	白肋烟	恩施	无信息（巴东）		
	白肋烟	宜昌	湖北宜昌五峰付家堰	白肋烟	黄褐土
	白肋烟	宜昌	湖北宜昌五峰付家堰	白肋烟	
	马里兰烟	宜昌	湖北宜昌五峰城关	五峰1号	
	马里兰烟	宜昌	湖北宜昌五峰城关	五峰1号	
浙江	晒红烟	丽水松阳	浙江丽水松阳		红黄壤
	晒红烟	丽水松阳	浙江丽水松阳		
	晒红烟	桐乡	浙江桐乡	硬尖杆	
	晒红烟	桐乡	浙江桐乡	硬尖杆	
	晒红烟	嘉兴	浙江桐乡街道校场东路1588号	世纪一号	
山东	晒红烟	沂南	山东沂南	大香烟	褐土
	晒红烟	沂南	山东沂南	大香烟	
	晒红烟	蒙阴	蒙阴县坦埠镇	柳叶尖	
	晒红烟	蒙阴	蒙阴县坦埠镇	柳叶尖	
	晒红烟	蒙阴	蒙阴县坦埠镇	柳叶尖	
	晒红烟	蒙阴	山东临沂蒙阴	黑烟	
	晒红烟	蒙阴	山东临沂蒙阴	黑烟	
	晒红烟	蒙阴	山东临沂蒙阴	黑烟	
	晒红烟	沂水	山东沂水	大烟叶	
	晒红烟	沂水	山东沂水	大烟叶	
	晒红烟	沂水	山东沂水	大烟叶	
	晒红烟	沂水	山东沂水	小香叶	
	晒红烟	沂水	山东沂水	小香叶	
	晒红烟	沂水	山东沂水	小香叶	
黑龙江	晒红烟	牡丹江	黑龙江林口刁翎乡半方地村		暗棕壤
	晒红烟	牡丹江	黑龙江林口刁翎乡半方地村		
	晒红烟	牡丹江	黑龙江穆棱中振兴村		山地暗棕壤
	晒红烟	牡丹江	黑龙江穆棱中振兴村		
	晒红烟	牡丹江	黑龙江汤原胜利乡连胜村		沙壤土

表1-10 2013年晾晒烟资源调研和烟叶样品采集情况

省份	样品编号	类别	取样地点	部位
贵州省	荔波1	晒红烟	贵州省荔波县播尧乡架桥村	中部
	荔波2	晒红烟	贵州省荔波县播尧乡架桥村	中部
	黔东南镇远1	晒红烟	镇远县焦溪乡路溪村	中上部
	黔东南镇远2	晒红烟	镇远县焦溪乡路溪村	中上部
	黔西南望谟1	晒红烟	贵州省黔西南望谟县复兴乡岜赖村	中上部
	黔西南望谟2	晒红烟	贵州省黔西南望谟县复兴乡岜赖村	中上部
	黔西南望谟3	晒红烟	贵州省黔西南望谟县复兴乡岜赖村	中上部
	黔西南望谟4	晒红烟	贵州省黔西南望谟县复兴乡岜赖村	中上部
	贵州天柱1	晒红烟	贵州省天柱县	中部
	贵州天柱2	晒红烟	贵州省天柱县	上部
湖北省	湖北恩施1	白肋烟	湖北省恩施	中部
	湖北恩施2	白肋烟	湖北省恩施	中部
	湖北恩施3	白肋烟	湖北省恩施	上部
	湖北恩施4	白肋烟	湖北省恩施	上部
	湖北鹤峰1	白肋烟	湖北省鹤峰县	上部
	湖北鹤峰2	白肋烟	湖北省鹤峰县	中部
	宜昌五峰1	白肋烟	湖北省宜昌市五峰	上部
	宜昌五峰2	白肋烟	湖北省宜昌市五峰	中部
	宜昌五峰3	白肋烟	湖北省宜昌市五峰	中部
	宜昌五峰4	白肋烟	湖北省宜昌市五峰	上部
湖南省	辰溪1	晒红烟	湖南辰溪县后塘乡大坪村	中部
	辰溪2	晒红烟	湖南辰溪县后塘乡大坪村	上部
	辰溪3	晒红烟	湖南辰溪县后塘乡大坪村	中部
	辰溪4	晒红烟	湖南辰溪县后塘乡大坪村	上部
	辰溪5	晒红烟	湖南辰溪县谭家场乡柘杶村	中部
	辰溪6	晒红烟	湖南辰溪县谭家场乡柘杶村	上部
	麻阳1	晒红烟	湖南麻阳县板力乡板力树村	上部
	麻阳2	晒红烟	湖南麻阳县板力乡板力树村	中部
	麻阳3	晒红烟	湖南麻阳县锦和镇岩吡村	中部
	麻阳4	晒红烟	湖南麻阳县锦和镇岩吡村	上部
	湘西州凤凰1	晒红烟	湖南湘西州凤凰县	中上部
	湘西州凤凰2	晒红烟	湖南湘西州凤凰县	中上部
吉林省	吉林1	晒红烟	吉林省蛟河白石乡育青村	中部
	吉林2	晒红烟	吉林省蛟河白石乡育青村	上部
	吉林3	晒红烟	吉林省蛟河漂河镇横道子村	中部
	吉林4	晒红烟	吉林省蛟河漂河镇横道子村	上部
	延边1	晒红烟	吉林省龙井市铜佛寺乡泗水村	上部
	延边2	晒红烟	吉林省龙井市铜佛寺乡泗水村	中部
	延边3	晒红烟	吉林省龙德新乡南阳村	中部
	延边4	晒红烟	吉林省龙德新乡南阳村	上部
江西省	石城1	晒红烟	江西省石城县小松乡石田村	中部
	石城2	晒红烟	江西省石城县小松乡石田村	上部
山东省	蒙阴1	晒红烟	山东省蒙阴县	中部
	蒙阴2	晒红烟	山东省蒙阴县	上部
	蒙阴3	晒红烟	山东省蒙阴县	中上部
	蒙阴4	晒红烟	山东省蒙阴县	上部
	沂南1	晒红烟	山东省沂南县	中部
	沂南2	晒红烟	山东省沂南县	上部
	沂水1	晒红烟	山东省沂水县	上部
	沂水2	晒红烟	山东省沂水县	中部
	沂水3	晒红烟	山东省沂水县	上部
	沂水4	晒红烟	山东省沂水县	中部

（续表）

省份	样品编号	类别	取样地点	部位
内蒙古自治区	赤峰宁城1	晒红烟	内蒙古赤峰宁城	上部
	赤峰宁城2	晒红烟	内蒙古赤峰宁城	中部
四川省	达州1	白肋烟	四川省宣汉县峰城乡堰滩村	中部
	达州2	白肋烟	四川省宣汉县峰城乡堰滩村	上部
	万源1	白肋烟	四川省万源县石窝乡	中部
	万源2	白肋烟	四川省万源县石窝乡	上部
云南省	宾川1	白肋烟	云南省宾川县	上部
	宾川2	白肋烟	云南省宾川县	中部

三、晾晒烟资源调研

(一)贵州省

1.黔东南镇远县

镇远县晒晾烟栽培历史悠久，种植分布区域广，各个乡镇均有种植，种植品种繁多，其中以焦溪镇的小花烟最为著名。

镇远县晒晾烟主要分布在镇远的焦溪乡、舞阳镇、羊场镇、江古乡、涌溪乡、青溪镇等地，其中焦溪产的晒烟最为有名。近年来由于各种植户都是分散种植，经营模式为自产自销，产量极不稳定。

（1）基本情况：焦溪烟主要产于镇远县焦溪镇路溪村，品种有大莲花烟、中莲花烟等。过去种植农户较多，每户种植7～10亩，亩产量50～80kg，既用于自吸又用于市场交售。由于产量较低，现在种植农户较少，保留下来的种植户利用自己种植和管理上的经验，加上焦溪烟特有的品质和名气，该晒晾烟在市场上售价较高，达70元/kg，市场前景看好。

（2）生态环境：

① 气候：焦溪镇地处中亚热带季风湿润气候区，年平均日照时数1 188h，年平均气温17℃，无霜期292d，一年积温超过6 500℃，年降水量1 093mm。

② 地形地貌：焦溪镇南北高中间低、由西北向东南倾斜，属贵州高原向湘西丘陵过渡的斜坡地带。全镇东西长15km，南北宽12km，略呈正方形。海拔最高达1 300余米，最低410m，地形以高山为主，占总面积的70%以上，境内舞阳河穿镇而过。

③ 土壤：焦溪镇土地资源丰富，总耕地面积37 935亩，稻田面积20 210亩，旱作土17 725亩。土壤以黄壤、石灰土为主，烟区土壤pH值为5.5～8，有机质2.96%，全氮0.21%，全磷0.068%，全钾2.14%，氯36.19mg/kg，速效氮56.48mg/kg，速效钾147.64mg/kg。

（3）质量特征：

① 外观质量：大莲花烟，烟叶外观质量为红棕色（牛肉色），或棕红色，烟叶油分充足，叶片大小一致，长度基本相等，颜色均匀，有油润感，无破损，无虫蛀。

② 物理特征：包括单叶重、叶面密度、含梗率、填充性、吸湿性等。

③ 化学成分：包括还原糖、烟碱、总氮、淀粉、钾离子、糖碱比、氮碱比等。

④ 感官质量：包括光泽度、油润度、香气、杂气、刺激性、余味等。

（4）生产技术：

品种来源：从云南引进，并自行留种。

品种特征：大莲花叶形卵圆形，叶尖较尖，叶面较皱，叶缘波浪状，叶色绿，叶片厚度较厚，叶肉组织细致。大莲花烟呈塔形，叶数较多，叶片密集于茎的中下部，呈莲座状排列。打顶后为塔形，自然株高78cm，打顶株高50cm，采收叶数22～24片，叶形卵圆，有柄，叶片较小，茎围4.5cm，节距1.8cm，下部叶为长×宽48cm×28cm，中部叶为长×宽50cm×26cm，上部叶为长×宽27cm×14cm，移栽至中心花开放70d，大田生育期65～90d。

种子繁育：每年选取长势好，无病的烟株留种，其余在现蕾时全部打顶抹杈。一般只留1～2株做种。

育苗技术：选择背风向阳的田或土翻犁后，开厢、平整，用草木灰、大粪或牛、羊粪做底肥。播种时，将种子（包衣种）用手搓散，与细土或火土灰拌匀后，均匀地播撒在苗床上，稻草覆盖保湿、保温，用竹子起拱，再用薄膜覆盖，等到出苗后，去掉稻草。苗床期管理：看情况进行间苗、追肥、浇水，大太阳天揭膜通风降温，夜晚盖好薄膜，直到烟苗长到7～9片叶，去掉薄膜炼苗待移栽。播种期一般在农历12月到翌年农历1月。

烟地选择：选择向阳、肥力中上等的榜坡土为烟地，翻犁过冬，或种上油菜，到翌年3月，把油菜翻犁后，平整烟土，开沟排水，打窝下肥料，等待移栽。

整地起垄：采用传统的栽烟方法，即平地栽烟，按一定的距离打窝，施肥后移栽。

肥料施用：底肥，用提前烧好的草木灰拌上牛、羊粪穴施做底肥，施肥量为1 000kg/亩左右；追肥，移栽后10d左右，进行第一次浅锄中耕松窝，用少量的清粪水或沼液进行提苗。移栽后30d左右，结合中耕追施偏心肥，烟株长势差、缺肥、烟叶变黄的烟株，用清粪水或沼液淋施于烟株周围，用量视情况而定。

移栽期：一般在清明前后的阴天或雨后移栽，移栽密度为60cm×110cm，每亩移栽1 000株左右；移栽方法：在平整好的烟地上用小锄头按距离打窝，将烟苗栽于窝中间，并将肥料拌匀施在周围，注意烟苗不要直接接触到肥料，然后覆土，烟心距土面2～3cm，注意及时查苗补苗。

田间管理：一般中耕2次，移栽后10d左右结合追肥第一次中耕，移栽后30d左右，结合施偏心肥第二次中耕，并培土上厢，厢面高15cm左右。烟株长至80cm左右，即移栽后55～60d时现蕾打顶，打顶后株高约50cm，留叶22～24片。打顶后每隔7～10d打一次烟杈，共抹杈3～4次，直到整株烟叶成熟。

病虫害防治：病害有花叶病、青枯病、黑胫病等，以预防为主。虫害：烟青虫用人工捕捉；地老虎、蚜虫等用菊酯类农药喷杀。

（5）采收调制：

成熟采收：采收方法为根据整株成熟情况分批次整株一次性采收，采收时间一般在移栽后65d，即农历6月中旬左右，最开始选择采收的烟株主要是肥料不足，烟株长势差，下部叶片已黄，中部烟叶淡黄，上部烟叶青黄（未熟）的烟叶，采收方式为一次性采收。采收方法为从上到下，每片烟叶从叶根部下面1～2cm，用特制镰刀割断，即左手握烟叶叶柄，右手握镰刀柄，方向从下往上，将烟秆割断，依次向下割完，下部叶看情况，过熟或烂了的烟叶不采收（表1-11）。

一般在晴天下午或阴天进行采收，忌带露水采收烟叶。

采收专用工具为特制小镰刀，这种小镰刀比普通镰刀小，刀刃也窄很多，专用于晾晒烟的收割。

调制设施：一般是在屋檐、房屋上层空处，用搓好的稻草绳两头绑在屋檐柱上做编烟绳。编烟绳一般4m左右长，绳与绳距离约40cm，两头留有8～10cm。

调制方法：早上或晚上将采收来的鲜烟叶编在草绳上，每扣5片烟叶，每绳75～80扣。烟叶编好后，晴天、阴天不再进行管理，雨天用薄膜覆盖在烟的上面，以防漏雨烟叶发生霉变，直到烟叶、烟筋、烟杆晒干为止。烟叶调制一般需30～45d。

贮藏堆放：待整片烟叶晒干、烟叶变软时，在阴雨天或早上有露水的天气，及时将烟收藏。方法是将烟绳两头解下，把烟放在楼板上，一绳烟卷一捆，用稻草将烟捆1～2道，将捆好的烟堆放在仓库或楼上空间里，堆放时叶尖朝里，叶柄朝外，用稻草垫底并覆盖周围，然后用木板围四周，进行天然发酵。

分级、出售：烟农在晒烟出售前一般要自行进行加工，然后再拿到农贸市场出售。出售时不进行分级，一捆烟就是一个等级，按捆论价，或是按烟堆论价，价格交易双方自行商定（表1-12）。

表1-11　晒红烟生产技术调查

县市	种子来源	育苗方式方法	施肥种类	施肥方法	移栽方法	灌溉	主要病虫害及防治方法	打顶方式	叶数	调制方法
镇远	自留种	—	农家肥	窝施	—	灌溉沼液、清粪水	花叶病、青枯病、黑胫病、地老虎、蚜虫	初花打顶	22	晒制

表1-12　镇远晒红烟基本调研结果

县市	乡镇	面积	品种	经济性状		收购		流向	备注
				亩产量（kg）	亩产值（元）	组织者	收购标准		
镇远			莲花	50～80	3 000			农贸市场	

2. 贵州黔南州荔波

（1）基本情况：地处贵州省黔南州南部，位于地球东经107°37′、北纬25°7′。东与黔东南州的从江县、榕江县接壤，南与广西壮族自治区的环江县、南丹县毗邻，西与独山县相连，北与三都县交界。全县行政区域总面积2 400km^2，辖17个乡（镇），94个村委会，总人口17.1万人，其中少数民族人口占85%。荔波县平均海拔759m，年均温度18℃左右，属中亚热带季风性湿润气候。

进入21世纪后，晒红烟种植大幅度减少，目前只有零星种植，掌握种植和调制技术的对象年龄均为70岁以上；种植规模最少的仅为30株，最多的为120株，产量为5～20kg。不仅面积小、产量低，而且多为自种自吸，偶有少量上市交易。对于烟的品种名称有称“铧口烟”，也有称“大包耳”，但大部分少数民族老人均笼统呼为“老皮烟”。烟叶种子多为烟农自留，或亲朋好友相互赠送，均为本地老品种。随着老烟民的不断减少，晒红烟的生产量逐年减少。目前，全县种植晒红烟的总面积在10亩以内，产量1 500kg以内。

（2）生产技术：荔波晒红烟自古以来都不属于主要经济作物，因此很少用良田好土种植晒红烟，多选新开垦的荒地或田边地角，土质以相对贫瘠的黄泥沙土或火石沙土为主，一般不用黑色石灰土和菜园土种植。

育苗。播种期为春节前的“腊八”前后，苗床土多用渥火土，或深耕整细后用干茅草覆盖点火“炼土”，深施农家肥、发酵过的菜籽饼作底肥，与土拌匀并上厢。播种后，泼浇人畜粪水。

移栽。移栽一般在清明前后，烟苗长到7～8片叶时可移栽。用腐熟的家畜圈肥作底肥深施于烟土里，移栽前田土要整细，有坡度的土一般不掏厢，如栽在田里则要掏厢防水，密度以本着肥土栽稀，瘦土栽密原则，株行距一般为60cm×60cm，挖窝施入用与发酵过的菜籽饼拌匀的火土灰，每株150～250g，然后将烟苗移栽。

除草打虫。烟苗大田移栽后，一般松土除草1～2次，视烟叶生长情况在松土前适当施入发酵过的菜籽饼和草木灰用人畜粪水拌匀进行追肥，很少用化肥（据说用化肥烟叶不易接火）。打虫则根据具体情况，一般用人工打杀，不用杀虫剂。

打顶。烟株长成后视烟苗长势，去除胎叶、脚叶，一般留叶10～12片，少则8～9片时打顶。

（3）采收调制：

① 采收。一般到农历8月（白露前后），烟叶成熟后（烟叶成熟的特征为上部3片叶翻顶，叶尖鱼钩下坠，黄斑呈现牛皮皱）采收，多用一次性全株采割。采割后放一个晚上，用利刀从顶部一片一片的连叶带茎向上斜割，然后用葛藤绑绕，以3～4叶为一扣，边缠边裹成捆，烟茎头朝上，堆放在木板上，第二天解开，捆绑于竹竿上置于通风好的木楼上晾挂。

② 晾晒。晾挂数日后，选择晴朗天气暴晒，晚上收回成捆，如此反复数日，直到叶片干而叶柄和主脉未干透时，卷成捆状，头朝外，叶尖朝内堆放在室内3～5d，用干稻草覆盖，使烟叶充分醇

化、转色、定型，然后解捆再晾，直到全干为止。其间还要进行1～2次“潮露”，即在晴朗天气傍晚时把烟叶放到室外过夜（不能放在地上）吸露水（但不能淋雨水），第二天早上收回来，然后再裹紧成捆，置于木楼上用干稻草覆盖好。如此调制20d左右，晴雨无常时需月余，即可吸食或上市。经过调制后的烟叶，会呈现出亮红的颜色，并有浓郁的烟香味。

(二)湖南省辰溪

1. 基本情况

辰溪全县均有晒红烟栽培的习惯，总产量50万kg左右。1980年以来随着国内混合型卷烟的开发，市场扩大，晒红烟有较快的发展。1989年全县晒红烟面积达到34 000亩，烟叶亩产100～125kg，单叶重6g以上，顶叶长度≥40cm，上中部1、2、3级烟比例65%以上，颜色以黄红—红棕，成熟充分，总糖3%～5%，烟碱5%～7%，蛋白质15%以下，香型明显，香气足，燃烧性强，灰分白，评吸质量好。总产255万kg。

辰溪地处湖南西部，沅水中游，位于东江110°～110°30＇，北纬27°30＇～28°10＇，一般海拔为200～600m，无霜期293d，初霜平均日期为12月11日，终霜平均日期在2月20日，雨季规律明显，一般4—7月上旬，持续3个月左右，整个雨季降水量占全年降水量的53%，7—9月为少雨季节。年平均气温为16.5～17.9℃，1月平均气温最低，约为5.1℃，7月最高，约为28.4℃。常年降水量为960.7～1 780.1mm。全年日照时间平均为1 471.8h，年日照率为33%，栽培土壤类型较多，主体为紫色土和黄壤，少部分为冲积壤土（表1-13）。

表1-13 各生育期与气候情况对照

各生育期	育苗期			移栽期伸根期		旺长期		成熟期
月份	1	2	3	4	5	6	7	8
温度（℃）	5.1	6.4	11.6	16.9	21.2	25.1	28.4	28
相对湿度（%）	77	79	80	81	82	82	77	76
月降水量（mm）	40.6	64.4	100	184.1	254.5	198.5	132.4	100.8
日照（h）	62.1	54.9	81.2	104.3	110	141	235	237.7

2. 生产技术

品种：选用良种大幅烟、小幅烟。实行统一供种，淘汰杂劣品种。

品种特征：大幅烟株型为筒形，株高139cm，比小幅烟株高（146cm）低，采收叶数13片，茎围6.5cm，节距较大为8.0cm，中部叶长×宽为55cm×23cm，无柄。叶形宽椭圆形，叶尖渐尖，叶面较平，叶缘波浪状，叶色绿，叶片厚度中等，花色是红色，原烟颜色为褐色，油分多，原烟结构尚疏松，身份中等。移栽至中心花开放46d，大田生育期55～70d。

育苗：常规育苗、塑料大棚集约化育苗、塑料大棚漂浮式育苗。

常规育苗采用母床和干床稻草营养假植两段式育苗。

播种日期：1月下旬至2月上旬。

播种量：每4m²苗床播种1g。

间苗：烟苗3～4片针叶时选取晴天下午进行间苗，取出弱小、病苗、小苗、变异苗，使烟苗大小整齐一致。

假植：每亩大田需10m²。

起苗假植：烟叶4叶1心至5叶时，从苗床拔起，植于营养圈里，并随即喷水盖膜。

子床管理：假植后做到保温、保湿，膜内温度不超过28℃。晴天要控温保湿，阴天要控湿保温，直到假植苗成活。6～7片真叶后注意控制苗床水分，逐步揭膜炼苗，8～9片真叶时移栽大田。

移栽：平均气温稳定在12℃后，一般在4月中旬至5月上旬移栽。

密度：稻田和肥力较高的旱土1 000～1 100株/亩，行株距为1m×（0.60～0.67）m，中低肥力旱土亩栽1 200～1 300株，行株距1～0.5–0.55m。

施肥：亩施纯氮7.5～10kg，氮磷钾配比为1：1.5：3。基肥占总施肥的40%～50%（表1–14）。

3. 采收调制

采收晒制：下部叶成熟标准：叶色大部分呈黄绿色，出现少量黄斑，茎叶角度增大，叶尖下垂，叶面茸毛基本脱落。

中上部叶成熟标准：叶色由绿变黄，顶叶布满突起黄斑，叶尖下垂枯焦，叶缘卷起，主支脉变白，茎叶角度增大，茸毛脱落。

调制期：变黄期—变红期—干筋期。

变黄期：索烟上架后，现在室外拉开晒制4～5h，然后挤紧，用塑料薄膜将烟叶三面盖住，两端及中间用绳子捆好，绕过烟叶在薄膜内变黄，一般下部叶3d，上中部3～5d，叶片达到八九成黄，开始卷筒，即可进入变红期。

变红期：采用草地变红（打地铺）：晴天选择洁净的草坪，待露水干后，将变黄后的索烟平铺地上进行暴晒，晚上烟叶回潮后收起，第二天晒制另一面，一般2～3d即可变红。遇雨天，将烟叶移至棚内铺在地上或者挂在架上进行。

干筋期：采用草地干筋，早晨露水干后，将变红烟叶铺在清洁的草地上，一索压住一索，排成鱼鳞状，露出主筋和烟拐，晚上回潮后收起，第二天晒另一面，随着烟筋干燥程度的增加，不断加大压叶面积，直至主筋和烟拐完全干燥为止。雨天挂在晒棚干筋，防止雨水淋湿烟叶。

烟叶处理：堆码发酵在室内进行，要求干燥、清洁、避风、不漏雨。

堆码方法：先在地上铺一层薄膜或者垫一层木板，上面放一层10～15cm厚的干稻草，然后将索烟拐朝外，叶尖相对一索压一索，堆顶再铺一层干稻草，并加盖木板，用石块或者其他重物压紧，四周用稻草或者其他防潮物封严，堆码高度以1.5cm为宜（表1–15）。

堆码时间：15～20d或者更长。

下绳去拐：堆码结束后，将索烟折下进行下绳去拐，按照《湘西晒红烟》标准规定，分级扎把交售。

表1–14　晒红烟烟生产技术调查

县市	种子来源	育苗方式	施肥种类	施肥方法	移栽方法	灌溉	主要病虫害	打顶方式	叶数	调制方法
辰溪	烟草公司	漂浮	专用	双层	直栽	天然	综合防治	化学	18～22	大棚晾晒

表1–15　晒红烟基本情况调查

县市	乡镇	面积（亩）	品种	经济性状		收购		流向	备注
				亩产量（kg）	亩产（元）	组织者	收购标准		
辰溪	谭家场	1 000	香烟	300	2 700	烟草公司	地方标准	雪茄、混合	
		500	大幅	320	2 700	烟草公司	地方标准	雪茄、混合	
	后塘	1 000	香烟1	300	2 500～2 700				
		200	香烟2	300	2 500～2 700				

（三）吉林蛟河

1. 基本情况

吉林省蛟河市（县级市），位于吉林省东北部，长白山支脉，松花江沿岸，与延边朝鲜自治州接壤。土壤类型以灰棕壤、红棕壤和白浆土为主，土壤pH值为6.6左右，年日照时间为2 450h，年积温3 150℃（15℃以上有效积温2 200℃），无霜期138d，年降水量730mm。

中国历史名晒烟——蛟河晒红烟，亦称漂河烟，也叫“关东烟”。其香气醇正，燃烧性好，在全国特别是沿海一带以及华中地区和内蒙古等地久负盛名，因此“关东烟”成为我国历史名晒烟。

蛟河晒红烟（漂河烟）的栽培始于清代初期，距今350年之久，至清咸丰（1861）时已闻名遐迩并初具规模，吉林城的烟商将漂河烟经沈阳载入山海关内，分发沿海及内地货栈销售。

中华人民共和国成立前，栽培了多达十几个品种，其中种植较多的为“柳叶尖”“大青筋”“胎里黄”“铁锉子”等，烟农多数开垦新烟地种植晒烟，尤其讲究掐心抹杈、割、捂、捆等传统工艺。割下的烟拐形状各异，有算盘型、荞麦型等。晒出的烟叶色泽红黄，香艳醇厚，油分充足，弹性好，燃烧性强的特点，有“青筋暴绺虎皮色，锦皮细纹豹花点、小巧玲珑蒜株管、灰白火亮串味足”的美誉。

2. 生产技术

种子来源：由蛟河市公司烟草试验基地集中培植。

品种特征：大青筋株型为塔形，株高121cm，下部叶比较密集，叶数14片，茎围7.5cm，节距5.8cm，中部叶长×宽为50.5cm×23.0cm。叶形椭圆，叶尖渐尖，叶面较平，叶缘微波，叶色深绿，叶片较厚，花色是深红，原烟颜色为褐色，身份中等。移栽至中心花开放37d，大田生育期55～64d。

育苗方式：大棚集中育苗和小散户家育苗，分散假植。

施肥种类：以农家肥为主，再加上硝铵、二胺、三元素、硝酸钾、磷酸二氢钾（叶面肥）。

施肥方法：农家肥基施。二胺、三元素混合的70%用于基肥，30%用于追肥。硝铵20%用于基肥，80%用于追肥。硝酸钾70%用于基肥，30%用于追肥。磷酸二氢钾用于成熟期叶片喷施。

移栽方法：深挖坑，选健苗，合理密度，浇水移栽。

灌溉：蛟河雨量充沛，湿度好，无需人工灌水。

主要病虫害及防治：

猝倒病：及时通风，控制浇水，晒苗。铲除并销毁苗床土。同时喷施1 000倍10%甲基托布津。

炭疽病：及时通风，控制水分，喷施1 000倍70%甲基托布津。

立枯病：防止低温，喷施1 000倍70%甲基托布津或0.4%铜氨合剂。

花叶病：少量病株及时拔掉，隔3～5d喷施病毒A或者菌克毒克。

打顶方式：晴天扣心打顶。

叶数：8～10片。

3. 采收调制

分三次采收充分成熟的叶片，直接单叶上架，烟绳拉紧，用塑料布盖严，上盖草帘，防止暴晒和雨淋。3～4d烟叶的叶绿素转为叶黄素，揭开草帘、塑料，分绳距15cm左右进行晒制，使烟叶变红后，再次加宽绳距20～25cm。吃露3～4次（每晚8时到翌日早晨5时）。吃露后将绳距缩小到3～5cm进行干筋。干筋后选择阴天无风无雨天，加宽绳距使烟叶自然回潮，水分控制在16%～17%下架。

（四）江西石城

1. 基本情况

江西石城的晒烟种植，始于明代万历年间（1573—1620），品种主要有柳叶烟和木杓烟。小松、木兰、高田、丰山、横江等地生产晒红烟，色呈紫红或深红，烟味浓，后劲大，燃性好，弹性强，素有黑老虎之称（俗称黑烟或乌烟）。

中华人民共和国成立后，晒烟种植曾一度纳入国家计划。后来，随着烤烟生产的迅猛发展，卷烟销量的增大，晒烟种植呈下降趋势，且销方市场逐年缩小，1992年后烟草公司不再收购晒烟，农户只有小量的零星种植，烟农自产自销（表1-16）。

表1-16 1987—1993年晒烟种植情况统计

年份	播种面积（亩）	亩产（kg）	总产（t）
1987	3 588	81	289
1988	5 237	64	333

（续表）

年份	播种面积（亩）	亩产（kg）	总产（t）
1989	7 722	58	448
1990	4 111	69	282
1991	1 408	82	115
1992	858	79	68
1993	412	85	35

晒红烟分级标准见表1–17。

表1–17　晒红烟分级标准

等级	部位	颜色	品质	损伤度（%）
一级	顶叶上二棚	深红紫红	细、柔软、油分足	10
二级	腰叶上二棚	深红赤红	尚细、油分足	15
三级	腰叶下二棚	赤红红黄	软细、油分足	20
四级	脚叶下二棚	红黄微红	油分差	25
五级	脚叶	赤褐带红	油分缺	10
等外	不限	不限	除带茎梗芯外其他不限	不限

收购：中华人民共和国成立后，烟叶经营纳入国家计划，烤烟纳入国家统购物资，晒烟列入派购物资。1992年以前晒烟、烤烟一同收购，但由于晒烟滞销，从1993年起收购站停收晒烟，由烟农自行销售（表1–18）。

表1–18　晒烟收购价

级别	1987年收购价（元/50kg）	1995年收购价（元/50kg）
一级	187	264
二级	164	212
三级	137	165
四级	100	123
五级	41	74.25
等外	18.2	

销售：除供应当地加工烟丝外，还有相当数量的烟叶供应国内市场和东南亚各国。国内市场主要是福建、广东、上海、辽宁等地。

中华人民共和国成立后，上级烟草销售部门每年都会下达出口任务。如1958年省商业厅下达石城晒红烟1～2级出口任务是30t，直至1985年，石城还保持晒烟出口，当年供给上海烟草进出口公司70 000kg。

20世纪80年代起，晒烟销售不畅。1992年起县烟草公司停止收购晒烟，晒烟收购全部转入个体销售（表1–19）。

表1–19　晒红烟基本情况调查

县市	乡镇	面积（亩）	品种	经济性状		收购		流向	备注
				亩产量（kg）	亩产值（元）	组织者	收购标准		
石城	小松	50	铁铲烟	200～250kg	4 800～6 000	个人	市场定价	本地市场	

2. 生产技术

（1）育苗：寒露后立冬前，选向阳平的肥沃地块，用人尿浇泼后，再用火土灰拌人尿，筛后铺在畦面上，并刮平做畦。播种时用草木灰拌种，播后脚踩镇压，松毛覆盖。10天至半月，幼苗出土，

再坐北向南搭保温草棚，也可搭架覆盖农用塑料薄膜，以保畦温。而后视幼苗生长情况，

可淋施腐熟的稀人尿水数次，促进烟苗生长。春分后气温回升，再拆除草棚或揭去薄膜炼苗，等待移栽。

品种特征：木杓烟株型为塔形，株高142.8cm，下部叶比较密集，叶数27片，茎围8.3cm，节距3.5cm，中部叶长×宽为41.2cm×23.7cm。叶形卵圆，叶尖渐尖，叶面平，叶缘平滑，叶色绿，叶片厚度中等，花色是淡红，原烟颜色为红棕色，油分有，身份稍薄。移栽至中心花开放56d，大田生育期70～85d。

（2）整地移栽：对适宜种烟的田块，立冬前将前茬残留物挖烧干净，以有机肥做基肥，深翻土地，翌年立春后再浅耕两次，打碎土块，耙平地面，做成上宽1m、底宽1.33m、0.33m的烟畦。3月下旬或4月上旬移栽，每亩穴施火土灰400kg，油枯饼25kg、磷肥50kg，每个烟畦栽两行，离烟苗6.66cm施肥。

（3）大田管理：烟苗移栽后3～5d可浅施稀粪水或化肥水，栽后15d进行浅中耕，并在两行烟中间开沟，埋施油枯饼每亩50～75kg（或尿素25kg，或碳铵50kg，或复合肥50kg）。栽后30d进行深中耕，在畦面4株烟中间挖一条深16.65cm的沟，埋施饼肥每亩50kg（或尿素20kg，或复合肥50kg，或碳铵30kg），然后将畦沟深挖6.66cm，将挖出的土培到畦面上，使畦面加高6.66cm。栽后40～45d进行第三次中耕。现蕾时进行打顶，每株留叶16～20片。打顶后每隔5d抹杈一次，并注意排除畦沟积水（表1-20）。

表1-20　晒红烟生产技术调查

县市	种子来源	育苗方式方法	施肥种类	施肥方法	移栽方法	灌溉	主要病虫害及防治方法	打顶方式	叶数	调制方法
石城	自留	常规	复合肥	条施	膜上移栽	人工浇施	花叶病、烟青虫	现花打顶	16～18	晾晒

3. 采收调制

（1）晒红烟：一般在露水未干时采摘，烟叶上折（夹）后，前两天阴晒，将烟折靠在南北向烟架上，成30°角，叶背向外，无雨天气则日阴夜露，以提高叶温，保持水分，促使变黄。烟叶变黄后含水量仍多，应使水分逐渐均匀地散失，促使叶片发酵变成深红色。第三、第四天要把烟折的角度加大到60°，以增加阳光暴晒程度，此期仍露几夜。随着水分的散失，烟叶即变成鲜亮的褐红色，此时若失水过急，叶色变红程度不一致，形成花斑不够红褐或失水过慢叶色变成暗褐色时，均要根据烟叶变化调整好烟折角度，使阳光照射强弱适中。第五天便可倒折，将烟折平摊在地面上晒叶面，以固定叶色。第六天后再晒叶背，直至主脉全干。在晒制过程中，由于每天的气温、阳光有变化，晒制天数要灵活掌握。

（2）晒黄烟：烟叶上折后，一般在下午太阳西斜时搬出，叶背向外，烟折架成“人”字形，成45°~50°，横头对准太阳，晒至太阳将落山，叶面尚有余热，叶片凋萎时收回，将烟折放在屋内墙壁周围或平摊于地面，下垫火砖，堆1m高左右，促进变黄，待第二、第三天烟叶变黄时，迅速固定黄色。晒制时将折头对准太阳，叶背向外，并随着太阳照射方向移动烟折。即早上太阳东出烟折向东，中午阳光直射平摊烟折，下午太阳偏西烟折向西，晚上收回烟折堆积（堆积方法同前）。第三、第四天由于叶色已固定，早晨待露水干后，将烟折平摊在晒场上，先晒叶背，等主脉基本干燥后，倒折翻晒叶面，晒至主脉可折断、叶面无青斑时为止。

（五）山东蒙阴

1. 基本情况

“坦埠绺子”是我国著名的晒烟之一，主产地为山东临沂蒙阴县坦埠镇而著称。坦埠地形地貌系丘陵山地，由西北向东南倾斜。海拔一般为200～600m。属暖温带季风区中的大陆性气候，具有明显的季节性气候特征。“坦埠绺子”烟已有300多年的种植历史，因其烟灰白火亮，吸味芬芳，且鲜叶卷筒即可吸食而著名。明朝万历年间已大有名气（表1-21）。

表1-21　晾晒烟基本情况调查

县市	乡镇	面积（亩）	品种	经济性状		收购		流向
				亩产量(kg)	亩产值（元）	组织者	收购标准	
蒙阴	坦埠	450	柳叶尖	550	6 600	烟贩	协商定价基本在12元左右	农贸市场

2. 生产技术

（1）品种："坦埠绺子"分为柳叶尖、垛烟、大烟、密拐子、茄烟5个类型，叶片质量以烟株上部叶片为佳，上等"坦埠绺子"烟表面着生有"俊毛"（叶片表面有一层白色粉状物），叶片十分柔软，是制造高级雪茄的上等原料。

品种特征：垛烟株型为塔形，株高110.6cm，叶数22片，茎围7.4cm，节距3.4cm，叶片较密集，中部叶长×宽为36.6cm×24.6cm，无叶柄。叶形宽椭圆，叶尖钝尖，叶面平，叶缘平滑，叶色绿，叶片较厚，花色淡红，原烟颜色为红褐色，油分有，身份适中。移栽至中心花开放52d，大田生育期65～80d。

（2）生产技术：以夏烟为主，多于清明、谷雨时节催芽播种，苗期为60d左右，麦收后移栽，移栽后最忌下雨，须让太阳晒苗2～3d，几近干枯时，大水浇灌复苏，否则烟株生长高细不壮，叶短烟薄，栽种前以土杂肥为底肥，当烟苗放开8～10个叶时，施豆饼肥调沟培土，展到16～20个叶片时，打尖去头，在整个栽培过程中，还要掌握好管理、治虫、打顶、抹杈4个环节。中秋时节是"坦埠绺子"烟成熟期，当叶片厚实微黄出鼓，已显成熟时，择阳光明丽的大晴天，利用专用烟刀进行截茎环割收烟（表1-22）。

表1-22　晾晒烟生产技术调查

县市	种子来源	育苗方式方法	施肥种类	施肥方法	移栽方法	灌溉	主要病虫害及防治方法	打顶方式	叶数	调制方法
蒙阴	自留	自育地畦子	豆饼尿素	双条双侧	小苗膜下	喷灌	蚜虫、喷施吡虫啉、赤星病、喷施菌核净	人工打顶	16～18	先捂再晾后晒

3. 采收调制

收割后的制作工艺更复杂精细，要求更严格，须经晒、露、分、扎、捂、绺、攥、垛和发酵、调剂等十几道工序，晾晒过程中温度和湿度变化十分重要，温度24～36℃，相对湿度为85%～75%时晾晒的烟叶都能达到正常的要求。一般变黄时温度为30～32℃，在此温度下均能均衡脱水，又利于变黄，若低于30℃，相对湿度90%以上时，烟叶易产生霉烂，若湿度在60%以下时，就会出现急剧干燥，因此变黄温度低于30～32℃时，应注意排湿；高于32℃时应注意保湿。烟叶含水量控制着细胞的存活和死亡，一般其临界含水量为30%，低于这个限度，变黄就会停止。棕变要求含水量比变黄高，一般要求40%～50%，因此要求变黄终点的水分以40%～50%为宜，以使烟叶发生棕变。用时3个多月，才能生产出色泽紫红、香气独特浓郁的成品"坦埠绺子烟"，并且陈放1～2年其味更加醇正。"坦埠绺子"的叶片质量以上部叶片为佳，其含糖量较低，蛋白质和烟碱含量较高，香味浓、劲头足，上等"坦埠绺子"烟表面看生有"俊毛"（叶片表面有一层白色粉状物），叶片十分柔软。

（六）内蒙古自治区赤峰市

宁城位于内蒙古自治区赤峰市最南部，地处内蒙古、辽宁、河北三省交界。地理位置东经118°26′～119°25′，北纬41°17′～41°53′。属中纬度温度温带半干旱大陆性季风气候区。春季降水集中、雨热同期、秋季短促、气温下降快、秋霜早。

境内山川交错、地形复杂、气候地区差异明显。东西长94km，南北宽64km，总面积为4 305.47km²。经合乡并镇后现全县有13个乡镇，305个行政村，总人口598 116人。

1. 地形地貌及气候条件

宁城地处燕山山脉东段北缘，居七老图山—努鲁尔虎山山地丘陵区。地势西南高、东北低，山川交错，丘陵起伏。西北部为七老图山脉环绕，山体海拔高度为1 000～1 700m，最高峰达1 899.9m，是阻挡西北风侵袭的天然屏障。南部努鲁乐虎山脉由西南向东北延伸，地势西北高而东南低，海拔800～1 000m的低山区，小气候良好。老哈河和坤头河分别横穿县境中东部和北部，两岸地势平坦，土层深厚。土地肥沃，水源条件较好。中部为黄土岭，海拔600～800m，地势起伏平缓坡向多变，丘顶浑圆。全县总土地面积4 305.47km²。耕地总面积127.35万亩，人均耕地2亩。

全年平均气温6.9～7.5℃，温度自西向东、自北向南逐渐递增。平均无霜期125～150d，终霜期一般为每年的4月下旬，初霜期为每年的9月下旬。日平均气温≥20℃的持续日数在70d以上。≥5.0℃的活动积温为3 200～3 400℃，≥10℃的活动积温为3 100～3 200℃。宁城地区光照资源丰富，全年日照时数2 781.2h，日照百分率为62%～65%，日照时数春季最多，占全年的27%，夏季占26%～27%，秋季占16%～17%。降水量平均为420～550mm，其中4—9月降水量为412.2mm左右。占全年降水量的91%，年平均夏季占全年的72%，春秋各占11%～14%。最多风向为SSE，主要灾害有干旱、冰雹、霜冻、低温冷害、暴雨与洪涝、大风、寒潮。

2. 宁城晒烟发展历史

宁城晒烟在中华人民共和国成立以后就有晒烟生产的统计资料，以自种、自销方式发展。20世纪60年代，供销社曾收购当地土烟销往京、津、唐和东北城市。1976年，经到宁城走“五七道路”干部原辽宁省棉麻烟公司副经理苗庆和的协调，为沈阳卷烟厂种植白肋烟，开始引种各地晒烟。在1977年试种了百花香、八里香，1978—1979年引种吉林的五十叶等品种。1981年、1982年宁城晒烟被德商所青睐，但由于国际关系原因而搁置，让宁城晒烟错失走向国外市场的机会。1983年，宁城晒烟进入营口卷烟厂，而后成为营口卷烟厂混合型卷烟“力士”牌的主料烟，曾畅销东北和俄罗斯国家。1997年宁城晒烟进入张家口卷烟厂，也曾进入混合型卷烟“山海关”的配方。

1998年青州烟草研究所到宁城进行晒、晾烟资源普查，发现宁城晒烟外观特征好，劲头足，有地方风格特色，并对其产品进行全面的质量评定。原供销社联合社与该所达成协议，进行提高宁城晒烟质量的研究。引进全国名优晒烟品种进行试验，进行了大量生产试验、密度试验、肥料试验、移栽期试验以及育苗方式试验等，生产水平整体提高，形成了以红花大叶黄和白花大叶黄为质量特色的宁城晒烟。

3. 宁城晒烟的化学成分

总糖2.5%～9%，还原糖2.4%～8%，总氮2.5%～3.5%，烟碱4%～9%。品种间差异大，以五十叶烟碱量最高9%，大叶黄在4%左右。评吸结果为中至好的档次之间，大部分为中等水平。以五十叶、白花大叶黄、红花大叶黄、小花青、8107等较好。以白花大叶黄为例，颜色红棕、光泽尚鲜明、香型显著、香气足、杂气少有、浓度浓、刺激性有、劲头大、余味较舒适、燃烧性强、灰色白、质量档次好。

4. 宁城晒烟种植面积

宁城晒烟作为卷烟工业原料，1982—1997年共计种植晒烟近10万亩，产烟叶约0.2亿kg，种植乡镇达20多个，种烟农户上万户。种植最高的年份为1978年，种植面积1万多亩，烟叶收购量150万kg（表1-23）。

5. 宁城晒烟种植现状

经过走访调查，据不完全统计宁城县现种植晒烟有500亩、200户，户均面积2.5亩，亩投入为2 000元左右，亩收益为2 000～2 500元。

种子多以农户自育方式繁殖，品种以吉林五十叶、大叶黄为主，在自育过程中有品种退化及不同品种杂交现象，烟草品质有所下降（表1-24）。

品种特征：五十叶株型为塔形，株高131.8cm，叶数15片，茎围8.4cm，节距7.6cm，叶片较稀疏，中部叶长×宽为61.0cm×30.0cm，无叶柄。叶形宽椭圆，叶尖渐尖，叶面较平，叶缘平滑，叶色绿，叶片厚度中等，花色深红，原烟颜色为褐色，油分多，叶片结构疏松。移栽至中心花开放43d，大田生育期55～68d。

由于市场混乱，产品导向不明确，造成不同地区的烟叶质量追求不同，同时导致了宁城地区晒烟生产技术及烟叶质量的下降。在西南部地区，实行精耕细作，采用假植移栽方式种植，在5月上旬移栽，在白露前后分层次、部位采摘。其中西部采用下、中、上的顺序采摘，南部采用上、中、下顺序采摘。都使用底肥与追肥相结合方式施肥，但由于没有统一管理，施肥方面存在氮肥偏多，饼肥、钾肥不足的现象。打顶抹杈使用抑芽剂，只留主茎烟叶，亩产在200kg左右。调制以偏绿为主，以叶干、筋干为主，不调色泽。销售多以碎烟、自然把烟叶方式出售给小贩，经小贩销往辽宁、河北等地。中东部地区实行密植培育杈烟方式栽培，采用假植移栽方式种植，在5月上旬移栽，在白露前后采摘，采用一次采完的方式采摘主茎烟叶，主茎采收结束后留杈烟二次采收。亩产量在250kg左右。调制以黄褐居多，轻度带绿。销售多以片烟把的方式销售。主要销售向周边农贸市场及通过小贩流向辽宁等地。

6. 发展前景

宁城气候条件适宜、水源丰富，与烟叶生长相关的日照时数、降水量、无霜期等条件均能满足优质晒烟生长发育的需求条件。耕地与人力资源相对充裕，有悠久的种植历史，现有的种植户加上原来有过种植经验的潜在可发展农户，是一个庞大的晒烟种植受众群体，有规模化发展的便利条件。

由于晒烟种植户的多年粗放式经营发展，种植品种杂、生产技术落后，需要一支掌握先进生产技术的队伍，通过引进优良品种、精细化指导和管理来扭转多年养成的不良习惯，生产相关的基础设施需要配套建设来提高晒烟的品质。

总体看，宁城有着悠久的晒烟种植历史、适宜的气候条件和配套的生产技术底蕴。虽然近几年由于市场原因导致了无序发展，相信通过规范化指导和管理，能够扭转宁城晒烟的生产现状，开发出有宁城特色的晒烟烟叶。

表1-23 基本情况调查

乡镇村组	面积（亩）	品种	经济性状		流向
			亩产量（kg）	亩产值（元）	
大双庙镇八里营子10组	2	大黄叶	450	4 000	迁西、唐山
大双庙镇八里营子10组	10	大黄叶	500	4 500	迁西、唐山
八肯中乡八里铺	2	大黄叶	300～400	4 500	市场零售
八肯中乡八里铺	4	大黄叶	400	5 000	市场零售
忙农镇树林子程家烧锅	10	吉林五十叶	450	4 000	辽宁、河北
大城子镇下午家村10组	5	大黄叶	450	4 200	辽宁、河北
大城子镇下午家村10组	2	大黄叶	450	4 200	辽宁、河北

表1-24 生产技术调查

县市	种子来源	育苗方式	施肥种类	施肥方法	移栽方法	灌溉	主要病虫害	打顶方式	叶数	调制方法
宁城	自育	两段式	烟草专用肥、二胺	穴施	膜下、膜上	沟灌	赤星病	人工	14	晒制

（七）浙江桐乡

浙江省桐乡晒红烟在国内外市场上享有较高的声誉，是传统的出口商品。根据桐乡志记载，在300多年前由吕宋岛传到福建，同期引种到裥乡的卜院、炉头、翔后、民兴、梧桐等地。随着试种的成功，进而桐乡各地开始种植。桐乡晒红烟主要用于制作土烟丝、雪茄烟外包皮，也是混合型卷烟和制作鼻烟的好原料。

20世纪50年代桐乡晒红烟种植面积比较大，年总产量最高超过300万kg，出口超过50万kg，是桐乡晒红烟生产的高峰。但由于晒烟生产未纳入国家计划，生产处于自由种植状态，更缺乏必要的技术指导，种植面积和出口量逐年趋于下降。近几年来国家每年下达种植计划为13 000亩，烟农自由种植约4 000亩。

桐乡晒红烟出口地区主要有埃及、马里、几内亚、比利时、西德、日本等地。国内主要销往我国广东、福建、辽宁、吉林、黑龙江、北京、天津、上海以及香港、澳门等。

1. 基本情况

桐乡位于浙江杭嘉湖平原的中部，地处京杭大运河两侧。全县东西宽36km，南北长34km，面积约为723km²。

桐乡地势较低洼，为河流冲积平原和湖淤积平原，地势从东南略向西北倾斜，河港密布、湖塘众多、密如蛛网的水系构成了江南水乡的特色。

桐乡土壤多属黄斑土、青紫土、夜潮土，烟区的土壤多属小粉土和黄斑土，经多点取土化验分析结果，土壤有效养分氮为67.48mg/kg、磷为44.08mg/kg、钾为149.5mg/kg，pH值为6～7。

桐乡属亚热带季风气候（表1-25），温暖湿润，四季分明、雨量充沛。在正常年份降水量和温度条件均能满足烟株生长发育的需要，4—6月降雨较多，对促进烟株的根系发育较为有利。7月降水量减少，光照增加，有利于烟叶的采收和调制。

表1-25　桐乡1961—1980年气象资料统计

月份	1	2	3	4	5	6	7	8	9	10	11	12	全年
降水量（mm）	51.7	78.1	93.7	113.7	127.3	162.9	106.1	120.8	148.3	71.7	51.4	50	1 175.7
蒸发量（mm）	46.4	49.4	78.1	101.5	126.1	134.6	190.4	187.5	115.6	93.6	70.2	49.4	1 242.8
相对湿度（%）	76	79	79	81	81	83	82	82	85	81	78	74	80
气温（℃）	3.3	4.5	8.8	14.8	19.7	23.9	28.2	28	23.3	17.6	11.8	5.8	15.8
地温（℃）	4.5	6.1	10.9	17.8	23.7	28.3	34.9	34.6	27.4	0.50	13.5	6.8	19.1
日照时数	142.1	127	140.5	149.4	164.6	163.9	237.2	257.7	166.4	172.3	157.9	142.8	2 021.9
日照百分率	44	41	38	39	39	39	56	63	45	49	50	45	46
霜日数	12.5	8.9	3.3	0.2						0.1	3.8	10.9	39.7
八级大风次数	0.4	0.2	0.8	1	0.4	0.1	0.4	0.7	0.4	0.2	0.2	0.1	4.8

注：表中数据均为1961—1980年平均值

2. 生产技术

（1）品种：督叶尖秆软叶子（又称猛子尖秆）是该地区的当家品种，种植面积占70%左右。植株筒形，株高98cm，叶数18～20片，中上部叶长47cm、宽28cm，叶片呈卵形，大田生长期75～90d，植株较矮，叶大而多，烟质较好、产量较高。但多年未进行选育，品种退化现象较重，导致抗病力减退，特别是对花叶病、叶斑病抗病力较差。

督叶尖秆硬叶子占种植面积的20%，植株筒形，株高102cm，留叶17～20片，上、中部叶长47cm、宽26cm，叶呈卵形，大田生长期90d左右，烟质尚好，叶脉较软，叶子略粗，抗花叶病优于软叶子。

三〇三品系是当地土种尖秆子与烤烟品种单育一号杂交而成，种植面积已逐年扩大，单产较当地品种提高三成以上，品质和当地种相仿，该品种尚未经过鉴定。

（2）育苗：选择苗床地一般在冬至—小寒，要求为避风向阳、地势平坦、土层深厚、土壤潮润，前茬未种过烟和瓜菜的田地。深耕13cm以上，表土要求冻松后整平，苗床四周开沟深度约33.3cm，苗床四边筑高10～13cm，宽12cm，苗床长度按实际情况而定，一般宽100～116cm。

播种一般在大寒至立春进行。播种前，先在苗床表面盖上一层谷壳灰或土松泥，再施上一层人粪猪粪或鸡粪，然后再铺上3.3cm左右的垃圾泥（必须筛过）等有机肥做底肥。播种后薄薄地盖上一层草木灰，再施用清水人粪尿。使泥土和种子结合，以促使种子早发健壮。

当地部分烟区有的采用薄膜育苗法，盖膜时间一般在雨水前后3～4d。

出苗后隔一天浇一次清水或清水粪（1∶4），遇干旱炎热天气需每天浇水一次，一般在早晚进行。对弱苗及时追偏心肥，促使其烟叶生长一致。

（3）栽培管理：桐乡晒红烟过去习惯种在旱地上或套种在桑园中，由于灌溉条件差，对产质影响很大。近几年通过改革耕作制度，扩大了种烟水浇地面积，促进了粮烟双丰收。采用薄膜育苗的一般在“谷雨”前后移栽，自然育苗的一般在5月初移栽，大田生长期100d左右。

当地很注重根据土壤条件施肥，田地一般用垃圾泥和饼肥，旱地习惯用稻秆泥和饼肥。每亩施肥50kg左右，田地施垃圾泥500～750kg，旱地施稻秆泥5 000kg。移栽前20d在小行距中间开沟将肥施入，甩土覆盖。

实践证明，施用有机土杂肥和饼肥做基肥，对提高烟叶品质和改良土壤结构有良好的效果。

当地习惯重视追肥，做到早追、多追。从移栽开始至培土前分段进行。移栽时亩施磷肥15kg，栽后3～4d浇一次猪粪人粪（每亩用猪粪人粪250kg兑水1 000kg浇施）。一般浇施4～5次，每次浇施结合松土。从追第三次肥起，每次每亩增施复合肥3.5kg或尿素1.5kg，培土时每亩施复合肥25kg或硫铵17.5kg，以满足烟株生长发育的要求。

桐乡位于沿海地区，雨量较大，烟地易板结。因此要及时中耕松土，以利烟株的根系发育。松土时，做到近根浅、远根深。一般到培土前需中耕2～3次，移栽后24～30d开始培土。若天气久旱无雨，应及时浇水。

适时打顶抹杈是桐乡晒红烟优质适产的有效措施。根据地力条件及烟株长势决定留叶数打顶，打顶后要达到顶叶翻顶，又要不使顶叶倒挂成“伞”形。

种植密度应因地制宜，桐乡晒红烟多采用大小行距。大行为1～1.07m，小行0.53～0.6m，株距0.37～0.4m。田地亩栽2 000～2 372株，旱白地（不种庄稼）亩栽1 800～2 000株，白桑地1 400～1 600株，烟叶菊花套种亩栽1 500株左右。

3. 采收调制

桐乡晒红烟重视采收和晒制，根据多年的采收经验认为，生长正常的烟株，烟叶成熟的标准是叶色由绿变淡，叶尖叶缘出现黄色，叶面有黄斑。采收时严格掌握成熟标准，做到成熟一批、采收一批，自下而上分6次采光，一般小暑至立秋采收结束。

鲜叶采回后，及时上折进行晒制。上折采用大叶2片、小叶3片的成贴办法，贴与贴较紧密的排放在烟折上（当地称烟笠），然后进行“釉叶”（当地称“釉”是促进变黄的意思）。

釉叶方法有两种：一是将两幅烟折合并在一起，用竹竿撑好，尽量直立，减少阳光直射，数日后两折互换，此法变色均匀，色泽鲜亮；二是将单幅烟折靠成工字形，四周及顶部用草帘或芦帘覆盖，避免阳光直射，此法调制的烟叶色泽较暗淡，但占地较少，烟农易接受，故采用此法的较多。当3/4～1/3叶面由黄变褐、叶脉青绿消退，釉叶即告完成，一般需6～7d。

釉叶结束后，即可架拥暴晒。架拥方法是两幅烟折架成“人”字形，也可单幅烟折撑起，釉叶充分的先晒叶面后晒叶背，如釉叶不充分或天气不好，应先晒叶背后晒叶面。暴晒1～2d后，待叶肉基本干燥，将烟折成鱼鳞状排放于晒场，使未干的主脉和茎块继续干燥。5～6d后即可拆折捆把，贮存仓房等待分级出售。

（八）四川省成都市

1. 生产技术

（1）品种：新都烟叶，又名晒烟。按品类分为毛烟、柳烟、泉烟、大烟叶4种。

泉烟品种特征：株型为筒形，株高161.0cm，叶数30片，茎围8.0cm，节距2.8cm，中部叶长×宽为47.0cm×32.0cm，叶柄6.2cm。叶形心脏形，叶尖钝尖，叶面平，叶缘平滑，叶色绿，叶片厚，花色淡红，原烟颜色为柠檬黄，油分有，色度强，原烟结构尚疏松。移栽至中心花开放64d，大田生育期80～95d。

什烟一号品种特征：株型塔形，叶面较平，叶形椭圆，叶尖渐尖，叶缘微波，叶色深绿，叶耳中，叶片主脉粗，花序密集，花序球形，花色淡红，叶片较厚。初花株高168cm，茎围10cm，节距6.4cm，采收叶片数14～16片，最大叶长61cm，最大叶宽31cm。苗龄90d，移栽至中心花开放65d，大田生育期95～105d。

东乡烟，性醇和而味略浓；南乡烟，皮张稍粗口劲大；西乡烟，性醇和而味偏淡；北乡烟，性醇和而味略淡。柳叶烟中分为芭茅柳、枇杷柳、葵柳、抱脚柳。其中芭茅柳有青茅立耳、黄毛立耳、叶尖向上立而不下垂。柳叶正庄烟具有油、绵、酸、香、猩红堂子等特点。烟味醇和，不辣不苦，有回味，不烧口，化白灰，不倒桩，收成雀屎状。隔年能保住香味与润泽，督桥河"贡烟"实即精选的立耳子芭茅柳叶烟，其叶脉有"筋对筋"排列的，最具特色。

叶烟，特别是柳叶烟曾经是新都区的重要经济作物之一，种植历史悠久，种植面积历年在万亩以上。土壤黏沙适度，供肥能力良好，且有一定的排水通气性能，年平均降水量830～1 100mm，日平均气温15.9℃，pH值为5.5～6.5，且含有丰富的有机质（22.8～52.5g/kg）。

（2）育苗与栽培：20世纪80年代，农业局技术人员在柏水乡（现斑竹园镇）摸索总结出一套水旱轮作防病丰产栽培的新技术，将原在霜降播种，在春分至清明移栽改为提前在寒露播种，在立冬左右假植营养土块盖薄膜保湿生长，提早在惊蛰至春分移栽大田的栽培技术。在移栽大田前先揭薄膜炼苗，增强抗病抗逆能力。这样移栽大田后，缓苗快、苗壮，避过了烟草花叶病发病时期，大大降低了烟苗发病率，另外，通过烟稻轮作降低病虫害的发生。亩种植密度一般为1 500～1 900株，通常留叶15～18片/株。同时，在管理上增施有机肥少施化肥，提高了烟叶的品质，生产的晒烟燃烧性好，灰色白，有较好的豆香、木香和甜感。

2. 采收与调制

晒烟烟叶采收的成熟度略低于烤烟，生产上认为，当下部叶主侧脉颜色发青，叶片整体上呈青绿色；中部叶主脉1/3变白发亮，叶片颜色淡绿至微黄，茎叶角度呈80°左右；上部叶叶片呈黄绿色，茎叶角度呈60°左右，叶尖有黄斑时，较适宜采收。一般由下部叶逐渐向上，分3～5次采收。调制过程历经4个时期，分别为凋萎期、变黄期、定色期和干筋期。并在进行晾晒干后分类选择，改进调制方法，经红釉、红白茶、酒料等喷润加工堆放发酵后，叶片更加滋润柔和，叶端细如针尖，香味醇正，具有与众不同的独特风味。

四、晾晒烟烟叶质量综合评价

(一)2012年晾晒烟叶外观质量评价

1. 不同省份晾晒烟上部烟叶外观质量

（1）四川省晒红烟上部烟叶外观质量：四川晒红烟的颜色以红棕、深棕为主，身份偏中等，结构疏松，油分有，四川达州4叶片较宽大，叶片含青较轻，结构尚细，弹性较好，其中达州晒红烟光泽强度优于成都晒红烟（表1-26、表1-27）。

表1-26 四川省晒红烟上部烟叶外观质量

编号	类型	部位	颜色	成熟度	身份	叶片结构	油分	长度	含青度	细致程度	光泽强度	弹性
四川达州4	晒红	上部	红棕	成熟	中等+20%，中等-20%，中等60%	疏松	有	80	≤5%	尚细80%，较粗20%	稍暗80%，较暗20%	好
四川达州7	晒红	上部	深棕70%，红棕30%	成熟	中+60%，中40%	疏松	有-	60	≤0	尚细	较暗30%，暗70%	较好
四川成都1	晒红	上部	深棕	成熟	中等80%，稍薄20%	疏松	多	60	0	尚细	稍暗	较好
四川成都4	晒红	上部	深棕	成熟95%，尚熟5%	中等90%，稍薄10%	疏松	多70%，有30%	60	≤5%	尚细	稍暗	较好

表1-27　四川省晒红烟上部烟叶外观质量综合评价

编号	现等级	综合
四川达州4	B2 90%，B3 10%	纯度好，颜色均匀，叶背颜色基本一致，叶片成熟，结构疏松，主脉较粗，叶片被折
四川达州7	B2	纯度较好，颜色均匀，正反色差大，背面颜色基本一致，叶片成熟，结构疏松，光泽暗，水分少干燥
四川成都1	80%B2，20%B3	等级纯度好，颜色均匀，成熟度好，结构疏松，身份偏薄（基部较严重），主脉较粗，叶柄含青霉痕迹（自然）正反色差大，轻度腥味
四川成都4	20%B1，60%B2，20%B3	等级纯度较好，颜色较均匀，成熟度好，结构疏松，叶片基部偏深，正反色差大，叶片皱褶，主脉较粗，腥味

（2）吉林省晒红烟上部烟叶外观质量：吉林晒红烟上部叶颜色以红棕为主体颜色，其中吉林1和吉林4少部分烟叶颜色偏浅棕；成熟度均较好，身份中等，结构以疏松，油分有，叶片均略含青，但含青度较轻，蛟河晒红烟结构以尚细为主，吉林晒红烟部分结构偏较粗；色度稍暗到较暗，弹性均较好；总体评价吉林晒红烟结构疏松，颜色均匀正反色差较小，内含物欠充实（表1-28和表1-29）。

表1-28　吉林省晒红烟上部烟叶外观质量

编号	类型	部位	颜色	成熟度	身份	叶片结构	油分	长度	含青度	细致程度	光泽强度	弹性
吉林蛟河1	晒红	上部60%，中部40%	红棕	成熟90%，尚熟10%	中等60%，中等+40%	疏松	有	60	≤10%	尚细	稍暗	较好
吉林蛟河3	晒红	上部40%，中部60%	红棕	成熟95%，尚熟5%	中等80%，中等+20%	疏松	有	55	≤5%	尚细	稍暗	较好
吉林蛟河5	晒红	上部	红棕	成熟	中等30%，中等+70%	疏松90%，尚疏松10%	多80%，有20%	70×35	≤7%	尚细	稍暗	好60%，较好40%
吉林蛟河7	晒红	上部70%，中部30%	浅红棕30%，红棕70%	成熟	中等+60%，中等40%	疏松70%，尚疏松30%	有	65	≤5%	尚细40%，稍粗60%	稍暗40%，较暗60%	较好
吉林蛟河9	晒红	上部90%，中部10%	红棕90%，浅红棕10%	成熟	中等+70%，中等30%	疏松70%，尚疏松30%	有	65	≤5%	尚疏松20%，稍粗80%	稍暗20%，较暗80%	较好
吉林1	晒红	上部70%，中部30%	浅棕30%，红棕70%	成熟	中等-10%，中等90%	疏松	多70%，有30%	60	≤5%	尚细30%，较粗70%	稍暗30%，较暗70%	较好
吉林4	晒红	上部	浅棕80%，红棕20%	成熟	中等+40%，中等60%	疏松	多	60	≤3%	尚细80%，较粗20%	稍暗80%，较暗20%	好40%，较好60%

表1-29　吉林省晒红烟上部烟叶外观质量综合评价

编号	现等级	综合
吉林蛟河1	40%B2，20%B3，40%C2	等级纯度一般，颜色均匀，结构疏松，个别叶片明显成熟斑，正反色差小，叶片大小不均匀，内含物欠充实
吉林蛟河3	40%B2，50%C2，10%C3	等级纯度较好，颜色较均匀，成熟度较好，结构疏松，内含物欠充实，正反色差小，闻香微酸
吉林蛟河5	20%B1，60%B2，20%B2	等级纯度好，颜色均匀，成熟度较好，正反色差小，也偏大，部分叶片含成熟斑，水分偏高
吉林蛟河7	60%B2，10%B3，30%C2	等级纯度较好，颜色均匀，正反色差小，叶片成熟，油分不足，有干燥感，内含物欠充实，含中部叶
吉林蛟河9	60%B2，20%B3，20%C2	等级纯度较好，颜色纯正，正反色差小，油分不足，有僵硬感，内含物欠充实
吉林1	70%B2，30%C3	纯度一般，叶片成熟，结构疏松，光泽暗，个别叶片偏薄，干物质充实
吉林4	B2	纯度好，颜色较均匀，油分多，结构疏松，身份较好，气味发酸

（3）江西省晒红烟上部烟叶外观质量：江西抚州晒红烟上部烟叶颜色为深棕，石城晒红烟颜色略偏深为深棕+，成熟度好，身份中等，结构疏松，抚州晒红烟油分略好于石城晒红烟，但存在含青现象，光泽强度整体偏较暗，抚州晒红烟弹性、油分优于石城晒红烟（表1-30和表1-31）。

表1-30　江西省晒红烟上部烟叶外观质量

编号	分型	部位	颜色	成熟度	身份	叶片结构	油分	长度	含青度	细致程度	光泽强度	弹性
江西抚州2	晒红	上部	深棕	成熟	中等	疏松	多	53	≤7%	尚细20%，较粗80%	稍暗20%，较暗80%	好20%，较好60%，一般20%
江西抚州4	晒红	上部	深棕	成熟90%，尚熟10%	中等	疏松	多	52	≤7%	尚细60%，较粗40%	稍暗60%，较暗40%	好60%，较好40%
江西石城2	晒红	上部90%，中部10%	深棕70%，深棕+30%	成熟	稍厚30%，中等70%	尚疏松30%，疏松70%	稍有（水分少）	50	≤0	稍粗70%，粗30%	较暗70%，暗30%	较好60%，一般40%
江西石城3	晒红	上部	深棕+	成熟	中等	疏松	有-	50	≤0	尚细	较暗	较好70%，一般30%

表1-31　江西省晒红烟上部烟叶外观质量综合评价

编号	现等级	综合
江西抚州2	B2 40%，B3 60%	纯度差，油分多，结构疏松，光泽暗，颜色不均匀，部分叶片面光含青严重
江西抚州4	B2 60%，B3 40%	纯度较好-，颜色较均匀，油分足，身份好，光泽暗淡，部分叶片背部含青
江西石城2	B2 20%，C3 10%，B3 70%	纯度差（一般），样品未挑选，原生态，色域宽，叶面有霉迹，叶背颜色基本一致，呈现红棕色，叶片大小不一，干燥，含水量少，易破碎
江西石城3	B2 20%，B3 80%	纯度差，部位较纯正，颜色较均匀，叶片大小不一，样品为原生态，光泽较暗，身份偏薄，个别叶含霉味

（4）湖南省晒红烟上部烟叶外观质量：湖南晒红烟上部叶颜色为浅棕到红棕，麻阳晒红烟成熟度略优于湘西和怀化部分晒红烟，上部烟叶身份为中等，结构疏松，油分有，怀化1为小叶型晒红烟；麻阳晒红烟上部烟叶含青较轻，怀化和湘西晒红烟均有不同程度含青现象；麻阳晒红烟细致程度偏尚细，略优于湘西和怀化晒红烟；麻阳晒红烟光泽强度整体偏稍暗，怀化晒红烟颜色尚鲜亮—稍暗；湖南晒红烟弹性较好（表1-32和表1-33）。

表1-32　湖南省晒红烟上部烟叶外观质量

编号	分型	部位	颜色	成熟度	身份	叶片结构	油分	长度	含青度	细致程度	光泽强度	弹性
湖南麻阳4	晒红	中部60%，上部40%	红棕70%，深棕30%	成熟90%，尚熟10%	中等+30%，中等70%	疏松	少（水分少）	60	≤5%	尚细70%，稍粗30%	稍暗70%，较暗30%	好
湖南麻阳5	晒红	上部	浅棕20%，红棕80%	成熟	稍厚20%，中60%，中-20%	疏松	稍有	50	≤0	稍细20%，稍粗60%，粗20%	稍暗20%，较暗60%，暗20%	较好70%，一般30%
湖南麻阳6	晒红	上部10%，中部70%，下部20%	浅棕30%，红棕70%	成熟	中等60%，稍薄40%	疏松	有	60	≤0	尚细90%，稍粗10%	稍暗90%，较暗10%	较好80%，一般20%
湖南湘西1	晒红	中部60%，上部40%	红棕40%，浅棕30%，深棕30%	成熟	中等+40%，中等60%	疏松	多20%，有60%，稍有20%	55	≤5%	尚细30%，较粗70%	稍暗30%，较暗70%	较好

（续表）

编号	分型	部位	颜色	成熟度	身份	叶片结构	油分	长度	含青度	细致程度	光泽强度	弹性
湖南湘西4	晒红	上部70%，中部30%	浅棕20%，红棕80%	成熟95%，尚熟5%	中等+20%，中等60%，稍薄20%	疏松	稍有	53	≤3%	尚细70%，稍粗30%	稍暗70%，较暗30%	较好80%，一般20%
湖南怀化1	晒红	上二棚	浅棕40%，红棕60%	成熟85%，尚熟15%	稍厚30%，中等+30%，中等40%	疏松70%，尚疏松30%	有40%，有-60%	小叶型55	≤7%	尚细40%，稍粗60%	稍暗40%，较暗60%	好
湖南怀化5	晒红	上部	红棕	成熟	中等	疏松	少（干燥）	60	≤3%	稍粗	较暗	一般
湖南怀化7	晒红	中30%，上70%	浅棕60%，红棕40%	成熟85%，尚熟15%	中等40%，中等-60%	疏松	有+	65	≤10%	尚细60%，稍粗40%	尚鲜亮60%，稍暗40%	好40%，较好60%
湖南怀化8	晒红	上	深棕30%，红棕70%	成熟80%，尚熟20%	中等70%，中等-20%，稍薄10%	疏松	有-	60	≤15%	尚细30%，稍粗70%	尚鲜亮30%，稍暗70%	好70%，较好20%，一般10%

表1-33　湖南省晒红烟上部烟叶外观质量综合评价

编号	现等级	综合
湖南麻阳4	B2 40%，C2 60%	纯度较好，叶背浅棕，基本一致，干燥，含水量少，易破碎，叶片大小较均匀，个别叶背含青
湖南麻阳5	B2 60%，B3 40%	纯度一般，叶片干燥，含水量偏低，光泽暗，叶片成熟，结构疏松
湖南麻阳6	B2 10%，C3 70%，X2 20%	纯度差（较好-），部位混乱，颜色基本均匀，结构疏松，叶片干燥油分少
湖南湘西1	B2 30%，B3 10%，C2 50%，C3 10%	纯度一般，色域较宽，叶片成熟，结构疏松，油分少，干燥，内含物质充实，中上部相混
湖南湘西4	70%B2，30%B3	等级纯度较好，颜色较均匀，结构疏松，把内中上相混，以上部为主，叶片干燥，个别身份偏薄
湖南怀化1	B2 80%，B3 20%	纯度一般，部位纯正，叶背浅棕色相近，干燥含水不足，个别叶背含浮青和光肾
湖南怀化5	B2	纯度较好，部位纯正，颜色均匀，叶背呈浅棕色，叶片干燥，含水量偏少，易破碎，身份适中，结构疏松
湖南怀化7	B2 30%，B3 40%，C2 30%	纯度一般，中上部相混，干燥，含水少，个别叶背含青较重
湖南怀化8	B2 60%，B3 20%，BV 20%	纯度一般+，含少许上部叶，部位相对较好，身份适中，结构疏松，干燥，含水不足，部分叶背含青较重

（5）贵州省晒红烟上部烟叶外观质量：贵州省晒红烟上部烟叶颜色偏红棕，部分样品混少许中部叶；铜仁晒红烟上部烟叶成熟度为成熟，其他地区成熟度略差，含少许尚熟烟叶；黔南地区烟叶身份中等偏稍厚，略厚于其他地区，但叶片结构为尚疏松偏舒适，差于贵州省其他地区；整个贵州地区烟叶样品油分较好；除铜仁外各地区烟叶均存在含青现象；光泽强度偏稍暗；综合评价贵州地区晒红烟均为小叶型，外观质量相对较好，部分烟叶样品存在混部位现象，总体评价油分好，结构疏松，弹性好，其中黔西南、榕江均为原生态晒制（原生态藤扎）（表1-34和表1-35）。

表1-34　贵州省晒红烟上部烟叶外观质量

编号	分型	部位	颜色	成熟度	身份	叶片结构	油分	长度	含青度	细致程度	光泽强度	弹性
贵州黔西南1	晒红	上部	浅棕70%，红棕30%	成熟60%，尚熟40%	稍厚10%，中等90%	疏松90%，尚疏松10%	多70%，有30%	40	≤13%	稍粗	稍暗	较好70%，一般30%

（续表）

编号	分型	部位	颜色	成熟度	身份	叶片结构	油分	长度	含青度	细致程度	光泽强度	弹性
贵州黔西南4	小叶晒红	上部（顶叶）	浅棕30%，红棕50%，深棕20%	成熟40%，欠熟30%，尚熟30%	稍厚40%，中等60%	尚疏松40%，疏松60%	有60%，有-40%	小叶型25	≤20%	尚细40%，稍粗60%	尚鲜亮40%，稍暗60%	较好40%，一般60%
贵州榕江2	晒红	上部85%，中部15%	深棕	成熟90%，尚熟10%	中等80%，中等-20%	疏松	多	小叶型42	≤3%	尚细70%，稍粗30%	稍暗70%，较暗30%	好
贵州镇远2	晒红	中部60%，上部40%	浅棕30%，红棕40%，深棕30%	成熟80%，尚熟20%	中等-40%，稍薄60%	疏松	多20%，有80%	45	≤7%	细	稍暗30%，较暗40%，暗30%	较好40%，一般60%
贵州镇远4	晒红	上部30%，中部70%	浅棕70%，红棕30%	成熟95%，尚熟5%	中等30%，中等-30%，稍薄40%	疏松	有+	小叶型48	≤7%	尚细70%，细30%	稍暗70%，较暗30%	好60%，较好40%
贵州黔东南2	晒红	上部	浅棕5%，红棕75%，深棕20%	成熟80%，尚熟20%	中等	疏松	多70%，有30%	小叶型40	≤7%	尚细80%，稍粗20%	稍暗80%，较暗20%	较好80%，一般20%
贵州荔波1	晒红	上部	浅棕20%，红棕30%，深棕50%	成熟60%，尚熟20%，欠熟20%	中等-50%，中等30%，稍薄20%	疏松	少（干燥）	40	≤15%	尚细20%，较粗60%，粗20%	稍暗20%，较暗60%，暗20%	一般
贵州铜仁2	小叶晒红	上部80%，中部20%	红棕20%，深棕80%	成熟	中等80%，中等-20%	疏松	多	30	≤0	尚细	稍暗20%，较暗80%	好

表1-35 贵州省晒红烟上部烟叶外观质量综合评价

编号	现等级	综合
贵州黔西南1	B2 20%，B3 80%	纯度差（较好-），部位纯正，等级颜色较乱，叶片干燥，身份偏薄，部分烟叶面含青，为小叶型，为原生态藤扎
贵州黔西南4	B3 70%，B2 30%	纯度较好-，部分叶片霉变，身份厚，颜色宽泛，干燥，样品为小叶型索晒
贵州榕江2	B2 30%，B3 55%，C3 15%	纯度差（较好），颜色较均匀，叶背颜色呈浅棕，油分足，有黏感，身份较好，叶片大小不一，叶为原生态，带柄
贵州镇远2	B3 40%，C3 60%	纯度较好，光泽暗，身份偏薄，弹性差，叶片细致，调制方式不同于折晒，索晒，似手搓状
贵州镇远4	B3 30%，C2 20%，C3 50%	纯度较好-，中上部叶相混，身份较薄，部位特征不明显，叶背浅棕，个别叶背含青较重，油分较好，粘茎压油现象
贵州黔东南2	B2 40%，B3 30%，BV30%	纯度一般+，色域宽，部位纯正，身份适中，结构疏松，叶片干（含水不多），油分多，叶背含青较重，样品为小叶型
贵州荔波1	B3 80%，GY2 20%	纯度差，色域宽，油分少，易破碎，成熟度差，叶片含青，光泽暗，正反色差大，索晒，未分级
贵州铜仁2	C2 20%，B2 60%，B3 20%	纯度较好，中上部相混，原生态索晒，油分足，弹性好，结构疏松，叶枝大小相近，正反色相近

（6）山东省晒红烟上部烟叶外观质量：山东晒红烟颜色为深棕偏红棕；成熟度稍差，含少许尚熟烟叶；身份为稍厚偏中等；油分较好，均存在不同程度含青现象；沂水晒红烟为小叶型，结构尚细—稍粗，光泽强度稍暗，其他地区晒红烟叶片稍大，光泽强度稍暗偏较暗（其中沂南晒红烟光泽强度为暗）；弹性均较好。综合评价山东晒红烟部位相对纯正，沂水晒红烟颜色均匀，蒙阴晒红烟色域相对宽泛（表1-36和表1-37）。

表1-36　山东省晒红烟上部烟叶外观质量

编号	分型	部位	颜色	成熟度	身份	叶片结构	油分	长度	含青度	细致程度	光泽强度	弹性
沂南1	晒红	上部	深棕80%，深棕+20%	成熟10%，尚熟30%，欠熟60%	稍厚40%，中等60%	疏松60%，尚疏松40%	有	50	≤30%	稍粗	暗	好40%，较好60%
蒙阴1	晒红	上部30%，中部30%，下部40%	红棕80%，深棕20%	成熟80%，尚熟20%	稍厚30%，中等+30%，中等40%	尚疏松60%，疏松40%	有（干燥）	50	≤15%	尚细40%，稍粗30%，粗30%	稍暗40%，较暗30%，暗30%	较好60%，一般40%
蒙阴3	晒红	上部	红棕50%，浅棕30%，深棕20%	成熟70%，尚熟20%，欠熟10%	稍厚40%，稍厚-60%	尚疏松90%，稍密10%	多20%，有80%	46	≤15%	稍粗50%，粗50%	稍暗50%，较暗30%，暗20%	好80%，较好20%
蒙阴4	晒红	上部	深棕	成熟95%，尚熟5%	稍厚70%，稍厚-30%	疏松30%，尚疏松70%	有	50	≤5%	稍粗	较暗	好
沂水1	小叶晒红	上部	浅棕70%，红棕30%	成熟85%，尚熟15%	中等30%，中等-50%，稍薄20%	疏松	有	小叶型35	≤7%	尚细	稍暗	较好30%，一般70%
沂水3	晒红	上部	红棕	成熟85%，尚熟15%	稍厚	尚疏松	有（少）	45	≤10%	稍粗	稍暗	好
沂水6	晒红	上部	红棕60%，深棕40%	成熟90%，尚熟10%	中等+60%，中等40%	疏松	有	40	≤7%	稍粗	较暗	好

表1-37　山东省晒红烟上部烟叶外观质量综合评价

编号	现等级	综合
沂南1	B2 10%，B3 10%，GY 80%	纯度差，部位纯正，大部分含青严重，部分霉变
蒙阴1	B3 30%，C2 10%，C3 20%，X3 40%	纯度一般，部位乱，色域宽，干燥，油分少，样品破碎严重，部分叶片叶背支脉含青较重，青杂气偏重
蒙阴3	B3 70%，BV 30%	纯度差，色域宽，叶片大小不一，光泽暗，部分叶片含青较重，青杂气较重，部位纯正
蒙阴4	B2 80%，B 320%	纯度较好，部位纯正，颜色均匀，干燥，含少许中部叶，个别叶背支脉含青，叶背颜色基本一致，呈浅棕色
沂水1	X3	纯度较好，部位纯正，颜色较均匀，结构疏松，叶片大小不一，弹性好，个别内含物欠充实，中度霉变
沂水3	B2 60%，B3 40%	纯度较好-，部位纯正，颜色较均匀，干燥，部分叶片主脉叶背含青，索晒带捌子
沂水6	B2 30%，B3 70%	纯度一般，部位纯正，颜色较均匀，叶背颜色基本一致，呈浅棕，干燥油分少，个别叶片叶背含青，光泽较暗

（7）陕西省晒红烟上部烟叶外观质量：陕西旬邑晒红烟为小叶型，部位纯度差，混中下部叶，颜色红棕（青黄叶较多），成熟度差，身份中等偏稍薄，结构偏紧密，油分较好，含青度较大，细致程度为稍粗，光泽强度偏较暗（表1-38和表1-39）。

表1-38　陕西省晒红烟烟叶外观质量

编号	分型	部位	颜色	成熟度	身份	叶片结构	油分	长度	含青度	细致程度	光泽强度	弹性
陕西旬邑2	小叶晒红	上部40%，中部30%，下部30%	红棕20%，青黄80%	成熟20%，欠熟60%，尚熟20%	稍厚10%，中等50%，稍薄40%	疏松20%，尚疏松20%，紧密60%	多60%，有40%	30	≤70%	稍粗	较暗	一般60%，较好40%

表1-39　陕西省晒红烟烟叶外观质量综合评价

编号	现等级	综合
陕西旬邑2	X2 20%，GY 80%	纯度差，青黄为主，达85%以上，三个部位相混，上部小叶居多，身份尚可，光泽暗，青杂重

（8）浙江省晒红烟上部烟叶外观质量：浙江晒红烟叶形宽圆，颜色为红棕偏深棕；浙江丽水晒红烟也成熟度差，为尚熟—欠熟，身份中等偏稍厚，结构偏密，含青度较大，均大于等于35%；浙江桐乡成熟度略好为尚熟偏成熟，身份中等偏中等+，结构为尚疏松偏疏松，含青度相对较小，光泽强度稍暗。综合评价浙江丽水等级纯度差，色域宽泛，光泽暗，部位特征不明显，叶片似有蜡质层。浙江桐乡晒红烟等级纯度较好，颜色均匀，正反色差小（表1-40和表1-41）。

表1-40　浙江省晒红烟上部烟叶外观质量

编号	类型	部位	颜色	成熟度	身份	叶片结构	油分	长度	含青度	细致程度	光泽强度	弹性
浙江丽水1	晒红	上部20%，中部80%	浅棕40%，红棕60%	尚熟80%，欠熟20%	中等	疏松80%，尚疏松20%	有+	55	≤35%	细50%，尚细50%	稍暗40%，较暗60%	较好
浙江丽水2	晒红	上部	红棕20%，深棕30%，青杂50%	成熟5%，尚熟30%，欠熟65%	稍厚30%，中等70%	尚疏松35%，稍密65%	多60%，有40%	65×42	≤40%	细70%，尚细30%	稍暗70%，较暗30%	好
浙江桐乡2	晒红	上部75%，中部25%	深棕	成熟90%，尚熟10%	中+75%，中25%	疏松	少（水分少）	50	≤5%	尚细	较暗	好
浙江桐乡4	晒红	上部	深棕	成熟80%，尚熟20%	中+60%，中40%	疏松40%，尚疏松60%	少（水分少）	75×40	≤7%	稍粗	较暗	好

表1-41　浙江省晒红烟上部烟叶外观质量综合评价

编号	现等级	综合
浙江丽水1	B3 20%，C3 50%，GY 30%	纯度差，部位乱颜色宽，光泽暗，普遍含青，部分达70%，主枝含青，叶形宽椭圆，部位特征不明显
浙江丽水2	B2 5%，CY 65%，BV 35%	纯度差，部分含青达70%，颜色宽，色泽暗，部位特征不明显，油分较好，叶似有蜡质层，主枝均含青，折晒，叶形宽大
浙江桐乡2	B2 75%，C2 25%	纯度较好，颜色均匀，叶形椭圆，部位特征不明显，组织较细，干燥，含水量少，易破碎正反色差小
浙江桐乡4	B1 70%，B2 30%	纯度较好，部位纯正，颜色均匀，正反色差小，折晒，叶片大，椭圆形，叶背含青严重，个别叶主支含青，干燥，含水量少

（9）黑龙江省晒红烟上部烟叶外观质量：黑龙江晒红烟颜色为红棕，成熟度一般，身份中等—偏中等，结构疏松，稍有含青，细致程度尚细，光泽强度稍暗偏尚鲜亮，弹性好。综合评价林口晒红烟纯度差，含水率较低，破碎较严重；穆棱晒红烟纯度较好，颜色均匀，叶片大小一致性好，结构疏松，弹性好，油分足（表1-42和表1-43）。

表1-42　黑龙江省晒红烟上部烟叶外观质量

编号	分型	部位	颜色	成熟度	身份	叶片结构	油分	长度	含青度	细致程度	光泽强度	弹性
黑龙江林口2	晒红	上部80%，中部20%	红棕	成熟85%，尚熟15%	中等50%，中等-30%，稍薄20%	疏松	少（均破碎）	60	10%	稍粗20%，尚细80%	尚鲜亮70%，稍暗30%	较好70%，一般30%
黑龙江穆棱2	晒红	上部85%，中部15%	红棕	成熟95%，尚熟5%	中等85%，中等-15%	疏松	多（水偏大）	60	≤5%	尚细	尚鲜亮80%，稍暗20%	好85%，较好15%

表1-43　黑龙江省晒红烟上部烟叶外观质量综合评价

编号	现等级	综合
黑龙江林口2	均破碎	纯度差，含水量少，干燥易破碎，难以判别，主脉带霉迹
黑龙江穆棱2	B2 85%，B3 15%	纯度较好，颜色均匀，叶片大小基本一致，结构疏松，弹性好，油分足，个别主脉含青，有青杂味

2. 不同省份晾晒烟中部烟叶外观质量

（1）四川省晒红烟中部烟叶外观质量：四川晒红烟中部叶部位相对纯正，颜色偏深棕；达州晒红烟成熟度较好，含青度相对较小，成都晒红烟成熟度略差，身份稍薄偏中等，结构疏松，含青相对较大，细致程度较好，光泽偏稍暗，弹性较好。综合评价达州晒红烟纯度较好，颜色均匀，正反色差小，结构疏松。成都晒红烟等级纯度一般，正反色差较大，身份偏薄，皱褶严重，个别含青（表1-44和表1-45）。

表1-44　四川省晒红烟中部烟叶外观质量

编号	类型	部位	颜色	成熟度	身份	叶片结构	油分	长度	含青度	细致程度	光泽强度	弹性
四川达州3	晒红	中部	浅棕	成熟	中等-20%，中等80%	疏松	有+	80	≤3%	细	鲜亮	好
四川达州8	晒红	中部70%，上部30%	红棕30%，深棕70%	成熟	中等30%，中等-50%，稍薄20%	疏松	有	75	≤0	尚细70%，较粗30%	较暗30%，暗70%	较好50%，一般20%，好30%
四川成都2	晒红	中部	深棕	成熟75%，尚熟25%	中等50%，稍薄50%	疏松	多30%，有70%	52	≤15%	尚细	稍暗	较好70%，一般30%
四川成都3	晒红	中部	深棕	成熟80%，尚熟20%	中等60%，稍薄40%	疏松	多30%，有70%	50	≤10%	尚细	稍暗	较好80%，一般20%

表1-45　四川省晒红烟中部烟叶外观质量综合评价

编号	现等级	综合
四川达州3	C1	纯度好，颜色均匀，叶片成熟，身份适中，弹性好，叶片大，也偏多皱褶，主脉较粗，叶背颜色基本一致（较好）
四川达州8	B2 30%，C2 60%，C3 10%	纯度较好，叶背颜色基本一致，叶片成熟，结构疏松，中上部相混，叶片有干燥，叶呈深棕，叶背浅棕
四川成都2	30%C2，70%C3	等级纯度一般，正反色差较大，成熟度差，身份偏薄，叶片皱褶，个别叶片含青重，叶柄含霉迹，腥味
四川成都3	40%C2，60%C3	等级纯度一般，长度较均匀，正反色差大，叶片皱褶严重，叶柄含霉迹，腥味，个别含青

（2）吉林省晒红烟中部烟叶外观质量：吉林晒红烟颜色为浅红棕—红棕，成熟度均较好，身份稍薄偏中等，结构疏松，油分较好，略含青细致程度较好，弹性一般偏较好。综合评价吉林蛟河晒红烟纯度较好，颜色均匀成熟度好，正反色差小，但内含物欠充实。吉林晒红烟纯度一般，颜色均匀，结构疏松，部分叶片身份偏薄，内含物欠充实（表1-46和表1-47）。

表1-46　吉林省晒红烟中部烟叶外观质量

编号	类型	部位	颜色	成熟度	身份	叶片结构	油分	长度	含青度	细致程度	光泽强度	弹性
吉林蛟河2	晒红	下部15%，中部85%	浅棕	成熟	中部90%，稍薄10%	疏松	多90%，有10%	65	≤5%	尚细80%，稍粗20%	尚鲜亮20%，稍暗60%，较暗20%	较好85%，一般15%
吉林蛟河4	晒红	中部	红棕	成熟	中等90%，中等+10%	疏松	有	67	≤3%	细60%，尚细40%	尚鲜亮	较好
吉林蛟河6	晒红	中部90%，上部10%	红棕	成熟	中等80%，中等+10%，稍薄10%	疏松	有	65	≤3%	尚细60%，细40%	稍暗	较好80%，一般20%
吉林蛟河8	晒红	上部10%，中部90%	红棕	成熟	中等80%，稍厚20%	疏松85%，尚疏松15%	有80%，稍有20%	63	≤7%	细40%，尚细60%	尚鲜亮	较好

（续表）

编号	类型	部位	颜色	成熟度	身份	叶片结构	油分	长度	含青度	细致程度	光泽强度	弹性
吉林蛟河10	晒红	中部	浅红棕	成熟90%，尚熟10%	中等	疏松	多	60	≤7%	尚细50%，稍粗50%	稍暗60%，较暗40%	较好70%，一般30%
吉林2	晒红	中部	红棕	成熟	中等-30%，中等70%	疏松	多60%，有40%	55	≤7%	尚细	尚鲜亮20%，稍暗80%	较好70%，一般30%
吉林3	晒红	中部70%，下部30%	浅棕	成熟	中等20%，中等-60%，稍薄20%	疏松	多	60	≤5%	细80%，尚细20%	尚鲜亮80%，稍暗20%	较好80%，一般20%

表1-47　吉林省晒红烟中部烟叶外观质量综合评价

编号	现等级	综合
吉林蛟河2	40%C2，40%C3，20%X2	等级纯度一般，颜色均匀，叶片成熟，结构疏松，个别身份偏薄，水分偏大，含下部叶
吉林蛟河4	C2	等级纯度较好，纯正红棕，成熟度较好，身份中等，正反颜色相近，叶偏大，内含物欠充实
吉林蛟河6	70%C2，30%C3	等级纯度较好，叶片较大，颜色均匀，成熟度好，结构疏松，正反色差小，叶面干净，内含物欠充实，有发飘感
吉林蛟河8	C2	等级纯度较好，颜色较均匀，正反色差小，叶片宽大，油分不足，内含物欠充实，有轻飘感
吉林蛟河10	50%C2，50%C3	等级纯度一般，结构疏松，正反色差较小，水分偏大
吉林2	C3	纯度一般，颜色均匀，叶片成熟，结构疏松，水分偏多，部分叶身份偏薄，内含物充实
吉林3	C2 80%，C3 20%	纯度较好，颜色较均匀，叶片较大，油分多（与水偏高有关），结构疏松，部分叶身份偏薄，内含物欠充实

（3）江西省晒红烟中部烟叶外观质量：抚州晒红烟部位纯正，颜色偏深棕，成熟度略差，颜色欠均匀，个别样品身份偏薄；石城晒红烟混少许下部叶，颜色深棕+偏深棕，成熟度较好，色域较宽，光泽暗，为原生态晒制（表1-48和表1-49）。

表1-48　江西省晒红烟中部烟叶外观质量

编号	类型	部位	颜色	成熟度	身份	叶片结构	油分	长度	含青度	细致程度	光泽强度	弹性
江西抚州1	晒红	中部	深棕	成熟90%，尚熟10%	中等	疏松	多40%，有60%	55	≤3%	尚细40%，较粗60%	较暗40%，暗60%	好30%，较好70%
江西抚州3	晒红	中部	红棕10%，深棕90%	成熟80%，尚熟10%，欠熟10%	中等-30%，稍薄70%	疏松	有	55	≤10%	尚细10%，较粗90%	稍暗10%，较暗90%	一般80%，差20%
江西石城1	晒红	上部10%，中部70%，下部20%	深棕80%，深棕+20%	成熟	稍厚5%，中等75%，稍薄20%	疏松95%，尚疏松5%	少（水分少）	55	≤0	细20%，尚细60%，稍粗20%	稍暗20%，较暗60%，暗20%	较好20%，一般60%，差20%
江西石城4	晒红	中部70%，下部30%	深棕60%，深棕+30%，红棕10%	成熟	中等30%，中等-60%，稍薄10%	疏松	稍有	60	≤0	尚细70%，稍粗30%	较暗70%，暗30%	较好30%，一般50%，差20%

表1-49　江西省晒红烟中部烟叶外观质量综合评价

编号	现等级	综合
江西抚州1	C2 70%，C3 30%	纯度一般，结构疏松，身份中等，色泽暗，个别叶片含青，颜色欠均匀，气味强烈
江西抚州3	C2 30%，C3 70%	纯度差，色域宽，光泽暗，叶片成熟度一般，身份偏薄
江西石城1	B3 10%，C3 70%，X2 20%	纯度差（一般），部位等级较乱，色域宽，光泽暗，干燥，水分不足，易破碎，叶面有霉迹，叶背颜色均呈红棕色，样品未挑选，折晒
江西石城4	C2 20%，C3 50%，X2 30%	纯度差，叶片大小不一，部位等级较乱，样品为原生态，光泽暗，结构疏松，成熟度好，叶面含霉迹，霉味较重

（4）湖南省晒红烟中部烟叶外观质量：湖南晒红烟颜色偏红棕。麻阳晒红烟等级纯度好，颜色均匀，成熟度好，结构疏松，细致程度和弹性较好。湘西抚州晒红烟中部叶纯度、成熟较好，颜色均匀，结构疏松，叶片中等偏稍薄，结构疏松，油分偏少，细致程度较好，弹性一般。怀化晒红烟总体纯度一般，叶片大小均匀一致性好，细致程度、弹性较好（表1-50和表1-51）。

表1-50　湖南省晒红烟中部烟叶外观质量

编号	类型	部位	颜色	成熟度	身份	叶片结构	油分	长度	含青度	细致程度	光泽强度	弹性
湖南麻阳2	晒红	中部15%，下二棚85%	浅棕	成熟	中等15%，稍薄20%，中等-65%	疏松	少（水分少）	55	≤0	尚细	尚鲜亮	较好
湖南麻阳3	晒红	中部	浅棕70%，红棕30%	尚熟5%，成熟95%	中等70%，中等-30%	疏松	稍有（水分少）	60	≤3%	尚细	尚鲜亮70%，稍暗30%	好
湖南湘西州2	晒红	中部10%，下部90%	浅棕90%，红棕10%	成熟	中等10%，稍薄90%	疏松	稍有	60	≤5%	尚细	尚鲜亮90%，稍暗10%	一般60%，差40%
湖南湘西州3	晒红	中部30%，下部70%	浅棕	成熟	中等20%，稍薄70%，薄10%	疏松	有30%，稍有70%	60	≤5%	细60%，尚细40%	尚鲜亮40%，稍暗60%	一般
湖南怀化2	晒红	中部95%，上部5%	深棕10%，浅棕60%，红棕30%	成熟90%，尚熟10%	中等80%，中等-20%	疏松	有30%，稍有70%	小叶型60	≤5%	尚细70%，稍粗30%	尚暗70%，稍暗30%	较好80%，一般20%
湖南怀化3	晒红	中部	浅棕90%，红棕10%	成熟95%，尚熟5%	中等20%，中等-80%	疏松	有（含水不多）	63	≤7%	细80%，稍粗20%	尚暗80%，稍暗20%	好20%，较好80%
湖南怀化4	晒红	中部90%，上部10%	红棕	成熟	中等	疏松	多-	60	≤0	尚细	稍暗	好
湖南怀化6	晒红	上部40%，中部60%	浅棕70%，红棕30%	成熟85%，尚熟15%	中等30%，中等-50%，稍薄20%	疏松	少（水分少）	65	≤10%	尚细40%，稍粗60%	稍暗40%，较暗60%	较好80%，一般20%

表1-51　湖南省晒红烟中部烟叶外观质量综合评价

编号	现等级	综合
湖南麻阳2	X1	纯度好，颜色较均匀，成熟度好，结构疏松，叶片大小均匀，干燥，含水量少，易破碎
湖南麻阳3	C2 70%，C3 30%	纯度好，部位纯正，颜色均匀，叶背颜色呈浅棕色，成熟度较好，结构疏松，叶片干燥，含水量不足，个别主脉含青
湖南湘西2	X3 20%，X2 80%	纯度一般，叶片成熟，结构疏松，油分少，干燥，身份薄，弹性差，内含物欠充实
湖南湘西3	30%C3，70%x2	等级纯度较好，颜色均匀，结构疏松，油分少，叶片薄，弹性差
湖南怀化2	B3 5%，C2 75%，C3 20%	纯度一般+，含少量上部叶，叶片大小基本一致，身份较好，结构疏松，色域宽，叶片干，含水少，个别叶背含青，部分叶茎部主脉霉变
湖南怀化3	C2 60%，C3 40%	纯度一般+，部位纯正，叶片大小基本一致，结构疏松，干燥，油分偏少，个别叶片含青
湖南怀化4	C2 10%，C2 90%	纯度较好，部位较纯正，颜色均匀，身份适中，结构疏松，叶片大小基本一致，干燥，含水不足
湖南怀化6	B2 30%，B3 10%，C2 40%，C3 20%	纯度差（一般+），干燥，含水量少，个别烟叶背面含青严重

（5）湖南省晒红烟中部烟叶外观质量：贵州晒红烟均为小叶型，存在混部位现象，其中黔西南晒红烟颜色略偏浅，成熟度略差，身份中等偏中等-，结构疏松，细致程度较好，光泽鲜亮，弹性较好。榕江晒红烟颜色红棕偏深棕，成熟度相对较差，身份偏薄，结构疏松，油分有，含青度相对小，结构偏较粗，弹性好。镇远晒红烟深棕偏红棕，成熟度稍差，身份偏薄，结构疏松，油分多，含青

10%，结构细，弹性好。黔东南晒红烟颜色偏红棕，成熟度差，身份中等—偏中等，结构疏松，油分有，细致程度偏较粗，弹性一般。铜仁晒红烟叶形较小，偏红棕，成熟度好，身份偏稍薄，结构疏松，油分多，不含青，结构细致，弹性好。综合评价贵州不同地区晒红烟中部叶外观质量存在差异，铜仁晒红烟的等级纯度好、油分多、正反色差小、弹性较好，其他地区晒红烟存在色域较宽的现象（表1-52和表1-53）。

表1-52 湖南省晒红烟中部烟叶外观质量

编号	分型	部位	颜色	成熟度	身份	叶片结构	油分	长度	含青度	细致程度	光泽强度	弹性
贵州黔西南2	晒红	上部20%，中部80%	红棕20%，金黄40%，深黄40%	成熟40%，尚熟30%，欠熟30%	中等30%，中等-40%，稍薄30%	疏松	少（水分少）	40	≤20%	细30%，尚细50%，稍粗20%	鲜亮30%，尚鲜亮50%，稍暗20%	较好70%，一般30%
贵州黔西南3	小叶晒红	中	浅棕40%，红棕60%	成熟90%，尚熟10%	中等60%，中等-40%	疏松	有	33	≤10%	尚细60%，细40%	尚鲜亮40%，稍暗60%	较好60%，一般40%
贵州榕江1	晒红	上部60%，中部40%	浅棕10%，红棕20%，深棕70%	成熟80%，尚熟10%，欠熟10%	中等20%，中等-20%，稍薄60%	疏松	多20%，有60%，稍有20%	45	≤3%	尚细10%，较粗90%	稍暗10%，较暗90%	较好40%，一般60%
贵州镇远1	晒红	上部20%，中部80%	深棕30%，红棕50%，浅棕20%	成熟95%，尚熟5%	中等20%，中等-80%	疏松	多	小叶型45	≤0	尚细80%，稍粗20%	稍暗80%，较暗20%	好
贵州镇远3	晒红	中部70%，上部30%	浅棕40%，红棕30%，深棕30%	成熟85%，尚熟15%	中等-30%，稍薄70%	疏松	多	45	≤10%	细70%，尚细30%	稍暗40%，较暗30%，暗30%	较好30%，一般70%
贵州黔东南1	晒红	上部15%，中部85%	浅棕10%，红棕80%，深棕10%	欠熟10%，成熟70%，尚熟20%	中等60%，中等-40%	疏松	有（含水少）	小叶型40	≤10%	尚细90%，稍粗10%	稍暗90%，较暗10%	较好60%，一般40%
贵州荔波2	晒红	中部80%，上部20%	浅棕20%，红棕60%，深棕20%	成熟80%，尚熟20%	中等20%，中等-40%，稍薄40%	疏松	少（干燥）	40	≤12%	尚细20%，较粗60%，粗20%	稍暗20%，较暗60%，暗20%	较好20%，一般60%，差20%
贵州铜仁1	小叶晒红	中部80%，上部20%	红棕90%，深棕10%	成熟	中等20%，稍薄80%	疏松	多	32	≤0	细	稍暗80%，较暗20%	好

表1-53 湖南省晒红烟中部烟叶外观质量综合评价

编号	现等级	综合
贵州黔西南2	B3 20%，C2 30%，C3 50%	纯度差（一般），色域宽，锁晒小叶形，原生态藤扎，光泽鲜亮，叶片小，干燥，水分不足，部位叶片的叶面含青严重，并含上部叶
贵州黔西南3	C2 30%，C3 70%	纯度较好-，部位较纯正，叶背颜色浅棕，基本一致，干燥，叶片大小不一，个别叶背含青
贵州榕江1	B2 30%，B3 30%，C2 30%，C3 10%	纯度差（一般-），颜色宽泛，叶片小，光泽暗（原生态索烟）
贵州镇远1	B3 20%，C3 80%	纯度较好+，色域较宽，叶背颜色相近，油分足，身份好，结构疏松，叶片大小一致
贵州镇远3	B3 30%，C3 50%，C2 20%	纯度较好-，色域宽，光泽暗，身份偏薄，部位不明显（难以判断），油分较好，调制方式不同于折晒
贵州黔东南1	B3 15%，C2 25%，C3 30%，CV30%	纯度一般，部位等级较乱，色域宽，干燥含水不足，光泽较暗，身份较好，结构疏松
贵州荔波2	B3 20%，C2 20%，GY2 20%，C3 40%	纯度差，色域宽，水分少，干燥，叶片偏薄，部分叶含青，叶片小，为小叶形锁烟，未分级
贵州铜仁1	B3 20%，C2 50%，C3 30%	纯度较好，油分足，原生态锁晒，颜色较均匀，正反面色差小，叶背呈浅棕，油分足，结构疏松，叶形好

（6）陕西省晒红烟中部烟叶外观质量：陕西旬邑晒红烟为小叶型，含青较严重，青黄叶占90%，成熟度差，身份偏中等，结构偏稍密，油分有，含青度较大，细致程度粗糙，弹性较好（表1-54和表1-55）。

表1-54　陕西省晒红烟中部烟叶外观质量

编号	分型	部位	颜色	成熟度	身份	叶片结构	油分	长度	含青度	细致程度	光泽强度	弹性
陕西旬邑1	小叶晒红	上部20%，中部80%	红棕10%，青黄90%	成熟5%，尚熟5%，欠熟90%	稍厚20%，中等80%	疏松20%，尚疏松20%，稍密60%	多60%，有40%	小叶型35	≤80%	稍粗	较暗	较好

表1-55　湖南省晒红烟中部烟叶外观质量综合评价

编号	现等级	综合
陕西旬邑1	C3 10%，GY 90%	纯度差，青黄为主，含量90%以上，油分好，结构疏松，中上部相混，青杂气严重

（7）浙江省晒红烟中部烟叶外观质量：浙江丽水晒红烟中部叶颜色浅棕偏红棕，成熟度差，身份中等，结构尚疏松—偏疏松，油分足，含青较重，细致程度尚细—细，弹性较好，存在混部位现象，色域较宽泛，叶形椭圆。桐乡晒红烟颜色深棕，成熟度一般，身份偏中等-，结构疏松，含青相对较轻，细致程度偏尚细，光泽强度偏较暗，弹性较好，综合评价部位纯正，颜色均匀，正反色差小，成熟度好（表1-56和表1-57）。

表1-56　浙江省晒红烟中部烟叶外观质量

编号	分型	部位	颜色	成熟度	身份	叶片结构	油分	长度	含青度	细致程度	光泽强度	弹性
浙江丽水1	晒红	上部20%，中部80%	浅棕40%，红棕60%	尚熟80%，欠熟20%	中等	疏松80%，尚疏松20%	有+	55	≤35%	细50%，尚细50%	稍暗40%，较暗60%	较好
浙江桐乡1	晒红	中部	深棕	成熟	中等-	疏松	少（水分少）	50×28	≤0	尚细	较暗	较好
浙江桐乡3	晒红	中部	深棕	成熟85%，尚熟15%	中30%，中-70%	疏松	少（水分少）	63×35	≤7%	尚细	较暗	较好

表1-57　浙江省晒红烟中部烟叶外观质量综合评价

编号	现等级	综合
浙江丽水1	B3 20%，C3 50%，GY 30%	纯度差，部位乱颜色宽，光泽暗，普遍含青，部分达70%，主支含青，叶形宽椭圆，部位特征不明显
浙江桐乡1	C3	纯度较好，部位纯正，颜色均匀，平层扎巴，成熟度好，干燥易破碎，正反色差小
浙江桐乡3	C2 60%，C3 40%	纯度较好，部位纯正，颜色均匀，正反色差小，叶片宽大，椭圆形，叶片干燥，含水量少，易破碎，部分叶，背面含青，个别主枝含青

（8）山东省晒红烟中部烟叶外观质量：沂水晒红烟为小叶型，沂南晒红烟为大叶型，蒙阴晒红烟分小叶型和大叶型两种。山东晒红烟主体颜色为红棕—深棕，成熟度均略差。沂南晒红烟纯度较好，部位纯正，颜色均匀，身份适中，结构疏松，光泽暗蒙阴晒红烟纯度较好，颜色基本均匀，个别含青较重。沂水晒红烟等级纯度一般，成熟度略差，部位纯度差，干燥，油分少，部分叶片含青较重（表1-58和表1-59）。

表1–58 山东省晒红烟中部烟叶外观质量

编号	分型	部位	颜色	成熟度	身份	叶片结构	油分	长度	含青度	细致程度	光泽强度	弹性
沂南2	晒红	中部	深棕	成熟80%，尚熟10%，欠熟10%	中等	疏松	有	60	≤10%	尚细30%，稍粗70%	稍暗30%，较暗70%	好40%，较好60%
蒙阴2	晒红	中部80%，上部20%	红棕80%，深棕20%	成熟80%，尚熟20%	稍厚20%，中等+80%	尚疏松	有	50	≤15%	稍粗80%，粗20%	较暗80%，暗20%	好20%，较好60%，一般20%
蒙阴5	晒红	中部	红棕	成熟90%，尚熟10%	中等	疏松	多–	57	≤7%	尚细	较暗	好
蒙阴6	晒红	下+	红棕70%，深棕30%	成熟85%，尚熟15%	中等20%，中等–80%	疏松	稍有+（含水不多）	45	≤10%	尚细	稍暗70%，较暗30%	较好
沂水2	晒红	上部80%，中部20%	浅棕30%，红棕70%	成熟85%，尚熟10%，欠熟5%	稍厚20%，中等60%，稍厚20%	疏松80%，尚疏松20%	有（少）	45	≤10%	尚细70%，稍粗30%	稍暗70%，较暗30%	较好80%，一般20%
沂水4	晒红	下部	红棕90%，深棕10%	成熟90%，尚熟10%	中等–40%，稍厚60%	疏松	稍少	40	≤10%	尚细90%，稍粗10%	稍暗90%，较暗10%	一般40%，差60%
沂水5	晒红	中70%，上部30%	浅棕30%，红棕70%	成熟95%，尚熟5%	中等70%，稍薄30%	疏松	有–	40	≤7%	尚细80%，稍粗20%	稍暗80%，较暗20%	较好70%，一般30%

表1–59 山东省晒红烟中部烟叶外观质量综合评价

编号	现等级	综合
沂南2	C2 40%，C3 60%	纯度较好，部位纯正，颜色均匀，身份适中，结构疏松，光泽暗，部分叶片主脉含青严重
蒙阴2	B3 20%，C2 30%，C3 50%	纯度较好，中下部相混，干燥，个别叶片叶背含青较重，光泽较暗，青杂气较重，样品为原生态
蒙阴5	C2 70%，C3 30%	纯度较好–，部位纯正，颜色均匀，油分较足，个别叶主枝含青，青杂气重
蒙阴6	X2 60%，X3 40%	纯度较好，部位较纯正，颜色基本均匀，身份适中，结构疏松，干燥，个别叶主枝叶脉含青
沂水2	C2 30%，C3 50%，B3 20%	纯度一般–，中上部叶相混，干燥，油分少，部分叶片含青较重
沂水4	X2 40%，X3 60%	纯度差+，干燥，油分少，部分支脉、主脉含青筋
沂水5	C2 30%，C3 40%，X2 30%	纯度一般，中下部相混，干燥，油分少，部分叶身份较薄，个别主支含青，光泽暗，闻香较好

（9）黑龙江省晒红烟中部烟叶外观质量：黑龙江晒红烟颜色红棕—深棕，成熟度稍差，其中林口晒红烟身份偏薄，叶片结构均为疏松，弹性一般。穆棱晒红烟和汤原晒红烟身份中等—偏中等，叶片结构疏松，细致程度为尚细，弹性较好，部位纯正，颜色均匀。其中汤原晒红烟有特殊气味（鱼腥味）（表1–60和表1–61）。

表1–60 黑龙江省晒红烟中部烟叶外观质量

编号	类型	部位	颜色	成熟度	身份	叶片结构	油分	长度	含青度	细致程度	光泽强度	弹性
黑龙江林口1	晒红	中部70%，下部30%	红棕	成熟70%，尚熟30%	中等–50%，稍薄50%	疏松	少（均破碎）	55	≤15%	尚细	尚鲜亮	一般
黑龙江穆棱1	晒红	中部	红棕	成熟90%，尚熟10%	中等70%，中等–30%	疏松	有（水分偏高）	57	≤7%	尚细	尚鲜亮	较好70%，一般30%
黑龙江汤原5	晒红	中部	深棕	成熟90%，尚熟10%	中等80%，中等–20%	疏松	有	61	≤10%	尚细	较暗	好80%，较好20%

表1-61　黑龙江省晒红烟中部烟叶外观质量综合评价

编号	现等级	综合
黑龙江林口1	均破碎	干燥，水分少，均破碎，难辨别
黑龙江穆棱1	C2 70%，C3 30%	纯度较好，部位纯正，颜色均匀，结构疏松，含水量略高，部分叶身份偏薄，正反色差小，个别主支含青（后喷水）
黑龙江汤原5	C2 70%，C3 30%	纯度较好，部位纯正，颜色均匀，样品带拐子，索晒，成熟度较好，结构疏松，光泽暗，叶片的叶背含青，有明显的鱼腥味，含少许下二棚叶

（10）四川省晒红烟中部烟叶外观质量：四川德阳晒红烟颜色为深棕偏红棕，等级纯度一般成熟度一般，身份偏中等，结构疏松，油分偏稍有，细致程度偏尚细，弹性较好。四川德阳晒红烟叶片大小基本一致，有特殊气味（有氨气刺激性），油分偏少，身份略偏薄（表1-62和表1-63）。

表1-62　四川省晒红烟中部烟叶外观质量

编号	类型	部位	颜色	成熟度	身份	叶片结构	油分	长度	含青度	细致程度	光泽强度	弹性
四川德阳1	晒红	中部40%，下部60%	浅棕30%，红棕35%，深棕15%	成熟90%，尚熟10%	中等40%，中等-20%，稍薄40%	疏松	稍有	60	≤7%	细50%，尚细35%，稍粗15%	尚鲜亮50%，稍暗35%，较暗15%	较好40%，一般20%，差40%
四川德阳2	晒红	中部80%，下部20%	红棕20%，深棕80%	成熟90%，尚熟10%	中等-80%，稍薄20%	疏松	稍有+	60	≤10%	细20%，尚细80%	稍暗20%，较暗80%	较好80%，一般20%
四川德阳3	晒红	中部30%，下部70%	浅棕15%，红棕65%，深棕20%	成熟90%，尚熟10%	稍厚30%，中等-50%，中等20%	疏松	有30%，稍有70%	小叶型64	≤7%	细20%，尚细60%，稍粗20%	尚20%，稍暗60%，较暗20%	较好30%，一般70%
四川德阳4	晒红	中	红棕	成熟85%，尚熟15%	中等60%，中等-40%	疏松	多-	62	≤10%	尚细40%，细60%	尚鲜亮60%，稍暗40%	好

表1-63　四川省晒红烟中部烟叶外观质量综合评价

编号	现等级	综合
四川德阳1	C3 40%，X1 20%，X2 40%	纯度一般，部位混乱，颜色宽泛，干燥，油分少，含水不足，部分叶片身份薄，个别叶背含青，内含物欠结实
四川德阳2	C2 30%，C3 50%，X2 20%	纯度一般+，中下部相混，叶片干，油分不足，叶片身份较薄，个别烟叶叶背含青严重，叶面大小基本一致，刺激性较大
四川德阳3	C3 30%，X1 50%，X2 20%	纯度一般+，中下部相混，身份薄，色域宽，部分主脉含青，茎部主脉霉变（有较暗），氨气味（腥味少许）
四川德阳4	C2 80%，C3 20%	纯度一般+，部位纯正，颜色均匀，叶片大小基本一致，结构疏松，弹性好，部分叶背含青较重，身份偏薄

（11）陕西省晒红烟中部烟叶外观质量：陕西晒红烟中部叶颜色偏深棕+，成熟度好，身份中等，含青度较轻，结构疏松，油分多，有特殊气温（腥味），等级纯度差（表1-64和表1-65）。

表1-64　陕西省晒红烟中部烟叶外观质量

编号	类型	部位	颜色	成熟度	身份	叶片结构	油分	长度	含青度	细致程度	光泽强度	弹性
陕西汉中1	晒红	中部60%，上部40%	深棕+70%，红棕30%	成熟	中等	疏松	多		≤7%	尚细80%，较粗20%	较暗80%，暗20%	较好50%，一般50%
陕西汉中2	晒红	中部60%，上部40%	深棕+	成熟	中等+20%，中等80%	疏松	多	60	≤7%	尚细60%，较粗40%	较暗60%，暗40%	较好30%，一般70%

表1-65 陕西省晒红烟中部烟叶外观质量综合评价

编号	现等级	综合
陕西汉中1	B2 10%，B3 30%，C2 30%，C3 30%	纯度差，颜色不均匀，光泽暗，含水量偏大，部分烟叶发霉（腥味），身份较好，结构疏松，叶片成熟，颜色深
陕西汉中2	B2 10%，B3 30%，C2 40%，C3 20%	纯度差，身份较好，结构疏松，中部叶片较大，气味强烈（腥味），主脉顶端有白色碱，光泽黑暗，水分偏大

3. 白肋烟叶外观质量

（1）白肋烟中部叶外观质量：四川达州白肋烟等级纯度好，颜色均匀，偏浅棕—土棕，成熟度好正反色差极小，光泽鲜亮，结构较细，弹性较好，但身份偏薄，叶片光滑较多，内含物欠充实。宜昌白肋烟等级纯度好，颜色均匀，结构疏松，身份偏薄，基部多呈光滑，弹性一般，光泽强度稍暗。宜昌白肋烟等级纯度较好，颜色均匀，为红棕色，身份偏薄，结构疏松，细致程度尚细-细，油分多，弹性好。恩施白肋烟等级纯度为好，颜色偏浅棕，身份稍薄，结构疏松，油分多，略有含青，细致程度为细，光泽强度尚鲜亮，弹性一般偏较好；京鲁取样恩施白肋烟成熟度略差，身份偏中等。重庆白肋烟等级纯度较好，颜色均匀偏浅棕，叶片成熟，结构疏松，光泽较鲜亮，个别身份偏薄，多光滑叶，正反色差小。云南白肋烟等级纯度好，颜色均匀偏浅棕，成熟度好，结构疏松，身份偏薄，结构细致，光泽强度尚鲜亮弹性一般（表1-66和表1-67）。

表1-66 白肋烟烟叶外观质量

编号	分型	部位	颜色	成熟度	身份	叶片结构	油分	长度	含青度	细致程度	光泽强度	弹性
四川达州2	白肋烟	中部	土红棕	成熟	中等-30%，稍薄70%	疏松	有+	78	≤3%	细	鲜亮	较好60%，一般40%
四川达州6	白肋烟	中部	浅棕	成熟	稍薄	疏松	多	65	≤0	细	鲜亮	较好
四川达州京鲁2-8	白肋烟	中部90%，下部10%	浅土黄30%，浅土红70%	成熟	中等-30%，稍薄60%，薄10%	疏松	有	60	≤0	细	尚鲜	较好30%，一般60%，差10%
湖北宜昌1	白肋烟	中部	红棕	成熟	中等10%，稍薄90%	疏松	多	60	≤3%	细	稍暗	较好80%，一般20%
湖北宜昌京鲁2-5	白肋烟	中部	红棕90%，浅棕10%	成熟	中等90%，稍薄10%	疏松	多	78	≤0	细10%，尚细90%	尚鲜10%，较暗90%	好90%，较好10%
湖北恩施1	白肋烟	中部	浅棕	成熟	稍薄	疏松	多60%，有40%	55	≤5%	细	尚鲜亮	一般
湖北恩施2	白肋烟	中部	浅棕80%，棕20%	成熟	中等70%，稍薄30%	疏松	多70%，有30%	55	≤3%	细40%，尚细60%	尚鲜亮40%，稍暗60%	较好80%，一般20%
湖北恩施3	白肋烟	中部	浅棕	成熟	稍薄	疏松	多80%，有20%	65	≤3%	细	尚鲜亮	较好30%，一般70%
湖北恩施5	白肋烟	中部	浅棕	成熟	稍薄	疏松	多20%，有80%	65	≤3%	细	鲜亮30%，尚鲜亮70%	较好
湖北恩施京鲁2-2	白肋烟	中部	浅棕90%，红棕10%	成熟95%，尚熟5%	中等50%，中等-20%，稍薄30%	疏松	多30%，有70%	75	≤7%	尚细90%，稍粗10%	尚鲜90%，稍暗10%	好50%，较好20%，一般30%
湖北恩施京鲁2-10	白肋烟	中部	浅棕80%，棕20%	成熟90%，尚熟10%	中等30%，中等-70%	疏松	多	75	≤3%	细80%，尚细20%	稍暗80%，较暗20%	好

（续表）

编号	分型	部位	颜色	成熟度	身份	叶片结构	油分	长度	含青度	细致程度	光泽强度	弹性
湖北恩施京鲁2-12	白肋烟	中部	浅棕85%，棕10%，深棕5%	成熟90%，尚熟10%	中等-70%，稍薄30%	疏松	多	73	≤3%	细	尚鲜	较好
湖北恩施京鲁2-13	白肋烟	上部20%，中部80%	浅棕40%，红棕60%	成熟	中等30%，中等-40%，稍薄30%	疏松	多	65	≤0	尚细40%，稍粗60%	稍暗40%，较暗60%	好30%，较好40%，一般30%
湖北恩施京鲁2-14	白肋烟	中部	红棕70%，土红30%	成熟80%，尚熟10%，欠熟10%	中等-30%，稍薄40%，薄30%	疏松70%，尚疏松30%	多（水偏大）	60	≤10%	细70%，尚细30%	稍暗40%，尚鲜30%，较暗30%	较好30%，一般40%，差30%
重庆2	白肋烟	中部	浅棕80%，红棕20%	成熟	稍薄10%，中等10%，中等-80%	疏松	多20%，有+80%	73×30	≤3%	尚细80%，稍粗20%	尚鲜亮80%，稍暗20%	好10%，较好80%，一般10%
云南2	白肋烟	中部	浅棕	成熟95%，尚熟5%	中等40%，稍厚60%	疏松	有	70	≤3%	细	尚鲜亮	较好60%，一般40%

表1-67　白肋烟烟叶外观质量综合评价

编号	现等级	综合
四川达州2	C2 80%，C3 20%	纯度好，颜色均匀，叶片成熟，结构疏松，光泽鲜亮，结构细，叶片较大，身份偏薄，基本多光滑，内含物充实
四川达州6	C2 70%，C3 30%	纯度好，颜色均匀，正反面颜色相近，叶片成熟，结构疏松，光泽鲜亮，身份偏薄，基部多光滑叶，内含物充实，叶片较大
四川达州京鲁2-8	C3L 90%，X2L 10%	纯度差（一般），身份偏薄，颜色浅，内含物欠充实
湖北宜昌1	80%C3F，20%C4F	等级纯度好，颜色均匀，结构疏松，身份偏薄，基部多呈光滑，弹性一般
湖北宜昌京鲁2-5	C2F 80%，C1F 10%，C2L 10%	纯度较好，颜色较均匀，叶片大，结构疏松，部分叶片身份偏薄，个别含水偏大
湖北恩施1	C3F	等级纯度较好，颜色均匀，叶片成熟，结构疏松，身份偏薄，基部多光滑，弹性一般
湖北恩施2	C3	等级纯度较好，颜色均匀，油分足，结构疏松，个别身份偏薄，基部多光滑，叶背颜色均相近
湖北恩施3	C3F	等级纯度好，颜色均匀，叶片成熟，结构疏松，身份偏薄，弹性一般
湖北恩施5	C3	等级纯度好，颜色均匀，身份偏薄，叶片成熟，结构疏松，光泽鲜亮，叶基部多光滑
湖北恩施京鲁2-2	C1L 70%，C2L 30%	纯度较好-，颜色较均匀，叶片大，结构疏松，油分一般，部分叶片偏薄，内含物欠充实
湖北恩施京鲁2-10	C2F	纯度好，颜色均匀，结构疏松，油分多，弹性好，个别叶片含青，正反色差小
湖北恩施京鲁2-12	C2L	纯度好，颜色均匀，结构疏松，水分偏大，身份偏薄，部分叶片光滑，叶片较大
湖北恩施京鲁2-13	C2 40%，C3 30%，B2 30%	纯度差（一般-，较好），中部叶较多，结构疏松，部分叶片水分偏多，身份偏薄，有压油现象，个别叶内含物欠充实
湖北恩施京鲁2-14	C3F 80%，C3L 20%	纯度差（一般-），色域宽，水分偏大，部分叶身份偏薄，含光滑叶，部分叶片叶面含死青部分
重庆2	C2 90%，C310%	纯度较好，颜色均匀，叶片成熟，结构疏松，光泽较鲜亮，个别身份偏薄，多光滑叶，背部土红色，（颜色均相近）
云南2	80%C2，20%C3	等级纯度较好，颜色均匀，结构疏松，身份偏薄，基部多光滑，油分多，弹性一般

（2）白肋烟上部叶外观质量：四川白肋烟上部叶颜色均匀，偏红棕，正反色差小，成熟度好，身份偏中等，结构疏松，细致程度尚细偏细，光泽强度鲜亮，弹性好。宜昌白肋烟上部叶颜色均匀，为红棕色，结构疏松，细致程度好，油分足，弹性好，正反色差小。恩施白肋烟上部叶等级纯度好，颜色均匀，为深棕偏红棕，身份偏中等，结构疏松，油分足，弹性好；京鲁取样恩施白肋烟等级纯度稍差，混少许上部叶，身份偏中等。云南白肋烟上部叶等级纯度好，颜色均匀，深棕偏红棕，成熟度好，身份中等，结构疏松，油分足，弹性较好，个别叶片身份偏薄。重庆白肋烟上部叶等级纯度较好，颜色纯正，为浅棕偏红棕，成熟度好，身份中等，结构疏松，个别叶片身份偏薄，弹性好（表1-68和表1-69）。

表1-68　白肋烟上部烟叶外观质量

编号	分型	部位	颜色	成熟度	身份	叶片结构	油分	长度	含青度	细致程度	光泽强度	弹性
四川达州1	白肋烟	上部	土红	成熟	中等	疏松	有	70	≤3%	细	鲜亮	好
四川达州5	白肋烟	上部60%，中部40%	浅棕40%，红棕60%	成熟	中等40%，中等-40%，稍薄20%	疏松	多60%，有40%	60	≤0	尚细40%，细40%，较粗20%	尚鲜亮40%，稍暗40%，较暗20%	好40%，较好40%，一般20%
湖北宜昌2	白肋烟	上部	红棕	成熟	中等90%，稍薄10%	疏松	多	60	≤3%	细	稍暗	好
湖北恩施4	白肋烟	上部	红棕80%，深棕20%	成熟	中等90%，稍薄10%	疏松	多	60	≤3%	尚细80%，稍粗20%	稍暗80%，较暗20%	好20%，较好70%，一般10%
湖北恩施6	白肋烟	上部	红棕50%，浅棕20%，深棕30%	成熟	中	疏松	多	65	≤3%	稍粗20%，尚细80%	尚鲜亮20%，稍暗50%，较暗30%	好
湖北恩施京鲁2-6	白肋烟	上部60%，中部40%	红棕60%，深棕40%	成熟90%，尚熟10%	中等60%，中等-40%	疏松	多	70	≤10%	尚细60%，稍粗40%	稍暗60%，较暗40%	好
湖北宜昌京鲁2-7	白肋烟	上部10%，中部90%	浅棕85%，红棕15%	成熟	中等-30%，稍薄70%	疏松	多（水偏大）	77	≤0	尚细70%，稍粗30%	稍暗70%，较暗30%	较好30%，一般70%
云南1	白肋烟	上部	红棕80%，深棕20%	成熟	中等	疏松	多80%，有20%	60	≤5%	尚细	稍暗	较好
重庆1	白肋烟	上部70%，中部30%	浅棕40%，红棕60%	成熟	中等70%，中等-30%	疏松	多-	80×28	≤3%	尚细40%，较粗60%	尚鲜亮40%，稍暗60%	较好30%，好70%

表1-69　白肋烟上部烟叶外观质量综合评价

编号	现等级	综合
四川达州1	B1	纯度好，颜色均匀，光泽鲜亮，叶片成熟，弹性好，叶片较大，油分一般，叶背颜色基本一致
四川达州5	B2 30%，B3 30%，C2 30%，C3 10%	纯度较好，叶背颜色相近，叶片成熟，结构疏松，部位相混，部分叶身份偏薄
湖北宜昌2	B2F	等级纯度好，颜色均匀，结构疏松，油分足，弹性好，正反色差小，基部身份多稍薄
湖北恩施4	B2F	等级纯度好，颜色均匀，结构疏松，油分多，个别身份偏薄
湖北恩施6	C3	等级纯度好，颜色均匀，叶片成熟，结构疏松，油分多，弹性好

（续表）

编号	现等级	综合
湖北恩施京鲁2-6	B1F 50%，B2F 10%，C2F 40%	纯度一般（较好），含中部叶，油分多，结构疏松，个别叶面含青，部分叶片上部特征不明显
湖北宜昌京鲁2-7	B2 10%，C2 90%	纯度差（好-），多位中部叶，结构疏松，水分偏大，部分主脉发霉，身份偏薄
云南1	B2F	等级纯度好，颜色均匀，成熟度好，结构疏松，个别叶片偏薄
重庆1	B2 70%，C2 30%	纯度较好，颜色纯正（叶背基本一致深黄），叶片成熟，结构疏松，个别身份偏薄

4. 马里兰烟外观质量

马里兰烟中部叶外观质量：宜昌马里兰烟中部叶等级纯度好，颜色均匀，结构疏松，油分足，细致程度细；京鲁取样成熟度稍差，身份偏薄，光泽强度偏稍暗，弹性较好。重庆白肋烟（京鲁取样）中部叶等级纯度差，混少许下部叶，颜色均匀，为土黄偏土红，成熟度稍差，身份偏稍薄，油分偏稍有，结构疏松，细致程度细，叶片多含光滑，弹性差，内含物欠充实（表1-70和表1-71）。

表1-70 马里兰烟烟叶外观质量

编号	分型	部位	颜色	成熟度	身份	叶片结构	油分	长度	含青度	细致程度	光泽强度	弹性
湖北宜昌京鲁2-15	马里兰	中部20%，下部80%	浅棕	成熟90%，尚熟10%	稍薄	疏松	有	60	≤5%	细	稍暗	一般
湖北宜昌京鲁2-16	马里兰	中部	红棕	成熟90%，尚熟10%	稍薄	疏松	多40%，有60%	75	≤7%	细	较暗	较好30%，一般70%
湖北宜昌3	马里兰烟	中部	深棕20%，浅棕80%	成熟	稍薄	疏松	多	74	≤3%	细	尚鲜亮	较好40%，一般60%
湖北宜昌京鲁2-1	马里兰	上部10%，中部90%	浅棕10%，红棕70%，深棕20%	成熟80%，尚熟20%	中等20%，中等-70%，稍薄10%	疏松	多	70	≤13%	尚细20%，稍粗80%	稍暗20%，较暗80%	好20%，较好70%，一般10%
湖北宜昌京鲁2-3	马里兰	中部	浅棕30%，红棕50%，深棕20%	成熟85%，尚熟15%	中等20%，中等-50%，稍薄30%	疏松	多（水偏大）	70	≤5%	尚细	稍暗	好20%，较好50%，一般30%
重庆京鲁2-11	马里兰	中部60%，下部40%	土红80%，土黄20%	成熟90%，尚熟10%	稍薄40%，薄60%	疏松	稍有	60	≤3%	细	稍暗	差

表1-71 马里兰烟烟叶外观质量综合评价

编号	现等级	综合
湖北宜昌京鲁2-15	X1 80%，X2 20%	纯度一般，颜色均匀，结构疏松，含部分中部叶，叶面白色斑点较多，身份稍薄，内含物充实
湖北宜昌京鲁2-16	C3	纯度较好，颜色均匀，正反色差相近，结构疏松，个别叶片有压油现象，个别叶片含青
湖北宜昌3	C3	等级纯度好，颜色均匀，结构疏松，油分多，身份偏薄，部分叶含光滑
湖北宜昌京鲁2-1	C1 90%，C2 10%	纯度较好，色域宽，叶片大，结构疏松，身份偏薄，个别叶片叶面含青
湖北宜昌京鲁2-3	C2 70%，C3 30%	纯度较好，色域宽，叶片较大，部分叶身份偏薄，个别叶含青严重，水分偏大
重庆京鲁2-11	C3L 40%，C4L 20%，X1L40%	纯度差，颜色较均匀，身份偏薄，叶片多含光滑部分，油分少，干燥，内含物充实

(二)2012年晾晒烟叶化学成分评价

1. 四川省晒红烟化学成分

四川晒红烟上部叶化学成分差异较大，达州晒红烟上部叶总糖、还原糖、烟碱、醚提物含量明显高于成都晒红烟；钾含量除四川成都1号样品略高之外，其他基本接近；成都晒红烟氯含量高于达州晒红烟。中部叶：四川达州晒红烟的总糖、还原糖明显高于德阳和成都，而成都晒红烟中部叶总糖、还原糖、总植物碱含量最低，氯含量明显高于其他两个地区烟叶样品；钾、蛋白质、醚提物差异较小（表1-72）。

表1-72 四川省晒红烟化学成分

编号	还原糖(%)	总糖(%)	总植物碱(%)	总氮(%)	氧化钾(%)	Cl(%)	蛋白质(%)	醚提物(%)
四川达州4	0.84	1.36	4.31	4.02	3.52	0.29	8.51	3.4
四川达州7	0.96	1.40	5.36	4.51	3.47	0.16	11.16	5.6
四川成都1	0.12	0.32	2.57	4.49	5.34	0.90	11.77	2.8
四川成都4	0.06	0.30	2.14	4.77	3.62	0.61	13.47	2.3
上部叶平均值	0.50	0.85	3.60	4.45	3.99	0.49	11.23	3.53
四川德阳1	0.19	0.47	2.88	4.26	4.69	1.44	11.23	3.0
四川德阳2	0.04	0.37	3.19	4.73	4.35	0.46	11.67	2.8
四川德阳3	0.11	0.39	2.73	3.78	5.97	1.95	9.56	2.7
四川德阳4	0.19	0.50	3.21	4.90	3.86	0.41	10.65	3.3
四川达州3	0.84	1.25	3.74	3.52	4.28	0.25	7.87	3.9
四川达州8	1.14	1.67	4.77	4.03	3.92	0.20	9.57	5.3
四川成都2	0.07	0.33	2.03	4.38	5.61	0.90	12.98	2.5
四川成都3	0.04	0.25	1.91	4.60	3.34	0.65	13.01	2.0
中部叶平均值	0.33	0.65	3.06	4.28	4.50	0.78	10.82	3.19

2. 吉林省晒红烟化学成分

上部叶：蛟河晒红烟上部叶中化学成分存在差异，其中吉林1和吉林2号样品的总糖、还原糖含量明显低于吉林蛟河3的晒红烟叶样品，而其总植物碱含量高于吉林蛟河3晒红烟叶样品；钾、蛋白质、醚提物含量差异不大。中部叶：中部叶化学成分规律和上部烟叶规律相同（表1-73）。

表1-73 吉林省晒红烟化学成分

编号	还原糖(%)	总糖(%)	总植物碱(%)	总氮(%)	氧化钾(%)	Cl(%)	蛋白质(%)	醚提物(%)
吉林蛟河1	6.91	7.64	4.08	3.18	2.85	0.31	6.80	4.0
吉林蛟河3	8.15	9.10	3.81	2.98	2.78	0.33	6.07	4.1
吉林蛟河5	2.52	3.15	4.29	3.72	3.21	0.58	8.35	3.9
吉林蛟河7	4.12	4.76	4.82	3.65	3.11	0.55	7.43	3.9
吉林蛟河9	3.62	4.17	4.82	3.68	3.01	0.64	8.26	4.0
吉林1	0.74	1.28	5.58	3.88	3.58	0.22	7.07	4.6
吉林4	1.01	1.38	6.18	4.44	3.14	0.39	7.13	3.1
上部叶平均值	3.87	4.50	4.80	3.65	3.10	0.43	7.30	3.94
吉林蛟河2	6.56	7.36	3.82	2.88	2.87	0.30	5.88	4.5
吉林蛟河4	2.90	3.45	3.66	3.54	3.31	0.62	7.67	3.6
吉林蛟河6	2.06	2.61	3.94	3.61	3.38	0.70	7.48	4.0
吉林蛟河8	3.18	3.78	4.51	3.60	3.33	0.65	7.38	4.3
吉林蛟河10	1.84	2.52	4.06	3.10	2.94	0.31	7.07	4.7
吉林2	0.81	1.27	6.06	4.32	3.25	0.47	6.84	3.0
吉林3	0.37	0.85	5.68	3.76	3.83	0.26	6.13	4.6
中部叶平均值	2.53	3.12	4.53	3.54	3.27	0.47	6.92	4.10

3. 江西省晒红烟化学成分

上部叶：江西晒红烟总糖、还原糖含量均较低。其中抚州晒红烟总糖、还原糖、总植物碱含量略高于石城晒红烟叶样品；钾、蛋白质、醚提物含量基本接近。中部叶化学成分规律和上部烟叶规律相同（江西石城1上部叶中部烟叶样品中氯含量明显偏低，而江西石城4上部叶中部烟叶样品中氯含量明显偏高）（表1–74）。

表1–74　江西省晒红烟化学成分

编号	还原糖（%）	总糖（%）	总植物碱（%）	总氮（%）	氧化钾（%）	Cl（%）	蛋白质（%）	醚提物（%）
江西抚州2	0.14	0.65	6.62	5.18	4.14	1.36	13.56	7.7
江西抚州4	0.24	0.67	7.24	5.11	4.44	1.67	11.78	7.2
江西石城2	0.04	0.36	3.76	4.41	4.07	0.71	14.44	7.4
江西石城3	0.11	0.35	2.19	4.36	5.60	2.73	16.65	3.8
上部平均值	0.13	0.51	4.95	4.77	4.56	1.62	14.11	6.53
江西抚州1	0.05	0.63	4.96	4.58	4.67	1.34	13.82	6.9
江西抚州3	0.20	0.63	5.36	4.60	4.47	1.27	13.07	6.1
江西石城1	0.07	0.39	3.90	4.44	3.93	0.69	13.97	7.1
江西石城4	0.04	0.30	3.04	4.52	5.20	2.66	15.97	5.6
中部平均值	0.09	0.49	4.32	4.54	4.57	1.49	14.21	6.43

4. 湖南省晒红烟化学成分

上部叶：不同产区烟叶总糖、还原糖差距较大；麻阳上部叶总糖、还原糖含量高于湘西州怀化；总植物碱、钾、蛋白质在三个产区基本接近；怀化晒红烟上部叶氯含量明显高于麻阳和湘西州。中部叶：怀化晒红烟中部叶总糖、还原糖、总植物碱、氯含量高于其他两个产区；钾、蛋白质、醚提物含量差异不大（表1–75）。

表1–75　湖南省晒红烟化学成分

编号	还原糖（%）	总糖（%）	总植物碱（%）	总氮（%）	氧化钾（%）	Cl（%）	蛋白质（%）	醚提物（%）
湖南麻阳4	3.21	4.26	5.76	3.68	3.07	0.19	7.42	6.8
湖南麻阳5	7.42	8.26	6.06	3.28	2.95	0.16	6.91	6.7
湖南麻阳6	6.06	6.80	5.59	3.02	3.03	0.12	6.13	7.5
湖南湘西州1	7.36	8.11	5.37	3.06	2.88	0.13	6.04	7.8
湖南湘西州4	2.72	3.66	5.11	3.24	2.70	0.10	6.87	7.5
湖南怀化1	5.42	6.43	5.42	3.82	2.63	0.78	8.58	5.1
湖南怀化5	2.36	3.41	4.07	2.94	2.29	0.29	6.64	8.0
湖南怀化7	5.12	5.77	5.08	2.96	1.80	0.46	5.94	4.8
湖南怀化8	1.03	1.75	6.76	4.30	3.53	0.72	8.43	4.5
上部叶平均值	4.52	5.38	5.47	3.37	2.76	0.33	7.00	6.52
湖南麻阳2	3.87	4.68	4.01	3.00	3.26	0.09	7.00	6.7
湖南麻阳3	2.98	3.99	5.52	3.54	3.20	0.13	7.16	6.9
湖南湘西州2	2.61	3.52	3.79	2.84	3.39	0.15	6.58	6.1
湖南湘西州3	3.01	3.83	4.99	3.04	2.89	0.15	6.73	8.2
湖南怀化2	4.04	5.33	4.89	3.42	2.35	0.56	7.44	5.2
湖南怀化3	7.18	8.10	5.76	3.26	2.25	1.97	5.74	6.1
湖南怀化4	7.09	7.85	5.76	3.43	2.38	1.64	5.98	6.1
湖南怀化6	2.55	3.21	7.33	4.00	2.60	0.40	7.44	6.9
中部叶平均值	4.17	5.06	5.26	3.32	2.79	0.64	6.76	6.53

5. 贵州省晒红烟化学成分

上部叶：黔东南晒红烟的总糖、还原糖明显高于其他地区晒红烟叶样品（其中贵州黔西南1号样品略高）；总植物碱含量基本接近；氯含量在同一地区和不同地区之间均差异较大；蛋白质含量差异不大（贵州榕江2蛋白质含量明显偏低）。中部叶：总糖、还原糖含量和上部叶变化规律相同；除贵州镇远3总植物碱含量偏低外，其他各产区烟叶含量略有差异，但不明显；钾、氯含量在各个产区及同一产区不同地区之间差异较大。蛋白质含量变化规律与上部叶基本相似（表1-76）。

表1-76 贵州省晒红烟化学成分

编号	还原糖（%）	总糖（%）	总植物碱（%）	总氮（%）	氧化钾（%）	Cl（%）	蛋白质（%）	醚提物（%）
贵州黔西南1	1.86	2.60	4.08	3.20	1.67	0.17	7.81	6.8
贵州黔西南4	0.35	1.16	3.99	2.84	2.79	1.04	7.13	6.2
贵州榕江2	0.43	1.43	6.50	3.48	1.32	0.18	2.73	7.7
贵州镇远2	0.26	0.54	4.74	3.24	3.90	0.31	5.76	7.1
贵州镇远4	0.12	0.62	2.23	3.06	1.50	1.45	9.99	3.5
贵州黔东南2	3.35	4.04	5.20	3.53	1.46	1.01	10.41	3.2
贵州荔波县1	0.20	0.58	4.93	3.33	5.03	0.81	7.44	7.0
贵州铜仁2	0.33	0.91	5.73	3.15	4.32	0.70	7.48	6.7
上不烟平均值	0.86	1.49	4.68	3.20	2.75	0.71	7.34	6.03
贵州黔西南2	3.67	4.51	4.12	2.96	1.62	0.28	7.43	3.7
贵州黔西南3	1.01	1.94	3.19	2.98	3.36	0.44	7.39	5.7
贵州榕江1	0.39	1.23	6.17	3.45	2.92	0.26	7.44	8.5
贵州镇远1	0.28	0.93	3.97	3.14	4.74	0.20	7.22	10.2
贵州镇远3	0.20	0.74	4.65	3.32	4.61	0.22	6.64	9.3
贵州黔东南1	1.86	2.60	4.08	2.98	1.67	0.17	7.81	6.8
贵州荔波县2	0.35	1.16	3.99	3.26	2.79	1.04	7.13	6.2
贵州铜仁1	0.56	1.64	5.95	2.90	1.33	0.15	3.48	7.8
中部烟平均值	1.04	1.84	4.52	3.12	2.88	0.35	6.82	7.28

6. 陕西省晒红烟化学成分

陕西汉中晒红烟总糖、总植物碱含量低于陕西旬邑晒红烟，钾、氯、蛋白质、醚提物含量差异不大（表1-77）。

表1-77 陕西省晒红烟化学成分

编号	还原糖（%）	总糖（%）	总植物碱（%）	总氮（%）	氧化钾（%）	Cl（%）	蛋白质（%）	醚提物（%）
陕西汉中1	0.22	0.63	2.57	3.56	1.31	0.52	10.25	4.4
陕西汉中2	0.12	0.62	2.23	3.32	1.50	1.45	9.99	3.5
陕西旬邑1	4.35	4.77	5.41	4.25	1.36	1.08	10.03	2.8
陕西旬邑2	3.35	4.04	5.20	4.38	1.46	1.01	10.41	3.2
平均值	1.56	2.01	3.40	3.71	1.39	1.02	10.09	3.57

7. 浙江省晒红烟化学成分

上部叶：浙江丽水晒红烟上部叶总糖、还原糖、蛋白质含量高于浙江桐乡晒红烟，而氯则明显低于浙江桐乡晒红烟；总植物碱、钾醚提物差异不大（表1-78）。

表1-78 浙江省晒红烟化学成分

编号	还原糖（%）	总糖（%）	总植物碱（%）	总氮（%）	氧化钾（%）	Cl（%）	蛋白质（%）	醚提物（%）
浙江丽水1	1.21	1.73	7.44	5.02	2.16	0.36	10.50	5.1
浙江丽水2	1.21	1.68	7.28	5.42	2.88	0.54	12.48	4.9
浙江桐乡2	0.55	0.84	6.82	4.34	2.14	0.96	8.01	6.5
浙江桐乡4	0.75	1.03	5.41	3.94	3.61	0.81	8.45	4.8

（续表）

编号	还原糖（%）	总糖（%）	总植物碱（%）	总氮（%）	氧化钾（%）	Cl（%）	蛋白质（%）	醚提物（%）
上部烟平均值	0.93	1.32	6.74	4.68	2.70	0.67	9.86	5.33
浙江桐乡1	0.17	0.73	6.58	4.02	2.39	0.68	7.09	7.8
浙江桐乡3	0.10	0.44	4.88	4.16	3.59	0.58	8.27	5.6
中部烟平均值	0.14	0.585	5.73	4.09	2.99	0.63	7.68	6.7

8. 山东省晒红烟化学成分

上部叶：山东晒红烟化学成分同一地区不同品种和不同地区之间均差异较大，其中蒙阴1和蒙阴2晒红烟总糖、还原糖明显高于其他晒红烟样品，其次为沂水3，而沂水1总糖、还原糖含量最低；除沂南1之外总植物碱含量略低之外，其他晒红烟上部叶总植物碱含量差异不大；除沂南1晒红烟钾含量略高之外，其他样品钾含量差异不大；各个晒红烟样品蛋白质含量也基本处于同一水平。中部叶：蒙阴2晒红烟样品总糖、还原糖含量明显高于其他样品，而蒙阴5和蒙阴6晒红烟总糖、还原糖含量则明显低于其他样品；晒红烟中部叶其他成分变化规律与上部烟叶基本相似（表1-79）。

表1-79　山东省晒红烟化学成分

编号	还原糖（%）	总糖（%）	总植物碱（%）	总氮（%）	氧化钾（%）	Cl（%）	蛋白质（%）	醚提物（%）
沂南1	2.37	2.92	3.95	3.81	2.03	0.19	9.77	4.5
蒙阴1	9.74	10.90	5.50	3.24	1.20	0.17	7.09	3.8
蒙阴3	6.37	8.09	6.64	3.62	0.92	0.16	8.41	3.8
蒙阴4	0.51	1.18	6.88	4.28	1.49	0.77	7.35	5.6
沂水1	0.13	0.71	4.88	2.90	0.89	2.36	8.01	4.7
沂水3	4.43	5.28	6.45	3.34	1.00	1.87	7.39	4.7
沂水6	2.13	2.44	6.35	4.33	1.36	0.35	9.99	3.3
上部烟平均值	3.67	4.50	5.81	3.65	1.27	0.84	8.29	4.34
沂南2	1.64	2.16	2.92	3.84	2.95	0.27	11.00	4.1
蒙阴2	10.20	11.30	5.58	3.21	1.16	0.18	7.17	3.5
蒙阴5	0.35	0.96	7.09	4.13	1.49	0.81	7.63	6.0
蒙阴6	0.59	1.22	6.67	3.94	1.23	0.48	7.44	6.3
沂水2	3.74	4.71	6.64	3.25	1.07	2.09	6.78	5.3
沂水5	2.42	2.84	5.68	3.78	1.25	0.28	8.14	3.8
中部烟平均值	3.16	3.87	5.76	3.69	1.53	0.69	8.03	4.83

9. 黑龙江省晒红烟化学成分

上部叶：黑龙江省不同地区晒红烟化学成分差距较大，穆棱县的总糖、还原糖、总植物碱、氯含量明显高于林口晒红烟，而林口晒红烟的钾含量较高；蛋白质和醚提物含量基本接近。中部叶：总糖、还原糖、总植物碱、钾、氯含量与上部叶变化规律一致（表1-80）。

表1-80　黑龙江省晒红烟化学成分

编号	还原糖（%）	总糖（%）	总植物碱（%）	总氮（%）	氧化钾（%）	Cl（%）	蛋白质（%）	醚提物（%）
黑龙江林口2	0.66	1.13	3.93	3.93	3.59	0.22	7.44	3.8
黑龙江穆棱2	8.08	8.75	5.00	2.96	1.85	0.40	6.36	4.3
上部叶平均值	4.37	4.94	4.47	3.45	2.72	0.31	6.90	4.05
黑龙江汤原1	0.13	0.44	3.45	4.22	4.01	0.62	10.74	3.3
黑龙江穆棱1	1.12	1.73	6.83	4.08	3.48	0.87	8.65	3.6
中部叶平均值	0.63	1.09	5.14	4.15	3.75	0.75	9.70	3.45

10. 白肋烟化学成分

上部叶：宜昌白肋烟上部叶总糖、还原糖含量明显高于其他地区烟叶样品分别达到1.02%和0.58%，而钾、醚提物含量与其他地区差异不显著。除四川达州5晒红烟样品总植物碱和氯含量略高之外，其他晒红烟样品的含量差距不大。中部叶：白肋烟总糖、还原糖含量均低于1%，其中除湖北宜昌1白肋烟样品中部叶总糖、还原糖含量稍高之外，其他含量均相对较低。除湖北恩施京鲁2-2和四川达州京鲁2-8总植物碱含量略低之外，其他晒红烟样品总植物碱含量差异不大。除云南2和四川达州6晒红烟氯含量略高外，其他晒红烟样品氯含量均小于1%（表1-81）。

表1-81 白肋烟化学成分

编号	类型	还原糖（%）	总糖（%）	总植物碱（%）	总氮（%）	氧化钾（%）	Cl（%）	蛋白质（%）	醚提物（%）
湖北恩施京鲁2-6	白肋烟	0.24	0.61	6.15	4.58	4.97	0.93	8.62	6.7
湖北宜昌京鲁2-7	白肋烟	0.27	0.51	5.06	4.82	3.68	0.31	7.92	6.5
湖北恩施4	白肋烟	0.33	0.91	5.73	4.53	4.32	0.70	7.48	6.7
湖北恩施6	白肋烟	0.27	0.55	4.86	5.18	3.37	0.24	7.96	6.0
湖北宜昌2	白肋烟	0.58	1.02	5.15	4.80	4.18	0.34	7.44	6.4
云南1	白肋烟	0.15	0.39	6.05	4.72	3.11	0.35	7.77	5.6
四川达州1	白肋烟	0.21	0.50	6.85	4.30	4.75	0.61	6.51	8.2
四川达州5	白肋烟	0.60	0.74	8.78	5.31	3.83	1.73	8.45	9.0
重庆1	白肋烟	0.32	0.64	5.69	3.97	3.46	0.24	6.60	6.9
上部烟叶平均值		0.33	0.65	6.04	4.69	3.96	0.61	7.64	6.89
湖北宜昌京鲁2-5	白肋烟	0.15	0.78	4.86	4.31	3.82	0.27	8.62	6.1
湖北宜昌1	白肋烟	0.40	0.73	4.37	4.76	4.36	0.50	7.57	5.9
湖北恩施1	白肋烟	0.20	0.58	4.93	4.54	5.03	0.81	7.44	7.0
湖北恩施2	白肋烟	0.20	0.62	6.24	4.92	4.26	0.63	7.75	6.3
湖北恩施3	白肋烟	0.18	0.73	4.57	4.46	4.22	0.48	7.79	5.4
湖北恩施5	白肋烟	0.20	0.63	4.90	4.34	4.50	0.60	7.75	6.1
湖北恩施京鲁2-2	白肋烟	0.10	0.75	2.25	4.26	5.52	0.49	8.80	5.7
湖北恩施京鲁2-10	白肋烟	0.12	0.53	4.50	4.37	5.37	0.88	7.97	5.5
湖北恩施京鲁2-12	白肋烟	0.10	0.50	5.26	4.60	4.65	0.65	8.32	4.9
湖北恩施京鲁2-13	白肋烟	0.26	0.58	6.28	4.12	5.19	0.86	7.70	6.9
湖北恩施京鲁2-14	白肋烟	0.18	0.57	4.96	4.44	6.55	0.99	8.18	5.5
云南2	白肋烟	0.16	0.40	3.90	4.37	3.95	1.19	7.75	11.2
四川达州2	白肋烟	0.21	0.56	5.33	4.34	5.41	0.62	6.83	6.2
四川达州6	白肋烟	0.28	0.73	5.70	5.32	4.83	1.85	10.15	7.8
四川达州京鲁2-8	白肋烟	0.31	0.49	2.02	4.08	4.28	0.31	8.58	6.3
重庆2	白肋烟	0.26	0.54	4.74	4.00	3.90	0.31	5.76	7.1
中部烟叶平均值		0.18	0.58	4.77	4.48	5.18	0.94	8.21	6.71

11. 马里兰烟化学成分

所取马里兰烟样品主要集中在宜昌地区，同一产区烟叶样品中各化学成分之间存在差异，湖北宜昌京鲁2-9的总糖、还原糖含量明显较高接近7%，而湖北宜昌4晒红烟样品的总糖、还原糖含量仅为1.63%和1.09%。各晒红烟样品的总植物碱、蛋白质、醚提物含量基本接近。中部叶：除湖北宜昌3晒红烟样品总糖、还原糖含量相对略高达到0.98%和1.47%之外，其他晒红烟样品含量均较低；京鲁2-15总植物碱含量较低（部位为X1）其他中部烟叶总植物碱含量均接近3%；中部晒红烟叶氯、蛋白质含量基本接近（表1-82）。

表1-82 马里兰红烟化学成分

编号	类型	还原糖（%）	总糖（%）	总植物碱（%）	总氮（%）	氧化钾（%）	Cl（%）	蛋白质（%）	醚提物（%）
湖北宜昌京鲁2-4	马里兰烟	2.64	3.22	4.32	4.96	4.35	0.50	9.51	3.9
湖北宜昌京鲁2-9	马里兰烟	6.55	6.90	3.40	3.84	3.31	0.24	6.95	3.9

（续表）

编号	类型	还原糖（%）	总糖（%）	总植物碱（%）	总氮（%）	氧化钾（%）	Cl（%）	蛋白质（%）	醚提物（%）
湖北宜昌4	马里兰烟	1.09	1.63	3.62	3.86	4.48	0.40	8.49	6.4
上部烟平均值		3.43	3.92	3.78	4.22	4.05	0.38	8.32	4.73
湖北宜昌京鲁2-1	马里兰烟	0.04	0.61	4.74	4.40	5.57	0.40	8.80	5.9
湖北宜昌京鲁2-3	马里兰烟	0.07	0.67	3.89	4.76	4.75	0.28	9.20	4.5
湖北宜昌京鲁2-15	马里兰烟	0.68	1.34	1.21	3.20	6.19	0.34	8.67	3.6
湖北宜昌京鲁2-16	马里兰烟	0.39	0.88	3.58	3.91	4.44	0.41	7.72	4.9
湖北宜昌3	马里兰烟	0.98	1.47	2.66	3.76	5.02	0.42	7.09	5.4
重庆京鲁2-11	马里兰烟	0.31	0.80	2.67	4.20	4.39	0.68	8.94	7.1
平均值		0.43	0.99	3.22	4.01	5.19	0.37	8.30	4.86

（三）2012年晾晒烟叶感官评析质量评价

1. 晾晒烟上部烟叶感官质量

（1）四川晾晒烟上部烟叶感官质量：四川晒红烟类型均为晒红，劲头为较大-；四川达州4的香型风格为调味，程度较显，各项评吸指标均相对较好，质量档次较好-，四川晒红烟适合混烤型、混合型、雪茄烟；其他香型风格均为晒红，四川达州7、四川成都1香型程度为有+，质量档次中等；四川成都晒红烟适合雪茄烟、混合型卷烟（表1-83）。

表1-83　四川晾晒烟上部烟叶感官质量

编号	类型	香型		劲头	香气质	香气量	浓度	余味	杂气	刺激性	燃烧性	灰色	总得分	质量档次	适合卷烟类型
		风格	程度												
四川达州4	晒红	调味	较显	较大-	11.33	20.17	7.50	16.08	7.25	7.17	3.42	3.00	75.9	较好-	混烤型、混合型、雪茄
四川达州7	晒红	晒红	有+	较大-	11.00	19.75	7.50	15.50	6.83	7.00	3.42	3.00	74.0	中等+	混合型、混烤型、雪茄
四川成都1	晒红	晒红	有+	较大-	11.00	19.79	7.50	15.79	6.71	6.93	3.36	3.00	74.1	中等+	雪茄、混合型
四川成都4	晒红	晒红	有	较大-	10.50	19.21	7.36	14.93	6.50	6.71	3.36	3.07	71.6	中等-	雪茄、混合型

（2）吉林晾晒烟上部烟叶感官质量：吉林晒红烟类型均为晒红，劲头为较大-；其中吉林蛟河3、吉林蛟河5、吉林蛟河7、吉林1香型风格为调味，香气质、香气量、余味、杂气均相对较好，质量档次为较好-；吉林蛟河1、吉林蛟河9、吉林4香型风格为晒红，质量档次为中等+；除吉林4适合混合型和雪茄烟外，吉林晒红烟上部叶均适合混合型、雪茄烟和混烤型（表1-84）。

表1-84　吉林晾晒烟上部烟叶感官质量

编号	类型	香型		劲头	香气质	香气量	浓度	余味	杂气	刺激性	燃烧性	灰色	总得分	质量档次	适合卷烟类型
		风格	程度												
吉林蛟河1	晒红	晒红	有+	较大-	11.00	19.50	7.07	15.57	6.64	7.00	3.36	3.00	73.1	中等+	混合型、雪茄、混烤型
吉林蛟河3	晒红	调味	较显	较大-	11.50	20.07	7.36	16.21	7.36	7.14	3.36	3.00	76.0	较好-	混合型、混烤型、雪茄
吉林蛟河5	晒红	调味	有+	较大-	11.36	19.93	7.29	15.93	7.00	7.00	3.36	3.00	74.9	较好-	混合型、雪茄、混烤型
吉林蛟河7	晒红	调味	有+	较大-	11.36	20.14	7.43	16.21	7.07	7.07	3.36	3.00	75.6	较好-	混合型、混烤型、雪茄
吉林蛟河9	晒红	晒红	有+	较大-	11.14	20.00	7.21	15.79	6.71	7.00	3.36	3.00	74.2	中等+	混合型、雪茄、混烤型
吉林1	晒红	调味	较显+	较大	11.25	20.13	7.38	16.00	7.00	6.63	3.50	3.00	74.9	较好-	混合型、雪茄、混烤型
吉林4	晒红	晒红	较显	较大-	11.13	19.88	7.50	15.38	6.75	6.75	3.50	3.00	73.9	中等+	混合型、雪茄

（3）江西晾晒烟上部烟叶感官质量：江西晾晒烟类型均为晒红，香型风格为晒红，劲头为较大-；江西抚州2的香气质、香气量、余味、杂气相对较好，质量档次为中等+；江西抚州4、江西石城2、江西石城3质量档次为中等，江西晒红烟上部叶均适合雪茄烟和混合型（表1-85）。

表1-85 江西晾晒烟上部烟叶感官质量

编号	类型	香型		劲头	香气质	香气量	浓度	余味	杂气	刺激性	燃烧性	灰色	总得分	质量档次	适合卷烟类型
		风格	程度												
江西抚州2	晒红	晒红	有+	较大-	11.13	19.88	7.38	15.88	6.88	6.88	3.50	3.00	74.5	中等+	雪茄、混合型
江西抚州4	晒红	晒红	有+	较大-	10.75	19.38	7.13	15.13	6.38	6.75	3.50	2.88	71.9	中等	雪茄、混合型
江西石城2	晒红	晒红	较显	较大	11.00	19.63	7.75	15.63	6.63	6.25	3.63	3.00	73.5	中等	雪茄、混合型
江西石城3	晒红	晒红	较显-	较大-	10.63	19.38	7.75	15.13	6.25	6.25	3.63	3.00	72.0	中等	雪茄、混合型

（4）湖南晾晒烟上部烟叶感官质量：湖南晾晒烟类型均为晒红，劲头在适中+-较大-；湖南麻阳6、湖南怀化7香气质、香气量、余味相对较好，质量档次为较好-，湖南麻阳4、湖南麻阳5、湖南湘西州1、湖南湘西州4、湖南怀化5质量档次为中等+；湖南怀化8质量档次为中等-；除湖南怀化8适合雪茄烟、混合型外，湖南其他上部烟叶均适合混合型、雪茄烟、混烤型（表1-86）。

表1-86 湖南晾晒烟上部烟叶感官质量

编号	类型	香型		劲头	香气质	香气量	浓度	余味	杂气	刺激性	燃烧性	灰色	总得分	质量档次	适合卷烟类型
		风格	程度												
湖南麻阳4	晒红	调味	有+	较大-	11.10	19.70	7.10	15.80	6.90	6.60	3.30	3.00	73.5	中等+	混合型、雪茄、混烤型
湖南麻阳5	晒红	调味	有	适中+	11.40	19.51	7.00	15.90	7.20	7.10	3.20	3.00	74.3	中等+	混合型、雪茄、混烤型
湖南麻阳6	晒红	调味	较显	较大-	11.38	19.88	7.13	16.13	7.00	7.00	3.50	3.13	75.1	较好-	混合型、混烤型、雪茄
湖南湘西州1	晒红	调味	有	较大-	11.20	19.50	7.20	15.70	7.10	6.90	3.30	3.00	73.9	中等+	混合型、雪茄、混烤型
湖南湘西州4	晒红	调味	有	较大-	11.10	19.30	7.10	16.00	7.10	7.00	3.30	3.10	74.0	中等+	混合型、雪茄、混烤型
湖南怀化1	晒红	晒红	有+	较大-	11.10	19.60	7.20	15.70	6.80	6.90	3.30	2.80	73.4	中等+	混合型、雪茄、混烤型
湖南怀化5	晒红	晒红	有	适中+	11.50	19.60	7.30	16.10	7.10	7.10	3.30	3.00	75.0	中等+	混合型、混烤型，有特香
湖南怀化7	晒红	调味	较显	较大-	11.60	20.00	7.40	16.30	7.10	7.00	3.30	3.00	75.7	较好-	混合型、混烤型、雪茄
湖南怀化8	晒红	晒红	有	较大-	11.00	19.50	7.20	15.40	6.80	6.70	3.30	3.00	72.9	中等-	雪茄、混合型

（5）贵州晾晒烟上部烟叶感官质量：贵州晾晒烟类型均为晒红，劲头在适中+-较大之间，贵州镇远2、贵州荔波1香型风格为调味，其他均为晒红；贵州黔西南1、贵州榕江2、贵州镇远2、贵州黔东南2香气质、香气量、余味、杂气相对较好，质量档次为较好-；贵州黔西南4、贵州镇远4、贵州荔波县1、贵州铜仁2质量档次为中等+；除贵州镇远2、贵州镇远4、贵州荔波县1适合混合型、混烤型和雪茄烟，贵州铜仁2适合混合型、混烤型，其他贵州上部烟叶均适合混合型、雪茄烟（表1-87）。

表1-87 贵州晾晒烟上部烟叶感官质量

编号	类型	香型		劲头	香气质	香气量	浓度	余味	杂气	刺激性	燃烧性	灰色	总得分	质量档次	适合卷烟类型
		风格	程度												
贵州黔西南1	晒红	晒红	较显	较大-	11.33	20.00	7.50	15.75	7.17	7.17	3.42	3.08	75.4	较好-	混合型、雪茄
贵州黔西南4	晒红	晒红	较显	较大-	11.25	19.92	7.42	15.50	7.00	7.25	3.33	3.00	74.7	中等+	混合型、雪茄
贵州榕江2	晒红	晒红	较显-	较大-	11.42	19.75	7.33	15.67	7.25	7.25	3.42	3.08	75.2	较好-	混合型、雪茄
贵州镇远2	晒红	调味	有	适中+	11.50	19.83	7.33	15.92	7.17	7.33	3.25	3.08	75.4	较好-	混合型、混烤型、雪茄
贵州镇远4	晒红	晒红	有+	较大-	11.33	19.67	7.17	15.67	7.17	7.08	3.25	3.00	74.3	中等+	混合型、雪茄、混烤型
贵州黔东南2	晒红	晒红	有+	较大	11.33	19.92	7.42	15.92	7.33	7.00	3.17	3.00	75.1	较好-	混合型、雪茄
贵州荔波1	晒红	调味	有+	较大-	11.33	19.75	7.33	15.83	7.17	7.08	3.33	2.83	74.7	中等+	混合型、混烤型、雪茄
贵州铜仁2	晒红	晒红	有	较大-	11.30	19.50	7.00	15.70	7.00	7.50	3.20	3.00	74.2	中等+	混合型、混烤型

（6）浙江晾晒烟上部烟叶感官质量：浙江晾晒烟上部烟叶：类型均为晒红，其中浙江丽水1香型风格为似白肋，其他均为晒红；浙江丽水1劲头为较大-，香气质、香气量、余味、杂气相对较好，质量档次为中等+，适合混合型卷烟；浙江丽水2、浙江桐乡4各项评析指标稍次之，质量档次为中等，其中浙江丽水2适合雪茄烟，浙江桐乡4适合混合型、混烤型卷烟；浙江桐乡2各项评吸指标较

差，质量档次为中等-，适合雪茄烟（表1-88）。

表1-88　浙江晾晒烟上部烟叶感官质量

编号	类型	香型		劲头	香气质	香气量	浓度	余味	杂气	刺激性	燃烧性	灰色	总得分	质量档次	适合卷烟类型
		风格	程度												
浙江丽水1	晒红	似白肋	有	较大-	10.90	19.90	7.30	15.80	7.20	7.20	2.90	2.60	73.8	中等+	混合型
浙江丽水2	晒红	晒红	有	较大-	10.50	19.30	7.30	15.10	6.90	7.10	2.80	2.60	71.6	中等	雪茄
浙江桐乡2	晒红	晒红	有-	适中+	10.20	18.60	7.00	14.40	6.40	7.10	2.90	2.50	69.1	中等-	雪茄
浙江桐乡4	晒红	晒红	有	适中+	10.80	19.10	7.30	14.90	6.80	7.40	3.00	3.20	72.5	中等	混合型、混烤型

（7）山东省晾晒烟上部烟叶感官质量：山东晾晒烟类型均为晒红，除蒙阴1香型风格为调味，劲头为适中+外，其他均为晒红，劲头为较大-；蒙阴1晒红烟香气质、余味、杂气、灰分等指标相对较好，质量档次为较好-，适合混合型、混烤型卷烟；沂南1、蒙阴3、沂水3香气质、香气量、杂气、浓度、刺激性等评吸指标稍次之，质量档次为中等，适合混合型、雪茄烟；蒙阴4、沂水1、沂水6等各项评吸指标相对较差，质量档次为中等，适合雪茄烟、混合型卷烟（表1-89）。

表1-89　吉林晾晒烟上部烟叶感官质量

编号	类型	香型		劲头	香气质	香气量	浓度	余味	杂气	刺激性	燃烧性	灰色	总得分	质量档次	适合卷烟类型
		风格	程度												
沂南1	晒红	晒红	有	较大-	10.80	19.70	7.50	15.50	7.00	7.20	3.30	3.20	74.2	中等+	混合型、雪茄
蒙阴1	晒红	调味	有+	适中+	11.30	19.70	7.40	16.00	7.40	7.60	3.10	3.30	75.8	较好-	混合型、混烤型
蒙阴3	晒红	晒红	有+	较大-	10.90	19.90	7.50	15.60	7.00	7.30	3.10	3.10	74.4	中等+	混合型、雪茄
蒙阴4	晒红	晒红	有	较大-	10.50	19.50	7.50	15.00	6.80	7.10	3.10	2.90	72.4	中等	混合型、雪茄
沂水1	晒红	晒红	有	较大-	10.70	19.20	7.30	15.40	6.40	7.10	2.30	2.40	70.8	中等	雪茄、混合型
沂水3	晒红	晒红	较显	较大-	11.10	19.90	7.40	15.90	6.90	7.10	2.40	2.30	73.0	中等+	混合型、雪茄
沂水6	晒红	晒红	有-	较大-	10.70	19.20	7.20	15.30	6.60	6.90	2.70	2.80	71.4	中等	雪茄、混合型

（8）黑龙江省晾晒烟上部烟叶感官质量：黑龙江晾晒烟类型均为晒红，香型程度为较显，劲头适中+，质量档次为较好-，适合混合型、雪茄烟、混烤型。其中黑龙江林口香型风格为晒红，黑龙江穆棱2香型风格为调味（表1-90）。

表1-90　黑龙江晾晒烟上部烟叶感官质量

编号	类型	香型		劲头	香气质	香气量	浓度	余味	杂气	刺激性	燃烧性	灰色	总得分	质量档次	适合卷烟类型
		风格	程度												
黑龙江林口2	晒红	晒红	较显	适中+	11.40	19.80	7.40	16.20	7.30	7.10	3.20	3.50	75.9	较好-	混合型、雪茄、混烤型
黑龙江穆棱2	晒红	调味	较显	适中+	11.30	19.60	7.50	16.10	7.00	7.20	3.20	3.10	75.0	较好-	混合型、混烤型、雪茄

2. 晾晒烟中部烟叶感官质量

（1）四川省晾晒烟中部烟叶感官质量：四川德阳1、四川德阳2晾晒烟类型和香型风格均为白肋，质量档次中等+，适合混合型、雪茄烟；四川德阳3、四川德阳4类型为晒红，香型风格似白肋，程度较显，适合混合型、雪茄烟、混烤型；四川达州3、四川达州8类型均为晒红，香型程度为较显，香气质、香气量、余味、杂气等指标相对较好，质量档次为较好-，适合混合型、混烤型、雪茄烟。四川成都2、四川成都3类型和香型风格为晒红，劲头为较大-，质量档次中等+，适合雪茄烟、混合型卷烟（表1-91）。

表1-91　四川晾晒烟中部烟叶感官质量

编号	类型	香型		劲头	香气质	香气量	浓度	余味	杂气	刺激性	燃烧性	灰色	总得分	质量档次	适合卷烟类型
		风格	程度												
四川德阳1	白肋	白肋	有	适中+	10.83	19.58	7.17	15.17	6.58	6.92	3.33	3.00	72.6	中等+	混合型、雪茄
四川德阳2	白肋	白肋	较显-	适中+	11.00	19.67	7.25	15.67	7.00	6.92	3.33	3.08	73.9	中等+	混合型、雪茄
四川德阳3	晒红	似白肋	较显	适中+	11.50	20.42	7.42	15.83	7.25	7.25	3.50	3.00	76.2	较好-	混合型、雪茄、混烤型
四川德阳4	晒红	似白肋	较显	较大-	11.25	20.25	7.33	15.33	6.92	7.00	3.50	3.08	74.7	中等+	混合型、雪茄、混烤型
四川达州3	晒红	调味	较显	较大-	11.58	20.50	7.33	16.25	7.50	7.42	3.50	3.08	77.2	较好-	混烤型、混合型、雪茄
四川达州8	晒红	晒红	较显	适中+	11.50	20.08	7.33	15.92	7.17	7.25	3.50	3.00	75.8	较好-	混合型、混烤型、雪茄
四川成都2	晒红	晒红	有+	较大-	11.00	19.79	7.43	15.57	6.86	6.71	3.36	3.00	73.7	中等+	雪茄、混合型
四川成都3	晒红	晒红	有	较大-	10.86	19.64	7.29	15.43	6.64	6.79	3.36	3.07	73.1	中等+	雪茄、混合型

（2）吉林省晾晒烟中部烟叶感官质量：吉林蛟河晾晒烟中部叶，类型均为晒红，劲头适中+-较大；吉林蛟河4、吉林蛟河6、吉林蛟河8、吉林蛟河10、吉林2的香气质、香气量等评析指标相对较好，质量档次较好-；吉林蛟河2、吉林3质量档次中等+；除吉林蛟河6、吉林3香型风格为晒红，适合混合型、雪茄烟，其他香型风格均为调味，适合混合型、雪茄烟、混烤型（表1-92）。

表1-92　吉林晾晒烟中部烟叶感官质量

编号	类型	香型		劲头	香气质	香气量	浓度	余味	杂气	刺激性	燃烧性	灰色	总得分	质量档次	适合卷烟类型
		风格	程度												
吉林蛟河2	晒红	调味	较显-	适中+	11.07	19.71	7.07	15.79	7.00	7.00	3.36	3.00	74.0	中等+	混合型、雪茄、混烤型
吉林蛟河4	晒红	调味	较显	较大-	11.57	20.14	7.57	16.36	7.50	7.21	3.36	3.00	76.7	较好-	混烤型、混合型、雪茄
吉林蛟河6	晒红	晒红	较显-	较大-	11.36	19.93	7.43	16.07	7.21	7.07	3.36	3.00	75.4	较好-	混合型、雪茄
吉林蛟河8	晒红	调味	有+	较大-	11.36	20.07	7.36	16.07	7.07	7.07	3.36	3.00	75.4	较好-	混合型、雪茄、混烤型
吉林蛟河10	晒红	调味	有	较大-	11.29	19.86	7.21	16.00	7.21	7.00	3.36	3.00	74.9	较好-	混合型、雪茄、混烤型
吉林2	晒红	调味	较显+	较大-	11.50	20.25	7.38	16.25	7.50	6.88	3.50	3.00	76.3	较好-	混合型、雪茄、混烤型
吉林3	晒红	晒红	较显	较大	10.88	19.75	7.50	15.50	6.50	6.75	3.50	3.00	73.4	中等+	混合型、雪茄

（3）江西省晾晒烟中部烟叶感官质量：江西晾晒烟类型和风格均为晒红，适合雪茄烟、混合型，其中江西抚州3、江西石城4香气质、香气量等各项评吸指标相对较好，质量档次为中等+，江西抚州1、江西石城1质量档次为中等（表1-93）。

表1-93　江西晾晒烟中部烟叶感官质量

编号	类型	香型		劲头	香气质	香气量	浓度	余味	杂气	刺激性	燃烧性	灰色	总得分	质量档次	适合卷烟类型
		风格	程度												
江西抚州1	晒红	晒红	有+	较大-	10.88	19.38	7.13	15.38	6.50	6.88	3.50	3.00	72.6	中等	雪茄、混合型
江西抚州3	晒红	晒红	较显	较大-	11.25	19.75	7.25	15.63	7.00	6.75	3.50	3.00	74.1	中等+	雪茄、混合型
江西石城1	晒红	晒红	有	适中+	10.75	19.38	7.13	15.38	6.63	6.75	3.50	3.00	72.5	中等	雪茄、混合型
江西石城4	晒红	晒红	有	适中+	11.00	19.63	7.25	15.88	6.88	6.88	3.50	3.00	74.0	中等+	雪茄、混合型

（4）湖南晾晒烟中部烟叶感官质量：湖南晾晒烟中部叶：类型均为晒红，劲头适中+-较大，除湖南湘西州3、湖南怀化2、湖南怀化6香型风格为晒红外，其他湖南晒红烟中部叶香型风格均为调味；湖南麻阳2的香气质、香气量、余味、杂气、等评吸指标相对较好，质量档次为较好；湖南怀化3、湖南怀化4各项评吸指标稍次之，质量档次为较好-。湖南麻阳3、湖南湘西州2、湖南怀化6质量档次为中等。除湖南湘西州3、湖南怀化2适合混合型和雪茄烟之外，湖南省其他晒红烟均适合混合型、雪茄烟、混烤型卷烟（表1-94）。

表1-94　湖南晾晒烟中部烟叶感官质量

编号	类型	香型		劲头	香气质	香气量	浓度	余味	杂气	刺激性	燃烧性	灰色	总得分	质量档次	适合卷烟类型
		风格	程度												
湖南麻阳2	晒红	调味	较显	适中+	11.75	20.13	7.25	16.63	7.25	7.00	3.50	3.13	76.6	较好	混合型、混烤型、雪茄
湖南麻阳3	晒红	调味	有+	较大-	11.20	20.10	7.20	16.10	7.10	6.80	3.30	3.00	74.8	中等+	混合型、雪茄、混烤型
湖南湘西州2	晒红	调味	有+	较大-	11.20	19.60	7.20	15.60	6.80	7.00	3.30	3.10	73.8	中等+	混合型、雪茄、混烤型
湖南湘西州3	晒红	晒红	有	较大-	11.10	19.70	7.20	15.70	6.80	7.00	3.30	3.00	73.8	中等	混合型、雪茄
湖南怀化2	晒红	晒红	有	适中+	10.90	19.40	7.10	15.60	6.80	7.10	3.30	3.00	73.2	中等	混合型、雪茄
湖南怀化3	晒红	调味	较显	适中+	11.50	20.10	7.20	16.10	7.10	7.10	3.30	2.80	75.2	较好-	混合型、雪茄、混烤型
湖南怀化4	晒红	调味	有+	较大-	11.40	19.90	7.40	16.10	7.10	7.10	3.30	2.80	75.1	较好-	混合型、混烤型、雪茄
湖南怀化6	晒红	晒红	有+	较大	11.10	19.70	7.20	15.60	6.90	6.80	3.30	2.90	73.5	中等+	混合型、雪茄、混烤型

（5）贵州晾晒烟中部烟叶感官质量：贵州晾晒烟中部叶类型均为晒红；贵州黔西南3、贵州榕江1、贵州镇远3、贵州铜仁1香气质、香气量、余味、杂气等评吸指标相对较好，质量档次为较好-；贵州黔西南2、贵州镇远1、贵州黔东南1、贵州荔波2评吸指标稍次，质量档次为中等+；贵州黔西南3香型风格为亚雪茄，贵州榕江1、贵州镇远3、贵州铜仁1香型风格为调味，其余均属于晒红。贵州榕江1、贵州镇远1、贵州镇远3适合混合型、混烤型和雪茄烟；贵州铜仁1适合混合型、混烤型；其他均适合混合型、雪茄烟（表1-95）。

表1-95　贵州晾晒烟中部烟叶感官质量

编号	类型	香型		劲头	香气质	香气量	浓度	余味	杂气	刺激性	燃烧性	灰色	总得分	质量档次	适合卷烟类型
		风格	程度												
贵州黔西南2	晒红	晒红	有+	较大-	10.75	19.58	7.42	15.33	6.92	6.92	3.17	3.00	73.1	中等+	混合型、雪茄
贵州黔西南3	晒红	亚雪茄	较显-	较大-	11.50	20.08	7.50	15.92	7.17	7.17	3.42	3.08	75.8	较好-	雪茄、混合型
贵州榕江1	晒红	调味	较显-	较大-	11.50	20.00	7.50	15.92	7.42	7.25	3.42	3.08	76.1	较好-	混合型、混烤型、雪茄
贵州镇远1	晒红	调味	有	适中+	11.25	19.50	7.25	15.50	7.08	7.25	3.33	3.08	74.3	中等+	混合型、混烤型、雪茄
贵州镇远3	晒红	晒红	有+	适中+	11.42	19.92	7.42	15.83	7.25	7.17	3.25	3.00	75.3	较好-	混合型、雪茄、混烤型
贵州黔东南1	晒红	晒红	有+	较大-	11.17	19.67	7.42	15.58	7.33	7.00	3.17	3.00	74.3	中等+	混合型、雪茄
贵州荔波2	晒红	晒红	有+	较大-	11.33	19.83	7.33	15.67	7.17	7.08	3.33	3.00	74.8	中等+	混合型、雪茄
贵州铜仁1	晒红	调味	有	适中+	11.30	19.80	7.10	15.80	7.20	7.60	3.20	3.00	75.0	较好-	混合型、混烤型

（6）浙江晾晒烟中部烟叶感官质量：浙江晾晒烟中部叶类型为晒红，香型风格为调味，香型程度为有-有+，劲头适中+，适合混烤型、混合型卷烟。浙江桐乡3质量档次为中等+，浙江桐乡1质量档次为中等（表1-96）。

表1-96　浙江晾晒烟中部烟叶感官质量

编号	类型	香型		劲头	香气质	香气量	浓度	余味	杂气	刺激性	燃烧性	灰色	总得分	质量档次	适合卷烟类型
		风格	程度												
浙江桐乡1	晒红	调味	有+	适中+	10.50	19.10	6.90	15.10	6.90	7.50	3.00	2.70	71.7	中等	混烤型、混合型
浙江桐乡3	晒红	调味	有	适中+	10.90	19.30	7.30	15.30	7.00	7.50	3.00	3.20	73.5	中等+	混烤型、混合型

（7）山东省晾晒烟中部烟叶感官质量：山东晾晒烟中部叶类型为晒红，除沂南2香型风格为似白肋，蒙阴2香型风格为调味，其他均为晒红。沂南2、蒙阴2香气质、香气量、灰分等指标相对较好，质量档次为较好-；蒙阴5、蒙阴6、沂水2、沂水5质量档次为中等+；沂南2适合混合型、

雪茄烟、混烤型卷烟，蒙阴2适合混合型、混烤型卷烟，山东其他晒红烟中部叶均适合混合型、雪茄烟（表1-97）。

表1-97 山东晾晒烟中部烟叶感官质量

编号	类型	香型		劲头	香气质	香气量	浓度	余味	杂气	刺激性	燃烧性	灰色	总得分	质量档次	适合卷烟类型
		风格	程度												
沂南2	晒红	似白肋	有+	较大-	11.20	20.20	7.60	15.70	7.00	7.20	3.30	3.30	75.5	较好-	混合型、雪茄、混烤型
蒙阴2	晒红	调味	有+	适中+	11.30	19.90	7.40	15.80	7.10	7.60	3.10	3.30	75.5	较好-	混合型、混烤型
蒙阴5	晒红	晒红	有	较大-	10.80	19.90	7.70	15.30	6.60	7.20	3.10	3.00	73.6	中等+	混合型、雪茄
蒙阴6	晒红	晒红	有	较大-	10.80	19.70	7.70	15.20	6.70	7.20	3.10	3.00	73.4	中等+	混合型、雪茄
沂水2	晒红	晒红	较显	较大-	11.10	19.90	7.50	15.90	7.00	7.00	2.40	2.40	73.2	中等+	混合型、雪茄
沂水5	晒红	晒红	较显-	较大-	11.10	19.60	7.30	15.80	6.70	6.90	2.90	3.10	73.4	中等+	混合型、雪茄

（8）黑龙江省晾晒烟中部烟叶感官质量：黑龙江晾晒烟类型为晒红，香型程度为较显，其中黑龙江穆棱1香型风格为晒红，黑龙江汤原1香型风格为调味。黑龙江晒红烟中部叶各项评吸指标均较好，质量档次为较好-，适合混合型、雪茄烟、混烤型卷烟（表1-98）。

表1-98 黑龙江晾晒烟中部烟叶感官质量

编号	类型	香型		劲头	香气质	香气量	浓度	余味	杂气	刺激性	燃烧性	灰色	总得分	质量档次	适合卷烟类型
		风格	程度												
黑龙江穆棱1	晒红	晒红	较显	较大-	11.30	20.00	7.50	16.00	7.10	7.10	3.20	3.10	75.3	较好-	混合型、雪茄、混烤型
黑龙江汤原1	晒红	调味	较显	适中+	11.50	20.30	7.60	16.30	7.30	7.20	3.20	3.50	76.9	较好-	混合型、混烤型、雪茄

3. 白肋烟上部烟叶感官质量

湖北恩施晾晒烟类型和香型风格均为白肋，香型程度为较显-，劲头较大-，评吸指标稍差于湖北宜昌，质量档次中等+，适合混合型卷烟。湖北宜昌白肋烟（湖北宜昌2、京鲁2-7）、云南1白肋烟香型程度为较显，香气质、香气量等评吸指标相对较好，质量档次为较好-，适合混合型卷烟；四川达州1类型为晒红，香型风格为亚雪茄，香型程度为较显，质量档次为中等+，适合雪茄烟和混合型卷烟；四川达州5类型为白肋烟，香型风格为白肋，香型程度为有，劲头较大-，质量档次中等-，适合混合型卷烟；重庆1类型和香型风格均为白肋，香型程度较显+，劲头适中+，质量档次中等+，适合混合型卷烟（表1-99）。

表1-99 白肋烟上部烟叶感官质量

编号	类型	香型		劲头	香气质	香气量	浓度	余味	杂气	刺激性	燃烧性	灰色	总得分	质量档次	适合卷烟类型
		风格	程度												
湖北恩施4	白肋	白肋	较显-	较大-	11.00	19.50	6.92	15.25	6.75	7.17	3.33	3.00	72.9	中等+	混合型
湖北恩施6	白肋	白肋	较显-	较大-	11.33	19.67	7.17	15.58	7.00	7.17	3.33	3.00	74.3	中等+	混合型
湖北恩施京鲁2-6	白肋	白肋	较显	较大	11.25	19.83	7.42	15.75	7.08	7.25	3.33	2.92	74.8	中等+	混合型
湖北宜昌2	白肋	白肋	显著	适中+	11.42	20.17	7.50	16.08	7.08	6.58	3.33	3.00	75.2	较好-	混合型
湖北宜昌京鲁2-7	白肋	白肋	显著	较大-	11.42	19.92	7.42	16.00	7.00	7.25	3.33	2.92	75.3	较好-	混合型
云南1	白肋	白肋	较显	较大-	11.33	20.25	7.42	16.17	7.25	6.83	3.33	3.17	75.8	较好-	混合型
四川达州1	晒红	亚雪茄	较显	较大-	11.08	20.00	7.42	15.50	6.92	7.08	3.42	3.00	74.4	中等+	雪茄、混合型
四川达州5	白肋	白肋	有	较大-	10.75	19.50	7.25	15.25	6.58	6.92	3.08	2.25	71.6	中等-	混合型
重庆1	白肋	白肋	较显+	适中+	11.40	19.90	7.50	15.60	6.90	7.10	3.30	3.00	74.7	中等+	混合型

4. 白肋烟中部烟叶感官质量

湖北晾晒烟类型和风格均为白肋，香型程度为适中+—较大-，总体评吸质量档次均好，均适合混合型卷烟；湖北宜昌京鲁2-5、湖北宜昌1、湖北恩施1、湖北恩施2、湖北恩施5、湖北宜昌京鲁

2-10香气质、香气量、余味、杂气等评吸指标相对较好，质量档次较好；湖北恩施3、湖北恩施京鲁2-2、湖北恩施京鲁2-12、湖北恩施京鲁2-13、湖北恩施京鲁2-14香气质、香气量、余味、杂气等评吸指标稍次，质量档次中等+。云南晾晒烟类型和香型风格均为白肋，劲头较大-，香气质、香气量均较好，质量档次较好，适合混合型卷烟；四川达州2类型属于晒红，香型风格亚雪茄，质量档次中等+，适合雪茄型、混合型卷烟；四川达州6晾晒烟类型和香型风格均为白肋，香气质、香气量均较好，质量档次较好-，适合混合型卷烟；四川达州京鲁2-8类型和香型风格均为白肋，劲头较大-，质量档次中等，适合混合型卷烟；重庆2类型和香型风格为白肋，香气质、香气量、浓度、余味均较好，质量档次较好-，适合混合型卷烟（表1-100）。

表1-100　白肋烟中部烟叶感官质量

编号	类型	香型		劲头	香气质	香气量	浓度	余味	杂气	刺激性	燃烧性	灰色	总得分	质量档次	适合卷烟类型
		风格	程度												
湖北宜昌京鲁2-5	白肋	白肋	显著	较大-	11.50	20.17	7.42	16.08	7.08	7.08	3.33	3.00	75.7	较好	混合型
湖北宜昌1	白肋	白肋	显著	较大-	11.58	20.25	7.50	16.42	7.33	6.67	3.33	3.00	76.1	较好	混合型
湖北恩施1	白肋	白肋	较显+	较大-	11.50	19.83	7.17	15.92	7.08	7.25	3.33	3.00	75.1	较好	混合型
湖北恩施2	白肋	白肋	较显+	适中+	11.50	20.17	7.33	16.08	7.25	7.25	3.33	3.00	75.9	较好	混合型
湖北恩施3	白肋	白肋	有+	较大-	11.00	19.50	7.08	15.50	6.67	7.25	3.33	3.00	73.3	中等+	混合型
湖北恩施5	白肋	白肋	较显	较大-	11.50	19.92	7.25	16.00	7.17	7.33	3.33	3.00	75.5	较好	混合型
湖北恩施京鲁2-2	白肋	白肋	较显-	较大-	10.83	19.50	7.25	15.33	6.50	7.08	3.33	2.92	72.8	中等+	混合型
湖北恩施京鲁2-10	白肋	白肋	显著	较大-	11.33	19.92	7.42	15.92	7.17	7.25	3.00	2.92	74.9	较好-	混合型
湖北恩施京鲁2-12	白肋	白肋	较显	适中+	11.00	19.58	7.17	15.67	6.75	7.17	3.17	2.92	73.4	中等+	混合型
湖北恩施京鲁2-13	白肋	白肋	较显	适中+	11.25	19.83	7.50	15.83	7.00	7.17	3.17	2.92	74.7	中等+	混合型
湖北恩施京鲁2-14	白肋	白肋	较显-	较大-	11.17	20.00	7.50	15.83	7.00	7.17	3.17	2.83	74.7	中等+	混合型
云南2	白肋	白肋	有+	较大-	10.92	19.75	7.33	15.58	6.92	6.92	3.33	3.00	73.8	较好	混合型
四川达州2	晒红	亚雪茄	有+	较大-	11.25	20.08	7.33	15.58	6.83	7.17	3.50	3.00	74.8	中等+	雪茄、混合型
四川达州6	白肋	白肋	较显-	较大-	11.42	20.00	7.42	16.17	7.33	7.00	3.33	2.42	75.1	较好-	混合型
四川达州京鲁2-8	白肋	白肋	较显	较大-	11.08	19.42	7.08	15.75	7.00	7.33	3.33	3.00	74.0	中等+	混合型
重庆2	白肋	白肋	较显+	适中+	11.40	20.20	7.50	15.70	7.10	7.10	3.30	3.00	75.3	较好-	混合型

5. 马里兰烟上部烟叶感官质量

湖北宜昌京鲁2-4，湖北宜昌京鲁2-9，湖北宜昌4类型和香型风格均为马里兰，劲头较大-，均适合混合型卷烟；湖北宜昌京鲁2-9、湖北宜昌4香气质、香气量、余味、杂气等指标相对较好，质量档次较好-；湖北宜昌京鲁2-4各项评吸指标稍次，质量档次中等+（表1-101）。

表1-101　马里兰烟上部烟叶感官质量

编号	类型	香型		劲头	香气质	香气量	浓度	余味	杂气	刺激性	燃烧性	灰色	总得分	质量档次	适合卷烟类型
		风格	程度												
湖北宜昌京鲁2-4	马里兰	马里兰	有	较大-	10.83	19.42	7.33	15.33	6.58	6.92	3.33	2.92	72.7	中等+	混合型
湖北宜昌京鲁2-9	马里兰	马里兰	较显	较大-	11.33	19.75	7.33	16.00	7.00	7.17	3.33	2.92	74.8	较好-	混合型
湖北宜昌4	马里兰	马里兰	较显+	较大-	11.42	19.83	7.33	15.92	7.00	7.00	3.33	2.92	74.8	较好-	混合型

6. 马里兰烟中部烟叶感官质量

京鲁2-1、京鲁2-3、京鲁2-15、京鲁2-16、京鲁2-11、湖北宜昌3类型和香型风格均为马里兰，劲头适中+-较显-，适合混合型卷烟。其中京鲁2-1、京鲁2-3、京鲁2-11、湖北宜昌3的香气质、香气量、浓度、余味、杂气等评吸指标相对较好，质量档次为较好-；京鲁2-16各项评吸指标稍次，质量档次中等+，京鲁2-15各项评吸指标较次，质量档次中等（表1-102）。

表1-102 马里兰烟中部烟叶感官质量

编号	类型	香型		劲头	香气质	香气量	浓度	余味	杂气	刺激性	燃烧性	灰色	总得分	质量档次	适合卷烟类型
		风格	程度												
湖北宜昌京鲁2-1	马里兰	马里兰	较显	较大-	11.25	19.83	7.33	16.08	7.17	6.92	3.33	2.92	74.8	较好-	混合型
湖北宜昌京鲁2-3	马里兰	马里兰	较显-	较大-	11.33	19.92	7.25	15.58	6.92	7.08	3.33	2.92	74.3	较好-	混合型
湖北宜昌京鲁2-15	马里兰	马里兰	有+	适中+	10.67	19.08	6.92	15.17	6.08	7.50	3.33	2.92	71.7	中等	混合型
湖北宜昌京鲁2-16	马里兰	马里兰	较显	适中+	11.25	19.75	7.17	15.75	7.00	7.33	3.33	2.92	74.5	中等+	混合型
湖北宜昌3	马里兰	马里兰	较显	较大-	11.25	19.75	7.33	16.00	7.17	7.08	3.42	2.92	74.9	较好-	混合型
重庆京鲁2-11	马里兰	马里兰	较显	适中+	11.33	19.83	7.17	16.00	7.08	7.42	3.33	2.92	75.1	较好-	混合型

(四)2013年晾晒烟叶外观质量评价

1.晾晒烟中部叶外观质量评价

(1)贵州省晒红烟中部烟叶外观质量：贵州晾晒烟分类均为晒红烟，部位混，色域普遍较宽，其均为原生态扎把晒制，叶长均小于50cm，属小叶型；荔波晒红烟颜色偏红棕，身份中等—稍厚；黔东南镇远晒红烟颜色红棕偏浅棕，身份中等，结构疏松；黔西南望谟晒红烟颜色浅棕—红棕，油分不足，部分叶片含青重，有霉味，色域宽；贵州天柱晒红烟颜色橘黄—浅棕，身份偏薄，成熟度差，弹性差，为拐杖烟（表1-103和表1-104）。

表1-103 贵州省晒红烟中部烟叶外观质量

编号	分型	部位	颜色	成熟度	身份	叶片结构	油分	长度	含青度	细致程度	光泽强度	弹性
贵州荔波2	晒红烟	下部5%，中部65%，上部30%	浅棕10%，红棕80%，深棕10%	成熟85%，尚熟15%	稍薄5%，中等65%，稍厚30%	尚疏松30%，疏松70%	有40%，稍有60%	50	10%	稍粗90%，粗10%	稍暗90%，较暗10%	较好40%，一般60%
贵州黔东南镇远2	晒红烟	下部10%，中部70%，上部20%	深棕5%，红棕40%，浅棕55%	成熟95%，尚熟5%	稍薄10%，中等70%，中等+20%	疏松	有90%，稍有10%	40	3%	尚细95%，稍粗5%	稍暗95%，较暗5%	较好90%，一般10%
贵州黔西南望谟2	晒红烟	下部10%，中部60%，上部30%	浅棕60%，红棕30%，深棕10%	成熟10%，欠熟40%，尚熟50%	稍薄10%，中等60%，中等+30%	疏松	稍有	37	30%	尚细60%，稍粗40%	较暗90%，暗10%	一般90%，差10%
贵州黔西南望谟4	晒红烟	下部15%，中部55%，上部30%	浅棕40%，红棕50%，深棕10%	成熟40%，欠熟20%，尚熟40%	稍厚30%，中等55%，中等-15%	疏松70%，尚疏松30%	稍有	35	25%	尚细70%，稍粗30%	稍暗70%，较暗30%	较好85%，一般15%
贵州天柱1	晒红烟	中部	橘黄30%，深黄30%，红黄30%，浅棕10%	成熟90%，尚熟10%	稍薄	疏松	有30%，稍有70%	50	4%	细60%，尚细40%	尚鲜亮60%，稍暗40%	差

表1-104 贵州省晒红烟中部烟叶外观质量

编号	现等级	综合
贵州荔波2	X2 5%C3 65%B3 30%	部位混，色域较宽，个别叶背含青，油分不足（水分偏少）光泽较暗淡，索晒原生态
贵州黔东南镇远2	X2 10%C3 70%B3 20%	拐子烟原生态，色域宽泛，光泽暗，叶片干燥
贵州黔西南望谟2	X2F10%C3F60%B3F30%	索晒原生态，上中下部位混，叶片含青较重，油分少，颜色乱，有霉味
贵州黔西南望谟4	X2F15%C3F55%B3F30%	索晒原生态，部位乱，油分不足，部分叶片含青重，有霉味，色域宽
贵州天柱1	C3⁻	部位较好，色域宽泛，个别叶背浮青，叶片干燥易碎（水分不足）拐子烟，原生态，整体差，小叶型

(2)湖南省晒红烟中部烟叶外观质量：湖南省晾晒烟分型为晒红烟，部位纯正颜色红棕—浅红

棕，身份中等（除湖南麻阳晒红烟身份偏稍薄），结构疏松，油分有—多，结构细—尚细，弹性好；其中湖南辰溪晒红烟颜色红棕偏浅红棕，叶面颜色欠饱和，叶片干燥，正反色差大；湖南麻阳晒红烟颜色浅红棕偏红棕，湘西州晒红烟颜色为红棕，叶面颜色均匀，正反色差小（表1-105和表1-106）。

表1-105　湖南省晒红烟中部烟叶外观质量

编号	分型	部位	颜色	成熟度	身份	叶片结构	油分	长度	含青度	细致程度	光泽强度	弹性
湖南辰溪1	晒红烟	中部	浅红棕	成熟60%，尚熟30%，欠熟10%	稍薄	疏松	有	62	15%	细	尚鲜亮	一般
湖南辰溪3	晒红烟	中部	浅棕60%，棕40%	成熟	中等	疏松	有	60	0%	尚细	稍暗60%，较暗40%	较好
湖南辰溪5	晒红烟	中部	浅红棕	成熟90%，尚熟10%	中等-	疏松	有	58	5%	尚细	稍暗	较好
湖南麻阳2	晒红烟	中部	浅棕40%，红棕60%	成熟60%，尚熟40%	中等	疏松	有	66	7%	尚细	稍暗	好
湖南麻阳3	晒红烟	中部	浅棕20%，红棕80%	成熟	中等	疏松	多-	64	0%	尚细	稍暗	好
湖南湘西州凤凰1	晒红烟	中部80%，上部20%	红棕	成熟	中等	疏松	多30%，有70%	63	0%	稍粗80%，尚细20%	稍暗	好

表1-106　湖南省晒红烟中部烟叶外观质量综合评价

编号		现等级	综合
湖南辰溪1	晒红	C3	部位纯正，颜色较均匀，叶面颜色欠饱和，身份偏薄，叶面干燥（水分不足）部分支脉含青，叶背含青。
湖南辰溪3	晒红	C3	部位纯正，叶面颜色欠均匀，正反色差较大，叶面干燥僵硬（水分严重不足）
湖南辰溪5	晒红	C3	部位纯正，颜色均匀，页面颜色欠饱和，叶片干燥（水分不足）正反色差较大，个别叶背含浮青。
湖南麻阳2	晒红	C3	部位纯正，叶面颜色欠均匀，叶背多含浮青，略有僵硬，光泽欠鲜亮。
湖南麻阳3	晒红	C3	部位纯正，颜色均匀，成熟度好，结构疏松，正反色差较大，叶柄有霉渍，有轻度霉味
湖南湘西州凤凰1	晒红	C3 30%B2 70%	等级纯度好，颜色纯正，叶面颜色均匀，身份适中，弹性好，正反色差小

（3）吉林省晒红烟中部烟叶外观质量：吉林省晾晒烟分型为晒红烟，部位纯正，颜色浅棕—红棕，结构疏松，弹性好，其中吉林晒红烟颜色浅棕偏红棕，身份中等，油分多水分略大，叶面颜色欠均匀，个别叶背主脉含青；吉林延边晒红烟颜色红棕偏浅棕，身份略偏薄，油分多，水分偏大，尚鲜亮（表1-107和表1-108）。

表1-107　吉林省晒红烟中部烟叶外观质量

编号	分型	部位	颜色	成熟度	身份	叶片结构	油分	长度	含青度	细致程度	光泽强度	弹性
吉林1	晒红烟	中部	浅棕20%，红棕80%	成熟80%，尚熟20%	稍薄10%，中等90%	疏松	有+	69	10%	尚细20%，稍粗80%	稍暗20%，较暗80%	较好
吉林3	晒红烟	中部	浅棕40%，红棕60%	成熟90%，尚熟10%	中等	疏松	有+	68	8%	尚细40%，稍粗60%	稍暗40%，较暗60%	较好
吉林延边2	晒红烟	中部	浅红棕80%，红棕20%	成熟	稍薄	疏松	有	64	0%	细80%，尚细20%	尚鲜亮80%，稍暗20%	较好
吉林延边3	晒红烟	中部	浅棕80%，红棕20%	成熟	中等20%，中等-80%	疏松	多	57	0%	尚细	尚鲜亮	较好

表1-108 吉林省晒红烟中部烟叶外观质量综合评价

编号	现等级	综合
吉林1	C3	部位纯正，部分叶片叶面颜色欠均匀，水分略大，光泽欠鲜亮，个别主支脉叶背含青
吉林3	C3	部位纯正，叶面颜色欠均匀，正反色差较大，水分略高，个别叶背主脉发青
吉林延边2	C3	部位纯正，颜色均匀，叶面颜色基本饱和，油分多（含水率大），身份偏薄，部分叶片光滑，正反色差小，中度霉变，有严重霉味
吉林延边3	C3	等级纯度较好，部位纯正，叶片颜色均匀，水分超限，部分叶片霉变

（4）山东省晒红烟中部烟叶外观质量：山东晾晒烟分型均为晒红烟，颜色浅棕—红棕，普遍含青，总体部位纯正。其中蒙阴晒红烟红棕为主，光泽偏暗，正反色差大，叶片干燥，弹性一般；沂南晒红烟颜色浅棕偏红棕，成熟度差，叶背几乎全部浮青，正反色差大，弹性较好；沂水晒红烟颜色红棕为主，叶面颜色均匀，沂水2油分足，弹性好，沂水4成熟度差，叶背含浮青，身份偏薄弹性差，但光泽强度较好（表1-109和表1-110）。

表1-109 山东省晒红烟中部烟叶外观质量

编号	分型	部位	颜色	成熟度	身份	叶片结构	油分	长度	含青度	细致程度	光泽强度	弹性
蒙阴1	晒红烟	中部70%，上部30%	浅棕30%，红棕60%，浅棕10%	欠熟5%，尚熟20%，成熟75%	中等70%，中等+30%	疏松	稍有	51	8%	稍粗	较暗	一般
蒙阴3	晒红烟	中部30%，上部70%	浅棕20%，红棕70%，深棕10%	成熟70%，尚熟20%，欠熟10%	中等30%，稍厚-70%	疏松30%，尚疏松70%	有70%，稍有30%	53	10%	稍粗30%，粗70%	较暗30%，暗70%	一般
沂南1	晒红烟	中部	红棕80%，深棕20%	尚熟	中等	疏松	有	55	10%	尚细	稍暗80%，较暗20%	较好
沂水2	晒红烟	中部	浅棕80%，红棕20%	欠熟10%，尚熟20%，成熟70%	中等	疏松	多80%，有20%	54	10%	尚细	稍暗	较好
沂水4	晒红烟	中部	红棕	成熟20%，欠熟30%，尚熟50%	稍薄	疏松	有-	49	20%	细	尚鲜亮	一般

表1-110 山东省晒红烟中部烟叶外观质量综合评价

编号	现等级	综合
蒙阴1	B3 30%C3 70%	拐子烟，原生态，部位混乱，颜色乱，光泽暗，叶片干燥（水分严重不足）叶面空洞较多，遭受冰灾，正反色差大
蒙阴3	B3 70%C3 30%	部位混，色域宽泛，叶片干燥，光泽暗，叶面空洞较多，遭受冰雹，正反色差大
沂南1	C3	部位纯正，叶背几乎全部含浮青，光泽较暗，部分叶面含光滑，正反色差大，索晒
沂水2	C3	部位纯正，叶面颜色均匀，个别支脉含青，油分足，弹性好，轻度霉变
沂水4	C3	部位纯正，叶面颜色均匀，纯正红棕，成熟度差，叶背支脉多含浮青，身份偏薄，叶片干燥（水分严重不足）

（5）内蒙古、云南、江西晒红烟中部烟叶外观质量：内蒙古赤峰宁城县晾晒烟分型为晒红烟，颜色为浅红棕，部位纯正，成熟度尚差，叶片含青较重，结构细致，弹性一般；云南宾川晾晒烟分型为晒红烟，颜色浅红棕，部位纯正，叶面颜色均匀、饱和，油分足，结构细致，弹性好，正反色差小；江西石城晾晒烟分型为晒红烟，颜色红棕偏浅棕，部位混乱，色域宽，成熟度较好，叶片干燥，油分偏少，身份略偏薄（表1-111和表1-112）。

表1–111　内蒙古、云南、江西省晒红烟中部烟叶外观质量

编号	分型	部位	颜色	成熟度	身份	叶片结构	油分	长度	含青度	细致程度	光泽强度	弹性
内蒙古赤峰宁城2	晒红烟	中部	浅红棕	尚熟80%，欠熟20%	中等	疏松	有	53	45%	细	尚鲜亮	一般
云南宾川2	晒红烟	中部	浅红棕	成熟70%，尚熟30%	中等–	疏松	多80%，有20%	64	8%	细	尚鲜亮	较好
江西石城1	晒红烟	下部30%，中部50%，上部20%	红棕30%，深棕70%	成熟	稍薄30%，中等50%，中等+20%	疏松80%，尚疏松20%	稍有	55	0%	尚细30%，稍粗70%	较暗30%，暗70%	较好70%，一般30%

表1–112　内蒙古、云南、江西省晒红烟中部烟叶外观质量综合评价

编号	现等级	综合
内蒙古赤峰宁城2	GY	部位纯正，叶片含青较重，部分叶片光滑，水分偏大，中度霉变，有较重霉味。
云南宾川2	C3	部位纯正，颜色均匀，叶面颜色纯正，浅棕色，颜色饱和，油分足，部分主脉支脉含青，叶片多光滑，成熟度一般，正反色差小
江西石城1	X2 30%C3 50%B3 20%	部位混乱，色域宽，光泽暗，部分叶片光滑，叶面干燥（水分不足）正反色差大，拐子烟原生态

（6）湖北省白肋烟中部烟叶外观质量：湖北省晾晒烟分型为白肋烟，颜色浅棕，部位纯正，成熟度好，结构疏松，光泽强度尚鲜亮，叶片较大，结构细致。其中湖北恩施白肋烟叶面颜色均匀，正反色差小，身份略偏薄；湖北鹤峰白肋烟颜色红棕，等级纯度好，成熟度好，正反色差小，身份偏薄，光泽强度稍偏暗；湖北宜昌五峰白肋烟颜色浅棕，部位纯正，叶面颜色均匀，正反色差相近，油分多，身份偏薄，叶片大（表1–113和表1–114）。

表1–113　湖北省白肋烟中部烟叶外观质量

编号	分型	部位	颜色	成熟度	身份	叶片结构	油分	长度	含青度	细致程度	光泽强度	弹性
湖北恩施1	白肋烟	中部	浅棕	成熟	稍薄	疏松	稍有	57	0%	细	尚鲜亮	一般
湖北恩施2	白肋烟	中部	浅棕	成熟	稍薄	疏松	有	64	0%	细	尚鲜亮	一般
湖北鹤峰2	白肋烟	中部	浅棕	成熟	中等–70%，稍薄30%	疏松	有	64	0	细	尚鲜亮60%，稍暗40%	较好70%，一般30%
湖北宜昌五峰2	白肋烟	中部	浅棕	成熟	稍薄	疏松	多	76	0%	细	尚鲜亮	一般
湖北宜昌五峰3	白肋烟	中部	浅棕80%，红棕20%	成熟	稍薄	疏松	多	77	0%	细	尚鲜亮80%，稍暗20%	一般

表1–114　湖北省白肋烟中部烟叶外观质量综合评价

编号	现等级	综合
湖北恩施1	C3	部位纯正，颜色均匀，正反色差相近，身份偏薄，叶面干燥（水分严重不足）
湖北恩施2	C3	部位纯正，叶面颜色均匀，正反色接近，身份偏薄
湖北鹤峰2	C3	等级纯度好，成熟度好，结构疏松，身份偏薄，正反色差接近
湖北宜昌五峰2	C3	部位纯正，叶面颜色均匀，正反颜色相近，油分多（水分略高），身份薄，特大叶
湖北宜昌五峰3	C3	部位纯正，叶面颜色均匀，正反颜色相近，油分多（水分略高）身份偏薄，特大叶

（7）四川省白肋烟中部烟叶外观质量：四川省晾晒烟分型为白肋烟，颜色为浅棕，成熟度好，身份中等–，结构疏松，细致程度好，光泽较鲜亮，弹性好；其中四川达州白肋烟等级纯度好，颜色均匀，正反色差接近；四川万源白肋烟部位纯正，颜色均匀，光泽较鲜亮，叶面皱褶（表1–115和表1–116）。

表1-115 四川省白肋烟中部烟叶外观质量

编号	分型	部位	颜色	成熟度	身份	叶片结构	油分	长度	含青度	细致程度	光泽强度	弹性
四川达州1	白肋烟	中部	浅棕	成熟	中等-	疏松	有	63	0%	细	尚鲜亮	较好
四川万源1	白肋烟	中部	浅棕	成熟	中等-	疏松	有	53	0%	细	尚鲜亮	好

表1-116 四川省白肋烟中部烟叶外观质量综合评价

编号	现等级	综合
四川达州1	C3	等级纯度好，颜色均匀，部位纯正，结构疏松，正反颜色接近，身份略偏薄
四川万源1	C3	部位纯正，颜色均匀，结构疏松，光泽较鲜亮，身份略薄，正反色接近，外观似白肋烟，叶面皱褶

2. 晾晒烟上部叶外观质量评价

（1）贵州省晾晒烟上部烟叶外观质量：贵州省晾晒烟分型均为晒红烟，颜色浅棕—深棕，为原生态索晒，拐子烟，叶片均相对较小；其中贵州荔波晒红烟颜色红棕偏浅棕，部位略混，色域较宽，叶面干燥，部分主支脉及叶背含青，结构疏松，油分稍有—偏有，光泽强度略偏暗，弹性较好；贵州黔东南镇远晒红烟颜色红棕偏浅棕，色域较宽泛，个别支脉含青，叶片干燥，光泽欠鲜亮；贵州黔西南望谟晒红烟颜色红棕—偏浅棕，略含青，弹性较好，其中贵州黔西南望谟1部位略混，颜色均匀，油分偏少，正反色差较大，贵州黔西南望谟3叶片大小均匀，细致程度稍粗，弹性较好，正反色差小，部分叶背含浮青；贵州天柱晒红烟部位纯正，颜色深棕，不均匀，叶片颜色欠饱和，颜色趋黑，光泽暗，弹性差（表1-117和表1-118）。

表1-117 贵州省晒红烟烟叶外观质量

编号	分型	部位	颜色	成熟度	身份	叶片结构	油分	长度	含青度	细致程度	光泽强度	弹性
贵州荔波1	晒红烟	下部20%，中部50%，上部30%	浅棕70%，红棕30%	成熟70%，尚熟20%，欠熟10%	中等30%，中等-50%，稍薄20%	疏松	有80%，稍有20%	45	15%	尚细70%，稍粗30%	稍暗70%，较暗30%	较好80%，一般20%
贵州黔东南镇远1	晒红烟	下部20%，中部50%，上部30%	浅棕20%，棕60%，深棕20%	成熟90%，尚熟10%	稍薄20%，中等50%，稍厚-30%	疏松	有80%，稍有20%	53	5%	尚细80%，稍粗20%	稍暗80%，较暗20%	较好80%，一般20%
贵州黔西南望谟1	晒红烟	中部80%，上部20%	浅棕80%，棕20%	成熟90%，尚熟10%	中等80%，稍厚-20%	疏松	稍有	40	5%	尚细80%，稍粗20%	稍暗80%，较暗20%	较好
贵州黔西南望谟3	晒红烟	中部70%，上部30%	浅棕70%，红棕30%	成熟80%，尚熟20%	中等70%，稍厚-30%	疏松70%，尚疏松30%	有	40	12%	稍粗	稍暗	较好
贵州天柱2	晒红烟	上部	深棕	成熟	中等70%，中等+30%	疏松	有	44	0%	稍粗	暗	差

表1-118 贵州省晒红烟上部烟叶外观质量综合评价

编号	现等级	综合
贵州荔波1	X2 20%C3 50%B3 30%	色域宽，部位混，叶面干燥，部分叶片主脉叶背含青，索晒原生态
贵州黔东南镇远1	X2 20%C3 50%B3 30%	拐子烟原生态，色域宽泛，个别支脉含青，光泽不鲜亮，叶片干燥
贵州黔西南望谟1	C380%B220%	索晒原生态上下部位混乱，颜色较均匀，个别叶背含浮青，正反色差较大
贵州黔西南望谟3	C370%B330%	索晒原生态，叶片大小均匀，正反色差小，部分叶背含浮青
贵州天柱2	B3F	部位纯正，颜色不均匀，叶面颜色欠饱和，光泽暗，叶面干燥（水分不足）索晒，原生态，叶面颜色趋黑，小叶型品种

（2）湖南省晒红烟上部烟叶外观质量：湖南省晒红烟分型均为晒红，颜色以红棕为主，部位纯正。其中湖南辰溪晒红烟颜色均匀，均为红棕，成熟度尚可，结构疏松，有油分，除湖南辰溪4外均略含青，光泽偏暗，正反色差较大，弹性较好；湖南麻阳1叶面颜色欠均匀，叶背浮青较多，叶片有僵硬感，正反色差较大，湖南麻阳4叶面颜色均匀，油分多，正反色差较大，弹性好；湖南湘西州凤凰晒红烟颜色深棕-偏红棕，色域较宽，部位略混，叶面颜色均匀，正反色差大，油分好，弹性好（表1-119和表1-120）。

表1-119　湖南省晒红烟上部烟叶外观质量

编号	分型	部位	颜色	成熟度	身份	叶片结构	油分	长度	含青度	细致程度	光泽强度	弹性
湖南辰溪2	晒红烟	上部	红棕	成熟90%，尚熟10%	稍薄+	疏松	有	60	10%	细	稍暗	较好
湖南辰溪4	晒红烟	上部	红棕	成熟	中等+	疏松	有	64	0%	稍粗	较暗	好
湖南辰溪6	晒红烟	上部	红棕	成熟90%，尚熟10%	中等	疏松	有	63	8%	稍粗	较暗	好
湖南麻阳1	晒红烟	上部	浅棕30%，红棕70%	成熟40%，尚熟60%	中等40%，稍厚-60%	疏松40%，尚疏松60%	有	67	10%	稍粗	稍暗	较好
湖南麻阳4	晒红烟	上部	红棕	成熟	中等+	疏松	多	64	0%	稍粗	稍暗	好
湖南湘西州凤凰2	晒红烟	上部90%，中部10%	红棕90%，深棕10%	成熟90%，尚熟10%	中等90%，稍厚10%	疏松90%，尚疏松10%	多40%，有60%	60	3%	稍粗	稍暗90%，较暗10%	好

表1-120　湖南省晒红烟上部烟叶外观质量综合评价

编号	现等级	综合
湖南辰溪2	B2	部位纯正，颜色均匀，叶面干燥（水分不足）身份偏薄，个别叶面光滑，个别主脉含青
湖南辰溪4	B2	部位纯正，颜色均匀，叶面颜色饱和，叶面干燥，僵硬（水分严重不足）正反色差较大
湖南辰溪6	B2	部位纯正，颜色均匀，叶面颜色欠饱和，叶片干燥，僵硬（水分不足）正反色差较大，个别叶背含浮青。
湖南麻阳1	B2	部位纯正，叶面颜色欠均匀，叶背几乎含浮青，叶片有僵硬感，正反色差较大，叶片大。
湖南麻阳4	B130%B2 70%	部位纯正，颜色均匀，油分多，正反色差较大，叶柄有霉渍，轻度霉味，结构疏松，弹性好
湖南湘西州凤凰2	C3 10%B2 90%	部位略混，色域宽，叶面颜色均匀，油分好，个别支脉含青，正反色差大

（3）吉林省晒红烟上部烟叶外观质量：吉林晒红烟分型均为晒红烟，颜色红棕—深棕，部位纯正（吉林延边4部位混乱，颜色乱），成熟度尚可，油分足，弹性好。其中吉林晒红烟颜色深棕—偏红棕，正反色差较大，含浮青，个别叶片僵硬。吉林延边1晒红烟颜色红棕，部位纯正，颜色均匀，油分多，身份偏薄，结构尚细弹性较好，吉林延边4晒红烟颜色浅棕—偏红棕，部位混乱，水分过大，成熟度好，结构疏松，油分多（表1-121和表1-122）。

表1-121　吉林省晒红烟上部烟叶外观质量

编号	分型	部位	颜色	成熟度	身份	叶片结构	油分	长度	含青度	细致程度	光泽强度	弹性
吉林2	晒红烟	上部	红棕80%，深棕20%	成熟90%，尚熟10%	中等30%，稍厚-70%	疏松30%，尚疏松70%	有+	62	7%	稍粗	较暗80%，暗20%	较好
吉林4	晒红烟	上部	红棕90%，深棕10%	成熟90%，尚熟10%	中等+	疏松	多	63	6%	稍粗90%，粗10%	较暗90%，暗10%	好
吉林延边1	晒红烟	上部	红棕	成熟	稍薄+	疏松	多	56	0%	尚细	较暗	较好
吉林延边4	晒红烟	上部30%，中部70%	浅棕30%，红棕70%	成熟	中等70%，中等-30%	疏松	多	60	0%	尚细	稍暗	较好70%，一般30%

表1-122　吉林省晒红烟上部烟叶外观质量综合评价

编号	现等级	综合
吉林2	B2	部位纯正，叶面颜色欠均匀，水分略大，正反色差较大，个别僵硬。
吉林4	B2	部位纯正，叶面颜色均匀，油分多（水分略大），正反色差较大，个别叶背主脉含青，个别有僵硬感
吉林延边1	B3	部位纯正，颜色均匀，油分多（水分严重超限）正反色差小，身份偏薄，中度霉变，有严重霉味
吉林延边4	30%C3 70%B3	部位混乱，颜色乱，水分过大，霉变较重

（4）山东省晒红烟上部烟叶外观质量：山东省晒红烟分型均为晒红烟，颜色以红棕为主，部位纯正（沂水3部位略混乱）。蒙阴晒红烟颜色深棕偏红棕，色域较宽，油分偏少，含青稍多，结构偏粗，光泽偏暗，弹性差；阴暗晒红烟上部叶颜色深棕偏红棕，成熟度略差，成熟度不够，叶背均含浮青，光泽较暗，弹性较好。沂水1晒红烟色域略宽，油分较好，部分叶背、主脉含青，光泽较暗，弹性较好；沂水3晒红烟颜色纯正红棕，部位混乱，成熟度一般，叶背多含浮青，叶片干燥，正反色差较大，弹性一般（表1-123和表1-124）。

表1-123　山东省晒红烟上部烟叶外观质量

编号	分型	部位	颜色	成熟度	身份	叶片结构	油分	长度	含青度	细致程度	光泽强度	弹性
蒙阴2	晒红烟	上部	红棕80%，深棕20%	成熟60%，尚熟30%，欠熟10%	稍厚	尚疏松	少	43	15%	粗	暗	差
蒙阴4	晒红烟	上部	红棕90%，深棕10%	欠熟5%，尚熟10%，成熟85%	稍厚	尚疏松	稍有	42	8%	稍粗	较暗	一般
沂南2	晒红烟	上部	红棕60%，深棕40%	尚熟90%，欠熟10%	稍厚-	尚疏松	有	52	12%	稍粗	较暗	较好
沂水1	晒红烟	上部	浅棕10%，红棕90%	成熟50%，尚熟30%，欠熟20%	中等+	疏松30%，尚疏松70%	多70%，有30%	53	20%	稍粗	稍暗	较好
沂水3	晒红烟	上部80%，中部20%	红棕	欠熟10%，尚熟30%，成熟60%	稍薄20%，中等80%	疏松	有-	46	15%	细20%，尚细80%	尚鲜亮20%，稍暗80%	一般

表1-124　山东省晒红烟上部烟叶外观质量综合评价

编号		现等级	综合
蒙阴2	晒红	B3	样品破损严重，遭受雹灾，叶面空洞较多，颜色乱，叶面干燥（水分严重不足）
蒙阴4	晒红	B3	部位纯正，色域较宽，叶面干燥（水分严重不足）叶面有雹空，正反色差大
沂南2	晒红	B2	部位纯正，色域略宽，成熟度不够叶背均含浮青，光泽较暗
沂水1	晒红	B2	部位纯正，色域略宽，油分较好，部分叶背主脉含青，光泽较暗，有轻度霉变
沂水3	晒红	C2 20%B3 80%	部位混乱，颜色纯正红棕，成熟度一般，叶背多含浮青，叶片干燥（水分严重不足）正反色差较大

（5）内蒙古、云南、江西的晒红烟上部烟叶外观质量：内蒙古晾晒烟分型为晒红，颜色为浅红棕，部位纯正，叶片含青较重，水分偏大，结构细致，弹性一般；云南宾川晾晒烟分型为晒红烟，颜色浅棕偏红棕，部位纯正，叶面颜色均匀，颜色饱和，正反色差小，油分足，部分主要支脉含青，成熟度一般；江西石城晾晒烟分型为晒红烟，颜色红棕偏深棕，部位混乱，为原生态拐子烟，色域较宽，正反色差大，身份偏薄，叶面干燥，油分偏少，弹性一般（表1-125和表1-126）。

表1-125　内蒙古、云南、江西晒红烟上部烟叶外观质量

编号	分型	部位	颜色	成熟度	身份	叶片结构	油分	长度	含青度	细致程度	光泽强度	弹性
内蒙古赤峰宁城1	晒红烟	上部	浅红棕	尚熟30%，欠熟70%	中等	疏松	有	56	60%	细	尚鲜亮	一般
云南宾川1	晒红烟	上部	浅棕10%，红棕90%	成熟	中等40%，中等-60%	疏松	多	60	0%	尚细	稍暗	好
江西石城2	晒红烟	下部20%，上部80%	红棕20%，深棕80%	成熟30%，尚熟30%，欠熟40%	稍薄70%，中等30%	疏松	稍有	55	35%	尚细	较暗20%，暗80%	一般

表1-126　内蒙古、云南、江西晒红烟上部烟叶外观质量综合评价

编号	现等级	综合
内蒙古赤峰宁城2	GY	部位纯正，叶片含青较重，部分叶片光滑，水分偏大，中度霉变，有较重霉味。
云南宾川2	C3	部位纯正，颜色均匀，叶面颜色纯正，浅棕色，颜色饱和，油分足，部分主脉支脉含青，叶片多光滑，成熟度一般，正反色差小
江西石城1	X2 30%C3 50%B3 20%	部位混乱，色域宽，光泽暗，部分叶片光滑，叶面干燥（水分不足）正反色差大，拐子烟原生态

（6）湖北省白肋烟上部烟叶外观质量：湖北晾晒烟分型均为白肋烟，颜色浅棕—红棕为主，部位纯正，成熟度好，结构疏松，油分足，结构尚细，弹性好。湖北恩施白肋烟颜色浅棕—红棕，叶面颜色均匀，正反色差小，油分足；湖北鹤峰白肋烟颜色红棕偏浅棕，颜色均匀，身份中等，成熟度好结构疏松，正反色差大；湖北五峰白肋烟颜色深棕偏红棕，叶面颜色均匀，工业可用性强，叶片大，弹性好（表1-127和表1-128）。

表1-127　湖北省白肋烟上部烟叶外观质量

编号	分型	部位	颜色	成熟度	身份	叶片结构	油分	长度	含青度	细致程度	光泽强度	弹性
湖北恩施3	白肋烟	上部	浅棕	成熟	中等40%，中等-60%	疏松	有	56	0%	尚细	尚鲜亮	较好
湖北恩施4	白肋烟	上部	浅棕40%，红棕60%	成熟	中等70%，中等-30%	疏松	多	58	0%	尚细	稍暗	好
湖北鹤峰1	白肋烟	上部	浅棕60%，红棕40%	成熟	中等	疏松	有	63	0%	尚细	稍暗	好
湖北宜昌五峰1	白肋烟	上部	红棕	成熟	中等	疏松	多	72	0%	尚细	较暗	好
湖北宜昌五峰4	白肋烟	上部	红棕80%，深棕20%	成熟	中等	疏松	多	78	0%	尚细80%，稍粗20%	稍暗80%，较暗20%	好

表1-128　湖北省白肋烟上部烟叶外观质量综合评价

编号	现等级	综合
湖北恩施3	B2	颜色纯正，叶面颜色均匀，正反色差小，光泽较鲜亮，叶片干燥（水分严重不足）部分身份偏薄
湖北恩施4	B2	部位纯正，叶面颜色均匀，正反色差小，结构疏松，油分多。
湖北鹤峰1	B2	等级纯度好，叶面颜色均匀，身份中等，成熟度好，结构疏松，正反色差大
湖北宜昌五峰1	B1	部位纯正，叶面颜色均匀，叶面纯正红棕色，油分足，弹性好，可用性强，特大叶。
湖北宜昌五峰4	B1	部位纯正，叶面颜色均匀，油分多，结构疏松，工业可用性好，光泽稍暗

（7）四川省白肋烟上部烟叶外观质量：四川晾晒烟分型为白肋烟，颜色浅棕偏红棕，等级纯度好，部位纯正，颜色均匀，油分足，弹性好，光泽略欠鲜亮。其中四川达州2颜色浅棕偏红棕，四川万源2颜色红棕，正反色差接近，主脉带霉渍（似生物碱）（表1-129和表1-130）。

表1-129 四川省白肋烟上部烟叶外观质量

编号	分型	部位	颜色	成熟度	身份	叶片结构	油分	长度	含青度	细致程度	光泽强度	弹性
四川达州2	白肋烟	上部	浅棕30%，红棕70%	成熟	中等	疏松	多40%，有60%	46	0%	尚细	稍暗	好
四川万源2	白肋烟	上部	红棕	成熟	中等-	疏松	多	52	0%	尚细	稍暗-	好

表1-130 四川省白肋烟上部烟叶外观质量综合评价

编号	现等级	综合
四川达州2	B2	等级纯度较好，颜色均匀，部位纯正，油分较足，弹性好，光泽欠鲜亮
四川万源2	B2	等级纯度好，部位纯正，颜色均匀，油分足，弹性好，正反色差接近，主脉带霉渍（可能是生物碱）颜色纯正

（五）2013年晾晒烟化学成分评价

1. 贵州省晒红烟化学成分

贵州晾晒烟上部叶：各个地区之间晒红烟化学成分差异较大，其中贵州黔西南望谟3还原糖、总糖含量高达13.6%和14.2%，远高于平均值3.61%和4.26%，而贵州黔东南镇远1的还原糖和总糖含量仅为0.44%和1.13%；上部烟叶总植物碱含量除贵州黔西南望谟1含量为3.34%，其他各地区总植物碱含量均大于4.32%，而贵州黔东南镇远1总植物碱含量达到7.48%远高于其他各个地区总植物碱含量；贵州黔东南镇远1和贵州天柱2总氮含量达到4.0%以上，高于其他各个地区，贵州黔西南望谟地区总氮含量均相对较低，均在2.8%以下；贵州天柱2钾含量高达3.56%，与贵州黔西南望谟3极差达到2.36%；贵州黔西南望谟地区烟叶氯含量相对较高，达到2.2%，高于平均值1.43%，而贵州黔东南镇远1烟叶氯含量仅为0.17%；贵州天柱上部烟叶蛋白质含量达到9.36%，高于平均值7.07%，而贵州黔西南望谟蛋白质含量最低，其含量与总氮关系密切；上部烟叶氮碱比为0.53～0.98，贵州黔西南望谟氮碱比最低；上部烟叶糖碱比差异较大，贵州黔西南望谟3糖碱比达到3.15，远高于平均值0.75，而贵州黔东南镇远糖碱比仅为0.06（表1-131）。

表1-131 贵州省晒红烟化学成分

编号	还原糖（%）	总糖（%）	总植物碱（%）	总氮（%）	氧化钾（%）	Cl（%）	蛋白质（%）	氮碱比	糖碱比
贵州荔波1	1.23	1.92	4.47	3.08	1.82	1.44	6.98	0.69	0.28
贵州黔东南镇远1	0.44	1.13	7.48	4.00	1.91	0.17	7.02	0.53	0.06
贵州黔西南望谟1	2.32	3.07	3.34	2.66	2.47	2.22	6.25	0.80	0.69
贵州黔西南望谟3	13.6	14.2	4.32	2.80	1.20	2.20	5.74	0.65	3.15
贵州天柱2	0.47	0.98	4.55	4.44	3.56	1.10	9.36	0.98	0.10
上部叶平均值	3.61	4.26	4.83	3.40	2.19	1.43	7.07	0.70	0.75
极差	13.16	13.22	4.14	1.78	2.36	2.05	3.11	0.45	3.09
贵州荔波2	0.36	0.95	5.24	3.22	2.39	1.25	7.74	0.61	0.07
贵州黔东南镇远2	0.55	1.22	6.67	3.86	2.13	0.36	7.54	0.58	0.08
贵州黔西南望谟2	0.48	1.17	3.81	3.00	2.03	2.38	9.04	0.79	0.13
贵州黔西南望谟4	2.81	3.15	2.74	3.52	2.28	1.59	10.29	1.28	1.03
贵州天柱1	4.37	5.49	3.35	2.44	2.84	0.36	5.28	0.73	1.30
中部叶平均值	1.71	2.40	4.36	3.21	2.33	1.19	7.98	0.74	0.39
极差	4.01	4.54	3.93	1.42	0.81	2.02	5.01	0.70	1.22

贵州晾晒烟中部叶：贵州天柱中部叶总糖、还原糖含量达到5.49%和4.37%，明显高于平均值2.40%和1.71%，极差达到4.54%和4.01%，其次为贵州黔西南望谟4，其总糖、还原糖含量达到3.15%和2.81%，其他地区则相对较低；中部烟叶总植物碱含量为2.74%～6.67%，极差达到3.93%，

其中贵州黔东南镇远总植物碱含量最高，而贵州黔西南望谟4总植物碱含量最低；中部烟叶总氮含量为2.44%～3.86%，平均含量3.21%，其中贵州黔东南镇远2总氮含量最高，贵州天柱1总氮含量最低；中部叶钾含量为2.03%～2.84%，极差为0.81%；中部烟叶氯含量差异较大，为0.36%～2.38%，极差达到2.02%，其中贵州黔西南望谟2烟叶氯含量最高，贵州黔东南镇远2和贵州天柱1中部烟叶氯含量最低；中部烟叶蛋白质含量为5.28%～10.29%，极差达到5.01%，其中贵州黔西南望谟4蛋白质含量最高，贵州天柱1蛋白质含量最低；贵州黔西南望谟4中部叶氮碱比最高达到1.28，远高于平均值0.74，贵州黔东南镇远2氮碱比最低，仅为0.58；贵州黔西南望谟4和贵州天柱1糖碱比明显较高，分别达到1.03和1.30，而贵州荔波2和贵州黔东南镇远2糖碱比较低。

2. 湖北省白肋烟化学成分

湖北白肋烟化学成分差异相对其他省份而言相对较小，可见湖北地区白肋烟种植规模化相对较高；上部烟叶总糖、还原糖分别为0.64%～0.96%和0.24%～0.64%，其中湖北宜昌五峰4总糖、还原糖略高，其他各点基本相对接近；上部烟叶总植物碱含量为5.31%～8.64%，平均值为6.94%，极差3.33%；上部烟叶除湖北恩施3总氮含量略高达到5.04%，湖北宜昌鹤峰4较低为4.06%，其他均为4.4%～4.8%；上部烟叶钾含量相对较高，均在4%以上，均值为5.10%，湖北宜昌五峰4钾含量达到6.39%；上部烟叶氯含量为0.43%～0.83%，均值为0.61%，其中湖北鹤峰1氯含量最高，湖北宜昌五峰4氯含量最低；上部烟叶糖碱比为0.52～0.84，平均值是0.66，极差为0.29，其中湖北五峰4糖碱比最高，湖北宜昌五峰1糖碱比最低（表1–132）。

表1–132　湖北省白肋烟化学成分

编号	还原糖（%）	总糖（%）	总植物碱（%）	总氮（%）	氧化钾（%）	Cl（%）	蛋白质（%）	氮碱比	糖碱比
湖北恩施3	0.32	0.70	8.64	5.04	4.36	0.48	6.73	0.58	0.04
湖北恩施4	0.34	0.66	5.31	4.40	5.11	0.78	7.39	0.83	0.06
湖北鹤峰1	0.35	0.74	5.47	4.62	4.68	0.83	7.22	0.84	0.06
湖北宜昌五峰1	0.24	0.64	7.47	4.80	6.39	0.51	9.23	0.64	0.03
湖北宜昌五峰4	0.64	0.96	7.80	4.06	4.94	0.43	6.64	0.52	0.08
上部叶平均值	0.38	0.74	6.94	4.58	5.10	0.61	7.44	0.66	0.05
极差	0.40	0.32	3.33	0.98	2.03	0.40	2.59	0.32	0.05
湖北恩施1	0.31	0.55	5.96	4.17	4.15	0.90	6.23	0.70	0.05
湖北恩施2	0.27	0.63	5.61	4.31	5.37	0.56	6.53	0.77	0.05
湖北鹤峰2	0.39	0.88	6.02	4.54	4.93	0.45	7.51	0.75	0.06
湖北宜昌五峰2	0.26	0.62	4.30	4.98	5.79	0.27	7.88	1.16	0.06
湖北宜昌五峰3	1.06	1.27	4.86	4.30	5.32	0.34	7.97	0.88	0.22
中部叶平均值	0.46	0.79	5.35	4.46	5.11	0.50	7.22	0.83	0.09
极差	0.80	0.72	1.72	0.81	1.64	0.63	1.74	0.46	0.17

3. 湖南省晒红烟化学成分

湖南晒红烟上部叶化学成分差异较大，且同一地区不同样品也存在较大差异。湖南辰溪2总糖、还原糖高达到8.44%和7.65%，高于平均值3.75%和3.17%，而湖南辰溪6总糖、还原糖含量仅为1.16%和0.64%；上部烟叶总植物碱含量为5.45%～8.47%，平均值为6.41%，其中湖南湘西州凤凰2烟碱含量最高，湖南麻阳1总植物碱含量最低；上部烟叶总氮含量为3.06%～4.28%，平均值为3.84%，其中湖南麻阳4总氮含量最高，湖南麻阳1总氮含量最低；上部烟叶钾含量为2.34%～3.96%，平均含量3.28%，其中湖南麻阳上部烟叶钾含量相对较高，湖南湘西凤凰钾含量相对较低；上部烟叶氯含量为0.25%～2.46%，平均值为1.33%，其中湖南辰溪氯含量较高，均超出2.0%，而湖南麻阳、湖南湘西州凤凰氯含量较低；上部烟叶蛋白质含量为6.38%～8.34%，平均值为7.6%，其中湖南麻阳4和湖南辰溪4蛋白质含量相对较高，湖南麻阳1蛋白质含量相对较低；上部烟叶糖碱比为0.50～0.71，平均值为0.60，其中湖南麻阳4氮碱比最高，湖南湘西州凤凰2氮碱比最低；上部烟叶氮碱比差异较大，分布在0.10～1.35，平均值为0.50，其中湖南辰溪2和湖南麻阳1糖碱比较高，湖南辰溪6和湖南湘西州凤凰2糖碱比较低（表1–133）。

表1–133　湖南省晒红烟化学成分

编号	还原糖(%)	总糖(%)	总植物碱(%)	总氮(%)	氧化钾(%)	Cl(%)	蛋白质(%)	氮碱比	糖碱比
湖南辰溪2	7.65	8.44	5.66	3.65	2.99	2.46	7.18	0.64	1.35
湖南辰溪4	1.40	1.90	6.31	3.88	3.20	2.00	8.21	0.61	0.22
湖南辰溪6	0.64	1.16	6.48	3.90	3.33	2.23	7.84	0.60	0.10
湖南麻阳1	5.70	6.40	5.45	3.06	3.96	0.37	6.38	0.56	1.05
湖南麻阳4	2.76	3.17	6.06	4.28	3.83	0.25	8.34	0.71	0.46
湖南湘西州凤凰2	0.88	1.40	8.47	4.27	2.34	0.69	7.66	0.50	0.10
上部叶平均值	3.17	3.75	6.41	3.84	3.28	1.33	7.60	0.60	0.50
极差	7.01	7.28	3.02	1.22	1.62	2.21	1.83	0.21	1.25
湖南辰溪1	4.16	4.79	4.65	3.38	3.68	2.29	7.47	0.73	0.89
湖南辰溪3	1.05	1.72	5.84	3.76	2.73	2.25	7.80	0.64	0.18
湖南辰溪5	0.95	1.49	6.81	3.74	1.91	3.50	7.96	0.55	0.14
湖南麻阳2	0.40	0.63	7.36	5.36	3.93	3.81	12.98	0.73	0.05
湖南麻阳3	1.73	2.14	4.61	4.18	4.06	0.33	8.43	0.91	0.38
湖南湘西州凤凰1	0.42	0.78	9.30	4.09	2.65	0.26	6.97	0.44	0.05
中部叶平均值	1.45	1.93	6.43	4.09	3.16	2.07	8.60	0.64	0.23
极差	3.76	4.16	2.87	1.98	2.15	3.55	6.01	0.47	0.84

中部烟叶总糖、还原糖含量为0.63%～4.79%和0.40%～4.16%，平均值为1.93%和1.45%，极差分别达到4.16%和3.76%，其中湖南辰溪1总糖、还原糖明显较高，其次为湖南辰溪3和湖南麻阳3，湖南辰溪5、湖南麻阳2、湖南湘西州凤凰1相对较低；中部烟叶总植物碱含量为4.61%～9.30%，平均值为6.43%，其中湖南湘西州凤凰1总植物碱含量明显较高，而湖南辰溪1和湖南麻阳3含量则相对较低；中部烟叶总氮含量为3.74%～5.36%，平均值为4.09%，湖南麻阳2总氮含量较高，而湖南辰溪地区中部烟叶总氮含量则相对较低；中部烟叶钾含量为1.91%～4.06%，平均值为3.16%，极差达到2.15%，其中湖南麻阳地区烟叶钾含量相对较高；中部烟叶中氯含量差异较大，在0.26%～3.81%，平均值为2.07%，极差达到3.55%，其中湖南麻阳2烟叶中氯含量最高，湖南麻阳3和湖南湘西州凤凰烟叶中氯含量较低；湖南麻阳2蛋白质含量达到12.98%明显高于其他烟叶样品中蛋白质含量，与湖南湘西凤凰1蛋白质含量差距达到6.01%；中部烟叶氮碱比为0.44～0.91，其中湖南麻阳烟叶中氮碱比相对较高，而湖南湘西州凤凰氮碱比相对较低；由于还原糖含量差异较大导致中部烟叶糖碱比存在较大差异，其中湖南辰溪1糖碱比达到0.89而湖南麻阳2和湖南湘西州凤凰糖碱比仅为0.05。

4. 吉林省晒红烟化学成分

吉林蛟河和吉林延边晒红烟化学成分存在较大差异。上部烟叶吉林蛟河晒红烟总糖、还原糖含量均在7.0%以上明显高于吉林延边；吉林蛟河晒红烟总植物碱含量均在4%以上，也均略高于吉林延边；吉林蛟河晒红烟上部烟叶总氮、钾、氮碱比含量略低于吉林延边；吉林蛟河晒红烟糖碱比明显高于吉林延边。吉林省晒红烟中部烟叶化学成分含量与上部烟叶基本相似（表1–134）。

表1–134　吉林省晒红烟化学成分

编号	还原糖(%)	总糖(%)	总植物碱(%)	总氮(%)	氧化钾(%)	Cl(%)	蛋白质(%)	氮碱比	糖碱比
吉林2	9.36	9.67	4.04	3.38	3.10	0.68	6.65	0.84	2.32
吉林4	7.31	7.94	4.07	3.55	3.20	0.52	8.92	0.87	1.80
吉林延边1	1.63	2.21	3.90	3.70	4.09	0.20	7.02	0.95	0.42
吉林延边4	1.10	1.71	3.45	3.70	4.28	0.22	5.86	1.07	0.32
上部叶平均值	4.85	5.38	3.87	3.58	3.67	0.41	7.11	0.93	1.25

（续表）

编号	还原糖（%）	总糖（%）	总植物碱（%）	总氮（%）	氧化钾（%）	Cl（%）	蛋白质（%）	氮碱比	糖碱比
上部叶极差	8.26	7.96	0.62	0.15	1.18	0.48	2.27	0.23	2.00
吉林1	5.95	6.06	4.75	3.90	3.79	0.78	7.56	0.82	1.25
吉林3	4.71	5.14	3.72	3.76	3.56	0.88	9.52	1.01	1.27
吉林延边2	1.02	1.31	3.56	3.72	3.73	0.44	6.97	1.04	0.29
吉林延边3	2.18	2.44	3.50	3.76	3.93	0.39	7.48	1.07	0.62
中部叶平均值	3.47	3.74	3.88	3.79	3.75	0.62	7.88	0.97	0.89
中部叶极差	4.93	4.75	1.25	0.18	0.37	0.49	2.55	0.25	0.98

5. 山东省晒红烟化学成分

山东晒红烟各个地区上部烟叶化学成分差异较大。蒙阴晒红烟上部烟叶总糖、还原糖含量明显高于沂水，沂南晒红烟总糖、还原糖含量最低；上部烟叶总植物碱含量为5.24%～6.625%，平均值为5.96%，极差为1.38%；总氮含量为3.80%～4.73%，平均为4.16%，其中沂南总氮含量最高，蒙阴地区最低；除沂水3钾含量为0.87%之外，其他均高于1%，平均值为1.30%；蛋白质含量为8.41%～10.40%，平均值为9.09%，其中沂南2含量最高，沂水1含量最低；由于烟叶中糖含量差异较大，导致糖碱比存在较大差异，其中蒙阴晒红烟糖碱比最高，沂南糖碱比最低仅为0.06（表1-135）。

表1-135　山东省晒红烟化学成分

编号	还原糖（%）	总糖（%）	总植物碱（%）	总氮（%）	氧化钾（%）	Cl（%）	蛋白质（%）	氮碱比	糖碱比
蒙阴2	4.03	4.81	6.06	3.85	1.26	0.34	8.72	0.64	0.67
蒙阴4	2.40	3.43	5.65	3.80	1.19	0.30	9.39	0.67	0.42
沂南2	0.32	0.72	5.24	4.73	1.30	0.33	10.40	0.90	0.06
沂水1	1.13	1.62	6.62	3.80	1.86	0.76	8.41	0.57	0.17
沂水3	1.03	1.23	6.25	4.62	0.87	0.38	8.52	0.74	0.16
上部烟叶平均值	1.78	2.36	5.96	4.16	1.30	0.42	9.09	0.70	0.30
极差	3.71	4.09	1.38	0.93	0.99	0.46	1.99	0.33	0.60
蒙阴1	4.01	4.64	6.35	3.76	1.49	0.27	7.16	0.59	0.63
蒙阴3	3.19	4.30	6.63	3.67	1.34	0.23	7.79	0.55	0.48
沂南1	0.28	0.65	4.73	4.28	1.46	0.34	9.45	0.90	0.06
沂水2	0.47	1.06	7.30	3.42	1.76	0.48	6.64	0.47	0.06
沂水4	2.07	2.79	6.26	4.01	1.15	0.50	7.61	0.64	0.33
中部烟叶平均值	2.00	2.69	6.25	3.83	1.44	0.36	7.73	0.61	0.32
极差	3.73	3.99	2.57	0.61	0.61	0.27	2.81	0.44	0.57

6. 四川省晒红烟化学成分

四川白肋烟上部叶化学成分差异较大，其中四川万源白肋烟总糖、还原糖含量达到2.62%和2.12%明显高于四川达州白肋烟0.70%和0.35%；总植物碱含量差异不大，均高于5%；四川达州白肋烟上部叶总氮含量达到5.20%，明显较高；钾、蛋白质、氮碱比差异不大；由于四川万源白肋烟上部烟叶糖含量较高，导致糖碱比明显高于四川达州白肋烟。四川白肋烟中部叶化学成分含量与上部烟叶基本相似（表1-136）。

表1-136　四川省白肋烟化学成分

编号	还原糖（%）	总糖（%）	总植物碱（%）	总氮（%）	氧化钾（%）	Cl（%）	蛋白质（%）	氮碱比	糖碱比
四川达州2	0.35	0.70	5.89	5.20	4.34	0.54	8.51	0.88	0.06
四川万源2	2.12	2.62	5.13	3.78	4.04	0.23	8.51	0.74	0.41
上部叶平均值	1.24	1.66	5.51	4.49	4.19	0.39	8.51	0.81	0.22

（续表）

编号	还原糖（%）	总糖（%）	总植物碱（%）	总氮（%）	氧化钾（%）	Cl（%）	蛋白质（%）	氮碱比	糖碱比
极差	1.77	1.92	0.76	1.42	0.30	0.31	0.00	0.15	0.35
四川达州1	0.36	0.68	3.42	4.64	5.42	0.39	7.60	1.36	0.11
四川万源1	2.95	3.32	3.97	3.22	4.48	0.32	7.44	0.81	0.74
中部叶平均值	1.66	2.00	3.70	3.93	4.95	0.36	7.52	1.06	0.45
极差	2.59	2.64	0.55	1.42	0.94	0.07	0.16	0.55	0.25

7. 内蒙古、云南、江西晒红烟化学成分

内蒙古赤峰宁城晒红烟上部叶总糖、还原糖含量为1.06%和0.72%，云南宾川为0.44%和0.11%，江西石城为0.72%和0.44%均相对较低；总植物碱含量均大于4%；钾含量差距较大，内蒙古赤峰钾含量仅为1.59%，而云南冰川则达到4.72%，江西石城为5.12%；云南宾川氯含量较低，仅为0.80%，内蒙古赤峰宁城氯含量为1.11%，江西石城则较高，达到3.67%；云南宾川糖含量较低，其糖碱比仅为0.03，江西石城则为0.08，内蒙古赤峰相对略高，达到0.13（表1-137）。

表1-137　内蒙古、云南、江西晒红烟化学成分

编号	还原糖（%）	总糖（%）	总植物碱（%）	总氮（%）	氧化钾（%）	Cl（%）	蛋白质（%）	氮碱比	糖碱比
内蒙古赤峰宁城1	0.72	1.06	5.61	3.55	1.59	1.11	6.45	0.63	0.13
云南宾川1	0.11	0.44	4.09	4.56	4.72	0.80	8.35	1.11	0.03
江西石城2	0.44	0.72	5.36	4.45	5.12	3.67	11.07	0.83	0.08
上部叶平均值	0.42	0.74	5.02	4.19	3.81	1.86	8.62	0.83	0.08
极差	0.61	0.62	1.52	1.01	3.53	2.87	4.62	0.48	0.10
内蒙古赤峰宁城2	0.94	1.22	6.15	4.10	1.83	1.15	6.66	0.67	0.15
云南宾川2	0.16	0.44	3.50	4.39	4.46	1.04	7.77	1.25	0.05
江西石城1	5.33	5.93	5.64	3.25	3.52	0.30	6.99	0.58	0.95
中部叶平均值	2.14	2.53	5.10	3.91	3.27	0.83	7.14	0.77	0.42
极差	5.17	5.49	2.65	1.14	2.63	0.85	3.15	0.77	0.90

江西石城晒红烟中部叶总糖、还原糖含量达到5.93%和5.33%，明显高于其上部烟叶，云南宾川和内蒙古赤峰宁城中部烟叶糖含量则略高于其上部烟叶；中部烟叶烟碱含量内蒙古赤峰宁城为6.15%，江西石城为5.64%，云南宾川相对较低为3.50%；江西石城氯含量为0.30%明显低于其上部烟叶，中部烟叶氮碱比与上部烟叶基本相似；由于江西石城中部烟叶糖含量相对较高，其糖碱比达到0.95，明显高于内蒙古赤峰宁城的0.15和江西石城的0.0.5。

（六）2013年晾晒烟感官质量评价

1. 晾晒烟上部烟叶感官质量

（1）贵州晾晒烟上部烟叶感官质量：贵州晾晒烟感官质量分型均为晒红，其中贵州黔东南镇远香型风格为调味，程度为较显，香气质、香气量、余味、杂气刺激性均相对较好，综合评价为较好-，适合混合型、雪茄烟和混烤型卷烟；贵州黔西南望谟1香型风格为调味，程度为较显-，香气质、香气量稍次于贵州黔东南镇远1，质量档次中等+，适合混烤型、混合型、雪茄烟型卷烟；贵州荔波1香型风格为晒红，程度为较显-，贵州天柱2香型为晒红，程度为有+，质量档次均为中等，均适合混合型和雪茄烟（表1-138）。

表1-138　贵州省晾晒烟上部烟叶感官质量

编号	类型	香型		劲头	香气质	香气量	浓度	余味	杂气	刺激性	燃烧性	灰色	总得分	质量档次	适合卷烟类型
		风格	程度												
贵州荔波1	晒红	晒红	较显-	适中	10.70	18.70	7.40	15.30	6.80	7.10	2.90	2.70	71.6	中等	混合型、雪茄烟
贵州黔东南镇远1	晒红	调味	较显	适中+	11.40	19.70	7.40	16.40	7.40	7.40	3.00	2.90	75.6	较好-	混合型、雪茄烟、混烤型
贵州黔西南望谟1	晒红	调味	较显-	适中	11.00	19.10	7.00	16.00	7.20	7.40	2.90	2.70	73.3	中等+	混烤型、混合型、雪茄烟
贵州黔西南望谟3	晒红	晒红	有-	适中	10.30	17.50	6.70	15.20	6.80	7.30	2.90	2.50	69.2	中等-	不适合工业使用
贵州天柱2	晒红	晒红	有+	适中+	11.00	18.90	7.20	15.60	6.90	7.00	3.00	2.80	72.4	中等	混合型、雪茄烟

（2）湖北晾晒烟上部烟叶感官质量：湖北晾晒烟感官质量类型和香型风格均为白肋，适合混合型卷烟。其中湖北宜昌五峰1香型程度为较显+，劲头适中+，其香气质、香气量、浓度、余味、刺激性、总得分均最优，质量档次为较好-；湖北恩施4白肋烟香型程度为较显+，湖北鹤峰1香型程度为较显-，湖北宜昌五峰5香型程度为较显，香气质、香气量居中，质量档次中等+；湖北恩施3香气质、香气量最差，质量档次中等（表1-139）。

表1-139　湖北省晾晒烟上部烟叶感官质量

编号	类型	香型		劲头	香气质	香气量	浓度	余味	杂气	刺激性	燃烧性	灰色	总得分	质量档次	适合卷烟类型
		风格	程度												
湖北恩施3	白肋	白肋	较显-	较大-	11.00	18.88	7.25	15.75	6.88	6.75	3.00	3.00	72.5	中等	混合型
湖北恩施4	白肋	白肋	较显+	较大-	11.38	19.38	7.38	16.00	7.13	6.63	3.00	3.00	73.9	中等+	混合型
湖北鹤峰1	白肋	白肋	较显-	较大-	11.25	19.38	7.25	15.63	6.75	6.88	3.00	3.00	73.1	中等+	混合型
湖北宜昌五峰1	白肋	白肋	较显+	适中+	11.50	19.63	7.50	16.38	7.25	7.13	3.00	3.00	75.4	较好-	混合型
湖北宜昌五峰4	白肋	白肋	较显	适中+	11.00	19.38	7.38	15.63	6.63	7.00	3.00	3.00	73.0	中等+	混合型

（3）湖南晾晒烟上部烟叶感官质量：湖南省晾晒烟类型为晒红。湖南麻阳1香型风格为调味，香型程度较显，劲头适中+，香气质、香气量浓度、余味、杂气、刺激性、灰分均较优，质量档次较好-，适合混合型、雪茄烟、混烤型卷烟；湖南麻阳4、湖南湘西州凤凰2香气质、香气量、浓度、灰分、燃烧性稍次之，总体质量档次中等+，适合混合型及雪茄烟；湖南辰溪晒红烟香气质、香气量、浓度、杂气、余味、燃烧性、灰分均相对较差，湖南辰溪4、湖南辰溪6质量档次为中等，湖南辰溪2质量档次为中等-，其均适合混合型和雪茄烟（表1-140）。

表1-140　湖南省晾晒烟上部烟叶感官质量

编号	类型	香型		劲头	香气质	香气量	浓度	余味	杂气	刺激性	燃烧性	灰色	总得分	质量档次	适合卷烟类型
		风格	程度												
湖南辰溪2	晒红	晒红	有+	适中	10.40	18.30	7.10	15.20	6.40	7.00	2.50	2.30	69.2	中等-	混合型、雪茄烟
湖南辰溪4	晒红	晒红	较显-	适中+	10.50	18.60	7.30	15.50	6.80	7.20	2.50	2.30	70.7	中等	混合型、雪茄烟
湖南辰溪6	晒红	晒红	较显	适中+	10.90	18.80	7.40	16.00	7.00	7.20	2.50	2.30	72.1	中等	混合型、雪茄烟
湖南麻阳1	晒红	调味	较显	适中+	11.60	19.70	7.60	16.40	7.60	7.40	3.00	3.10	76.4	较好-	混合型、雪茄烟、混烤型
湖南麻阳4	晒红	晒红	较显	适中+	11.00	19.40	7.50	15.80	7.00	7.20	3.00	3.00	73.9	中等+	混合型、雪茄烟
湖南湘西州凤凰2	晒红	晒红	较显	较大-	11.10	19.30	7.40	15.40	7.10	6.90	2.90	2.90	73.0	中等+	混合型、雪茄烟

（4）吉林晾晒烟上部烟叶感官质量：吉林晒红烟感官质量类型分类为晒红；吉林蛟河晒红烟适合雪茄烟、混合型卷烟，其中吉林蛟河4晒红烟香型风格为调味，程度为较显，劲头适中+，香气质、

香气量、余味、杂气均较优，质量档次为较好-；吉林延边晒红烟适合混合型、雪茄烟、混烤型；吉林2、吉林延边1、吉林延边4质量档次为中等+（表1-141）。

表1-141 吉林省晾晒烟上部烟叶感官质量

编号	类型	香型		劲头	香气质	香气量	浓度	余味	杂气	刺激性	燃烧性	灰色	总得分	质量档次	适合卷烟类型
		风格	程度												
吉林2	晒红	晒红	较显-	适中+	10.90	19.00	7.30	15.90	7.10	7.30	3.00	3.00	73.5	中等+	混合型、雪茄烟
吉林4	晒红	调味	较显	适中+	11.30	19.40	7.30	16.20	7.30	7.30	3.00	3.00	74.8	较好-	混合型、雪茄烟
吉林延边1	晒红	调味	较显+	适中+	11.10	19.10	7.20	15.90	6.80	7.30	3.00	3.20	73.6	中等+	混合型、雪茄烟、混烤型
吉林延边4	晒红	调味	较显	较大-	10.90	19.00	7.20	15.60	6.90	7.00	3.00	3.20	72.8	中等+	混合型、雪茄烟、混烤型

（5）山东晾晒烟上部烟叶感官质量：山东晾晒烟类型均为晒红，除沂南2香型风格为似白肋，其他均为晒红，蒙阴晒红烟适宜混合型、雪茄烟、混烤型，沂南、沂水晒红烟适合混合型、雪茄烟；蒙阴2、沂水1的香型程度为较显，劲头适中+，香气质、香气量相对较好，质量档次为中等+；沂南2晒红烟香型程度为较显，劲头较大-，蒙阴4晒红烟香型程度较显，劲头适中+，沂水3晒红烟香型程度为有，劲头适中+，蒙阴4、沂水2、沂南3晒红烟香气质、香气量略差，质量档次为中等（表1-142）。

表1-142 山东省晾晒烟上部烟叶感官质量

编号	类型	香型		劲头	香气质	香气量	浓度	余味	杂气	刺激性	燃烧性	灰色	总得分	质量档次	适合卷烟类型
		风格	程度												
蒙阴2	晒红	晒红	较显	适中+	10.90	19.10	7.40	15.60	7.00	7.20	3.00	3.10	73.3	中等+	混合型、雪茄烟、混烤型
蒙阴4	晒红	晒红	较显	适中+	10.80	18.80	7.40	15.30	6.70	7.00	3.00	3.10	72.1	中等	混合型、雪茄烟、混烤型
沂南2	晒红	似白肋	较显	较大-	10.80	19.00	7.40	15.40	6.70	6.80	3.00	3.00	72.1	中等	混合型、雪茄烟
沂水1	晒红	晒红	较显	适中+	11.30	19.10	7.40	15.90	7.00	7.00	3.00	3.00	73.7	中等+	混合型、雪茄烟
沂水3	晒红	晒红	有	适中+	10.90	18.20	7.20	15.60	7.00	7.00	3.00	3.00	71.9	中等	混合型、雪茄烟

（6）四川晾晒烟上部烟叶感官质量：四川晾晒烟上部烟叶类型和香型风格均为白肋，其均适合混合型卷烟。其中四川达州2香型程度为较显-，质量档次为中等+；四川万源2香型程度为较显+，香气质、香气量、浓度、余味、杂气、刺激性，均优于四川达州2，质量档次为较好-（表1-143）。

表1-143 四川省晾晒烟上部烟叶感官质量

编号	类型	香型		劲头	香气质	香气量	浓度	余味	杂气	刺激性	燃烧性	灰色	总得分	质量档次	适合卷烟类型
		风格	程度												
四川达州2	白肋	白肋	较显-	适中+	11.30	19.10	7.30	15.90	7.00	7.20	3.00	3.00	73.8	中等+	混合型
四川万源2	白肋	白肋	较显+	适中+	11.30	19.50	7.30	16.20	7.50	7.30	3.00	3.00	75.1	较好-	混合型

（7）四川晾晒烟上部烟叶感官质量：云南宾川1晾晒烟类型和香型风格均为白肋，香型程度为较显，香气质、香气量、余味、杂气、刺激性均优于江西石城2和内蒙古赤峰宁城1，质量档次中等+，适合混合型卷烟；江西石城2晾晒烟类型和香型风格为晒红，质量档次为中等，香型程度为有+，香气质、香气量、余味、杂气均差于云南宾川和内蒙古赤峰宁城，其适合混合型、雪茄烟；内蒙古赤峰宁城1晾晒烟类型和香型风格均为晒红，香型程度为较显-，质量档次中等，适合混合型、雪茄烟（表1-144）。

表1-144 云南、江西、内蒙古晾晒烟上部烟叶感官质量

编号	类型	香型		劲头	香气质	香气量	浓度	余味	杂气	刺激性	燃烧性	灰色	总得分	质量档次	适合卷烟类型
		风格	程度												
云南宾川1	白肋	白肋	较显	适中+	11.25	19.25	7.13	16.13	7.13	7.13	3.00	3.00	74.0	中等+	混合型

（续表）

编号	类型	香型		劲头	香气质	香气量	浓度	余味	杂气	刺激性	燃烧性	灰色	总得分	质量档次	适合卷烟类型
		风格	程度												
江西石城2	晒红	晒红	有+	适中+	10.50	18.90	7.20	15.10	6.50	7.00	3.00	3.00	71.2	中等	混合型、雪茄烟
内蒙古赤峰宁城1	晒红	晒红	较显-	适中+	11.00	18.75	7.13	15.63	7.00	7.00	3.00	3.00	72.5	中等	混合型、雪茄烟

2. 晾晒烟中部烟叶感官质量

（1）贵州晾晒烟中部烟叶感官质量：贵州晾晒烟中部烟叶类型和香型风格均为晒红，贵州荔波2晒红烟的香型程度为较显+，劲头为较大-，适合混合型、雪茄烟；贵州天柱1香型程度为较显，劲头适中，质量档次为较好-，适合混烤型、混合型卷烟；贵州黔东南镇远2香型程度为较显，劲头适中+，质量档次中等+，适合混合型、雪茄烟；贵州黔西南望谟2晒红烟香型程度较显-，劲头适中，质量档次中等+，适合混合型、雪茄烟、混烤型卷烟；贵州望谟4香型程度为有，劲头适中，质量档次中等，适合雪茄烟、混合型、辅料。贵州荔波2、贵州天柱1晒红烟的香气质、香气量、余味、杂气、相对较好，而贵州黔西南望谟4的香气质、香气量、浓度、余味、杂气、刺激性均相对较差（表1-145）。

表1-145　贵州省晾晒烟上部烟叶感官质量

编号	类型	香型		劲头	香气质	香气量	浓度	余味	杂气	刺激性	燃烧性	灰色	总得分	质量档次	适合卷烟类型
		风格	程度												
贵州荔波2	晒红	晒红	较显+	较大-	11.30	19.80	7.70	16.20	7.30	7.10	2.90	2.70	75.0	较好-	混合型、雪茄烟
贵州黔东南镇远2	晒红	晒红	较显	适中+	11.10	19.50	7.50	15.90	7.00	6.90	3.00	2.80	73.7	中等+	混合型、雪茄烟
贵州黔西南望谟2	晒红	晒红	较显-	适中	10.90	19.00	7.30	15.80	7.10	7.40	3.00	2.90	73.4	中等+	混合型、雪茄烟、混烤型
贵州黔西南望谟4	晒红	晒红	有	适中	10.50	18.60	7.20	15.10	6.50	7.20	3.00	2.90	71.0	中等	雪茄烟、混合型、辅料
贵州天柱1	晒红	晒红	较显	适中	11.60	19.50	7.50	16.30	7.30	7.30	3.00	2.90	75.4	较好-	混烤型、混合型

（2）湖北晾晒烟中部烟叶感官质量：湖北晾晒烟类型和香型风格均为白肋，均适合混合型卷烟，从感官质量评价可以看出，湖北白肋烟总体水平相对较好，除湖北恩施2白肋烟香气质、香气量、浓度稍低，质量档次为中等，其他白肋烟香气质、香气量、浓度等指标均相对较好，质量档次为中等+（表1-146）。

表1-146　湖北省晾晒烟上部烟叶感官质量

编号	类型	香型		劲头	香气质	香气量	浓度	余味	杂气	刺激性	燃烧性	灰色	总得分	质量档次	适合卷烟类型
		风格	程度												
湖北恩施1	白肋	白肋	较显+	较大-	11.13	19.50	7.38	15.63	7.00	6.63	3.00	3.00	73.3	中等+	混合型
湖北恩施2	白肋	白肋	较显	适中+	11.00	18.88	7.25	15.63	6.88	6.75	3.00	3.00	72.4	中等	混合型
湖北鹤峰2	白肋	白肋	较显	较大-	11.25	19.75	7.38	16.00	6.88	7.00	3.00	3.00	74.3	中等+	混合型
湖北宜昌五峰2	白肋	白肋	较显+	适中+	11.38	19.63	7.38	16.00	7.13	7.00	3.00	3.00	74.5	中等+	混合型
湖北宜昌五峰3	白肋	白肋	较显-	适中+	11.25	19.38	7.50	15.88	6.75	7.00	3.00	3.00	73.8	中等+	混合型

（3）湖南晾晒烟中部烟叶感官质量：湖南省晾晒烟类型为晒红；湖南辰溪香型风格为晒红，适合混合型、雪茄烟，湖南麻阳2晒红烟香型风格为亚雪茄，适合雪茄烟、混合型卷烟；湖南麻阳3和湖南湘西州凤凰1晒红烟香型风格为调味，适合混合型、雪茄烟、混烤型卷烟；湖南湘西州凤凰1晒红烟香型程度为较显，劲头为较大-，香气质、香气量、浓度、余味、刺激性、燃烧性均优于湖南省其他地区烟叶样品，质量档次为较好-；湖南麻阳晒红烟各项指标稍次于湖南湘西州凤凰晒红烟；湖南辰溪2和湖南辰溪5晒红烟香型程度为有+，香气质、香气量、余味、杂气、刺激性、燃烧性均相对较差，质量档次为中等-（表1-147）。

表1-147 湖南省晾晒烟上部烟叶感官质量

编号	类型	香型		劲头	香气质	香气量	浓度	余味	杂气	刺激性	燃烧性	灰色	总得分	质量档次	适合卷烟类型
		风格	程度												
湖南辰溪1	晒红	晒红	较显	适中	10.90	19.00	7.00	15.70	6.90	6.90	2.70	2.40	71.5	中等	混合型、雪茄烟
湖南辰溪3	晒红	晒红	有+	较大-	10.80	18.60	7.10	15.20	6.70	6.60	2.60	2.40	70.0	中等-	混合型、雪茄烟
湖南辰溪5	晒红	晒红	有+	适中+	10.40	18.30	7.10	14.90	6.30	6.80	2.60	2.30	68.7	中等-	混合型、雪茄烟
湖南麻阳2	晒红	亚雪茄	较显-	适中+	10.90	19.10	7.50	15.70	6.90	7.10	2.80	2.60	72.6	中等+	雪茄烟、混合型
湖南麻阳3	晒红	调味	较显+	较大-	11.30	19.00	7.60	16.00	7.40	7.20	3.00	3.00	74.5	中等+	混合型、雪茄烟、混烤型
湖南湘西州凤凰1	晒红	调味	较显	较大-	11.40	19.70	7.60	15.90	7.30	7.20	3.00	2.90	75.0	较好-	混合型、雪茄烟、混烤型

（4）吉林晾晒烟中部烟叶感官质量：吉林晾晒烟类型为晒红，香型风格为调味，劲头为适中+；其中吉林1、吉林3、吉林延边3晒红烟香气质、香气量、浓度、余味、杂气均优于吉林延边2，质量档次为中等+；吉林延边2质量档次为中等（表1-148）。

表1-148 吉林省晾晒烟上部烟叶感官质量

编号	类型	香型		劲头	香气质	香气量	浓度	余味	杂气	刺激性	燃烧性	灰色	总得分	质量档次	适合卷烟类型
		风格	程度												
吉林1	晒红	调味	较显-	适中+	11.00	19.00	7.20	15.90	7.20	7.30	3.00	3.00	73.6	中等+	混合型、雪茄烟
吉林3	晒红	调味	较显	适中+	11.10	19.30	7.30	16.10	7.20	7.30	3.00	3.00	74.3	中等+	混合型、雪茄烟
吉林延边2	晒红	调味	有+	适中+	10.90	18.30	7.00	15.70	7.00	7.20	3.00	3.10	72.2	中等	混合型、雪茄烟、混烤型
吉林延边3	晒红	调味	有+	适中+	11.20	18.80	7.10	15.90	6.90	7.20	3.00	3.10	73.2	中等+	混合型、雪茄烟、混烤型

（5）山东晾晒烟中部烟叶感官质量：山东晾晒烟上部烟叶类型和香型风格均为晒红，其中蒙阴晒红烟香型程度为较显，适合混合型、雪茄烟、混烤型；沂南1晒红烟香型程度为较显-，沂水2晒红烟香型程度为有，沂水4晒红烟香型程度为有+，均适合混合型、雪茄烟；蒙阴1晒红星的香气质、香气量、余味、杂气、刺激性等指标略好，质量档次为中等+，而其他晒红烟质量档次为中等（表1-149）。

表1-149 山东省晾晒烟上部烟叶感官质量

编号	类型	香型		劲头	香气质	香气量	浓度	余味	杂气	刺激性	燃烧性	灰色	总得分	质量档次	适合卷烟类型
		风格	程度												
蒙阴1	晒红	晒红	较显	适中+	10.90	19.20	7.10	15.80	7.10	7.30	3.00	3.20	73.6	中等+	混合型、雪茄烟、混烤型
蒙阴3	晒红	晒红	较显	适中+	10.70	18.80	7.10	15.30	6.90	7.30	3.00	3.10	72.2	中等	混合型、雪茄烟、混烤型
沂南1	晒红	晒红	较显-	较大-	10.70	18.80	7.40	15.30	6.80	6.90	3.00	3.00	71.9	中等	混合型、雪茄烟
沂水2	晒红	晒红	有	适中+	10.60	18.50	7.10	15.10	6.60	6.90	3.00	3.00	70.8	中等	混合型、雪茄烟
沂水4	晒红	晒红	有+	适中+	10.90	18.80	7.20	15.40	6.80	7.10	3.00	3.00	72.2	中等	混合型、雪茄烟

（6）四川晾晒烟中部烟叶感官质量：四川晾晒烟上部烟叶类型和香型风格均为白肋，香型程度为较显，均适混合型卷烟。四川达州1晒红烟劲头为适中，香气质、香气量浓度，余味、杂气、刺激性等指标优于四川万源1，质量档次为较好-，而四川万源1晒红烟的质量档次为中等+（表1-150）。

表1-150 四川省晾晒烟上部烟叶感官质量

编号	类型	香型		劲头	香气质	香气量	浓度	余味	杂气	刺激性	燃烧性	灰色	总得分	质量档次	适合卷烟类型
		风格	程度												
四川达州1	白肋	白肋	较显	适中	11.50	19.40	7.30	16.30	7.30	7.40	3.00	3.00	75.2	较好-	混合型
四川万源1	白肋	白肋	较显	适中+	11.00	19.10	7.10	15.80	7.10	7.30	3.00	3.00	73.4	中等+	混合型

（7）内蒙古、云南、江西晾晒烟中部烟叶感官质量：从表1-151可以看出，内蒙古赤峰宁城晾晒烟类型和香型风格均为晒红，香型程度为较显-，劲头为适中+，香气量、余味差于云南和江西晾晒烟，质量档次为中等，适合混合型、雪茄烟；云南宾川2晾晒烟类型和香型风格为白肋，香气质、香气量、余味、刺激性、均优于内蒙古赤峰宁城、江西石城晾晒烟，质量档次为中等+，适合混合型卷烟；江西石城晾晒烟类型和香型风格均为晒红，香型程度为较显，劲头适中+。

表1-151　内蒙古、云南、江西晾晒烟上部烟叶感官质量

编号	类型	香型		劲头	香气质	香气量	浓度	余味	杂气	刺激性	燃烧性	灰色	总得分	质量档次	适合卷烟类型
		风格	程度												
内蒙古赤峰宁城2	晒红	晒红	较显-	适中+	10.88	18.88	7.13	15.50	6.88	7.00	3.00	3.00	72.3	中等	混合型、雪茄烟
云南宾川2	白肋	白肋	较显-	适中+	11.00	19.00	7.13	15.75	6.88	7.13	3.00	3.00	72.9	中等+	混合型
江西石城1	晒红	晒红	较显	适中+	10.80	19.10	7.20	15.40	6.80	7.10	3.00	3.00	72.4	中等	混合型、雪茄烟

五、小结

2012—2013年累计取样188个，其中晒红烟138个，占调查样品的73.4%，白肋烟41个，占调查样品的21.8%，马里兰烟9个，占调查样品的4.8%。所取样品按质量档次划分为“较好”“较好-”“中等+”“中等”“中等-”五个质量档次，其中质量档次为“较好”的样品9个，占调查样品的4.8%；质量档次为“较好-”的样品51个，占调查样品的27.1%；质量档次为“中等+”的样品82个，占调查样品的43.6%；质量档次为“中等”的样品34个，占调查样品的18.1%；质量档次为“中等-”的样品12个，占调查样品的6.4%。其中177个调查样品适合混合型卷烟，占调查样品94.1%；119个调查样品适合雪茄型卷烟，占调查样品63.3%；57个调查样品适合混烤型卷烟，占调查样品30.3%；4个调查样品无使用价值，占调查样品2.1%。

调查样品按感官质量评价类型分为晒红烟、白肋烟、马里兰烟三组，每一组按质量档次划分为较好、较好-、中等+、中等、中等-五个质量档次；分别对香型风格、香型程度、劲头、香气质、香气量、浓度、余味、杂气、刺激性、燃烧性、灰分、质量档次等感官质量指标进行评价，并标注其工业使用价值（适合混合型卷烟原料、雪茄烟卷烟原料、混烤型卷烟原料及无使用价值）。

（一）晒红烟

晒红烟138个，占调查样品的73.4%，其中上部烟叶65个，质量档次“较好”上部烟叶2个，质量档次“较好-”9个，质量档次“中等+”30个，质量档次“中等”19个，质量档次“中等-”5个。中部烟叶73个，质量档次“较好”中部烟叶7个，质量档次“较好-”18个，质量档次“中等+”31个，质量档次“中等”14个，质量档次“中等-”3个。

质量档次“较好”的晒红烟上部烟叶2个，分布在湖南麻阳和吉林蛟河，品种分别为麻阳红和蛟河一号。类型为晒红，香型风格为调味，香型程度为较显，劲头适中+到较显-，适合混合型、混烤型、雪茄卷烟原料。各样品外观质量特征如下，颜色浅棕-红棕，成熟度较好，身份中等—中等，结构疏松，油分有，细致程度稍粗到尚细，光泽强度稍暗到较暗，弹性一般到较好。烟叶化学成分：质量档次“较好”的晒红烟上部烟叶还原糖含量为5.70%～8.15%，平均值6.93%，极差为2.45%；总糖含量为6.40%～9.10%，平均值7.75%，极差2.70%；总植物碱为3.81%～5.45%，平均值为4.63%，极差1.64%；总氮含量为2.98%～3.06%，平均值3.02%，极差0.08%；钾含量为2.78%～3.96%，平均值3.37%，极差1.18%；氯含量为0.33%～0.37%，平均值0.35%，极差为0.04%，蛋白质含量为6.07%～6.38%，平均值为6.23%，极差0.31；可见总糖、还原糖、总植物碱、钾含量存在差异，总氮、氯、蛋白质含量相对接近。

质量档次“较好-”的晒红烟上部烟叶有9个，分布在贵州黔东南、四川达州、湖南怀化、湖南麻阳、山东蒙阴、黑龙江穆棱、吉林蛟河等地。感官评吸质量鉴定其类型为晒红，香型风格为晒红或者调味，风格程度有到较显，劲头适中+到较大-；除山东蒙阴1适合混合型和混烤型卷烟外，其他均适合混合型、混烤型和雪茄烟。各样品外观质量：分型均为晒红，颜色浅红棕到红棕，成熟度好，身份中等-到中等为主，结构疏松，油分有到有+，细致程度稍粗偏尚细，光泽强度较暗偏稍暗，弹性较好到偏好。化学成分：质量档次“较好-”晒红烟上部叶，还原糖含量为0.44%~9.74%，平均值为4.16%，极差为9.30%，标准差为3.38，变异系数为81.29%；总糖含量为1.13%~10.90%，平均值为4.89%，极差为9.77%，标准差为3.51，变异系数为71.72%；总植物碱含量为3.93%~7.48%，平均值为5.09%，极差为3.55%，标准差为1.07，变异系数为21.09%；总氮含量为2.94%~4.02%，平均值为3.41%，极差为1.08%，标准差为0.48，变异系数为14.11%；钾含量为1.20%~3.59%，平均值为2.48%，极差为2.39%，标准差为0.86，变异系数为34.58%；氯含量为0.12%~0.55%，平均值为0.30%，极差为0.43%，标准差为0.15，变异系数为49.24%；蛋白质含量为5.94%~8.51%，平均值为6.95%，极差为2.57%，标准差为0.80，变异系数为11.45%。不同地区质量档次“较好-”晒红烟上部叶化学成分差异较大，四川达州、黑龙江林口、贵州黔东南质量档次“较好-”的晒红烟上部叶总糖、还原糖含量明显较低，山东蒙阴、黑龙江穆棱总糖、还原糖含量相对较高；贵州黔东南镇远质量档次“较好-”晒红烟上部叶中总植物碱含量明显较高；四川达州、黑龙江林口、贵州黔东南镇远质量档次“较好-”晒红烟上部烟叶总氮含量相对较高；四川达州、黑龙江林口、吉林蛟河、湖南麻阳质量档次“较好-”晒红烟上部叶钾含量相对较高；湖南怀化、吉林蛟河、黑龙江穆棱氯含量明显较高。

质量档次“中等+”的晒红烟上部烟叶有30个，分布在贵州荔波、黔东南及望谟，湖南湘西、吉林蛟河及延边、江西抚州及石城、山东蒙阴沂南及沂水、浙江丽水等地区。感官质量鉴定类型为晒红，四川达州香型风格为亚雪茄，浙江丽水香型风格为似白肋，其他样品香型风格均为晒红或调味，香型程度为有到较显+，劲头适中+到较大-为主。浙江丽水质量档次“中等+”的晒红烟上部烟叶适合混合型卷烟，贵州铜仁质量档次“中等+”的晒红烟上部烟叶适合混合型、混烤型，湖南怀化、湖南麻阳、湖南湘西州、吉林、山东蒙阴、贵州黔西南望谟、四川达州质量档次“中等+”的晒红烟上部烟叶适合混合型、混烤型、雪茄烟；贵州荔波、贵州黔东南、山东蒙阴及沂水、江西抚州及石城、四川成都及达州、湖南湘西质量档次“中等+”的晒红烟上部烟叶适合混合型、雪茄烟。各样品外观质量：除四川达州为白肋外，其他分型均为晒红，颜色红棕为主，含浅棕和深棕，成熟度成熟，身份中等偏中等+，结构疏松为主，油分有到多，细致程度稍粗偏尚细为主，光泽强度较暗偏稍暗为主，弹性较好到好。化学成分：质量档次“中等+”晒红烟上部叶，还原糖含量为0.04%~9.36%，平均值为2.96%，极差为9.32%，标准差为2.68，变异系数为90.66%；质量档次“中等+”晒红烟上部叶，总糖含量为0.32%~9.67%，平均值为3.62%，极差为9.35%，标准差为2.81，变异系数为77.57%；质量档次“中等+”晒红烟上部叶，总植物碱含量为2.57%~8.47%，平均值为5.31%，极差为5.90%，标准差为1.37，变异系数为25.77%；质量档次“中等+”晒红烟上部叶，总氮含量为2.66%~5.18%，平均值为3.78%，极差为2.52%，标准差为0.60，变异系数为15.97%；质量档次“中等+”晒红烟上部叶，钾含量为0.92%~5.34%，平均值为2.86%，极差为4.42%，标准差为1.06，变异系数为37.21%；质量档次“中等+”晒红烟上部叶，氯含量为0.10%~2.22%，平均值为0.56%，极差为2.12%，标准差为0.51，变异系数为90.91%；质量档次“中等+”晒红烟上部叶，蛋白质含量为2.73%~14.44%，平均值为8.22%，极差为11.71%，标准差为2.30，变异系数为28.01%。不同地区质量档次“中等+”晒红烟上部叶化学成分差异较大，同一产区不同质量档次“中等+”晒红烟上部叶化学成分也有一定差异，总糖、还原糖、氯变异系数较大，总植物碱、总氮、钾、蛋白质变异系数均小于30%。四川、江西、贵州荔波、贵州铜仁、湖南湘西凤凰、吉林1、吉林4、浙江丽水质量档次“中等+”晒红烟上部叶总糖、还原糖含量相对较低，湖南麻阳5、湖南湘西4，吉林4、吉林蛟河1、蒙阴3质量档次“中等+”晒红烟上部叶总糖、还原糖含量相对较高；湖南湘西凤凰、浙江丽水总植物碱含量相对偏高，四川成都质量档次“中等+”晒红烟上部叶含量最低，其他均为3%~7%；质量档次“中等+”晒红烟上部叶钾含量变异系数为37.21%，四川成都、四川达州1及江西地区质量档次“中等+”晒红烟上部叶钾含量大于4%，贵州黔东南，贵州铜仁、山东蒙阴、山东沂水钾含量则小于2%；除贵州黔西南望谟、江西抚州2、山东沂水3质量档次“中等+”晒红烟上部叶氯含量较高外，其他3质量档次“中等+”晒红烟氯含量均小于1%；浙江丽水、四川达州7、四川达州11、江西质量档次“中等+”晒红烟蛋白质含量相对较高，均大于10%，贵州铜仁质量档次“中等+”晒红烟蛋白质含量仅为2.73%，其他质量档次“中等+”晒红烟蛋白质含量为6%～9%。

质量档次“中等”的晒红烟上部烟叶有19个，分布在贵州荔波县及天柱县、湖南辰溪及怀化、吉林延边、江西抚州及石城、山东蒙阴沂南及沂水、内蒙古赤峰、四川成都、浙江丽水及桐乡等地。质量档次“中等”的晒红烟上部烟叶感官质量鉴定类型为晒红，除山东沂南香型风格为似白肋，山东沂水1为调味外，其他均为晒红，香型程度有到较显，除浙江桐乡质量档次“中等”的晒红烟上部烟叶适合混合型、混烤型，浙江丽水质量档次“中等”的晒红烟上部烟叶适合雪茄烟，吉林延边、山东蒙阴质量档次“中等”的晒红烟上部烟叶适合混合型、雪茄烟、混烤型，其他质量档次“中等”的晒红烟上部烟叶均适合混合型、雪茄烟。各样品外观质量：分型均为晒红，颜色红棕偏深棕，成熟度成熟，身份中等—偏中等为主，结构疏松，油分多偏有为主，结构尚细偏稍粗，光泽强度稍暗偏较暗为主，弹性较好偏好为主。化学成分：质量档次“中等”晒红烟上部叶，还原糖含量为0.06%～2.40%，平均值为0.84%，极差为2.34%，标准差为0.65，变异系数为77.47%；总糖含量为0.30%～3.43%，平均值为1.31%，极差为3.13%，标准差为0.77，变异系数为58.70%；总植物碱含量为2.14%～7.28%，平均值为5.39%，极差为5.14%，标准差为1.51，变异系数为28.08%；总氮含量为2.90%～5.42%，平均值为4.19%，极差为2.52%，标准差为0.64，变异系数为15.22%；钾含量为0.87%～5.60%，平均值为2.83%，极差为4.73%，标准差为1.48，变异系数为52.37%；氯含量为0.22%～3.67%，平均值为1.23%，极差为3.45%，标准差为0.97，变异系数为79.21%；蛋白质含量为5.86%～16.65%，平均值为9.51%，极差为10.79%，标准差为2.67，变异系数为28.03%；质量档次“中等”晒红烟上部叶化学成分差异较大，总糖、还原糖、钾、氯变异系数相对较大，总植物碱、总氮、蛋白质相对较小；贵州荔波、湖南辰溪4、湖南怀化、吉林延边、山东蒙阴、山东沂南、山东沂水、浙江丽水质量档次“中等”晒红烟上部叶总糖、还原糖含量相对较高，贵州天柱、湖南辰溪6、江西抚州、江西石城、四川成都、山东沂水、浙江桐乡质量档次“中等”晒红烟上部叶总糖、还原糖含量相对较低；湖南辰溪、湖南怀化、江西抚州、山东蒙阴、山东沂水、浙江丽水质量档次“中等”晒红烟上部叶总植物碱含量相对较高，吉林延边、江西石城、四川成都总植物碱含量相对较低；总氮变异系数为15.22%，含量为2.90%～5.24%；吉林延边、江西抚州、江西石城质量档次“中等”晒红烟上部叶总钾含量相对较高，贵州荔波、山东沂水档次“中等”晒红烟上部叶总钾含量较低；湖南怀化、吉林延边、山东蒙阴、四川成都、山东沂南、山东沂水、浙江质量档次“中等”晒红烟上部叶氯含量相对较低，湖南辰溪、江西石城、山东沂水1质量档次“中等”晒红烟上部叶氯含量相对较高；江西、四川、浙江丽水质量档次“中等”晒红烟上部叶蛋白质含量相对较高。

质量档次“中等-”的晒红烟上部烟叶有5个，分布在浙江桐乡、陕西汉中旬邑、贵州黔东南望谟、湖南辰溪等地。质量档次“中等-”的晒红烟上部烟叶感官质量鉴定类型和香型风格均为晒红，香型程度为晒有到有+，劲头适中到适中+，其中陕西汉中旬邑、贵州黔西南望谟质量档次“中等-”的晒红烟上部烟叶无工业使用价值，湖南辰溪质量档次“中等-”的晒红烟上部适合混合型和雪茄烟。各样品外观质量：分型均为晒红，颜色为红棕到深棕为主，成熟度一般，身份中等偏稍厚为主，部分偏稍薄，结构疏松，油分有到多，细致程度稍粗到尚细，光泽强度稍暗偏较暗，弹性较好为主；化学成分：质量档次“中等-”的晒红烟上部烟叶还原糖含量为0.12%～13.6%，平均值为5.05%，极差为13.48%，标准差为5.64，变异系数为111.62%；总糖含量为0.62%～14.2%，平均值为5.63%，极差为13.58%，标准差为5.74，变异系数为102.04%；总植物碱含量为2.23%～6.82%，平均值为4.85%，极差为4.59%，标准差为1.72，变异系数为35.45%；总氮含量为2.80%～4.38%，平均值为3.70%，极差为1.58%，标准差为0.68，变异系数为18.29%；钾含量为1.20%～2.99%，平均值为1.86%，极差为1.79%，标准差为0.72，变异系数为38.82%；氯含量为0.96%～2.46%，平均值为1.62%，极差为1.50%，标准差为0.69，变异系数为42.41%；蛋白质含量为5.74%～10.46%，平均值为8.27%，极差为4.67%，标准差为1.95，变异系数为23.58%；质量档次“中等”晒红烟上部叶化学成分差异较大，总糖还原糖变异系数相对较大，钾、氯、总植物碱、总氮、蛋白质相对较小；贵州黔西南望谟总糖、还原糖含量明显较高，浙江桐乡、山西汉中总糖、还原糖、总植物碱含量较低；浙江桐乡、湖南辰溪钾、氯含量均较高；陕西旬邑蛋白质含量较高。

质量档次“较好”的晒红烟中部烟叶7个，分布在四川达州、四川德阳、贵州榕江、湖南麻阳、黑龙江汤原、吉林及吉林蛟河。类型为晒红，除四川德阳香型风格为似白肋外，其他质量档次“较好”的晒红烟中部烟叶香型风格均为调味，香型程度为较显到较显+，劲头适中+到较大-，均适合混合型、混烤型、雪茄烟；外观质量：质量档次“较好”的晒红烟中部烟叶分型为晒红，颜色红棕偏浅棕为主，成熟度好，身份中等偏中等为主，结构疏松，油分有偏多，结构尚细偏细为主，光泽强度尚鲜亮偏稍暗，弹性较好为主。化学成分：质量档次“较好”的晒红烟中部烟叶还原糖含量为0.11%～3.87%，平均值为1.29%，极差为3.76%，标准差为1.48，变异系数为111.85%；总糖含量为0.39%～4.86%，平均值为1.82%，极差为4.29%，标准差为1.62，变异系数为89.27%；总植物碱含量为2.73%～6.17%，平均值为1.33%，极差为3.44%，标准差为1.33，变异系数为31.17%；总氮含量为3.00%～4.32%，平均值为3.67%，极差为1.32%，标准差为0.44，变异系数为11.87%；钾含量为2.26%～5.42%，平均值为3.75%，极差为3.16%，标准差为1.46，变异系数为11.87%；氯含量为0.09%～1.95%，平均值为0.61%，极差为1.86%，标准差为0.62，变异系数为102.56%；蛋白质含量为6.84%～10.74%，平均值为8.16%，极差为3.90%，标准差为1.45，变异系数为28.67%；质量档次“较好”晒红烟中部叶化学成分差异较大，总糖、还原糖、氯变异系数较大，总植物碱、总氮、钾、蛋白质变异系数较小；吉林蛟河、湖南麻阳总糖、还原糖含量相对高，四川、黑龙江汤原、贵州榕江含量相对较低；贵州榕江、吉林总植物碱含量相对较高；四川德阳质量档次“较好”晒红烟中部叶钾含量相对较高，氯含量为1.95%，其他质量档次“较好”晒红烟中部叶氯含量均较低。

质量档次“较好-”的晒红烟中部烟叶18个，分布在贵州荔波、黔东南、黔西南、榕江、天柱、铜仁、镇远、四川达州、黑龙江木林、湖南怀化、湘西州、吉林蛟河、山东蒙阴、沂南。类型为晒红，除山东沂南质量档次“较好-”的晒红烟中部烟叶香型风格为似白肋，贵州黔西南香型风格为亚雪茄外，山东蒙阴、贵州镇远、吉林蛟河、湖南怀化、贵州铜仁、湖南湘西凤凰香型风格属于调味，其他质量档次“较好-”的晒红烟中部烟叶香型风格属于晒红，程度为有到较显+，劲头为适中到较大-。山东蒙阴、贵州铜仁质量档次“较好-”的晒红烟中部烟叶适合混合型、混烤型卷烟；贵州荔波县、黔东南、黔西南、榕江、天柱、蛟河质量档次“较好-”的晒红烟中部烟叶适合混合型、雪茄烟；湖南湘西凤凰、贵州镇远、黑龙江穆棱、湖南怀化、吉林蛟河质量档次“较好-”的晒红烟中部烟叶适合混合型、雪茄烟、混烤型卷烟。外观质量：质量档次“较好-”的晒红烟中部烟叶分型均为晒红，颜色红棕偏浅棕为主，成熟度较好，身份中等为主，结构疏松，油分有偏多为主，细致程度细偏尚细为主，光泽强度稍暗偏较暗为主，弹性以较好为主。化学成分：质量档次“较好-”的晒红烟中部烟叶还原糖含量为0.20%～10.20%，平均值为2.43%，极差为10%，标准差为2.91，变异系数为119.50%；总糖含量为0.74%～11.30%，平均值为3.18%，极差为10.56%，标准差为3.03，变异系数为95.31%；总植物碱含量为2.92%～9.30%，平均值为5.09%，极差为6.38%，标准差为1.50，变异系数为29.57%；总氮含量为2.44%～4.22%，平均值为3.42%，极差为1.78%，标准差为0.44，变异系数为12.97%；钾含量为1.16%～4.61%，平均值为2.87%，极差为3.45%，标准差为0.96，变异系数为33.28%；氯含量为0.15%～1.97%，平均值为0.56%，极差为1.82%，标准差为0.54，变异系数为97.77；蛋白质含量为3.48%～11.0%，平均值为7.32%，极差为7.52%，标准差为1.64，变异系数为22.38；质量档次“较好-”的晒红烟中部烟叶化学不同省份及同一省份不同样品之间化学成分差异较大，其中总糖、还原糖、氯变异系数较大，总植物碱、总氮、钾、蛋白质相对较小。山东蒙阴质量档次“较好-”的晒红烟中部烟叶还原糖、总糖明显高于其他样品，其次为湖南怀化，而贵州镇远、贵州荔波、湖南湘西州凤凰含量则相对较低；总植物碱达到9.3%，远高于其他中部叶样品；总氮变异系数相对较小，为2.44%～4.22%；除山东蒙阴、贵州黔东南、贵州铜仁钾含量低于2%，贵州镇远钾含量高于4%，其他烟叶样品钾含量为2%～4%；蛋白质变异系数相对较小为22.38%，山东沂南相对较高，达到11%，贵州铜仁含量较低为3.48%，其他样品含量均为5%～10%。

质量档次“中等+”的晒红烟中部烟叶31个，分布在贵州荔波、黔西南、黔东南、镇远、湖南怀化、麻阳、湘西、吉林、吉林蛟河、延边、江西抚州、石城、山东蒙阴、四川、山东沂水、浙江桐乡等地。类型为晒红，除四川德阳香型风格为似白肋，四川达州香型风格为亚雪茄外，贵州荔波县、贵州镇远、湖南麻阳、湖南湘西、吉林、吉林蛟河、浙江桐乡香型风格为调味，其他样品香型风格均为晒红，香型程度均为有到较显+，劲头适中+到较大-；浙江桐乡适合混合型、混烤型卷烟，贵州黔东南、黔西南、吉林、湖南怀化、湘西州、江西石城、江西抚州、四川成都、达州、山东沂水质量档次“中等+”的晒红烟中部烟叶适合混合型、雪茄烟，其他质量档次“中等+”的晒红烟中部烟叶适合混合型、混烤型、雪茄烟。外观质量：分型均为晒红，颜色浅棕偏红棕为主，成熟度较好，身份中等为主，结构疏松，油分有偏多为主，细致程度尚细为主，光泽强度稍暗偏尚鲜亮，弹性较好为主。化学成分：质量档次“中等+”的晒红烟中部烟叶还原糖含量为0.04%～6.56%，平均值为1.86%，极差为6.52%，标准差为1.87，变异系数为100.41%；总糖含量为0.25%～7.36%，平均值为2.47%，极差为7.11%，标准差为1.98，变异系数为80.09%；总植物碱含量为1.91%～7.33%，平均值为4.69%，极差为5.42%，标准差为1.40，变异系数为29.82%；总氮含量为2.84%～4.90%，平均值为3.70%，极差为2.06%，标准差为0.59，变异系数为16.07%；钾含量为1.07%～5.61%之间，平均值为3.12%，极差为4.54%，标准差为1.28，变异系数为40.99%；氯含量为0.13%～2.66%，平均值为0.67%，极差为2.53%，标准差为0.65，变异系数为96.67%；蛋白质含量为5.88%～15.97%，平均值为8.38%，极差为10.09%，标准差为2.35，变异系数为27.98%。质量档次“中等+”的晒红烟中部烟叶化学成分不同省份还原糖、总糖、氯差异较大，总植物碱、总氮、钾、蛋白质相对较小。

质量档次“中等”的晒红烟中部烟叶14个，分布在贵州黔西南、湖南辰溪、麻阳、吉林延边、江西抚州、石城、山东蒙阴、沂水、浙江桐乡、内蒙古赤峰等地。类型为晒红，除湖南麻阳质量档次“中等”的晒红烟中部烟叶香型风格为亚雪茄，其他均为晒红；江西、湖南麻阳质量档次“中等”的晒红烟中部烟叶适合混合型、雪茄烟，吉林延边、山东蒙阴质量档次“中等”的晒红烟中部烟叶适合混合型、混烤型、雪茄烟，贵州黔西南质量档次“中等”的晒红烟中部烟叶适合混合型、雪茄烟、辅料，其他质量档次“中等”的晒红烟中部烟叶适合混合型、雪茄烟。外观质量：质量档次“中等”的晒红烟中部烟叶分析均为晒红，颜色浅棕为主，成熟度较好，身份中等为主，结构疏松，油分有为主，细致程度尚细偏细，光泽强度较暗偏尚鲜亮，弹性较好偏一般。化学成分：质量档次“中等”的晒红烟中部烟叶还原糖含量为0.05%～5.33%，平均值为1.57%，极差为5.28%，标准差为1.69，变异系数为107.31%；总糖含量为0.39%～5.93%，平均值为1.57%，极差为5.54%，标准差为1.80，变异系数为86.06%；总植物碱含量为2.74%～7.36%，平均值为5.45%，极差为4.62%，标准差为1.41，变异系数为25.84%；总氮含量为3.25%～5.36%，平均值为3.97%，极差为2.11%，标准差为0.57，变异系数为14.35%；钾含量为1.15%～4.67%，平均值为2.74%，极差为3.52%，标准差为1.15，变异系数为42.03%；氯含量为0.23%～3.81%，平均值为1.15%，极差为3.58%，标准差为1.03，变异系数为89.80%；蛋白质含量为6.64%～13.97%，平均值为8.97%，极差为7.33%，标准差为2.71，变异系数为30.25%。质量档次“中等”的晒红烟中部烟叶不同省份还原糖、总糖、氯变异系数较大，均大于80%，总植物碱、总氮、钾、蛋白质变异系数相对较小，在30%之内；江西石城、湖南辰溪、山东蒙阴质量档次“中等”的晒红烟中部烟叶总糖、还原糖含量相对较高，江西抚州、石城、浙江桐乡、湖南麻阳、山东沂南、山东沂水质量档次“中等”的晒红烟中部烟叶总糖、还原糖含量相对较低；湖南麻阳、山东沂水、浙江桐乡总植物碱含量相对较高均在6%以上，贵州黔西南望谟总植物碱含量低于3%，其他质量档次“中等”的晒红烟中部烟叶总植物碱含量为3%～6%；不同地区总氮差异相对较小，变异系数为14.35%；江西、湖南麻阳、吉林延边、湖南辰溪量档次“中等”的晒红烟中部烟叶钾含量较高，均大于3%，内蒙古赤峰、山东蒙阴、沂水、沂南钾含量相对较低，均小于2%；湖南麻阳氯含量最高，其次为湖南辰溪，而浙江桐乡、江西石城、吉林延边、山东蒙阴、沂水、沂南氯含量相对较低均小于1%；除江西、湖南麻阳、贵州黔西南望谟蛋白质含量大于

10%，其他均为6%~10%。

质量档次“中等-”的晒红烟中部烟叶3个，分布在陕西、湖南辰溪等地。类型和香型风格均为晒红，香型程度微有到有+，劲头适中到适中+，其中陕西晒红烟无使用价值，湖南辰溪晒红烟适合混合型、雪茄烟。外观质量：分型均为晒红，陕西晒红烟深红棕偏红棕为主，身份中等，结构疏松，油分多，结构稍粗，光泽强度较暗，弹性较好；湖南辰溪晒红烟颜色浅红棕，成熟度较好，身份中等-，结构疏松，油分有，光泽强度稍暗，弹性较好。化学成分：质量档次“中等-”的晒红烟中部烟叶化学成分差异较大，陕西旬邑总糖、还原糖相对较高，陕西旬邑和湖南辰溪总植物碱含量相对较高，湖南辰溪氯含量较高达到3.5%。

(二)白肋烟

白肋烟41个，占调查样品的21.8%，其中上部烟叶16个，质量档次“较好-”5个，质量档次“中等+”9个，质量档次“中等”2个。中部烟叶25个，质量档次“较好”中部烟叶1个，质量档次“较好-”7个，质量档次“中等+”16个，质量档次“中等”1个。

质量档次“较好-”的白肋烟上部烟叶5个，分布在湖北宜昌、四川万源等地。类型和香型风格均为白肋，香型程度较显到较显+，劲头适中+到较大，适合混合型卷烟。外观质量：分型为白肋，颜色以红棕为主，成熟度成熟，身份中等为主，结构疏松，油分多，细致程度尚细，光泽强度稍暗，弹性好。化学成分：质量档次“较好-”的白肋烟上部烟叶还原糖含量为0.15%~2.12%，平均值为0.67%，极差为1.97%，标准差为0.83，变异系数为122.84%；总糖含量为0.39%~2.62%，平均值为1.04%，极差为2.23%，标准差为0.92，变异系数为88.47%；总植物碱含量为5.06%~7.47%，平均值为5.77%，极差为2.41%，标准差为1.03，变异系数为17.89%；总氮含量为3.78%~4.82%，平均值为5.77%，极差为1.04%，标准差为0.45，变异系数为9.84%；钾含量为3.11%~6.39%，平均值为4.28%，极差为3.28%，标准差为1.25，变异系数为29.20%；氯含量为0.23%~0.51%，平均值为0.35%，极差为0.28%，标准差为0.10，变异系数为29.34%；蛋白质含量为7.44%~9.23%，平均值为8.17%，极差为1.97%，标准差为0.71，变异系数为8.64%。质量档次“较好-”的白肋烟上部烟叶总糖、还原糖含量差异较大，总植物碱、总氮、钾、氯、蛋白质含量差异相对较小，四川万源总糖、还原糖含量明显高于湖北宜昌。

质量档次“中等+”的白肋烟上部烟叶9个，分布在湖北宜昌五峰、湖北恩施、四川达州、重庆等地。其中云南宾川的类型为晒红，香型风格为白肋，其他样品的类型和香型风格均为白肋，香型程度较显到较显+，劲头适中+到较大，适合混合型卷烟。外观质量：除云南宾川分型为晒红，其他均为白肋，颜色浅棕为主，成熟度较好，身份中等，结构疏松，油分多，细致程度尚细，光泽强度稍暗，弹性好。化学成分：质量档次“中等+”的白肋烟上部烟叶还原糖含量为0.11%~0.64%，平均值为0.33%，极差为0.53%，标准差为0.14，变异系数为42.77%；总糖含量为0.44%~0.96%，平均值为0.69%，极差为0.52%，标准差为0.16，变异系数为23.80%；总植物碱含量为4.09%~7.80%，平均值为5.67%，极差为3.71%，标准差为1.01，变异系数为17.81%；总氮含量为3.97%~5.20%，平均值为4.57%，极差为1.23%，标准差为0.42，变异系数为9.23%；钾含量为3.37%~5.11%，平均值为4.43%，极差为1.74%，标准差为0.64，变异系数为14.36%；氯含量为0.24%~0.93%，平均值为0.61%，极差为0.69%，标准差为0.26，变异系数为42.39%；蛋白质含量为6.60%~8.62%，平均值为7.64%，极差为2.02%，标准差为0.76，变异系数为10.00%。质量档次“中等+”的白肋烟上部烟叶化学成分差异相对较小，各个指标的变异系数均小于43%，其总糖、还原糖含量低，总植物碱均在4%以上，总氮含量高于5%，钾含量相对较高，氯含量均小于1%。

质量档次“中等”的白肋烟上部烟叶1个，分布在四川达州。分型和香型风格均为白肋，程度较显-，劲头较大-，适合混合型卷烟。外观质量：分型为白肋，颜色浅棕，成熟度好，身份中等+偏中等，结构疏松，油分有，细致程度尚细，光泽强度尚鲜亮，弹性较好。化学成分：总糖、还原糖、氯含量低，烟碱、总氮、钾含量高。

质量档次“中等-”的白肋烟上部烟叶1个，分布在四川达州。分型和香型风格均为白肋，程度有，劲头较大-，适合混合型卷烟。外观质量：分型为白肋，颜色浅棕，成熟度好，身份中等-偏中等，结构疏松，油分有，细致程度细偏尚细，光泽强度稍暗偏尚鲜亮，弹性较好偏好。化学成分：总糖、还原糖含量低，烟碱、总氮、钾、蛋白质含量高。

质量档次“较好”的白肋烟中部烟叶1个，分布在湖北宜昌。类型和香型风格均为白肋，香型程度较显，劲头较大，适合混合型卷烟。分型为白肋，颜色红棕，成熟度好，身份偏稍薄，结构疏松，油分多，细致程度细，光泽强度稍暗，弹性较好。总糖、还原糖、氯含量低，总植物碱含量为4.37%，钾含量高。

质量档次“较好-”的白肋烟中部烟叶7个，分布在湖北恩施、宜昌、四川达州、重庆等地。类型和香型风格均为白肋，程度为较显-到较显+，劲头适中到较大-，适合混合型卷烟。外观质量：分型属于白肋烟，颜色浅棕，成熟度好，身份稍薄偏中等，结构疏松，油分多，细致程度细致，光泽强度尚鲜亮，弹性较好为主。化学成分：质量档次“较好-”的白肋烟中部烟叶还原糖含量为0.15%～0.36%，平均值为0.24%，极差为0.21%，标准差为0.07，变异系数为29.57%；总糖含量为0.54%～0.78%之间，平均值为0.65%，极差为0.24%，标准差为0.08，变异系数为12.91%；总植物碱含量为4.00%～5.32%，平均值为4.97%，极差为2.82%，标准差为0.88，变异系数为17.66%；总氮含量为4.00%～5.32%，平均值为4.58%，极差为1.32%，标准差为0.44，变异系数为9.49%；钾含量为3.82%～5.42%，平均值为4.54%，极差为1.60%，标准差为0.59，变异系数为13.06%；氯含量为0.27%～1.85%，平均值为0.69%，极差为1.58%，标准差为0.55，变异系数为78.50%；蛋白质含量为5.76%～10.15%，平均值为7.87%，极差为4.39%，标准差为1.32，变异系数为16.81%。质量档次“较好-”的白肋烟中部烟叶化学成分各个指标变异系数相对较小，可见烟叶质量一致性较好。总糖、还原糖、氯含量低，钾、蛋白质含量较高。

质量档次“中等+”的白肋烟中部烟叶16个，分布在湖北恩施、宜昌、四川达州、德阳、万源、云南等地。类型和香型风格均为白肋，程度有到显著，劲头适中+到较大-，除四川德阳适合混合型、雪茄烟，其他质量档次“中等+”的白肋烟中部烟叶均适合混合型。外观质量：除四川德阳分型为晒红烟，其他质量档次“中等+”的白肋烟中部烟叶分型均为白肋烟，颜色浅棕，成熟度好，身份中等—稍偏薄为主，结构疏松，油分多，细致程度细，光泽强度尚鲜亮，弹性较好。化学成分：质量档次“中等+”的白肋烟中部烟叶还原糖含量为0.04%～2.95%，平均值为0.44%，极差为2.91%，标准差为0.73，变异系数为166.69%；总糖含量为0.37%～3.32%，平均值为0.80%，极差为2.95%，标准差为0.73，变异系数为91.22%；总植物碱含量为2.02%～6.28%，平均值为4.33%，极差为4.26%，标准差为1.32，变异系数为30.46%；总氮含量为3.22%～4.98%，平均值为4.33%，极差为1.76%，标准差为0.39，变异系数为8.97%；钾含量为3.95%～6.55%，平均值为4.90%，极差为2.60%，标准差为0.72，变异系数为14.73%；氯含量为0.27%～1.44%，平均值为0.67%，极差为1.17%，标准差为0.36，变异系数为53.34%；蛋白质含量为6.23%～11.67%，平均值为8.33%，极差为5.44%，标准差为1.39，变异系数为16.73%。质量档次“中等+”白肋烟中部烟叶总糖、还原糖变异系数较大，总植物碱、总氮、钾、氯、蛋白质变异系数较小。四川万源、湖北宜昌五峰总糖、还原糖含量相对较高，四川德阳蛋白质含量相对较高。

质量档次“中等”的白肋烟中部烟叶2个，分布在湖北恩施、云南宾川。类型和香型风格均为白肋，香型程度较显—较显，劲头适中+，适合混合型卷烟。云南宾川质量档次“中等”的白肋烟中部烟叶分型为晒红烟，湖北恩施分型为白肋烟，颜色均为浅棕，成熟度较好，身份中等偏稍薄，结构疏松，油分有，细致程度细，光泽强度尚鲜亮。化学成分：总糖、还原糖、氯含量相对较低，钾、蛋白质含量高。

（三）马里兰烟

晒红烟9个，占调查样品的4.8%，其中上部烟叶3个，质量档次“较好-”2个，质量档次“中等+”1个。中部烟叶6个，质量档次“较好-”5个，质量档次“中等”1个。

质量档次“较好-”的马里兰上部烟叶2个，分布在湖北宜昌。类型和香型风格均为马里兰，香型程度为较显到较显+，劲头较大-，适合混合型卷烟。分型为马里兰，颜色深棕为主，成熟度好，身份中等为主，结构疏松，油分多，细致程度尚细偏稍粗，光泽强度稍暗到较暗，弹性好偏较好。质量档次“较好-”的马里兰上部烟叶化学成分存在差异，总糖、还原糖含量差异较大，总植物碱、总氮、钾、氯、蛋白质差异相对较小。

质量档次“中等+”的马里兰上部烟叶1个，分布在湖北宜昌。类型和香型风格均为马里兰，香型程度有，劲头较大-，适合混合型卷烟。分型为马里兰，颜色红棕偏深棕，成熟度较好，身份中等，结构疏松，油分多，细致程度稍粗，光泽强度稍暗，弹性好。总糖、还原糖、钾、蛋白质含量相对较高，氯含量低。

质量档次“较好-”的马里兰上部烟叶5个，分布在湖北宜昌、重庆。类型和香型风格均为马里兰，香型程度较显-到较显，劲头适中+到较大-，适合混合型卷烟。分型为马里兰，颜色红棕偏浅棕为主，成熟度较好，身份稍薄偏中等为主，结构疏松，油分多，细致程度细为主，光泽强度稍暗偏较暗为主，弹性较好为主。化学成分：质量档次“较好-”的马里兰上部烟叶还原糖变异系数较大，总糖、总植物碱、总氮、钾、氯、蛋白质变异系数较小。总糖、还原糖、氯含量较低，钾、蛋白质含量较高。

第二章　国内外口含烟产品现状与发展趋势

第一节　口含烟产品概况与发展现状

一、口含烟的发展历史

口含烟的历史可以追溯到17世纪。1822年，瑞典人Ljunglöf开始以Ettan为品牌生产口含型烟草制品，此后近百年的时间里，瑞典式口含烟极受欢迎，此后许多口含烟品牌相继进入市场。1915年，瑞典政府成立了国有烟草专卖制度（20世纪60年代废除），口含烟一直由烟草专卖或其继任者国有烟草公司（STA）负责统一生产销售。20世纪30年代卷烟开始流行，并最终取代口含烟成为最常用的烟草制品。20世纪60年代英国皇家医师学院和美国卫生局发表报告称，肺癌与吸烟有关。这增强了社会的控烟力度并在60年代末开始转变吸烟者的习惯，即减少吸烟、增加使用口含烟。瑞典有烟草公司在20世纪90年代转为现代私营企业——瑞典火柴公司（Swedish Match）。据来自瑞典火柴公司的消息，2015年度，瑞典火柴公司产品的销售额与2014年度相比增长幅度比较明显，该公司的数据显示，公司产品的销售额比2013年增长了2%。火柴公司一直保持着瑞典国内85%以上的市场份额。

美国含烟的商业化始于18世纪，1730年，美国第一家含烟厂在弗吉尼亚建立。1880—1930年美国含烟的年产量从1 800t增长至1.8万t。1945年，孟菲斯的美国含烟公司成为当时世界上最大的含烟生产商。美国含烟的使用在19世纪广为盛行，但在20世纪随着反随地吐痰法律的出现以及卷烟的逐渐流行，含烟消费量迅速下降。20世纪70年代中期，美国STPs的主要生产商——美国无烟气烟草公司（US Smokeless Tobacco Company，USSTC）不断开发新的产品及包装，加上其强有力的市场宣传，使得产品市场又逐渐拓展，而且消费群体也在年轻化。近年来，随着吸烟引起相关健康风险认识的增强以及禁烟措施的实施，也使许多吸烟者逐渐开始使用无烟气烟草制品（STPs）。

二、口含烟的种类

目前，市场上口含型烟草制品主要有瑞典式口含烟、美式口含烟、含化型烟草3种。

（一）瑞典式口含烟（snus）

瑞典式口含烟于19世纪中期就开始在瑞典流行，是当今北欧人消费使用的一种主要口含型无烟气烟草制品，在瑞典大约25%的成年男性使用这类烟草制品。瑞典式口含烟主要分为散装和袋装两种形式，通常放在唇部与牙龈之间使用，一般使用30min左右即可丢弃。袋装口含烟既方便使用，又不会污染口腔，所以散装瑞典式口含烟越来越多地被袋装所代替。瑞典式口含烟通过加热来达到杀菌的目的，这一过程可有效降低可能致癌物质（烟草特有亚硝胺）的形成，有报告称瑞典式口含烟snus中的亚硝胺含量近20年来下降了约85%。瑞典口含烟主要使用晒烟和晾烟烟草原料，并通过类似巴氏杀菌法的过程加热制成。

（二）美式口含烟（snuff）

美式口含烟即美国湿鼻烟，由瑞典移民于19世纪早期带到美国，是目前在美国最受欢迎的无烟气烟草制品。美式口含烟是一种发酵产品，因而氮氧化物、N-亚硝胺含量较高。其也有散装和袋装两种形式，相对于散装产品，袋装产品属于创新的形式，进入市场时间较短，但目前发展速度快于散装产品。美式口含烟通常由晾晒烟和烤烟制成粉状或条状，其成品水分含量高于40%，故也称湿鼻烟。在使用美式口含烟时，通常都是将烟草或烟草袋置于牙龈和下唇之间，使用时间为10～20min。在使用过程中，消费者需不时地将口腔中的唾液吐出。

（三）含化型烟草制品

含化型烟草制品在美国市场上作为新品上市，是一种新型的口含型无烟气烟草制品，它由约60%紧实的烟草叶片加入无机盐、桉树油、薄荷脑等香料发酵制成烟草喉片式含片或含烟草成分的硬质糖。该制品含在口腔中会自行溶解，无需吐出。烟民从一片含化型烟草中正常摄取的尼古丁与吸一支卷烟所吸收的尼古丁总量大致相同。

三、口含烟的销售情况

(一)国外情况

根据来自瑞典火柴公司的报告显示，最近几年，虽然美国的卷烟消费正以每年1%～3%在减少，但美国无烟气烟草销量却以每年超过6%的速率在增长。现在美国湿鼻烟是美国最受欢迎的口含烟，1986—2005年，其销量翻了一番多，是目前美国市场份额最大的一种无烟气烟草制品。2007年，美国卷烟的消费量同比下降4%，而无烟气烟草的消费量却同比增长7.1%，无烟气烟草已成为零售业中增长最快的品类。

2007—2012年世界无烟气烟草制品销售额增长15%，达136亿美元，其中口含烟（占全部无烟气烟草市场的64.8%）增长57.8%。美国所有烟草制品的总销售额约为860亿美元，其中美国湿鼻烟和瑞典式口含烟的总销售额约为40亿美元，嚼烟的销售额约为4亿美元，因此美国无烟气烟草制品的总销售额已经超过了雪茄烟42亿美元的销售额。袋装口含烟制品的上市，由于其使用方便且不会污染环境，在北美和北欧较受欢迎，在瑞典使用口含烟的成年人比例超过25%，超过吸食卷烟的比例(15%)，无烟气烟草是瑞典新型烟草市场的主要品类，无烟气烟草制品在瑞典新型烟草市场占有绝对的主导地位，2017年，贡献了国内新型烟草制品零售额的95%（图2-1）。

图2-1 全球无烟气烟草制品零售额与增长率

数据来源：Euromonitor International-Passport database-Tobacco 2018 Edition

备注：2018—2022年预测数据基于2017年价格及汇率水平做的估算，未体现通胀及汇率影响。

瑞典式口含烟的增长由高端产品的稳定增长及消费者对于独立小袋装口含烟的需求拉动，有趣的产品创新及推广活动推动高端口含烟稳定增长。近年，瑞典火柴陆续推出高端口含烟，2015年，推出XR获得成功，2017年推出One，也深受欢迎。相比于散装口含烟，小袋装明显提高了使用的便利性，销量占比持续增加，2017年，小份袋装口含烟的销量占比达到68%，比2012年增长6个百分点。预计未来几年，小袋装口含烟的占比仍将进一步提高。

2013—2017年，无烟气烟草制品全球复合年均增长率约3%。2016年和2017年，受创新产品推动，市场增速加快，达到128.5亿美元，年增速约5%，占据全球新型烟草制品42%的比例。Euromonitor International预计，未来5年，得益于美国和北欧市场的持续发展，无烟气烟草市场将继续保持2%的复合年均增长率，2022年达到142.9亿美元。

(二)国内情况

2008年国家局拨款450万元，由中国烟草总公司郑州烟草研究院启动“无烟气烟草制品”研发项目，经过两年的攻关，研发成功了“袋装口含型”及“含化型”两种新型烟草制品，并初步进行了生产工艺、基础理论研究、标准制定等各方面配套研究。随着项目研发的成功，一系列类似的烟草制品也在郑州烟草研究院研究成功，如丹皮型口含烟烟草制品、含有罗汉果的中式口含烟烟草制品、巧克力型口含烟烟草制品等。2016年，上海新型烟草制品研究院有限公司已经成功开发了红茶、薄荷、青柠等风味口含烟，并于国外市场及免税店进行销售，但在国内市场上尚无口含型烟草制品的销售。

为了应对国际烟草领域的变化，中国烟草总公司组织立项开展了新型烟草制品研制工作，形成了一套关于口含烟的配方、工艺、产品评价、卫生安全性评价技术，并初步形成了口含烟化学成分释放的评价方法。国内的一些卷烟工业企业也有针对性地进行了相关技术研发，比如上海烟草集团已经开始招募人才着手组建自己的无烟气烟草研发小组。同时，中国加入CORESTA口含烟分学组，郑州烟草研究院代表中国烟草总公司参与了一系列关于口含烟的相关国际合作研究，为未来我国口含烟参与国际竞争打下了良好基础。

四、口含烟产品相关法规与标准

（一）欧盟无烟气烟草理事会

欧盟无烟烟草产品试行条例在欧盟国家，由于EU Directive 2001/37/EC法令的颁布，目前只有瑞典可以对无烟气烟草制品进行加工及销售。在瑞典，snus和嚼烟需要符合瑞典食品法。

在2010年1月，欧盟无烟气烟草制品理事会（ESTOC）推出了无烟烟草产品试行条例，针对产品技术指标，该试行条例中的要求包括：尼古丁和pH值，尼古丁是烟草产品中的主要药理活性成分，生产商需要公布最终产品的尼古丁含量。此外，pH值作为反映可利用的游离烟碱含量的指标，生产商也需要对其进行公布。

潜在性危害成分，作为烟草原料和最终产品中潜在的危害性成分，生产商需要每年对其进行检测并提供限量报告，这些成分包括TSNAs（烟草特有的亚硝胺）、NDMA（二甲基亚硝胺）、B（a）P（稠环芳烃）、重金属（铅、镉、砷、镍、铬）、黄曲霉毒素以及硝酸盐。

对于潜在性危害成分，ESTOC建议针对6种物质进行限量（表2-1）。

表2-1　无烟气烟草制品中危害性成分建议限量

成分	建议限量
TSNAs（tobacco-specific nitrosamines）	10mg/kg
NDMA（nitrosodimethylamine）	10μg/kg
B（a）P（benzo（a）pyrene）	20μg/kg
Lead	2mg/kg
Cadmium	2mg/kg
	Limit（fresh weight basis）
Aflatoxin B1，B2，G1，G2（sum of）	0.005mg/kg

（二）瑞典火柴公司

GOTHIATEK®是由瑞典火柴公司于2000年3月首创的，专门针对口含烟产品的质量标准。该标准以保证产品安全及保护消费者为宗旨，明确了口含烟产品中的危害性物质及限量要求（表2-2）。

表2-2　GOTHIATEK®危害性成分及其限量

成分	限量	Content 2017（Conf. interval，95%）	成分	限量	Content 2017（Conf. interval，95%）
Nitrite（mg/kg）	3.5	1.5（1.5～1.6）	Cadmium（mg/kg）	0.5	0.27
NNN+NNK（mg/kg）	0.95	0.47（0.46～0.48）	Lead（mg/kg）	1	0.15
NDMA（μg/kg）	2.5	<0.6（<0.6～0.6）	Arsenic（mg/kg）	0.25	0.06（0.05～0.06）
B（a）P（μg/kg）	1.25	<0.6（<0.6～0.6）	Nickel（mg/kg）	2.25	0.82（0.81～0.83）
Aflatoxin B1+B2+G1+G2（μg/kg）	2.5	<2.1	Chromium（mg/kg）	1.5	0.46（0.45～0.46）

（续表）

成分	限量	Content 2017（Conf. interval，95%）	成分	限量	Content 2017（Conf. interval，95%）
Ochratoxin A（μg/kg）	10	2（1.9~2.0）	Mercury（mg/kg）	0.02	<0.02
Formaldehyde（mg/kg）	7.5	2.3（2.3~2.4）	Acetaldehyde（mg/kg）	25	6.3（6.1~6.5）
Crotonaldehyde（mg/kg）	0.75	<0.10	Agrochemicals（mg/kg）	According to the Swedish Match Agrochemical Management Program	Below Swedish Match internal limits

（三）国际烟草研究合作中心

2008年12月，国际烟草研究合作中心CORESTA成立了口含烟制品分学组（Smokeless Tobacco Products Subgroup，简称STPS），开展国际合作，努力统一口含烟制品相关的术语，构建口含烟制品中化学成分分析研究系列推荐方法和口含烟制品的参比产品，以期为口含烟制品的分析研究提供通用的技术平台，口含烟的相关化学分析研究也将得到进一步的推动。拟分析化学指标见表2-3。

表2-3 拟分析化学指标

序号	分类	化合物	序号	分类	化合物	序号	分类	化合物
1	霉素	B_1	49		锶	97	酚及多酚类	儿茶酚
2		B_2	50		钼	98		对苯二酚
3		G_1	51		铷	99		间苯二酚
4		G_2	52		钴	100		苯酚
5	生物碱	烟碱	53	放射性元素	Po-210	101		邻甲基苯酚
6	二级生物碱	降烟碱	54	总挥发物	总挥发物	102		对甲基苯酚
7		新烟草碱	55	PAH's	BaP	103		间甲基苯酚
8		假木贼碱	56	TSNA	NAB	104		绿原酸
9	碳水化合物	总糖	57		NAT	105		莨菪亭
10		葡萄糖	58		NNK	106		芸香苷
11		果糖	59		NNN	107		木质素
12		蔗糖	60		total	108		新绿原酸
13		麦芽糖	61	其他亚硝胺	亚硝基二甲基胺	109		咖啡基奎宁酸
14		淀粉	62	亚硝酸基-氨基酸	亚硝基肌氨酸	110		莨菪灵
15		纤维素	63	无机阴离子	氯离子	111		莰菲醇基-3-芸香糖苷
16		半纤维素	64		氟离子	112	色素	类胡萝卜素
17		果胶	65		溴离子	113		叶绿素
18		木糖	66		硫酸根	114	烷烃类	丁二烯
19		阿拉伯糖	67		磷酸根	115		异戊二烯
20		其他聚合糖	68		氢氰酸	116		氯乙烯
21	醛	甲醛	69	含氮化合物	硝酸盐	117		苯
22		乙醛	70		亚硝酸盐	118		甲苯
23		丙烯醛	71		总氮	119		苯乙烯
24		丁烯醛	72		总蛋白质	120		新植二烯
25		丙醛	73		总植物碱	121		类西柏烷类
26		丁醛	74		氨	122		赖百当类
27		丙烯腈	75		常见氨基酸	123	稠环芳烃	1-氨基萘

（续表）

序号	分类	化合物	序号	分类	化合物	序号	分类	化合物
28	酮	丙酮	76		吡啶类	124		2-氨基萘
29		2-丁酮	77		吡咯类	125		3-氨基联苯
30	酸碱度	pH	78		喹啉类	126		4-氨基联苯
31	无机物	灰分	79		吲哚类	127		二苯并蒽
32		钙	80		吡嗪类	128		二苯并芘
33		钾	81	有机酸	甲酸	129		二甲基肼
34		钠	82		乙酸	130		苯丙荧蒽
35		砷	83		α甲基丁酸	131		茚并芘
36		镉	84		异戊酸	132		2-萘胺
37		铬	85		β甲基戊酸	133		2-甲基胺
38		汞	86		苯甲酸	134		肼
39		镍	87		苯乙酸	135		二苯咔唑
40		铅	88		草酸	136		二苯并吖啶
41		硒	89		苹果酸	137	硝基类	二硝基丙烷
42		镁	90		柠檬酸	138		N-亚硝基乙基甲基胺
43		硫	91		丙二酸	139		N-亚硝基二乙基胺
44		铜	92		棕榈酸	140		N-亚硝基吗啉
45		铁	93		硬脂酸	141	其他	氨基甲酸乙酯
46		锰	94		油酸	142	香味成分	
47		锌	95		亚油酸			
48		硼	96		其他有机酸			

（四）其他

美国食品药品监督管理局（FDA）对无烟气烟草制品的NNN做了限量要求，为1μg/g。马萨诸塞州公共卫生部（MDPH）要求在马萨诸塞州销售口含鼻烟的生产商采用新技术，尽可能地降低TSNA含量，至少降低到10μg/g以下（Connolly，2001）。

第二节　国外口含烟市售产品分析

中国在无烟烟草产品开发方面还处于起步阶段，拥有的核心技术非常少，准确表征无烟气烟草制品中重点关注目标分析物尚无系统研究。另外，食品安全日益受到关注，为了早日应对将来可能的限量标准，应尽早掌握分析检测方法，掌握目标分析物含量水平，做好技术及数据储备。国内目前对无烟气烟草制品的重点目标分析研究开展较少，一来是由于无烟气烟草国内研究起步较晚，二来是因为国内无烟气烟草的研究生产单位较少，未形成规模。目前仅有中国烟草总公司郑州烟草研究院少数几家单位进行过检测方法的研究，且国内单位目前还是以参加国际无烟气烟草共同实验为主。口含烟的质量监管和安全性评估已成为迫切需要关注的问题。

目前，主流口含烟产品是以烟叶为主要原料，因此其中含有烟草的所有化学成分，包括烟草中一些固有的有害成分。同时根据配方的需要还会加入一些添加剂（包括防腐剂），有时也会引入一些其他外源性的污染物。为保障口含烟产品的安全性，原料的选择显得尤为重要。本章重点从产品调研出发，通过剖析不同产品的相同化学指标之间的差异，为行业口含烟原料选择提供依据。

一、材料与方法

(一)国外口含烟市售产品收集

产品收集的目的是为了全面了解市售口含烟产品的基础信息及相关安全性指标情况。项目共收集了26款国外口含烟样品，包括欧洲的10个品牌15个产品和美国5个品牌10个产品（表2-4）。

表2-4 主要市售口含烟品牌

类型	品牌	规格	制造商
Swedish Snus	Granit	Portion	Fiedler & Lundgren
		Loose	
	Mocca	Lakrits VIT Miniportion	Fiedler & Lundgren
	Jakobssons	Classic Portion	
	Nord 66	Strong White	Skruf Snus
	Taboca	Portion	Scandinavian Premium
		White Extra Strong	
	Catch	Licorice White	Swedish Match
	Ettan	Original Portion	Swedish Match
		Loose	
	General	Classic Portion Extra Strong	Swedish Match
	Lab Series	02 SLIM Portion Strong	Swedish Match
		06 SLIM Portion Extra Strong	
		13 SLIM PORTION Extra Strong	
	Offroad	Frosted Portion	V2 Tobacco
American Snuff	Copenhagen	Pouches	US Smokeless
		Long Cut	
	Grizzly	Pouches	American Snuff Co.
	TIMBER WOLF	Natural Fine Cut	Pinkerton
		Natural Long Cut	
		Natural Pouches	
	Stocker's	Long Cut Mint	National Tobacco Co.
		Long Cut Natural	
		Long Cut Straight	
		Fine Cut Natural	
American Snus	Skoal	Classic Mint Long Cut	US Smokeless

(二)检测指标

水分：采用CORESTS推荐方法CRM N°76烘箱法。

烟碱：采用CORESTS推荐方法CRM N°62。

重金属：电感耦合等离子体质谱法。

TSNAs：采用CORESTS推荐方法CRM N°72。

N-二甲基亚硝胺（NDMA）：气相色谱—正化学源—三重四极杆质谱联用法。

B[a]P：气相色谱—质谱联用仪（GC-MS）。

甲醛、乙醛、巴豆醛三类羰基化合物：气相色谱质谱联用法。

亚硝酸盐：离子色谱法。

黄曲霉素及赭曲霉素A：液相色谱—四极杆—轨道阱质谱联用法。

二、国外口含烟市售产品检测指标分析

(一)常规化学成分

1. 水分

口含烟产品与传统卷烟相比，水分高。从检测结果来看，瑞典产品水分在45%左右，美国口含烟水分稍高，均值为47.6%（图2-2）。

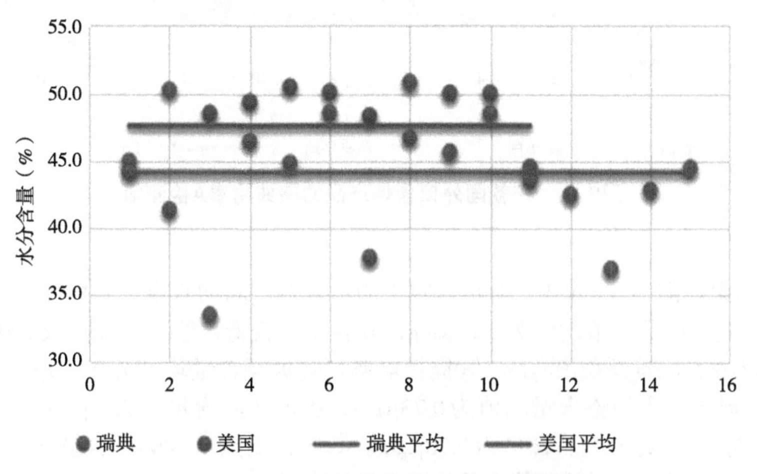

图2-2 26款国外口含烟产品的水分检测值

2. 烟碱

烟碱是口含烟的重要成分，而烟碱含量主要由口含烟的原料成分所决定，不同的烟草含量差异很大。同时，不同的烟碱释放量，也与口含烟的使用人群习惯有关。瑞典口含烟的烟碱含量在不同产品之前差异较大，为5.85～16.28mg/g，美国口含烟产品烟碱含量相对差异较小，为8.04～13.37mg/g，但瑞典与美国的口含烟产品烟碱含量均值非常接近，分别为11.1mg/g和10.63mg/g（图2-3）。

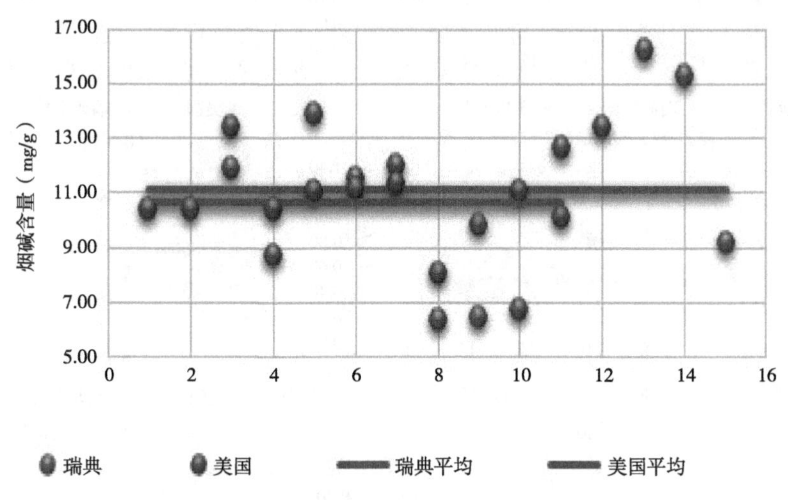

图2-3 26款国外口含烟产品的烟碱检测值

(二)安全性指标

1. 曲霉素

26款口含烟样品中，均未检测到黄曲霉素B1、B2、G1、G2，但赭曲霉素A（OTA）有检出（干重值）。瑞典15个口含烟产品中有14个检出，检出率为93.3%，OTA的含量相对较高，平均值为4.48ng/g，个别产品含量较高。美国11个口含烟产品中有10个检出，检出率为90.9%，含量相对较低，均值为2.612ng/g（图2-4）。

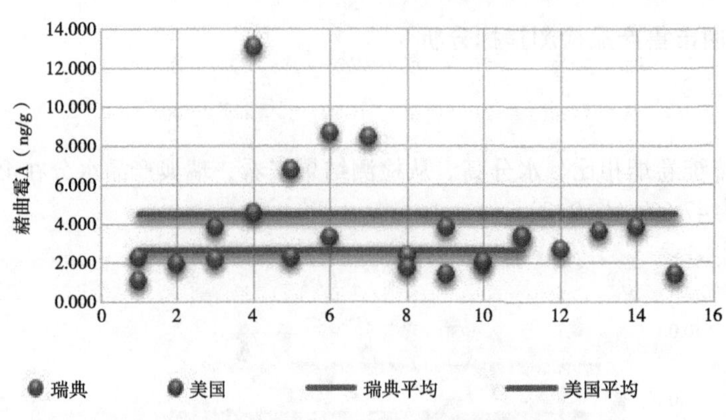

图2-4　26款国外口含烟产品的赭曲霉素A检测值

2. 重金属

重金属检测结果如图2-5（A-F）所示。收集的口含烟产品均有重金属检出。①砷：瑞典口含烟均值为0.08μg/g，美国产品含量均值为0.10μg/g，砷含量均较低。②铅：瑞典及美国产品含铅量非常接近，均值分别为0.21μg/g及0.19μg/g。③镉：瑞典口含烟镉含量均值为0.33μg/g，美国产品含量为0.56μg/g。④铬：瑞典口含烟铬含量均值为0.73μg/g，美国产品含量为0.47μg/g。⑤镍：瑞典口含烟镍含量均值为1.06μg/g，美国产品含量为0.70μg/g。⑥硒：瑞典口含烟硒含量均值为0.13μg/g，美国产品含量为0.11μg/g。所有检测的国外产品均未有汞检出。

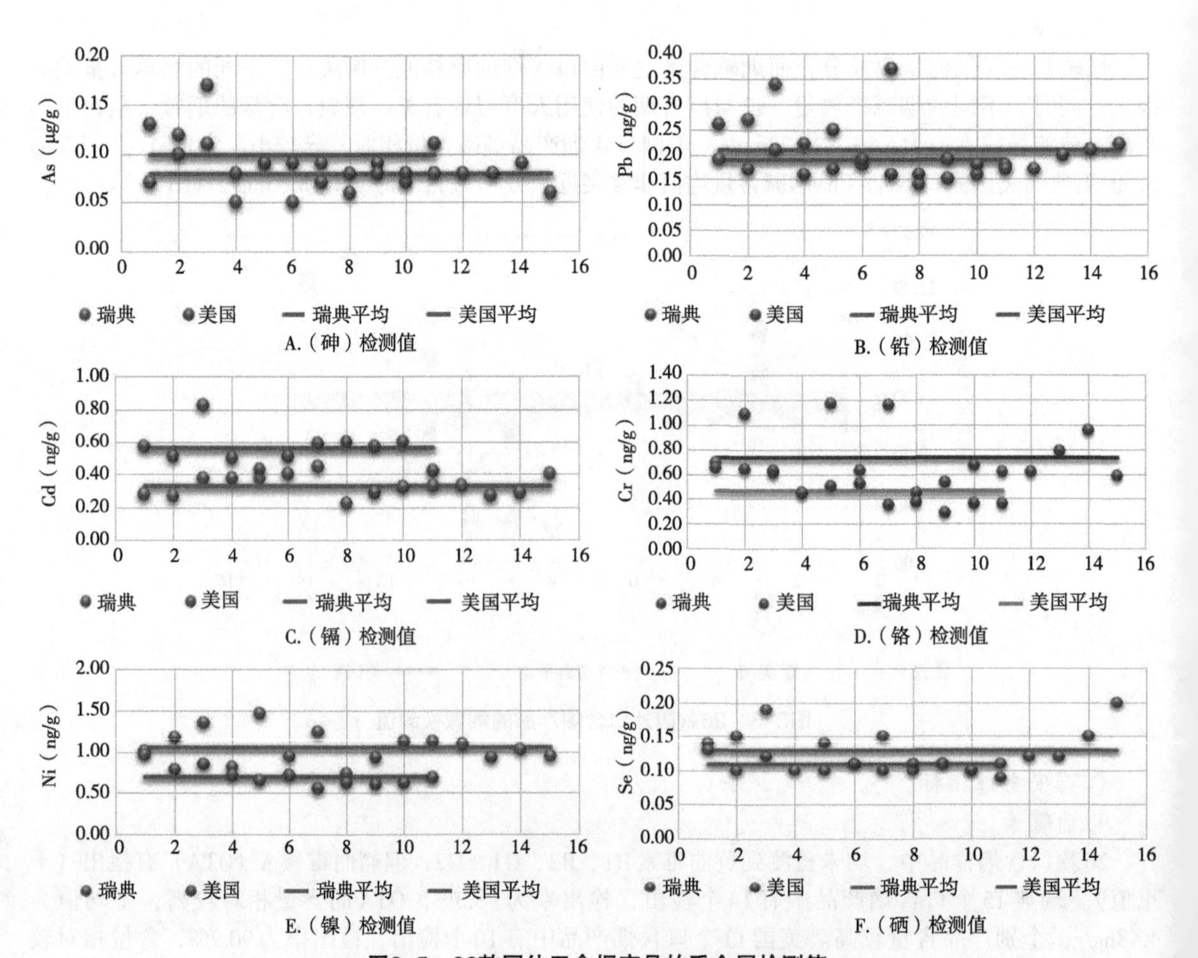

图2-5　26款国外口含烟产品的重金属检测值

3. 烟草特有亚硝胺

总体来看，瑞典口含烟产品的烟草特有亚硝胺TSNAs含量均值为1.21μg/g，低于美国产品的2.38μg/g，并且美国个别产品的TSNAs总量非常高，达到了13.0μg/g，这与其产品用的原料有很大的关系（图2-6）。

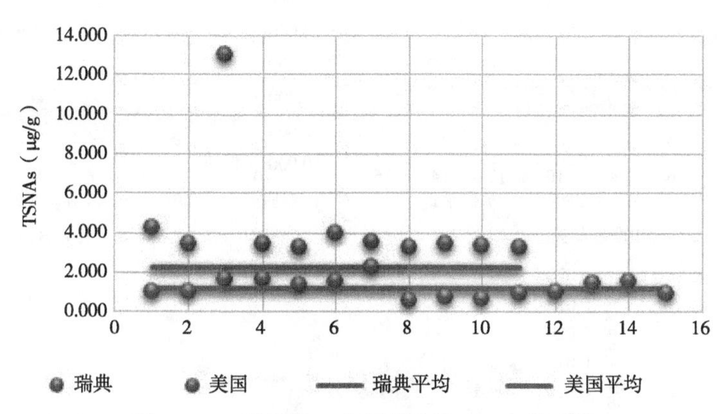

图2-6 26款国外口含烟产品的TSNAs检测值

4. N，N-二甲基亚硝胺

瑞典口含烟产品基本都检出N，N-二甲基亚硝胺（NDMA），但含量不高，均值为0.84ng/g，美国产品虽然11个产品中仅有4个产品检测出NDMA，但含量差异较大，最大可达到8.38ng/g（图2-7）。

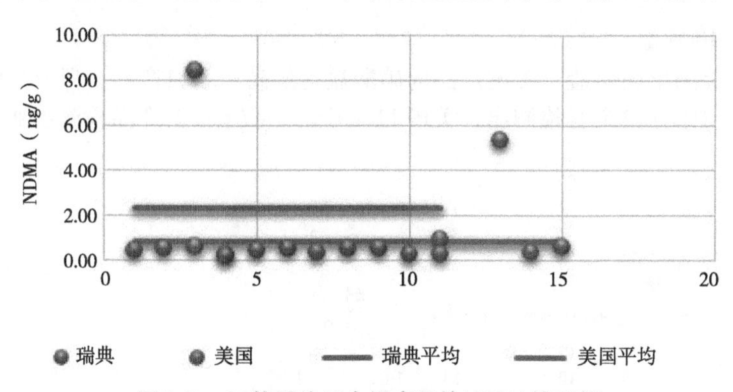

图2-7 26款国外口含烟产品的NDMA检测值

5. 苯并[a]芘

瑞典产品与美国产品相差较大，瑞典产品苯并[a]芘（B[a]P）含量较小，且含量接近，含量范围为1.81～7.21ng/g，均值为3.01ng/g，美国产品的含量为37.82～84.19ng/g（图2-8）。

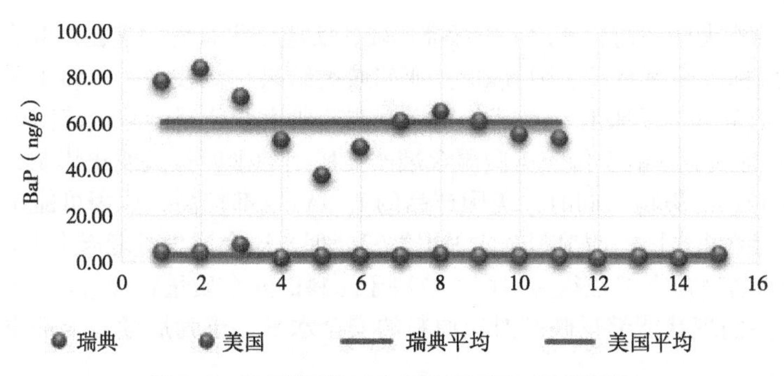

图2-8 26款国外口含烟产品的B[a]P检测值

6. 羰基化合物

本项目中采用了气质联用法检测口含烟中的醛类物质，提高了检测能力。甲醛、乙醛及巴豆醛都有检测出，美国产品的醛类含量相对较少（图2-9）。

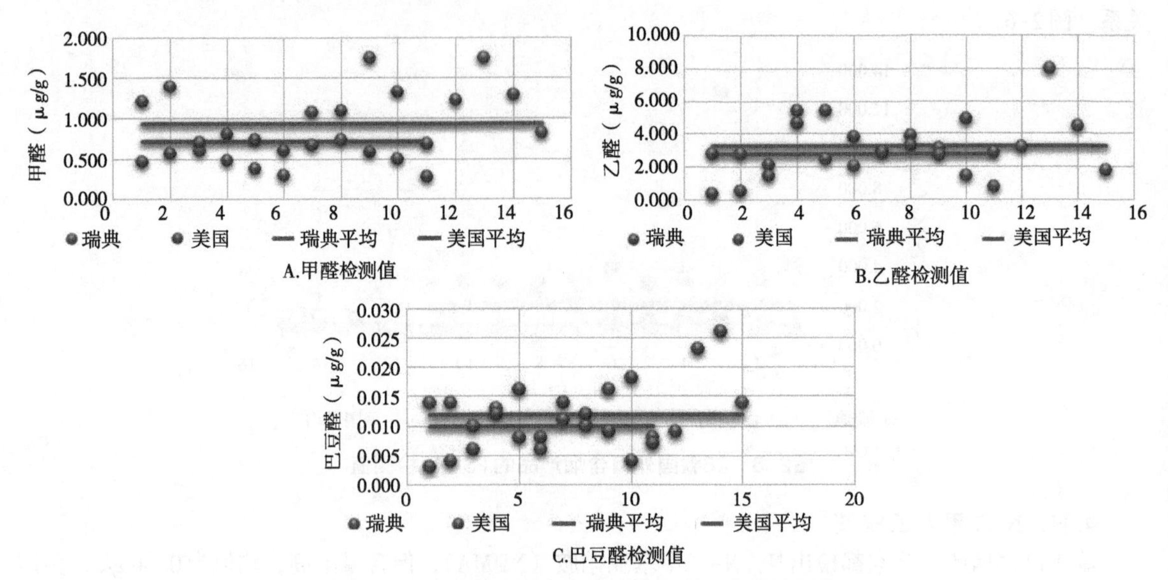

图2-9 26款国外口含烟产品的羟基化合物检测值

7. 硝酸盐及亚硝酸盐

国外产品中均检测出硝酸盐，美国产品的硝酸盐含量高于瑞典产品，但亚硝酸盐的检测率非常低，瑞典15个产品中仅有2个有检测出，美国11个产品中仅有1个产品检测出亚硝酸盐，并且含量均较低（图2-10）。

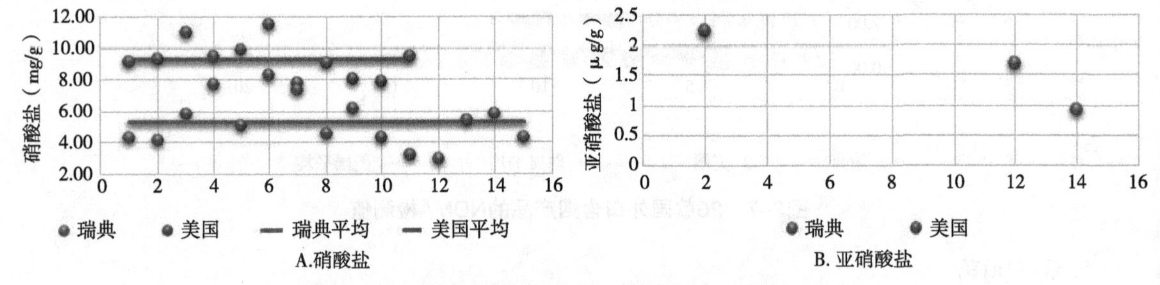

图2-10 26款国外口含烟产品的硝酸盐和亚硝酸盐检测值

（三）对标分析

将调研产品与瑞典火柴公司GothiaTek®标准比较，实验结果来看，美国产品多数重点关注成分没有超出GothiaTek®的标准限值范围，但B[a]P及亚硝胺类结果相比较高。总体来看美国产品虽然没有公布相应的标准，但从其产品来看，大部分指标也在瑞典火柴公司的限值范围内。从文献来看，美国产品的B[a]P含量高主要是由于传统美国湿含烟产品所用的烟叶经过明火烤制，烟叶在烤制过程中会引入大量的多环芳烃污染物。同时，美国产品的TSNAs也都较高，原因可能是瑞典企业采用加热处理，以对产品起到杀菌作用，而美国企业采用发酵处理，这个过程可能产生了较多的TSNAs。由此可以看出，产品的有害物质含量在很大程度上取决于原料的安全质量状况（表2-5）。

综上所述，产品的现状能够反映其对应原料的安全水平，也为后续口含烟原料的评价提供一定的参考。

表2-5 市售产品检测平均值与GothiaTek®标准比较（以湿重计）

序号	成分	单位	2017年GothiaTek®	瑞典	美国
1	亚硝酸盐	μg/g	3.5	1.3	2.23
2	NNN+NNK	μg/g	0.95	0.8	2.46
3	NDMA	ng/g	2.5	0.84	2.28
4	B[a]P	ng/g	1.25	3.01	61.04
5	黄曲霉素 B1+B2+G1+G2	ng/g	2.5	ND	ND
6	赭曲霉素A	ng/g	10	2.51	1.37
7	甲醛	μg/g	7.5	0.94	0.71
8	乙醛	μg/g	25	3.27	2.77
9	巴豆醛	μg/g	0.75	0.012	0.01
10	镉	μg/g	0.5	0.33	0.56
11	铅	μg/g	1.0	0.21	0.19
12	砷	μg/g	0.25	0.08	0.1
13	镍	μg/g	2.25	1.06	0.7
14	汞	μg/g	0.02	ND	ND
15	铬	μg/g	1.5	0.73	0.47

（四）结论

1. 26款产品的水分和烟碱测试表明，高含水率是口含烟烟草制品的一个显著特点，不同的口含烟产品烟碱含量差异很大。

2. 有害成分测试及对比瑞典GothiaTek®标准显示B[a]P及亚硝胺类物质含量较高。

3. 通过对不同产品的限量物质的含量状况的分析，给口含烟烟叶原料提供了原料初步评价的依据之一。

第三节 口含烟发展趋势及展望

近年来，世界控烟形势日益严峻，对烟草的监管立法愈加严格，国内外市场竞争压力持续增大，导致了烟草公司寻求风险更低的烟草制品，世界各国烟草行业已把新一代烟草制品的研究开发和推向市场作为解决烟草行业未来发展的重要手段。基于“相对于传统卷烟的安全性和消除了二手烟的危害”的特点，口含型烟草制品的研发在一些国家和地区取得了较快发展。近几年我国各烟草研究部门和烟草企业在口含型烟草制品的开发方面也取得一些进展，但总体而言还比较薄弱，缺乏核心技术。

2011年世界烟草发展报告显示，受公共场所吸烟禁令和卷烟价格持续提高的影响，近年来在世界范围内卷烟产销量呈持续下降态势。由于口含型烟草制品不经过燃烧环节，由口腔直接吸食，且世界卫生组织对无烟气烟草的特别报告中指出，有些无烟气烟草制品（如瑞典口含烟snus）中多环芳烃、N-亚硝胺类物质含量较低，因此世界卫生组织认为其危害性比普通卷烟小，是卷烟的理想替代品。口含型烟草等新型烟草制品在许多国家市场销量不断增加，世界烟草市场产品结构正不断发生深刻变化，积极发展包括口含型烟草在内的全系列烟草制品也逐渐成为各个跨国烟草公司的战略取向。

一、口含烟分类方法

口用型的烟草制品种类繁多，分类方法尚不统一。以下介绍几种主要分类方法。

（一）CORESTA（Cooperation Centre for Scientific Research Relative to Tobacco）

口用型烟草产品种类较多，2009年，CORESTA STPs分学组对世界范围内销售的口含烟进行了汇总，并根据其消费方式主要分为瑞典含烟、美国湿含烟、溶烟、膏烟、牙粉、嚼烟和干含烟等7类（图2-11）。

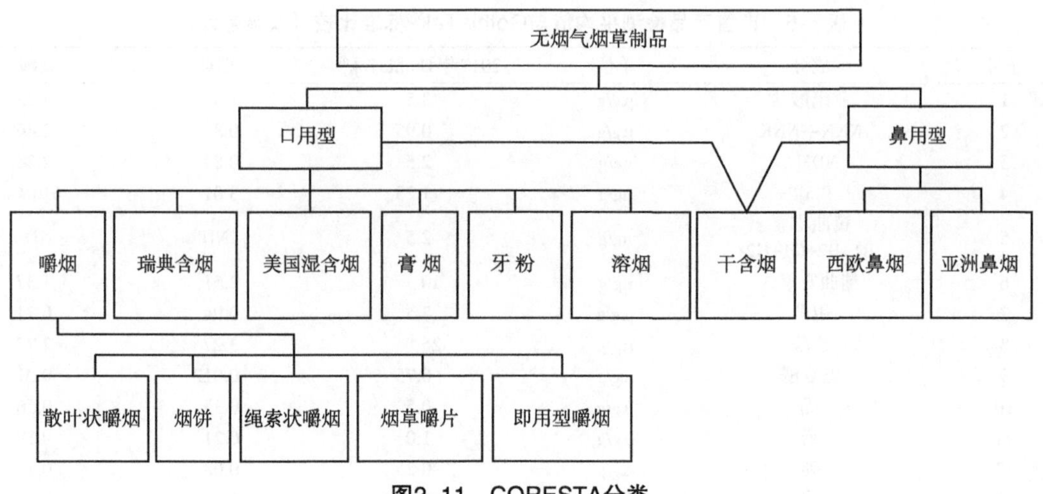

图2-11 CORESTA分类

（二）欧盟

2014年4月3日，欧盟（European Union，EU）颁布了新的烟草指令2014/40/EU，取代2001/37/EC号指令。指令依据消费形式分为嚼烟和嚼烟外的口用型无烟气烟草制品。其中嚼烟是通过咀嚼形式进行消费，而口用型无烟气烟草则是除嚼烟外的其他无烟气烟草制品，这与WHO和CORESTA将嚼烟纳入口用型无烟气烟草制品范畴的分类方法不同。欧盟分类法可能是从便于指令执行的角度考虑，如欧盟在新指令修改的背景中提到，嚼烟主要是传统的消费群体，对年轻人吸引力较小。因此，目前欧盟允许嚼烟的销售。但嚼烟外的口用型STPs对新的消费群体尤其是年轻人的吸引与日俱增，此类产品是严格禁止的（图2-12）。

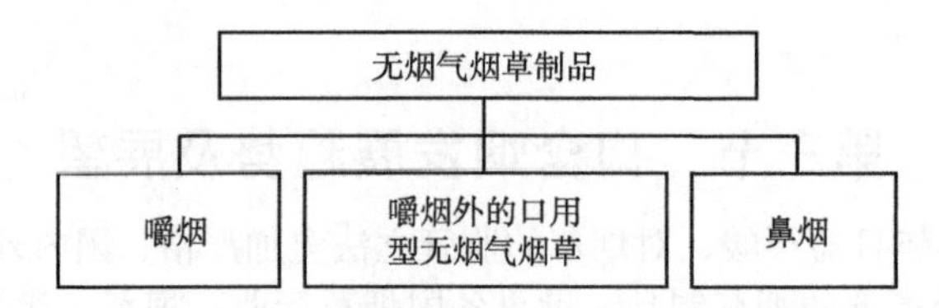

图2-12 欧盟委员会对STPs的分类

（三）美国联邦贸易委员会(Federal Trade Commission，FTC)

自1987年以来，美国FTC每年都会对美国本土市场上STPs的销售、宣传及促销等进行统计，然后向国会提交报告并向市场公布。根据其发布的STPs报告统计，美国市场上的STPs包括嚼烟、干含烟和湿含烟，同时从2008年开始增加了瑞典含烟和溶烟（图2-13）。

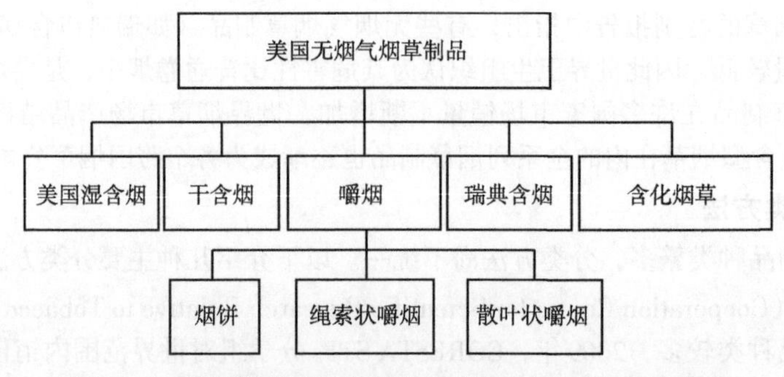

图2-13 美国联邦贸易委员会对美国市场上STPs的分类

（四）其他分类法

瑞典火柴公司等将美国和北欧流行的口用型STPs又分为含烟和嚼烟。根据含水率的高低，将含烟分为干含烟（含水率低于10%）和湿含烟（含水率40%～60%），近年来推出的半干型含烟配方中含水率为30%～40%。根据加工工艺的不同，还将湿含烟分为瑞典含烟和美国湿含烟。瑞典含烟主要采用晾晒烟进行类似巴氏热处理，而美国湿含烟则主要采用深色明火烤烟进行醇化处理，正是这种烟叶处理上的差异赋予了两类湿含烟的独特品质特征。在口用型STPs中，瑞典含烟和美国湿含烟是目前市场份额最大的两种，因此主要针对这两类产品进行加工工艺、生产商及品牌的介绍（图2-14）。

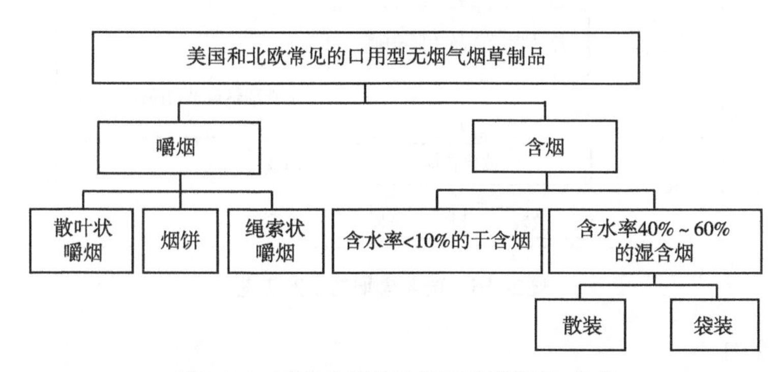

图2-14　瑞典火柴公司的口用型STPs分类

二、口含烟的原料配方和生产工艺

（一）瑞典含烟

瑞典含烟，一般称为Snus，是北欧古老的STPs之一，在瑞典最为常见。近1/4的瑞典男性使用这种烟草制品，使用时可以直接取一定量散装或袋装产品放在上唇和牙龈间，且唾液不需吐出。瑞典含烟通常由具有一定颗粒度的烟草粉末混合适量的香味物质、矫味剂、水、保润剂和酸碱调节剂组成，其主要原料组成见表2-6。加工工艺主要包括烟叶粉碎、原料混配和包装3个工序，具体工艺流程见图2-15。加工时烟草组分主要采用晾晒烟进行类似巴氏热处理，即将配方烟粉经接近100℃的水蒸气湿热处理2～3d，通过热处理对烟粉中的菌类产生一定的杀灭作用，在一定程度上增加产品的卫生程度和安全性。包装主要有散装和袋装两种类型。该类产品的含水率通常为40%～60%，也有低于40%的半干型产品，如近年来推出的Marlboro Snus、Camel Snus等新型产品中含水率为30%～40%。

表2-6　瑞典含烟的主要原料组成

主要成分	作用	质量百分比[①]
烟草	烟草基质，主要为晾晒烟	40%～45%
水	使产品具有一定的含水率	45%～60%
氯化钠	香味增强剂和防腐剂	1.5%～3.5%
碳酸钠、碳酸镁	pH调节剂和稳定剂，产品中转变为碳酸氢盐	1.2%～2.5%
保润剂	如甘油和丙二醇，使产品保持一定的含水率	1.5%～3.5%
香味物质	赋予产品独特的风格	<1%

注：①各组分的质量分数参考瑞典火柴公司的产品数据

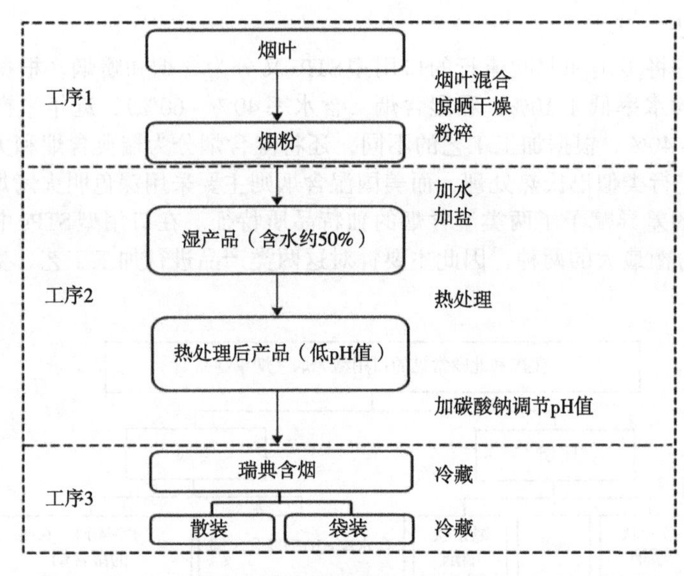

图2-15　瑞典含烟的生产工艺

(二)美国湿含烟

美国湿含烟是目前北美市场上份额最大的一种STPs，其原料配方及加工工艺与瑞典含烟基本相似，主要区别在于所采用的烟叶原料及其处理方式不同。美国湿含烟主要采用深色明火烤烟和深色晾烟，烟草混合后储存在大木桶中醇化3～5年，使用前将其分切成2.5～5.0cm，进一步醇化60d左右以除去杂酚油气味，使香味更加醇厚；再进行气流干燥，在回转钢桶中粉碎来筛分；最后，在工厂生产、包装和销售。

三、口含烟的市场现状

(一)北欧市场

北欧是世界上Snus的主要消费市场，其中瑞典市场最大，挪威市场相对较小。统计显示，1997—2014年，北欧市场Snus消费量逐年增长，17年间消费量增长1.2倍。2014年北欧市场Snus总销量约为3.45亿罐，较2013年增长约5%。其中，瑞典火柴公司作为北欧最大的Snus供应商，占有70%的瑞典市场份额和60%的挪威市场份额，2014年其Snus产品销售量为2.38亿罐，销售额约为32.12亿瑞典克朗（约合3.81亿美元）。Snus的主要生产商及其品牌见表2-7（数据为瑞典火柴公司估测的北欧市场瑞典含烟的消费情况，考虑到在瑞典的囤积而对数据进行了调整）。

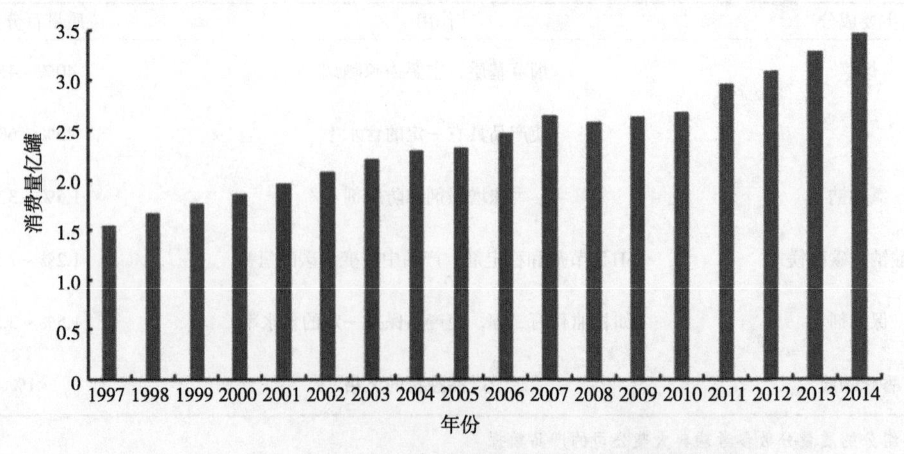

图2-16　1997—2014年北欧市场瑞典含烟的消费量变化情况

表2-7　瑞典含烟生产商及品牌

序号	生产商	代表品牌
1	Swedish Match 瑞典火柴公司	General，Güteborgs Rapé，Ettan，Grov，Catch，Kaliber，Kronan，Nick&Johnny，The Lab，Tre Ankare，Probe，Rüda Lacket，Genernal Variation，Onico，Kardus，Güteborgs Prima Fint
2	Sknuf Snus （隶属于帝国烟草公司）	Knox，Nord 66，Skruf，Smālands
3	Fiedler & Lundgren （隶属于英美烟草公司）	Lucky Strike，Granit，Mocca
4	Japan Tobacco International 日本烟草帝国公司	Canel，Gustavus，LD
5	V2 Tobacco（丹麦）	Thunder，Phantom，Offroad，Bacc Off，Fellinni

（二）美国市场

美国是世界上最大的湿含烟市场，是北欧含烟市场的5倍左右。目前，传统卷烟公司借助卷烟品牌的影响力纷纷加入STPs市场，如美国最大的两个烟草公司通过收购STPs生产商加入这一领域。2006年，美国雷诺烟草公司收购该国第二大STPs公司Conwood Tobacco Company（2010年1月21日更名为American Snuff Company），其产品占美国湿含烟市场的1/3。菲莫美国所属的奥弛亚集团（Altria Group）于2009年收购该国最大的STPs公司——USSTC，其产品占目前湿含烟市场的一半以上。一些规模较小的烟草公司也积极进入这一领域，如Lorillard and the Liggett Group于2008年在市场上推出了STPs试验品。

自1987年以来，美国FTC每年都会对该国本土市场上STPs的销售、宣传及促销等进行统计，然后向国会提交报告，并向市场公布。2015年FTC的最新STPs报告主要针对美国本土市场最大的5家STPs生产商（Altria Group，North Atlantic Trading Company，Reynolds American，Swedish Match North America，Swisher International Group）进行统计。统计的STPs类别包括Scotch/Dry snuff、Moist snuff、Loose leaf chewing tobacco以及Plug/Twist chewing tobacco，2008年开始增加Snus类型。报告显示，2012年美国本土市场的STPs总销量达5.69万t，较2011年的5.57万t略有增长；销售额达30.77亿美元，较2011年的29.37亿美元增长4.8%。2012年，不同类型STPs中，嚼烟和干含烟的销售额持续下滑；湿含烟则逐年快速增长，2012年超过了其他类型STPs的销售总和，占STPs总销售额的85.9%。美国湿含烟主要生产商及代表品牌如表2-8所示。

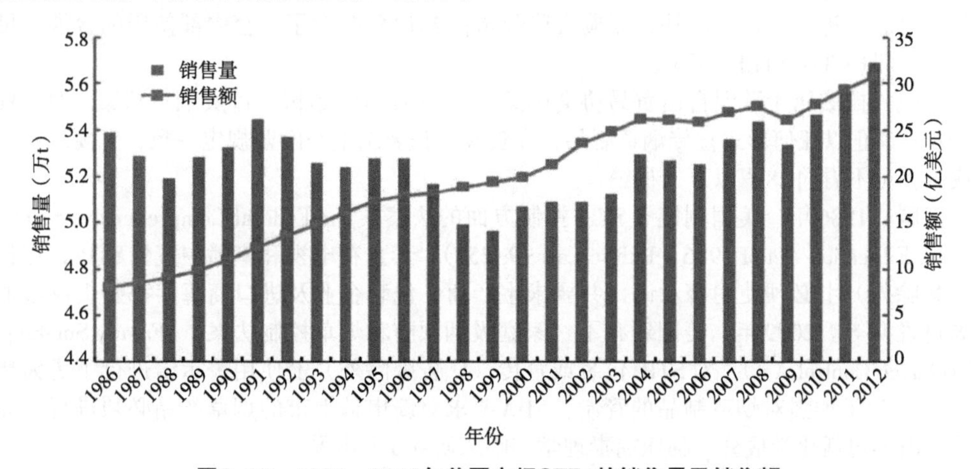

图2-17　1986—2012年美国市场STPs的销售量及销售额

表2-8 美国湿含烟生产商及品牌

序号	生产商	代表品牌
1	Smokeless Tobacco Company美国无烟气烟草公司（隶属于奥驰亚集团）	Copenhagen，Skoal，Red Seal，Husky
2	American Snuff Company美国含烟公司（隶属于美国雷诺公司）	Grizzly，Kodiak，Hawken，Cougar
3	Swedish Match North America瑞典火柴公司北美分部	Longhorn，TimberWolf，Red Man，General
4	R J Reynolds Tobacco Company雷诺烟草公司	Camel
5	Philip Morris USA美国菲莫公司	Marlboro

注：资料来源主要参考http://int.northerner.com/以及各公司的网站

（三）STPs的监管

《世界卫生组织烟草控制框架公约》作为第一个国际性的烟草控制条约，要求各缔约方立法以限制或消除所有形式烟草制品的使用（包括STPs），营造健康无烟的生活环境。不同国家、地区或机构对STPs的管制存在较大差异，有的禁止生产销售，有的允许生产销售但实行监管，但大多数国家并未建立明确的STPs监管措施。

1. 禁止生产或销售的国家和地区

1986年澳大利亚南方政府成为世界上第一个禁止STPs的政府，1987年新西兰也立法禁止STPs。2014年欧盟最新颁布的烟草指令2014/40/EU明确规定：除瑞典外的所有欧盟成员国禁止销售除嚼烟外任何形式的口用型STPs。在亚洲的以色列、中国台湾和泰国，所有类型STPs的生产和销售均被禁止；在土耳其、新加坡、中国香港、巴林和不丹，禁止销售STPs。

2. 允许产销但实行监管的国家、地区或机构

WHO针对STPs提出了如下管控建议：①所有释放烟碱的STPs均应该接受管制；②制品中有害物质的量应以每克干质量中的量为计算单位；③最初应先对制品中的NNN+NNK、B[a]P进行限量要求；④建议含烟中NNN+NNK的量≤2μg/g（以干质量计）；⑤B[a]P的量≤5ng/g（以干质量计）；⑥含烟经销要注明产品标准保质期（保质期前必须销售或退回生产商）以及售出前在冰箱中保存（防止在销售期间TSNAs的量增加）。允许STPs生产销售并实行监管的主要有瑞典、挪威、美国和加拿大。

（1）瑞典。瑞典虽然允许生产销售STPs，但同时也制定了较为完善的管控措施。瑞典烟草法案（The Swedish Tobacco act）对STPs的宣传有严格限制，在包装标识要求上与欧盟规定一致。同时，瑞典将口用型STPs当作食品加以监管，该国国家食品管理机构颁布了有关含烟和嚼烟的法规（LIVSES2012：6），其中明确指出该法规是参考欧盟的ECNo133312008法规“食品添加剂ECNo1334/2008”法规“食品用香料”制定的。该法规主要对瑞典含烟和嚼烟的添加剂、香料、标识、污染物和包装材料等方面进行管控。此外，瑞典火柴公司在2012年制定了一套内部使用的含烟质量安全内部管理规定，即GOTHIATEK®标准。

（2）挪威。挪威属于欧洲自由贸易协会国家，允许STPs的销售。挪威烟草法案（The Norwegian Tobacco Act）禁止以任何形式宣传烟草制品，在包装标识要求上与欧盟规定一致，且要求在包装上注明常规成分，也不得向18岁以下人员销售。

（3）美国。1986年，美国制定了STPs控制方面的法案（The Federal Comprehensive Smokeless Tobacco Health Education Act of 1986，Public Law 99-252）。禁止在电视和广播中宣传STPs，在包装或宣传（广告牌除外）上必须使用警示语，并要求生产商、包装企业及进口商每年都要提供添加剂的名单、烟碱量说明等。2009年，美国颁布了《家庭吸烟预防和烟草控制法案》(Family Smoking Prevention and Tobacco Control Act)，对STPs包装或宣传（广告牌除外）上使用警示语进行了更为严格的规定。2011年，为了加强对烟草制品的管制，FDA要求对新申请上市的烟草产品必须进行全面的健康风险评估，内容包括化学成分、临床前毒理学和临床研究3个步骤。

（4）加拿大。加拿大要求嚼烟和含烟在包装上要标注健康警示语和有害成分（亚硝胺、铅和烟碱）的含量。

（四）展望

新型烟草制品市场将是21世纪国际烟草生产商激烈竞争的市场，有着广阔的发展前景，全球各大烟草公司已把其重点逐渐放到了无烟烟草制品的生产与销售方面。国外口含型烟草制品技术日趋成熟，市场发展良好，在全球控烟力度不断增大的背景下已成为烟草消费的重要补充形式。相比之下，我国新型烟草制品的研发尚处起步阶段，口含型烟草制品尚未上市，亟需培育中式风格的自有品牌以应对国际烟草巨头的挑战。一方面要从战略高度增强发展新型烟草制品的紧迫性，切实加大研发投入，争取在核心技术上有更多的突破；另一方面要深入开展产品质量安全标准体系研究，完善知识产权等相关法律手段，为国内口含型烟草的产品研发、法规建立和市场监管提供技术依据。

第三章　口含烟烟叶原料评价体系

第一节　口含烟烟叶原料及评价指标调研

调研国际、国内口含烟的研究成果，了解口含烟的配方特点、工艺特征以及消费特点等对烟叶原料方面的需求，通过分析了解口含烟所需烟叶原料的主要类型、属性特点、烟叶物理特性以及烟叶原料的使用方式；收集整理国内外正在用于口含烟的烟叶原料，掌握相关烟叶原料特性，借以确定口含烟的主要烟叶原料类型、属性特征及内在质量需求。

一、口含烟样品及烟叶原料收集

(一)产品样品

收集了26款国外口含烟样品，包括欧洲的10个品牌15个产品，美国5个品牌11个样品，样品信息见表3-1。

表3-1　主要市售口含烟品牌

类型	品牌	规格	制造商
Swedish Snus	Granit	Portion	Fiedler & Lundgren
		Loose	
	Mocca	Lakrits VIT Miniportion	Fiedler & Lundgren
	Jakobssons	Classic Portion	
	Nord 66	Strong White	Skruf Snus
	Taboca	Portion	Scandinavian Premium
		White Extra Strong	
	Catch	Licorice White	Swedish Match
	Ettan	Original Portion	Swedish Match
		Loose	
	General	Classic Portion Extra Strong	Swedish Match
	Lab Series	02 SLIM Portion Strong	Swedish Match
		06 SLIM Portion Extra Strong	
		13 SLIM PORTION Extra Strong	
	Offroad	Frosted Portion	V2 Tobacco
American Snuff	Copenhagen	Pouches	US Smokeless
		Long Cut	
	Grizzly	Pouches	American Snuff Co.
	TIMBER WOLF	Natural Fine Cut	Pinkerton
		Natural Long Cut	
		Natural Pouches	
	Stocker's	Long Cut Mint	National Tobacco Co.
		Long Cut Natural	
		Long Cut Straight	
		Fine Cut Natural	
American Snus	Skoal	Classic Mint Long Cut	US Smokeless

(二)国内外采集的原产地烟叶样品

查阅《地方晾晒烟普查鉴定与利用研究》及名优晾晒烟名录，参考目前晒黄烟种植情况，对国内的烟叶进行收集。同时项目也收集了部分国外晾晒烟烟叶样品。样品来源及样品数见表3-2。

表3-2　收集烟叶样品来源信息

样品来源		样品数
国内	广西（贺州）	4
	贵州（黔东南、铜仁、遵义）	10
	海南（儋州、昌江、东方、乐东）	21
	黑龙江（尚志）	10
	湖北（恩施、十堰、宜昌）	7
	湖南	1
	吉林（长春、延边）	16
	江西（赣州、抚州）	17
	辽宁（丹东、铁岭）	6
	内蒙古（赤峰）	1
	山东（潍坊、临沂）	5
	陕西（咸阳）	1
	四川（达州）	8
	新疆	1
	云南（文山、保山、曲靖、玉溪）	11
	浙江（桐乡）	10
	重庆	1
国外	阿根廷	3
	巴西	20
	马拉维	5
	美国	5
	南非	5
	坦桑尼亚	3
	印度	3
	印度尼西亚	8

(三)田间统一种植的烟叶样品

以中国农业科学院烟草研究所烟草种质资源中期库为主要信息源，以烟碱记载值相对较高为筛选依据，从2 000余份晾晒烟种质中挑选了90份，同时还零星收集了国内各地保存的种质50份，在山东、海南、黑龙江等地进行了试种并收集了对应烟叶样品，种质资源名称及原产地见表3-3。

表3-3　种质资源样品信息

种质名称	来源	种质名称	来源	种质名称	来源
塘蓬	广东廉江	马兰烟	湖南龙山	绿春土烟-2	云南绿春
人和烟	广东人和	泸溪柳叶尖	湖南泸溪	把烟	云南牟定
云罗03	广东云浮	麻阳大叶烟	湖南麻阳	元阳草烟	云南元阳
广西公会烟	广西公会	邵严一号	湖南邵阳	桐乡晒烟	浙江桐乡
伟俄小柳叶	贵州册亨	中叶子	湖南溆浦	YA1	河南农大
德江大鸡尾	贵州德江	大南花	湖南永顺	YA2	河南农大
黄平小广烟	贵州黄平	红花南花	湖南永顺	YA3	河南农大
鸡翅膀	贵州黎平	毛大烟	湖南永顺	YA4	河南农大
龙里白花烟	贵州龙里	南花烟	湖南永顺	土耳其香料烟	牡丹江所
麻江小叶红花	贵州麻江	中山尖叶	湖南永顺	N.rustica 2	青州所
盘县红花大黑烟	贵州盘县	茄把	湖南沅陵	督叶尖杆种	青州所
仁怀竹笋烟	贵州仁怀	沅陵枇杷	湖南沅陵	凤凰香烟	青州所
铜仁二黄匹	贵州铜仁	万宝二号	吉林安图	霍城县莫合烟	青州所
付耳转刀小柳叶	贵州兴仁	青湖晚熟	吉林和龙	柳叶尖	青州所
光柄柳叶-2	贵州兴仁	太兴烟	吉林和龙	迈多叶	青州所
光柄柳叶-3	贵州兴仁	元峰烟	吉林和龙	山东大叶	青州所
兴仁大柳叶-1	贵州兴仁	龙井香叶子	吉林龙井	稀格巴小黑烟	青州所

（续表）

种质名称	来源	种质名称	来源	种质名称	来源
二青杆	贵州长顺	朝阳早熟	吉林延吉	小团叶	青州所
黑苗柳叶尖	河南邓州	大蒜柳叶尖	吉林延吉	小香叶5	青州所
黄苗2220	河南沁阳	丹阳烟	江苏丹阳	镇雄黄花烟	青州所
光把烟	河南温县	铁赤烟	江西广昌	垫江农家晒烟	雪茄所
牡晒05-1	黑龙江牡丹江	牛舌头	山东临沂	沂水大弯筋-1	雪茄所
密山烟草	黑龙江密山	大青筋	山东青州	Beihart1000-1	雪茄所
尚志一朵花	黑龙江尚志	沂南柳叶尖	山东沂南	D4	雪茄所
五峰小香叶	湖北五峰	沂水大弯筋	山东沂水	D5	雪茄所
州852	湖南湘西	沂水香烟	山东沂水	H211	雪茄所
辰溪晒烟	湖南辰溪	新香烟	山东沂源	H382	雪茄所
辰杂一号	湖南辰溪	江油烟	四川江油	MZ6-03	雪茄所
大伏烟	湖南辰溪	多米尼加2号	四川泸州	P1	雪茄所
枇杷叶	湖南辰溪	多米尼加短芯	四川泸州	P10	雪茄所
小尖叶	湖南辰溪	多米尼加长芯	四川泸州	P11	雪茄所
小扇子烟	湖南辰溪	古巴2号	四川泸州	P12	雪茄所
镇江	湖南辰溪	古巴芯叶	四川泸州	P13	雪茄所
凤凰柳叶	湖南凤凰	康州阔叶	四川泸州	P14	雪茄所
凤农家四号	湖南凤凰	康州芯叶	四川泸州	P15	雪茄所
凤农家五号	湖南凤凰	泸烟1号	四川泸州	P2	雪茄所
吉信大花	湖南凤凰	南洋3号	四川泸州	P3	雪茄所
毛烟一号	湖南凤凰	尼加拉瓜短芯	四川泸州	P4	雪茄所
无耳烟	湖南凤凰	印尼博苏基	四川泸州	P5	雪茄所
小样尖叶	湖南凤凰	云南晒黄烟	四川泸州	P6	雪茄所
小样毛烟	湖南凤凰	白花铁杆子	四川什邡	P7	雪茄所
金枇杷	湖南古丈	红花铁杆子	四川什邡	P8	雪茄所
平坝犁口	湖南古丈	什邡枇杷柳	四川什邡	P9	雪茄所
苦沫叶	湖南桂东	什烟1号	四川什邡	P17	雪茄所
大晒烟	湖南靖州	万毛2012	四川万源	P19	雪茄所
二绺子	湖南龙山	万毛9号	四川万源	P25	雪茄所
龙山转角楼	湖南龙山	宣双晒烟76-2	四川宣双		

注：河南农大，河南农业大学；青州所，中国烟草总公司青州烟草研究所；雪茄所，中国烟草总公司海南省公司海口雪茄研究所

二、口含烟安全性指标调研分析

与普通的卷烟相比，无烟气烟草没有燃烧热裂解这一过程，因而其成分比卷烟烟草和烟气简单得多。因此，无烟气烟草制品的分析着重在无烟气烟草制品的原料、发酵过程以及在生产过程中的添加剂香精香料等。

无烟气烟草与卷烟一样，由烟叶通过一系列的加工制成。从根本上讲，无烟气烟草组成与普通卷烟相似，不同之处为有些无烟气烟草原料使用原料的特殊性及在加工过程中添加剂的特殊性。2009年5月无烟气烟草分组讨论确定无烟气烟草制品的目标分析物，包括12组共37种分析物（表3-4）。

表3-4 CORESTA确定的无烟气烟草目标分析物

序号	类别	分析物
1	曲霉素类	B1，B2，G1，G2，OTA
2	生物碱	烟碱、降烟碱、新烟草碱、假木贼碱
3	碳水化合物	总糖
4	羰基化合物	乙醛、丙烯醛、巴豆醛、甲醛
5	氢离子	pH值

（续表）

序号	类别	分析物
6	无机物	灰分、钙、钾、钠
7	重金属	砷、镉、铬、汞、镍、铅、硒
8	含氮化合物	硝酸盐、亚硝酸盐、亚硝基肌氨酸、亚硝基二甲基苯胺
9	挥发物	水分（烘箱法）
10	稠环芳烃	BaP
11	放射性元素	Po-210
12	TSNAs	NAB、NAT、NNK、NNN、TSNA总量

2010年，CORESTA无烟气烟草分组进行了世界范围内的共同实验，邀请了包括中国烟草总公司、英美烟草等共9家公司参加，进行了苯并[a]芘、二甲基亚硝胺、放射性元素、曲霉毒素等目标分析的检测，初步确定了各目标分析物的分析方法。

到2014年10月为止，国际范围内确定的无烟气烟草的检测方法有：（1）无烟气烟草及制品中硝酸盐的检测连续流动法；（2）无烟气烟草及制品中水分的检测卡尔费休法；（3）无烟气烟草及制品中pH值的检测pH计法；（4）无烟气烟草及制品中TSNAs的检测液相色谱—串级质谱法；（5）无烟气烟草及制品中水分的检测烘箱法；（6）无烟气烟草及制品制样方法。正在待确定的方法有：（1）无烟气烟草及制品中1，2-丙二醇、丙三醇的检测气相色谱法；（2）无烟气烟草及制品中1，2-丙二醇、丙三醇、三甘醇的检测液相色谱法；（3）无烟气烟草及制品中氨的检测离子色谱法。目前正在进行实验验证的方法有：（1）无烟气烟草及制品中苯并[a]芘的检测；（2）无烟气烟草及制品中重金属的检测。

目前国际上总的研究趋势是CORESTA在引导，方向是将传统烟草行业的相关目标分析物进行分析。但是CORESTA并未在对指标尤其是限量物质的种类及限值上给出指导。

瑞典火柴公司是国际上著名的口含烟公司之一，制定了其企业的重点关注成分限量标准，他们称之为GothiaTek®标准，定期在其公司的网站上对外进行披露这些成分的限量值及其公司产品的检测值，每年进行更新。这是目前为止，全世界唯一一家公司有明确重点关注成分的标准，但是在其限量指标的检测方法方面，瑞典火柴公司没有公布。近几年，瑞典火柴公司GothiaTek®标准中涉及的限量物质有重金属类（铅、砷、镉、铬、镍、汞）、TSNAs类（NNN+NNK）、亚硝酸盐、N-二甲基亚硝胺、苯并[a]芘、醛类（甲醛、乙醛、巴豆醛）、黄曲霉毒素（B1+B2+B3+B4）、赭曲霉毒素以及农用化学品。鉴于该标准具有较高的知名度和较全面的限量物质覆盖种类，因此本项目在限量物质的指标种类方面参考了GothiaTek®标准涉及的关注物，并且对相关的检测进行了方法调研和方法建立。此外本书还对口含烟原料方面常见的关注指标，诸如烟碱、总糖、还原糖、微生物、外观质量指标、加工性能指标等进行了梳理或建立。

第二节　口含烟烟叶原料的评价指标及选择

国外口含烟制品的品种繁多，2009年CORESTA口含烟制品分学组（STPS）对全世界范围内用于销售的口含烟制品进行了汇总、分类、定义，并根据口含烟制品的消费方式将其分为口用型（Oral）、鼻用型（Nasal）和口鼻两用型。口用型主要指通过口腔咀嚼、含化、口含等方式进行消费的口含烟制品；鼻用型则主要是指通过鼻腔嗅闻或者是吸入的方式进行消费的口含烟制品；口鼻两用型主要是指即可通过口腔使用也可通过鼻腔使用的口含烟制品。本项目的研究对象主要是口用型口含烟，目前主流的口含烟有瑞典式口含烟和美式口含烟，这两种形式的口含烟主要是以烟草为主要原料，辅以添加剂，通过发酵或加热工艺来实现产品的制作。国内口含烟的形式主要为袋装型口含烟，类似瑞典式口含烟，主要工艺是将烟草粉碎，得到的粉末经过热处理灭菌，最后无纺布包装入盒。不论哪种形式的口含烟，烟叶原料的质量对产品的加工和品质都起到至关重要的作用。本章主要从原料的安全性、加工性能、烟碱及感官质量等几个方面入手，探讨烟叶原料质量的综合评价方法。

一、指标选择

(一)安全性指标

烟草中一些固有的有害成分以及添加剂的使用致使近代以来对口含烟的安全性评价备受关注。关于安全性的相关研究也已大量开展。添加剂相较于烟叶原料来说，其使用的比例是远低于烟叶原料的，因此烟叶原料的安全性与产品安全性存在着更为紧密的联系，所以，虽然相关文献一般仅对产品的安全性指标进行限量，但这些限值对原料的安全性要求仍具有很强的指导意义。作为口含烟行业的知名标准，GOTHIATEK®涉及的安全性指标种类和限值被公认为是较严苛的，首先将调研的样品安全指标现状进行了对比（表3-5）。

表3-5　收集样品现状与瑞典火柴公司的比较

指标类别	指标（单位）	收集样品均值	收集样品中值	GOTHIATEK®2017（按40%含水率折算干重计）
重金属	铅（mg/kg）	1.86	1.79	1.67
	砷（mg/kg）	0.47	0.40	0.42
	镉（mg/kg）	2.08	1.26	0.83
	铬（mg/kg）	2.42	1.34	2.5
	镍（mg/kg）	3.91	2.34	3.75
	汞（mg/kg）	0.08	0.07	0.03
亚硝基化合物	亚硝酸盐（mg/kg）	3.86	3.80	5.83
	NDMA（μg/kg）	均未检出		4.17
	NNN+NNK（mg/kg）	2.21	0.96	1.58
	TSNA（mg/kg）	3.85	1.94	/
多环芳烃	苯并[a]芘（μg/kg）	检出率6.42%，检出均值49.40，中值65.78		2.08
曲霉毒素类	黄曲霉毒素B1+B2+G1+G2（μg/kg）	均未检出		4.17
	赭曲霉毒素A（μg/kg）	检出率10%，检出均值4.73，中值4.41		16.67
羰基化合物	甲醛（mg/kg）	2.43	2.23	12.5
	乙醛（mg/kg）	1.38	1.09	41.67
	巴豆醛（mg/kg）	0.001 5	0.001 0	1.25
	农药残留	行业农残限值要求下，超标率33%		参照瑞典火柴公司关于农化品的管理规程

重金属方面，收集样品的均值除铬略低于瑞典火柴公司标准折算干重值外，其他5项重金属均值均高于瑞典火柴公司，铅、镉、汞的中值也高于瑞典火柴公司，说明铅、镉、汞存在的问题相对较大；亚硝酸盐的均值和中值均低于瑞典火柴公司，NNN+NNK均值高于瑞典火柴公司限值，中值低于瑞典火柴公司限值，N-二甲基亚硝胺、苯并[a]芘、黄曲霉毒素、赭曲霉毒素A等指标表现为未检出或检出率较低，羰基化合物均值、中值均明显低于瑞典火柴公司限值，另外农药残留超标的现象较严重，超标率约1/3（表3-5）。从单指标来看，除汞外，其他指标均呈现出有较多原料可用的现状，但是，如果将所有指标集中到1份烟叶原料来看的话，能达到瑞典火柴标准的烟叶原料数量极少，考虑到这一调查现状和实际情况，原料的安全性指标宜采用更宽松的种类限值和范围。鉴于口含烟具有烟草和食品双重属性，项目调研了国内外相关标准及要求，指标情况见表3-6。

表3-6　调研法令或标准涉及的安全性指标

指标类别	指标	ESTOC 2010年	瑞典食品法 2016年	GOTHIATEK®2017	GB 2762—2012 食品污染物限量
重金属	铅	√	√	√	√
	砷	/	/	√	√
	镉	√	√	√	√
	铬	/	/	√	√

（续表）

指标类别	指标	ESTOC 2010年	瑞典食品法 2016年	GOTHIATEK®2017	GB 2762—2012 食品污染物限量
重金属	镍	/	/	√	√
	汞	/	/	√	√
	锡	/	/	/	√
亚硝基化合物	亚硝酸盐	/	/	√	√
	硝酸盐	/	/	/	√
	NDMA	√	/	√	√
	NNN+NNK	/	√	√	/
	TSNA	√	/	/	/
多环芳烃	苯并[a]芘	√	√	√	/
曲霉毒素类	黄曲霉毒素B1+B2+G1+G2	√	√	√	/
	赭曲霉毒素A	/	/	√	/
羰基化合物	甲醛	/	/	√	/
	乙醛	/	/	√	/
	巴豆醛	/	/	√	/
含氯化合物	多氯联苯	/	/	/	√
	3-氯-1，2-丙二醇	/	/	/	√
	农药残留	/	/	参照瑞典火柴公司关于农化品的管理规程	√

从表3-6可以看出，不同出处的限量指标范围差异较大，主要体现在：

1. 烟草特有亚硝胺

烟草特有亚硝胺，3个与口含烟产品有关的指令或标准均对烟草特有亚硝胺有所涉及，ESTOC以TSNAs总量要求，瑞典食品法和瑞典火柴公司对NNN+NNK作了要求。TSNAs具有致癌性已被证实，特别是其中的NNK与NNN具有强致癌性。在新鲜烟叶中该物质几乎不存在，经调制后该指标会有所上升，在调制后的烟叶中，晾烟含量最高，其次是晒烟，烤烟含量相对较低。目前口含烟主要原料为晾烟与晒烟，该指标存在较大风险，建议纳入原料质量评价指标。

2. 重金属

铅、砷、镉、铬、镍、汞6种重金属中，上述法令或标准都对铅含量做出要求，另外ESTOC还对镉做出了要求，瑞典火柴公司产品标准和我国食品污染物限量均将6项指标纳入限量范围，结合我国的实际情况，初期可将铅、镉含量纳入原料安全性指标限量范围，砷、铬、镍、汞作为关注物或内控指标。

对于锡，虽然食品污染物限量做出了限量要求，但深入研究发现，该要求针对饮料类、婴幼儿配方食品、婴幼儿辅助食品以及采用镀铝锡薄板容器包装的食品。因此，暂不纳入限量指标范围。

3. 硝酸盐

《欧盟无烟烟草产品试行条例》中指出，硝酸盐是无烟烟草制品中具有潜在危害性的成分之一；硝酸盐是亚硝酸盐生成的前体物，然而，对ESTOC和Gothia Tek进行研究后发现，上述要求和标准均未对硝酸盐成分做出限量要求，瑞典食品法也未对口含烟中的硝酸盐做出限量。此外，我国《食品中污染物限量》对硝酸盐进行了要求，但是仅对矿泉水、婴幼儿配方食品及婴幼儿辅助食品做出了硝酸盐的限量要求。因此，暂不将硝酸盐纳入限量范围。

4. 亚硝酸盐

亚硝酸盐是剧毒物质，成人摄入0.2～0.5g即可引起中毒，3g即可致死。亚硝酸盐同时还是一种致癌物质。Gothia Tek和《食品中污染物限量》对亚硝酸盐均做出了限量要求，ESTOC和瑞典食品法未对亚硝酸盐做出要求，因此，建议将亚硝酸盐作为关注物或内控指标，暂不纳入烟叶原料的限量指标范围。

5. N-二甲基亚硝胺

Gothia Tek和ESTOC均对NDMA进行了要求，目前我国《食品中污染物限量》中该指标限量目标物分别为肉及肉制品和水产制品，其主要形成原因是这些产品在使用硝酸盐或亚硝酸盐防腐和发色时所造成。项目经过对大量样品的检测发现，收集原料的NDMA均未检出，因此认为NDMA检出的风险较小，鉴于Gothia Tek和ESTOC均对NDMA进行了要求，建议纳入限量指标范围。

6. 苯并[a]芘

苯并[a]芘被认为是高活性致癌剂，但并非直接致癌物，必须经细胞微粒体中的混合功能氧化酶激活才具有致癌性。苯并[a]芘在Gothia Tek和ESTOC以及瑞典食品法中均有涉及，《食品中污染物限量》未涉及。在调研的100余份样品中，检出7份，检出样品数量不多，国内样品检出值较低，国外收集样品检出值较高，说明存在一定风险，加之多项口含烟产品法令或标准均涉及该指标，建议纳入限量范围。

7. 黄曲霉毒素

黄曲霉毒素是一种剧毒物质，主要毒害肝脏，呈急性肝炎、出血性坏死、肝细胞脂肪变性和胆管增生。脾脏和胰脏也有轻度的病变。同时黄曲霉毒素还是一种强致癌物质。虽在项目调研的样品中未发现有检出黄曲霉毒素，但是鉴于Gothia Tek、瑞典食品法和ESTOC均对NDMA进行了要求，建议将黄曲霉毒素纳入限量指标范围。

8. 赭曲霉毒素

赭曲霉毒素仅有瑞典火柴公司产品标准有涉及，涉及的毒素种类为赭曲霉毒素A，该毒素对动物和人类的毒性主要有肾脏毒、肝毒、致畸、致癌、致突变和免疫抑制作用。赭曲霉毒素A进入体内后在肝微粒体混合功能氧化酶的作用下，转化为4-羟基赭曲霉毒素A和8-羟基赭曲霉毒素A，其中以4-羟基赭曲霉毒素A为主。在调研的样品中赭曲霉毒素A的检出率为10%左右，检出值较瑞典火柴公司标准来说，相对较低，因此，建议暂不将该指标纳入口含烟原料限量指标范围。

9. 羰基化合物（甲醛、乙醛、巴豆醛）

甲醛、乙醛、巴豆醛三项羰基化合物指标仅有瑞典火柴公司产品标准作了要求，本项目调研原料中的甲醛、乙醛、巴豆醛含量均远低于瑞典火柴公司产品标准的限值要求，安全风险相对较低，因此，建议暂不将3种醛类纳入限量指标范围，可作为关注物和内控指标。

10. 多氯联苯

多氯联苯属于致癌物质，容易累积在脂肪组织，造成脑部、皮肤及内脏的疾病，并影响神经、生殖及免疫系统。目前，ESTOC、瑞典食品法和瑞典火柴公司对口含烟的要求中未提及该指标，在《食品中污染物限量》涉及了该指标，但是仅针对水产动物及其制品进行限量要求。因此，暂不建议纳入限量指标范围。

11. 3-氯-1，2-丙二醇

3-氯-1，2-丙二醇易燃，高毒，为可疑致癌物。吸入、摄入或经皮肤吸收后会中毒，对肺、肝、肾和脑都有影响。吸入蒸气能产生恶心、头痛、眩晕、昏迷等症状。吸入蒸气可致肺水肿，严重者可致死。目前，ESTOC、瑞典食品法和瑞典火柴公司对口含烟的要求中未提及该指标，《食品中污染物限量》涉及了该指标，但是为针对于添加酸水解植物蛋白的调味品进行限量要求的。因此，暂不建议将3-氯-1，2-丙二醇纳入口含烟原料的限量指标要求。

12. 农药残留

瑞典火柴公司对农药残留的规定是参照瑞典火柴公司关于农化品的管理规程，但是未做具体要求，ESTOC和瑞典食品法未对口含烟产品的农药残留未做出要求，结合行业实际情况，建议参照行业农药残留的清单，作为口含烟原料的关注物和内控指标。

综上，建议纳入口含烟原料的安全性评价的指标有TSNAs、铅、镉、NDMA、B（a）P、黄曲霉毒素（B1+B2+G1+G2）。考虑到原料的实际现状，结合调研标准的适用范围，建议采用欧盟无烟气烟草理事会的限量值（表3-7）。当然，在原料的实际使用过程中，原料的配方是存在千变万化的比例组合的，不能强制每种指标都符合该限值，在原料的选择过程中，可以参考该限值对原料进行取舍，但是最终应以配方成产品后不超过产品标准规定的安全性限值为准绳。

表3-7 口含烟原料安全指标建议限量值

指标（单位）	推荐参考限值
铅（mg/kg）	2（干重计）
镉（mg/kg）	2（干重计）
NDMA（μg/kg）	10（干重计）
TSNAs（mg/kg）	10（干重计）
苯并[a]芘（μg/kg）	20（干重计）
黄曲霉毒素B1+B2+G1+G2（μg/kg）	5（湿重计）

(二)加工性能指标

1. 磨粉得率

本书研究的加工性能指标主要有磨粉得率、填充值、pH值可调性，根据第四章第二节的研究结果显示，中大粒径的磨粉得率为68%～87%，均值为78.38%，推荐较适宜的、较经济的中大粒径磨粉得率宜在75%以上，过低则增加损耗，成本上升。

2. 填充值

在研究的样品中，大粒径填充值为4.56～10.58cm³/g，均值7.04cm³/g，中等粒径填充值为4.36～8.73cm³/g，均值6.3cm³/g，推荐较适宜的填充值宜在6.5cm³/g左右，过高和过低对袋形及产品设定的烟草物料量都会有影响。

3. pH值可调性

pH值可调性主要影响生产过程中的pH值易调节程度，产品设计时的目标pH值一般呈碱性，而绝大多数呈酸性，根据前述研究，在本项目中定量酸碱调节剂的情况下，pH值增幅均为1.74，如果增加调节剂用量，理论上增幅可以继续增加，但是由于烟草中的酸碱物质成分复杂，所以以可调性来衡量烟草pH值对加工工艺的影响较为合适，可调性可以用加入定量碱性调节剂后烟草pH值与调节前的比值计算，项目研究的样品的pH值为1.14～1.49，均值1.33，推荐pH值可调性在1.3以上为宜，当然，也可以改变工艺路线中碱性调节剂的用量来弥补可调性低的烟叶（本节不做讨论），另外如果pH值可调性测试的碱性调节剂用量或碱性物质改变，可调性的适宜值会有所改变，应视具体的试验条件而定。

4. 总糖

袋装口含烟必须经过烟叶的粉碎方可装袋，烟叶粉末在筛分的过程中容易黏附在筛孔上，使细粉的筛除率不断下降，从而使产品粉末粒径不稳定，细粉容易包装到小袋中，又容易引起漏粉现象，影响产品质量。本项目调研发现收集的晾晒烟样品总糖的变化范围很大，但是大部分样品总糖含量在4.0%以下，不排除有些样品的总糖含量达30.0%以上，因此，应将总糖纳入加工性能的考察指标范围，适宜的总糖含量推荐宜不超过5.0%，但还是应该结合实际的工艺或设备情况进一步验证适宜含量值的范围。

(三)烟碱

烟碱作为口含烟消费者使用口含烟的满足感来源，在不添加外源烟碱的情况下，烟叶中的烟碱直接决定产品中的烟碱含量，目前市售的口含烟烟碱含量变化范围很大，这与产品的设计和定位有关，因此产品设计的目标烟碱值是衡量烟叶烟碱含量是否适宜的主要因素，虽然在不同工艺下可能会导致烟碱的损失率不同，但在特定的工艺下，产品烟碱设计值与烟叶原料的烟碱含量存在定量的关系，即同样也存在配方叶组的目标烟碱值，该值可以通过利用更高烟碱含量的烟叶和更低烟碱含量的配合使用来实现，但是在兼顾其他诸多指标的同时，若单一原料的烟碱值越接近叶组配方烟碱值，则该原料在配方中的可用性和灵活性必然是高的，因此可以通过计算单料烟的烟碱含量与配方叶组目标烟碱值的偏离程度来衡量这一单料烟在烟碱方面的适宜程度。

(四)感官质量

原料的感官质量是原料综合质量的必要因素之一，但是由于味道之间存在协同、遮盖等因素，加之使用比例的问题，单一原料的感官并不代表其在叶组配方中的感官表现，另外口含烟在生产时一般可能会使用相对较高比例的香精、甜味剂、盐等，对原料的感官味道遮盖作用也较大，建议可将原料的感官质量纳入原料综合质量评价，但是在给定权重时可根据产品特点酌情降低在整个评价中的权重。

二、口含烟原料综合评价方法

(一)指标体系及权重

为更直观、全面地评价口含烟原料，量化是最有效的方法，各指标经量化后结合权重计算品质指数，可反映该原料的综合品质。综合评价口含烟，应该权衡原料使用各环节及最终产品质量标准要求，包括加工适用性、烟碱等主要化学成分、有害物质含量、感官质量等多方面因素。关于将何种指标列入该指标体系以及指标量化的权重赋值，生产者应根据各自的工艺特点、产品的外观特点、安全性限值要求、预期的经济性、标称烟碱值等来决定。关于权重赋值，还应考量可选原料的某些指标存在的缺陷，针对这些指标，提高其权重，以增加原料的区分度，比如某几种原料的铅含量普遍存在较高的问题，提高铅的权重，能够提高原料品质指数的区分度，又比如，某几种原料的黄曲霉毒素均未检出，则可降低该指标的权重甚至移除指标体系，不会影响整体品质指数的区分度。以下按本项目重点研究的一些指标为范围，给出一种以品质指数来量化口含烟原料综合质量的评价计算方法，其中的安全性指标评价涵盖了瑞典火柴公司产品标准涉及的所有指标。使用者在使用该方法时，可根据实际调整指标及权重。

根据相关分析结果及安全性的要求，确定了3类指标作为品质指数的打分指标，即负向指标、区间性指标、正向指标，分别为安全性指标、烟碱、叶片厚度。其计算方法如下：

①负向指标量化：

负向指标量化算式（除农残外）：$Li=(Ls-LX)/Ls$（Ls代表限量参考值、LX代表检测值）；

单一农药残留算式：$Ai=(As-AX)/As$（As代表限量参考值、AX代表检测值）

总农药残留量化算式：$A=(A1+A2+A3+\cdots+A123)/123$

②区间性指标（烟碱）量化：

$Ni=-|Ns-NX|/Ns$（Ns代表配方目标烟碱值、NX代表检测值）；

③正向指标量化：

$Di=(DX-Ds)/Ds$（Ds代表限量参考值、DX代表检测值）；

④总评分：

品质指数T=安全性得分0.5+化学成分得分0.4+加工性能得分0.1

(二)品质指数应用示例

根据上述计算方法对收集的原料进行了品质指数的计算和排序，结果如表3-8所示。

从表3-8可以看出，C69样品品质指数得分最高为0.266，表明该样品在考察样品中综合品质最好，在口含烟配方使用中也最为灵活，具有较佳的配伍性。以此类推，分数越低，其使用灵活性则越差。

表3-8 综合品质指数示例

样品编号	厚度得分	安全性得分	烟碱得分	品质指数
C69	0.017	0.263	−0.014	0.266
S99	0.031	0.146	−0.013	0.164
S31	0.017	0.121	−0.025	0.113
S30	0.048	0.046	−0.017	0.076
S97	0.022	0.083	−0.033	0.072

（续表）

样品编号	厚度得分	安全性得分	烟碱得分	品质指数
S103	0.004	0.091	−0.026	0.069
S13	0.033	0.127	−0.123	0.037
S104	0.007	0.075	−0.047	0.035
C17	0.005	0.025	−0.001	0.029
S121	0.043	0.069	−0.094	0.018
S100	0.017	0.111	−0.111	0.017
S108	0.032	−0.013	−0.017	0.002
S84	0.021	−0.030	0.000	−0.009
S101	0.003	0.019	−0.040	−0.018
S102	0.039	0.028	−0.090	−0.023
S106	0.015	−0.024	−0.023	−0.032
S115	0.022	0.034	−0.105	−0.049
S162	0.025	0.072	−0.150	−0.052
S98	0.015	0.054	−0.126	−0.056
S33	0.022	0.090	−0.175	−0.063
C70	0.030	−0.883	−0.295	−1.148
C120	0.010	−1.010	−0.165	−1.166
C127	0.005	−1.023	−0.179	−1.197
S85	−0.009	−0.811	−0.458	−1.279
C71	0.015	−1.154	−0.313	−1.452
C123	0.010	−1.401	−0.113	−1.504
C119	0.029	−1.332	−0.209	−1.512
C124	0.011	−1.396	−0.151	−1.536
C128	0.006	−1.613	−0.156	−1.762
C114	0.026	−2.272	0.000	−2.246

三、结论

主要从原料的安全性、加工性能、烟碱及感官质量等几方面入手，探讨了烟叶原料质量的综合评价方法。口含烟原料涉及指标繁多，同一烟叶原料不同指标很难在相近的质量水平上，因此也较难以直接评价其综合品质。采用品质指数的评价方法可直观地看到原料的综合质量状况，根据产品的设计目标及主要关注物质的重要性框定指标范围并根据重要性赋以权重，可有效区分不同原料的可用性，进而帮助决策原料的选择，为配方工作提供便利。

第三节　口含烟烟叶原料安全性评价指标的检测方法

本节建立了无烟气烟草及制品安全性指标检测方法，主要有重金属（铅、砷、镉、铬、镍、汞）、N-二甲基亚硝胺、亚硝酸盐、苯并[a]芘、羰基化合物（甲醛、乙醛、巴豆醛）、黄曲霉毒素（B1、B2、G1、G2）和赭曲霉毒素A。弥补了无烟气烟草制品重要关注指标无相应检测方法的不足，开发的检测方法准确性高，可靠性强。

一、重金属

重金属是烟草制品中有害物质之一，所谓重金属是指那些原子量比较大、密度比较大的金属元素。重金属之所以有危害，是因为重金属进入人体可以引起多种疾病，如：铅可引起一系列的神经系统疾病，镉可引起高血压和心血管疾病以及钙失衡，硒过量会导致心肾功能障碍、腹泻、脱发等，砷和汞可引起人体一系列酶失活，使新陈代谢紊乱。总之，重金属过量将会严重影响人体健康。美国1989年报道的107种卷烟烟气有害成分中，As、Cd、Cr、Pb、Ni、Cu、Hg等就列在其中，1990年的Hoffman清单中也将As、Cd、Cr、Pb、Ni、Se、Hg列入烟草44种有害成分。

口含烟是将烟草制品直接放入口中，铬、镍、砷、硒、镉、铅等重金属有害物质在吸食过程中随唾液被人体吸收，易在体内蓄积而对人体产生较大的危害。因此检测无烟气烟草制品及其直接接触材料中的重金属元素具有重要的意义。

目前重金属的检测方法包含前处理、仪器分析检测等步骤。前处理方法有灰化法、消化法、微波消解、超声波提取、固相萃取及悬浮液直接进样法等。仪器分析检测的方法包括分光光度法、原子光谱法、电感耦合等离子体质谱法和中子活化法等。

电感耦合等离子体质谱（ICP-MS）是以电感耦合等离子体为离子化源的质谱分析法，具有灵敏度高、检出限低、线性检测范围宽等特点，且可同时进行多元素分析。目前行业已经发布实施了基于此技术的烟草行业标准方法，YC/T 380—2010《烟草及烟草制品铬、镍、砷、硒、镉、铅的测定电感耦合等离子体质谱法》以及YC/T 316—2014《烟用材料中铬、镍、砷、硒、镉、汞和铅残留量的测定电感耦合等离子体质谱法》。

现今尚无标准分析方法能满足所有类型无烟气烟草制品及其直接接触材料所含有的重金属元素进行分析检测，本报告借鉴以上两种行业标准方法来测定无烟气烟草制品及其直接接触材料中砷、铅、铬、镉、镍、硒的含量，并针对不同类型样品特征对分析方法（电感耦合等离子体质谱法）做出一定的优化与改进，从而实现无烟气烟草制品及其直接接触材料中重金属的检测分析。

(一)测试指标

铅、砷、镉、铬、镍、汞。

(二)试剂与材料

除特别要求以外，均应使用优级纯级试剂，水应为电阻率≥18.2MΩ·cm的超纯水或同等纯度的二次蒸馏水；65%硝酸（质量分数）；30%过氧化氢（质量分数）；40%氢氟酸（质量分数）；10mg/L砷、铅、镉、铬、镍、硒混合标准溶液（在4℃冰箱中保存，有效期1年）；10mg/L钪、锗、铟、铋混合内标标准溶液（在4℃冰箱中保存，有效期1年）；高纯氩气，纯度应不低于99.999%；高纯氦气，纯度应不低于99.999%。

(三)测试方法

1. 标准溶液

重金属混合标准储备液：用移液枪吸取5ml砷、铅、镉、铬、镍、硒混合标准溶液至50ml容量瓶中，用5%硝酸溶液稀释至刻度，得到1.0mg/L的砷、铅、镉、铬、镍、硒标准储备溶液（在4℃冰箱中可保存1个月）。

重金属混合标准工作溶液：用移液枪吸取25μl，50μl，100μl，150μl，250μl，500μl，750μl，1 000μl，2 000μl，4 000μl重金属混合标准储备液至50ml容量瓶中，用5%硝酸溶液稀释至刻度，得到0.5μg/L，1.0μg/L，2.0μg/L，3.0μg/L，5.0μg/L，10.0μg/L，15.0μg/L，20.0μg/L，40.0μg/L，80.0μg/L的砷、铅、镉、铬、镍、硒标准工作溶液，浓度应覆盖样品含量范围，标准工作溶液需现配现用。

用移液枪吸取5ml钪、锗、铟、铋混合内标标准溶液至50ml容量瓶中，用5%硝酸溶液稀释至刻度，得到1.0mg/L的钪、锗、铟、铋混合内标工作溶液，（在4℃冰箱中可保存3个月）。

2. 前处理

称取0.3～0.5g样品（样品若为口含烟，连包装一起处理）至微波消解罐中，精确至0.1mg，加入5ml硝酸、2ml过氧化氢及0.5ml氢氟酸，将微波消解罐旋紧密封，置于微波消解仪中进行消解，微波消解程序见表3-9。

表3-9 微波消解程序

程序	升温时间（min）	温度（℃）
1	05：00	120
2	05：00	170
3	10：00	190

3. 转移定容

待微波消解程序完毕，消解罐冷却至室温，将样品溶液移入50ml容量瓶中，用超纯水少量多次冲洗微波消解罐内壁，洗液也一并移入50ml容量瓶中，用超纯水稀释至刻度后待上机检测，同时做试剂空白实验（即不加入样品，其他条件不变的情况下进行实验）。

4. ICP-MS分析

ICP-MS参数：射频功率，1 500W；载气流速，1.2L/Min；进样速率，0.1r/s；模式，全定量分析；重复次数，3次；元素测定参数见表3-10。

表3-10　元素测定质量数、内标元素、积分时间

元素	测定质量数	内标元素	积分时间（s）
铬	52	锗^{72}	0.3
镍	60	锗^{72}	0.3
砷	75	锗^{72}	0.3
硒	82	锗^{72}	0.3
镉	111	铟^{115}	0.3
铅	208	铋^{209}	0.3

5. 工作曲线

分别吸取标准空白溶液，不同浓度的铬、镍、砷、硒、镉和铅标准工作溶液注入电感耦合等离子体质谱中，并同时在线加入内标工作溶液在选定的仪器参数下，以待测元素铬、镍、砷、硒、镉和铅含量与对应内标元素含量的比值为横坐标，待测元素铬、镍、砷、硒、镉和铅质荷比强度与对应内标元素质荷比强度的比值为纵坐标，建立工作曲线，线性相关系数不应小于0.999。

6. 样品测定

分别吸取试样空白溶液，样品溶液和内标溶液注入电感耦合等离子体质谱中，在选定的仪器参数下，根据已建立的工作曲线得到空白溶液和样品溶液中铬、镍、砷、硒、镉和铅浓度，代入计算公式，求得样品中各待测元素含量。

7. 结果计算

计算公式：

$$C_x=\frac{(c-c_o)\times v}{1000\times m\times(1-w)}$$

C_x：样品重金属元素的含量（mg/kg）；c：样品溶液浓度（μg/L）；c_o：空白溶液浓度（μg/L）；v：定容体积（ml）；m：称样量（g）；w：样品中水分含量（%）。

以两次平行测定的算数平均值为最终测试结果，精确至0.01mg/kg。当平均值大于等于1.00mg/kg时，两次测定结果的相对平均偏差应小于10%；当平均值小于1.00mg/kg时，两次测定结果的极差应小于0.10mg/kg。

二、N，N二甲基亚硝胺

目前没有统一标准的方法检测无烟气烟草中的二甲基亚硝胺，本项目参考相关文献建立了口含烟中二甲基亚硝胺的测定方法（气相色谱—正化学源—三重四极杆质谱联用法）。

N，N-二甲基亚硝胺（NDMA）是亚硝胺类化合物的一种，可经消化道、呼吸道吸收迅速，经皮肤吸收缓慢，主要引起肝脏损害，具有很强的动物致癌性和致突变性。目前认为，NDMA是由广泛存在于环境中的二甲胺（DMA）和亚硝酸盐作用形成的，除在食品、化妆品、水中被广泛报道后，在烟草中也有检出。2012年，NDMA被美国食品药品监督管理局（FDA）列入烟草制品及烟气中潜在的致癌物名单。在无烟气烟草制品中由原料引入或在生产制造的热处理过程中产生NDMA，国际烟草科学研究合作中心（CORESTA）也将NDMA列入无烟气烟草制品中重点关注的化学成分，日益受到重视。但烟草行业内目前还未建立相应的检测方法。为进一步加强产品安全监控，支撑集团公司口含烟产品发展，建立口含烟中NDMA的研究准确、可靠、快速、灵敏的分析检测方法十分必要。

NDMA虽然存在广泛，但含量极低（ppb级），其分子量仅为74，且挥发性较强，给分析检测带来一定挑战。目前针对痕量的NDMA的准确定量，是研究人员的主要研究方向。TEA检测器由于对含氮化合物有高选择性，因此GC-TEA法成为NDMA的常用方法，但由于其功能单一、专用性强，一般实验室很难配备。LC-MS/MS具有较高的灵敏度和排除干扰能力强，近年也逐渐有研究人员使用，但液质联用仪价格昂贵，维护成本高。GC-MS因使用简便，成本低，也作为NDMA的常用检测方法，但GC-MS法灵敏度不足，需要过程浓缩等过程，检测痕量NDMA受到一定限制。近年来，科研人员引入了配有CI源的GC-MS/MS方法分析亚硝胺类化合物，特异性强，灵敏度高，均取得了良好效果。在本研究中，通过使用化学电离源，用气相色谱—三重四极杆串联质谱法，实现了口含烟中NDMA的准确、灵敏分析，为口含烟的质量安全等分析研究提供方法参考。

(一)试剂与材料

除特殊要求外，所用试剂均为色谱纯，存储于玻璃瓶中。

试剂：二氯甲烷；甲醇；N，N-二甲基亚硝胺：标准品，纯度≥99%；Si填料固相萃取小柱；氘代N，N-二甲基亚硝胺：标准品，用作内标物，纯度≥99%；口含烟样品。

内标溶液：配制氘代N，N-二甲基亚硝胺浓度为1μg/ml的甲醇（4.2）溶液，有效期3个月。

标准溶液：配制的系列标准工作溶液浓度分别为：0.2ng/ml、0.5ng/ml、1ng/ml、5ng/ml、10ng/ml。内标储备液浓度为1μg/ml，标准工作溶液中内标浓度为5ng/ml。

(二)仪器与设备

气相色谱—三重四极杆串联质谱仪（GC-QQQ，7890A+7000B）；

分析天平：感量0.1mg；离心机；超声波仪；有机相滤膜。

(三)测试方法

1. 前处理

称取0.5g口含烟样品，加入10ml二氯甲烷及10μl内标储备液，超声30min，再以5 000r/min离心3min，取上清过0.45μm有机相滤膜，待进行萃取液净化。样品净化选用Si固相萃取柱净化，净化程序为：取用3ml甲醇活化，6ml二氯甲烷平衡后，取5ml试样溶液过柱，弃去直接流出液，再用2ml甲醇洗脱，收集洗脱液待GC-MS/MS测定。

2. 仪器条件

气相色谱仪条件：色谱柱，DB-WAX石英毛细管色谱柱（30m×0.25μm×0.25μm）；进样口温度，200℃；不分流进样；进样量2μl；载气，氦气，流速为1.2ml/min；程序升温，柱温初始温度40℃，保持3min，以10℃/min升至120℃，再以40℃/min至240℃，保持3min，总运行时间17min。

质谱仪条件：传输线温度240℃；PCI正电压化学电离模式（CI），反应气体为氨气；离子源温度，200℃；电子能量电离能，120eV；碰撞气，氮气，1.5ml/min；扫描方式，多反应监测（MRM），定量离子及碰撞能见表3-11。

表3-11 目标物及内标物的保留时间和MRM参数

化合物	定量离子		碰撞能 (eV)
	母离子（m/z）	子离子（m/z）	
N，N-二甲基亚硝胺	92	75	5
氘代N，N-二甲基亚硝胺	98	81	10

3. 工作曲线

对标准工作溶液进行三重四极杆气相质谱联用仪分析，以标准工作溶液中目标化合物与内标的浓度比为横坐标，目标化合物与内标的峰面积比为纵坐标，制作标准工作曲线，工作曲线线性相关系数R^2>0.999。

4. 样品测定

按照仪器测试条件测定样品，每个试样重复测定两次。

5. 结果计算

试样中N，N-二甲基亚硝胺的含量按式（1）计算；如需要计算干物质含量，则按式（2）计算：

$$m_p = \frac{M}{m} \quad (1)$$

$$m_p = \frac{M \times 100}{m \times (1-w)} \quad (2)$$

式中：m_p——每克试样中N，N-二甲基亚硝胺的含量，单位为纳克每克（ng/g）；M——由标准曲线得出的试样中N，N-二甲基亚硝胺的质量，单位为纳克（ng）；m——试样质量，单位为克（g）；w——试样的水分含量，单位为%（质量分数）。

以两次平行测定的平均值为最终测定结果，精确至0.1ng/g。平行测量结果其相对平均偏差应小于10%。

三、苯并[a]芘

用甲醇萃取一定量的无烟气烟草制品中的苯并[a]芘，萃取物经固相萃取柱纯化，通过气相色谱—质谱联用仪（GC-MS）定量测定苯并[a]芘的含量。

(一)试剂与原料

除特别要求以外，均应使用分析纯级试剂，水应为蒸馏水或同等纯度的水。

环已烷，色谱纯；苯并[a]芘（标准物质溶于环已烷）：（浓度为5μg/ml左右）；苯并[a]芘—d12溶液（标准物质溶于环已烷）；异辛烷，色谱纯；甲苯，色谱纯；正已烷，色谱纯；甲醇，色谱纯；异丙醇，色谱纯。

注：苯并[a]芘和苯并[a]芘—d12为一类致癌物。所有前处理操作应在通风橱内进行，实验人员要佩戴防护手套、面具以保证安全。实验废液收集后要统一处理。

(二)仪器设备

除了实验室常用仪器外，还需要以下仪器：

分析天平：感量0.1mg；容量瓶（10ml，100ml，250ml）；机械吸量管（配备一次性塑料头）10～1 000μl；GC柱，50%苯基—聚甲基硅氧烷柱（中等极性，30m×0.25mm，0.25μm）。以下柱子效果类似：DB-17MS，货号122-4732，安捷伦；聚合物反相固相萃取柱（3ml容量，60mg填充物）；以下萃取柱效果类似：Strata-X 60mg，33μm聚合物反相柱，货号8B-S100-UBJ，Phenomenex；气相色谱—质谱联用仪（GC-MS）：具有选择离子监测（SIM）功能；4.0mm I.D.内衬管；以下内衬管效果类似：①不分流，单锥，带玻璃毛，货号：5190-2293，安捷伦；②分流，直型，带玻璃毛，货号：5190-2294，安捷伦。

振荡仪；手动固相萃取装置；氮吹仪。

(三)测试方法

1. 样品称量

对于粉末或者烟丝样品，准确称取（1.000 0±0.020 0）g试样，于样品瓶中待进一步处理。

对于成品样品，取数小包样品（质量尽量在1.000 0g左右），并准确记录质量精确至0.000 1g，剪碎包装并放于样品瓶中待进一步处理。

2. 测定次数

每个样品应平行测定两次。

3. 标准曲线的制作（同上）

4. 内标溶液

一级内标溶液的配制：称取10mg氘代苯并[a]芘溶于环已烷并定容至250ml的容量瓶，得到浓度为0.04mg/ml的一级内标溶液。

二级内标溶液的配制：移取10ml一级内标溶液至100ml容量瓶并用环己烷定容，得到浓度为4ng/μl的氘代苯并[a]芘的环己烷溶液作为二级内标溶液，并将溶液转移至样品瓶中。

5. 苯并[a]芘标准系列溶液

一级标准储备液的配制：准确移取1ml苯并[a]芘至10ml容量瓶，并用环己烷准确定容，得到浓度为0.5ng/μl的一级标准储备液。

标准系列溶液的配制：分别移取2μl，10μl，20μl，40μl，100μl，200μl的苯并[a]芘一级标准储备液，以及二级内标溶液50μl至10ml容量瓶，以环己烷作为溶剂定容，得到下列浓度范围的苯并[a]芘标准系列溶液：0.10ng/ml，0.50ng/ml，1.00ng/ml，2.00ng/ml，5.00ng/ml，10.00ng/ml，并将标准溶液转移到样品瓶中。该标准系列溶液可在4℃冰箱中保存6个月。每次使用前，需提前从冰箱中取出，放至室温，方可使用。

6. 样品分析

萃取：在装有粉末或者烟丝的样品瓶中加入二级内标溶液50μl和甲醇10ml。置于振荡仪上振荡萃取30min，静置约15min使固体沉在瓶底。萃取瓶的选择应使10ml甲醇能够完全浸没样品。

纯化：固相萃取柱的活化，先用3ml甲醇去杂质，甲醇完全过柱子后，待用。

移取5ml萃取液至活化后的固相萃取柱，待萃取液移至固相萃取柱的顶端后，分别依次加入2ml甲醇：水（体积比1：1），2ml异丙醇，0.3ml正己烷淋洗，弃去淋洗液。最后加入3ml甲苯：异辛烷（体积比1：1）洗脱，收集洗脱液。

浓缩：将盛有所有洗脱液的浓缩瓶放入氮吹仪，在50℃水温、16psi压力的条件下浓缩，浓缩至干，用0.3ml甲苯：异辛烷（体积比1：1）复溶，超声后，将样品移入棕色自动进样瓶内，待GC/MS分析。

7. GC/MS分析

GC/MS条件：进样口温度，300℃；电离方式，EI；离子源温度，250℃；四级杆温度，200℃；传输线温度，315℃；进样量，1μl；无分流进样；载气，氦气，恒流流速1.0ml/min；色谱柱，见仪器设备；程序升温，初始温度200℃，保持1min，升温速率25℃/min至280℃，然后40℃/min至325℃，保持6.67min，运行时间12min；扫描方式：SIM，选择离子为苯并[a]芘（252）和D12-苯并[a]芘（264）的分子离子峰，对每个离子的监测时间为50ms，溶剂延迟6min；积分方式，手动或者自动。自动积分需检查样品色谱图苯并[a]芘分离情况确定积分方式是否合适。

8. 结果计算

苯并[a]芘含量的计算，

按照下列公式计算样品中苯并[a]芘的含量：

$C_x=A_x/m$

式中：C_x为试样中苯并[a]芘的含量，单位为纳克每克（ng/g）；A_x为苯并[a]芘的仪器检测值（ng）；m为样品重量，单位为克（g）。

9. 结果表述

以两次平行测定计算值的平均值为测定结果，检测结果精确至0.01ng/g。

两次平行测定结果的相对平均偏差不应大于5%；当两次平行测定的平均值小于2.00ng/g时，平行测定结果的绝对偏差应小于0.20ng/g。

如样品的检测结果超出标准曲线的范围，应加大或者减少称样量，再次重复进行检测。

四、羰基化合物检测方法

目前没有统一标准的方法检测无烟气烟草中羰基化合物中甲醛、乙醛、巴豆醛的方法，本项目参考相关文献建立了甲醛、乙醛、巴豆醛的测定方法（气相色谱质谱联用法）。

传统卷烟烟气中羰基化合物普遍采用2，4-二硝基苯肼（DNPH）衍生化高效液相色谱—紫外检测器（HPLC-UV）方法测定。羰基化合物与DNPH反应生成相应的2，4-二硝基苯腙，检测相应的苯腙进行定量。相较于传统卷烟烟气，口含烟中羰基化合物含量低，若采用DNPH衍生化HPLC-UV方法，存在灵敏度低和基质干扰严重等缺点，无法满足检测需求。改进DNPH衍生化HPLC-UV方法，前处理需采用固相萃取（SPE）净化富集，操作复杂；或者分析仪器采用高效液相色谱—质谱（HPLC-MS），对仪器设备和操作人员要求高。同时，DNPH衍生产物热不稳定，采用气相色谱—质谱（GC-MS）分析会产生一定干扰。

文献报道O-（2，3，4，5，6-五氟苄基）羟胺（PFBHA）衍生化GC-MS方法普遍应用于环境空气、水中羰基化合物测定。羰基化合物与PFBHA反应生成相应的O-（2，3，4，5，6-五氟苄氧基）肟衍生产物，测定相应的肟衍生产物进行定量（图3-1）。PFBHA衍生产物比DNPH衍生产物更易溶于有机溶剂，便于有机相萃取分析；PFBHA衍生产物热稳定性好，适于GC-MS分析。针对口含烟中羰基化合物含量低、基质复杂的特点，GC-MS方法灵敏度高、选择性好，能够满足分析要求。

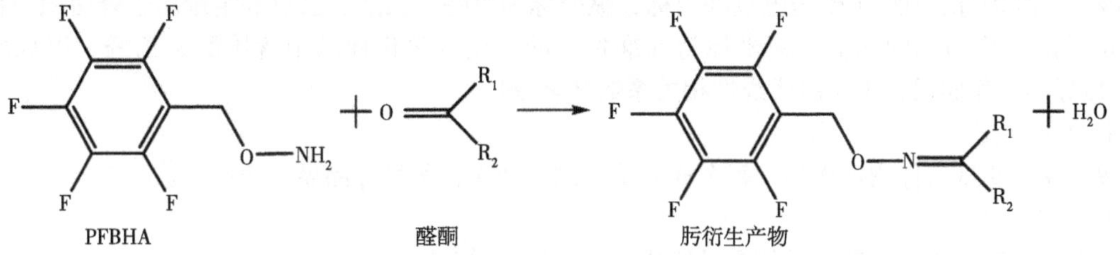

PFBHA　醛酮　肟衍生产物

图3-1　羰基化合物与PFBHA反应方程式

本工作针对口含烟中重点关注的甲醛、乙醛、巴豆醛三类羰基化合物，建立PFBHA衍生化GC-MS方法，方法前处理简单、灵敏度高、选择性好，采用GC-MS仪器分析，方法易于推广应用。

（一）原理

口含烟经水涡旋萃取离心后，水相与衍生化试剂O-（2，3，4，5，6-五氟苄氧基）羟胺（PFBHA）反应，衍生化水相经有机相萃取离心，取有机相，用气相色谱质谱联用法测定，内标法定量。

（二）试剂和材料

除特别要求以外，均应使用分析纯以上试剂。

水，GB/T 6682，一级；O-（2，3，4，5，6-五氟苄氧基）羟胺盐酸盐（纯度≥98%，TCI）；正己烷，色谱纯；浓硫酸，色谱纯；衍生化试剂溶液：水为溶剂，O-（2，3，4，5，6-五氟苄氧基）羟胺盐酸盐浓度为20mg/ml。

标准品混合溶液：乙腈为溶剂，甲醛1mg/ml，乙醛1mg/ml，巴豆醛0.1mg/ml；D4-乙醛、D5-丁酮，内标。

内标工作溶液：水为溶剂，D4-乙醛含量为112μg/ml，D5-丁酮含量为9.75μg/ml。

标准储备溶液：取1ml标准品混合溶液至10ml容量瓶中，用水稀释定容，得标准储备溶液。

标准工作溶液：分别取0.1ml，0.5ml，1ml标准储备液至10ml容量瓶中，用水稀释定容，得标准工作溶液Ⅳ、Ⅴ、Ⅵ，分别取0.1ml，0.2ml，1ml标准工作液定容至10ml容量瓶中，用水稀释定容，得标准工作溶液Ⅰ、Ⅱ、Ⅲ。

（三）仪器设备

气相色谱质谱联用仪；分析天平，感量为0.1mg；高速离心机，转速不低于5 000r/min；漩涡混合振荡仪，转速不低于2 000r/min。

（四）测试方法

1. 样品前处理

准确称取样品1g，精确至0.1mg，置于50ml样品管中，加入10ml水，100μl内标工作溶液，2 000r/min涡旋混合提取40min。提取的样品以3 000r/min离心5min，取5ml上清液置于15ml样品管中，加入衍生化试剂溶液，混匀，静置反应2h。加入2ml正己烷，0.05ml浓硫酸，2 000r/min涡旋混合10min。萃取的样品以3 000r/min离心5min，取1ml上清液，气相色谱质谱联用仪分析。

2. 仪器条件

气相色谱条件：色谱柱，DB-WAX（30m×0.25mm×0.25μm）；载气，He；柱流量，1ml；进样口温度，250℃；进样量，1μl，不分流进样；程序升温，初始温度50℃，5℃/min升温至110℃，继续以35℃/min升温至220℃，维持5min，

质谱条件：离子源，EI；电离能，70eV；离子源温度，230℃；四级杆温度，150℃；溶剂延迟，3min；检测模式，选择离子检测（SIM）。

3. 工作曲线

分别取1ml标准工作溶液，采用样品前处理方法进行处理，气相色谱质谱联用仪分析。D4-乙醛为甲醛、乙醛内标，D5-丁酮为巴豆醛内标，纵坐标为甲醛、乙醛、巴豆醛定量离子峰面积与相应内标物定量离子峰面积的比值，横坐标为标准物质的浓度（每份样品中含甲醛、乙醛、巴豆醛的质量），做标准工作曲线，工作曲线线性相关系数R^2>0.99。

4. 样品测定

按照仪器测试条件测定样品，每个样品平行测定两次，每批样品做一组空白。

5. 结果计算

试样中甲醛、乙醛、巴豆醛的含量按式（3）进行计算：

$$R_p = \frac{m_p \times 100}{m} \tag{3}$$

式中：R_p——试样中甲醛、乙醛、巴豆醛含量，单位为微克每克（μg/g）；m_p——由标准曲线得出的样品中甲醛、乙醛、巴豆醛的质量，单位为微克（μg）；m——试样质量，单位为克（g）；

以两次平行测定的平均值为最终测定结果，精确至0.001μg/g。

平行测量结果其相对平均偏差应小于10%。

五、亚硝酸盐、硝酸盐

本项目参考烟草中亚硝酸盐、硝酸盐的检测方法中，建立了口含烟亚硝酸盐、硝酸盐的检测的测定方法（离子色谱法）。

(一)原理

在超声条件下，用水萃取试样中的NO_2^-、NO_3^-离子，萃取液经阴离子交换色谱柱分离，用电导检测器检测，外标法定量。

(二)试剂与材料

试剂：水，符合GB/T 6682中一级水的要求；亚硝酸根标准溶液，浓度100mg/L，纯度≥99.5%；硝酸根标准溶液，浓度100mg/L，纯度≥99.5%。

标准工作溶液：根据需要配制合适浓度的标准工作溶液，即配即用。推荐配制如下浓度范围的工作曲线：c（NO_2^-）：0.032mg/L、0.040mg/L、0.100mg/L、0.200mg/L、0.400mg/L、0.800mg/L；c（NO_3^-）：0.800mg/L、1.000mg/L、2.500mg/L、5.000mg/L、10.000mg/L、20.000mg/L。

(三)仪器设备

离子色谱仪，配备含阴离子抑制器的电导检测器和淋洗液发生器。

色谱柱、保护柱：高容量阴离子交换柱（2mm×250mm），如固定相为表面胺化的二乙烯基苯-乙基乙烯苯共聚物或其他等效柱，阴离子保护柱（2mm×50mm），推荐使用同样填料的保护柱，本方法采用的ThermoFisher IonPac AS18（2mm×250mm）阴离子交换柱和AG18（2mm×50mm）阴离子保护柱。

分析条件：以下分析条件可供参考，若采用其他条件应验证其适用性。

柱温：30℃；流速：0.3ml/min；抑制器电流：149mA；进样体积：25μl；分析时间：30min；流动相：OH^-梯度淋洗液程序见表3-12；

分析天平，感量0.1mg；超声波发生器；0.45μm水相滤膜。

表3-12 OH^-梯度淋洗液程序

时间（min）	OH^-浓度（mmol/L）
0	5
6	5
6.1	6
17	6
17.1	20
24	20
24.1	50
28	50
28.1	5
32	5

(四)测试方法

1. 样品处理

称取0.5g试样，精确至0.1mg，于250ml锥形瓶中，准确加入50ml水，具塞后置于超声波发生器超声60min。静置后，取上层清液，经0.45μm水相滤膜过滤后待测。

若待测试样溶液的浓度超出标准工作曲线浓度范围，则对样品前处理适当调整后重新测定。

2. 空白试验

不加样品，重复以上步骤，进行离子色谱分析。

3. 工作曲线

分别取标准工作溶液进行离子色谱分析，根据标准工作溶液的浓度以及响应峰面积，建立标准工作曲线，工作曲线线性相关系数R^2应不小于0.99。

每20次进样后加入一个中等浓度的标准工作溶液进行测定，如果测得值与原值的相对偏差超过3%，则应重新进行标准工作曲线的制作。

4. 样品测定

按照仪器测试条件测定试样，每个试样平行测定两次。同时每批样品做一组空白试验。

5. 结果计算

试样中NO_2^-、NO_3^-的含量X由式（4）计算得出，结果以mg/kg表示：

$$X = \frac{(c - c_0) \times V}{m} \tag{4}$$

式中：X，试样中NO_2^-、NO_3^-的含量，单位为mg/kg；c，由标准工作曲线得出的NO_2^-、NO_3^-浓度，单位为mg/L；c_0，由标准工作曲线得出的空白中NO_2^-、NO_3^-浓度，单位为mg/L；V，试样萃取液定容体积，单位为ml；m，试样的质量，单位为g。

取两次平行测定结果的算术平均值为样品测试结果，精确至0.01mg/kg。两次平行测定结果的相对偏差应小于5%。

6. 回收率

本标准的回收率详见表3-13。

表3-13 方法的回收率

离子	回收率（%）
NO^{2-}	96.1 ~ 101.6
NO^{3-}	96.2 ~ 99.0

六、曲霉素类

目前没有统一标准的方法检测无烟气烟草中的曲霉毒素，本项目参考相关文献建立了黄曲霉素B1、B2、G1、G2和赭曲霉素A5种曲霉素的测定方法（液相色谱—四极杆—轨道阱质谱联用法）。

黄曲霉素B1、B2、G1、G2和赭曲霉素A 5种曲霉素，目前并无针对口含烟的检测方法。到目前为止，根据样品基质的不同，包括液液萃取（LLE）、加速溶剂萃取（ASE）、微波辅助提取（MAE）以及超临界流体提取（SFE）等多种曲霉素提取方法均有报道，但后3种方式因成本较高而不适用于日常检测。QuEChERS快速样品前处理技术，首次见于农残的定量分析中，被认为是一种有效的样品前处理方法，并且近来也被用于曲霉素的测定中。而对于接下来的样品纯化环节，如C18和聚合物等不同填料的固相萃取柱，已被应用于简单基质样品的分析。目前，亲和色谱因其具有高选择性与特异性，被认为是去除曲霉素分析中的杂质的最有效的方法。亲和色谱虽然可以显著降低基质效应，但由于其只对一种目标物或一组性质紧密相关的曲霉素具有高特异性，不适合多种曲霉素的同时检测。

据现有文献报道，多种技术可用于曲霉素的测定，如薄层色谱技术（TLC），气相色谱质谱联用技术（GC-MS），高效液相色谱技术（HPLC），酶联免疫吸附测定（ELISA）以及液相色谱串级质谱技术（LC-MS/MS）。TLC主要被用于筛查，并且近来由于其自动化程度低而被其他方法代替。GC-MS可用于赭曲霉素的检测，但前处理过程需要进行复杂的衍生化。配有荧光检测器的HPLC是目前报道最多的曲霉素测定方法，但为达到高灵敏度需要用碘化物及溴化物进行复杂的柱后反应。ELISA因其高特异性及可靠性，是另一种重要的方法，但其成本较高，不适用于日常检测。LC-MS/MS可被广泛应用于多种样品中，包括卷烟烟气及无烟气烟草制品，是另一种重要可用于曲霉素分析的方法。然而由于烟草制品的复杂性，上述这些方法需要与免疫亲和色谱结合以减少干扰物及提高方法的灵敏度，这也意味着这些方法均不能实现不同类型的曲霉素的同时检测。

因分离能力相较于HPLC有着显著提高，多维液相色谱技术已成为分析蛋白质组学、天然产物、聚合物材料等复杂样品的关键技术。Breidbach等应用中心切割二维液相质谱联用技术（HC-LC-LC-MS/MS）检测不同材料中黄曲霉毒素B1的含量。其结果显示，此技术能够提高色谱的分辨率、减少电离抑制及增加灵敏度。然而，大部分三重四级杆质谱分辨率较低，可能会产生假阳性结果，因此该方法可能不适合应用于未纯化的复杂样品的分析。最近，四级杆—轨道阱和飞行时间质谱等高分辨质谱（HRMS）被应用于多种曲霉素的分析，该技术具有高确定性，可以避免假阳性结果。因此，与HRMS结合的二维液相系统非常适合复杂基质中多种痕量曲霉素的分析，同时不需要进行复杂的净化过程。

本工作建立了多中心切割二维液相（MHC-LC-LC）与高分辨质谱（HRMS）结合的检测系统，用于口含烟中黄曲霉素及赭曲霉素A的同时检测。我们采用C18柱与PFP柱相结合以满足分离模式的正交性的要求，并采用C18毛细管柱以减小转移体积。接着，用配有60μl进样环的两位十通阀将一维液相的馏分收集并转移，这些馏分被分割成多个组分后，在二维液相分析前被二维的流动相稀释，这样可以转移任意体积大小的馏分而不会导致峰展宽。同时，我们研究了口含烟中的黄曲霉素和赭曲霉素A的不同预处理方法的提取效率。最后，我们利用该方法分析了实际样品中黄曲霉素和赭曲霉素A的含量。

（一）原理

向粉碎的样品中添加适量的去离子水和乙酸乙酯，涡旋萃取并离心后取有机相过滤膜，所得有机相经浓缩复溶后，用液相色谱—四极杆—轨道阱质谱联用法测定，内标法定量。

（二）试剂与材料

除特殊要求外，所用试剂均为色谱纯（或者重蒸分析纯），存储于玻璃瓶中。

水，GB/T 6682，一级；乙酸乙酯；甲醇；乙腈；甲酸：纯度≥98%；甲酸铵：纯度≥98%；曲霉素：标准品，纯度≥99%；氘代曲霉素：标准品，用作内标物，纯度≥99%；CORESTA标准口含烟CRP1。

内标溶液：配制氘代曲霉素（内标）（4.8）浓度为100ng/L的水（4.1）溶液，有效期3个月。

标准溶液：标准储备液（1 000ng/ml）：称取0.01g曲霉素类标准物质，精确至0.000 1g，至10ml容量瓶中，用水（4.1）稀释定容。移取10μl上述标准储备液至10ml容量瓶中，用水（4.1）稀释定容，溶液的最终浓度为1 000ng/ml。

基质配标工作溶液：向2g标准口含烟CRP1中分别添加0.2μg/kg，0.5μg/kg，1.0μg/kg，2.0μg/kg，5.0μg/kg，10.0μg/kg，20.0μg/kg标准品以及100μl内标溶液，按样品相同步骤处理后，得到基质配标系列标准工作溶液。

（三）仪器与设备

双三元液相色谱仪，配备1个2位10通切换阀，2个容量不小于60μl的loop；四极杆—轨道阱质谱仪（LC-Q-Orbitrap），配备电喷雾电离源（ESI源）；

分析天平：感量0.1mg；高速离心机，转速不低于5 000r/min；漩涡混合振荡仪，转速不低于2 500r/min；氮气吹干仪；0.22μm PTFE滤膜。

按YC/T 31制备样品，并测定样品水分含量。

（四）测试方法

1. 样品前处理

称取2g样品，精确至0.01g，于50ml具盖离心管中，加入10ml水，振荡至样品充分浸润后静置10min。加入10ml乙酸乙酯，100μl内标溶液，并置于漩涡混合振荡仪上以2 500r/min速度振荡30min。

取上层有机相过滤膜后，置入15ml具盖离心管中，在50℃水浴中氮气吹至近干。加入0.5ml50%的甲醇水溶液复溶后，待检测分析。

2. 液相色谱条件

一维色谱柱：ThermoFisher公司Hypersil GOLD C18 KAPPA毛细管液相色谱柱，柱长100mm，内径0.5mm，粒径3μm；二维色谱柱：Waters公司ACQUITY UPLC HSS PFP色谱柱，柱长100mm，内径2.1mm，粒径1.7μm。

一维流动相：A相，水；B相，95%乙腈水溶液（内含0.1%甲酸，2mmol/L甲酸铵）。二维流动相：A相，水；B相，95%甲醇水溶液（内含0.1%甲酸，10mmol/L甲酸铵）。

柱温：50℃；进样量：2μl。

流速及梯度详情见表3-14，仅供参考。

阀切换：通过阀切换将曲霉素转移到二维色谱柱，当曲霉素从一维色谱柱上洗脱时，阀每0.3min切换一次。

表3-14　流速及梯度

时间（min）	一维色谱		二维色谱	
	B相（%）	流速（ml/min）	B相（%）	流速（ml/min）
0.00	5	0.1	10	0.3
1.00	5	—	—	—
10.00	50	0.1	—	—
10.01	—	0.0	—	—
11.00	—	—	10	—
11.01	—	—	55	—
16.00	—	—	65	—
16.01	—	—	10	—
22.00	—	0.0	—	—
22.01	50	0.1	—	—
26.00	70	—	10	—
26.01	100	—	70	—
28.00	—	—	75	—

（续表）

时间（min）	一维色谱		二维色谱	
	B相（%）	流速（ml/min）	B相（%）	流速（ml/min）
28.01	—	—	100	—
36.00	100	0.1	100	0.3

3. 质谱条件

扫描方式：正离子扫描；监测方式：平行反应监测（PRM）模式；电喷雾电压：3.5kV；鞘气：氮气，35psi；辅助加热气：氮气，3L/min；辅助加热气温度：350℃；毛细管传输温度：300℃；扫描分辨率：70 000。

4. 工作曲线

分别取基质配标工作溶液进行液相色谱—四极杆—轨道阱质谱联用分析，纵坐标为曲霉素类的定量离子峰面积与内标物定量离子峰面积的比值，横坐标为曲霉素类的浓度（每份样品中含曲霉素类的质量），作曲霉素类的标准工作曲线，工作曲线线性相关系数R^2>0.99。

每次试验均应制作标准曲线，每20次样品测定后应加入一个中等浓度的标准溶液，如果测得的值与原值相差超过3%，则应重新进行标准曲线的制作。

5. 试样品测定

按照仪器测试条件测定样品，每个试样重复测定两次。

6. 定性确证

在仪器条件下，试样待测液和标准品的选择离子色谱峰在相同保留时间处（±0.2min）出现，且在70 000分辨率的条件下，碎片离子的质量偏差应小于等于5mg/kg。

7. 结果计算

试样中曲霉素类的含量按式（5）进行计算：

$$R_p = \frac{m_p \times 100}{m \times (1 - w)} \tag{5}$$

式中：R_p，试样中曲霉素类含量，单位为ng/g；m_p，由标准曲线得出的样品中曲霉素类的质量，单位为mg/kg；m，试样质量，单位为g；w，样品的水分含量，单位为%（质量分数）。

以两次平行测定的平均值为最终测定结果，精确至0.1ng/g。平行测量结果其相对平均偏差应小于10%。

第四章　口含烟烟叶原料质量评价

第一节　烟叶原料外观质量及物理特性评价

烟叶的外观是烟叶质量最直观的表现形式，一般认为与烟叶内在质量密切相关的外观因素有颜色、成熟度、叶片结构、油分、色度、长度、宽度、残伤等。烟叶的物理特性主要与加工性能关系密切。一般物理特性的主要评价指标有叶片厚度、叶面密度（质重）、含梗率、平衡含水率、拉力等一系列指标，结合口含烟对烟叶质量的需求及烟叶分级的理论对烟叶原料的外观评价进行了探讨，并对部分原料进行了外观质量评价和物理指标的分析。

一、试验材料

以收集的65份烟叶样品为试验材料。

二、方法

(一)指标

烟叶的颜色与色素代谢有关，不同产地、品种及调制方法的晾晒烟的颜色差异很大，但总体可分为棕褐色、红褐色、黄褐色，但由于烟叶外观有瑕疵，还可能带青色或有杂色。烟叶成熟度与采收时间及调制后熟程度有关，成熟度不同的烟叶其化学成分差异也较大，成熟度的划分可分为成熟、完熟、尚熟、欠熟、假熟等。叶片结构在烟草分级中认为其与烟丝的填充性、燃烧性等物理指标及吃味等存在着密切的关系，可以分为疏松、尚疏松、稍密、紧密等。烟叶长宽与烟叶的品种及发育程度有很大关系，除品种部位因素外，一般发育好的烟叶较发育差的开片程度好，长度、宽度也较大。油分是烟叶内在化学成分在手触感上的表现，油分多的烟叶其内含物丰富、香吃味好，油分一般以多、有、稍有、少等档次划分。色度与烟叶呈现的颜色均匀一致性、光泽强度及浓淡饱和程度，一般可用浓、强、中、弱、淡表示。残伤则属于质量因素中的控制因素，残伤一般有病斑、枯焦斑导致，采用面积进行估量和评定。

烟叶的厚度除与品种、栽培措施、部位等很多因素有关外，更是烟叶干物质充实度的一种直观体现，一般认为厚度过高，可能是烟叶施肥量过高，对晾晒烟来说，也有可能是调制过程中后熟不足，而烟叶厚度太薄，往往有可能是假熟、欠熟、内在物质积累不足，因此烟叶厚度适中为宜。同样，叶片密度与烟叶的叶片结构也有一定关系，但并非烟叶组织结构疏松叶片密度就小、组织结构紧密叶片密度就大，还与烟叶成熟度、内含物、发育程度等多种指标有关，一般认为叶片密度适中为宜。含梗率则直接影响烟叶的经济性，含梗率过高，则叶片得率低，烟叶使用成本增加，但是含梗率除与经济性有关外，还与烟叶的品种、部位、发育度等有关，含梗率低的烟叶虽然经济性较好，但其质量不一定就高，往往含梗率中等的烟叶质量相对较好。由于口含烟产品一般具有较高的含水率，所以暂不考虑烟叶平衡含水率问题；袋装型口含烟需磨粉处理，对烟叶的抗拉性也无特殊需求，故不将烟叶拉力列入考量范围。

(二)权重

由于目前我国口含烟发展尚处于起步阶段，适用于口含烟原料的分级标准尚未建立，同时口含烟的生产也可能用到多种不同类型的烟叶，很难在统一体系下对口含烟原料进行外观分级。为便于后续研究外观质量与内在质量的关系，初步采用打分的方式对口含烟原料进行外观评价，权重方面，首先突出与烟叶发育直接相关的成熟度这一指标，权重设0.2，考虑到口含烟产品中一般含有较高比例的水分，烟叶对水分吸收能力有特殊的需求，将反映疏松程度的叶片结构这一指标也赋以0.2的权重值，其余指标权重0.1，最后以各项指标的得分乘以权重后加和得综合外观评分，物理特性方面，暂定4个物理指标权重均分，即0.25，鉴于物理特性指标均可获得实际测量值，且各指标并非越大越好或者越小越好，宜采用偏离各指标中心值的程度来打分，各物理特性指标中心值分别为叶重6g、含梗率23%、叶片厚度0.2mm、质重50g/m²，物理特性综合得分按算式a和算式b计算，其中R_i为各指标得分，R_L为指标中心值，R_x为实测值，最高分10分，权重均等：

$$R_i=-|(R_L-R_x)/R_L*10|+10 \quad \text{式 (a)}$$

$$R=(R\text{叶重}+R\text{含梗率}+R\text{叶片厚度}+R\text{质重})*0.25 \quad \text{式 (b)}$$

表4-1　外观评价指标及分度范围

指标	权重	分度范围				
		8~10	7~9	6~8	4~5	2~3
颜色	0.1	棕褐	红褐	黄褐	微青	杂色
成熟度	0.2	成熟	完熟	尚熟	欠熟	假熟
叶片结构	0.2	疏松	尚疏松	稍密	紧密	/
长度	0.1	≥45cm	≥40cm	≥30cm	/	/
宽度	0.1	≥25cm	≥20cm	≥15cm	/	/
油分	0.1	多	有	稍有	少	/
色度	0.1	浓	强	中	弱	淡
残伤	0.1	≤2%	≤5%	≤10%	/	/

三、结果与分析

(一)外观质量

对收集的65份样品的外观进行了评价和打分（表4-2）。评价的样品颜色以棕褐色至红褐色较多，成熟度以成熟为主，叶片结构以尚疏松至疏松为主，长、宽均值分别≥45cm、≥25cm，油分多为有至多，色度以浓、强居多，残伤整体较少，外观综合得分为6.9~9.9分，均值8.83分，总体外观质量较好。

表4-2　烟叶外观质量评分数据特征

编号	颜色	成熟度	叶片结构	长度	宽度	油分	色度	残伤	外观综合
均值	8.14	9.17	8.78	9.45	9.06	8.45	8.42	9.14	8.83
中值	8	10	9	10	9	9	9	9	8.90
最大值	10	10	10	10	10	10	10	10	9.90
最小值	4	6	6	8	7	6	5	6	6.90
标准偏差SD	1.49	1.21	0.91	0.71	0.79	1.02	1.06	0.83	0.68
变异系数（%）	18.29	13.16	10.36	7.49	8.70	12.03	12.58	9.05	7.69

(二)物理特性

对收集的65份样品的物理特性进行了评价和打分（表4-3），4项指标的变异总体较外观指标大，以叶重变异最大，为2.27~12.36g，含梗率为15.90%~34.14%，叶片厚度为0.10~0.33mm，质重30~83g/m²，物理综合得分5.85~9.52。

表4-3　烟叶外观质量评分数据特征

样品编号	叶重（g）	含梗率（%）	叶片厚度（mm）	质重（g/m²）	物理综合得分
均值	6.75	22.84	0.17	48.12	7.87
中值	5.78	23.20	0.17	47.00	7.86
最大值	13.26	34.14	0.33	83.00	9.52
最小值	2.27	15.90	0.10	30.00	5.85
标准偏差SD	2.96	3.77	0.03	10.80	0.91
变异系数（%）	43.91	16.52	19.87	22.44	11.56

四、结论

结合口含烟对烟叶质量的需求及烟叶分级的理论对烟叶原料的外观评价进行了探讨，并对部分原料进行了外观质量评价，评价的65份烟叶样品外观质量总体较好，以颜色的变异系数最大，成熟度、色度、油分、叶片结构等次之，因此这几个指标是被评价样品外观质量较有区分度的指标因素。外观得分为5.85～9.52，差异较大，其中叶重变异系数最大。

第二节　烟叶原料常规化学成分分析

在传统卷烟烟叶原料的研究中，常规化学成分与烟气的香吃味及烟气感受有密切联系。口含烟以摄取烟碱为主要目的，其原料的烟碱含量是最为重要的。另外，从加工经验来看，总糖含量高容易导致原料粉碎时细粉筛除率下降，因此认为口含烟烟叶原料总糖不宜过高，否则带来加工上的不便。此外，烟草的pH值与口含烟加工也有着直接的关系，口含烟产品一般通过添加碱性调节剂提高烟草物料的pH值，以使结合态的烟碱更容易变为游离态烟碱，从而保证产品的生理强度，烟叶原料本底的pH值影响加工过程需添加碱性调节剂的比例，因此本节主要对收集原料的烟碱、总糖、pH值做了分析，同时也检测了部分样品的其他常规化学指标，如还原糖、总氮、钾、氯。

一、试验材料与方法

（一）试验材料

国内外口含烟样品55份，国外收集烟叶样品38份，统一种植烟叶样品129份。

（二）试验方法

烟碱的检测方法参照YC/T 160—2002烟草及烟草制品总植物碱的测定连续流动法。

总糖、还原糖的检测方法参照YC/T 159—2002烟草及烟草制品水溶性糖的测定连续流动法。

总氮的检测方法参照YC/T 161—2002烟草及烟草制品总氮的测定连续流动法。

钾的检测方法参照YC/T 173—2003烟草及烟草制品钾的测定火焰光度法。

氯的检测方法参照YC/T 162—2011烟草及烟草制品氯的测定连续流动法。

二、结果与分析

（一）烟碱

共检测222份样品的烟碱含量，其中国内收集样品55份、国外收集样品38份、种质资源样品129份（表4-4和图4-1）。烟碱的含量为0.57%～8.33%，均值为4.43%。烟碱含量3.0%～6.0%的样品有148份，占到半数以上，样品的整体烟碱含量较高。国外样品的烟碱与国内样品及种质资源样品比较而言，均值低一些，为3.46%。不同范围的样品烟碱变异系数接近。

表4-4　样品烟碱含量数据特征

样本范围	项目	烟碱（%）
总样本	样品数	222
	均值	4.43
	中值	4.47
	最大值	8.33
	最小值	0.57
	SD	1.62
	CV（%）	36.49
国内样本	样品数	55
	均值	4.32
	中值	4.71
	最大值	7.30
	最小值	0.57
	SD	1.55

（续表）

样本范围	项目	烟碱（%）
国内样本	CV（%）	35.83
国外样本	样品数	38
	均值	3.46
	中值	3.73
	最大值	6.09
	最小值	0.62
	SD	1.29
	CV（%）	37.16
种质资源样本	样品数	129
	均值	4.77
	中值	4.58
	最大值	8.33
	最小值	0.64
	SD	1.62
	CV（%）	34.01

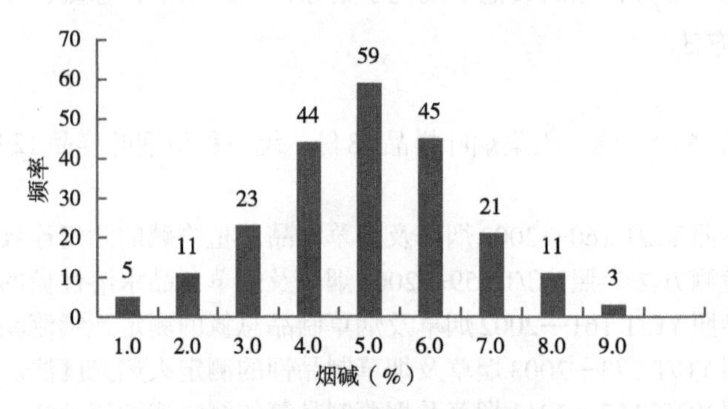

图4-1 样品烟碱含量分布频率

（二）总糖

共检测285份样品的总糖含量，其中国内收集样品93份（第一章不同区域烟草晾晒烟资源）、国外收集样品41份、种质资源样品151份（表4-5和图4-2）。总糖的变化范围很大，为0.26%~37.89%。242份检测样品，其中大部分样品总糖含量在4.0%以下，符合晾晒烟的总糖含量特征。总糖含量在1%以下的样品有97份，超过样本数的1/3。所有样品总糖含量均值3.33%，中值1.94%。国内收集样品总糖变异系数最大，国外样品次之，种质资源样品最小。从均值来看，国外样品总糖含量均值最高，国内收集样品次之，种质资源样品最低。

表4-5 样品总糖含量数据特征

样本范围	项目	总糖（%）
总样本	样品数	285
	均值	3.33
	中值	1.94
	最大值	37.89
	最小值	0.26
	SD	5.07
	CV（%）	152.12
国内样本	样品数	93
	均值	3.97
	中值	1.22
	最大值	37.89

（续表）

样本范围	项目	总糖（%）
国内样本	最小值	0.26
	SD	6.77
	CV（%）	170.62
国外样本	样品数	41
	均值	4.50
	中值	1.46
	最大值	25.63
	最小值	0.28
	SD	6.74
	CV（%）	149.83
种质资源样本	样品数	151
	均值	2.62
	中值	2.41
	最大值	17.22
	最小值	0.39
	SD	2.69
	CV（%）	102.72

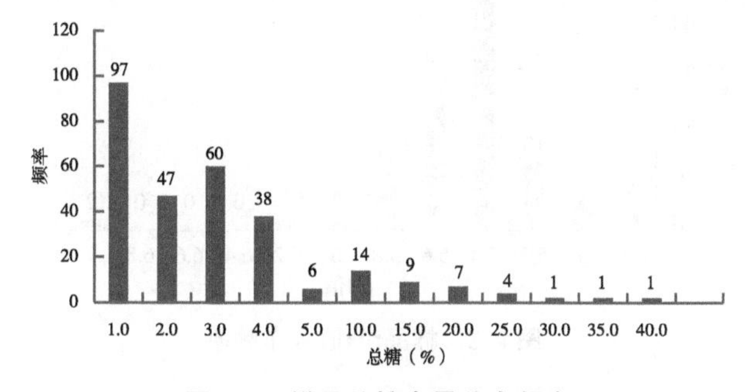

图4-2 样品总糖含量分布频率

（三）pH值

共检测了127份样品的pH值，其中国内样品23份、国外样品15份、种质资源样品89份（表4-6和图4-3）。pH值的变化范围正常，均呈酸性，为4.62～6.88。样品pH值均值5.38，不同取样范围的pH值均值接近，变异系数也都较小。

表4-6 样品pH值数据特征

样本范围	项目	pH值
总样本	样品数	127
	均值	5.38
	中值	5.33
	最大值	6.88
	最小值	4.62
	SD	0.32
	CV（%）	6.01
国内样本	样品数	23
	均值	5.25
	中值	5.22
	最大值	6.18
	最小值	4.70
	SD	0.38
	CV（%）	7.26

（续表）

样本范围	项目	pH值
国外样本	样品数	15
	均值	5.43
	中值	5.27
	最大值	6.88
	最小值	4.62
	SD	0.65
	CV（%）	11.94
种质资源样本	样品数	89
	均值	5.40
	中值	5.36
	最大值	6.16
	最小值	5.06
	SD	0.20
	CV（%）	3.76

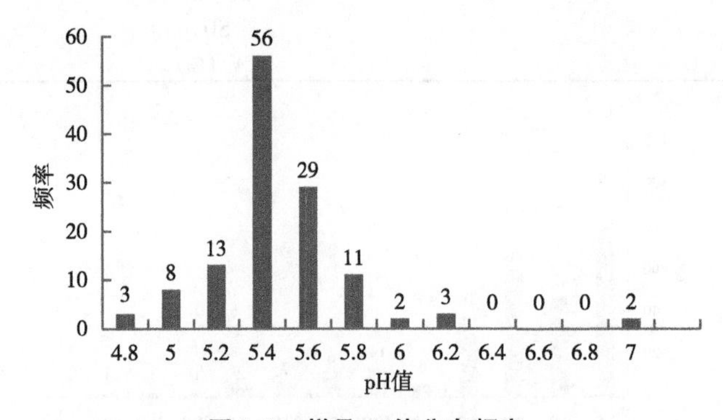

图4-3 样品pH值分布频率

（四）还原糖

共检测155份样品的还原糖含量，其中国内收集样品86份、国外收集样品30份、统一种植样品39份（表4-7和图4-4）。检测样品还原糖含量为0.03%～37.00%，大部分样品含量在1.0%以下（共101份），整体分布规律与总糖相像。

表4-7 样品还原糖含量数据特征

样本范围	项目	还原糖（%）
总样本	样品数	155
	均值	2.58
	中值	0.38
	最大值	37.00
	最小值	0.03
	SD	5.64
	CV（%）	218.30
国内样本	样品数	86
	均值	2.71
	中值	0.74
	最大值	37.00
	最小值	0.03
	SD	5.99
	CV（%）	220.96
国外样本	样品数	30

（续表）

样本范围	项目	还原糖（%）
国外样本	均值	5.29
	中值	2.02
	最大值	24.54
	最小值	0.10
	SD	6.97
	CV（%）	131.79
种质资源样本	样品数	39
	均值	0.22
	中值	0.21
	最大值	0.41
	最小值	0.12
	SD	0.06
	CV（%）	29.00

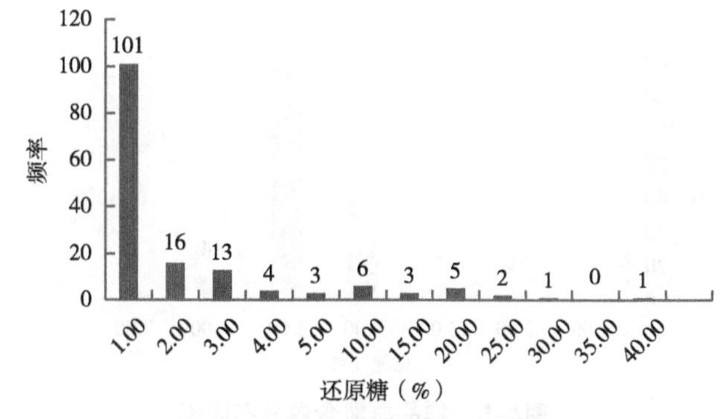

图4-4　样品还原糖含量分布频率

（五）总氮、钾、氯

共检测了213份样品的总氮、钾、氯含量，其中国内样品55份、国外样品29份、种质资源样品129份（表4-8，图4-5至图4-7）。样品的总氮含量为1.73%～6.91%，钾的含量为0.76%～8.11%，氯含量为0.09%～4.25%。大部分样品总氮为3%～5%，钾含量水平整体较高，氯含量水平整体较低。

表4-8　样品总氮、钾、氯含量数据特征

样本范围	项目	总氮（%）	钾（%）	氯（%）
总样本	样品数	213	213	213
	均值	4.16	3.55	0.68
	中值	4.18	3.22	0.45
	最大值	6.91	8.11	4.25
	最小值	1.73	0.76	0.09
	SD	0.80	1.48	0.63
	CV（%）	19.17	41.65	92.56
国内样本	样品数	55	55	55
	均值	4.21	3.86	0.92
	中值	4.10	3.85	0.75
	最大值	6.42	8.11	3.06
	最小值	2.25	1.10	0.14
	SD	0.96	1.42	0.68
	CV（%）	22.73	36.79	74.08
国外样本	样品数	29	29	29
	均值	3.77	3.24	1.12

（续表）

样本范围	项目	总氮（%）	钾（%）	氯（%）
国外样本	中值	3.80	3.28	0.62
	最大值	6.91	6.35	4.25
	最小值	1.73	0.76	0.14
	SD	1.35	1.27	1.05
	CV（%）	35.78	39.19	93.42
种质资源样本	样品数	129	129	129
	均值	4.22	3.49	0.49
	中值	4.22	2.94	0.41
	最大值	5.39	7.96	2.48
	最小值	2.60	1.38	0.09
	SD	0.48	1.54	0.35
	CV（%）	11.32	43.96	72.28

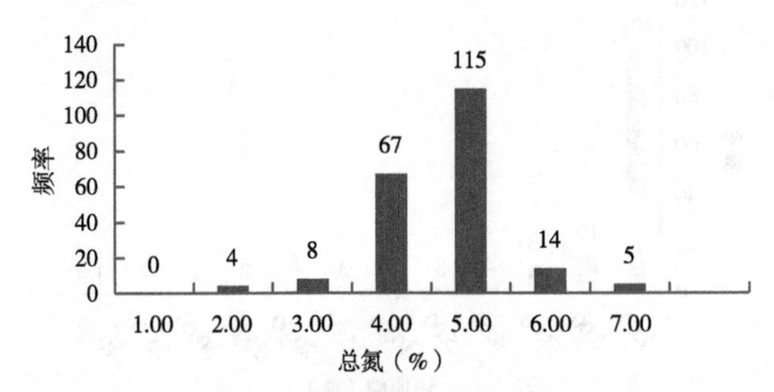

图4-5 样品总氮含量分布频率

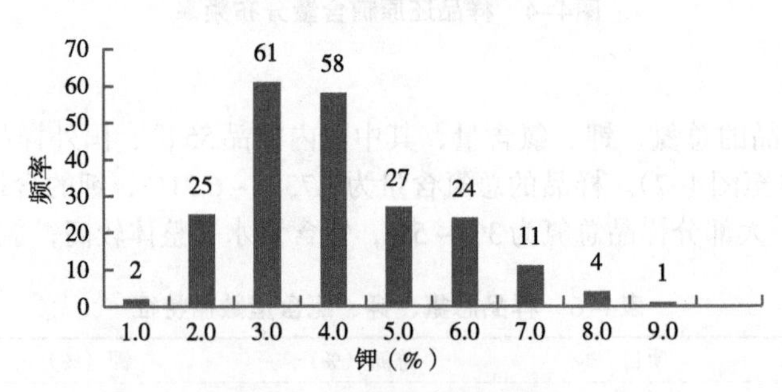

图4-6 样品钾含量分布频率

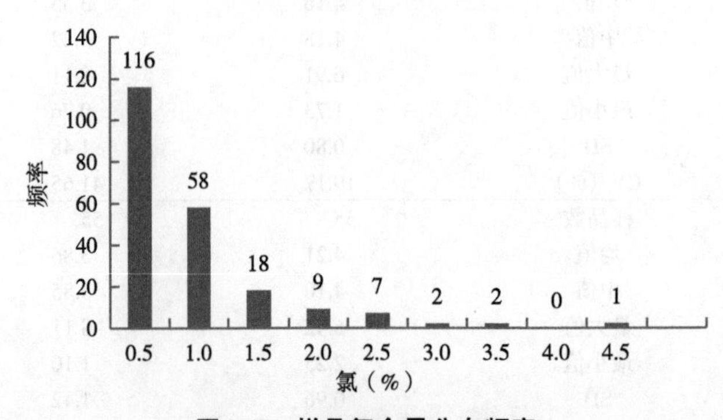

图4-7 样品氯含量分布频率

三、结论

对收集烟叶样品的烟碱、总糖、pH值进行分析，同时也检测了部分样品的其他还原糖、总氮、钾、氯等指标。烟碱和总糖的变化范围都较大，但是多数样品烟碱、总糖含量水平集中度较高。烟碱含量为0.57%～8.33%，均值4.43%。烟碱含量3.0%～6.0%的样品有148份，占到半数以上，样品的整体烟碱含量较高。样品总糖含量均值3.33%，处于较低水平，从均值来看，国外样品总糖含量均值最高，国内收集样品次之，种质资源样品最低。样品pH值变化范围相对不大，均呈现酸性，均值5.38，不同取样范围的pH值均值接近，变异系数也都较小。

第三节　烟叶原料呈味物质及感官品质评价研究

口含烟原料的感官品质是原料可用性的重要影响因素之一，作为以口腔含食为使用方法的烟草制品，烟叶原料的每种滋味所对应的关联物质是原料在口腔中呈现味道的基础，烟叶中化学成分复杂，本研究通过GPC分离结合TDA比较，明确了甜味、酸味、辣感的主要来源成分，通过苦味与化学成分的相关关系及回归分析，初步明确了烟叶中苦味贡献的主要物质。在此基础上开发了口含烟感官质量溶出检验法，并对部分原料进行了感官评价。

一、试验材料与方法

(一)烟叶滋味组分分离制备

1. 材料、试剂和仪器

材料和试剂：乙醇、石油醚、乙酸乙酯、蒸馏水、Sephadex LH-20填料；仪器：超声仪、旋转蒸发仪、玻璃层析柱、冻干机、电热鼓风干燥箱、粉碎机、天平。

2. 烟叶提取物制备与分离

参考YC/T 31—1996，将烟叶40℃干燥2h后粉碎，取四等份各100g烟粉，分别在500ml四种不同溶剂（乙醇、石油醚、乙酸乙酯和65%乙醇水溶液）中回流提取2h，过滤后将滤液旋转蒸发（40℃，5kPa）除去溶剂，称量所得提取物质量，计算提取质量效率。

将6g烟叶乙醇水溶液提取物溶于15ml蒸馏水中，经0.22μm滤膜过滤后经GPC分离，由10位按GB/T 12312—2012要求进行过味觉校正和训练的味觉评价人员对各流份的滋味特征进行评价，确定各流份的滋味特征。滋味评价结果须至少7位评价人员意见一致才被接受。合并具有相同滋味特征的流份，冷冻干燥后得到各滋味特征组分。

GPC条件为：流动相蒸馏水；填料Sephadex LH-20；流速1ml/min；通过收集器每10min收集1个流份，共收集40个流份。通过紫外检测仪监测确定收集流份的起点和终点。

(二)甜味组分分析

1. 材料、试剂和仪器

葡萄糖、果糖、蔗糖、肌糖、O-甲基羟胺盐酸盐、N-甲基-N-三甲基硅烷三氟乙酸盐、吡啶、蒸馏水、超滤膜（0.22μm）。

7890A/5975C型气相色谱—质谱联用仪（美国Agilent公司）；UltiMate3000型液相色谱仪（美国Thermo Fisher Scientific公司）、2000ES型ELSD检测器（美国Alltech公司）、Prevail Carbohydrate ES色谱柱（5μm，250mm×4.6mm）（美国Grace公司）；超声仪；电子天平。

2. 甜味组分定性分析方法

将10mg甜味组分溶于1ml吡啶中，加入100μl O-甲基羟胺盐酸盐吡啶溶液（30mg/ml），置于37℃水浴中1h，再加入100μl MSTFA，置于37℃水浴中30min。反应后的溶液直接进行GC/MS分析，利用NIST08和Wiley谱库，以匹配度高于85%者定性，并对定性结果进行标准品对照实验确认。

GC/MS条件：色谱柱DB-5MS（30μm×250μm×0.25μm）；载气He；柱流量1ml/min；进样口温度250℃；升温程序50℃（1min）5℃/min 240℃（10min）；不分流模式；传输线温度250℃；EI离子源；

电离能量70eV；离子源温度230℃；四极杆温度150℃；扫描模式全扫描；质量扫描33～450amu。

3. 甜味组分中4种甜味成分的HPLC-ELSD法定量

配制甜味组分的水溶液（100mg/ml）避光存储于4℃冰箱中，记为甜味组分储备溶液（溶液A），供定量分析实验和感官评价实验共同使用。

移取220μl甜味组分储备溶液置于10ml容量瓶中，加水定容，作为进样溶液。取1ml进样溶液经0.22μm滤膜过滤后进行葡萄糖、果糖、蔗糖、肌糖等4种甜味成分的HPLC-ELSD定量分析。

HPLC-ELSD条件：色谱柱，Prevail Carbohydrate ES色谱柱（5μm，250mm×4.6mm）；流动相，乙腈和水；梯度洗脱，80%乙腈+20%水（0min），75%乙腈+25%水（20min），55%乙腈+45%水（26min），80%乙腈+20%水（30min），80%乙腈+20%水（30～32min）；流速，0.8ml/min；柱温，30℃；进样量，10μl；漂移管温度，80℃；氮气流量，2.4L/min。

4. 甜味组分溶液和甜味成分复配溶液的TDA比较

依据定量分析结果，计算上述溶液A中葡萄糖、果糖、蔗糖、肌糖4种甜味成分的质量浓度。配制甜味成分水溶液B，使复配溶液中的甜味成分均具有和溶液A中对应成分相同的浓度。将溶液A和复配溶液分别逐级等倍稀释5次，获得6个浓度等倍降低的溶液系列，记录各溶液的稀释倍数。对各组溶液系列进行TDA比较研究。

TDA方法：10位味觉评价人员依据GB/T 12312—2012要求进行味觉校正和训练后，通过三点法对上述6组溶液系列进行味觉辨识（即针对每个溶液，评价人员仅通过味觉特征评价，从溶液和2个空白水样中，辨识出该溶液）；7位以上评价人员结论一致时，辨识结果方被接受，否则即认为该浓度下待评价溶液无法与空白水样品区分。

5. 甜味成分味觉阈值测定

依据GB/T 12312—2012要求，对10位味觉评价人员进行味觉校正和训练。依据GB/T 22366—2008中针对最优估计阈值法（BET法）测定风味物质阈值的描述，10位味觉评价人员通过三点法对4种甜味成分的味觉阈值进行测定：将各甜味成分分别配制成8mg/g的水溶液，并逐级等倍稀释6次后，分别获得各甜味成分7个浓度等倍降低的溶液系列；针对每个浓度的溶液，评价人员仅通过味觉特征评价，从溶液和2个空白水样中，辨识出该溶液；对每一个甜味成分，以每位评价人员辨识失误的最高浓度和其紧邻的更高一级浓度的几何平均值作为该评价人员对该成分的BET值；分别计算10位评价人员对每一个甜味成分BET值的几何平均值作为该甜味成分的味觉阈值。

（三）酸味组分的分析

1. 材料、试剂和仪器

材料和试剂：苹果酸；富马酸、乳酸；乙酸；双（三甲基硅烷基）三氟乙酰胺（BSTFA）、柠檬酸；吡啶；蒸馏水。

仪器：7890A/5975C型气相色谱—质谱联用仪（Agilent公司）；ICS-5000离子色谱仪[配备EGC-KOH淋洗液发生器、CD50A电导检测器、ASRS300阴离子自再生膜抑制器（4mm）]、IonPac AG11-HC阴离子保护柱（4mm×50mm）、Ionpac AS11-HC阴离子交换色谱柱（4mm×250mm）（Thermo Fisher Scientific公司）；8894型超声仪（Cole Parmer公司）；CP2245型电子天平（感量0.000 1g，Sartorius公司）；超滤膜（0.22μm，天津津腾公司）。

2. 酸味组分定性分析

将5mg酸味组分溶于1ml吡啶中，加入100μl BSTFA，在60℃水浴中衍生化1h，进行GC/MS分析，利用NIST08和Wiley谱库，以匹配度高于85%者定性。

GC/MS分析条件为：色谱柱，DB-5MS（60m×250μm×0.25μm）；载气，He；柱流量，1ml/min；进样口温度，250℃；升温程序，50℃ 3min，3℃/min 250℃；分流模式，不分流；传输线温度，250℃；离子源，EI；电子能量，70eV；离子源温度，230℃；四极杆温度，150℃；扫描模式，全扫描；质量扫描，33～450amu。

3. 有机酸的离子色谱定量

酸味组分在存储过程中由于吸收水分导致各有机酸质量分数发生变化，为保持定量分析结果和感官评价实验的一致性，将配制的酸味组分的水溶液密封、避光储存于4℃冰箱中，作为酸味组分储备溶液供定量分析和感官评价实验共同使用。

移取400μl酸味组分储备溶液置于10ml容量瓶中，加水定容，作为进样溶液。取1ml进样溶液，经超滤膜过滤后进行乳酸、乙酸、苹果酸、富马酸和柠檬酸等5种有机酸（以下简称5种有机酸）的IC定量分析。

IC分析条件：色谱柱，Ionpac AS11-HC阴离子交换色谱柱（4mm×250mm）；IonPac AG11-HC阴离子保护柱（4mm×50mm）；淋洗液，KOH梯度淋洗；流速，1.0ml/min；抑制器电流，150mA；柱温，30℃；电导检测器温度，35℃；进样量，25μl；梯度条件，0～12min 0.8mmol/L KOH；12～25min 0.8～20.0mmol/L KOH；25～33min 20.0～12.0mmol/L KOH；33～40min 12.0～50.0mmol/L KOH；40～45min 50.0mmol/L KOH；45～50min 50.0～0.8mmol/L KOH；50～60min 0.8mmol/L KOH。

4. 酸味组分溶液和有机酸复配溶液的TDA比较

依据定量分析结果，酸味组分储备溶液中有机酸的浓度，配制有机酸的混合水溶液，使该溶液中各有机酸具有和酸味组分储备溶液中相同的浓度。将酸味组分溶液和有机酸复配溶液分别逐级等倍稀释6次，获得两组各7个浓度等倍降低的溶液系列，记录各溶液的稀释倍数。

TDA方法为：依据GB/T 12312—2012的要求，对10位味觉评价人员进行味觉校正和训练。10位味觉评价人员通过三点法对上述两组溶液系列进行味觉辨识：即针对每个溶液，评价人员仅通过味觉特征评价，从溶液和2个空白水样中，辨识出该溶液；有7位以上评价人员结论一致时，辨识结果方被接受，否则即认为该浓度下待评价溶液无法与空白水样区分。

5. 有机酸味觉阈值的测定

依据GB/T 22366—2008中针对最优估计阈值（Best estimate threshold，BET）法测定风味物质阈值的描述，10位味觉评价人员通过三点法对5种有机酸的味觉阈值进行测定：将各有机酸分别配制成0.5mg/g的水溶液，并逐级等倍稀释9次后，分别获得各有机酸10个浓度等倍降低的溶液系列；针对每个浓度的有机酸溶液，评价人员仅通过味觉特征评价，从溶液和2个空白水样中辨识出该溶液；对每一个有机酸，以每位评价人员辨识失误的最高浓度和其紧邻的更高一级浓度的几何平均值作为该评价人员评价该有机酸的BET值；分别计算10位评价人员对每个有机酸BET值的几何平均值，将其作为该有机酸的味觉阈值。

（四）辣感组分分析

1. 材料、试剂和仪器

材料和试剂：烟碱；2-甲基喹啉、无水甲醇、无水乙醇；蒸馏水；超滤膜（0.22μm）。

仪器：7890A/5975C型气相色谱—质谱联用仪（美国Agilent公司）；超声仪；电子天平。

2. 辣感组分定性分析

将1mg辣感组分溶于1ml甲醇中，经0.22μm尼龙滤头过滤后进行GC/MS分析，利用NIST08和Wiley谱库，以匹配度高于85%者定性。

GC/MS条件：色谱柱，DB-5MS（60m×250μm×0.25μm）；载气，He；柱流量，1ml/min；进样口温度，250℃；程序升温，50℃ 0min，3℃/min 240℃ 3min；分流模式，不分流；传输线温度：250℃；离子源：EI；电离能量，70eV；离子源温度，230℃；四级杆温度，150℃；扫描模式，全扫描；质量扫描，33～450amu。

3. 辣感组分中烟碱含量的定量分析

参考YC/T 383—2010推荐的烟碱测定方法，将辣感组分用0.01%的三乙胺—三氯甲烷配制浓度为2mg/ml的溶液，加入内标2-甲基喹啉，GC/MS测定其中烟碱浓度，平行测定6次。

GC/MS条件：色谱柱，DB-5MS（60m×250μm×0.25μm）；载气，He；柱流量，1ml/min；进样口温度，250℃；程序升温，50℃ 1min，10℃/min 280℃ 1min；分流比，40：1；传输线温度，250℃；离

子源，EI；电离能量，70eV；离子源温度，230℃；四级杆温度，150℃；扫描模式，选择离子扫描（SIM）；选择离子参数，烟碱（定量离子84，定性离子133），2-甲基喹啉（定量离子143，定性离子128）。

4. 辣感组分溶液和复配溶液的TDA比较

依据辣感组分中烟碱含量测定结果，配制辣感组分为水溶液（溶液A，辣感组分浓度为8 705μg/ml）和烟碱复配水溶液（溶液B，烟碱浓度为625μg/ml），使该溶液中烟碱浓度和溶液A中烟碱浓度相同。将溶液A和溶液B分别逐级稀释5次，获得两组各6个浓度等倍降低的溶液序列，记录各溶液的稀释倍数。

TDA方法：依据GB/T 12312—2012要求，对10位味觉评价人员进行味觉校正和训练。依据GB/T 22366—2008描述，10位味觉评价人员通过三点法对上述两组溶液序列进行味觉辨识（即针对每个溶液，评价人员仅通过味觉特征评价，从溶液和2个空白水样中，辨识出该溶液）；7位以上评价人员结论一致时，辨识结果方被接受，否则即认为该浓度下待评价溶液无法与空白水样品区分。

5. 辣感组分中烟碱TAV计算

结合TDA实验中，10位味觉评价人员三点法味觉辨识结果，依据GB/T 22366—2008中针对最优估计阈值（Best estimate threshold，BET）法测定风味物质阈值的描述，计算烟碱在水中的味觉阈值。

（五）苦味物质分析

1. 材料

以收集41份烟叶为实验材料。

2. 制样、检测及分析方法

烟叶样品在干燥箱内60℃烘干，旋风磨粉碎后过60目筛得到烟叶样品粉末。一部分样品粉末，按YC/T159～162—2002和YC/T173，174—2003规定的方法测定烟叶样品的总糖和还原糖、总植物碱、总氮、氯、钾含量；同时蒸馏萃取—气相色谱—质谱联用法（GC/MS）测定中性致香成分；硫酸甲酯化—气相色谱—质谱联用（GC/MS）测定非挥发有机酸和高级脂肪酸。另一部分烟叶样品粉末制成口含烟，组织评价小组共同对41份口含烟的苦味进行定量打分。赋分规则：无苦味（0～0.9）、稍有苦味（1～1.9）、稍苦（2～2.9）、较苦（3～3.9）、苦（4～5）。用Excel 2007、SPSS 20.0和DPS 9.5统计软件对检测数据和苦味感官评价得分进行统计分析。聚类分析采用Wards法。

（六）感官评价方法

1. 评价方法——溶出检验法

袋装口含烟原料评价方法主要针对口含烟原料的口感特征进行评价，提供术语解释、评价要求、标准物质、标准物质溶液赋分以及评价流程，用于袋装口含烟原料的综合判断，为袋装口含烟原料的可用性提供基础。

本方法包括以下技术内容：术语解释、评价要求、标准物质母液、标准物质溶液赋分以及评价方法。

方法适用于袋装口含烟原料感官特征评价。

2. 术语解释

口感：刺激的物理和化学特性在口中产生的混合感觉。

甜味：由天然或人造物质（例如蔗糖或阿斯巴甜）的稀水溶液产生的一种基本味道。

酸味：由某些酸性物质（例如柠檬酸、酒石酸等）的稀水溶液产生的一种基本味道。

苦味：由某些物质（例如奎宁、咖啡因等）的稀水溶液产生的一种基本味道。

咸味：由某些物质（例如氯化钠）的稀水溶液产生的一种基本味道。

涩味：由某些物质（例如柿单宁、黑刺李单宁）产生的使口腔皮层或黏膜表面收缩、拉紧或起皱的一种复合感觉。

辣感：由某些物质（例如烟碱/辣椒素）产生的使口腔黏膜或舌部灼热、刺痛或尖刺的一种复合感觉。

3. 评价要求

评价室要求：感官评价应在符合GB/T 13868—2009要求的实验室内进行。内部设施均应由无味、不吸附和不散发气味的建筑材料构成，室中应具有洗漱设备。评价室应紧邻样品制备区，墙壁的颜色和内部设施的颜色应为中性色。室内环境应安静，使评价员在评价过程中不受外界干扰。应有适宜的通风装置，避免气息残留在评价室中。照明应是可调控和均匀的，并有足够的亮度以利于评价。温度和湿度应适宜并保持相对稳定。

评价员要求：感官评价应聘用符合GB/T 16291.2—2010要求的人员进行。身体健康，具有正常的嗅觉、味觉和化学感觉敏感性以及从事感官评价的兴趣。对袋装口含烟产品具有一定的专业知识，且无偏见。

4. 标准物质

标准物质的选择参考GB/T 12312—2012，详细如下：甜味—蔗糖；酸味—结晶柠檬酸（一水化合物）；苦味—盐酸奎宁（二水化合物）；咸味—氯化钠；辣味—烟碱；涩味—单宁酸。标准物质溶液的配置（表4-9）。GB/T 12312—2012（感官分析味觉敏感度的测定方法）中，规定了甜味、酸味、苦味和咸味储备液制备及其规格；辣味储备液的制备参照FDA规定的浓度上限（0.12%）；涩味储备液的制备参考文献（Chem.Percept. 2008，1，268-281）中的配制浓度（0.15%）。

表4-9　标准物质母液

感官特征	标准物质	浓度
甜味	蔗糖，Mr=342.3	24（g/L）
酸味	结晶柠檬酸（一水化合物），Mr=210.14	1.2（g/L）
苦味	盐酸奎宁（二水化合物），Mr=196.9	20（mg/L）
咸味	氯化钠，Mr=58.46	4（g/L）
辣感	烟碱，Mr=162.23	1.2（g/L）
涩感	单宁酸，Mr=1 701.20	1.5（g/L）

5. 标准物质溶液赋分

依据优选评价员的实际评价结果，对标准物质溶液进行赋分如下：

12g/L的蔗糖溶液的甜度为1，24g/L的蔗糖溶液的甜度为3，48g/L的蔗糖溶液的甜度为5。

0.3g/L的柠檬酸溶液的酸度为1，0.6g/L的柠檬酸溶液的酸度为3，1.2g/L的柠檬酸溶液的酸度为5。

10mg/L的盐酸奎宁溶液的苦度为1，20mg/L的盐酸奎宁溶液的苦度为3，40mg/L的盐酸奎宁溶液的苦度为5。

1.5g/L的氯化钠溶液的咸度为1，3.0g/L的氯化钠溶液的咸度为3，6.0g/L的氯化钠溶液的咸度为5。

0.15g/L的烟碱溶液的辣度为1，0.3g/L的烟碱溶液的辣度为3，0.6g/L的烟碱溶液的辣度为5。

0.3g/L的单宁酸溶液的涩度为1，0.6g/L的单宁酸溶液的涩度为3，0.9g/L的单宁酸溶液的涩度为5。

6. 评价

取待评价样品，按照10ml/袋，取适量温水制备口含烟浸出液，浸泡后取出样品，分装于一次性品尝杯，感受酸、甜、苦、咸等基本味觉特征和辣、涩等化学感觉特征。并填写口含烟原料感官质量评价表（表4-10）。评价过程中口腔残留可采用白开水进行调节和清除，允许利用水分含量高的砀山梨等水果帮助恢复味觉。避免采用花茶或其他影响评价人员味觉感受的茶水。

表4-10 袋装口含烟烟粉原料感官质量评价

口感特征	味觉特征	甜味	0	1	2	3	4	5
		酸味	0	1	2	3	4	5
		苦味	0	1	2	3	4	5
		咸味	0	1	2	3	4	5
	化学感觉特征	辣感	0	1	2	3	4	5
		涩感	0	1	2	3	4	5
	杂味	土腥味	枯焦味		生青味		木质味	
	余味							

二、结果与讨论

(一)烟叶滋味组分

四种不同的提取溶剂所得烟叶提取的质量效率分别为：石油醚5%；乙酸乙酯7%；乙醇15%；乙醇水溶液35%。由于溶剂对于提取味觉活性成分的歧视性规律不明确，同时考虑感官评价对样品毒性的要求，最终使用提取效率高（35%，质量分数）、毒性小的乙醇水溶液（65%，体积比）制备烟叶提取物。所得烟叶提取物呈现强烈的辣感，且具有一定的甜味和酸味特征。

GPC分离流份（F1～F40）的滋味特征进行评价。从F5开始，流份依次出现甜味、酸味、辣感和苦味。而最先和最后的流份无滋味特征（表4-11）。

表4-11 GPC流份的滋味特征评价结果

编号	滋味	编号	滋味	编号	滋味	编号	滋味	编号	滋味
F1	无	F9	微甜	F17	辣	F25	苦	F33	无
F2	无	F10	微酸	F18	微苦	F26	苦	F34	无
F3	无	F11	酸	F19	微苦	F27	苦	F35	无
F4	无	F12	酸	F20	微苦	F28	无	F36	无
F5	微甜	F13	酸、微辣	F21	微苦	F29	无	F37	无
F6	微甜	F14	酸、微辣	F22	微苦	F30	无	F38	无
F7	微甜	F15	微辣	F23	苦	F31	无	F39	无
F8	甜	F16	辣	F24	苦	F32	无	F40	无

将具有甜味特征的F5～F9流份合并，冷冻干燥后得到约1g固体即为甜味组分，该组分表现出明显且比较纯粹的甜味。合并具有酸味特征的流份F10～F14，冷冻干燥后得到约500mg固体，即为酸味组分，该组分表现出明显的酸味。将具有辣感特征的F15～F17流份合并，冷冻干燥后得到约700mg固体，即为辣感组分，该组分具有强烈的口腔刺激性。

65%乙醇水溶液可以在制备烟叶提取物时获得较高的质量提取效率，较低的毒性也有利于后续感官评价实验。GPC可以用水作为流动相，分离流份能够直接进行滋味特征评价。烟叶提取物经GPC分离后，得到了具有不同滋味特征成分的流份。抛弃没有滋味特征的流份，合并相同滋味特征流份，冷冻干燥除去溶剂后，获得了具有不同质量和物理状态的甜味、酸味、苦味三种味觉组分和辣感化学感觉组分。

(二)甜味组分的分析

1. 甜味组分中4种甜味成分的HPLC-ELSD定量分析

采用GC/MS从甜味组分中共定性出4种甜味成分：葡萄糖、果糖、蔗糖、肌糖。进行甜味组分中4种甜味成分的HPLC-ELSD定量分析。甜味组分样品色谱图如图4-8所示，从中可以看出除4种甜味成分外，甜味组分中其他物质的ELSD响应很小。

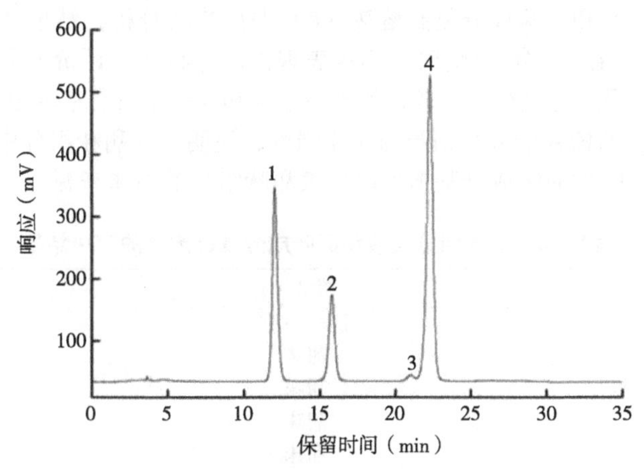

1.果糖；2.葡萄糖；3.肌糖；4.蔗糖

图4-8　甜味组分样品色谱图

4种甜味成分的工作曲线、相关系数、线性范围、检出限、在甜味组分中的含量（质量分数）以及相对标准偏差（RSD）（表4-12）显示，各目标物RSD均小于2%，说明定量方法稳定性较好；4种甜味成分的总量约占甜味组分的78%。为了在计算TAV时和甜味成分的阈值单位保持一致，甜味成分的含量单位采用mg/g。3个水平4种甜味成分的加标回收率和RSD如表4-13所示。可以看出，除肌糖外，其余3种成分的回收率均为90%～110%，说明定量结果比较准确。

表4-12　4种甜味成分的标准曲线、线性范围、相关系数、检出限、含量及RSD

目标物	工作曲线①	线性范围（μg/ml）	R^2	LOD（μg/ml）	含量（mg/g）	RSD（n=6）（%）
果糖	y=1.544 3x−6.189 7	25～1 250	0.999 2	0.30	206.3	1.40
葡萄糖	y=1.553 6x−5.394 4	30～1 500	0.999 3	0.21	219.6	1.58
肌糖	y=1.126 6x−5.437 5	10～500	0.993 9	0.09	16.3	1.87
蔗糖	y=1.495 0x−6.042 1	30～1 500	0.998 9	0.60	342.5	1.30

注：① 以峰面积的自然对数（y）对工作溶液浓度的自然对数（x）进行线性回归得到4种甜味成分的工作曲线。

表4-13　4种甜味成分三水平加标回收率和RSD

目标物	原含量（μg）	加入量（μg）	测定量（μg）	回收率（%）	RSD（n=6）（%）
果糖	454.9	223.5	692.9	106.49	3.61
		447.0	916.8	103.33	1.82
		670.5	1 127.2	100.27	1.93
葡萄糖	467.6	235.5	698.5	98.05	3.9
		471.0	908.8	93.67	4.10
		706.5	1 130.1	93.77	2.31
肌糖	33.4	18.1	47.3	76.80	7.16
		30.8	63.9	99.03	10.73
		50.4	78.1	88.69	5.12
蔗糖	684.6	341.0	1 013.0	96.39	3.56
		682.2	1 317.8	92.86	2.68
		1 023.0	1 615.2	91.00	2.49

2. 甜味组分溶液和甜味成分复配溶液的TDA结果

对甜味组分溶液（A）和甜味成分复配溶液（B）进行TDA分析，结果（表4-14）表明：甜味组分溶液A和复配溶液均在稀释至第32倍时，不再表现出滋味特征。评价人员对各溶液系列起始（稀释倍数为0）溶液的甜味强度也进行了比较，发现溶液A和B甜味强度基本相当。

溶液A和B具有相同的稀释倍数和相当的甜味强度，说明尽管甜味组分中有可能存在其他具有甜味的物质，但是所分析的4种甜味成分基本可以代表甜味组分的甜味来源。

表4-14 甜味组分溶液和甜味成分复配溶液的TDA结果

溶液稀释倍数	溶液A	溶液B
0	甜味（强）	甜味（强）
2	甜味	甜味
4	甜味	甜味
8	甜味	甜味
16	甜味	甜味
32	无滋味	无滋味

3. 甜味成分味觉阈值

对4种甜味成分室温常压下水中的味觉阈值进行了统一测定（表4-15）。一般认为，感官活性分子的贡献与其含量成正比，与其感官阈值成反比。可以用感官活性分子的浓度和感官阈值之比计算感官活性值（TAV），作为判断其感官贡献大小的指标。当感官活性分子的浓度和感官阈值采用同一单位时，感官活性值是一个没有量纲的值，可认为只有感官活性值大于1.0的成分才具有感官贡献。

表4-15 4种甜味物质的味觉阈值、相对甜度及在甜味组分中的含量与TAV

名称	阈值（mg/g）	含量（mg/g）	TAV	相对甜度
果糖	0.9	206.3	229	130 ~ 180
葡萄糖	1.1	219.6	200	70
肌糖	0.8	16.3	20	50
蔗糖	1.0	342.5	343	100

依据定量实验结果和阈值测定结果计算烟叶提取物甜味组分中4种甜味成分的TAV作为其对于甜味组分甜味贡献的判断指标。4种成分的味觉阈值及在甜味组分中的含量与TAV如表4-17所示。可以看出：4种成分的TAV均大于1.0，说明它们对甜味组分的甜味均有贡献。

果糖、蔗糖、葡萄糖、肌糖是烟叶提取物甜味组分味觉效应的主要来源。通过TDA考察确定了4种甜味成分对烟叶提取物甜味组分味觉效应的代表性。

（三）酸味组分的分析

1. 酸味组分中有机酸的IC定量分析结果

针对酸味组分GC/MS分析共定性出5种有机酸：乳酸、乙酸、苹果酸、富马酸、柠檬酸。酸味组分样品的离子色谱图如图4-9所示，除乳酸外，其余4种有机酸基本实现了基线分离。酸味组分中杂质信号未与乳酸实现完全的基线分离，有可能带来定量结果偏差。由于本研究中定量分析的目的是为感官评价实验提供依据，而感官评价本身误差远大于仪器分析，因此该偏差尚在可接受范围之内。

5种有机酸的标准曲线、相关系数、线性范围、检出限、在酸味组分中的质量分数以及相对标准偏差如表4-16所示，各目标物的相对标准偏差在5%以内，说明定量结果的稳定性较好。为了在计算TAV时与有机酸的阈值单位保持一致，有机酸的质量分数单位采用μg/g。5种有机酸在3个水平的加标回收率如表4-17所示，各目标物的回收率为92.53% ~ 110.66%，说明本方法的测定结果比较准确，基本满足感官评价实验的需求。

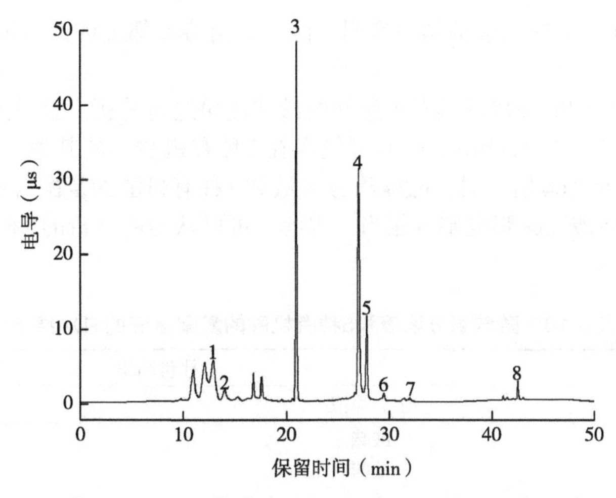

1. 乳酸；2. 乙酸；3. Cl^-；4. 苹果酸；5. NO_3^-；6. SO_4^{2-}；7. 富马酸；8. 柠檬酸

图4-9　酸味组分的离子色谱图

表4-16　有机酸的标准曲线、线性范围、相关系数、检出限、质量分数及RSD①

有机酸	工作曲线①	线性范围（μg/ml）	R^2	LOD（μg/ml）	质量分数（μg/g）	RSD（%）（n=6）
乳酸	y=0.088 1x+0.347 8	10.0～160.0	0.999 2	0.48	8 260	3.56
乙酸	y=0.040 4x+0.073 0	2.0～32.0	0.997 7	0.08	3 050	3.59
苹果酸	y=0.039 8x+1.030 5	20.0～320.0	0.996 2	1.64	33 460	3.07
富马酸	y=0.153 0x+0.005 2	0.2～3.2	1.000 0	0.02	270	3.83
柠檬酸	y=0.066 1x+0.051 2	2.0～32.0	0.997 7	0.24	1 020	1.58

注：①工作曲线方程中y为峰面积，x为浓度（μg/ml）。

表4-17　5种有机酸的回收率

目标物	加入值（μg/ml）	测定值（μg/ml）	回收率（%）	RSD（%）（n=6）
乳酸	16.59	47.59	104.86	1.86
	33.18	66.76	110.22	2.98
	66.35	98.08	102.31	1.96
乙酸	4.97	15.73	92.53	2.14
	9.95	21.56	104.87	2.18
	19.89	30.15	95.61	1.43
苹果酸	50.04	176.67	108.53	1.80
	100.08	233.11	110.66	4.03
	200.16	312.69	95.09	1.44
富马酸	0.57	1.55	97.39	4.08
	1.13	2.15	102.26	2.23
	2.26	3.22	98.41	1.98
柠檬酸	3.88	8.04	101.41	1.01
	7.76	11.42	98.95	1.53
	15.52	19.10	98.98	1.08

2. 酸味组分溶液和有机酸复配溶液的TDA分析

酸味组分溶液和有机酸复配溶液的TDA实验结果如表4-18所示。酸味组分溶液和5种有机酸复配溶液均经过6次逐级等倍稀释（总稀释倍数为64）后，不再表现出滋味特征。同时，比较两个系列起始溶液（稀释倍数为0）酸味强度的结果表明，两个起始溶液都表现出明显的酸味特征，强度基本相当。

由于本实验中只针对GPC分离后具有可感知的酸味流份进行分析，且只选择了结果比较可靠的5种有机酸进行GC/MS定性，故酸味组分中有可能存在5种有机酸外的其他酸味成分。然而，在TDA实验中，稀释至相同倍数（64倍）时，酸味组分溶液和5种有机酸的复配溶液的酸味特征同步消失；同时，两个系列的起始溶液酸味强度基本相当。因此，可以认为所分析的5种有机酸基本可以代表酸味组分酸味的主要来源。

表4-18 酸味组分溶液和5种有机酸的复配溶液的TDA结果①

总稀释倍数	评价结果	
	组分溶液	复配溶液
0	酸味	酸味
2	酸味	酸味
4	酸味	酸味
8	酸味	酸味
16	酸味	酸味
32	酸味	酸味
64	无滋味	无滋味

注：①稀释倍数为0时，酸味组分溶液浓度为91.4mg/ml，复配溶液中乳酸、乙酸、苹果酸、富马酸和柠檬酸的浓度分别为0.75mg/ml，0.28mg/ml，3.06mg/ml，0.02mg/ml和0.09mg/ml

3. 有机酸味觉阈值测定和在酸味组分中的TAV结果

依据定量实验和阈值测定结果计算烟叶提取物酸味组分中5种有机酸的TAV，将其作为对酸味组分酸味贡献的判断指标。5种有机酸的味觉阈值及在酸味组分中的质量分数和TAV如表4-19所示。可以看出：5种有机酸的TAV均大于1，说明其对酸味组分的酸味均有贡献；其贡献为苹果酸>乳酸>乙酸>柠檬酸>富马酸，其中，苹果酸的TAV最高。结合上述TDA分析结果，当稀释64倍时溶液酸味特征消失，计算可知此时溶液中苹果酸的浓度约为47μg/g，非常接近实验中所测定的苹果酸的味觉觉察阈值（34μg/g）。稀释过程中，当苹果酸的浓度接近其味觉阈值时，溶液酸味特征同步消失，表明苹果酸是决定烟叶提取物酸味组分酸味最关键的成分。

表4-19 5种有机酸的味觉阈值及在酸味组分中的TAV

有机酸	阈值（μg/g）	TAV
乳酸	15	551
乙酸	31	98
苹果酸	34	984
富马酸	8	34
柠檬酸	12	85

乳酸、乙酸、苹果酸、富马酸、柠檬酸等5种有机酸是酸味组分酸味的主要来源；5种有机酸对酸味组分的酸味均有贡献，其贡献为苹果酸>乳酸>乙酸>柠檬酸>富马酸，其中苹果酸是决定烟叶提取物酸味组分酸味最关键的成分。

（四）辣感组分的分析

1. 辣感组分烟碱含量

烟叶提取物辣感组分的GC/MS定性分析，所得总离子流图如图4-10所示。定性分析结果见表4-20。对4种定性成分标样进行感官评价后确定：癸烷、十一烷和十二烷对所分离组分的辣感特征无贡献，而烟碱则在口腔表现出十分明显的辣感特征。可以明确烟碱对所分离组分辣感特征有直接贡献。对辣感组分中烟碱含量的定量测定得到烟碱组分中烟碱含量为71.8mg/g（RSD=4.07%）。

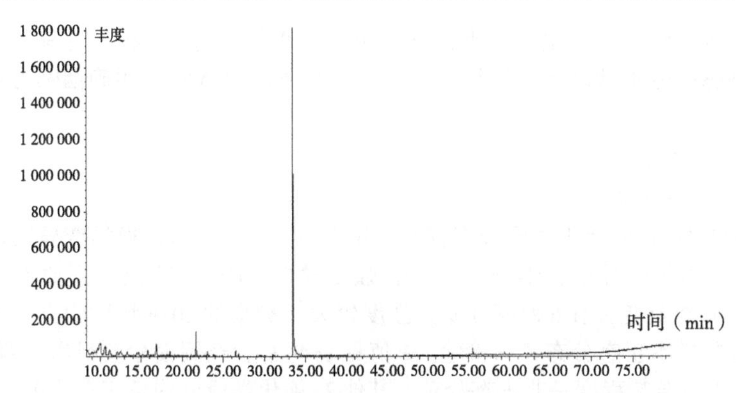

图4-10　烟叶提取物辣感组分GC/MS总离子流图

表4-20　烟叶提取物辣感组分的GC/MS分析结果

编号	时间（min）	化合物	相对百分含量（%）	匹配度（%）
1	16.840	癸烷	6.36	95
2	21.690	十一烷	7.41	94
3	26.528	十二烷	1.68	95
4	33.458	烟碱	84.55	97

2. 辣感组分溶液和烟碱复配溶液的TDA结果

辣感组分水溶液（溶液A）和烟碱复配水溶液（溶液B）的烟碱浓度均为625μg/ml。对溶液A和溶液B进行TDA分析（表4-21）：溶液A和溶液B均在稀释至第8倍时，不再表现出滋味特征。评价人员对序列起始（稀释倍数为0）溶液的辣感强度进行了比较，两溶液辣感强度基本相当。溶液A和B表现出相同的稀释倍数和相当的辣感强度，说明尽管辣感组分中仍有可能存在其他具有辣感的物质，但是烟碱基本可以代表辣感组分的辣感主要来源。

值得注意的是，在部分文献报道中称烟碱具有苦味特征，但在我们对逐级稀释的烟碱水溶液进行滋味评价的过程中，发现烟碱的滋味特征由辣感逐步转变为微弱的针刺感，始终没有出现苦味特征。

表4-21　辣感组分溶液及烟碱复配水溶液的TDA结果

序号	稀释倍数	溶液A	溶液B
1	0	强辣	强辣
2	2	强辣	强辣
3	4	稍辣	稍辣
4	6	微辣	微辣
5	8	无	无
6	16	无	无

3. 辣感组分中烟碱的TAV

表4-22中列出了所测定烟碱的阈值，以及烟碱在辣感组分中的含量和TAV值。TAV可作为烟碱对辣感组分辣感贡献的判断指标，可以看出烟碱在辣感组分中TAV较大，反映了其是产生辣感的关键成分。

表4-22　烟碱的辣感阈值及在辣感组分中的TAV

成分	含量（mg/g）	阈值（mg/g）	TAV
烟碱	71.8	0.07	1 025

利用GC/MS对辣感组分进行定性分析，发现烟碱是其主要成分，标样感官评价证明烟碱对辣感有直接贡献；对辣感组分中烟碱含量进行定量分析，并通过TDA实验明确烟碱为辣感组分辣感的主要来源。

(五)苦味呈味物质分析

1. 晾晒烟化学成分变幅

41个晾晒烟烟叶样品26项化学成分变幅有一定差异（表4-23），根据变异系数划分等级：弱变异性，CV小于0.1；中等变异性，CV=0.1～1.0；强变异性，CV大于1.0。还原糖、西松烷、新绿原酸、绿原酸、隐绿原酸及芸香苷6种成分变异强度较大，剩余的20种物质归类于中等变异强度。对所有化学成分进行单样本正态分布K-S检验，P值见表4-25。经假设检验得出，西松烷、新绿原酸、绿原酸、隐绿原酸以及苦味程度呈非正态分布，其他23项化学成分均呈正态分布。

表4-23 晾晒烟烟叶主要化学成分

化学成分	最小值	最大值	平均值	标准差	变异系数（CV）	P值
还原糖（%）	0.04	8.15	1.66	1.96	1.18	0.07
总糖（%）	0.36	9.10	2.22	2.08	0.93	0.12
总植物碱（%）	2.23	7.33	4.77	1.45	0.30	0.36
总氮（%）	2.84	5.18	3.86	0.64	0.17	0.93
K_2O（%）	0.89	5.97	2.84	1.25	0.44	0.95
Cl（%）	0.17	2.36	0.79	0.60	0.76	0.11
醚提物（%）	2.70	8.00	4.79	1.61	0.34	0.13
巨豆三烯酮1（mg/kg）	0.07	0.34	0.17	0.06	0.35	0.62
巨豆三烯酮2（mg/kg）	0.41	1.80	0.89	0.36	0.40	0.59
巨豆三烯酮3（mg/kg）	0.08	0.29	0.15	0.06	0.36	0.89
巨豆三烯酮4（mg/kg）	0.15	1.11	0.46	0.23	0.49	0.81
二苯胺（mg/kg）	0.22	1.33	0.63	0.25	0.39	0.32
新植二烯（mg/kg）	3.53	23.71	12.92	4.99	0.39	0.91
植醇（mg/kg）	0.89	19.56	6.55	4.58	0.70	0.17
西松烷（%）	0.17	4.11	0.82	0.96	1.17	0.00
角鲨（mg/kg）	13.85	80.14	43.06	18.17	0.42	0.74
α-VE（mg/kg）	13.69	440.93	110.63	79.30	0.72	0.16
菜油甾醇（mg/kg）	199.85	513.01	343.20	82.08	0.24	0.70
豆甾醇（mg/kg）	381.07	1 047.03	608.35	148.76	0.24	0.61
β-谷甾醇（mg/kg）	347.85	986.61	594.18	143.47	0.24	0.82
新绿原酸（mg/g）	ND*	0.18	0.03	0.05	1.92	0.00
绿原酸（mg/g）	ND	1.26	0.25	0.34	1.35	0.01
隐绿原酸（mg/g）	ND	0.28	0.04	0.07	1.83	0.00
莨菪亭（mg/g）	ND	0.29	0.07	0.07	0.96	0.29
芸香苷（mg/g）	ND	4.12	1.16	1.24	1.07	0.07

注：ND代表低于检测下限

2. 不同产区晾晒烟苦味差异及聚类分析

以9个省份晾晒烟的苦味平均值为指标聚类分析表明，当距离为5时，烟叶产区可以分为3类(图4-11)。第1类为苦味值低于1.0的晾晒烟样品，烟叶产地分别为吉林延边州、浙江嘉兴、山东临沂、四川德阳、江西抚州以及吉林蛟河；第2类为苦味值为1.0～3.0的晾晒烟样品，烟叶产地分别为黑龙江牡丹江、陕西省及湖南怀化；第3类为苦味值高于3.0的晾晒烟样品，烟叶产地为贵州省。

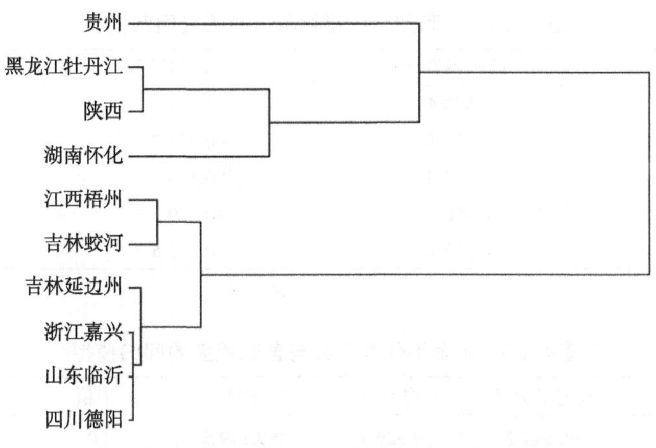

图4-11　不同地区烟叶的苦味程度分层聚类分析

3. 晾晒烟化学成分与其苦味程度相关性

在自然界中，苦味物质要比甜味物质的种类多得多，如分布于植物体内的生物碱、萜烯类、苷类、内脂和肽类等化合物，有不少就是属于苦味的。这类物质中的缩醛、内氢键、糖苷羟基等能形成螯合物结构的萜类物质具有苦味，有些萜类物质不仅味苦，而且具有毒性，如番薯酮、α酸、异α酸属于萜类衍生物，α酸又称甲种苦味酸，具有强烈的苦味。

41个晾晒烟样品的26项化学指标与苦味程度的相关系数分析表明，有6种成分与苦味程度达到极显著相关（表4-24和表4-25）。巨豆三烯酮1、巨豆三烯酮2、巨豆三烯酮3、巨豆三烯酮4、西松烷、芸香苷与苦味程度呈极显著正相关，而总氮、新植二烯与苦味程度呈显著正相关。根据相关程度的划分标准可知，西松烷与苦味程度高度相关，巨豆三烯酮1、巨豆三烯酮2、巨豆三烯酮3、巨豆三烯酮4、芸香苷与苦味程度中度相关，其他21项化学指标与苦味程度弱相关。

4. 晾晒烟化学成分回归分析

烟碱，是难闻、味苦、无色透明的油状液态物质；绿原酸也是一种味苦的物质。因此，以与苦味程度赋分相关系数达到显著水平的巨豆三烯酮1、巨豆三烯酮2、巨豆三烯酮3、巨豆三烯酮4、西松烷、芸香苷、总氮、新植二烯和烟碱、绿原酸共10个烟叶化学成分指标为自变量，以苦味程度为因变量进行逐步回归分析，得到烟叶化学指标与苦味程度的逐步回归模型为：苦味程度=0.343 0+1.014 0$X_{西松烷}$+0.212 1$X_{芸香苷}$+4.579 4$X_{巨豆三烯酮3}$−1.101 1$X_{巨豆三烯酮4}$−0.056 6$X_{醚提物}$（R^2=0.953），如表4-25和表4-26所示。由晾晒烟烟叶化学指标与苦味程度的回归模型的显著性检验及残差诊断结果（表4-25和4-26）可知，回归模型的方差分析达到极显著水平；西松烷和芸香苷2个自变量的回归系数均达到极显著水平；残差诊断的Durbin-waston统计量d=2.290 8（接近于2，表示残差相互独立）。这表明，以上所建立的苦味程度回归模型可靠性较高，且西松烷对回归方程起决定作用。

表4-24　烟叶化学成分与苦味程度的相关性

指标	相关系数	指标	相关系数	指标	相关系数
还原糖	0.062 6	巨豆三烯酮3	0.614 4**	菜油甾醇	0.093 4
总糖	0.110 1	巨豆三烯酮4	0.503 8**	豆甾醇	0.256
总植物碱	−0.090 6	二苯胺	0.112 6	β-谷甾醇	0.137
总氮	−0.319 1*	新植二烯	−0.318 1*	醚提物	0.245 1
K_2O	−0.193 6	植醇	−0.270 1	新绿原酸	0.021 9
Cl	−0.195 9	西松烷	0.927 7**	绿原酸	0.225 6
蛋白质	−0.155 9	角鲨烯	−0.083 6	隐绿原酸	0.079 7
巨豆三烯酮1	0.400 8**	胆固醇	0.228 5	莨菪亭	0.080 4
巨豆三烯酮2	0.549 2**	α-VE	0.214 8	芸香苷	0.458 6**

注：*表示5%显著水平；**表示1%显著水平

表4-25 晾晒烟化学指标与苦味程度回归模型

自变量	回归系数	标准回归系数	P值
巨豆三烯酮3	4.579 4	0.221 0	0.114 8
巨豆三烯酮4	−1.101 1	−0.221 2	0.072 4
西松烷	1.014 0	0.859 1	0.000 0
醚提物	−0.056 6	−0.080 3	0.226 3
芸香苷	0.212 1	0.232 5	0.000 6

表4-26 晾晒烟化学指标与苦味程度的回归模型

变异来源	自由度	离差平方和	均方差	F值	P值	R^2	Durbin-waston
回归	5	46.647 2	9.329 4	69.249 5	0	—	
离回归	35	4.715 3	0.134 7			0.953	2.290 8
总变异	40	51.362 4				—	—

5. 晾晒烟化学成分对苦味的贡献

以与苦味程度相关性较强且进入回归方程的烟叶西松烷、芸香苷、巨豆三烯酮4、巨豆三烯酮3、醚提物为自变量进行通径分析，得出上述5项化学成分指标对烟叶苦味的贡献率，结果表明西松烷对烟叶苦味贡献起决定性作用，芸香苷、巨豆三烯酮4、巨豆三烯酮3起次要作用，醚提物作用微乎其微（表4-27）。

表4-27 晾晒烟化学指标对苦味贡献

变量	直接系数	通过Cl	通过西松烷	通过芸香苷
西松烷	0.859 1	0.143 2	−0.116 6	—
芸香苷	0.232 5	0.071 1	−0.104 4	0.256 7
巨豆三烯酮4	−0.221 2	0.193 1	—	0.452 7
巨豆三烯酮3	0.221 0	—	−0.193 3	0.556 8
醚提物	−0.080 3	0.123 4	−0.083 9	0.293 7

烟碱和绿原酸具有苦味；但本研究中烟碱、绿原酸与苦味的相关性并不强，可能与烟叶样本的烟碱含量离散度不高有关，也可能是其他苦味物质更强的致苦特性掩盖了烟碱、绿原酸的苦味。

贵州黔西南、贵州黔东南、陕西旬邑和湖南怀化4个地区的晾晒烟烟叶苦味较重，都在较苦和苦的档次。这种现象的发生是晾晒烟品种差异，还是与其生长环境因素有关有待进一步研究。

（六）溶出检验法感官评价结果

对64份晾晒烟采用溶出检验法进行了感官评价，得分数据特征见表4-28，所有样品中有一定数量的辣感、涩感和苦味较强，这几种滋味的变异系数也相对较大，其余酸味、甜味和咸味在口含烟原料中表现相对不明显，样品间变异也较小。

表4-28 感官评价数据特征

样品编号	甜味	酸味	苦味	咸味	辣感	涩感
最大值	0.93	1.33	2.27	0.60	3.60	2.40
最小值	0.00	0.17	0.07	0.00	0.08	0.50
均值	0.17	0.57	0.93	0.13	0.99	0.91
变异系数	0.19	0.25	0.47	0.12	0.58	0.33

三、结论

研究建立了口含烟烟草原料中味觉和化学感觉活性成分鉴定方法。主要开展了以下工作：(1)利用凝胶渗透色谱分离烟叶提取物，对各分离流份的滋味特征进行评价，合并滋味特征相同流份获得初烤烟叶提取物的酸味、甜味、辣感组分。(2)针对酸味组分中5种酸味成分、甜味组分中4种甜味成分、辣感组分中1种辣感成分进行了定性和定量分析；依据定量结果，分别复配上述各组分的感官活性成分溶液，对特征组分溶液和对应复配溶液进行了滋味稀释分析（TDA），以证明这些感官成分对于特征组分感官贡献的代表性。(3)利用三点选配法（3-AFC）测定5种酸味成分、4种甜味成分、1种辣感成分在水中的味觉阈值，结合其在特征组分中的质量分数，计算各成分的滋味活性值(TAV)。(4)利用感官分值与香气成分进行的相关分析及回归分析表明西松烷对烟叶苦味贡献起决定性作用，巨豆三烯酮3、巨豆三烯酮4、芸香苷具有一定贡献，作用递减。(5)对64份原料样品采用溶出检验法感官评价表明，几种滋味中，辣感、涩感和苦味呈现的感官强度较其他滋味高，说明其是口含烟滋味特征的主要表现形式，在使用中可根据产品设计目标特征特异性选择不同感官特征的原料。

第四节　烟叶原料安全性评价研究

口含烟以烟草为主要原料，其中含有烟草的包括有害成分在内的所有化学成分，同时根据配方的需要还会加入一些添加剂而引入一些其他外源性的污染物。但是，从口含烟原辅材料的构成上来看，原料的安全性是产品安全性的决定性因素。关于限量物质的种类及要求，国内和国际上没有通用的要求和标准，目前瑞典火柴公司GOTHIATEK®产品标准涉及的限量物质种类最为全面，限量要求也较严苛。为全面评价口含烟原料的安全性，本研究参照该标准列举的限量物质，对收集的原料的安全性状况做了研究，指标主要包括重金属、烟草特有亚硝胺、亚硝酸盐、甲醛、乙醛、巴豆醛、N-二甲基亚硝胺、苯并[a]芘、黄曲霉毒素（B1、B2、G1、G2）、赭曲霉毒素A、农药残留，另外还对原料的部分微生物指标进行了检测分析。

一、试验材料与方法

以收集的312份国内外口含烟样品以及烟草种质资源为试验材料，重金属、亚硝酸盐、甲醛、乙醛、巴豆醛、N-二甲基亚硝胺、苯并[a]芘、黄曲霉毒素（B1、B2、G1、G2）、赭曲霉毒素A检测方法参见第二章，烟草特有亚硝胺检测方法参照CORESTA N72°。

二、结果与分析

(一)重金属

1. 铅

对收集样品中的312份样品进行了铅含量的检测，其中国内收集样品116份、国外收集样品35份、种质资源烟叶样品161份（表4-29及图4-12）。从检测数据来看，样品铅含量为0.05～9.19mg/kg，平均1.86mg/kg，样品间差异较大，大部分样品的铅含量在3.0mg/kg以下；与瑞典火柴公司产品标准中铅限量值1.67mg/kg（GOTHIATEK®标准中为湿重值，此处比较时按含水率40%折算为干重值，下同）相比，136份样品符合该限值。

国内样品铅含量均值为1.93mg/kg，116份样品中符合瑞典火柴公司标准的有62份；国外样品铅含量均值为0.80mg/kg，35份样品中符合瑞典火柴公司标准的有32份，铅含量总体处于较低水平；161份种质资源样品中，42份样品符合瑞典火柴铅值限量，均值2.05mg/kg，与国内收集的烟叶样品铅含量相比稍高，均明显高于国外收集烟叶样品的铅含量。

表4-29 样品铅含量数据特征 (mg/kg)

样本范围	项目	铅
总样本	样品数	312
	均值	1.86
	中值	1.79
	最大值	9.19
	最小值	0.05
	SD	1.20
	CV（%）	64.44
国内样本	样品数	116
	均值	1.93
	中值	1.49
	最大值	9.19
	最小值	0.05
	SD	1.66
	CV（%）	85.62
国外样本	样品数	35
	均值	0.80
	中值	0.68
	最大值	2.35
	最小值	0.09
	SD	0.57
	CV（%）	72.12
种质资源样本	样品数	161
	均值	2.05
	中值	1.95
	最大值	4.85
	最小值	0.27
	SD	0.69
	CV（%）	33.87

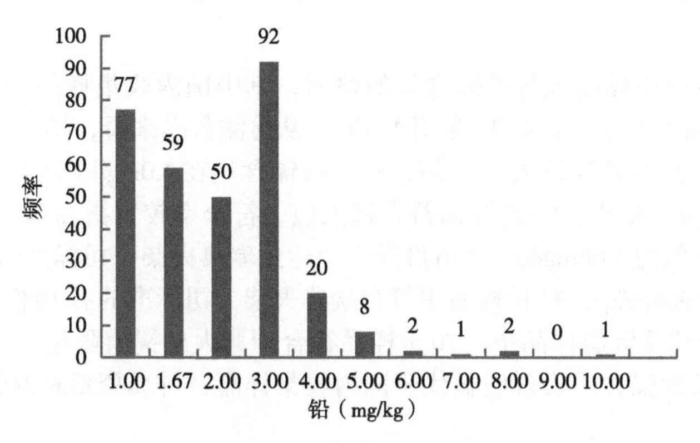

a. 总样品

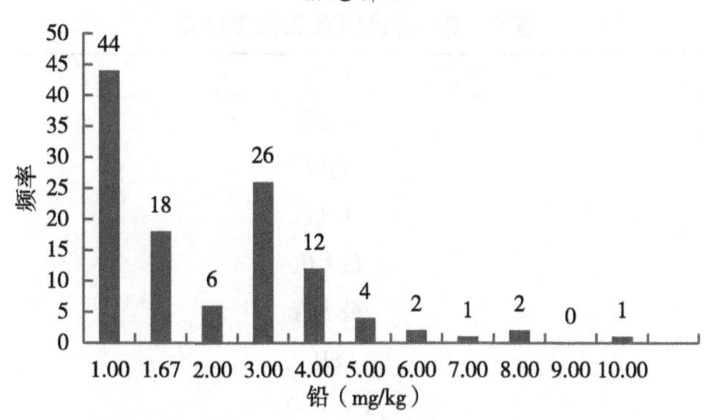

b. 国内样品

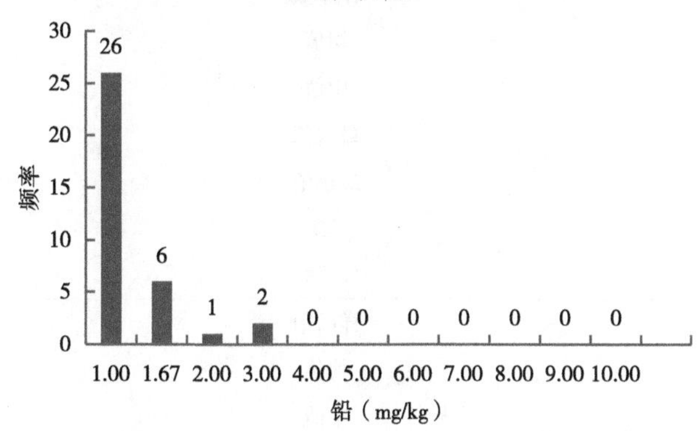

c. 国外样品

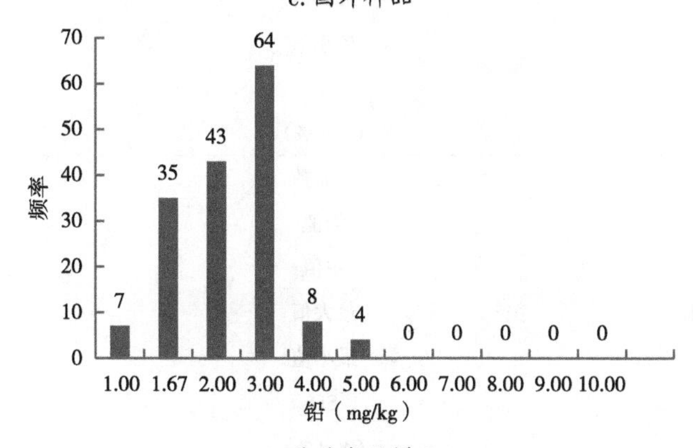

d. 种质资源样品

图4-12　铅含量分布频率

2. 镉

对收集样品中的312份样品进行了镉含量的检测，其中国内收集样品116份、国外收集样品35份、种质资源烟叶样品161份（表4-30和图4-13）。从检测数据来看，样品镉含量为0.15～17.27mg/kg，平均2.08mg/kg，样品间差异较大，大部分样品的镉含量在4.0mg/kg以下；与瑞典火柴公司产品标准中镉限量值0.83mg/kg相比，95份样品符合该限值，符合率较铅指标低。

国内样品镉含量均值为3.66mg/kg，116份样品中达到瑞典火柴公司标准的有6份，数量很少；国外样品镉含量均值为0.90mg/kg，35份样品中符合瑞典火柴公司标准的有19份，超过半数样品镉含量处于较低水平；161份种质资源样品中，70份样品符合瑞典火柴镉值限量，不足半数，均值1.19mg/kg。总体来看国外样品的镉含量表现明显优于国内收集样品，种质资源样品镉含量的表现也较国内收集样品好。

表4-30 样品镉含量数据特征

样本范围	项目	镉（mg/kg）
总样本	样品数	312
	均值	2.08
	中值	1.36
	最大值	17.27
	最小值	0.15
	SD	2.20
	CV（%）	106.03
国内样本	样品数	116
	均值	3.66
	中值	2.71
	最大值	17.27
	最小值	0.52
	SD	2.75
	CV（%）	74.96
国外样本	样品数	35
	均值	0.90
	中值	0.76
	最大值	2.08
	最小值	0.15
	SD	0.51
	CV（%）	57.27
种质资源样本	样品数	161
	均值	1.19
	中值	1.01
	最大值	8.20
	最小值	0.31
	SD	1.01
	CV（%）	85.23

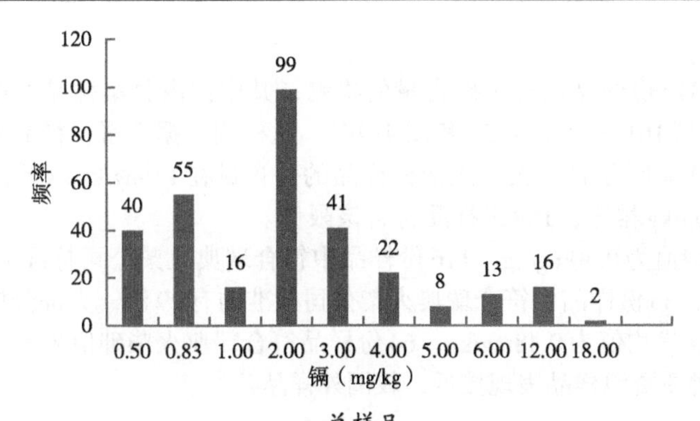

a. 总样品

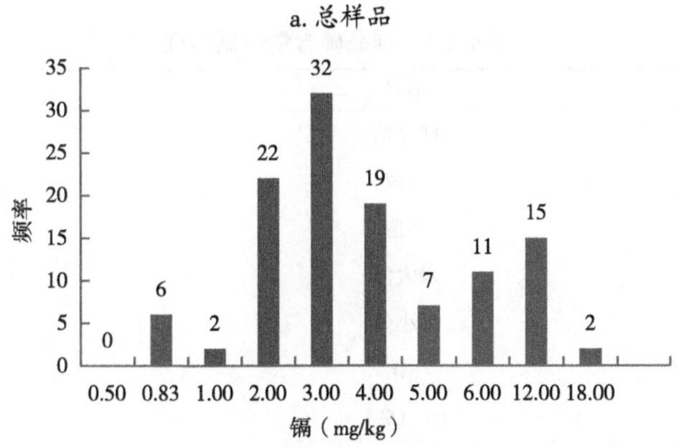

b. 国内样品

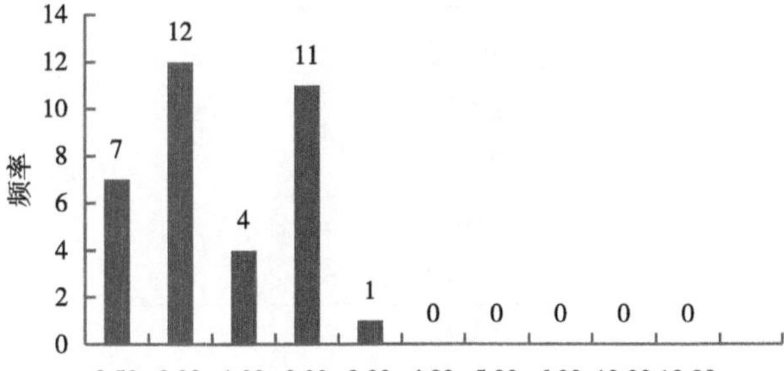
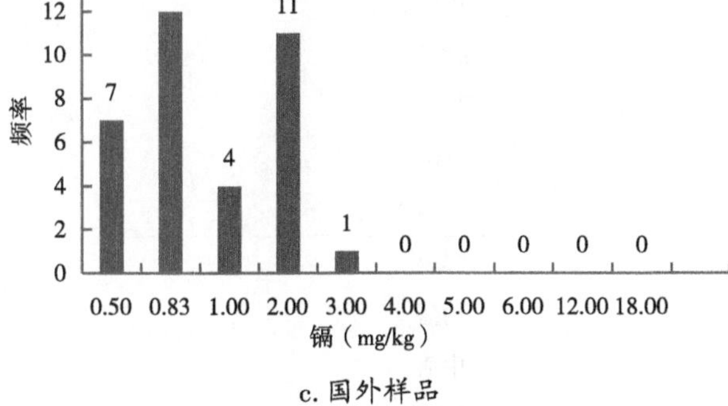

c. 国外样品

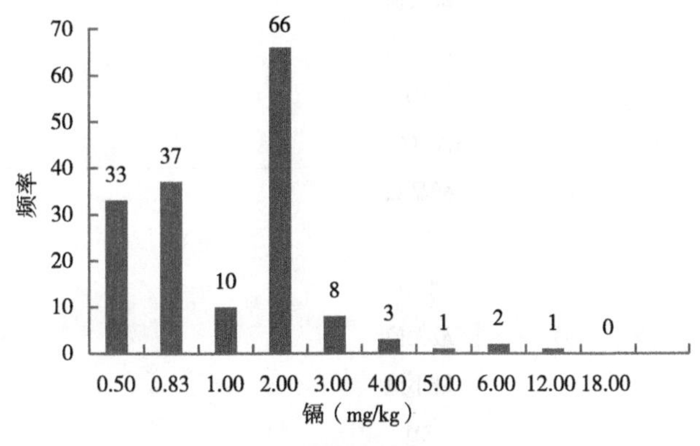

d. 种质资源样品

图4-13　镉含量分布频率

3. 砷

对收集样品中的312份样品进行了砷含量的检测，其中国内收集样品116份，国外收集样品35份，种质资源烟叶样品161份（表4-31和图4-14）。从检测数据来看，样品砷含量为0.10～3.66mg/kg，平均0.47mg/kg，样品间差异较大，大部分样品的砷含量在1.0mg/kg以下；与瑞典火柴公司产品标准中砷限量值0.42mg/kg相比，169份样品符合该限值。

国内样品砷含量均值为0.50mg/kg，116份样品中符合瑞典火柴公司标准的有64份；国外样品砷含量均值为0.33mg/kg，35份样品中符合瑞典火柴公司标准的有29份，大部分样品砷含量处于较低水平；种质资源样品砷含量均值为0.48mg/kg，64份样品符合瑞典火柴砷值限量。总体来看，砷含量方面，国内烟叶样品和种质资源样品表现接近，较国外样品差。

表4-31 样品砷含量数据特征

样本范围	项目	砷（mg/kg）
总样本	样品数	312
	均值	0.47
	中值	0.40
	最大值	3.66
	最小值	0.10
	SD	0.33
	CV（%）	69.99
国内样本	样品数	116
	均值	0.50
	中值	0.40
	最大值	3.66
	最小值	0.10
	SD	0.45
	CV（%）	90.75
国外样本	样品数	35
	均值	0.33
	中值	0.29
	最大值	0.87
	最小值	0.13
	SD	0.18
	CV（%）	54.07
种质资源样本	样品数	161
	均值	0.48
	中值	0.43
	最大值	1.28
	最小值	0.14
	SD	0.23
	CV（%）	47.64

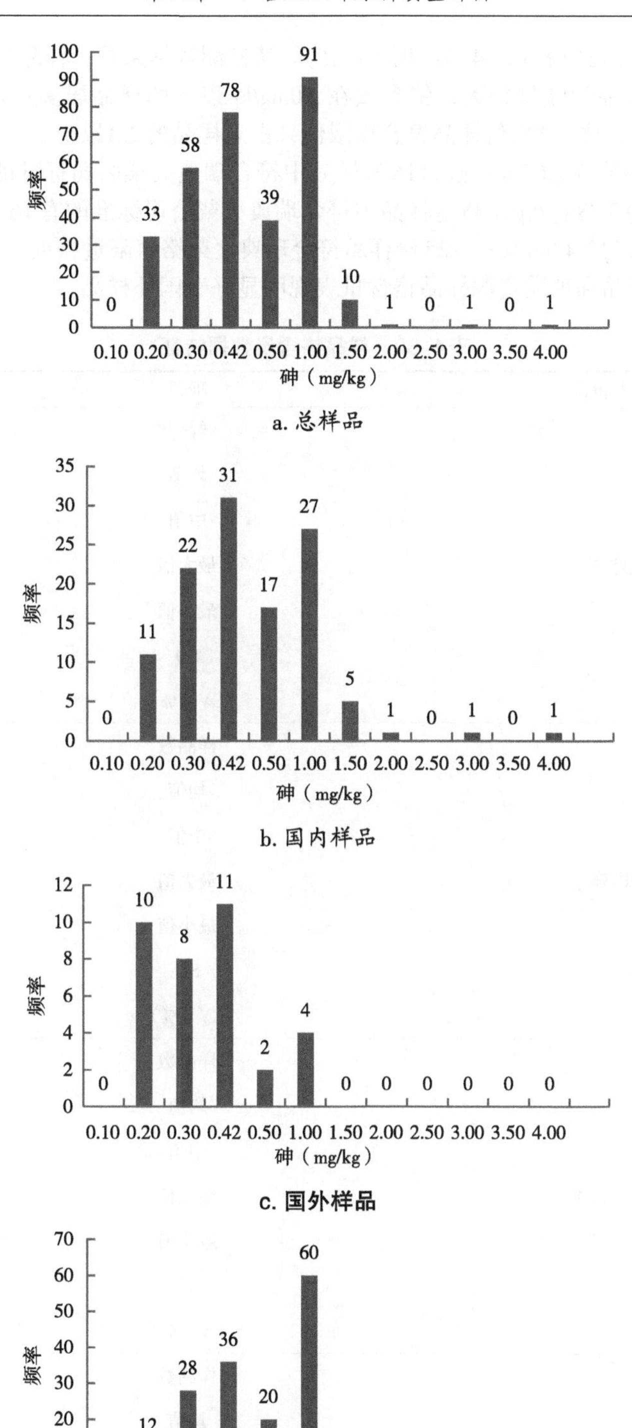

a. 总样品

b. 国内样品

c. 国外样品

d. 种质资源样品

图4-14　砷含量分布频率

4. 铬

对收集样品中的312份样品进行了铬含量的检测，其中国内收集样品116份、国外收集样品35

份、种质资源烟叶样品161份（表4–32和图4–15）。从检测数据来看，样品铬含量为0.16～26.51mg/kg，平均2.42mg/kg，样品间差异较大，铬含量在2.0mg/kg以下的样品居多；与瑞典火柴公司产品标准中铬限量值2.5mg/kg相比，226份样品符合该限值，占总样品的2/3以上。

国内样品铬含量均值为2.03mg/kg，116份样品中符合瑞典火柴公司标准的有2/3以上，为85份；国外样品铬含量均值为3.78mg/kg，35份样品中符合瑞典火柴公司标准的有16份，不足半数样品；种质资源样品铬含量均值为2.40mg/kg，125份样品符合瑞典火柴铬值限量，近八成符合。总体来看，铬含量方面，国内烟叶样品和种质资源样品铬含量表现明显好于国外样品。

表4–32 样品铬含量数据特征

样本范围	项目	铬（mg/kg）
总样本	样品数	312
	均值	2.42
	中值	1.34
	最大值	26.51
	最小值	0.16
	SD	3.07
	CV（%）	127.29
国内样本	样品数	116
	均值	2.03
	中值	0.99
	最大值	26.51
	最小值	0.16
	SD	3.00
	CV（%）	147.75
国外样本	样品数	35
	均值	3.78
	中值	2.64
	最大值	14.47
	最小值	0.37
	SD	3.59
	CV（%）	94.85
种质资源样本	样品数	161
	均值	2.40
	中值	1.37
	最大值	17.45
	最小值	0.35
	SD	2.94
	CV（%）	122.80

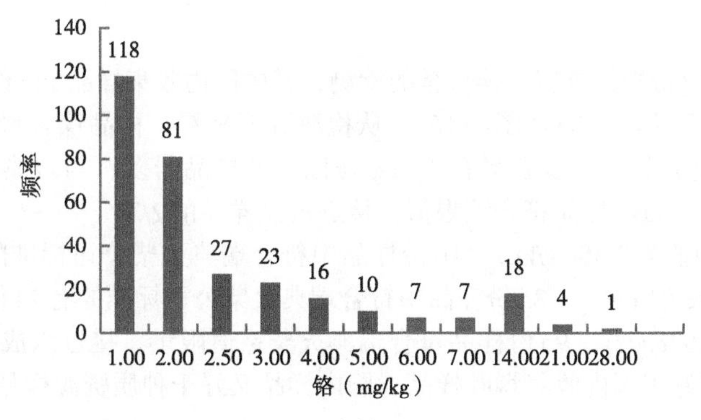

a. 总样品

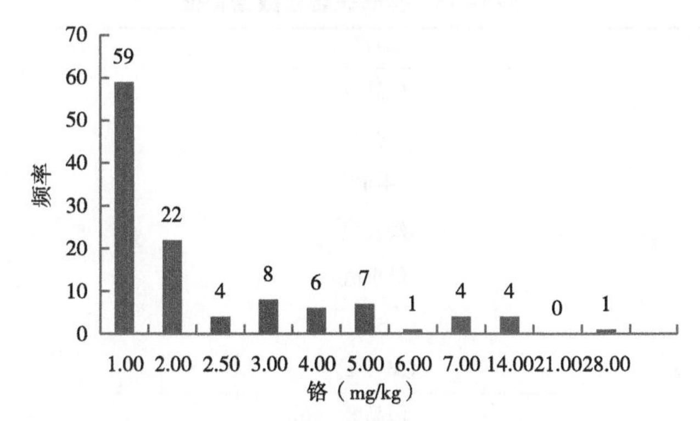

b. 国内样品

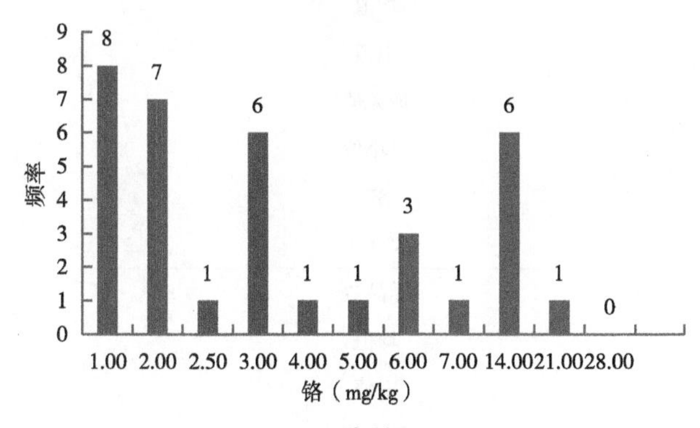

c. 国外样品

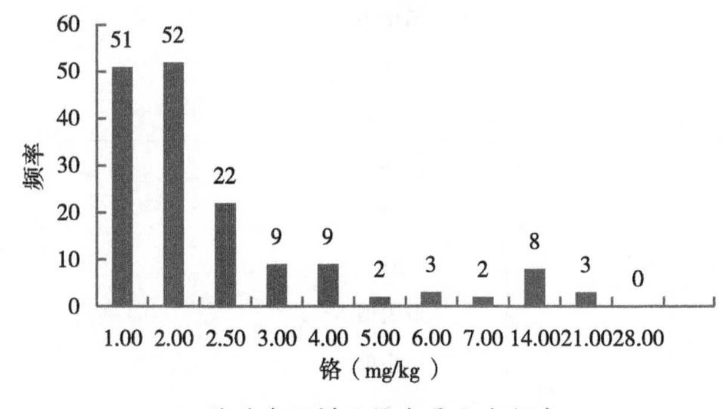

d. 种质资源样品铬含量分布频率

图4-15　铬含量分布频率

5. 镍

对收集样品中的312份样品进行了镍含量的检测，其中国内收集样品116份、国外收集样品35份、种质资源烟叶样品161份（表4-33和图4-16）。从检测数据来看，样品镍含量为0.6～20.25mg/kg，平均3.91mg/kg，样品间差异较大，镍含量在3.0mg/kg以下的样品居多；与瑞典火柴公司产品标准中镍限量值3.75mg/kg相比，200份样品符合该限值，接近占总样品的2/3。

国内样品镍含量均值为3.35mg/kg，116份样品中符合瑞典火柴公司标准的有2/3以上，为81份；国外样品镍含量均值为3.01mg/kg，35份样品中符合瑞典火柴公司标准的有24份，有2/3以上；种质资源样品镍含量均值为4.52mg/kg，95份样品符合瑞典火柴铬值限量，接近六成符合。总体来看，国外样品镍含量表现方面稍好于国内收集烟叶样品，国内样品又好于种质资源样品。

表4-33 样品镍含量数据特征

样本范围	项目	镍（mg/kg）
总样本	样品数	312
	均值	3.91
	中值	2.34
	最大值	20.25
	最小值	0.60
	SD	3.36
	CV（%）	85.80
国内样本	样品数	116
	均值	3.35
	中值	2.31
	最大值	20.25
	最小值	0.60
	SD	3.04
	CV（%）	90.85
国外样本	样品数	35
	均值	3.01
	中值	2.14
	最大值	6.90
	最小值	0.75
	SD	1.78
	CV（%）	59.02
种质资源样本	样品数	161
	均值	4.52
	中值	2.49
	最大值	15.61
	最小值	0.67
	SD	3.72
	CV（%）	82.29

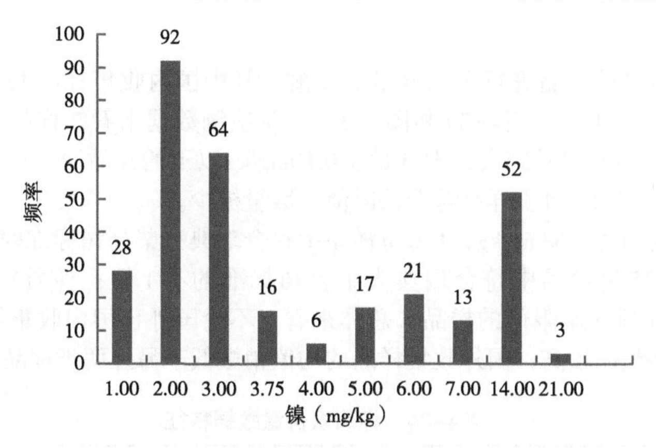

a. 总样品

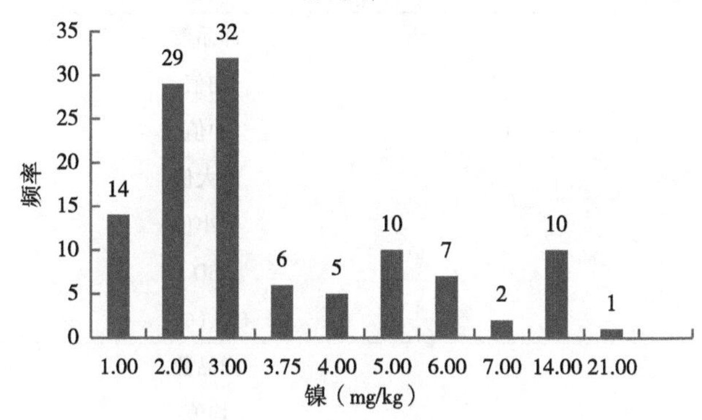

b. 国内样品

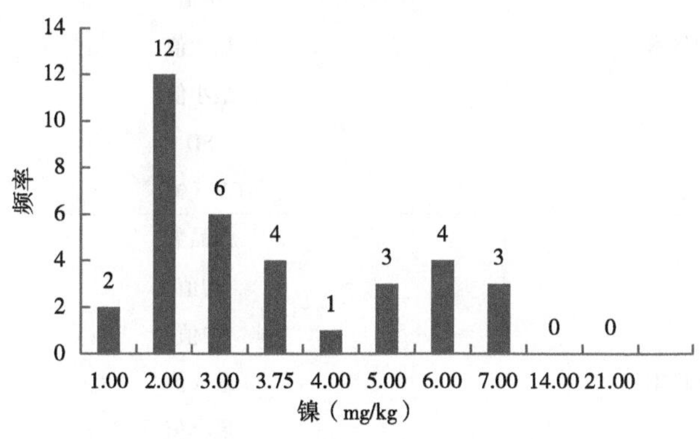

c. 国外样品

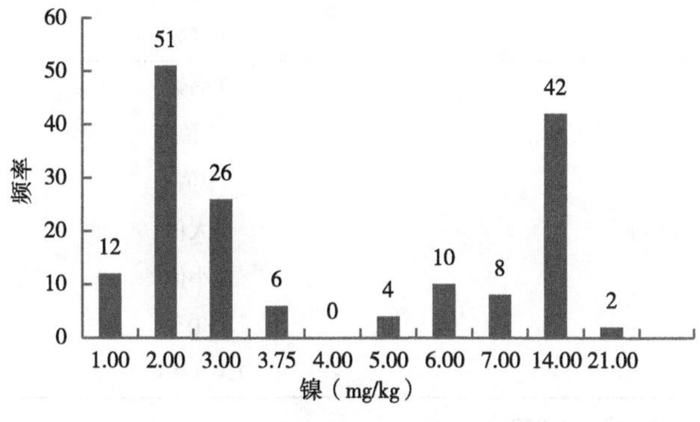

d. 种质资源样品

图4-16　镍含量分布频率

6. 汞

对收集样品中的312份样品进行了汞含量的检测，其中国内收集样品116份、国外收集样品35份、种质资源烟叶样品161份（表4-34和图4-17）。从检测数据来看，样品汞含量为0.01～0.58mg/kg，平均0.08mg/kg，样品间差异较大，汞含量在0.10mg/kg以下的样品居多；与瑞典火柴公司产品标准中汞限量值0.02mg/kg相比，4份样品符合该限值，数量极少。

国内样品汞含量均值为0.08mg/kg，116份样品中符合瑞典火柴公司标准的有3份；国外样品汞含量均值为0.06mg/kg，35份样品中符合瑞典火柴公司标准的有1份；种质资源样品汞含量均值为0.08mg/kg，没有符合瑞典火柴限值的样品。总体来看，不论国外、国内收集烟叶样品还是种质资源烟叶样品，汞含量水平整体较高，国外收集样品的均值稍微低于另外两类样品。

表4-34 样品汞含量数据特征

样本范围	项目	汞（mg/kg）
总样本	样品数	312
	均值	0.08
	中值	0.07
	最大值	0.58
	最小值	0.01
	SD	0.06
	CV（%）	77.63
国内样本	样品数	116
	均值	0.08
	中值	0.07
	最大值	0.58
	最小值	0.01
	SD	0.09
	CV（%）	103.77
国外样本	样品数	35
	均值	0.06
	中值	0.04
	最大值	0.22
	最小值	0.02
	SD	0.04
	CV（%）	75.84
种质资源样本	样品数	161
	均值	0.08
	中值	0.07
	最大值	0.23
	最小值	0.02
	SD	0.03
	CV（%）	39.32

注：样品数据特征统计中，“检出”按0.037计

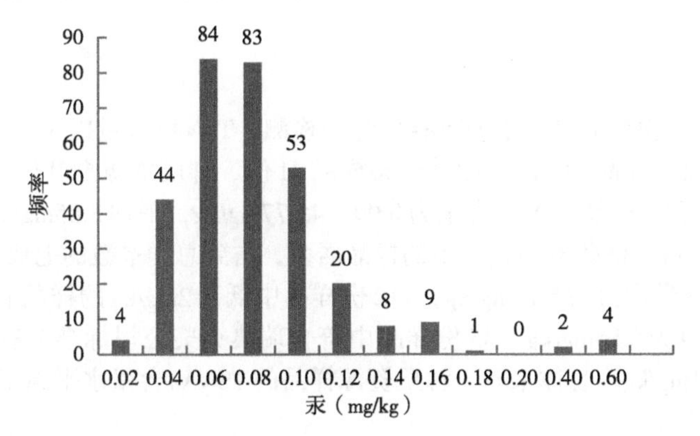

a. 总样品

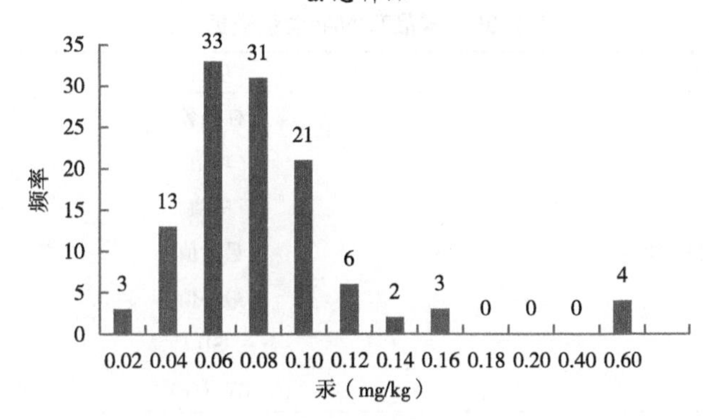

b. 国内样品

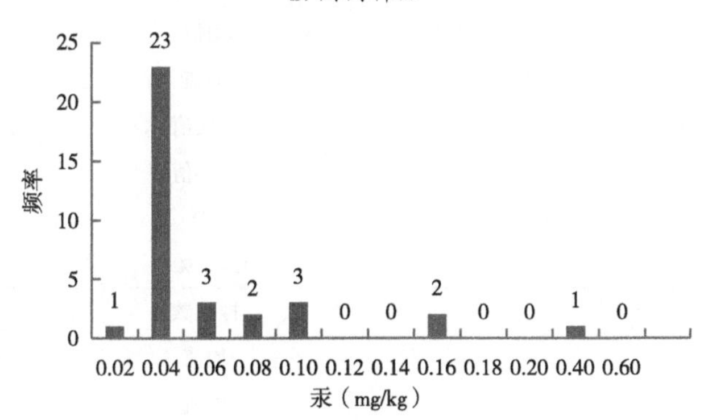

c. 国外样品

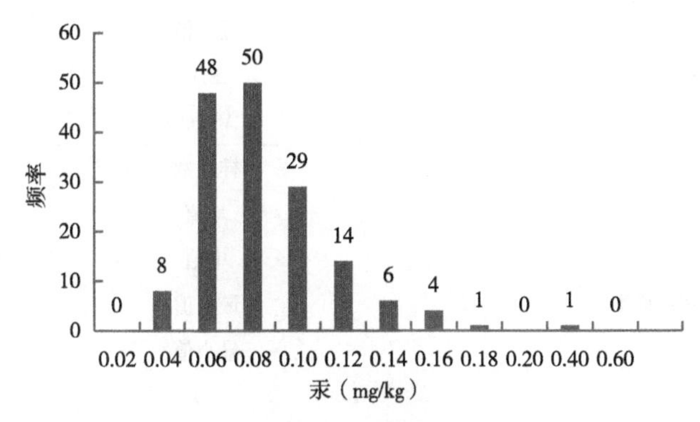

d. 种质资源样品

图4-17　汞含量分布频率

(二)TSNAs

1. TSNAs总量

对收集样品中的317份样品进行了TSNAs含量的检测，TSNAs含量以NNN、NNK、NAT、NAB四种总和计，其中国内收集样品112份、国外收集样品41份、种质资源烟叶样品164份（表4-35和图4-18）。从检测数据来看，样品TSNAs含量为0.09～45.77mg/kg，平均3.85mg/kg，变异系数164.92%，样品间差异很大，TSNAs含量在3mg/kg以下的样品居多，占到总样本数的七成左右。

国内样品TSNAs含量均值为5.10mg/kg，112份样品中低于2mg/kg的样品有54份，接近半数；国外样品TSNAs含量均值为5.85mg/kg，35份样品中符合瑞典火柴公司标准的有16份；种质资源样品TSNAs含量均值为2.51mg/kg。总体来看，种质资源样品的TSNAs含量水平高于国内外收集烟叶样品，国内样品略好于国外样品。

表4-35　样品TSNAs含量数据特征

样本范围	项目	TSNAs（mg/kg）
总样本	样品数	317
	均值	3.85
	中值	1.94
	最大值	45.77
	最小值	0.09
	SD	6.36
	CV（%）	164.92
国内样本	样品数	112
	均值	5.10
	中值	2.18
	最大值	45.77
	最小值	0.14
	SD	8.78
	CV（%）	172.27
国外样本	样品数	41
	均值	5.85
	中值	3.80
	最大值	27.99
	最小值	0.42
	SD	6.17
	CV（%）	105.52
种质资源样本	样品数	164
	均值	2.51
	中值	1.51
	最大值	27.70
	最小值	0.09
	SD	3.55
	CV（%）	141.60

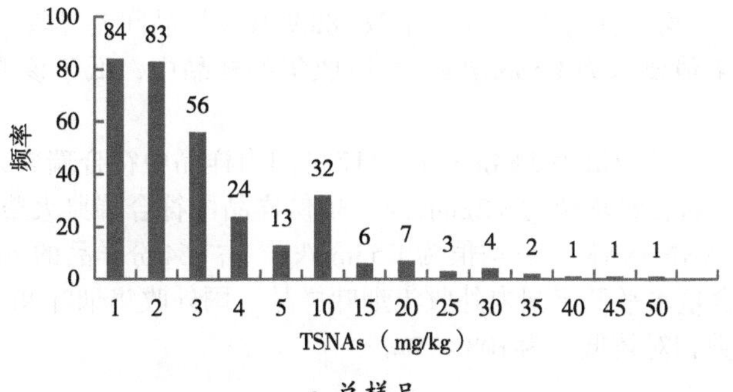

a. 总样品

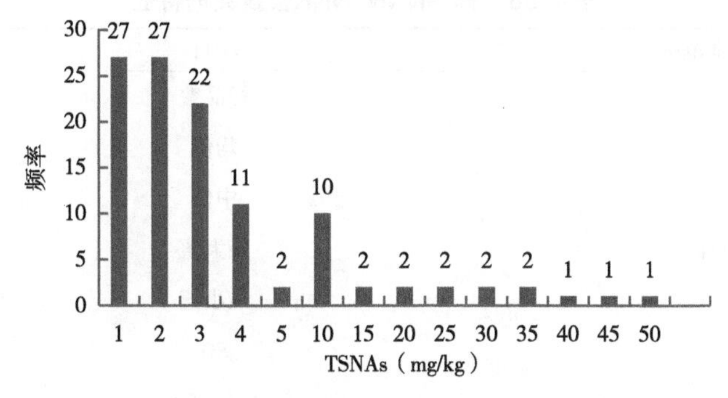

b. 国内样品

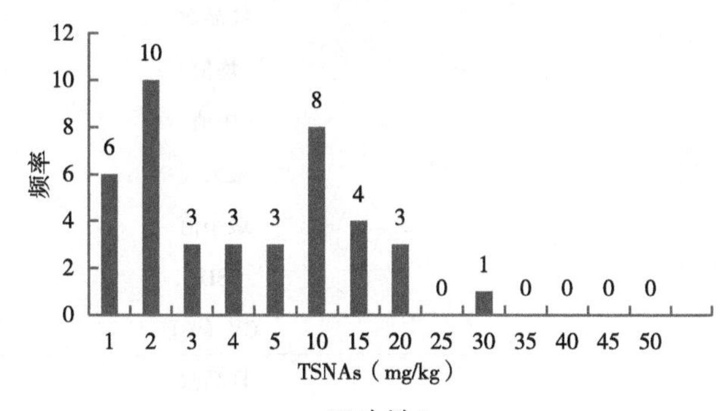

c. 国外样品

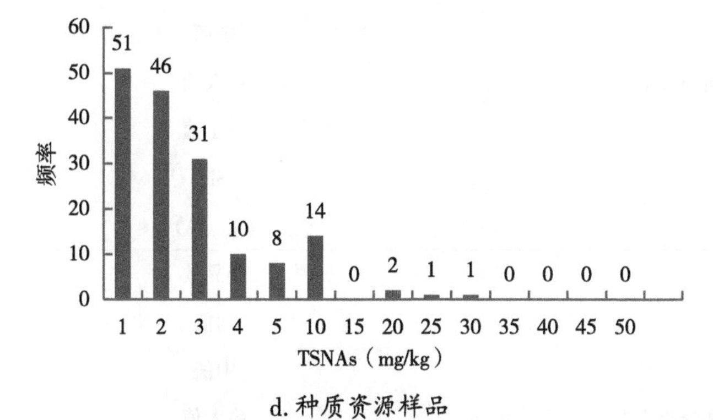

d. 种质资源样品

图4-18 TSNAs含量分布频率

2. NNN+NNK

由于瑞典火柴公司对TSNAs的限量是以NNN+NNK之和的含量计算的，对NAT、NAB含量未做要求，因此对收集样品中的NNN+NNK含量之和进行了统计和分析，其中国内收集样品112份、国外收集样品41份、种质资源烟叶样品164份（表4-36和图4-19）。从检测数据来看，样品的NNN+NNK含量为0.03～35.35mg/kg，平均2.21mg/kg，变异系数188.91%，样品间差异较TSNAs总量大，瑞典火柴公司对NNN+NNK含量限值要求为1.58mg/kg，所有收集的样品中，低于该值的样品共计226份，占71.29%。

国内样品NNN+NNK含量均值为2.84mg/kg，112份国内样品中符合瑞典火柴标准的样品有84份，占75.0%；国外样品TSNAs含量均值为3.22mg/kg，35份样品中符合瑞典火柴公司标准的有20份，占57.14%；种质资源样品NNN+NNK含量均值为1.53mg/kg，占164份样品的74.39%。总体来看，种质资源样品的NNN+NNK含量水平低于国内外收集烟叶样品，国外收集烟叶NNN+NNK含量均值表现相对最差，但是其变异系数相对较低，为108.47%。

表4-36 样品NNN+NNK含量数据特征

样本范围	项目	NNN+NNK（mg/kg）
总样本	样品数	317
	均值	2.21
	中值	0.96
	最大值	35.35
	最小值	0.03
	SD	4.18
	CV（%）	188.91
国内样本	样品数	112
	均值	2.84
	中值	0.99
	最大值	35.35
	最小值	0.04
	SD	5.65
	CV（%）	198.61
国外样本	样品数	41
	均值	3.22
	中值	1.90
	最大值	14.38
	最小值	0.21
	SD	3.50
	CV（%）	108.47
种质资源样本	样品数	164
	均值	1.53
	中值	0.83
	最大值	25.94
	最小值	0.03
	SD	2.87
	CV（%）	187.07

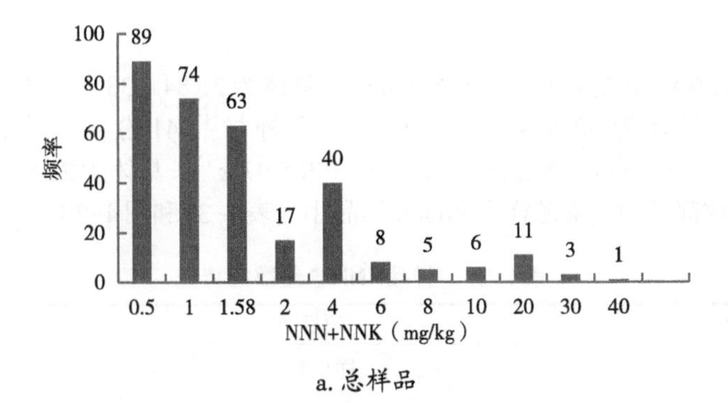

a. 总样品

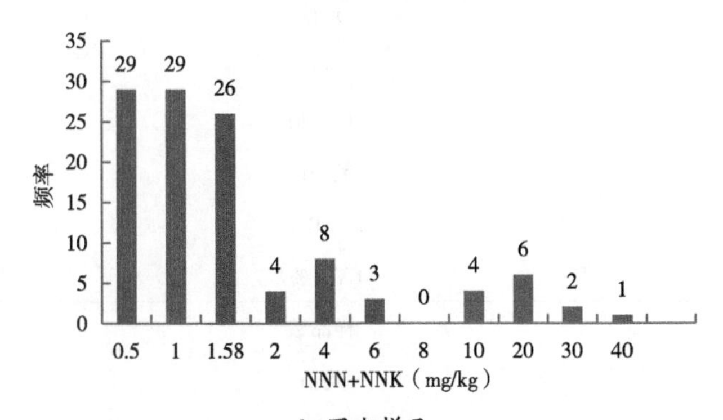

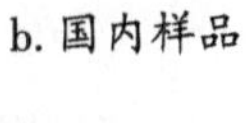
b. 国内样品

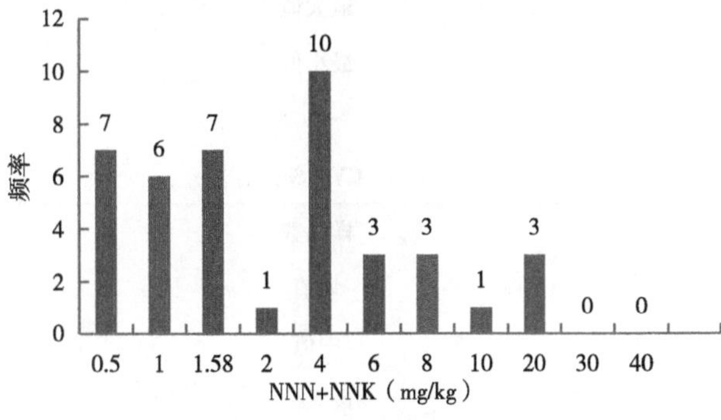

c. 国外样品

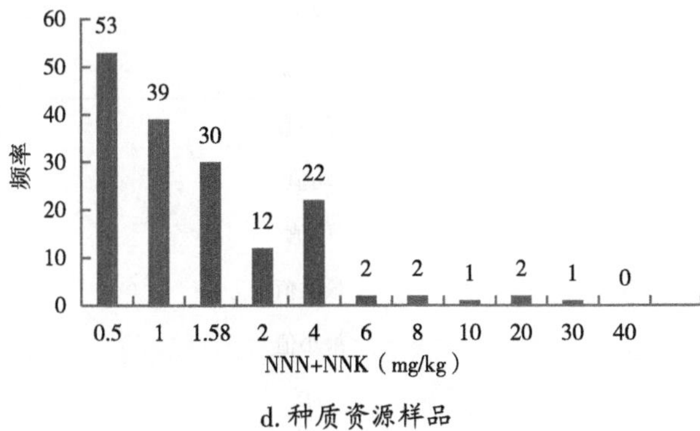

d. 种质资源样品

图4-19　NNN+NNK含量分布频率

3. NNN

317份检测样品的NNN含量均值为1 878.72ng/g，具体为21.84～33 633.56ng/g；国内样品112份，均值为2 443.65ng/g，具体为30.08～33 633.56ng/g；国外样品41份，均值2 626.47ng/g，具体为115.16～13 120.09ng/g；种质资源样品164份，均值1 305.97ng/g，具体为21.84～24 388.71ng/g；国外样品的变幅和变异系数都较种质资源样品和国外样品小（表4-37和图4-20）。

表4-37 样品NNN含量数据特征

样本范围	项目	NNN（ng/g）
总样本	样品数	317
	均值	1 878.72
	中值	706.47
	最大值	33 633.56
	最小值	21.84
	SD	3 966.71
	CV（%）	211.14
国内样本	样品数	112
	均值	2 443.65
	中值	698.15
	最大值	33 633.56
	最小值	30.08
	SD	5 357.34
	CV（%）	219.24
国外样本	样品数	41
	均值	2 626.47
	中值	1 379.44
	最大值	13 120.09
	最小值	115.16
	SD	3 342.11
	CV（%）	127.25
种质资源样本	样品数	164
	均值	1 305.97
	中值	663.61
	最大值	24 338.71
	最小值	21.84
	SD	2 743.76
	CV（%）	210.09

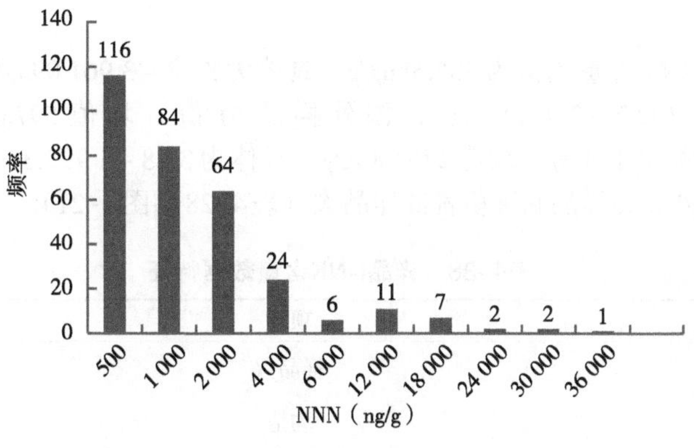

a. 总样品

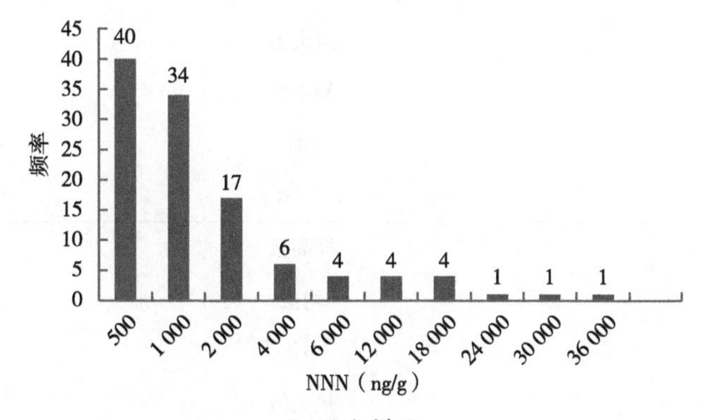

b. 国内样品

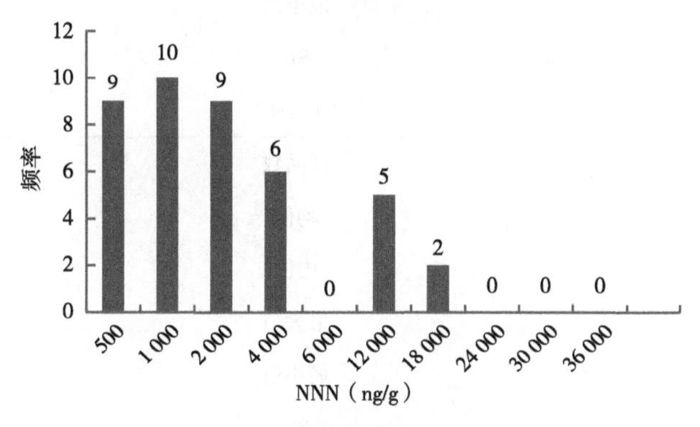

c. 国外样品

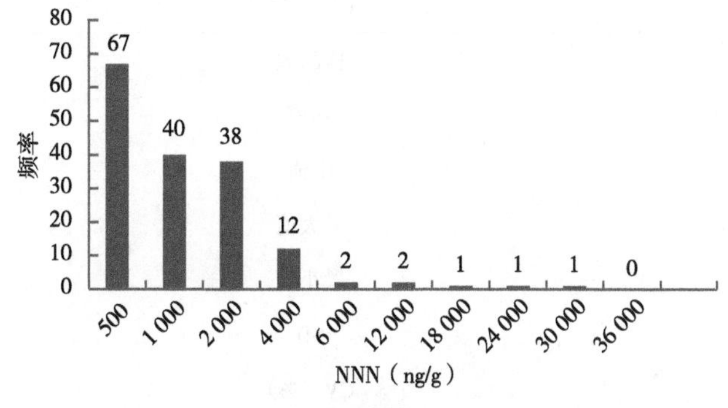

d. 种质资源样品

图4-20　NNN含量分布频率

4. NNK

317份检测样品的NNK含量均值为335.58ng/g，具体为3.28～3 961.09ng/g；国内样品112份，均值398.65ng/g，具体为10.67～3 961.99ng/g；国外样品41份，均值597.69ng/g，具体为67.00～2 004.61ng/g；种质资源样品164份，均值226.98ng/g，具体为3.28～1 722.31ng/g；国内收集样品的变幅和变异系数明显较国外收集样品和种质资源样品大（表4-28和图4-21）。

表4-38 样品NNK含量数据特征

样本范围	项目	NNK（ng/g）
总样本	样品数	317
	均值	335.58
	中值	194.10
	最大值	3 961.99
	最小值	3.28
	SD	527.22
	CV（%）	157.11
国内样本	样品数	112
	均值	398.65
	中值	196.25
	最大值	3 961.99
	最小值	10.67
	SD	709.60
	CV（%）	178.00
国外样本	样品数	41
	均值	597.69
	中值	334.08
	最大值	2 004.61
	最小值	67.00
	SD	602.13
	CV（%）	100.74
种质资源样本	样品数	164
	均值	226.98
	中值	141.23
	最大值	1 722.31
	最小值	3.28
	SD	274.09
	CV（%）	120.76

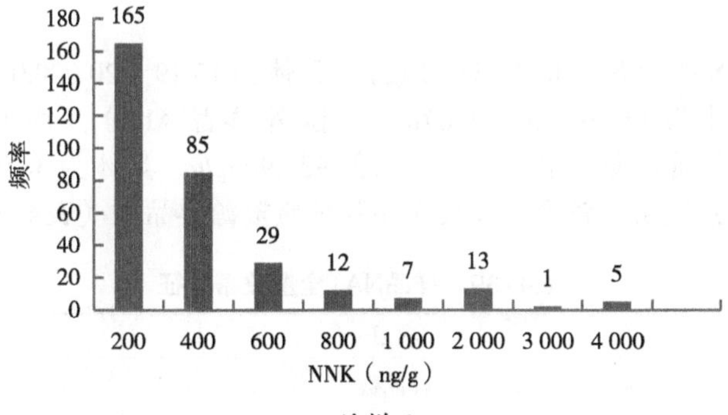

a. 总样品

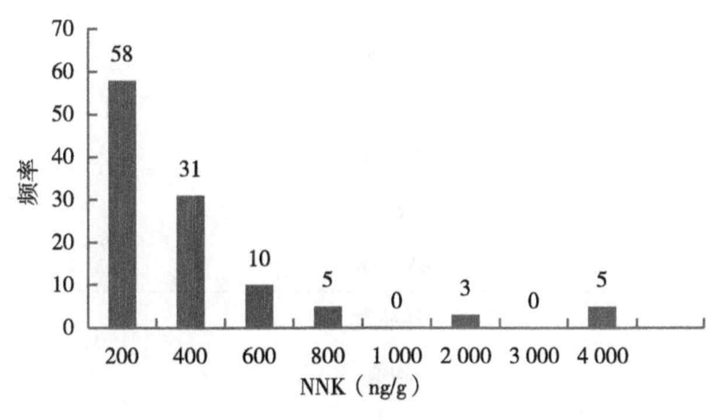

b. 国内样品

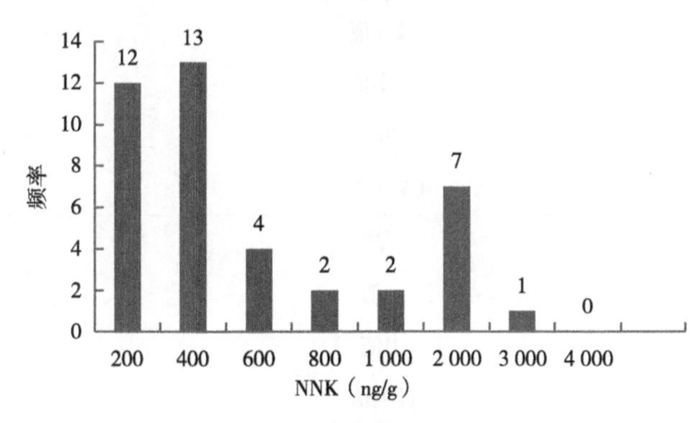

c. 国外样品

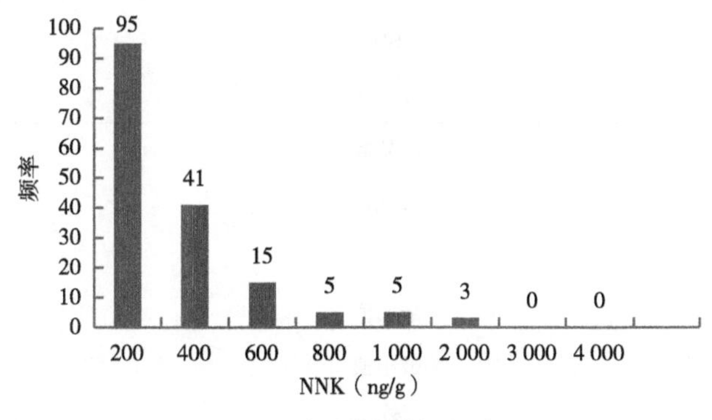

d. 种质资源样品

图4-21　NNK含量分布频率

5. NAT

317份检测样品的NAT含量均值1 538.41ng/g，具体为13.19～20 020.07ng/g；国内样品112份，均值2 114.12ng/g，具体为13.19～20 020.07ng/g；国外样品41份，均值2 427.50ng/g，具体为48.70～12 713.94ng/g；种质资源样品164份，均值922.96ng/g，具体为30.91～10 749.08ng/g；国内收集样品的变幅和变异系数明显较国外收集样品和种质资源样品大（表4-39和图4-22）。

表4-39 样品NAT含量数据特征

样本范围	项目	NAT（ng/g）
总样本	样品数	317
	均值	1 538.41
	中值	797.65
	最大值	20 020.07
	最小值	13.19
	SD	2 592.73
	CV（%）	168.53
国内样本	样品数	112
	均值	2 114.12
	中值	1 009.61
	最大值	20 020.07
	最小值	13.19
	SD	3 615.11
	CV（%）	171.00
国外样本	样品数	41
	均值	2 427.50
	中值	1 379.78
	最大值	12 713.94
	最小值	48.70
	SD	2 919.48
	CV（%）	120.27
种质资源样本	样品数	164
	均值	922.96
	中值	600.87
	最大值	10 749.08
	最小值	30.91
	SD	1 110.41
	CV（%）	120.31

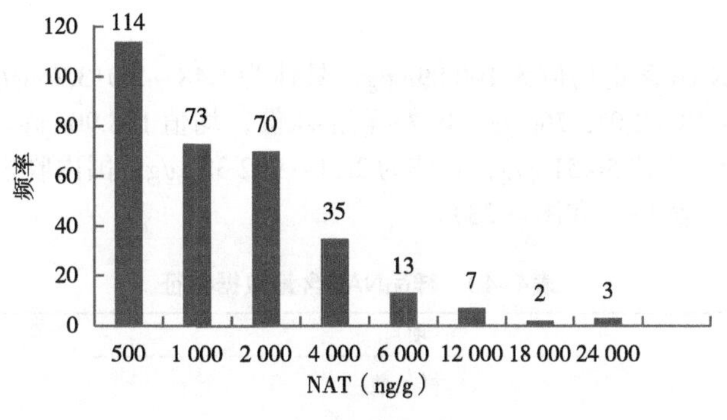

a. 总样品

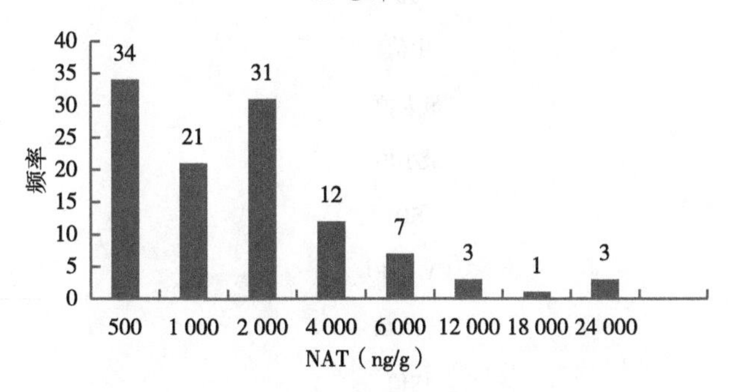

b. 国内样品

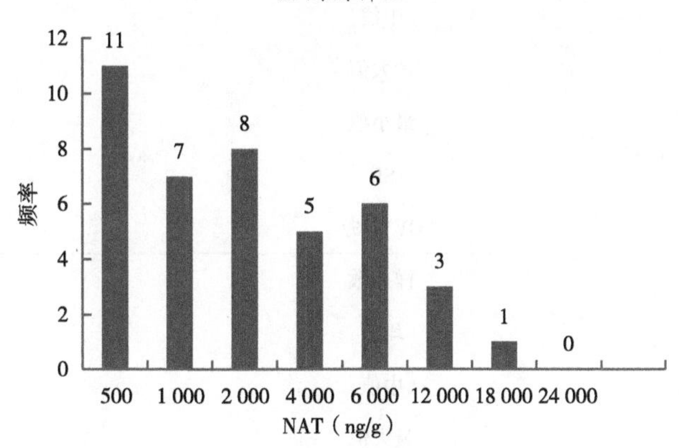

c. 国外样品

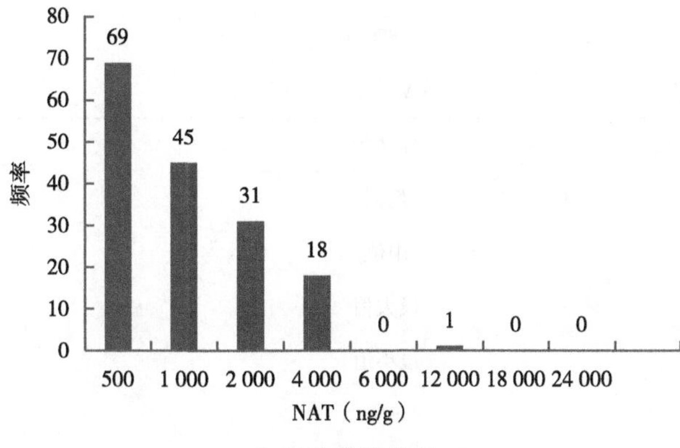

d. 种质资源样品

图4-22　NAT含量分布频率

6. NAB

317份检测样品的NAB含量均值为100.89ng/g，具体为1.48 ~ 2 013.76ng/g；国内样品112份，均值138.79ng/g，具体为1.48 ~ 2 013.76ng/g；国外样品41份，均值198.90ng/g，具体为9.97 ~ 947.35ng/g；种质资源样品164份，均值50.51ng/g，具体为2.11 ~ 992.38ng/g；国内收集样品的变幅较国外收集样品和种质资源样品大（表4-40和图4-23）。

表4-40　样品NAB含量数据特征

样本范围	项目	NAB（ng/g）
总样本	样品数	317
	均值	100.89
	中值	38.13
	最大值	2 013.76
	最小值	1.48
	SD	199.80
	CV（%）	198.03
国内样本	样品数	112
	均值	138.79
	中值	49.25
	最大值	2 013.76
	最小值	1.48
	SD	273.84
	CV（%）	197.31
国外样本	样品数	41
	均值	198.90
	中值	87.29
	最大值	947.35
	最小值	9.97
	SD	224.80
	CV（%）	113.02
种质资源样本	样品数	164
	均值	50.51
	中值	29.40
	最大值	992.83
	最小值	2.11
	SD	89.24
	CV（%）	176.68

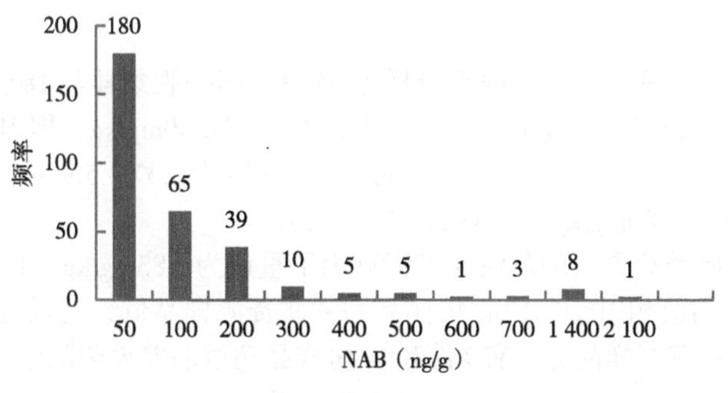

a. 总样品

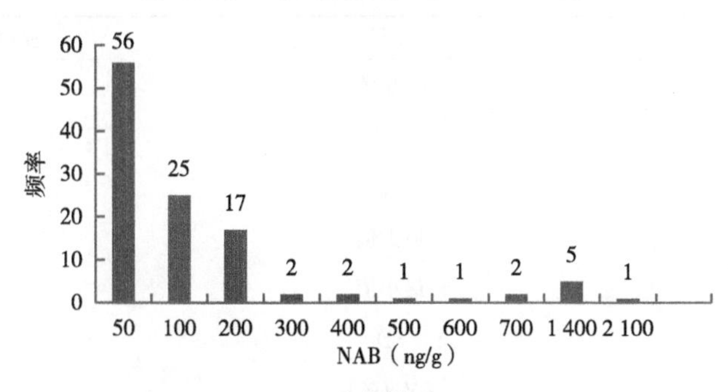

b. 国内样品

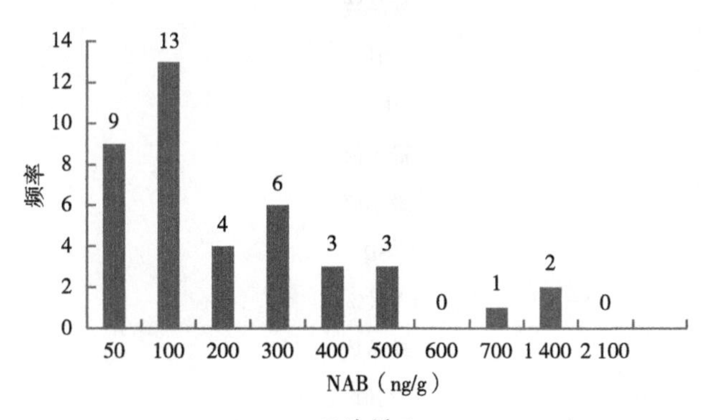

c. 国外样品

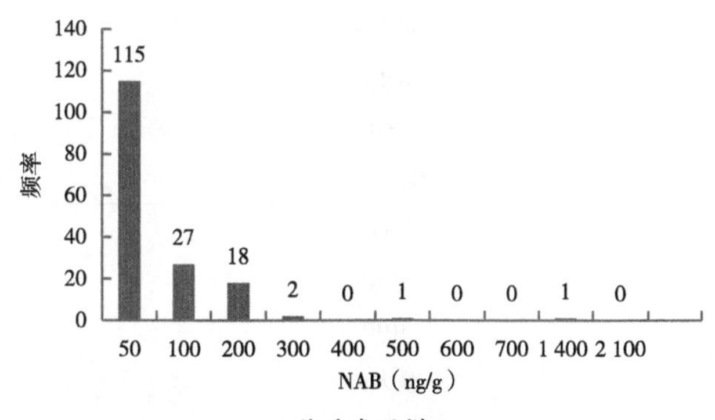

d. 种质资源样品

图4-22　NAT含量分布频率

(三)亚硝酸盐

共检测硝酸盐样品173份，其中国内收集样品65份、国外收集样品18份、种质资源样品90份；173份总样品的亚硝酸盐含量均值3.86mg/kg，具体为0.34～10.80mg/kg；国内样品均值3.54mg/kg，具体为0.34～8.84mg/kg；18份国外样品均值2.73mg/kg，具体为0.37～5.94mg/kg；种质资源样品均值4.31mg/kg，具体为2.50～10.80mg/kg（表4-41和图4-24）。

瑞典火柴公司对亚硝酸盐含量的限值要求折算为干重计为5.83mg/kg，173份总样品中155份样品低于该限值，国外样品均值相对于国内收集样品和种质资源样品低，且没有超过瑞典火柴限值的样品，国内收集烟叶和种质资源样品分别有7份和10份样品超过瑞典火柴限值。

表4-41 样品亚硝酸盐含量数据特征

样本范围	项目	亚硝酸盐（mg/kg）
总样本	样品数	173
	均值	3.86
	中值	3.80
	最大值	10.80
	最小值	0.34
	SD	1.78
	CV（%）	46.02
国内样本	样品数	65
	均值	3.54
	中值	3.48
	最大值	8.84
	最小值	0.34
	SD	1.95
	CV（%）	55.08
国外样本	样品数	18
	均值	2.73
	中值	2.10
	最大值	5.94
	最小值	0.37
	SD	1.92
	CV（%）	70.43
种质资源样本	样品数	90
	均值	4.31
	中值	4.15
	最大值	10.80
	最小值	2.50
	SD	1.45
	CV（%）	33.60

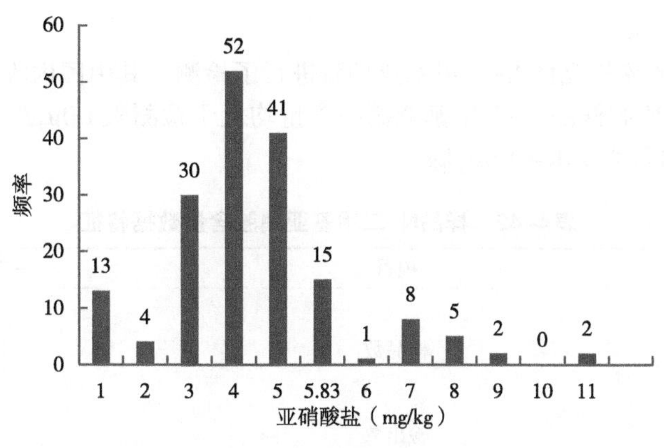

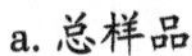
a. 总样品

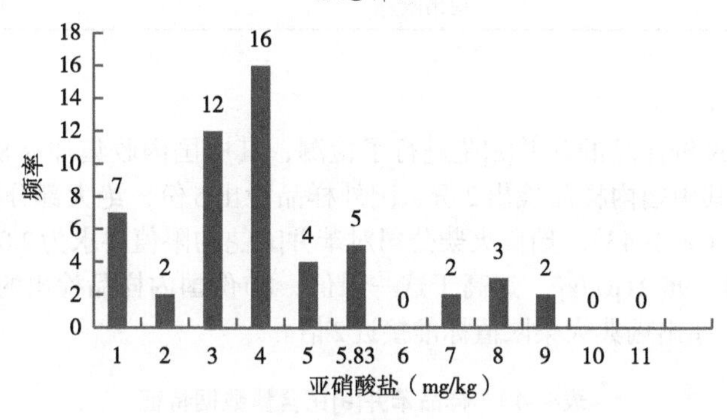

b. 国内样品

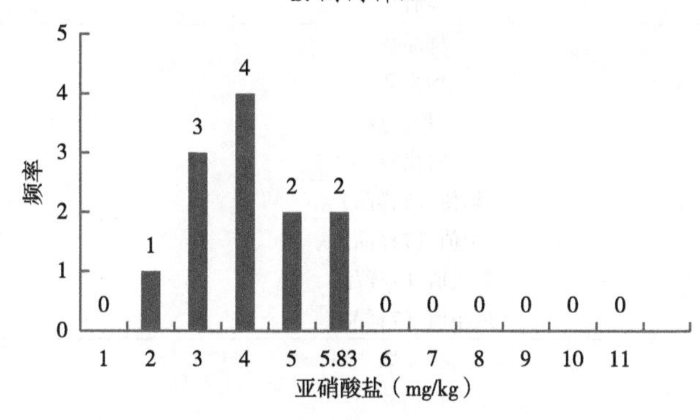

c. 国外样品

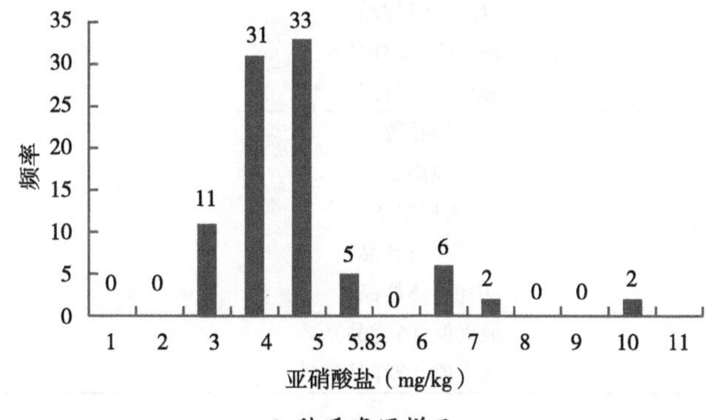

d. 种质资源样品

图4-22　NAT含量分布频率

(四)N-二甲基亚硝胺

对收集样品中的109份样品的N-二甲基亚硝胺进行了检测，其中国内收集样品80份、国外收集样品29份（表4-42），所有样品N-二甲基亚硝胺含量均低于检测限1.0μg/kg，同时低于瑞典火柴公司对N-二甲基亚硝胺的限值要求4.17μg/kg。

表4-42 样品N-二甲基亚硝胺含量数据特征

样本范围	项目	N-二甲基亚硝胺
总样本	样品数	109 国内80份 国外29份
	检出数	0
	检出限	1.0μg/kg

(五)苯并[a]芘

对收集样品中的109份样品的苯并[a]芘进行了检测，其中国内收集样品80份、国外收集样品29份，共检出样品7份，其中国内样品检出2份、国外样品检出5份，绝大部分样品的苯并[a]芘含量位于检测限0.5μg/kg以下（表4-43）。瑞典火柴公司对苯并[a]芘的限值要求为2.08μg/kg，29份国外样品检出的5份含量为28.14 ~ 96.21μg/kg，远高于这一限值，80份国内样品检出的2份样品检测值分别为3.79μg/kg和3.82μg/kg，超出瑞典火柴限值标准接近2倍。

表4-43 样品苯并[a]芘含量数据特征

样本范围	项目	苯并[a]芘（μg/kg）
总样本	样品数	109
	检出数	7
	未检出数	102
	检出限	0.5
	均值（7样品）	49.40
	中值（7样品）	65.78
	最大值（7样品）	3.79
	最小值（7样品）	96.21
国内样本	样品数	80
	检出数	2
	未检出数	78
	均值（2样品）	3.81
	最大值（2样品）	3.82
	最小值（2样品）	3.79
国外样本	样品数	29
	检出数	5
	未检出数	24
	均值（5样品）	67.64
	中值（5样品）	70.36
	最大值（5样品）	96.21
	最小值（5样品）	28.14

(六)赭曲霉毒素A

对收集样品中的40份样品的赭曲霉毒素A进行了检测，其中国内收集样品25份、国外收集样品

15份（表4-44），共检出4份样品，其中国内样品1份、国外样品3份，36份样品未检出，检出限1.0μg/kg。目前瑞典火柴公司对赭曲霉毒素A的限值要求折算为干重为16.67μg/kg，检出的样品中，4份检出样品的检出最小值2.56μg/kg，最大值7.56μg/kg，均低于瑞典火柴公司的限值。

表4-44　样品赭曲霉毒素A含量数据特征

样本范围	项目	赭曲霉毒素A（μg/kg）
总样本	样品数	40
	检出数	4
	未检出数	36
	检出限	1.0
	均值（4样品）	4.73
	中值（4样品）	4.41
	最大值（4样品）	7.56
	最小值（4样品）	2.56
国内样本	样品数	25
	检出数	1
	未检出数	24
	检出值（1份样品）	7.56
国外样本	样品数	15
	检出数	3
	未检出	12
	均值（3样品）	3.79
	中值（5样品）	3.37
	最大值（5样品）	5.44
	最小值（5样品）	2.56

（七）黄曲霉毒素

对收集样品中的73份样品的黄曲霉毒素（4种，B1、B2、G1、G2）进行了检测，其中国内收集样品51份、国外收集样品22份。共检出样品0份，4种均未检出，检出限均为0.1μg/kg（表4-45）。瑞典火柴公司对黄曲霉毒素的限值要求为4.17μg/kg，73份样品均符合该限值。

表4-45　样品黄曲霉毒素含量数据特征

样本范围	项目	黄曲霉毒素
总样本	样品数	73 国内51份 国外22份
	检出数	0
	检出限	黄曲霉毒素B1、B2、G1、G2均为0.1μg/kg

(八)羰基化合物

1. 甲醛

共检测了109份样品的甲醛含量，其中国内样品48份、国外样品26份、种质资源样品35份（表4-46和图4-25），109份样品的甲醛含量均值为2.43mg/kg，具体为0.01～8.70mg/kg，国内样品均值3.28mg/kg，国外样品均值2.45mg/kg，种质资源样品均值为1.25mg/kg，从均值来看，种质资源样品的甲醛含量表现最好，但是变异系数较国内收集样品和国外收集样品大。瑞典火柴公司对甲醛含量要求的限值折算为干重计为12.5mg/kg，因此，所有样品均完全符合该限制要求。

表4-46 样品甲醛含量数据特征

样本范围	项目	甲醛（mg/kg）
总样本	样品数	109
	均值	2.43
	中值	2.23
	最大值	8.70
	最小值	0.01
	SD	1.76
	CV（%）	72.38
国内样本	样品数	48
	均值	3.28
	中值	2.96
	最大值	8.70
	最小值	1.42
	SD	1.43
	CV（%）	43.63
国外样本	样品数	26
	均值	2.45
	中值	2.61
	最大值	6.04
	最小值	0.38
	SD	1.16
	CV（%）	47.44
种质资源样本	样品数	35
	均值	1.25
	中值	0.62
	最大值	8.45
	最小值	0.01
	SD	1.89
	CV（%）	150.67

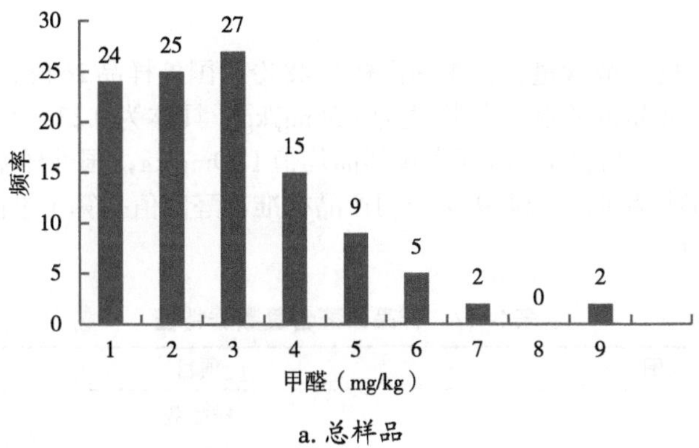

a. 总样品

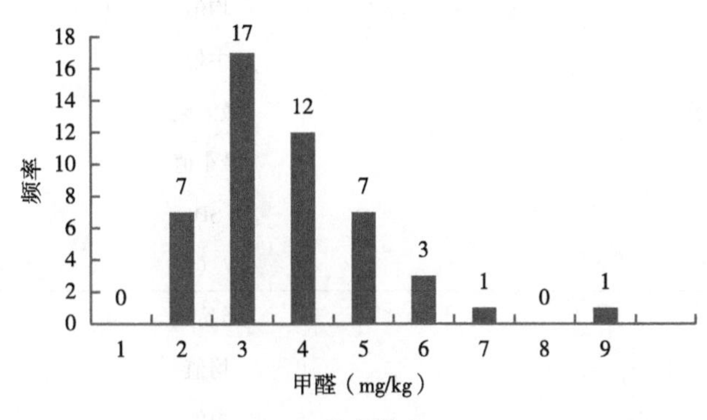

b. 国内样品

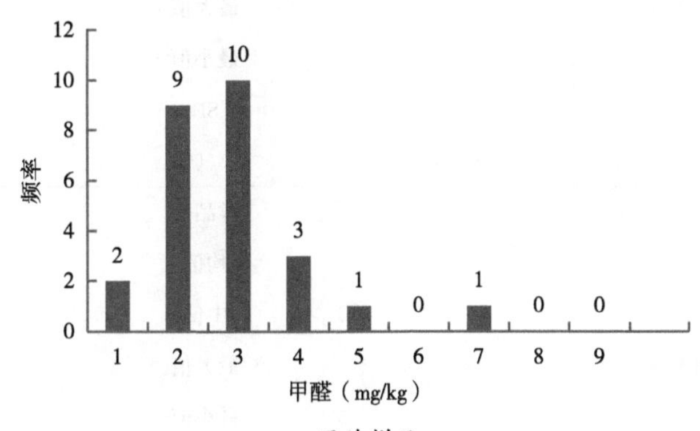

c. 国外样品

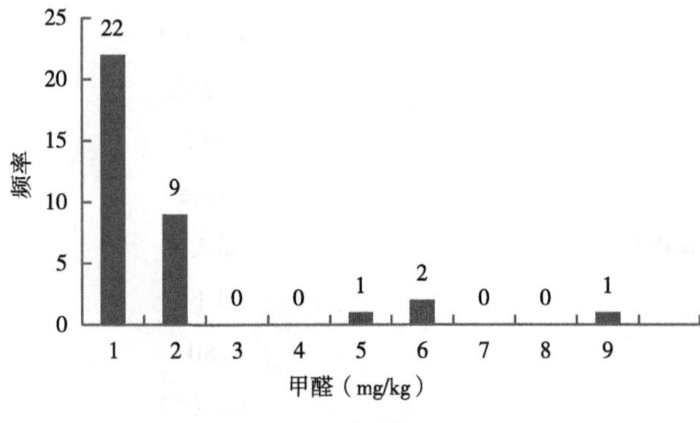

d. 种质资源样品

图4-25　甲醛含量分布频率

2. 乙醛

共检测了109份样品的乙醛含量，其中国内样品48份、国外样品26份、种质资源样品35份（表4-47和图4-26）。109份样品的乙醛含量均值为1.38mg/kg，具体为0.23～9.27mg/kg，国内样品均值1.28mg/kg，国外样品均值1.02mg/kg，种质资源样品均值1.79mg/kg，国外样品的均值和变异系数均较国内收集样品和种质资源样品低。瑞典火柴公司产品标准乙醛限值折算干重值为41.67mg/kg，所检测样品均明显低于这一限值。

表4-47 样品乙醛含量数据特征

样本范围	项目	乙醛（mg/kg）
总样本	样品数	109
	均值	1.38
	中值	1.09
	最大值	9.27
	最小值	0.23
	SD	1.29
	CV（%）	93.68
国内样本	样品数	48
	均值	1.28
	中值	1.09
	最大值	4.60
	最小值	0.37
	SD	0.78
	CV（%）	61.32
国外样本	样品数	26
	均值	1.02
	中值	0.97
	最大值	1.96
	最小值	0.23
	SD	0.42
	CV（%）	41.13
种质资源样本	样品数	35
	均值	1.79
	中值	1.15
	最大值	9.27
	最小值	0.61
	SD	2.01
	CV（%）	112.51

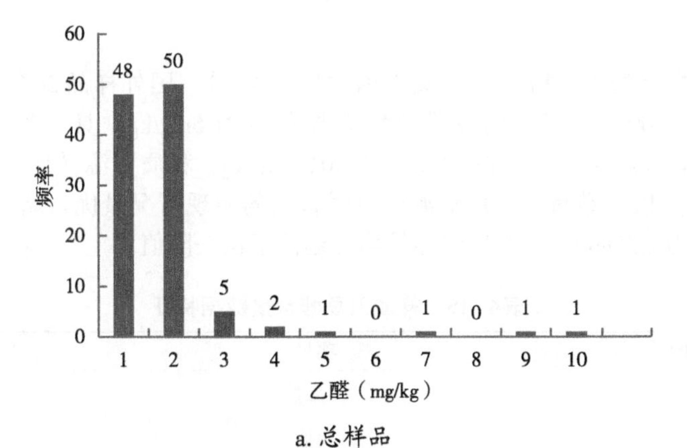

a. 总样品

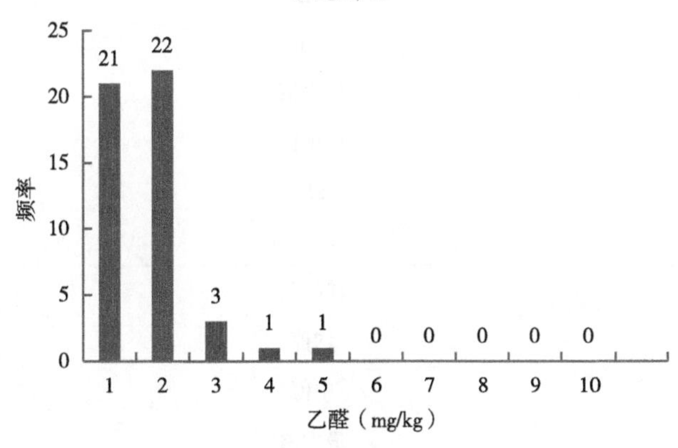

b. 国内样品

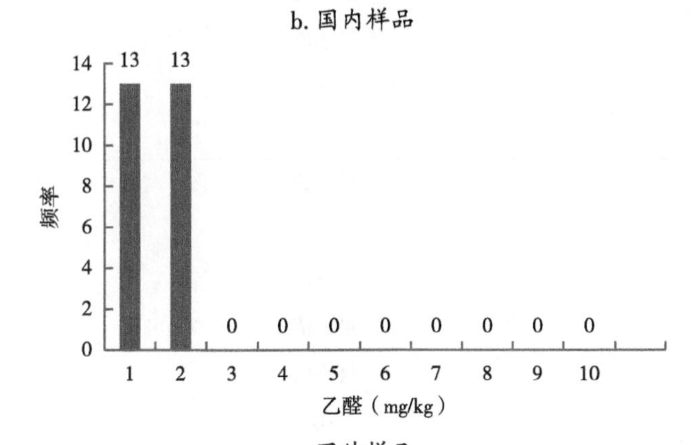

c. 国外样品

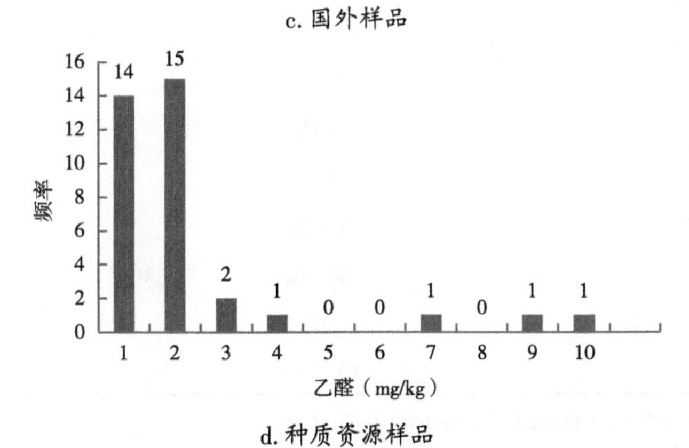

d. 种质资源样品

图4-26　种质资源样品乙醛含量分布频率

3. 巴豆醛

共检测了109份样品的巴豆醛含量，其中国内样品48份、国外样品26份、种质资源样品35份（表4-48和图4-27）。109份样品的巴豆醛含量均值为0.001 5mg/kg，具体为0.001 0～0.006 1mg/kg，国内样品均值为0.001 7mg/kg，国外样品均值为0.001 5mg/kg，种质资源样品均值为0.001 2mg/kg，三类样品均值和变异系数依次递减，种质资源巴豆醛含量的表现情况最优。瑞典火柴公司产品标准巴豆醛限值折算干重值为1.25mg/kg，所检测样品均远远低于这一限值。

表4-48 样品巴豆醛含量数据特征

样本范围	项目	巴豆醛（mg/kg）
总样本	样品数	109
	均值	0.001 5
	中值	0.001 0
	最大值	0.006 1
	最小值	0.001 0
	SD	0.000 7
	CV（%）	45.10
国内样本	样品数	48
	均值	0.001 7
	中值	0.002 0
	最大值	0.006 1
	最小值	0.001 0
	SD	0.000 8
	CV（%）	47.31
国外样本	样品数	26
	均值	0.001 5
	中值	0.001 7
	最大值	0.002 0
	最小值	0.001 0
	SD	0.000 5
	CV（%）	32.55
种质资源样本	样品数	35
	均值	0.001 2
	中值	0.001 0
	最大值	0.002 2
	最小值	0.001 0
	SD	0.000 4
	CV（%）	31.54

注：统计数据特征时，未检出按0.001μg/g计，检出按0.002μg/g计

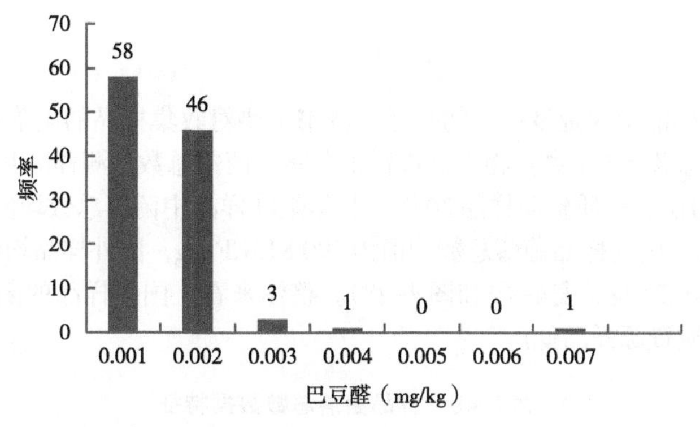

a. 总样品

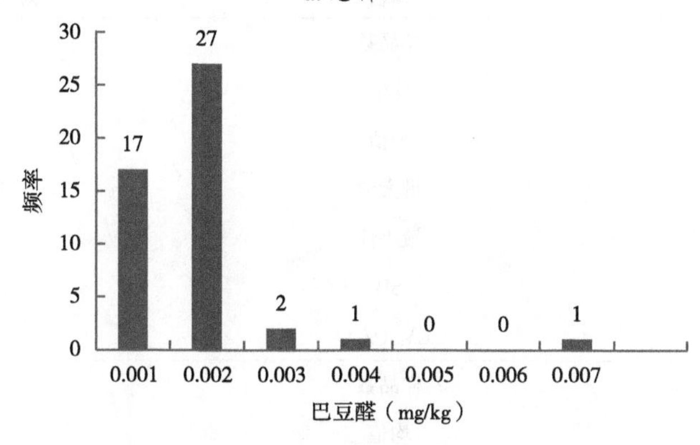

b. 国内样品

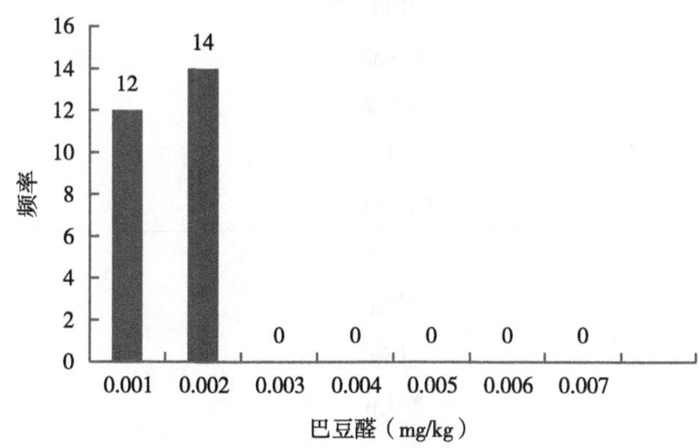

c. 国外样品

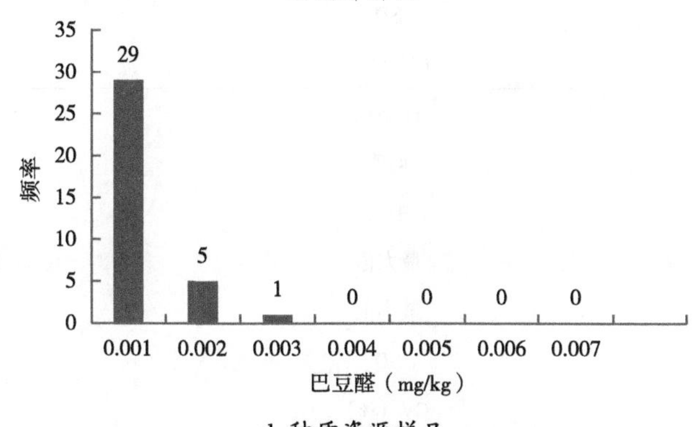

d. 种质资源样品

图4-27　巴豆醛含量分布频率

(九)微生物

1. 菌落总数

瑞典火柴公司产品标准中未提及微生物指标，本书主要对收集样品的菌落总数、大肠菌群、霉菌、沙门氏菌、金黄色葡萄球菌等5个微生物指标进行了考察。菌落总数检测样品共计91份，其中国内收集样品51份、国外样品20份、种质资源样品20份。收集烟叶样品中菌落总数均值为398 328CFU/g，具体为880～2 600 000CFU/g，国内样品菌落总数均值为590 813CFU/g，国外样品均值为73 820CFU/g，种质资源样品均值为232 000CFU/g（表4-49和图4-28）。整体来看，国外样品的菌落总数均值和变异系数均较国内收集样品和种质资源样品低。

表4-49 样品菌落总数数据特征

样本范围	项目	菌落总数（CFU/g）
总样本	样品数	91
	均值	398 328
	中值	130 000
	最大值	2 600 000
	最小值	880
	SD	648 693.45
	CV（%）	162.85
国内样本	样品数	51
	均值	590 813
	中值	160 000
	最大值	2 600 000
	最小值	880
	SD	801 138.22
	CV（%）	135.60
国外样本	样品数	20
	均值	73 820
	中值	70 500
	最大值	160 000
	最小值	1 000
	SD	52 097.44
	CV（%）	70.57
种质资源样本	样品数	20
	均值	232 000
	中值	150 000
	最大值	1 100 000
	最小值	55 000
	SD	249 273.26
	CV（%）	107.45

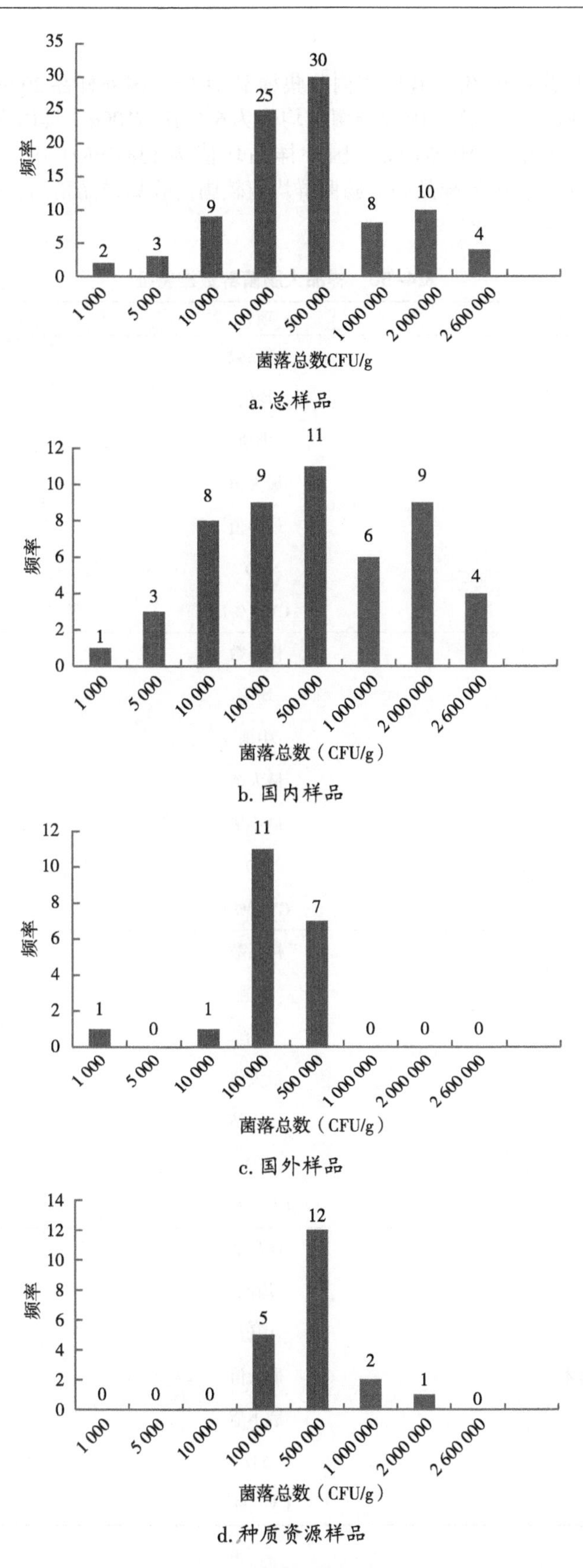

图4-28　菌落总数分布频率

2. 大肠菌群

大肠菌群检测样品共计91份，其中国内收集样品51份、国外样品20份、种质资源样品20份（表4-50和图4-29）。收集烟叶样品中大肠菌群均值为617MPN/100g，具体为30～11 000MPN/100g，国内样品大肠菌群均值为487MPN/100g，国外样品均值为138MPN/100g，种质资源样品均值为1 427MPN/100g。整体来看，国外样品的大肠菌群均值较国内收集样品稍高，种质资源样品大肠菌群均值方面表现最差。

表4-50 样品大肠菌群数据特征

样本范围	项目	大肠菌群（MPN/g）
总样本	样品数	91
	均值	617
	中值	90
	最大值	11 000
	最小值	30
	SD	1 479.57
	CV（%）	239.83
国内样本	样品数	51
	均值	487
	中值	90
	最大值	4 600
	最小值	30
	SD	954.87
	CV（%）	195.97
国外样本	样品数	20
	均值	138
	中值	40
	最大值	930
	最小值	30
	SD	272.86
	CV（%）	198.44
种质资源样本	样品数	20
	均值	1 427
	中值	430
	最大值	11 000
	最小值	90
	SD	2 630.18
	CV（%）	184.32

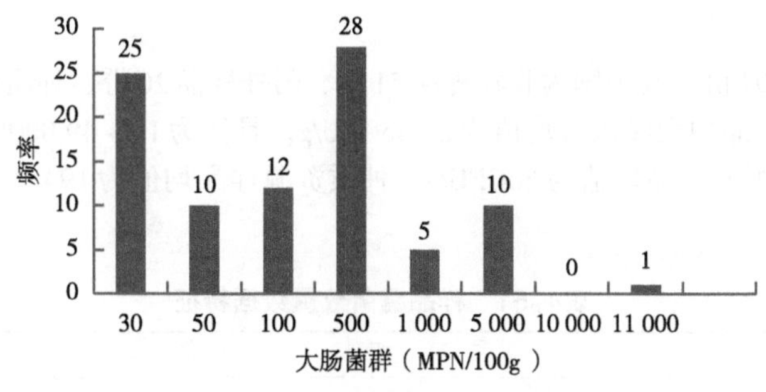

a. 总样品

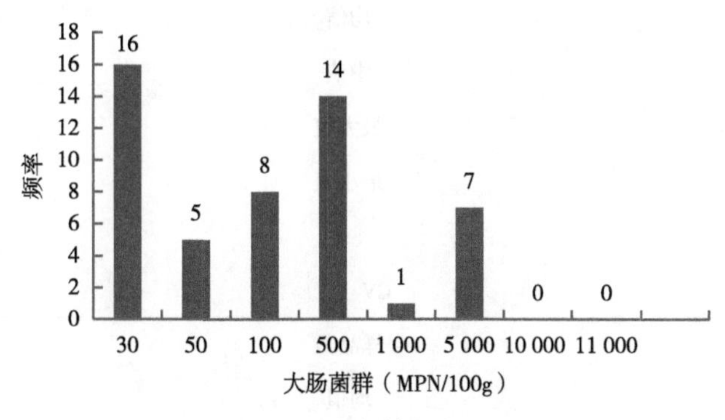

b. 国内样品

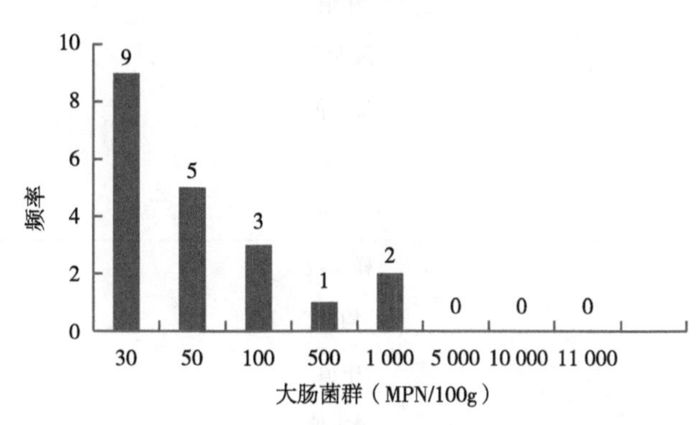

c. 国外样品

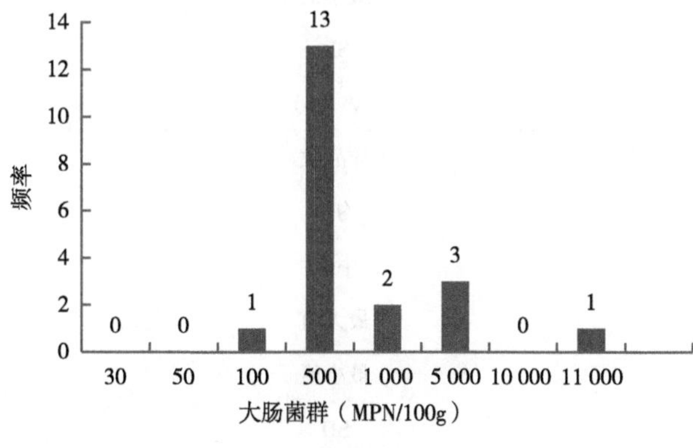

d. 种质资源样品

图4-29　大肠菌群分布频率

3. 霉菌

霉菌检测样品共计91份，其中国内收集样品51份、国外样品20份、种质资源样品20份（表4–51和图4–30）。收集烟叶样品中大肠菌群均值为2 566CFU/g，具体为10～49 000CFU/g，国内样品大肠菌群均值为4 477CFU/g，国外样品均值为66CFU/g，种质资源样品均值为194CFU/g。整体来看，国外样品霉菌的整体情况较好。

表4–51 样品霉菌数量数据特征

样本范围	项目	霉菌（CFU/g）
总样本	样品数	91
	均值	2 566
	中值	240
	最大值	49 000
	最小值	10
	SD	7 238.78
	CV（%）	282.11
国内样本	样品数	51
	均值	4 477
	中值	860
	最大值	49 000
	最小值	10
	SD	9 264.59
	CV（%）	206.95
国外样本	样品数	20
	均值	66
	中值	25
	最大值	270
	最小值	10
	SD	89.59
	CV（%）	136.78
种质资源样本	样品数	20
	均值	194
	中值	170
	最大值	560
	最小值	20
	SD	153.12
	CV（%）	78.93

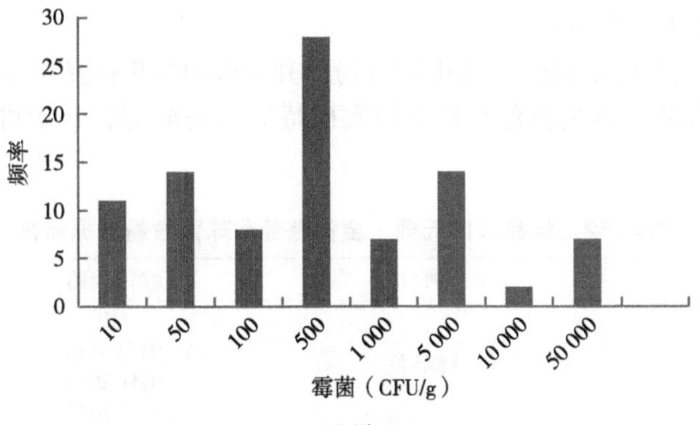

a. 总样品

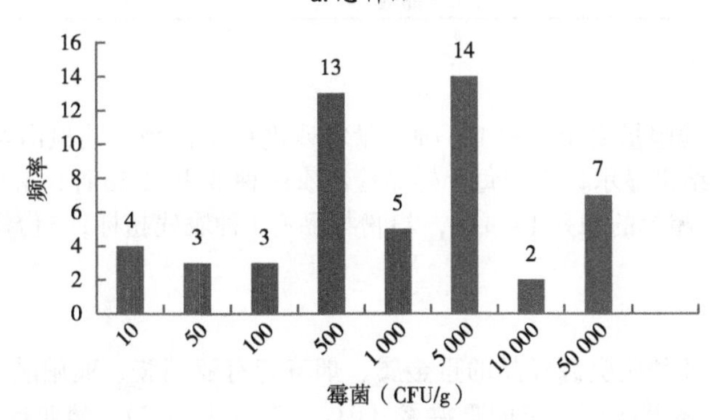

b. 国内样品

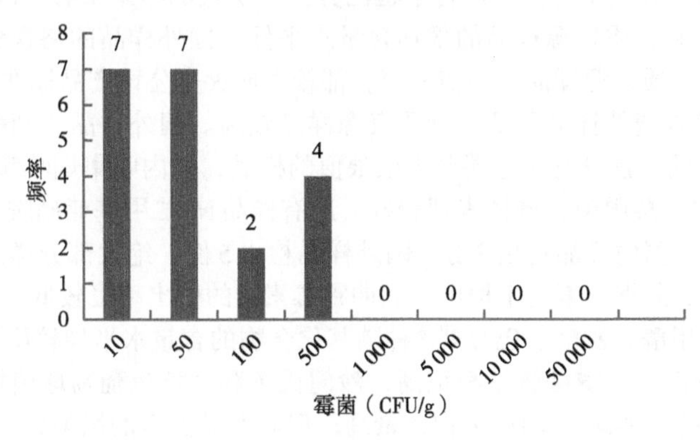

c. 国外样品

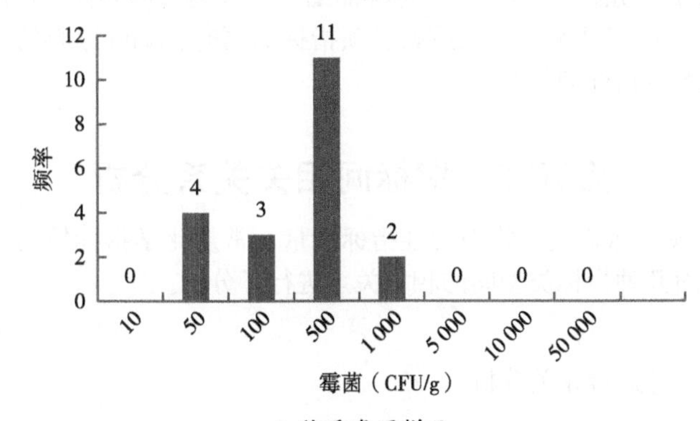

d. 种质资源样品

图4-30　霉菌数量分布频率

4. 沙门氏菌、金黄色葡萄球菌

沙门氏菌、金黄色葡萄球菌检测样品共计91份，其中国内收集样品51份、国外样品20份、种质资源样品20份。沙门氏菌、金黄色葡萄球菌的数据特征见表4-52，从中可以看出所有样品中均未检出。

表4-52 样品沙门氏菌、金黄色葡萄球菌数量数据特征

样本范围	项目	沙门氏菌	金黄色葡萄球菌
总样本	样品数	91 国内51份 国外20份 种质20份	91 国内51份 国外20份 种质20份
	检出样品数	0	0

(十)农药残留

根据行业规定的农残限量要求，对123种限量农残进行了检测，共检出47种农药残留，所有样品均有农残检出。检测结果显示，平均每个样品检出农残种数为11.53种，有农残超标的样品共计35份，约占样品数的1/3，超标的农残1～3种，23份样品有1种农残超标，5份样品有2种农残超标，6份样品有3种农残超标。

三、结论

对国内外收集样品及种质资源样品的重金属、烟草特有亚硝胺、亚硝酸盐、甲醛、乙醛、巴豆醛、N-二甲基亚硝胺、苯并[a]芘、黄曲霉毒素（B1、B2、G1、G2）、赭曲霉毒素A、农药残留进行检测，另外还对原料的部分微生物指标进行了检测分析。从检测结果来看，国外收集样品的铅、镉、砷、镍较国内收集样品和种质资源样品的平均含量水平低，国外样品的铬含量普遍偏高一些；汞含量方面，国内外样品和种质资源样品平均值相当，都较瑞典火柴公司产品标准有一定差距。TSNAs含量水平方面，国内样品较国外样品稍低，种质资源样品较高。国外样品亚硝酸盐均值相对于国内收集样品和种质资源样品低，且没有超过瑞典火柴限值的样品，国内收集烟叶和种质资源样品分别有7份和10份样品超过瑞典火柴限值，整体表现较好。所有样品N-二甲基亚硝胺含量均未检出。苯并[a]芘共检出样品7份，其中国内样品检出2份，国外样品检出5份，绝大部分样品的苯并[a]芘含量位于检测限0.5μg/kg以下。黄曲霉毒素均未检出，赭曲霉毒素A的检出率也较低，检出的4份样品含量水平也不高。收集样品的甲醛、乙醛、巴豆醛3种羰基化合物的含量水平均较低。微生物方面，烟叶原料中的菌落总数、大肠菌群、霉菌含量都很高，沙门氏菌和金黄色葡萄球菌均未检出，由于口含烟工艺过程中包含杀菌环节，原料中的微生物含量高，但对产品安全的风险较小。农药残留方面，106份样品有35份样品检出农残超标1～3种，超标样品的比例较高。因此如果产品安全性要达到诸如瑞典火柴公司产品等国际先进产品水平，在兼顾各项指标的同时，烟叶原料的开发或使用过程中应着重注意汞、镉、农药残留等指标的控制。

第五节 指标间相关关系分析

根据收集样品的外观指标鉴定、物理特性指标测量、常规化学指标检测、加工性能指标检测及感官质量评价的结果，对几种指标类型间的相关关系进行了分析。

一、实验方法

数据采用DPS 7.05软件进行相关分析。

二、结果与讨论

外观质量指标与加工性能指标之间的相关性分析表4-53，从相关系数来看，外观指标与加工性能指标之间没有显著的相关性。

表4-53　外观质量与加工性能指标的相关性

相关系数	颜色	成熟度	叶片结构	长度	宽度	油分	色度	残伤	外观综合
≥500μm粉末得率	−0.14	−0.15	0.03	0.08	−0.03	−0.04	−0.01	0.17	−0.01
250～500μm粉末得率	0.13	0.09	−0.08	0.07	0.14	−0.04	0.03	−0.09	0.02
<250μm粉末得率	0.12	0.19	0.03	−0.21	−0.08	0.11	0	−0.21	0
≥500μm填充值	−0.01	−0.03	0.11	0	0	0.05	−0.14	−0.02	−0.04
250～500μm填充值	−0.06	−0.02	0.1	−0.17	−0.09	0.03	−0.22	−0.11	−0.03
<250μm填充值	−0.04	−0.13	0.04	−0.11	−0.07	0.04	−0.18	−0.12	−0.07

外观质量指标与感官质量指标之间的相关性分析见表4-54，外观质量与感官质量指标的相关性不显著。

表4-54　外观质量与感官质量指标的相关性

相关系数	颜色	成熟度	叶片结构	长度	宽度	油分	色度	残伤	外观综合得分
色泽	−0.02	−0.08	−0.01	0.16	−0.06	−0.06	0.12	0.06	−0.02
嗅香	0.03	−0.12	−0.03	0.08	0.17	−0.08	0.1	−0.01	−0.04
嗅觉刺激	−0.01	−0.14	−0.11	0.13	0	−0.07	0	−0.02	−0.13
烟草本香	−0.29*	−0.23	−0.36**	0	−0.05	−0.37**	−0.03	−0.02	−0.28*
刺激	016	0.13	−0.13	0.17	0.08	0.11	0.05	0.30*	0.09
余味	−0.09	−0.28*	−0.46**	−0.02	−0.22	−0.33**	−0.12	−0.12	−0.38**
杂味	−0.16	−0.11	−0.25*	−0.03	0.07	−0.19	−0.03	0.08	−0.15
酸味	0.16	−0.03	0.06	0.03	0.06	0.08	−0.14	−0.16	0.02
苦味	0.03	0.2	0.2	0.12	0.18	0.05	0.19	0.27*	0.26*
咸味	0.01	−0.21	−0.11	−0.03	−0.13	−0.18	−0.02	−0.26*	−0.19
涩味	0.04	0.05	0.17	0.01	0.02	0.03	0.1	0.14	0.13
劲头	−0.2	−0.41**	−0.29*	−0.11	−0.16	−0.40**	−0.22	−0.27*	−0.47**
感官综合质量	−0.1	−0.09	−0.23	−0.11	−0.11	−0.21	−0.08	0.01	−0.16

物理特性与加工性能指标的相关性见表4-55，叶片厚度与小粒径粉末（<250μm）得率有极显著差异，且相关性较强。在加工过程中，小粒径粉末得率低，中大粒径得率高的原料粉末，建议选用叶片厚度低的原料。

表4-55　物理特性与加工性能指标的相关性

相关系数	叶重（g）	含梗率（%）	叶片厚度（mm）	质量/单位面积
≥500μm粉末得率	−0.11	0.14	−0.40**	−0.33**
250～500μm粉末得率	0.19	−0.01	0.23	0.14
<250μm粉末得率	0.01	−0.24*	0.50**	0.47**
≥500μm填充值	−0.32**	0.23	−0.29*	−0.27*
250～500μm填充值	−0.26*	0.14	−0.21	−0.16
<250μm填充值	−0.33**	0.11	−0.2	−0.18

物理特性与感官质量指标的相关性见表4-56，指标间相关性不显著。

表4-56　物理特性与感官质量指标的相关性

相关系数	叶重	含梗率	叶片厚度	质量	物理综合得分
色泽	0.09	−0.14	−0.05	−0.12	−0.13

（续表）

相关系数	叶重	含梗率	叶片厚度	质量	物理综合得分
嗅香	0.1	-0.2	0.14	0.11	-0.08
嗅觉刺激	0.06	-0.08	-0.09	-0.02	-0.02
烟草本香	0.05	0.06	-0.02	-0.06	0
刺激	0.22	0.12	-0.05	-0.02	0.06
余味	0.19	0.15	0.17	0.11	-0.1
杂味	0.14	0.23	0.12	0.04	-0.06
酸味	0.09	-0.08	0.08	0.005	0.18
苦味	0.12	0.02	-0.03	-0.14	-0.08
咸味	-0.01	-0.14	0.14	0.12	-0.01
涩味	0.07	-0.14	0.08	0.06	-0.03
劲头	0.1	-0.01	0.01	0.02	0.02
感官综合质量	0.09	0.185	0.06	0.02	0.07

化学成分与加工性能指标的相关性见表4-57，指标间相关性不显著。

表4-57 化学成分与加工性能指标的相关性

相关系数	烟碱（%）	还原糖（%）	总糖（%）	钾（%）	氯（%）	总氮（%）
≥500μm粉末得率	-0.14	0.15	0.15	-0.11	-0.15	-0.14
250～500μm粉末得率	0.26	-0.19	-0.2	0.19	0.01	0.18
<250μm粉末得率	0	-0.08	-0.08	0.02	0.26	0.08
≥500μm填充值（cm^3/g）	-0.1	0	0	0.12	-0.16	-0.17
250～500μm填充值（cm^3/g）	-0.11	0.07	0.06	0.03	-0.07	-0.13
<250μm填充值（cm^3/g）	-0.08	0.13	0.13	0.07	-0.08	-0.12

化学成分与感官评价指标的相关性见表4-58，指标间相关性不显著，但是由于烟碱是提供口含烟产品生理满足感的关键物质，在评价口含烟烟叶原料时，仍应该将烟碱作为关键指标进行评价。

表4-58 化学成分与感官评价指标的相关性

相关系数	烟碱	还原糖	总糖	钾	氯	总氮
色泽	0.1	0.11	0.11	0.01	-0.03	-0.06
嗅香	0.33	0.02	0.03	0.06	0.06	-0.01
嗅觉刺激	0.26	0.06	0.07	0.01	-0.07	0.01
烟草本香	-0.31	0.17	0.17	-0.14	0.34**	-0.13
刺激	0.05	-0.03	-0.03	-0.16	0.07	0.09
余味	-0.04	-0.01	-0.02	-0.13	0.31*	0.18
杂味	-0.18	-0.03	-0.03	-0.14	0.28*	0.05
酸味	0.27	-0.17	-0.16	0.16	-0.1	-0.08
苦味	-0.15	-0.07	-0.07	-0.03	0.01	0.02
咸味	0.14	0.19	0.2	0	-0.07	0.13
涩味	0.03	-0.02	-0.02	-0.04	0.09`	-0.14
劲头	0.15	0.16	0.15	-0.21	0.04	0.33**
感官综合质量	-0.22	0.02	0.01	-0.11	0.35**	0.08

三、结论

对研究的指标间的相关关系进行了分析，物理特性指标中的叶片厚度与加工性能指标中的中大粒径得率存在显著正相关，同时考虑到烟碱是提供口含烟产品生理满足感的关键物质，因此确定将叶片厚度和烟碱含量作为提供口含烟产品生理满足感的关键物质。

第五章　袋装口含烟产品烟碱特有亚硝胺释放行为研究

第一节　“人造嘴”系统

在使用口含烟时，烟草制品被唾液浸润，其化学成分开始释放并通过不同途径进入人体循环系统。化学成分释放的快慢、多少直接影响口含烟感官特征（如冲击强度）和安全性。因此，研究其化学成分释放特征以及相关的影响因素将有助于实现对口含烟的品质掌控。为便于研究化学成分释放特征，开发了模拟口腔的“人造嘴”系统，并以袋装口含烟样品对系统及方法进行了验证。

口含烟化学成分的释放受多种因素的影响。消费者方面，如单次放入口腔中的烟草制品的量、在口腔中的停留时间，吸允和移动烟草制品的程度以及唾液的分泌量等；烟草制品方面，如烟草制品的pH值、湿度以及化学成分的含量等，这些因素都能导致口含烟中化学成分释放特征的变化。

当前，对口含烟感官特征的有效控制以及其安全性评价的需求已经促使研究人员探索开发了一些能较为客观地评价口含烟化学成分释放的方法。在Luque-Pérez等的研究中建立了模拟口腔黏膜的一个装置和方法，即将口含烟放到一个聚丙烯/正十一烷膜单元里，流经膜单元的酸性萃取液促使样品中烟碱释放，并透过膜随萃取溶液进入光谱检测器，从而实现对烟碱释放的即时检测。在Nasr等的报道中，将透析袋与液相色谱结合，检测口含烟中烟碱的释放特征。放在透析袋中的样品浸入到人工唾液中，取不同时间点的人工唾液并检测其中的烟碱，从而获得不同时间段烟碱的释放特征。虽然这些方法测得的结果能在一定程度上反映口含烟中烟碱的释放情况，但是在它们的研究中烟碱的释放条件与口腔环境仍有较大的差别。

口含烟在使用时只是将产品放置在唇部和牙龈之间，不需要咀嚼。产品在被唾液浸润后，其中的化学成分释放到口腔中并主要通过口腔黏膜被人体吸收。这类似于医药行业采用溶出度仪研究口含片和舌下片等口腔用药的药物释放。但用于口腔用药药物释放研究的溶出仪，一般是将药片浸入装有大量溶出介质的溶出池中，这和口含烟在口腔中的存在环境有较大的差异。因此，食品和医药行业现有的溶出度仪等检测方法均无法有效地模拟口含烟在口腔中时的真实状态，不适合用于口含烟化学成分的释放行为研究。

基于此，我们根据口含烟的消费特点，自主研发设计了一套能够模拟口含烟化学成分在口腔环境下释放的研究装置——“人造嘴”系统。将设计的“人造嘴”装置与人工唾液结合，通过人工唾液对样品的缓慢浸润模拟口含烟化学成分释放的口腔条件，借以获取口含烟中化学成分释放的特征。

一、设计原理

口含烟在使用时，一般是将其放置在唇部和牙龈之间，不需要咀嚼。烟碱及其他成分通过唾液的缓慢浸润释放到口腔中，并通过口腔黏膜被吸收或者通过吞咽被吸收。因此，在使用口含烟时，唾液腺受刺激开始分泌唾液，口腔中唾液的量和烟碱的浓度都是动态变化的。根据使用口含烟时口腔环境的这一变化特点，设计“人造嘴”系统，通过调节温度模拟口腔温度，通过新鲜溶液的不断涌入模拟唾液的分泌，通过溶液的不断流出模拟唾液变化，从而达到模拟口含烟化学成分在口腔中释放—吸收的过程。为实现这一目的，以唾液组成、口腔温度、唾液分泌速率等为基本参数自主研发设计“人造嘴”系统以模拟口腔环境。

自主研发设计的“人造嘴”系统由温度控制单元、流速控制单元、释放单元和释放液收集单元等四部分组成，其中流速控制单元包括溶媒存储瓶和恒流泵；温度控制单元包括恒温水槽、加热线圈和保温管；释放单元包括释放池和释放池支架；释放液收集单元包括收集液托盘和收集瓶。

二、构造组成

自行研制的“人造嘴”系统（图5-1）包括溶媒存储瓶（A）、恒流泵（B）、恒温槽（C）、预热线圈（D）、保温管（E）、释放池（F）、释放池支架（G）和释放液收集装置（H）。溶媒存储瓶为500ml的棕色试剂瓶，用于盛放人工唾液，通过管路与恒流泵相连；恒流泵为双柱塞恒流泵，流量为0.1～10.0ml/min，压力为0～2.0MPa，流量设定误差≤1%，流量重复性误差≤1%；恒温槽采用外循环模式，温度范围为（室温+5℃）–95℃，温度波动度±0.1℃；加热线圈为长10m内径1mm的硅胶管，放置在恒温槽中可使人工唾液维持在设定的温度，并通过管路一端与恒流泵相连，另一端与释放池上端相连；保温管为内径稍大于管路外径的一柱状玻璃套管，玻璃套管外层通有恒温水浴，加热线圈与释放池上端相连的管路外装有保温管，以减少热量的损失，保证人工唾液以恒定的温度载入释放池中；释放池（图5-2）为一柱状玻璃套管，玻璃套管外层与保温管串联，通有恒温水浴，可使其在恒温环境下释放，释放池上端装有一玻璃磨口塞（a），下端有一样品支架（e），可打开磨口塞将样品放置在下端的支架上，磨口塞有一内置玻璃导管（b），可使人工唾液平稳地滴在样品上（小袋的中间）；释放液收集装置由托盘和收集瓶组成，释放池下端连有一软管，软管下端安装释放液收集装置，可将释放液载入收集瓶中。

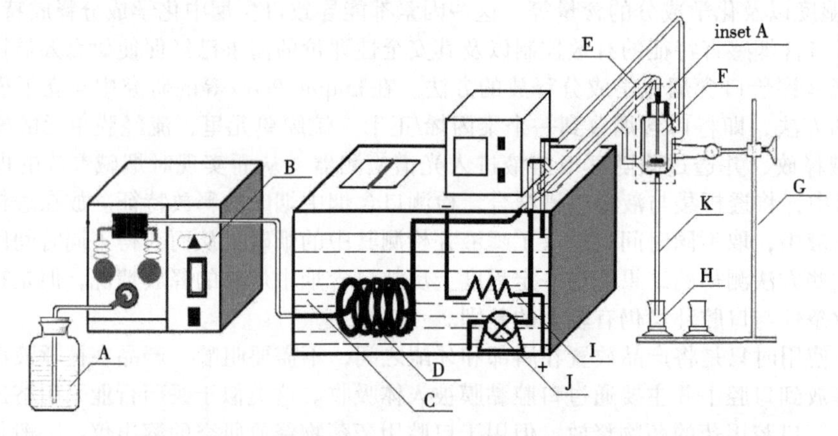

A. 溶媒存储瓶；B. 恒流泵；C. 恒温槽；D. 预热线圈；E. 保温管；F. 释放池；
G. 释放池支架；H. 收集瓶；I. 加热管；J. 循环泵；K. 收集管

图5–1　“人造嘴”系统示意图

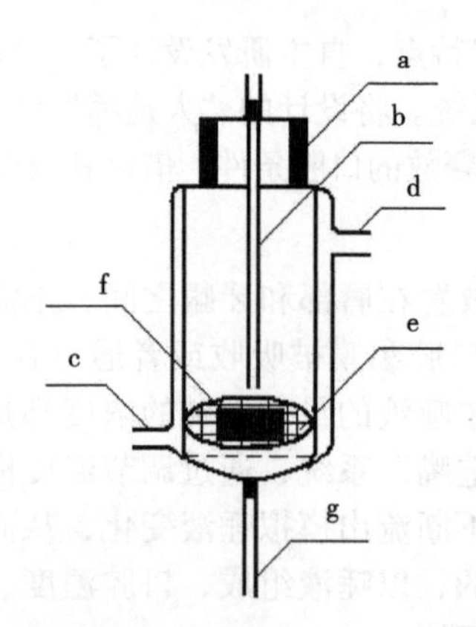

a. 磨口玻璃塞；b. 玻璃导管；c. 水浴入口；d. 水浴出口；e. 样品网筛支架；f. 样品；g. 收集管

图5–2　释放池示意图

三、人工唾液

人工唾液主要用来模拟人的真实口腔唾液，并充当“人造嘴”系统的流动相，其性质可以通过改变其成分组成进行调节。人的口腔唾液是由下颌腺、腮腺和舌下腺等腺体分泌的液体和口腔壁上许多小黏液腺分泌的黏液在口腔里混合而成，pH值一般为6.6～7.1。真实唾液组成不稳定且容易变质，获取困难且个体差异明显。因此，和产品在口腔中释放相关的研究多以人工唾液为媒介进行，我们也采用人工唾液代替唾液相关的实验。目前报道的人工唾液有两类，一类为一定pH值的盐溶液；另一类为加入了蛋白和酶等生物活性物质的盐溶液，由于后者在组成和黏度方面与真实唾液较为接近，我们采用了后者。

人工唾液组分包括三类化合物：无机盐类化合物，如氯化钠、氯化钾、氯化钙；有机化合物：如柠檬酸、葡萄糖；生物活性酶蛋白：如黏蛋白、溶菌酶、淀粉酶。该人工唾液是由下列用量配比的物质组分制成：氯化钠0.85mg/ml；氯化钾0.35mg/ml；氯化钙0.15mg/ml；磷酸二氢钾0.18mg/ml；氯化镁0.25mg/ml；柠檬酸0.06mg/ml；葡萄糖0.20mg/ml；尿素0.08mg/ml；黏蛋白2.45mg/ml；溶菌酶0.60U/ml；淀粉酶2.50U/ml；酸性磷酸酶0.01U/ml。加入黏蛋白等活性物质前，pH值用盐酸或氢氧化钠调节至6.2～7.5的某一值，室温搅拌10min后加入黏蛋白等活性物质，在室温搅拌30min即完成配制。人工唾液可以按照上述配方自行配制，也可通过市场渠道购买。

该人工唾液与口含型烟草制品混合后，能模拟其化学成分在口腔分泌物中的释放行为，与真实情况接近，为口含型烟草制品化学成分的提取搭建统一的平台，便于分析测定该类制品的化学成分及含量，进而客观地评价该制品的品质及特点。

四、参数设置

如前文所述，设计“人造嘴”的目的是为实现对口腔温度、唾液、唾液分泌速率等的模拟，借以实现对口腔环境的模拟。因此，在设计时，主要设置了“人造嘴”系统温度、流动相性质和流动相流速等3个参数，通过对这三个参数的调节实现对口腔环境模拟的微调节。

“人造嘴”系统温度通过“人造嘴”系统的温度控制单元进行调控，恒温槽以及与之相连的管路保持系统温度恒定。同时流动相在流经温度控制单元的过程中被加热，通过调节加热线圈的长度可使流动相到达释放池时，其温度刚好为设定的温度，一般为37℃。流动相通过改变人工唾液的配方实现口腔pH值的微调节，一般为6.6～7.1。流动相通过单元的恒流泵进行控制流速，借以模拟口腔唾液的分泌。报道显示，口腔在未受到刺激的条件下，唾液分泌速率为0.06～1.8ml/min，在强烈刺激下唾液分泌速率可增加至7ml/min。因此，“人造嘴”系统在设计时将其流速可调范围设置为0.06～7.0ml/min。

第二节　烟碱释放行为研究

由于袋装含烟中烟碱的检测方法为气相色谱法，而通过“人造嘴”系统采集的烟碱释放液介质是人工唾液，溶剂为水相，气相色谱法仅适用于溶剂为有机相的样品检测，因此我们建立了高效液相色谱法（HPLC/DAD）检测烟碱含量，并对两种检测方法进行了对比。

一、袋装口含烟中烟碱检测方法（HPLC）

（一）样品前处理

取袋装含烟样品，在室温下解冻2h，从中间剪开，连同包装袋一起置于50ml乙醇和1.25mol/L氢氧化钠溶液的混合溶液（9∶1，*v/v*）中，超声提取30min。提取液经过13mm×0.45μm水相膜过滤后，待测。

（二）色谱分析

色谱分析通过HPLC/DAD进行。色谱条件：Waters XTerra RP C18色谱柱（250mm×4.6mm i.d.，5μm）；柱温35℃；流动相为甲醇：磷酸二氢钾（20mmol/L，pH值为6）：三乙胺（23∶76.8∶0.2，*v/v/v*）混合溶液；流速1.0ml/min；进样体积10μl；检测波长260nm。

（三）HPLC法与GC法烟碱定量结果的比较

分别运用HPLC法与GC法对20种袋装口含烟进行定量分析，并对两方法的定量结果进行比较。HPLC法按照本节所述的定量方法进行分析。GC法参考行业标准YC/T 246—2008进行定量分析，以喹啉为内标，甲基-叔丁基醚为萃取液。分析前将待分析样品在室温下解冻2h，解冻后准确称取1.00g试样于100ml三角瓶中（样品的小袋剪开连同小袋一起装入三角瓶中），每种样品平行3份，移取7ml 5mol/L的氢氧化钠溶液于萃取瓶中，轻摇萃取瓶，静置15min。然后加入50ml甲基-叔丁基醚为萃取液，振荡2h，静置，取上清液进行气相色谱分析。由定量结果（表5-1）可知，两种方法定量结果一致，两方法测定结果的相对标准偏差均小于5%，因此，可用本实验建立方法对烟碱进行准确定量。

表5-1 HPLC法与GC法烟碱定量结果的比较（湿重，*n*=3）

样品	HPLC（mg/g）	GC（mg/g）	RSD（%）
1	11.32±0.31	11.98±0.43	4.03
2	0.85±0.01	0.82±0.01	2.40
3	9.82±0.11	10.49±0.17	4.65
4	12.52±0.06	13.33±0.12	4.43
5	11.96±0.19	12.66±0.13	3.99
6	10.43±0.09	11.17±0.11	4.84
7	5.92±0.02	6.31±0.03	4.50
8	9.42±0.38	9.93±036	3.73
9	10.49±0.02	10.87±0.07	2.49
10	10.58±0.22	11.08±0.17	3.27
11	10.41±0.24	11.16±0.31	4.88
12	9.28±0.09	9.70±0.14	3.10
13	10.44±0.80	10.70±0.18	1.74
14	5.33±0.03	5.67±0.02	4.36
15	11.40±0.07	11.88±0.04	2.94
16	12.27±0.02	12.90±0.15	3.52
17	12.62±0.16	13.36±0.25	4.05
18	12.00±0.13	12.56±0.21	3.24
19	8.46±0.08	8.85±0.14	4.03
20	11.16±0.14	11.55±0.09	2.40

（四）标准曲线、线性范围、检出限和定量限

用pH值为6.7的人工唾液分别配制浓度为0.005mg/ml、0.02mg/ml、0.05mg/ml、0.1mg/ml、0.2mg/ml、0.4mg/ml、0.6mg/ml、1.0mg/ml的烟碱标准溶液，采用本节所述色谱条件进行分析，每一浓度进6针取平均值，以烟碱的峰面积与烟碱的浓度进行线性回归分析，得到烟碱的标准工作曲线为$Y=10.604\,9X-8.436\,4$，表明烟碱在0.005～1.0mg/ml内具有较好的线性。分别以3倍信噪比和以10倍信噪比计算得到方法的检出限和定量限分别为0.20μg/g和0.65μg/g。

（五）精密度与回收率分析

取已知烟碱含量的口含烟样品，分3份，分别按照低、中、高三种水平加入烟碱标准品，每个添加水平重复测定6个样品。加标后的样品分别按本节所述方法处理并进行分析，连续测定6d，计算得到方法的精密度［用相对标准偏差（RSD）表示］，并由原含量、加标量以及测定量计算回收率。从表5-2可知，方法的日内精密度为0.87%～1.46%，日间精密度为1.69%～3.16%，加标回收率为94.2%～101.8%，表明此方法能够满足研究的定量要求。

表5-2 方法的精密度与回收率

加入量（mg/ml）	RSD（%）		平均回收率*（%）
	日内（*n*=6）	日间（*n*=6）	
0.02	1.46	3.16	94.2
0.1	0.87	1.69	101.8

（续表）

加入量（mg/ml）	RSD（%）		平均回收率*（%）
	日内（n=6）	日间（n=6）	
0.6	1.23	2.37	98.5

*回收率=（测定量-原含量）/加入量×100%。

二、袋装口含烟烟碱体外释放行为研究方法的建立

（一）样品采集

将“人造嘴”系统按图5-1所示连接，体外释放实验前将配制好的人工唾液加入溶媒存储瓶中。首先，通过“人造嘴”系统的温度控制单元借助循环水浴将“人造嘴”系统预热到（37±0.2）℃，然后小心地将样品放在释放池底部的样品筛网支架上，随后打开恒流泵，来自溶媒存储平瓶的人工唾液流经预热线圈，当其从溶出池的玻璃导管流出时，温度达到（37±0.2）℃，流出的人工唾液浸润样品，从样品中流出的渗出液被收集到收集瓶中，直接进行HPLC/DAD分析。溶出池中残余的样品经50ml乙醇和1.25mol/L的氢氧化钠水溶液的混合溶液（9：1，*v/v*）提取30min，提取液进行HPLC/DAD分析。每次实验完毕，用去离子水清洗溶出池。

表5-3　人工唾液配方　（mmol/L）

组成	浓度	组成	浓度
NaCl	10.00	$KHCO_3$	15.00
Na_2HPO_4	2.40	$MgCl_2$	1.50
KH_2PO_4	2.50	$CaCl_2$	1.50
柠檬酸	0.15		

（二）色谱分析

色谱分析通过HPLC/DAD进行。色谱条件：Waters XTerra RP C18色谱柱（250mm×4.6mm i.d.，5μm）；柱温35℃；流动相为甲醇：磷酸二氢钾（20mmol/L，pH值为6）：三乙胺（23：76.8：0.2，*v/v/v*）混合溶液；流速1.0ml/min；进样体积10μl；检测波长260nm。

（三）样品溶液的稳定性

烟碱释放实验取样点相对较多，每一批次的样品需要2～24h才能分析完，因此需对样品溶液的稳定性进行评价。将用人工唾液配制的浓度为0.02mg/ml、0.1mg/ml、0.6mg/ml的烟碱标准溶液分别在配制0，4h，8h，12h，16h和24h后进样分析。三种浓度的样品在24h内的RSD分别为0.96%、0.66%、0.43%，说明样品溶液在24h内稳定，能够满足烟碱释放液的定量要求。

（四）烟碱累积释放率

烟碱累积释放率由一段时间的烟碱释放量除以样品总烟碱含量计算（样品总烟碱含量为30min的烟碱释放量与残留样品中烟碱含量的总和），如下公式：

$$CR（\%）=100\ [A/（A+B）]$$

其中，CR是烟碱累积释放率；A是在某一时间点，人工唾液从烟碱中萃取到的烟碱的总量；B是在某一时间点，样品经人工唾液萃取后残留烟碱的量。

（五）方法耐用性评价

耐用性是测量方法不受小的但客观存在的参数变异影响的能力，在溶出实验中方法的耐用性是方法评价的基本要素之一。我们从流动相组成、缓冲盐的pH值、流动相流速、柱温、进样量等方面来评价方法的耐用性。通过将优化条件改变±3%，计算回收率来表示（表5-4），各条件下的回收率为97.4%～102.5%，表明本方法耐用性良好。

表5-4 方法的耐用性（n=3）

流速（ml/min）	有机相（%）	缓冲溶液pH值	温度（℃）	进样量（μl）	回收率[a, b]（%）（±S.D）
1.00	23.0	6.0	35	10.0	99.2（±0.5）
1.03	23.0	6.0	35	10.0	97.6（±0.6）
0.97	23.0	6.0	35	10.0	102.5（±0.8）
1.00	23.7	6.0	35	10.0	98.1（±0.5）
1.00	22.3	6.0	35	10.0	101.6（±0.7）
1.00	23.0	6.2	35	10.0	99.0（±0.3）
1.00	23.0	5.8	35	10.0	98.2（±0.5）
1.00	23.0	6.0	36	10.0	98.9（±0.9）
1.00	23.0	6.0	34	10.0	99.3（±0.7）
1.00	23.0	6.0	35	10.3	97.4（±0.8）
1.00	23.0	6.0	35	9.7	103.7（±1.2）

注：a. 样品烟碱浓度为0.1mg/ml；b. 回收率根据在优化条件下的标准曲线计算

（六）方法重复性（设备稳定性）

对一个新开发的设备，其稳定性是保证其测定结果准确性的前提。我们对“人造嘴”系统稳定性的评价是在系统温度37℃、不同人工唾液流速下的烟碱累积释放率的重复性来进行。

在正常的生理条件下，人类唾液的分泌速率为0.06～1.8ml/min。选择人工唾液流速0.1ml/min、0.2ml/min、0.4ml/min、0.8ml/min、1.0ml/min和2.0ml/min进行研究。分别测定释放时间为5min、10min、15min、20min、25min、30min、35min、40min、45min、50min、55min和60min时烟碱的累积释放率，重复5遍后计算RSD（表5-5）。

表5-5 不同流速条件下烟碱累积释放率及不同时间点的RSD

流速	时间（min）	1#	2#	3#	4#	5#	平均值	SD	RSD（%）
0.1ml/min	5	0	0	0	0	0	0.000 0	0.000 0	0.00
	10	0.237 1	0.223 4	0.255	0.235 7	0.246 1	0.239 5	0.011 9	4.96
	15	0.527 6	0.478 2	0.485 4	0.478 9	0.502 6	0.494 5	0.020 9	4.23
	20	0.767 8	0.747	0.755 9	0.735 1	0.761 1	0.753 4	0.012 7	1.69
	25	1.102 2	0.972 9	1.040 3	1.027 9	1.021 3	1.032 9	0.046 4	4.49
	30	1.329 8	1.292 2	1.326 8	1.326 8	1.294 3	1.314 0	0.019 0	1.44
	35	1.508 7	1.439 2	1.539 4	1.563 8	1.479 2	1.506 1	0.049 1	3.26
	40	1.867 6	1.703 5	1.884 3	1.825 2	1.752 8	1.806 7	0.076 9	4.25
	45	2.027 1	1.963 8	1.984 2	2.002 6	1.996 7	1.994 9	0.023 4	1.17
	50	2.649 4	2.448 6	2.488	2.528 7	2.389 1	2.500 8	0.097 8	3.91
	55	2.839 1	2.541 1	2.800 8	2.886 9	2.762 2	2.766 0	0.133 9	4.84
	60	3.082 3	2.810 6	2.915 4	2.993 1	3.048 5	2.970 0	0.109 2	3.68
0.2ml/min	5	0.214 7	0.204 2	0.190 4	0.201 7	0.201 1	0.202 4	0.008 7	4.28
	10	0.611 8	0.575 5	0.548 9	0.553 2	0.589 2	0.575 7	0.026 0	4.52
	15	0.968 6	0.955 0	0.850 6	0.923 1	0.922 9	0.924 0	0.045 7	4.94
	20	1.350 7	1.310 0	1.276 8	1.294 3	1.319 9	1.310 3	0.027 9	2.13
	25	1.705 2	1.605 5	1.543 8	1.577 1	1.657 4	1.617 8	0.064 2	3.97
	30	2.032 1	1.874 7	1.920 3	2.062 1	2.013 7	1.980 6	0.079 4	4.01
	35	2.451 0	2.338 6	2.293 7	2.247 9	2.428 1	2.351 9	0.086 6	3.68
	40	2.800 9	2.767 0	2.643 6	2.735 3	2.978 6	2.785 1	0.123 0	4.42
	45	3.263 8	3.303 7	3.163 2	3.182 6	3.463 4	3.275 3	0.119 9	3.66
	50	3.576 8	3.580 8	3.560 0	3.431 7	3.717 3	3.573 3	0.101 3	2.83
	55	4.267 0	3.946 4	4.319 1	4.071 1	4.323 9	4.185 5	0.168 7	4.03
	60	5.032 5	4.721 1	4.567 9	4.798 3	4.972 5	4.818 5	0.188 6	3.91
0.4ml/min	5	0.328	0.293 3	0.322 6	0.296 1	0.304 6	0.308 9	0.015 6	5.06
	10	0.744 5	0.699 1	0.754 4	0.753 2	0.697 7	0.729 8	0.028 9	3.96

（续表）

流速	时间（min）	1#	2#	3#	4#	5#	平均值	SD	RSD（%）
0.4ml/min	15	1.218 3	1.204 6	1.175 4	1.217 6	1.179 6	1.199 1	0.020 5	1.71
	20	1.706 6	1.565 5	1.704 9	1.675 9	1.593 1	1.649 2	0.065 7	3.98
	25	2.337 3	2.090 2	2.224 8	2.176 4	2.232 8	2.212 3	0.090 0	4.07
	30	3.098 2	2.786 8	2.934 4	2.791 5	2.798 2	2.881 8	0.135 8	4.71
	35	3.861 5	3.408	3.584	3.515 9	3.747 5	3.623 4	0.181 4	5.01
	40	4.663	4.228 5	4.361 9	4.456 1	4.396	4.421 1	0.158 9	3.59
	45	5.883 7	5.313 5	5.938 2	5.721 8	5.482 5	5.667 9	0.265 8	4.69
	50	7.085 1	6.527 5	6.656 4	6.525 7	6.443 8	6.647 7	0.256 1	3.85
	55	8.150 1	7.854	7.917 7	7.870 2	7.534 7	7.865 3	0.219 8	2.79
	60	10.000 9	9.510 8	10.001 1	9.096 5	9.029 3	9.527 7	0.469 7	4.93
0.8ml/min	5	0.675 5	0.686 9	0.622 1	0.680 3	0.625	0.658 0	0.031 7	4.82
	10	1.468 6	1.601 4	1.581 9	1.544 2	1.429 5	1.525 1	0.073 7	4.83
	15	2.619 9	2.724 6	2.448 8	2.71	2.599 6	2.620 6	0.110 4	4.21
	20	4.225 9	4.039 4	3.811	4.238	3.969 6	4.056 8	0.180 1	4.44
	25	6.081 1	6.334 8	5.844 8	6.126 9	5.811 7	6.039 9	0.215 9	3.57
	30	9.561 8	10.087 5	9.647 9	10.473 6	10.466 8	10.047 5	0.434 3	4.32
	35	12.556 4	12.715 7	12.378 8	11.685 8	11.392 8	12.145 9	0.575 8	4.74
	40	15.646 4	16.105 7	15.717 3	16.067 2	14.774 8	15.662 3	0.536 5	3.43
	45	18.937 4	20.653 5	18.973	20.224 8	20.021 9	19.762 1	0.771 2	3.90
	50	21.139 1	22.071 5	21.919 2	22.464 8	20.057 4	21.530 4	0.953 9	4.43
	55	23.214 8	24.268 6	22.739 4	24.100 4	21.656 4	23.195 9	1.066 3	4.60
	60	24.328	24.750 5	24.718 1	25.520 9	22.990 6	24.461 6	0.929 1	3.80
1.0ml/min	5	1.206 383	1.121 56	1.224 2	1.053 7	1.121 4	1.145 4	0.069 8	6.09
	10	2.455 147	2.417 8	2.372 5	2.347 4	2.421	2.402 8	0.042 7	1.78
	15	4.680 542	4.443 1	4.439 8	4.592	4.684 1	4.567 9	0.121 2	2.65
	20	8.271 157	8.978 1	8.102 8	8.550 9	8.578 1	8.496 2	0.334 4	3.94
	25	14.816 33	14.520 7	14.092	14.772 1	14.51	14.542 2	0.288 2	1.98
	30	41.529 41	40.580 2	42.092 8	39.810 6	41.123 7	41.027 3	0.877 1	2.14
	35	42.816 33	43.520 7	43.092	42.772 1	41.51	42.742 2	0.750 5	1.76
	40	42.529 41	45.580 2	43.092 8	44.310 6	44.123 7	43.927 3	1.179 8	2.69
	45	45.512 3	44.876 3	46.178 2	44.521 9	43.984	45.014 5	0.855 2	1.90
	50	46.163 9	45.982 7	46.572 1	45.132 5	46.770 2	46.124 3	0.637 0	1.38
	55	46.687 9	46.132 6	45.976 6	46.143 1	47.012 8	46.390 6	0.440 1	0.95
	60	46.673 1	47.102 4	46.483 9	45.903 7	46.982 5	46.629 1	0.473 8	1.02
2ml/min	5	1.865 8	1.654 2	1.893 1	1.686	1.850 9	1.790 0	0.111 1	6.20
	10	3.168 4	3.018 6	3.352 7	3.117 4	3.097 5	3.150 9	0.125 0	3.97
	15	8.460 7	7.950 9	8.506 3	8.021 4	8.176 4	8.223 1	0.251 8	3.06
	20	18.084	16.240 5	17.038 2	18.150 7	18.189 5	17.540 6	0.870 5	4.96
	25	38.479 5	39.199 7	40.082 7	39.071 6	39.810 9	39.328 9	0.633 4	1.61
	30	77.125	70.182	80.114 4	75.032 6	78.115 2	76.113 8	3.787 7	4.98
	35	82.330 1	80.192 8	79.954 3	82.678 1	80.115 4	81.054 1	1.332 1	1.64
	40	85.138 9	93.523	90.210 8	87.118 2	88.991 4	88.996 5	3.177 0	3.57
	45	88.525 1	91.114 7	89.089 4	91.001 2	86.196 4	89.185 4	2.024 8	2.27
	50	94.318 9	90.182	91.119 4	95.273 1	96.117 9	93.402 3	2.612 3	2.80
	55	95.910 1	96.483 2	98.335 8	96.152 6	97.641 5	96.904 6	1.039 6	1.07
	60	100.37	98.287 1	99.058 4	97.192 9	98.210 7	98.623 8	1.180 0	1.20

表5-5显示的是不同流速条件下，不同时间点同一样品的烟碱累积释放率及RSD。试验数据表明设备的稳定性良好，该方法在较宽流速范围内和较长时间范围内具有可接受的重复性标准偏差。

三、体内外相关性评价

(一)体内释放研究

烟碱体内释放评价由20名23~42岁健康的志愿者（15男、5女）进行。实验前对两个牌号的样品General Portion Snus（GP）和Ettan Portion Snus（EP）进行称重，每袋样品质量偏差小于0.02g。志愿者使用口含烟遵循以下规则：①实验前1h不能吸烟或使用口含烟；②实验前所有志愿者需用纯净水漱口；③样品放置在上唇侧部和牙龈之间并立刻计时；④实验过程中不能吃东西或喝饮料；⑤样品在口腔中分别放置5min，10min，20min，30min后取出放置到相应的收集瓶中。残留样品中的烟碱通过HPLC进行测定。烟碱体内释放率由以下公式计算，所有数据的处理均采用SPSS v16.0（SPSS Inc.，Illinois，USA）进行。

烟碱体内释放率（%）=（未使用过样品烟碱量-残留样品烟碱量）/未使用过烟碱量×100

对于样品GP，烟碱的萃取率5min为6.7%~31.6%，10min为11.7%~48.3%，20min为16.9%~58.5%，30min为23.5%~77.2%；对于样品EP，烟碱的萃取率5min为5.9%~31.6%，10min为13.0%~48.3%，20min为16.9%~58.5%，30min为29.5%~82.3%（表5-6和图5-3）。表5-6和图5-3均表明不同志愿者在对应时间内萃取出的烟碱量存在较大的差异，这主要可能与志愿者的使用习惯和唾液分泌速度等因素有关。因此，无烟气烟草制品烟碱的可利用度评价仅选用志愿者进行体内释放实验是不理想的。

表5-6 志愿者的烟碱摄取率

志愿者	GP中烟碱的累积释放率（%）						
	5min	10min	15min	20min	25min	30min	35min
1	18.21	25.60	33.03	38.91	42.62	46.15	47.21
2	11.83	19.24	26.16	32.61	36.22	38.60	40.83
3	23.38	31.48	40.51	43.16	53.13	55.22	58.01
4	13.43	23.81	26.40	28.43	38.01	40.83	44.52
5	12.50	19.53	32.86	33.44	39.48	42.69	43.71
6	20.49	31.66	37.24	39.37	49.08	54.04	57.02
7	27.13	38.89	43.91	48.20	53.07	57.01	59.07
8	18.71	28.37	33.12	36.62	50.89	57.23	55.03
9	19.24	27.13	27.39	32.65	35.73	37.58	39.23
10	9.84	27.21	35.12	40.76	55.60	58.37	60.05
11	21.56	24.91	33.51	34.48	36.67	37.24	39.09
12	21.71	40.38	50.33	58.50	62.50	70.55	73.16
13	11.07	18.42	27.36	29.63	35.12	37.72	40.41
14	17.85	24.46	33.10	34.81	44.93	46.56	50.78
15	16.23	27.81	31.08	34.02	45.78	48.54	52.08
16	27.19	40.21	46.83	50.51	60.18	68.25	71.01
17	12.67	18.38	38.57	40.71	46.41	53.31	52.67
18	14.28	22.70	40.10	48.23	57.06	62.90	66.08
19	16.14	23.86	35.08	38.33	55.11	57.18	57.37
20	12.06	21.46	23.30	31.58	34.59	38.61	42.81
平均	17.28	26.78	34.75	38.75	46.61	50.43	52.51
SD	5.18	6.82	7.13	7.75	9.04	10.49	10.36

（续表）

志愿者	EP中烟碱的累积释放率（%）						
	5min	10min	15min	20min	25min	30min	35min
1	22.34	38.27	39.21	42.11	43.20	48.70	56.17
2	17.20	35.84	38.12	38.60	42.88	45.43	49.07
3	28.51	38.23	42.81	42.61	57.05	59.78	62.82
4	13.74	25.70	45.01	46.07	48.12	49.83	48.59
5	19.41	32.01	37.00	42.62	44.63	46.90	47.31
6	23.23	44.51	45.78	48.71	53.86	59.40	57.09
7	15.90	28.19	34.05	35.11	40.18	46.40	59.37
8	19.87	22.74	35.11	46.11	54.65	56.02	56.88
9	15.44	29.50	44.89	49.82	51.20	51.89	53.49
10	29.10	39.60	45.92	49.87	52.02	53.47	66.19
11	10.44	19.03	34.16	37.73	48.85	50.12	52.16
12	27.20	42.41	55.08	62.13	73.02	77.84	80.11
13	11.12	24.60	31.82	35.82	40.51	43.22	45.18
14	10.94	21.67	29.07	39.05	45.19	46.41	55.07
15	18.11	25.00	38.14	42.44	37.18	40.89	51.27
16	20.27	39.21	47.28	55.71	62.35	68.73	72.01
17	17.25	25.56	32.67	35.81	36.03	38.50	39.09
18	16.81	27.75	42.07	46.10	49.08	63.87	69.55
19	29.07	39.61	43.21	49.80	51.08	53.41	54.17
20	13.05	21.82	28.60	31.50	36.80	40.72	44.28
平均	18.95	31.06	39.50	43.89	48.39	52.08	55.99
SD	6.03	7.93	6.86	7.52	9.17	9.96	10.13

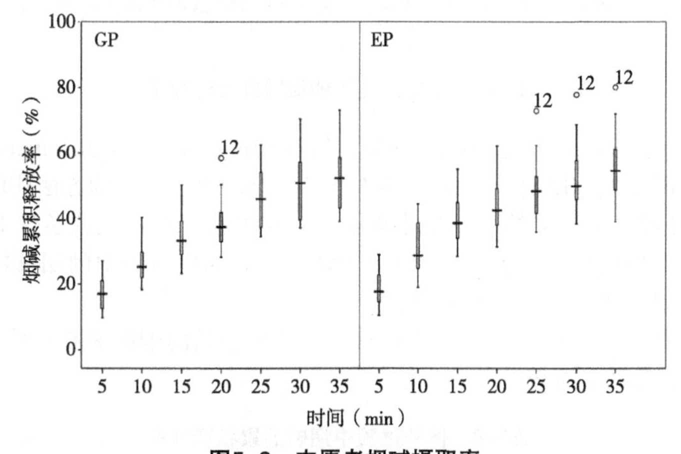

图5-3　志愿者烟碱摄取率

(二)体外释放研究

为与真实情况更接近，采用加入了蛋白和酶等生物活性物质的人工唾液作为释放介质（表5-7）。

表5-7 人工唾液配方

组成	浓度（mg/ml）
NaCl	1.4
KCl	0.5
$CaCl_2$	0.1
NaH_2PO_4	0.15
$MgCl_2$	0.025
尿素	0.09
葡萄糖	0.2
黏蛋白	2.7
α-淀粉酶	2.5*
酸性磷酸酶	0.004*
溶菌酶	0.7*
加入蛋白前溶液pH值调整到7.0	

注：*单位为units/ml

图5-4为不同流速的烟碱累计释放率，低流速下烟碱体外释放结果与体内释放结果更为接近，然而，当流速为0.1ml/min时两样品在释放前都有一个7～8min的吸湿过程，该流速下前5min的烟碱累计释放率为0，而在表5-6中，两种样品前5min的平均萃取率分别为16.2%和15.9%，体内外结果不一致。

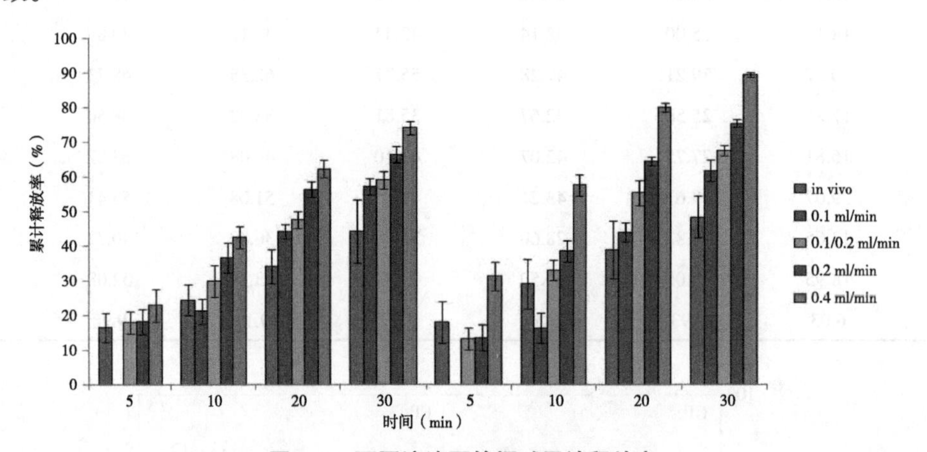

图5-4 不同流速下的烟碱累计释放率

因此，研究设定前5min的流速为0.2ml/min，后面55min的流速为0.1ml/min，该流速下体外释放的结果见表5-8和图5-5。比较图5-3和图5-5可以看出，通过建立的方法获取的烟碱的体外累积释放曲线与通过志愿者实验获取的曲线是非常相似。这提示，在特定的条件下，采用建立的人造嘴-HPLC/DAD评价烟碱体外释放的方法可以用于评价口含烟中口腔中的烟碱释放特征，其测定结果能够较为客观地反映烟碱的体内释放规律。

由表5-8可知，在上述条件下，不同的时间点，两个样品的烟碱累积释放率的RSD为0.40%～3.66%（n=5），因此，方法具有较好的重复性。

表5-8 体外试验中烟碱的累积释放率

样品	总烟碱（mg/g）	时间（min）	烟碱累积释放率（CR，%）					SD（%）	平均（%）	RSD（%）
			1#	2#	3#	4#	5#			
GP	5.95	5	17.67	16.96	15.99	16.78	16.74	0.60	16.83	3.57
		10	37.96	36.53	35.44	35.62	37.08	1.04	36.52	2.86
		15	49.20	48.85	45.96	48.00	48.00	1.26	48.00	2.62

（续表）

样品	总烟碱（mg/g）	时间（min）	烟碱累积释放率（CR，%） 1#	2#	3#	4#	5#	SD（%）	平均（%）	RSD（%）
GP	5.95	20	57.46	56.71	56.08	56.41	56.89	0.52	56.71	0.92
		25	63.03	61.62	60.69	61.20	62.37	0.93	61.78	1.51
		30	67.02	65.21	65.76	67.34	66.82	0.90	66.43	1.36
		35	71.02	70.05	69.64	69.21	70.83	0.77	70.15	1.10
EP	6.41	5	13.91	13.17	13.17	14.33	13.55	0.50	13.63	3.66
		10	39.93	37.64	38.00	39.49	38.34	0.99	38.68	2.55
		15	53.41	53.79	53.95	53.62	53.87	0.22	53.73	0.40
		20	65.54	63.10	64.70	63.40	64.32	0.99	64.21	1.54
		25	71.31	70.40	70.50	71.23	70.17	0.52	70.72	0.73
		30	76.67	74.62	74.78	75.80	75.46	0.83	75.47	1.10
		35	79.53	78.21	79.31	78.95	78.71	0.52	78.94	0.66

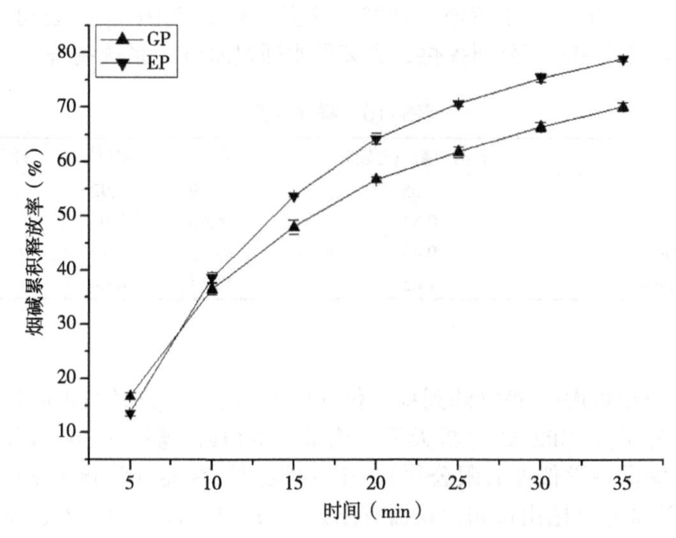

图5-5 样品GP和EP的体外累积释放曲线

（三）优化后的方法在各时间点的重复性

根据上述实验结果，为使体外检测与体内真实情况更为接近而对实验条件进行了优化，最终确定实验条件：流速，前5min的流速为0.2ml/min，后面55min的流速为0.1ml/min；样品采集时间，2min、5min、10min、15min、20min、25min、30min。

再次对优化条件下各时间点的重复性进行了检测：从同一盒样品中选择质量接近的12份样品（SD=0.008g）分成两组，一组进行烟碱释放实验，计算各时间段烟碱累计释放率的相对标准偏差（RSDa），另一组直接进行烟碱含量定量分析，计算样品的相对标准偏差（RSDb）（表5-9）。由于前10min烟碱的释放速率较快，其相对标准偏差较后20min大，各时间段的相对标准偏差为0.42%~6.28%，样品释放量的相对标准偏差为4.76%，表明方法在各时间点均具有较好的重复性，且由于选用的口含烟每小袋之间均一性存在一定的偏差（RSD=1.43%），因此，扣除样品的偏差，方法本身的相对标准偏差要更小一些。

表5-9 方法在各时间点的重复性（n=6，RSD，%）

2min	5min	10min	15min	20min	25min	30min	方法偏差[a]	固有偏差[b]
6.28	5.47	3.90	2.19	1.28	0.75	0.42	4.76	1.43

注：a. 为样品间烟碱释放量（30min）与残留样品中烟碱含量的总和之间的相对标准偏差；b. 为样品间烟碱含量的相对标准偏差

四、烟碱体外释放数学模型的构建

显然，尽管口含烟中烟碱在口腔中的释放特征受多种因素的影响，但其总体上仍表现出一定的规律性。经验显示，对多数口含烟而言，通常情况下，前10min烟碱释放较快，随着烟碱的不断释放，其释放速率不断减小。因此，通过研究烟碱释放速率，一方面可以区分不同释放速率的产品以满足不同摄入速率的消费需求，另一方面可以通过调节影响烟碱释放速率的因素，对产品的烟碱释放率进行调控。构建能表征口含烟中烟碱在口腔中释放规律性的模型，可以增加对口含烟中烟碱释放速率理解。

关于口腔药物释放的模型已多有报道，口含烟中烟碱在口腔中的释放类似于口腔药物的释放，相关的药物释放模型对于其模型的构建具有较好的借鉴作用。我们根据口含烟中烟碱在口腔中的释放特征，结合药物释放的经验模型Weibull模型尝试构建口含烟中烟碱在口腔中的释放模型。

(一)试验材料与方法

1. 试剂材料与试剂

袋装含烟样品（表5-10）；人工唾液；烟碱（纯度>98%，美国Sigma公司）；HPLC级甲醇，三乙胺，磷酸、磷酸二氢钾由Merck公司提供；去离子水通过水纯化系统制备。

表5-10 样品信息

样品编号	样品	平均质量（g/袋）	水分（%）	pH值	样品烟碱（干重，mg/g）
1	CORESTA-CPR1	1.05	51.49	7.92	16.73
2	Catch	0.81	36.66	7.02	10.99
3	Skoal Dry	0.45	43.73	7.12	15.45
4	Skoal Apple	1.05	42.34	6.64	28.15

2. 仪器与设备

Agilent 1200高效液相色谱/二极管阵列检测仪（HPLC/DAD，美国Agilent公司）；Milli-Q50超纯水仪（美国Millipope公司）；CP2245分析天平（感量0.000 1g，德国Sartorius公司）；13mm×0.45μm水相针式滤器（上海安谱科学仪器有限公司）；HY-8调速振荡器（常州国华电器有限公司）；KQ-700DE型数控超声波清洗器（昆山市超声仪器有限公司）；自行设计的“人造嘴”系统。

3. 样品中烟碱累积释放率的测定

将待测样品在室温下解冻2h，选择质量接近的样品，在人工唾液流速0.2ml/min，37℃条件下，采用建立的口含烟体外释放评价方法测定其相应的烟碱累积释放率。每种样品平行测试3次。

4. 口含烟在口腔中烟碱释放模型计算

数据的处理以及与模型构建相关的数学处理采用SPSS1.8软件和药学软件进行。

(二)结果与讨论

图5-6显示，4种口含烟的烟碱累积释放曲线均表现为指数形曲线特征。分析口含烟中烟碱的释放，显然，其类似于药物中有效成分的释放。当前，关于药物的体内释放模型，一般分为两类，一类是基于界面反应、纯物理扩散和对流的理论。通过扩散和对流过程中的速度差，导出相应的释放速率表达式，如一级动力学方程，Noyes-Whitney溶解扩散方程$\frac{dc}{dt} = S \cdot k(C_s - C)$；另一类没有理论作为支撑，而是单纯的实验数据得出的经验式，如Weibull模型$Y=1-\exp(-\lambda^*t)^{\mu}$、Peppas模型$f_t=at^n$等。

通过对现有口含烟烟碱释放数据拟合分析显示，口含烟烟碱的释放特征很好地符合Weibull经验模型。因此，我们依据Weibull模型构建口含烟烟碱释放模型，并以此对口含烟在口腔中的烟碱释放速率进行评价。

Weibull模型是药学领域常用的评价药物释放的数学模型，用来描述药物在t时刻的累积释放率，其数学表达形式为：$Y=1-\exp(-\lambda^*t)^{\mu}$。式中$Y$为累积释放率；λ为标度参数，和释放过程的时间标度相关；μ为形状参数，与曲线的形状特征相关，μ=1曲线为指数型；μ>1为S形；μ<1为开

始较陡的指数形曲线。比较各样品中烟碱的累积释放曲线，都表现出明显的起始较缓的指数型曲线，因此，μ取值为1。因而，烟碱累积释放的拟合曲线形状主要取决于λ，即烟碱随时间的累积释放率由λ决定，λ的大小可以反映烟碱释放的快慢，因此定义λ为烟碱释放速率系数（min^{-1}）。λ的数值和烟碱释放的快慢呈正相关。

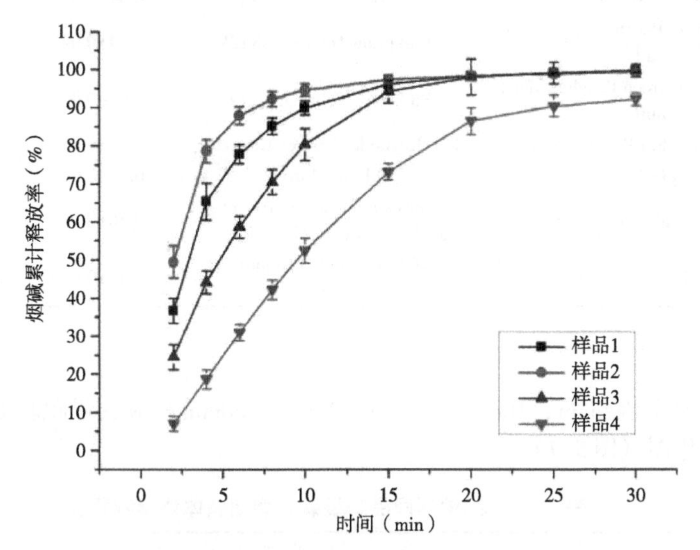

图5-6　口含烟的烟碱累积释放曲线（n=3）

以口含烟的烟碱释放数据进行Weibull模型拟合，结果显示，每种样品的拟合优度均大于0.96，这表明口含烟中烟碱的释放很好地符合Weibull经验模型Y=1−exp（−λ*t），采用Weibull模型预测各时间内烟碱释放速率。结果显示，实验样品的烟碱释放速率系数最小为0.08min^{-1}，最大为0.35min^{-1}，相差4.4倍，表明不用品牌的口含烟烟碱释放速率差异较大。模型预测的结果和实验测得数据之间保持基本一致。这说明Weibull模型Y=1−exp（−λ*t）适合用于口含烟中烟碱的释放评价。

五、袋装口含烟烟碱体外释放行为检测

（一）样品信息

采用建立的方法，对23种不同口含烟样品进行烟碱体外释放分析，样品信息见表5-11。

表5-11　23种口含烟样品信息

编号	样品	制造商	重量（g/袋）	pH值	烟碱（mg/g）
1	Skruf Tranb Portion Snus	Skruf Snus	0.92±0.05	7.36	9.60±0.08
2	Skruf Stark Portion Snus	Skruf Snus	0.95±0.03	8.01	11.0±0.13
3	Skruf Xtra Strong Portion Snus	Skruf Snus	0.97±0.04	8.10	14.2±0.21
4	Gotland Fläder，Portion Snus	Swedish Match	0.94±0.03	7.71	8.43±0.11
5	Göteborgs Rapé White Portion Snus	Swedish Match	1.07±0.03	7.84	5.78±0.04
6	Ettan Portion Snus	Swedish Match	0.98±0.03	8.32	5.95±0.05
7	General Portion Snus	Swedish Match	0.98±0.02	7.36	6.41±0.07
8	General White Portion Snus	Swedish Match	0.96±0.03	7.80	5.59±0.07
9	Catch White Eucalyptus Portion Snus	Swedish Match	0.96±0.02	7.81	5.71±0.08
10	Jakobssons Wintergreen，Strong Portion Snus	Gotlands Snus AB	0.95±0.02	8.98	5.41±0.05
11	Thunder Xtra Strark Snus	Gotlands Snus AB	0.90±0.04	8.60	16.3±0.15
12	Skoal Berry Blend Pouches Moist Snuff	US Smokeless Tobacco Company	1.54±0.02	7.52	9.98±0.11
13	Copenhagen Original Pouches Moist Snuff	US Smokeless Tobacco Company	1.40±0.04	7.70	9.51±0.10
14	Kodiak Premium Wintergreen Pouches Moist Snuff	American Snuff Company，LLC	1.43±0.04	7.61	9.62±0.09

（续表）

编号	样品	制造商	重量（g/袋）	pH值	烟碱（mg/g）
15	Grizzly Wintergreen Pouches Moist Snuff	American Snuff Company，LLC	1.40±0.05	7.96	9.67±0.10
16	Klondike Peppermint Blast Pouches Snus	Nordic American Smokeless Inc.	0.52±0.03	6.41	11.0±0.08
17	Longhorn Straight Pouches Moist Snuff	Pinkerton Tobacco Co.LP	0.94±0.03	7.51	11.4±0.23
18	Timber Wolf Packs Peach Pouches Moist Snuff	Pinkerton Tobacco Co.LP	1.54±0.04	7.56	12.2±0.24
19	Renegades Wintergreen Pouches Moist Snuff	Pinkerton Tobacco Co.LP	1.02±0.03	7.56	10.8±0.33
20	Camel Winterchill Pouches Snus	R.J. Reynolfs Tobacco Company	1.03±0.05	7.83	6.52±0.09
21	Marlboro Peppermint Pack Snus	Philip Morris	0.51±0.03	6.65	9.83±0.15
22	Discreet Emerald Ice Pack Snus	American Smokeless Tobacco Co. LLC	0.36±0.01	5.80	15.3±0.31
23	Kundli（Haryana）	Harsh International Khaini Pvt. Ltd.	0.36±0.02	10.24	4.77±0.09

(二)检测结果

分别测得23份样品在5min、10min、20min、30min、60min相应的累积释放率（表5-12），以累积释放率对时间作图（图5-7）。

表5-12 23种不同品牌袋装含烟烟碱体外累积释放率 （%）

编号	时间（min）				
	5	10	20	30	60
1	11.00	22.75	42.49	57.43	81.59
2	16.44	36.57	60.99	76.81	92.63
3	8.33	26.08	46.67	60.87	83.47
4	12.10	44.55	69.94	80.44	88.61
5	14.64	44.08	70.19	80.65	90.08
6	13.26	32.94	55.42	67.39	86.91
7	17.94	30.07	47.63	59.03	76.04
8	10.31	25.74	44.78	54.67	70.14
9	11.17	31.86	53.46	62.56	77.34
10	19.28	37.61	61.39	74.36	89.49
11	4.66	30.42	56.25	69.08	87.34
12	5.01	28.42	60.73	75.89	89.44
13	3.58	29.35	61.62	78.12	91.10
14	6.38	31.45	57.42	70.20	84.96
15	5.84	24.10	46.36	59.50	78.02
16	0.00	24.16	55.59	71.46	89.62
17	2.32	42.62	79.00	86.67	90.99
18	10.81	35.82	65.36	79.70	90.40
19	25.13	54.50	75.53	83.97	90.89
20	6.94	19.66	44.10	61.51	83.35
21	0.93	2.54	7.23	11.77	23.69
22	45.80	69.22	85.82	89.52	96.40
23	7.59	15.02	27.20	34.97	54.44

由图5-7可知不同品牌的口含烟烟碱释放存在较大差异，这种差异在前30min表现的更为明显。

这可能与不同品牌的产品烟碱、pH值、粒度以及规格等因素的差异有关。

在相同的释放过程中，21号样品（Marlboro Peppermint Pack Snus）和23号样品（Kundli）的烟碱累积释放率明显低于其他样品。裁剪21样品发现，其小袋的内层附有一层可溶解的糖膜，这种膜可能对烟碱释放起到一定的抑制作用；23号样品烟碱累积释放率较低的原因可能跟其较高的pH值有关（pH值为10.24）。

比较23种袋装含烟的特征，它们在产品的烟碱含量、pH值、单包重量等方面均存在明显差异，这或许可能是导致其烟碱释放速率有显著性差异重要原因。对23种口含烟样品的烟碱释放数据分别进行配对样本t检验，结果发现不同样品之间P均小于0.05，表明不同品牌的口含烟烟碱释放速率有显著性差异。

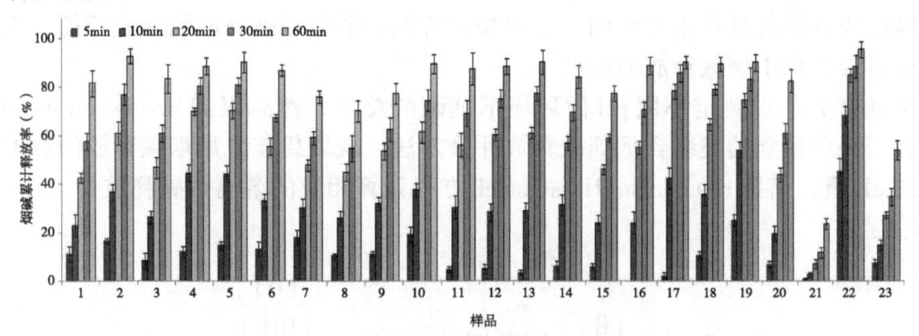

图5-7　23种袋装含烟中烟碱的累积释放特征

六、烟碱释放速率系数λ

烟碱累积释放数学模型用来描述药物在t时刻的累积释放率，其数学表达形式为：$Y=1-\exp(-\lambda*t)$。λ为烟碱释放速率系数（min^{-1}），λ的大小可以反映烟碱释放的快慢，λ的数值和烟碱释放的快慢呈正相关，23个样品的λ值见表5-13。

表5-13　23种不同品牌袋装含烟烟碱释放系数

编号	λ（min^{-1}）	质量（g/袋）	pH值	烟碱（mg/g）
1	0.027	0.92±0.05	7.36	9.60±0.08
2	0.044	0.95±0.03	8.01	11.0±0.13
3	0.028	0.97±0.04	8.10	14.2±0.21
4	0.052	0.94±0.03	7.71	8.43±0.11
5	0.053	1.07±0.03	7.84	5.78±0.04
6	0.036	0.98±0.03	8.32	5.95±0.05
7	0.032	0.98±0.02	7.36	6.41±0.07
8	0.026	0.96±0.03	7.80	5.59±0.07
9	0.032	0.96±0.02	7.81	5.71±0.08
10	0.044	0.95±0.02	8.98	5.41±0.05
11	0.038	0.90±0.04	8.60	16.3±0.15
12	0.041	1.54±0.02	7.52	9.98±0.11
13	0.043	1.40±0.04	7.70	9.51±0.10
14	0.038	1.43±0.04	7.61	9.62±0.09
15	0.029	1.40±0.05	7.96	9.67±0.10
16	0.036	0.52±0.03	6.41	11.0±0.08
17	0.067	0.94±0.03	7.51	11.4±0.23
18	0.047	1.54±0.04	7.56	12.2±0.24
19	0.067	1.02±0.03	7.56	10.8±0.33

（续表）

编号	λ（min^{-1}）	质量（g/袋）	pH值	烟碱（mg/g）
20	0.028	1.03±0.05	7.83	6.52±0.09
21	0.004	0.51±0.03	6.65	9.83±0.15
22	0.103	0.36±0.01	5.80	15.3±0.31
23	0.015	0.36±0.02	10.24	4.77±0.09

七、游离烟碱的释放行为

有研究表明袋装含烟消费时，烟碱主要以游离态的形式通过生物膜被人体吸收，因此游离烟碱的释放对烟碱的吸收评价具有重要作用。了解袋装含烟中游离烟碱释放的释放特征，将有助于开发相应的技术进行口含烟中烟碱释放的调控。

游离烟碱通常先借助测定不同pH值环境下烟碱的总量，然后根据Henderson-Hasselbalch方程计算获得。我们采用建立的袋装含烟烟碱释放评价方法，获取袋装含烟烟碱释放的数据，然后通过测定释放液的pH值，借助Henderson-Hasselbalch方程计算相应的游离烟碱释放量。Henderson-Hasselbalch方程为：

$$pH=pKa+\log\frac{[B]}{[BH^+]} \quad 游离烟碱（\%）=\frac{\frac{[B]}{[BH^+]}}{\frac{[B]}{[BH^+]}+1}\times 100$$

其中：pKa=8.02，[B]=游离烟碱的含量，$[BH^+]$=质子化烟碱含量

游离烟碱（mg/g）=总烟碱含量×游离烟碱（%）

（一）试验材料与方法材料

1. 材料与试剂

口含烟样品；人工唾液；烟碱（纯度>98%，美国Sigma公司）；HPLC级甲醇，三乙胺，磷酸、磷酸二氢钾由Merck公司提供；去离子水通过水纯化系统制备。

2. 仪器与设备

Agilent 1200高效液相色谱/二极管阵列检测仪（HPLC/DAD，美国Agilent公司）；Milli-Q50超纯水仪（美国Millipope公司）；CP2245分析天平（感量0.000 1g，德国Sartorius公司）；13mm×0.45μm水相针式滤器（上海安谱科学仪器有限公司）；HY-8调速振荡器（常州国华电器有限公司）；KQ-700DE型数控超声波清洗器（昆山市超声仪器有限公司）。自行设计的人造嘴系统。

3. 样品中烟碱累积释放率的测定

将待测样品在室温下解冻2h，选择质量接近的样品，在人工唾液流速0.2ml/min，37℃条件下，采用建立的口含烟体外释放评价方法测定其相应的烟碱累积释放率。每种样品平行测试3次。

4. 袋装含烟游离烟碱释放的计算

游离烟碱的计算根据Henderson-Hasselbalch方程计算，相关的数学处理采用SPSS1.8软件进行。

（二）结果与讨论

采用建立的口含烟烟碱释放评价方法测定4种口含烟在0～2min、2～4min、4～6min、6～8min、8～10min等时间段内烟碱的释放数据，同时测定相应时间段内释放液的pH值，根据Henderson-Hasselbalch方程对4种口含烟释放液中的游离烟碱的量进行计算（图5-8）。

图5-8结果显示，不同样品之间游离烟碱释放量存在较大差异。这种差异主要与样品的烟碱含量、pH值、水分等因素有关。其中CORESTA-CRP1的游离烟碱释放量最多，Skoal Dry的游离烟碱释放量最少。多数口含烟随着释放时间的推移，游离烟碱释放量逐渐减少。但样品Skoal Dry例外，

该样品在释放开始的前10min内，游离烟碱的释放量基本保持恒定。这提示，通过改变某些参数可以改变游离烟碱的释放特征，从而实现对其释放的调控。

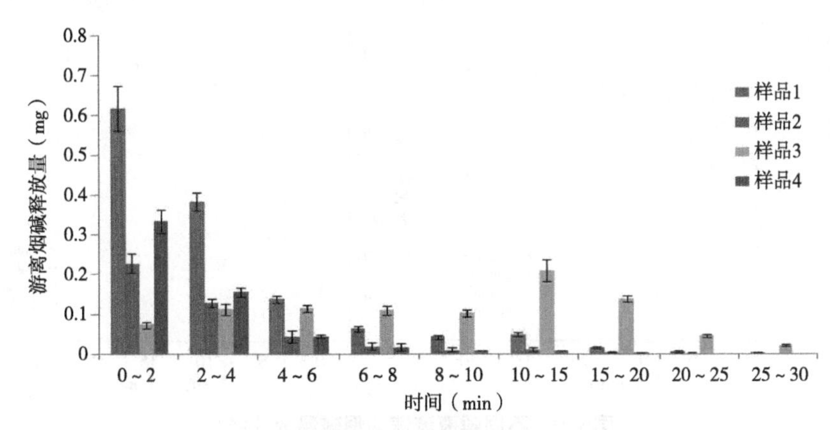

图5-8　不同时间段内的游离烟碱释放量（n=3）

第三节　口含烟烟碱释放影响因素研究

正如前文提到的，袋装含烟烟碱的释放受多种因素的影响，如消费者唾液分泌速率、唾液pH值、口腔温度以及产品的烟碱含量、水分含量、pH值、小袋的透气度等。正常生理条件下，人类口腔的温度一般为37℃。基于此，在这里，我们采用建立的方法考察不同因素对口含烟烟碱释放的影响。

一、外部环境影响因素研究

（一）试验材料与方法

1. 材料与试剂

CORESTA参比样品CRP1（a）和瑞典火柴公司的White Catch（b）；人工唾液；烟碱（纯度>98%，美国Sigma公司）；HPLC级甲醇、三乙胺、磷酸、磷酸二氢钾由Merck公司提供；去离子水通过水纯化系统制备。

人工唾液的pH通过磷酸盐缓冲溶液调节。

2. 仪器与设备

Agilent 1200高效液相色谱/二极管阵列检测仪（HPLC/DAD，美国Agilent公司）；Milli-Q50超纯水仪（美国Millipope公司）；CP2245分析天平（感量0.000 1g，德国Sartorius公司）；13mm×0.45μm水相针式滤器（上海安谱科学仪器有限公司）；HY-8调速振荡器（常州国华电器有限公司）；KQ-700DE型数控超声波清洗器（昆山市超声仪器有限公司）。自行设计的人造嘴系统。

3. 方法

人工唾液流速对烟碱释放的影响：调节人造嘴，在37℃条件下，测定人工唾液流速分别为1ml/min、2ml/min、4ml/min、8ml/min时，在不同的时间点口含烟烟碱的累积释放率，并以烟碱的累积释放率为纵坐标、时间为横坐标，构建相应的烟碱累积释放率曲线。

人工唾液pH值对烟碱释放速率的影响：调节人造嘴，37℃条件下，人工唾液流速2ml/min的条件下，分别测定不同人工唾液pH值时，在不同的时间点口含烟烟碱的累积释放率，并以烟碱的累积释放率为纵坐标，时间为横坐标，构建相应的烟碱累积释放率曲线。

试验样品中烟碱的释放速率采用Weibull模型的λ值进行表征。

（二）结果与讨论

1. 人工唾液流速对烟碱释放的影响

不同人工唾液流速下，口含烟烟碱的累积释放曲线见图5-9。数据分析显示，人工唾液流速对烟碱释放速率的影响具有显著性（$P<0.05$）。烟碱释放速率随着人工唾液流速的增大而增加，尤其在前10min最为明显。

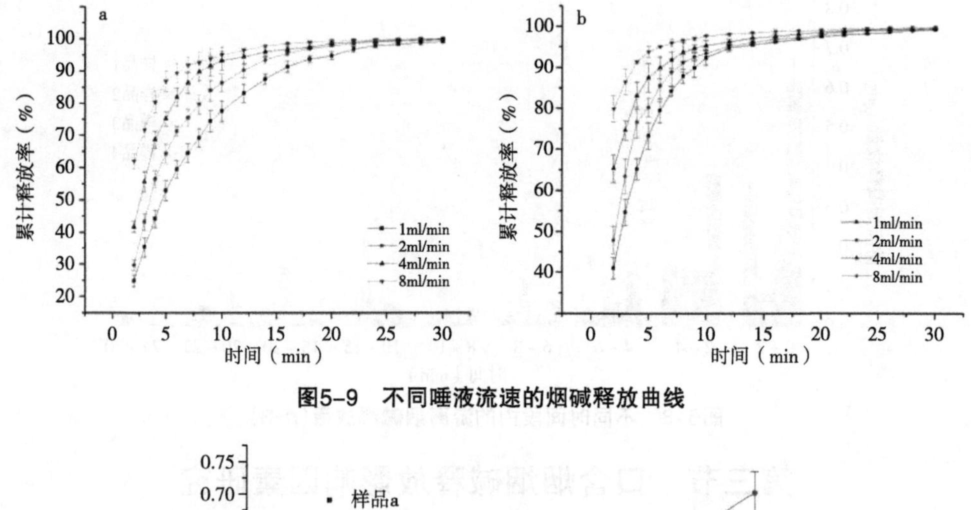

图5-9　不同唾液流速的烟碱释放曲线

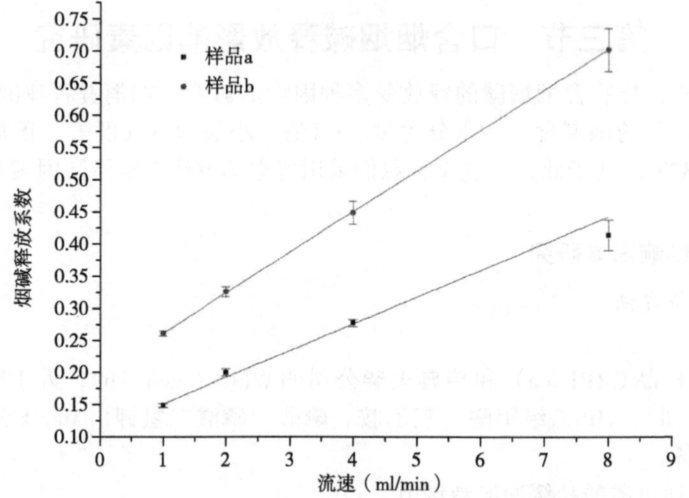

图5-10　唾液流速对烟碱释放系数(λ)的影响

根据Weibull模型，这两种样品在1ml/min、2ml/min、4ml/min、8ml/min的烟碱释放速率系数λ分别为0.15min^{-1}、0.20min^{-1}、0.28min^{-1}、0.42min^{-1}和0.26min^{-1}、0.33min^{-1}、0.45min^{-1}、0.70min^{-1}，以λ对人工唾液流速作图（图5-10），显然，烟碱释放速率随人工流速的增加几乎呈线性增加。这一结果表明，消费者在使用口含烟时，口腔唾液分泌速率越快，烟碱释放越快，这可能是由于唾液分泌加快，单位时间内口腔中的唾液量增加，使得溶解烟碱的有效唾液量增加，从而使烟碱释放速率增加。

口腔的唾液分泌速度除个体差异外，还主要与口腔接受的刺激有关，因此，增加口含烟的口腔刺激程度，可能会使其烟碱释放速率加快。

2. 人工唾液pH值对烟碱释放速率的影响

不同人工唾液pH值条件下，口含烟烟碱的累积释放曲线见图5-11。人工唾液pH值对烟碱释放速率具有显著性影响（$P<0.05$）。

袋装含烟在酸性人工唾液中烟碱的释放速率相对较快，在中性及碱性人工唾液中释放速率相对较慢，但pH值对这两种样品烟碱的释放影响程度有较大差别。根据Weibull模型，样品a与样品b在pH值为5.2、6.7、8.2的人工唾液中的烟碱释放速率系数λ分别为0.28min^{-1}、0.24min^{-1}、0.18min^{-1}和0.38min^{-1}、0.30min^{-1}、0.29min^{-1}（图5-12）。样品a在碱性人工唾液中的释放速率明显慢于在中性人工唾液的释放速率，但样品b的这种差异则不明显，这提示，口含烟烟碱的释放除受唾液pH的影响外，这可能受样品自身的pH值的影响；人工唾液pH值与样品自身的pH值可能存在交互作用。也就是说人工唾液与口含烟接触面介质的pH值可能是影响烟碱释放真正原因。

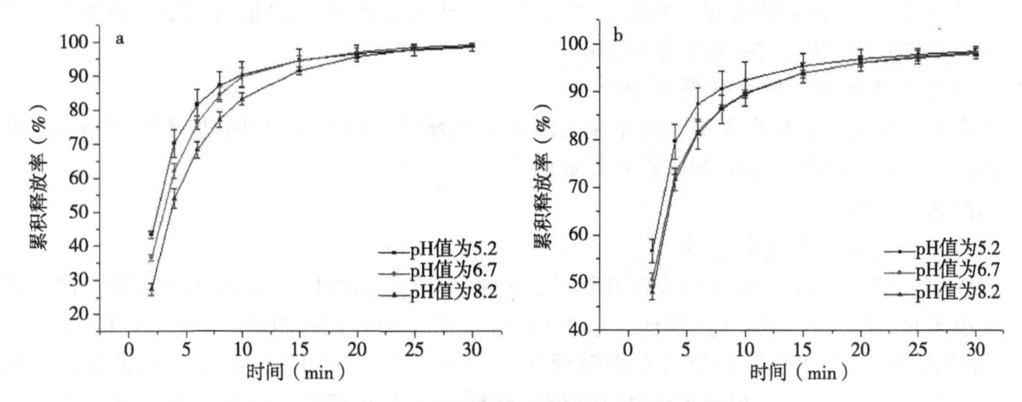

图5-11　不同唾液pH值的烟碱释放曲线

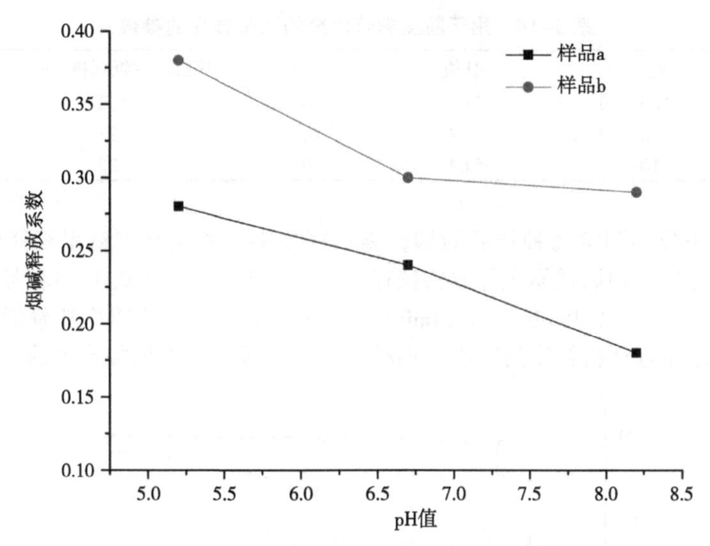

图5-12　人工唾液pH值对烟碱释放系数(λ)的影响

二、样品内在影响因素研究

(一)试验材料与方法

1. 材料与试剂

四川广源晒烟白毛一级。

HPLC级甲醇，三乙胺，磷酸、磷酸二氢钾由Merck公司提供；食盐、碳酸钠；去离子水通过水纯化系统制备。

2. 仪器与设备

Agilent 1200高效液相色谱/二极管阵列检测仪（HPLC/DAD，美国Agilent公司）；Milli-Q50超纯水仪（美国Millipope公司）；CP2245分析天平（感量0.000 1g，德国Sartorius公司）；13mm×0.45μm水相针式滤器（上海安谱科学仪器有限公司）；HY-8调速振荡器（常州国华电器有限公司）；KQ-700DE型数控超声波清洗器（昆山市超声仪器有限公司）；自行设计的人造嘴系统；粉碎机；筛网；巴氏消毒锅。

3. 试验用袋装含烟的制备

根据专利袋装口含烟草制品及其制备方法制作口含烟。烟叶经粉碎、筛分后，将样品分为10～20目、20～30目、30～40目、60～80目4组备用。采用水蒸气（100～102℃）加热处理7h，拌匀后室温下晾24h；按烟粉重量、粒度、水分含量、热封过滤纸、pH值要求制作成规格不同口含烟实验样品，样品密封后，在-18℃存储24h以上后使用。

4. 试验用袋装含烟烟碱累积释放曲线

采用建立的袋装口含烟型无烟气烟草制品烟碱累积释放评价方法分别获取不同规格试验样品的烟碱累积释放率，并制作相应的烟碱累积释放曲线。

（二）结果与讨论

1. 烟粉粒度对烟碱释放的影响

经验显示，烟粉粒度对烟碱释放存在影响。根据对收集到的口含烟的分析结果，口含烟的烟粉颗粒度小于60目的约占7%（重量比，以下相同），16～40目约占60%，40～60目约占27%，大于16目的约占6%。为考察烟粉粒度对烟碱释放的影响，以同种烟草原料分别制备烟粉颗粒度为60～80目、30～40目、10～20目的3组口含烟试验样品。不同粒度试验样品的参数见表5-14。

表5-14 用于粒度影响研究的试验样品的参数

编号	粒度（目）	pH值	水分（%）	热封过滤纸规格（g/m²）	单包重量（g）
1	60～80	5.64	10	22	0.4
2	30～40	5.64	10	22	0.4
3	10～20	5.64	10	22	0.4

采用建立的方法分别测定每种样品的烟碱累积释放率，并绘制烟碱累积释放曲线（图5-13）。结果表明不同粒度的口含烟烟碱累积释放特征存在显著性差异（$P<0.05$）。3种粒度样品的烟碱释放速率系数分别为0.65min^{-1}、0.28min^{-1}、0.14min^{-1}，显然，烟碱的释放速率随着烟粉粒度的减小快速增加，这可能主要是随着烟粉粒度的减小，烟粉与唾液的接触面积增加导致的。

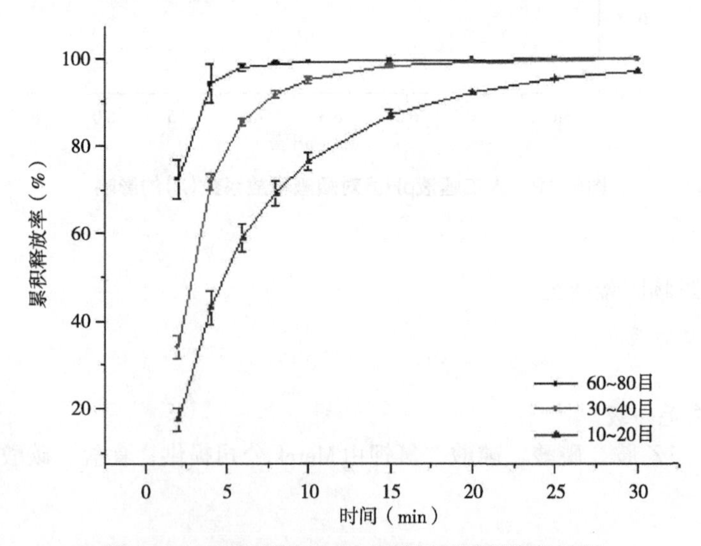

图5-13 不同颗粒度口含烟的烟碱累积释放特征

2. 烟粉pH值对烟碱释放的影响

对市售口含烟pH值的测定结果显示，多数产品的pH值为4.9～8.5，平均为7.04。依据这一特征，通过在烟粉中添加不同数量的碳酸钠（0，1%，2.5%）调节烟粉pH值，制作pH值不同的口含烟试验样品，考察样品pH对烟碱释放的影响，不同pH值的试验样品的参数见表5-15。

表5-15　用于粒度影响研究的试验样品的参数

编号	粒度（目）	pH值	水分	热封过滤纸规格	单包重量
1	30~40	5.64	50%	22g/m²	0.8g
2	30~40	7.82	50%	22g/m²	0.8g
3	30~40	8.83	50%	22g/m²	0.8g

采用建立的方法分别测定每种样品的烟碱累积释放率，并绘制烟碱累积释放曲线（图5-14）。结果显示，不同pH值的口含烟烟碱累积释放特征存在显著性差异（$P<0.05$）。3种pH值的样品烟碱释放速率系数λ分别为$0.36min^{-1}$、$0.32min^{-1}$、$0.28min^{-1}$，这提示，烟碱的释放速率随着样品碱性的增大而减小。其原因可能主要是因为烟碱在酸性条件下主要以质子化状态存在，在碱性条件下主要以游离态存在；质子化的烟碱更易溶于极性较大的人工唾液，因此，与pH值较大的口含烟相比，pH值较小的口含烟的烟碱更易于释放。

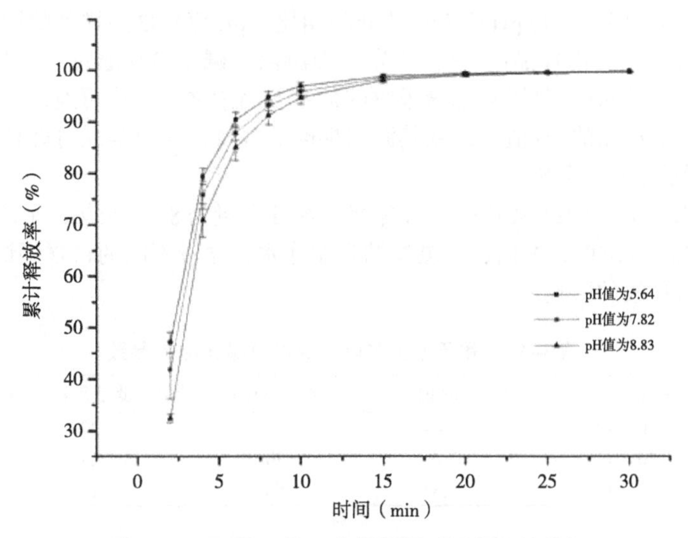

图5-14　不同pH值口含烟的烟碱累积释放特征

仅仅从pH值的角度而言，口含烟中烟碱释放可能受口含烟pH值和唾液pH值共同作用的影响。图5-15显示的是不同pH值的口含烟在烟碱释放过程中，在不同的时间段从释放池流出的人工唾液（即释放液）的pH值变化特征。显然，释放液的pH值受口含烟pH值与人工唾液pH值的共同作用。前15min样品pH值的作用更为明显，释放液的pH值主要由口含烟的pH值决定；15min后，随着大部分烟碱的释放，释放液的pH值主要由人工唾液的pH值决定。这提示，口含烟对酸碱的缓冲容量要远大于人工唾液的酸碱缓冲容量。

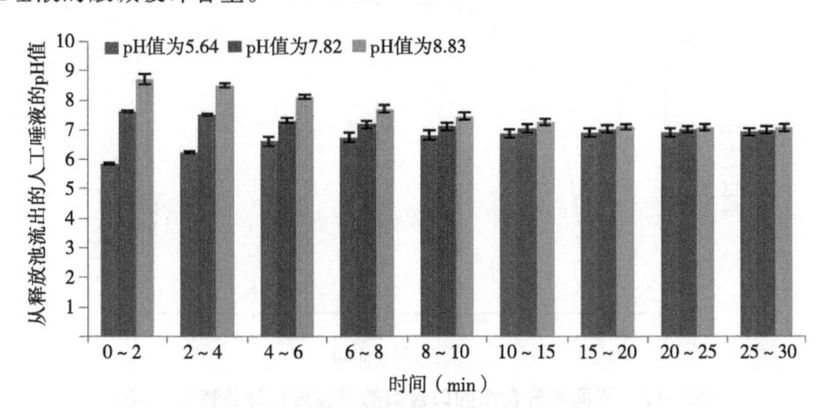

图5-15　不同的时间段内收集液pH值变化特征

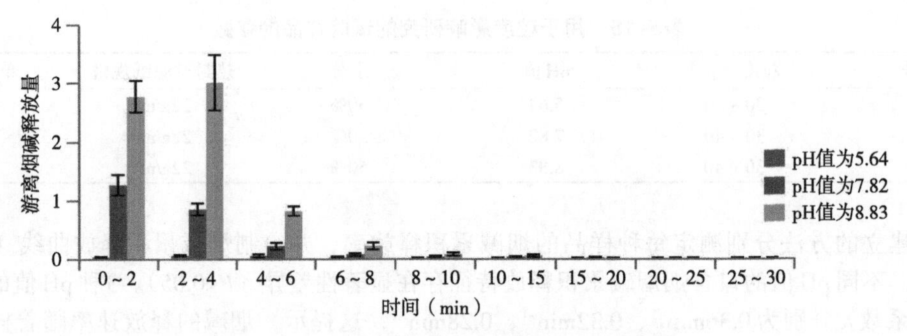

图5-16 不同pH值的口含烟游离烟碱释放量

pH值为5.64的样品的烟碱释放速率常数较pH值为8.83的样品大，这提示pH值为5.64的样品烟碱释放更快。但pH值8.83的样品释放液pH值相对较大，释放液中游离烟碱的比例远大于pH值5.64的样品（图5-16）。因此，与pH值5.64的样品相比，pH值8.83的样品的游离烟碱释放量更大，这说明游离烟碱的释放主要由样品的pH值决定，而游离烟碱是最易通过口腔黏膜进入到血液循环的烟碱形态，因此样品的pH值是影响烟碱吸收的最主要因素之一。这可通过一些添加剂，如氨水、碳酸铵、碳酸钠等调节产品的pH值，改变其游离烟碱的含量，从而实现对烟碱释放的调控。

3. 烟粉水分对烟碱释放的影响

对市售口含烟水分分析的结果显示，口含烟的水分含量为8%～55%，平均含量为40.25%，过半产品水分含量为40%～55%。根据这一测试结果制作水分含量不同的口含烟试验样品（表5-16），考察样品水分对烟碱释放的影响。

表5-16 用于水分影响研究的试验样品的参数

编号	粒度（目）	pH值	水分（%）	热封过滤纸规格（g/m²）	单包重量（g）
1	30～40	5.64	10	22	0.4g
2	30～40	5.64	30	22	0.4g
3	30～40	5.64	50	22	0.4g

采用建立的方法分别测定每种样品的烟碱累积释放率和烟碱释放速率常数，并绘制烟碱累积释放曲线和烟碱释放速率常数变化曲线（图5-17和图5-18），曲线表明水分对口含烟烟碱的释放有一定的影响。主要原因可能是，口含烟在接触到唾液时有一个短暂的吸湿过程（一般为20～50s的时间），这段时间内，由于口含烟不断地吸水，进入口含烟的人工唾液不会立即从口含烟中渗出。当口含烟吸水饱和后，液体才能从口含烟中渗出。

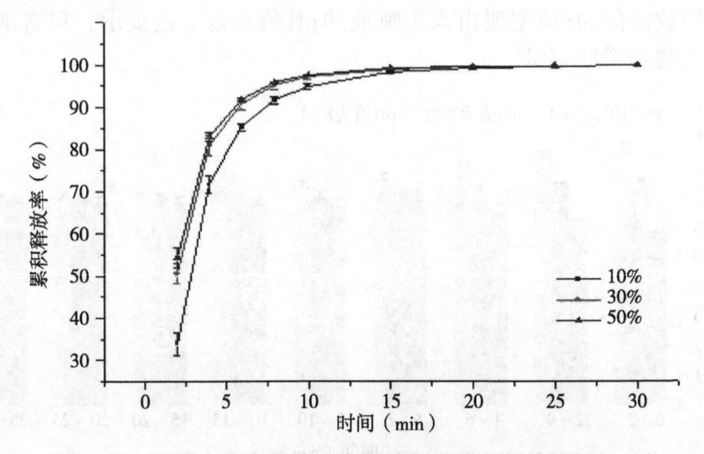

图5-17 不同水分含量的口含烟的烟碱累积释放特征（n=3）

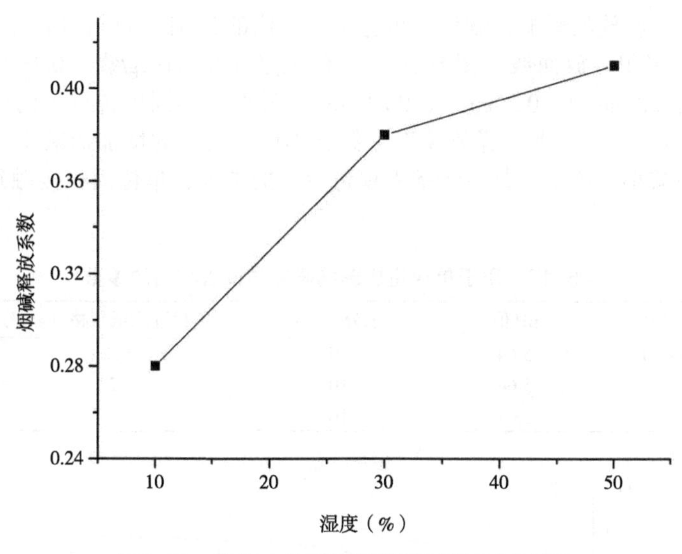

图5-18 样品水分对烟碱释放系数(λ)的影响

据此，如果口含烟自身水分含量越低，这一过程持续时间越长。致使这段时间内，烟碱释放相对较慢，但当样品水分达到一定程度后，吸湿过程对烟碱释放的影响会变得不明显，烟碱的累积释放率的差别也变得不明显。

4. 小袋材料对烟碱释放的影响

口含烟的小袋材料主要为热封过滤纸或者无纺布纸，实验选择同一厂家、同一材质的两种不同密度（16g/m^{2}和22g/m^2）的热封过滤纸作为小袋材料，研究热封过滤纸密度对烟碱释放的影响。

采用建立的方法分别测定每种样品的烟碱累积释放率，并绘制烟碱累积释放曲线（图5-19）。根据Weibull模型，两种的样品烟碱释放速率系数分别为0.33min^{-1}和0.28min^{-1}，这提示，密度小的小袋烟碱释放相对较快，这可能主要与人工唾液透过小袋的速率有关，密度小的小袋空隙相对较大，人工唾液更易透过，烟碱释放也相对较快。

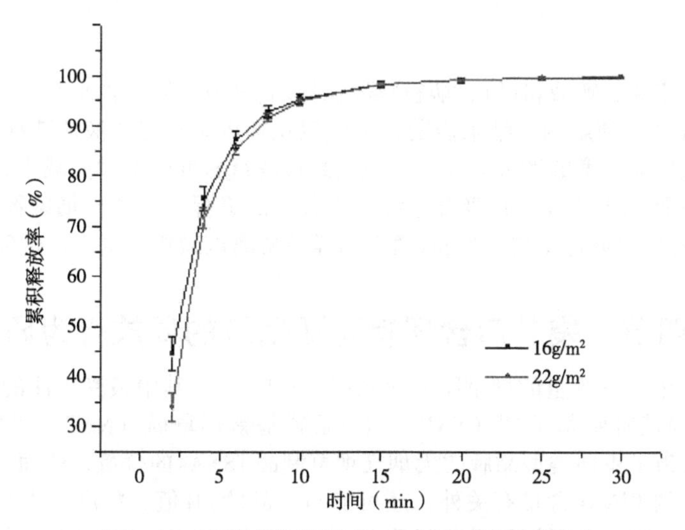

图5-19 不同小带材料对口含烟烟碱释放的影响

5. 单包重量差异对烟碱释放的影响

一般情况下，口含烟单包湿重为0.2～1.2g。单包重量的差异对其烟碱的释放存在影响。为考察单包重量的口含烟烟碱释放的影响，制作了单包重量不同的3种试验口含烟样品（表5-17）。

每种样品的烟碱累积释放曲线（图5-20），3种规格样品（0.2g/袋、0.4g/袋、0.8g/袋）的烟碱释放速率系数分别为0.33min^{-1}、0.29min^{-1}、0.24min^{-1}。显然，不同单包重量的口含烟，其烟碱释放速率具有显著差异（$P<0.05$）。烟碱释放速率系数随单包烟粉量的增加而减小，即烟碱释放速率随每袋烟粉量的增加而减小，这主要是由于随着单包重量的增大，单位面积接触到的唾液量减少，烟碱释放速率减小。

表5-17 用于单包重量影响研究的试验样品的参数

编号	粒度（目）	pH值	水分（%）	热封过滤纸规格（g/m²）	单包重量（g）
1	30～40	5.64	10	22g	0.2
2	30～40	5.64	10	22	0.4
3	30～40	5.64	10	22	0.8

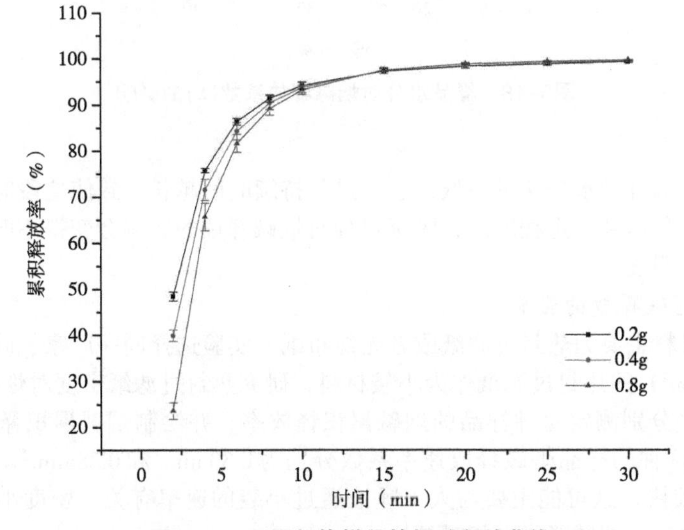

图5-20 不同规格样品的烟碱释放曲线

三、小结

系统研究了唾液流速、唾液pH值、烟粉粒度、样品pH值、样品含水率、小袋材质、样品规格等因素对口含烟烟碱释放的影响，结果表明，烟碱累积释放率随着唾液流速线性增加，随唾液pH值的增大而减小，随样品粒度的增大而减小，随热封过滤纸密度的增大而减小，随样品规格的增大而减小。水分对烟碱释放主要表现在吸湿过程，水分低的吸湿时间长，烟碱释放慢。pH值低的样品较pH值高的样品烟碱释放速率快，但pH值大的样品游离烟碱释放量多，烟碱吸收快。

第四节 袋装口含烟特有亚硝胺的释放行为研究

无烟气烟草制品中含有微量的烟草特有亚硝胺（TSNAs），其中最受关注的为N-亚硝基降烟碱（NNN）、4-甲基亚硝基吡啶基丁酮（NNK）、N-亚硝基新烟草碱（NAT）和N-亚硝基假木贼碱（NAB）。一些研究报道了不同类型品牌的无烟气烟草制品TSNAs的含量，然而，消费者从中吸收的TSNAs量除与该产品的TSNAs含量有关外，还可能与产品的pH值、粒度、水分、小袋的材料以及消费者使用习惯等因素有关。无烟气烟草制品中TSNAs生物利用度的相关研究鲜见报道，消费者使用该烟草制品时TSNAs的释放吸收程度尚不清楚。采用自制的人造嘴系统对口含烟中TSNAs进行体外释放研究，旨在为口含烟的TSNAs释放检测和安全评价提供参考。

一、试验材料与方法

(一)材料与仪器

21种口含烟（表5-18），分别产自美国、德国、瑞典和丹麦等国家。实验前所有样品均密封储存在冰箱中（-18℃）备用。

甲醇、三乙胺、磷酸、KH_2PO_4（HPLC，德国Merck公司）；NNK、NNN、NAB、NAT、d_4-NNK、d_4-NNN、d_4-NAB、d_4-NAT（纯度>98%，加拿大TRC试剂公司）；乙酸（美国Tedia公司）；乙酸铵（色谱纯，美国Tedia公司）。黏蛋白（牛下颌腺）、α-淀粉酶（人体唾液）、溶菌酶（鸡蛋白）、酸性磷酸酶（马铃薯）（美国Sigma公司）；盐酸、NaOH、NaH_2PO_4、NaCl、KCl、$MgCl_2$、$CaCl_2$（AR，天津市红岩化学试剂有限公司）；尿素、葡萄糖（AR，天津市凯通化学试剂有限公司）。

Agilent 1200高效液相色谱仪（美国Agilent公司）；API4000质谱仪（美国应用生物系统公司）；Agilent 1200高效液相色谱仪（美国Agilent公司）；TBP1002型中压柱塞泵（上海同田生物技术有限公司）；CH1006型超级恒温槽（上海舜宇恒平科学仪器有限公司）；PHS-3C型pH计（上海精密科学仪器有限公司）；Milli-Q50超纯水议（美国Millipope公司）；CP2245分析天平（感量0.000 1g，德国Sartorius公司）；13mm×0.22μm水相针式滤器（上海安谱科学仪器有限公司）；HY-8调速振荡器（常州国华电器有限公司）；KQ-700DE型数控超声波清洗器（昆山市超声仪器有限公司）。

表5-18 21种口含烟样品信息

编号	样品	制造商	重量（g/袋±SD）	pH值	水分
1	Skruf Tranb Portion Snus	Skruf Snus	0.92±0.05	7.36	44.81
2	Skruf Stark Portion Snus	Skruf Snus	0.95±0.03	8.01	46.25
3	Skruf Xtra Strong Portion Snus	Skruf Snus	0.97±0.04	8.1	46.81
4	Jakobssons Wintergreen，Strong Portion Snus	Gotlands Snus AB	0.95±0.02	8.98	44.8
5	Göteborgs Rapé White Portion Snus	Swedish Match	1.07±0.03	7.84	52.63
6	Ettan Portion Snus	Swedish Match	0.98±0.03	8.32	46.84
7	General Portion Snus	Swedish Match	0.98±0.02	7.36	46.15
8	General White Portion Snus	Swedish Match	0.96±0.03	7.8	52.22
9	Catch White Eucalyptus Portion Snus	Swedish Match	0.96±0.02	7.81	51.87
10	Gotland Fläder（green），Portion Snus	Swedish Match	0.94±0.03	7.71	46.61
11	Skoal Berry Blend Pouches Moist Snuff	US Smokeless Tobacco Company	1.54±0.02	7.52	54.01
12	Copenhagen Original Pouches Moist Snuff	US Smokeless Tobacco Company	1.40±0.04	7.7	48.78
13	Kodiak Premium wintergreen Pouches Moist Snuff	American Snuff Company，LLC	1.43±0.04	7.61	49.95
14	Grizzly wintergreen Pouches Moist Snuff	American Snuff Company，LLC	1.40±0.05	7.96	47.75
15	Klondike Peppermint blast Pouches Snus	Nordic American Smokeless Inc.	0.52±0.03	6.41	15.08
16	Longhorn Straight Pouches Moist Snuff	Pinkerton Tobacco Co.LP	0.94±0.03	7.51	48.59
17	Timber Wolf Packs Peach Pouches Moist Snuff	Pinkerton Tobacco Co.LP	1.54±0.04	7.56	51.99
18	Renegades Wintergreen Pouches Moist Snuff	Pinkerton Tobacco Co.LP	1.02±0.03	7.56	50.8
19	Camel winterchill Pouches Snus	R.J. Reynolfs Tobacco Company	1.03±0.05	7.83	29.5
20	Marlboro Peppermint Pack Snus	PHILIP MORRIS	0.51±0.03	6.65	13.79
21	Kundli（Haryana）	Harsh International Khaini Pvt. Ltd.	0.36±0.01	10.24	18.11

(二)方法

1. TSNAs体外释放

口含烟中TSNAs体外释放实验借助实验室自制的人工嘴进行，具体操作过程依据口含烟中烟碱模拟释放方法进行。设定人工嘴系统温度为37℃，将口含烟样品平放在释放池下端的支架中间，使人工唾液流经样品，每间隔5min收集释放液。30min后，取出释放池中的残留样品。每次测试后用超纯水清洗溶出池。

将残留样品的小袋剪开连同小袋一起放入50ml的三角瓶中，加入0.2ml 2μg/ml的内标溶液和20ml 100mM的乙酸铵溶液，用振荡器以130rpm振荡30分钟，然后用0.22μm水相针式滤器过滤到2ml的色谱瓶中进行LC-MS/MS分析。TSNAs累积释放率由一段时间的TSNAs释放量除以样品总TSNAs含量计算（样品总TSNAs含量为60min的TSNAs释放量与残留样品中TSNAs含量的总和）。

2. TSNAs体内释放

TSNAs体内释放实验通过17名23~42岁健康的志愿者进行。实验前对样品进行称重，每袋样品质量偏差小于0.02g。志愿者使用口含烟遵循以下规则：①实验前1h不能吸烟或使用无烟气烟草制品；②实验前所有志愿者需用纯净水漱口；③样品放置在上颚和牙龈之间并立刻计时；④实验过程中不能吃东西或和喝饮料；⑤样品在口腔中分别放置5min、10min、15min、20min、25min、30min后取出放置到相应的收集瓶中。残留样品中的TSNAs采用与体外实验同样的方法进行测定。TSNAs体内释放率由以下公式计算：

TSNAs体内释放率=（样品TSNAs量-残留样品TSNAs量）/样品TSNAs量×100%

二、结果与讨论

（一）口含烟中TSNAs释放行为研究方法

借助评价口含烟中烟碱释放的人造嘴结合建立的口含烟中TSNAs测定方法，进行口含烟中TSNAs释放的评估。考虑到口含烟中TSNAs的释放是伴随着烟碱释放进行的，其释放条件应和烟碱的释放条件保持一致。以样品General White Portion Snus为实验对象，考察不同人工唾液流速下口含烟中TSNAs的体外释放特征（图5-21）。为了比较采用该方法测得的结果是否能较为客观地反映口含烟中TSNAs在口腔中的释放特征，招募17名健康的男性志愿者进行TSNAs体内释放实验，结果见图5-21。

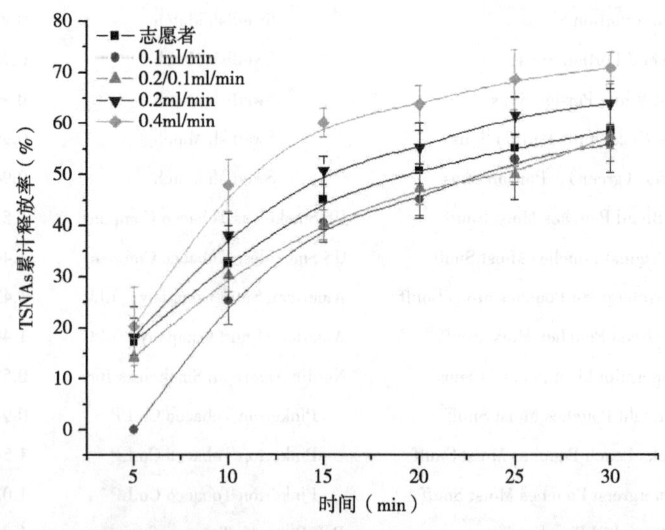

图5-21 袋装含烟General White Portion Snus中TSNAs的释放特征

比较口含烟中TSNAs在口腔内和人造嘴中的释放特征，显然，其在口腔中的释放特征与人工唾液流速为0.2ml/min时较为接近。以先低流速后高流速（0.1/0.2ml/min）时，TSNAs的累积释放率明显低于口腔释放，以恒定流速（0.2ml/min）时，TSNAs的累积释放率明显高于口腔释放。尽管总体而言，先低流速后高流速（0.1ml/min/0.2ml/min）较恒定流速（0.2ml/min）时TSNAs的释放特征更接近于口腔，但在实验的过程中发现，前者在不同时间点的测定偏差较后者要大得多，同时，以

0.2ml/min的人工唾液流速进行测定也刚好与烟碱释放的评价过程保持一致，便于对口含烟中化学成分的释放进行综合评估。因而，我们在以人造嘴-LC/MS/MS方法进行口含烟中TSNAs释放评价时，人造嘴的条件设定为温度37℃，人工唾液流速0.2ml/min。

（二）袋装含烟TSNAs释放行为研究结果

采用人造嘴-LC/MS/MS方法对21种不同品牌的口含烟进行NNN、NNK、NAB、NAT和总TSNAs的释放分析。图5-22是21种样品NNN、NNK、NAB、NAT和总TSNAs在60min内的累积释放特征。由图5-22可知所测口含烟的NNN、NNK、NAB、NAT以及总TSNAs释放特征均呈指数型曲线释放，显然不同样品释放速率存在较大差异，这种差异在前30min表现较为明显。这可能与不同品牌产品的TSNAs、pH值、粒度以及规格等因素的差异有关。21种样品中除11号和14号两种样品，NNN释放稍快于NNK外，其余样品均为NNK释放最快，其次为NNN，NAT和NAB释放相对较慢。因此，本方法能够有效地区分不同产品TSNAs释放的差异，可用于口含烟中TSNAs的生物利用度评价。

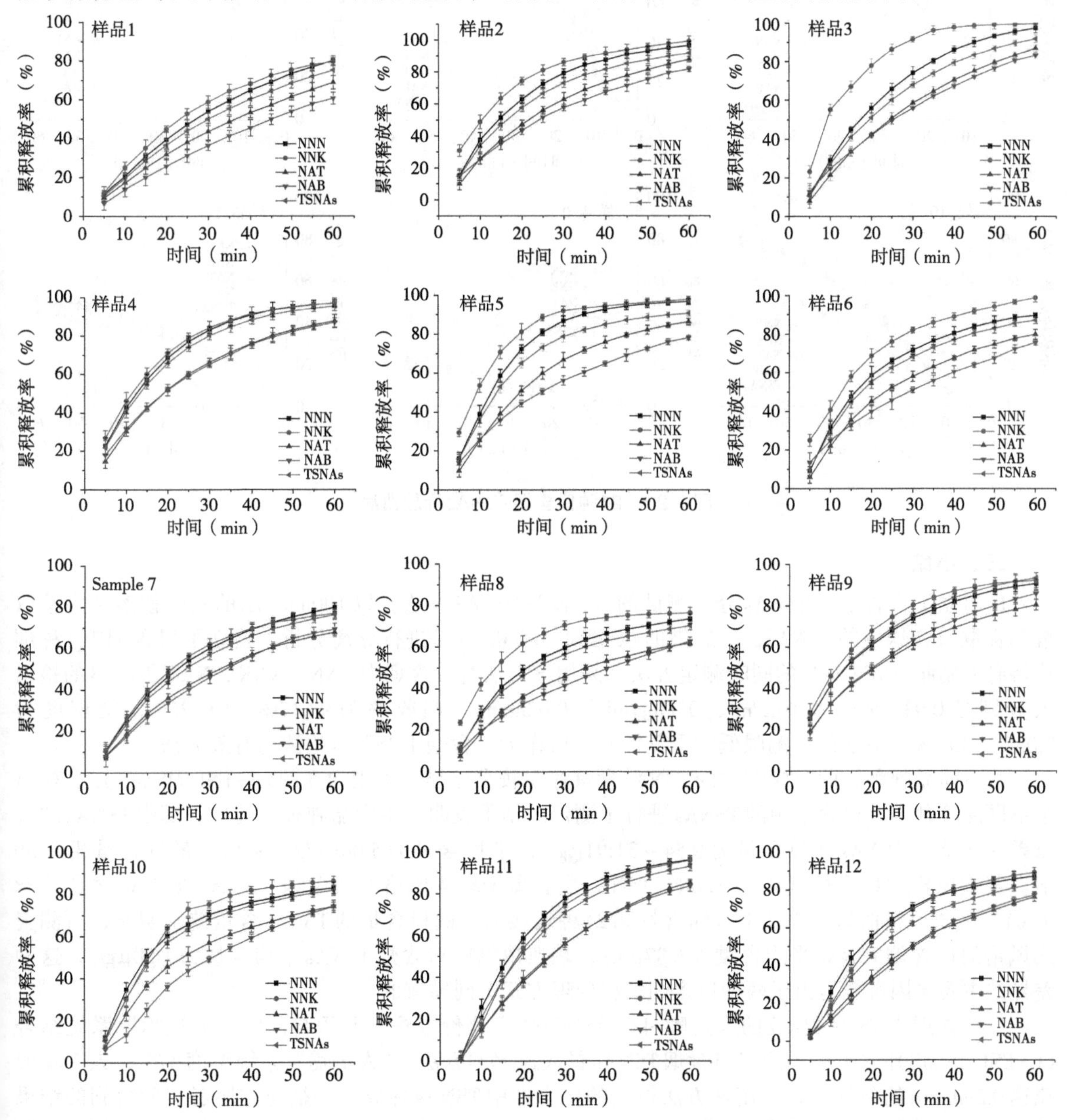

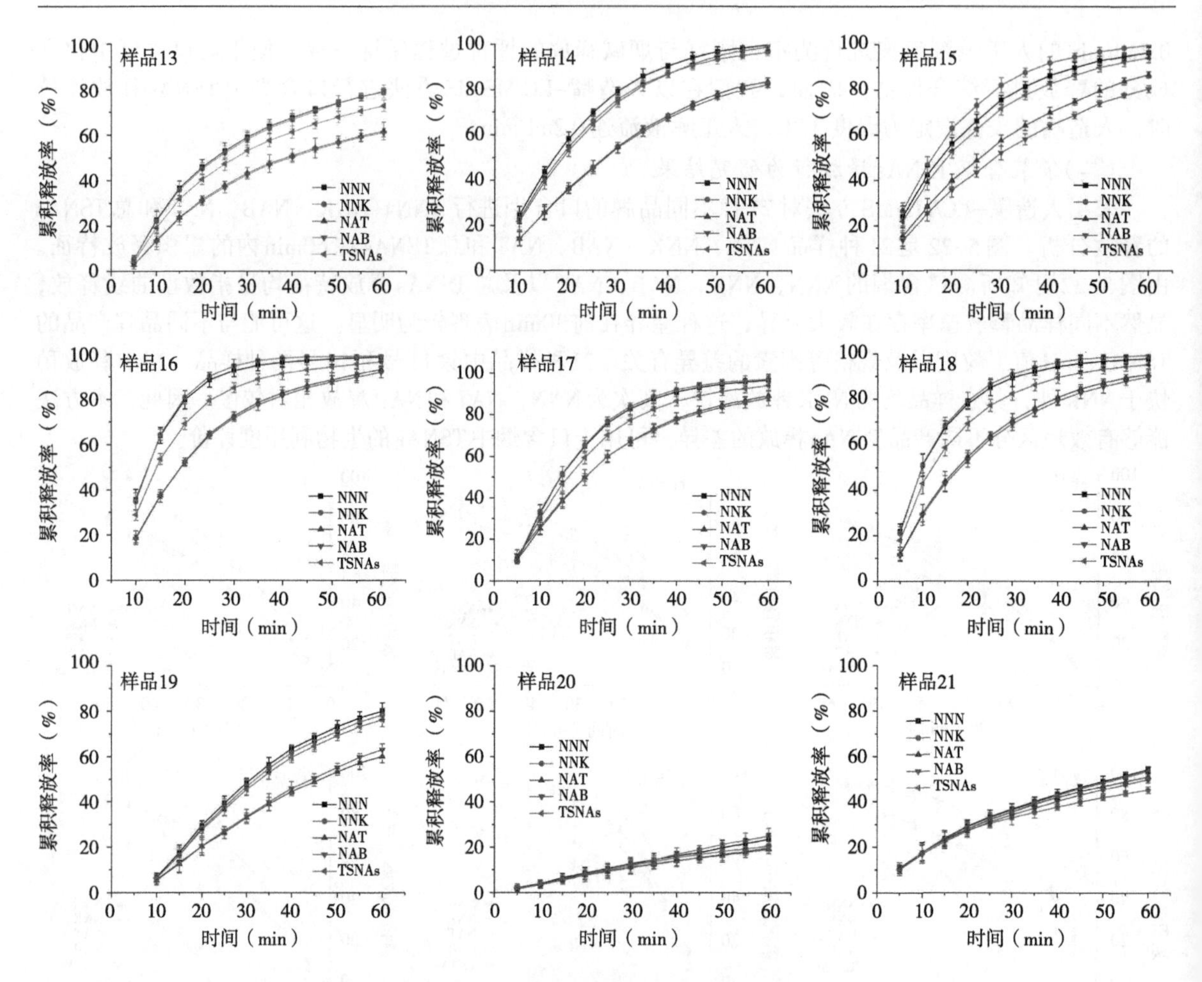

图5-22 21种口含烟TSNAs释放曲线

三、小结

1. 建立了口含烟中TSNAs分析测试的LC-ESI-MS/MS方法。以100mmol/L的乙酸铵溶液为萃取溶剂提取口含烟中的TSNAs，然后借助LC-ESI-MS/MS技术进行分离分析，建立了口含烟中4种烟草特有亚硝胺（TSNAs）的同时测定方法。采用该方法对口含烟中NNN、NNK、NAT和NAB的检出限分别是0.03ng/ml、0.08ng/ml、0.03ng/ml和0.02ng/ml，回收率为93.17%～105.25%，精密度为2.03%～4.80%。方法的检测限低、重复性好，可作为口含烟中TSNAs检测的有效方法。

2. 不同品牌种类的口含烟中的TSNAs含量存在较大差异。采用建立的LC-ESI-MS/MS方法对21个不同品牌种类的口含烟中的TSNAs进行了测定。结果表明，不同品牌种类的口含烟中TSNAs的含量差别较大，TSNAs的总含量为0.54～31.91μg/g，平均含量为5.06μg/g，最高与最低含量相差59倍。美式风格的口含烟（Moist Snuff）TSNAs显著高于瑞典风格的口含烟（Snus）TSNAs含量（$P<0.001$）美式风格的口含烟的TSNAs含量和24种瑞典风格的口含烟的TSNAs含量差别明显，所测美式风格的口含烟TSNAs平均含量为6.87μg/g，瑞典风格的口含烟TSNAs平均含量为1.50μg/g，这种差异的主要原因可能是由于两种口含烟烟粉处理方式不同导致的。

3. 口含烟中TSNAs释放的人造嘴-LC-ESI-MS/MS评价方法。利用自制的“人造嘴”系统结合LC-ESI MS/MS建立了一种测定口含烟TSNAs释放速率的方法。“人造嘴”系统温度37℃，人工唾液流速0.2ml/min的条件下，采用该方法得到的口含烟中TSNAs释放的特征与志愿者实验得到的结果基本吻合，这提示该方法可以作为口含烟TSNAs在口腔中的释放行为的体外评价方法。运用建立的方法对21种不同品牌口含烟中TSNAs的释放分析结果表明，不同产品TSNAs的释放存在差异，这一差异可能与口含烟自身的一些因素（如TSNAs含量、烟粉粒度、包装材料等）存在相关性，这对于口含烟的质量安全性评价具有重要的理论指导意义。

第六章　烟叶原料烟碱释放行为及影响因素研究

第一节　以真实唾液为媒介的烟叶原料烟碱释放行为研究

烟碱是口含烟使用者获取满足感的重要物质，烟叶原料的烟碱释放行为是产品中烟碱释放规律的重要影响因素，因此，我们采用自制溶出系统对收集的部分烟叶原料的烟碱释放规律进行了研究。

一、试验材料与方法

(一)样品前处理

首先对生烟粉进行称重，按30%的量加纯净水，搅拌均匀后放置过夜。100℃高温熟化处理4h。熟化结束后，断电自然降压至常压后打开设备，自然冷却至室温后取出，利用全自动振动筛分仪筛分为6个筛分，选用筛网目数为10目、20目、40目、60目、80目。大于10目的弃之不用，即所得烟粉粒径分别为：<0.180mm、0.180～0.250mm、0.250～0.425mm、0.425～0.850mm、0.850～2.000mm。人工包装成型，得到袋装口含烟，小包长度约2cm，重量约0.2g，4℃冷藏备用。样品外观见图6-1。

图6-1　样品外观

(二)仪器试剂

YX-24LDJ型手提式蒸汽灭菌锅（江阴滨江医疗设备有限公司）；CFJ-Ⅱ型茶叶筛分机；光纤烟碱溶出度仪（上海富科思分析仪器有限公司）；GC-MS联用仪（Agilent Technologies 7890B GC System，5977B MSD），AL204型分析天平[梅特勒—托利多仪器（上海）有限公司]，HY-5涡旋多用途振荡器（金坛华峰仪器有限公司）。Waters 2695-2996型高效液相色谱议（美国Waters公司）；PHS-3C型pH计（上海精密科学仪器有限公司）；Milli-Q 50超纯水仪（美国Millipope公司）；CP2245分析天平（感量0.000 1g，德国Sartorius公司）；13mm×0.45μm水相针式滤器（上海安谱科学仪器有限公司)；HY-8调速振荡器（常州国华电器有限公司)；KQ-700DE型数控超声波清洗器（昆山市超声仪器有限公司)，pH计（雷磁PHS-3C)，101-0型电热鼓风干燥箱，干燥器（测水分使用)。

甲醇、三乙胺、磷酸、KH_2PO_4（HPLC，德国Merck公司)；烟碱（纯度>98%，美国TORONTO RESEARCH CHEMICALS INC公司)，2-甲基喹啉标样（>99.0，美国Adamas Reagent Co.，Ltd)，氢氧化钠（>98%，天津市瑞金特化学品有限公司)，屈臣氏饮用水，有机相针式滤器（尼龙）(13mm，0.45μm，上海安谱实验科技股份有限公司)。

(三)实验方法

常规化学成分检测按以下方法：烟碱，CORESTA CRM 87# Determination of nicotine in tobacco products by GC-MS；水分：YC/T 31烟草及烟草制品试样的制备和水分的测定烘箱法；pH值，CORESTA CRM 69# Determination of pH in smokeless tobacco products。

烟碱释放行为试验方法采用光纤传导紫外实时检测法。主要实验过程：开机，预热，水浴至37℃，取150ml纯净水至检测杯中，光纤探头浸入液面下；取1袋样品称重后平置于狭小释放单元底部，释放单元位于液面上；打开蠕动泵，设置流速为恒速0.2ml/min；同时打开搅拌，并开始计时，仪器开始检测并记录；60min后，停止实验并保存文件；取上述释放液至色谱瓶中，经高效液相色谱检测，得到释放液中烟碱浓度；根据实验检测数据计算烟碱累计率及释放速率系数α的值，并自动生成释放行为曲线，即释放百分比随时间变化曲线。

二、结果与分析

对样品（<0.18mm）的烟碱释放程度和释放速率系数进行数据统计结果见表6-7，19个样品在释放程度方面差异不显著，60min后的释放程度均较高，为83%～98%。在释放速率方面有一定差异，释放速率系数为0.033～0.281。烟碱释放行为曲线图可以更为直观地反映样品烟碱释放的全貌，选择部分样品进行烟碱释放行为曲线绘图。从图6-2可以看出不同原料烟碱释放规律相似，释放程度均呈现出先上升后达到稳定的趋势，但在达到稳定的时间及释放程度稳态值方面均存在一定差异。

表6-1　烟碱释放程度及释放速率检测结果

样品编号	释放程度（%）	释放速率系数
17001	89	0.110
18003	97	0.175
18012	97	0.058
18013	94	0.281
18015	93	0.133
18016	94	0.141
18017	90	0.092
18018	98	0.261
18019	86	0.033
18020	93	0.059
18022	90	0.077
18023	89	0.221
18030	97	0.234
19001	98	0.196
19002	98	0.261
19003	83	0.059
19005	98	0.261
19007	94	0.141

注：释放速率系数，采用药学Weibull模型计算，与释放速率成正比关系

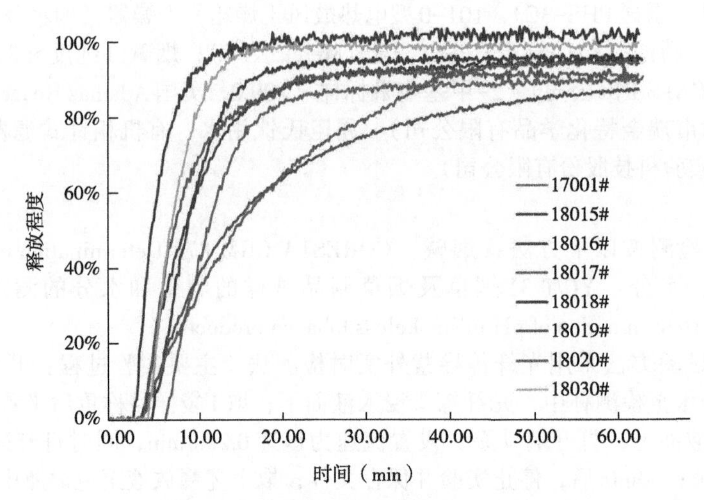

图6-2 部分样品烟碱释放行为曲线图

三、小结

通过对19个样品在烟碱释放评价，发现不同烟叶原料在烟碱释放行为方面存在一定差异。在烟碱的释放程度方面差异不显著，一定释放时间后，释放程度均达到较高水平，为83%～98%。在释放速率方面差异较大，释放速率系数为0.033～0.281，因此产品设计时应考虑烟叶原料的烟碱释放速率对产品烟碱释放速率的影响。

第二节 以唾液替代物剂为媒介的烟叶原料烟碱释放行为研究

唾液是人体口腔分泌的一种消化液，其中除了水分，主要包括唾液淀粉酶、免疫球蛋白、溶菌酶、黏多糖、黏蛋白等有机物以及钾盐钠盐和钙盐等无机物，其pH值为6.6～7.1（朱大年，2009）。唾液主要由口腔各部黏膜中的唾液腺分泌，分泌唾液的三大腺体分别为腮腺、颌下腺及舌下腺，在未接受刺激的情况下，唾液分泌速度为0.06～1.8ml/min，在强烈刺激下，唾液分泌速度可增加至7ml/min（Ciolino LA et al.，2001；冷秀梅等，2014）。受个体差异影响，唾液组成很不稳定，且收集和保存极为不方便，因此在进行口含烟相关研究时多采用人工唾液代替真实唾液。

人工唾液为氯化钾、氯化钠、氯化钙、氯化镁等组成的水溶液，离子组成与人的唾液离子组成基本一致，黏度及pH值与人的唾液相近（卢锦华等，2015）。目前，人工唾液主要分为两类，一类为无机盐溶液；另一类包含了蛋白、酶等具有生物活性的物质以及无机盐的溶液（谭正兰，2015）。人工唾液的应用主要在医学领域用于口腔疾病治疗以及医学研究中（葛林等，2008）。

在口含烟烟碱体外释放规律的研究中（张杰等，2011；谭正兰，2015）所选取的人工唾液均为由无机盐组成的人工唾液，且组成成分相同。在进行人工唾液的选择时未与真实唾液进行比较，其结果的准确性有待进一步研究。鉴于此，本研究选择多种人工唾液，比较口含烟烟碱在其中的释放量与在真实唾液中的差异，并对人工唾液的配方进行正交优化，以此确定可以代替真实唾液的人工唾液配方，为口含烟烟碱方面的相关研究提供基础。

一、材料与方法

(一)实验材料

实验所用口含烟样品由上海新型烟草制品研究院提供，为金鹿红茶味口含烟（成分：烟草、水、氯化钠、碳酸氢钠、碳酸钠、食用香料、丙二醇、三氯蔗糖、山梨酸钾），重量为0.361 9～0.376 3g。

(二)仪器与试剂

优化组装的口含烟浸出液收集装置；Agilent Technologies 7890B气质联用仪（美国，Agilent公司）；Agilent Technologies 7693自动进样器（美国，Agilent公司）；KQ-500GVDV型双拼恒温数控超声波发生器（昆山市超声仪器有限公司）；THZ-92B气浴恒温振荡器（上海博迅实业有限公司医疗设备厂）；TDZ5-WS台式低俗离心机（湖南湘仪离心机有限公司）；涡旋仪（德国，IKA）。

烟碱（纯度≥99%，上海源叶生物科技有限公司）、NaCl、KCl、$CaCl_2 \cdot 2H_2O$、$NaH_2PO_4 \cdot 2H_2O$、$Na_2S \cdot 2H_2O$、KSCN、Urea、α-淀粉酶、羧甲基纤维素、乙酸乙酯（AR，国药集团化学试剂有限公司）、2，4-联吡啶（纯度>98%，北京百灵威科技有限公司）。

二、人工唾液配制

结合口含烟含有的成分以及烟碱的溶解性（葛富根，2003），本研究选取了常见的无机盐类、含酶类、含纤维素类三种人工唾液，明确其与真实唾液烟碱释放量的差异，初步确定适宜的人工唾液配方。实验所选取的人工唾液具体配方如下：ISO/TR 10271无机盐型人工唾液（ISO，1993）：NaCl，0.4g/L；KCl，0.4g/L；$CaCl_2 \cdot 2H_2O$，0.795g/L；$NaH_2PO_4 \cdot 2H_2O$，0.78g/L；$Na_2S \cdot 2H_2O$，0.005g/L；Urea，1g/L；含酶人工唾液（张超等，2016）：NaCl，0.4g/L；KCl，0.4g/L；$NaH_2PO_4 \cdot H_2O$，0.69g/L；$Na_2S \cdot 9H_2O$，0.005g/L；$CaCl_2 \cdot 2H_2O$，0.795g/L；KSCN，0.3g/L；Urea，1.0g/L；淀粉酶，59mg/L；含有纤维素类人工唾液（方溢云等，2016）：NaCl，0.4g/L；KCl，0.4g/L；$CaCl_2 \cdot 2H_2O$，0.795g/L；$NaH_2PO_4 \cdot 2H_2O$，0.78g/L；$Na_2S \cdot 2H_2O$，0.005g/L；Urea，1g/L，蒸馏水，1 000ml，加入纤维素类物质5g（本研究所用纤维素为羧甲基纤维素）。真实唾液收集于5名志愿者。以上人工唾液pH值均为6.8（用20% NaOH调节），真实唾液平均pH值为7.02。

三、人工唾液配方优化

初步确定人工唾液类型以后，为了进一步优化人工唾液配方，选择羧甲基纤维素含量、淀粉酶含量以及pH值三种因素，分别设置3个水平，进行正交设计实验（表6-2和表6-3）。

表6-2　正交实验设计的因素水平表

水平 / 因素	A 羧甲基纤维素（g/L）	B 淀粉酶（mg/L）	C pH值
1	2	0	6
2	3	59	6.5
3	6	108	7

表6-3　人工唾液配方优化的实验安排

因素 / 实验号	A 羧甲基纤维素（g/L）	B 淀粉酶（mg/L）	C pH值
1	2	0	6
2	3	59	6.5
3	6	108	7
4	2	59	6.5
5	6	0	7
6	3	108	6
7	2	108	6.5

（续表）

实验号＼因素	A 羧甲基纤维素（g/L）	B 淀粉酶（mg/L）	C pH值
8	3	0	7
9	6	59	6

四、不同唾液中口含烟烟碱释放研究

(一)溶出液的收集

在前9根10ml注射器内分别加入等量8ml左右的人工唾液，在第10根注射器内加入等量的真实唾液（均避免注射器内有气泡），将注射器置于注射泵上，并将导管接在注射器上。设置注射泵流速为0.2ml/min，流量为6ml，启动注射泵，待10根导管的另一端均有人工唾液滴下后，停止注射（为保证同一时间内，流入不同样品唾液量相同）。将放有口含烟的进样器外套放入试管内。将导管和试管部分，置于恒温水浴锅中，37℃恒温10min。将导管的另一端伸入2ml进样器外套，接在口含烟的上方，重新启动注射泵（注射泵重新启动后，流量从0开始累积）。

在进行人工唾液种类筛选时，收集总的溶出液，即注射泵结束注射后所得的溶出液。

在进行人工唾液配方优化时，收集不同时间段的溶出液，分别在2min、4min、6min、8min、10min、15min、20min、25min、30min时暂停注射，更换空试管后继续注射。

以上两组实验在收集完液体后，均将剩下的口含烟取出，检测剩余的烟碱含量。

(二)溶出液中烟碱的定量分析

1. 标准溶液的配制

准确称取0.5g 2，4-联吡啶（精确至0.000 1g），置于50ml小烧杯内，用乙酸乙酯溶解，转移至100ml容量瓶中，用乙酸乙酯洗涤三次烧杯，并将洗涤液转移至容量瓶中，最后用乙酸乙酯定容。将储备液保存于50ml棕色瓶中，4℃储存。准确移取20ml 2，4-联吡啶内标储备液于1 000ml容量瓶中，用乙酸乙酯定容。

准确称取1g烟碱（精确至0.000 1g）于50ml小烧杯中，用含内标的乙酸乙酯溶解，转移至100ml容量瓶中，用含内标的乙酸乙酯定容。分别移取烟碱标准储备液0.5ml、1.0ml、2.0ml、3.0ml、4.0ml、5.0ml，于50ml容量瓶中，用含内标的乙酸乙酯定容。

2. 烟碱的萃取

溶出液样品前处理：加入含2，4-联吡啶内标的乙酸乙酯（内标浓度为100μg/ml）2ml，加入2mol/ml NaOH 60μl，涡旋10s，超声10min，2 000r/min离心10min，取上清液，过0.22μm滤膜。

残渣前处理：用剪刀将无纺布剪破后放入15ml离心管中，加入含2，4-联吡啶内标的乙酸乙酯（内标浓度为100μg/ml）6ml，入2mol/ml NaOH 180μl，涡旋20s，震荡2h，超声10min，2 000r/min离心20min，取上清液，过0.22μm滤膜。

3. 烟碱的检测

采用GC-MS对烟碱含量进行检测，色谱条件如下：色谱柱为HP-5MS（30m×250μm×0.25μm），前进样口温度为230℃，载气为高纯氦气，流速为0.8ml/min，进样量为1μl，分流比为5：1。升温程序为：80℃保持1min，以10℃/min上升至200℃，保持1min，共14min。

五、数据处理

采用SAS 9.2、Origin 8.0、Excel进行数据处理。

$$烟碱累积释放率（\%）=\frac{烟碱累积释放量}{烟碱总量}\times100$$

六、结果与分析

(一)烟碱在不同类型人工唾液中的溶出率与在真实唾液中的差异

从表6-4中可以看出，烟碱在真实唾液中的溶出率与无机盐型人工唾液和含酶人工唾液均有显著性差异，而与含羧甲基纤维素的人工唾液无显著性差异。

由于添加纤维素类物质以后，使得人工唾液有一定的黏度，因此与真实唾液更加接近，但二者在烟碱溶出率上仍存在差距。为进一步优化人工唾液的配方，设计了正交实验，对烟碱释放规律进行研究。

表6-4　烟碱在不同唾液中溶出量的差异显著性分析

唾液类型	烟碱溶出率（%）
无机盐型人工唾液	99.92[Aa]
含酶人工唾液	99.89[Aa]
含羧甲基纤维素人工唾液	98.63[Aab]
真实唾液	99.01[Ab]

注：大写字母代表0.01显著水平下的显著性，小写字母代表0.05显著水平下的显著性，下同

(二)烟碱在不同人工唾液以及真实唾液中的累积释放率差异分析

从表6-5可以看出，2min时烟碱的累积释放率基本在20%以上（除编号3和9的烟碱累积释放率在30%以上）；10min时，烟碱的累积释放率基本在80%左右（除编号6和7的烟碱累积释放率达到90%以上）；15min时，烟碱的累积释放率基本达到90%以上（除编号4的烟碱累积释放率为89.73%）；30min时，烟碱的累积释放率均达到99%以上，但没有完全释放，残渣中仍有残留。

表6-5　口含烟烟碱在不同配方人工唾液以及真实唾液中的累积释放率　（%）

编号	时间（min）								
	2	4	6	8	10	15	20	25	30
1	23.02	39.55	56.08	69.60	79.86	93.53	97.29	98.45	99.18
2	28.66	50.87	66.52	77.71	85.92	94.65	97.70	98.82	99.27
3	31.24	53.87	68.59	80.13	88.32	95.77	97.93	98.87	99.31
4	21.45	39.13	53.11	65.82	75.89	89.73	96.87	99.00	99.54
5	27.57	50.81	70.56	82.67	89.43	96.33	98.48	99.19	99.43
6	29.02	52.86	71.69	84.23	90.96	97.66	99.24	99.59	99.66
7	28.20	57.12	73.55	84.84	92.11	97.94	99.26	99.61	99.70
8	26.81	46.00	61.18	74.14	82.42	92.74	96.62	98.42	99.15
9	34.69	55.37	70.06	80.34	87.83	96.38	98.61	99.28	99.50
10	27.99	47.92	62.64	75.28	83.76	93.57	97.09	98.43	99.02

注：编号10代表真实唾液，下同

为明确的比较口含烟烟碱在不同唾液中的累积释放率与在真实唾液中的差异，将不唾液中口含烟烟碱的累积释放率制成折线图，并通过聚类分析进行分类比较。图6-3结果显示，口含烟烟碱在不同配方的人工唾液中的释放规律趋势大致相同，在前15min烟碱释放15min以后释放较缓和，特别是20min以后，烟碱累积释放率基本不再增加。从图6-4可以看出，在欧式距离为1.3时，可将10种唾液分为2类，其中与真实唾液（10）划分为一类的是1、4和8。结合图3-1可以看出，曲线8相较于曲线1和4与曲线10更吻合。因此，初步认为人工唾液8在口含烟烟碱体外释放规律研究中可代替真实唾液。

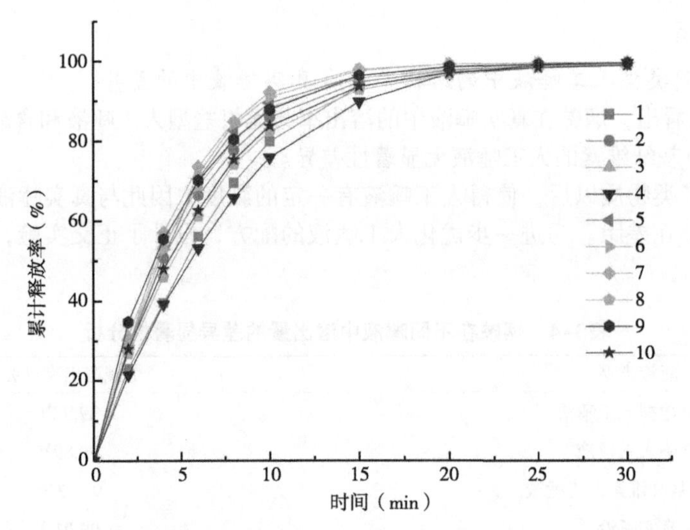

图6-3 口含烟烟碱在不同配方人工唾液以及真实唾液中的累积释放率

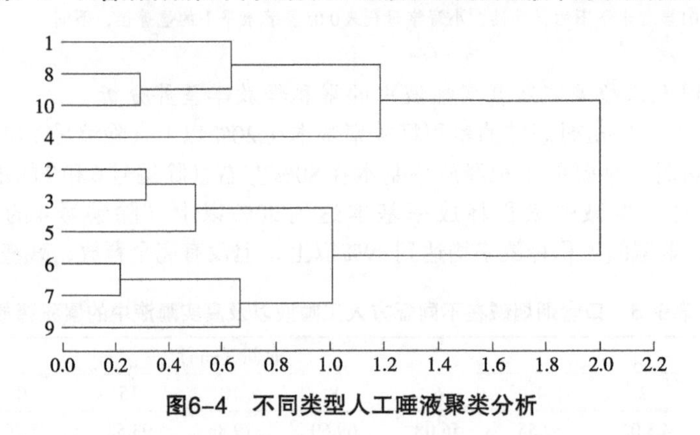

图6-4 不同类型人工唾液聚类分析

七、讨论

人工唾液在医学上有重要的应用，主要用于口腔疾病的治疗等，但医用的人工唾液配方较为复杂，针对不同的症状，在配方中添加不同的成分，同时还要兼顾安全性等问题（米其利，2010）。在进行口含烟化学成分研究时，人工唾液也可以发挥巨大的作用。谭正兰（2015）在进行口含烟烟碱的研究时，对比了三种人工唾液后选取了其中的一种。张杰等（2011）在进行口含烟烟碱及TSNAs的研究时也选用了同一种人工唾液。本研究通过对人工唾液配方的研究，使得烟碱在人工唾液的释放规律与在真实唾液中的释放规律更加接近，能够反映出烟碱真实的释放规律；人工唾液的用量也有所减少，可节约人工唾液用量。

八、结论

利用优化组装的口含烟溶出液收集装置对口含烟烟碱含量的释放规律进行研究，并设计关于人工唾液配方的正交实验，通过与真实唾液的比较，筛选出可以代替真实唾液的人工唾液，配方为：NaCl，0.4g/L；KCl，0.4g/L；$CaCl_2 \cdot 2H_2O$，0.795g/L；$NaH_2PO_4 \cdot 2H_2O$，0.78g/L；$Na_2S \cdot 2H_2O$，0.005g/L；Urea，1g/L，羧甲基纤维素，3g/L，pH值为7。

该配方的人工唾液在使用时的注意事项：在配制过程中易产生沉淀，加入浓盐酸消除沉淀即可，使用前再用NaOH调节pH值至7.0。

第三节　PEG改性的聚丙烯酸酯膜控制口含烟烟碱体外释放的研究

口含烟是将磨碎的烟草颗粒经过加工后直接放在口腔中消费的一种无烟气烟草制品。相比于传统卷烟，口含烟不发生燃烧和裂解，因此不产生燃烧产物和裂解产物，被认为对人体的危害性更小。近年来，随着世界反吸烟运动的不断发展，口含烟作为烟草消费的补充形式日益受到关注，国内也已开展口含烟的各项研究工作，其中包括了评价口含烟效力的研究。由于人类吸食烟草制品行为的个体差异，烟草制品标示的烟碱量并不能准确反映人体摄入的烟碱量。若要准确评价口含烟的效力，需要监测烟碱的血药浓度和持续时间，但如果每批次的口含烟制品都要依赖体内试验获得这些数据，不仅操作繁琐，增加成本，还对实验人员和实验环境的要求较高。因此，使用体外释放试验的数据来预测烟碱的体内吸收，建立体外释放和体内吸收的相关性是评价口含烟效力更简单、更高效的方法。目前，研究口含烟体外释放的方法主要包括：开发模拟口腔环境的新装置，比如中国专利CN109030398A的新装置是通过人工唾液淋洗口含烟收集待测组分，使用改良的药物溶出仪即时检测待测组分中的烟碱浓度；中国专利CN205352766U的新装置是将口含烟置于两层薄膜之间，薄膜内部导入的人工唾液浸润口含烟后，检测导出液中的烟碱浓度。这些装置的作用都是在模拟口含烟在口腔中的溶出情况，但溶出的烟碱量并不能准确反映吸收的烟碱量，该方法无法评价口含烟的效力；使用动物皮肤来模拟人口腔黏膜，比如口含烟烟碱渗透穿过猪口腔黏膜的体外透皮试验，但由于离体的动物皮肤易丧失生物活性，导致试验结果稳定性差，也无法准确评价口含烟的效力。笔者开发出一种既能复原人口腔黏膜的生物活性又具有稳定性能的材料，其可用于评价口含烟的体外释放行为，并且体外释放行为能用于模拟烟碱体内吸收，这对于口含烟的体外评价具有重要作用。

口含烟在使用时，由于口腔黏膜的上皮细胞被厚度为40~300μm的黏液覆盖，黏液不仅快速溶解释放出口含烟中的烟碱，还将烟碱运载到黏膜的各个位置，其中部分的烟碱被直接吞咽，剩余的烟碱被口腔黏膜吸收进入体循环。口腔黏膜是烟碱吸收的主要屏障，烟碱在口腔的吸收是个被动扩散的过程，但同时口腔黏膜因其渗透性好，血流量丰富，被口腔黏膜吸收后的烟碱会快速进入体循环。因此开发的新材料应该具有以下的特点：亲水性好，能模拟水溶性烟碱在口腔黏膜上的快速分布；表面结构致密，能模拟口腔黏膜的屏障作用；对烟碱具有良好的渗透性能，能模拟烟碱被口腔黏膜吸收的过程。由于聚丙烯酸酯薄膜对小分子药物具有良好的渗透性能，笔者将对这类薄膜进行改性，使其能用于口含烟的体外释放评价。

一、材料与方法

(一)试剂与仪器

1. 试剂

口含烟（2017年产金鹿牌口含烟，上海新型烟草制品研究院有限公司）；丙烯酸酯单体[Aldrich（USA）公司，分析纯]；过氧化二苯甲酰（上海国药试剂有限公司）；聚乙二醇（PEG，购自上海国药试剂有限公司）；烟碱（98.54%，购自上海雅吉生物科技有限公司）；磷酸氢二钠（国药集团化学试剂有限公司）；三乙胺（上海凌峰化学试剂有限公司）；磷酸（上海凌峰化学试剂有限公司）；甲醇（上海百灵威化学技术有限公司）。

2. 仪器

Waters高效液相色谱仪（美国Waters公司）；RYJ-6B药物透皮扩散试验仪（上海黄海药检仪器有限公司）；Valia-Chien扩散池（上海交通大学药学院制备，扩散面积0.785cm²）；紫外光固化仪（总功率3 000W，北京埃士博机械电子设备中心）；电子天平［梅勒特—托利多仪器（上海）有限公司］。

(二)方法

1. 口含烟体内吸收的评价标准的建立

由于该研究中使用的这款国产口含烟还未有血药浓度方面的数据，参考了国外几款口含烟的药时曲线数据，对烟碱在第一个半衰期内（小于2h）的药时曲线数据用Origin Lab软件进行数据分析，并对曲线进行调零（即开始时的血药浓度值为零），得到浓度栏的数据。根据正常人的血液总量约相当于体重的7%～8%，成年男性体重约70kg，估算出一个成年人的血液量约5L。文献报道试验时每次采血5ml，可以估算出血液中的烟碱量，结果见表6-6。

表6-6 几款口含烟的烟碱吸收量

口含烟	烟碱量（mg/袋）	时间（h）	烟碱浓度（ng/ml）	成年人血液中的烟碱量估值（μg）
General	8.84	1	6.94	34.68
		2	14.13	70.66
Catch Licoride	7.04	1	6.23	31.17
		2	11.79	59.00
Catch Min	4.53	1	4.78	23.89
		2	10.14	50.72
Catch Dry Mini	4.82	1	2.58	12.88
		2	4.97	24.85

2. 聚合物薄膜的制备

链状丙烯酸酯聚合物（PAL）的合成方法参考文献，将2-丙烯酸-2-羟基-3-苯氧基丙酯、4-羟基丁基丙烯酸酯、马来酸二乙酯按照质量比4∶4∶2混合，再加入3%（m/m）过氧化二苯甲酰（BPO），搅拌至BPO完全溶解，得到单体溶液。取适量单体溶液置于不锈钢模具内，进行紫外光固化反应，全功率3kW，反应时间4min，得到链状丙烯酸酯聚合物（PAL）。

为了增强薄膜的亲水性，用PEG来改性PAL薄膜，1D链状聚丙烯酸酯/PEG互穿聚合物（IPN-1D）的合成方法：将2-丙烯酸-2-羟基-3-苯氧基丙酯、4-羟基丁基丙烯酸酯、马来酸二乙酯按照质量比4∶4∶2混合，再加入3%（m/m）过氧化二苯甲酰（BPO），搅拌至BPO完全溶解，得单体溶液A；将不同分子量的PEG混合，如果PEG是固体，则加热助溶，得PEG溶液B；将单体溶液A与PEG溶液B按质量比9∶1混合，得到混合物溶液C；取适量混合物溶液C置于不锈钢模具内，进行紫外光固化反应，全功率3kW，反应时间4min，得1D链状聚丙烯酸酯/PEG互穿聚合物（IPN-1D）。

3. 聚合物薄膜的表征

（1）FTIR表征。仪器Thermo，NICOLET iS10（美国）。聚合物薄膜冷冻干燥，厚度控制在20μm以下，采用ATR法直接扫描薄膜，扫描波数700～4 000cm^{-1}，分辨率1cm^{-1}。

（2）DSC表征。仪器PerkinElmer，DSC8500差示扫描量热仪（美国）。氮气保护，以10℃/min的速度从-60℃升温到120℃，2次加热升温。

（3）SEM表征。仪器FEI/Philips，Sirion 200高分辨场发射扫描电子显微镜SEM（美国）。薄膜表面需喷金后进行检测。

（4）接触角（θ）表征。仪器Biolin Scientific，ThetaLite 101（瑞典）。在聚合物薄膜表面滴10μl水滴，测量左接触角和右接触角，取平均值。

4. 聚合物薄膜控制口含烟中烟碱的体外释放的研究

磷酸缓冲液的配制：取85ml 0.33mol/L的$Na_2HPO_4·12H_2O$水溶液，15ml 0.33mol/L的KH_2PO_4水溶液，混匀即得0.33mol/L磷酸缓冲液，pH值为7.5；取0.33mol/L磷酸缓冲液100ml，加入0.9%NaCl溶液2 900ml，混匀即得0.01mol/L的磷酸盐缓冲液（PBS，pH值为7.4）。

将聚合物薄膜固定在Valia-Chien水平扩散池（美国Permergear）之间，扩散试验参数设置如下：水浴温度37℃，搅拌速度200r/min。供给池内放置1袋口含烟样品，供给液和接收液均为10ml的磷酸缓冲液。分别在1h、2h、3h、4h、5h、6h、7h和8h时取1ml样品，同时补充等量磷酸缓冲液。每组平行试验3次，样品检测利用HPLC方法。

5. 数据处理

单位面积的薄膜上烟碱释放量（Q）的计算公式：

$Q=(CnV+\sum C1V)/A$式中，V为接受池体积（ml），V为每次取样体积（ml），Cn和Ci分别为第n次和第i次取样时接受液的浓度（μg/ml），A为扩散而积（cm）。

渗透速率（J）：将累积释放量Q对时间（t）的曲线图，用直线进行拟合，拟合得到的直线斜率即为渗透速率（J，单位）。

6. 口含烟中烟碱体外释放的数学模型

采用Origin Pro2016软件对体外渗透试验数据分别进行零级、一级、Higuchi方程拟合。

二、结果与分析

(一)口含烟中烟碱体内吸收速率

使用口含烟时，每袋口含烟标示的烟碱量（W）减去使用后残留在口含烟中的烟碱量（W_1），可以得到消耗的烟碱量（W_2），即$W_2=W_0-W_1$。在消耗的烟碱量（W_3）中，部分烟碱随唾液被吞咽后在胃肠道中被快速清除，其余烟碱被人口腔黏膜吸收后进入体循环。以10.19cm²的人上唇面积1，估算表1中的数据得到烟碱透过单位面积的口腔黏膜的速率为1.22～3.45μg/（cm²·h）不等（表6-7）。表6-7还表明，烟碱体内吸收速率与口含烟中烟碱标示量（W）和消耗的烟碱量（W_2）均不存在正相关，这也从侧面说明用标示量（W）和消耗量（W_2）不能预测体内吸收情况。目前已开发的几款模拟口腔环境的新装置-1检测的就是烟碱消耗量（W_2），并不能真实反映口含烟烟碱的体内吸收

(二)聚合物薄膜控制口含烟中烟碱的体外释放的研究

1. PAL薄膜控制口含烟中烟碱的体外释放

考察了厚度为30μm和40μm的PAL薄膜控制口含烟中烟碱的体外释放的行为（表6-8），分别用零级、一级和Higuchi方程来拟合体外释放结果，拟合时以相关系数（r）最接近1为最好拟合结果通过比较各拟合方程的相关系数可看出，零级方程较好地拟合了PAL薄膜控制烟碱的体外释放行为（表6-9）。试验发现，当PAL薄膜的厚度从40μm降至30μm时，渗透速率从1.363 9μg/（cm²·h）增至2.033 4μg/（cm²·h），此结果与文献报道的结果相一致，即降低了薄膜厚度，可以增大渗透速率。

表6-7　口含烟的体内吸收速率

口含烟	标示的烟碱量（W_0）（mg/袋）	残留的烟碱量（W_1）（mg）	消耗的烟碱量（W_2）（mg）	体内的收速率［μg/（cm²·h）］
General	8.84	2.74	6.10	3.454 2
Catch Licoride	7.04	1.55	5.49	2.895 2
Catch Min	4.53	2.00	2.53	2.488 8
Catch Dry Mini	4.82	1.08	3.74	1.228 3

表6-8　单位面积的PAL薄膜（30μm、40μm）上烟碱释放量　(mg)

组别	时间（h）							
	1	2	3	4	5	6	7	8
40μm组	0.00±0.00	0.00±0.00	2.60±2.32	4.40±0.39	5.50±0.77	6.83±1.15	8.27±2.11	8.49±3.11
30μm组	4.89±0.21	7.14±1.46	9.02±2.47	11.71±2.81	12.96±2.23	16.23±2.10	17.74±2.89	18.45±3.94

表6-9　PAL薄膜（30μm、40μm）控制烟碱体外释放的数学拟合模型

动力学模型	40μm组		30μm组	
	数学模型	相关系数	数学模型	相关系数
零级	$y=1.363\,9x-1.628\,5$	0.963 3	$y=2.033\,4x+3.177\,6$	0.984 9
一级	—	—	$y=27.281\,1\,(1-e^{-0.143\,1x})$	0.977 2
Higuchi	$y=5.304\,6x^{1/2}-6.303\,1$	0.958 3	$y=7.905\,5x^{1/2}-3.845\,2$	0.978 9

注：x为烟碱释放时间（h），y为烟碱释放量（μg/cm²）

2. IPN-1D薄膜控制口含烟中烟碱的体外释放

分别考察了PEG200、PEG600、PEG4000与PAL组成的1D链状聚丙烯酸酯/PEG互穿聚合物（IPN-1D）薄膜控制口含烟中烟碱的体外释放行为（表6-10），并用零级、一级和Higuchi方程来拟合体外释放结果（表6-11）。试验发现，虽然Higuchi方程对IP-1D：PEG600（膜厚30μm）组呈现出更好的拟合效果，但其对IPN-1D：PEG4000（膜厚30μm）组的拟合效果较差；一级方程无法对IPN-1D：PEG200（膜厚40μm）组进行拟合；零级方程对三组薄膜拟合的r大于0.95，说明零级方程能较好地拟合IPN-1D薄膜控制烟碱体外释放的行为。

PAL（膜厚40μm）对烟碱的渗透速率为1.363 9μg/（cm²·h）；当PAL中加入PEG200后，得到的IPN-1D。

PEG200（膜厚40μm）的渗透速率为1.598μg/（cm²·h）。该结果表明PEG可以增大薄膜的渗透速率。此外，随着PEG质量分数的增加，薄膜的渗透速率增大，比如PAL（膜厚30μm）、IPN-1D：PEG600（膜厚30μm），IPN-1D：PEG4000（膜厚30μm）的渗透速率分别是2.033 4μg/（cm²·h）、2.854 6μg/（cm²·h）和5.150 7μg/（cm²·h）。

表6-10　单位面积的IPN-1D薄膜上烟碱释放量　（mg）

类型	时间（h）							
	1	2	3	4	5	6	7	8
膜厚40μm IPN-1D PEG200	0.00±0.00	4.42±0.85	5.66±1.12	7.47±1.62	9.02±1.34	10.89±2.31	12.16±1.97	13.86±2.92
膜厚30μm IPN-1D PEG600	5.13±2.29	10.72±4.83	13.86±6.10	17.28±7.38	19.40±7.80	21.47±7.54	24.42±7.27	26.03±7.00
膜厚30μm IPN-1D PEG4000	1.53±2.64	4.80±4.68	10.64±2.04	15.52±3.45	18.12±4.55	21.17±5.39	33.42±20.60	38.01±18.98

表6-11　IPN-1D薄膜控制烟碱体外释放的数学拟合模型

动力学模型	IPN-1D：PEG200（膜厚40μm）	IPN-1D：PEG600（膜厚30μm）	IPN-1D：4 000（膜厚30μm）
零级Zero-	y=1.598 0x+1.080 4（r=0.997 8）	y=2.854 6x+4.443 0（r=0.967 5）	y=5.150 7x−5.278 5（r=0.959 8）
一级First-	—	y=34.549 1（$1-e^{-0.170\,8x}$）（r=0.995 1）	y=−16.706 7（$1-e^{-0.149\,5x}$）（r=0.975 9）
Higuch	y=6.793 7$x^{1/2}$−5.784 4（r=0.984 8）	y=11.270 2$x^{1/2}$−5.682 9（r=0.996 9）	y=19.605 2$x^{1/2}$−22.060 4（r=0.907 4）

注：x为烟碱释放时间（h），y为烟碱释放量（μg/cm²）

（三）人工生物膜的表征

1. FTIR表征

比较IPN-1D：PEG200、IPN-1D：PEG600、IPN-1D：PEG40003种薄膜的FTIR数据（图6-5），发现3种薄膜的FTIR数据非常相似，这是因为4种薄膜的单体成分一样，区别在于聚乙二醇的聚合度不同，因此FTIR的特征吸收峰相同。以IPN-1D：PEG200薄膜为例，进行FTIR吸收峰的归属：3 100～3 600cm⁻¹（νOH），2 936cm⁻¹（νCH），1 599cm⁻¹，1 495cm⁻¹和1 448cm⁻¹（νC=C，aromatic ring），755cm⁻¹（δCH，aromatic ring），1 724cm⁻¹（νC=O），1 160cm⁻¹和1 241cm⁻¹（νC−O−C），1 041cm⁻¹（νC−OH）。

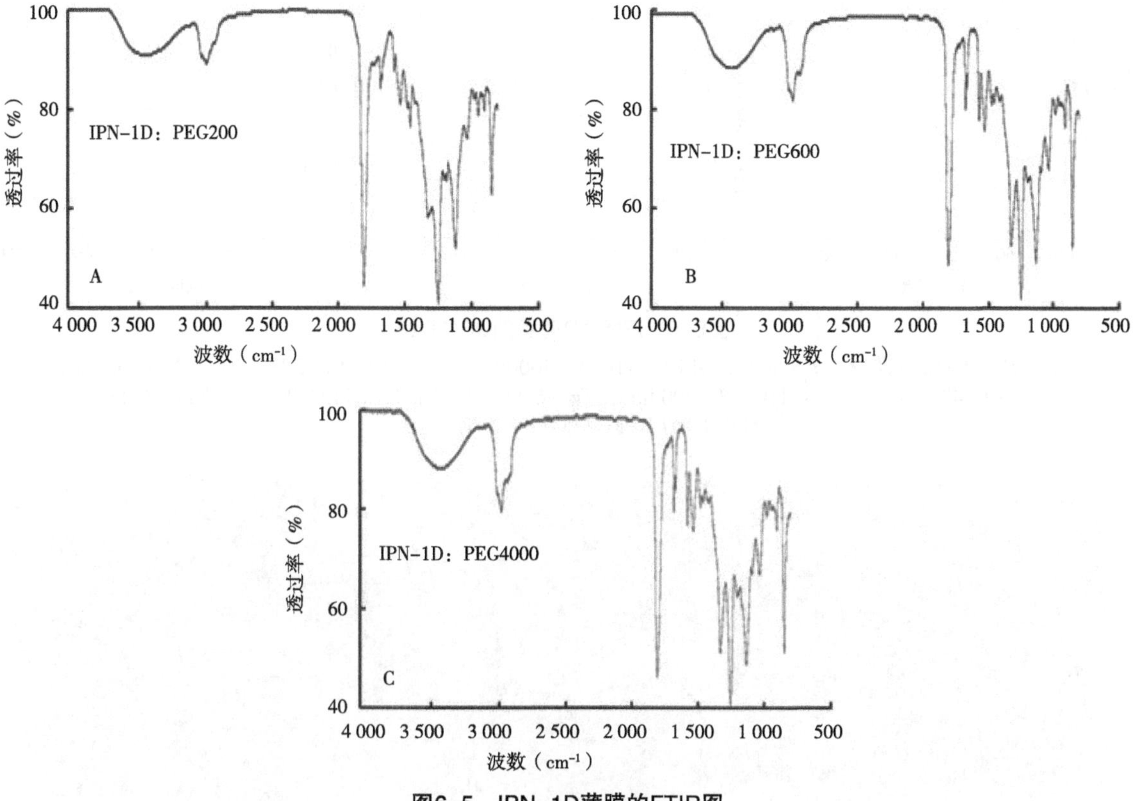

图6-5　IPN-1D薄膜的FTIR图

A. IPN-1D：PEG200薄膜；B. IPN-1D：PEG600薄膜；C. IPN-1D：PEG4 000薄膜

2. DSC表征

IPN-1D：PEG200、IPN-1D：PEG600、IPN-1D：PEG4000薄膜的玻璃化转变温度（Tg）依次为-6.9℃、-10.2℃和-13.4℃（图6-6）。在每种IPN-1D薄膜中仅观察到一个Tg值，说明IPN-1D是均相体系。结合Zhan等报道的PAL的Tg值为8.819℃，发现随着PEG分子质量的增加，薄膜的玻璃化转变温度降低，聚合物的分子链越柔软，因此烟碱分子越易渗透穿过薄膜，这与渗透速率的结果一致。

3. SEM表征

IPN-1D：PEG200薄膜在2万倍、40万倍和80万倍下均未观察到纳米级孔洞（图6-7），说明IPN-1D薄膜具有致密的表面结构，也从侧面说明PEG与PAL形成了均相结构。

4. 接触角（θ）

聚丙烯酸酯薄膜的接触角均小于90°，说明这些薄膜表面都具有良好的亲水性，而且PEG能有效改善PAL薄膜的亲水性能。

三、结论与讨论

聚丙烯酸酯薄膜控制烟碱体外释放的速率会随着薄膜厚度和PEG的不同而表现不同，比如PAL薄膜，厚度为40～30μm时，烟碱体外释放速率为1.36～2.03μg/（cm²·h）。经PEG改性后的PAL薄膜又表现出不同的控释性能，比如厚度40μm的IPN-1D：200薄膜对烟碱的体外释放速率为1.60μg/（cm²·h），厚度30μm的IPN-1D：4000薄膜对烟碱的体外释放速率为5.15μg/（cm²·h）。

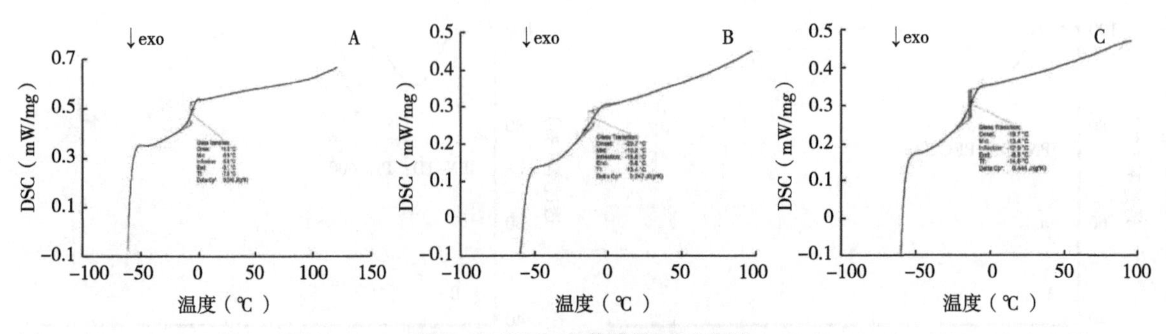

图6-6 IPN-1D薄膜的DSC曲线

A.IPN-1D：PEG200薄膜，T_g=-6.9℃；B.IPN-1D：PEG600薄膜，T_g=-10.2℃；C.IPN-1D：PEG4 000薄膜，T_g=-13.4℃ Note：A.IPN-1D：PEG200 film，Tg=-6.9℃；B.IPN-1D：PEG600 film，Tg=-10.2℃；C.IPN-1D：PEG4 000 film，Tg=-13.4℃

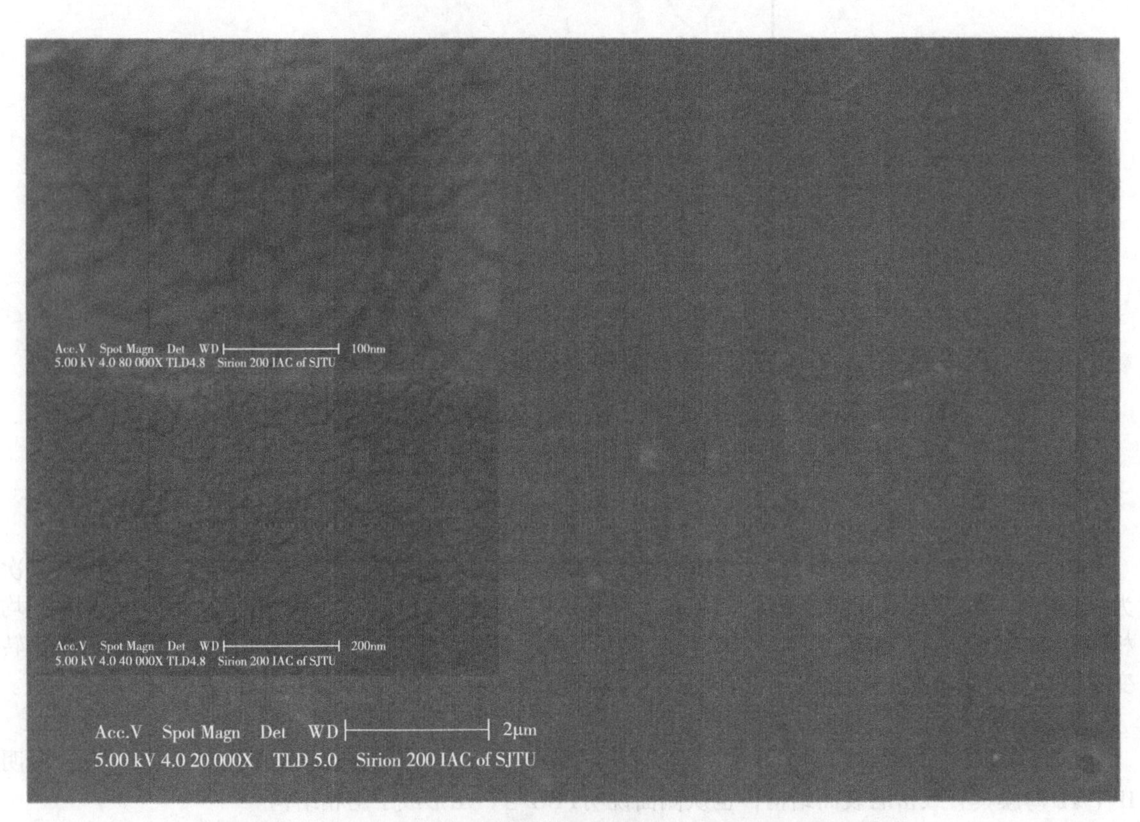

图6-7 IPN-1D：PEG200薄膜在2万倍、40万倍和80万倍的SEM图

本书参考的国外几款口含烟烟碱的体内吸收速率为11.22～3.45μg/（cm²·h），开发的几款聚合物薄膜对口含烟烟碱的体外释放速率的范围已基本覆盖了体内吸收速率的范围。在今后的研究中，通过对这款国产口含烟血液浓度的监测，得到其体内吸收速率；通过调节聚丙烯酸酯膜的成分和厚度等参数，得到与体内吸收速率相匹配的体外释放速率；再用筛选出的聚合物薄膜进行口含烟的质量控制和新配方的开发。这不仅会提高体内和体外的相关性，而且会提高口含烟新工艺开发的效率。

目前已开发的模拟口腔的装置检测的只是口含烟中烟碱的消耗量，不能代表烟碱体内吸收的情况，而使用猪口腔黏膜模拟口含烟烟碱的体外吸收时，烟碱的体外渗透速率高达85.88μg/（cm²·h），远高于烟碱的体内吸收速率值。因此，用PEG改性后的PAL聚丙烯酸酯薄膜来模拟人口腔黏膜，提供了一种更接近口含烟烟碱体内吸收情况的体外评价方法。

第四节　不同烟草类型、品种、pH值、粒径等因素对口含烟烟碱体外释放的影响

我国拥有丰富的晒烟资源，晒烟的烟叶利用阳光调制，主要分为晒红烟和晒黄烟。晒烟在我国有悠久的栽培历史，出现了一系列品质好、知名度高的晒烟，如四川"泉烟""大烟""毛烟""柳烟"，广东南雄所产的晒黄烟和高鹤所产的晒红烟，广西的"大宁烟""大安烟""良丰烟"，江西的"紫老烟"，河南的"邓片"，山东的"沂水绺子"，云南的"刀烟"，吉林的"关东烟"等。晒烟有蛋白质和烟碱含量高、总糖含量低、香气量足、烟味浓、劲头大等特点。晒烟可用作斗烟、水烟、卷烟、雪茄芯叶、束叶以及鼻烟和嚼烟的原料。此外，有些晒烟还可被用作杀虫剂（中国农业科学院烟草研究所，2005）。在我国，现如今晒烟主要被用在传统混合型或烤烟型卷烟的配方当中，添加到卷烟的配方中可以提高卷烟的燃烧性，能够降焦减害，增强卷烟的风味等（吴疆等，2014；谭舒等，2015；赵尊康等，2015；符云鹏等2015；刘善民等，2016）。

在国内，关于晾晒烟用于口含烟生产的研究基本空白。晾晒烟用于口含烟叶生产，不仅可以丰富我国烟草制品的种类，为消费者提供低危害烟草制品，还可以拓宽晾晒烟的用途范围。而烟碱作为口含烟中主要有效成分，可以给使用者带来生理满足感，但含量较高时则会带来身体上的不适，产生副作用。因此针对不同晾晒烟制成口含烟后烟碱释放规律的研究具有重要的意义。

一、实验材料

实验选取30份晒红烟、12份雪茄烟、16份晒黄烟，共58份晾晒烟，由《口含烟烟叶原料质量评价研究》项目提供。

二、实验设计

1. 选取三种类型的晾晒烟（烟碱含量和pH值接近）分别为晒红烟、晒黄烟、雪茄烟，比较不同类型的晾晒烟原料制成口含烟后烟碱的释放规律。

2. 选取不同品种（烟碱含量和pH值接近）的晒红烟和雪茄烟样品，比较不同品种的晒烟原料制成口含烟后烟碱释放规律。

3. 选取不同pH值的样品，比较不同pH值的烟叶制成口含烟后烟碱释放规律。

4. 选取沂水晒红烟，将烟粉按照粒径大小分为<250μm、250～500μm、500～710μm、>710μm四类，比较不同粒径的烟粉制成口含烟后烟碱释放规律。

5. 分析晾晒烟制成的口含烟，烟碱的释放规律与其主要化学成分含量以及相关性和线性关系。

三、样品主要化学成分以及pH值测定

样品烟碱含量的测定参照YC/T 160—2002；总糖含量的测定参照YC/T 159—2002；挥发性碱含量的测定参照YC/T 35—1996；总氮含量的测定参照YC/T 161—2002；总钾含量的测定参照YC/T 217—2007；总氯含量的测定参照YC/T 162—2011。

根据CORESTA推荐的方法，称取（2.0±0.1）g烟粉于50ml塑料离心管中，加入（20.0±1.0）ml去离子水，混匀，静置5～30min，用pH计测量（CORESTA，2017）。

四、样品制备

将烟叶去梗磨粉，过筛，一般取粒径为250～710μm的烟粉，在进行部分实验时分别选取粒径为<250μm、250～500μm、500～710μm、>710μm的烟粉。取12.0g烟粉，加入8.0g去离子水，搅拌均匀，烘箱法测水分含量在45%左右。称取（0.35±0.07）g混合水分的烟粉于无纺布小袋中（无纺布小袋由上海新型烟草制品研究院提供），热封口。自制的口含烟样品与生产上的口含烟规格相同。

五、口含烟溶出液的收集

实验通过优化组装的模拟口腔装置，分别在2min、4min、6min、8min、10min、15min、20min、25min和30min时进行浸出液的收集，用人工唾液代替真实的唾液，人工唾液配方如下：NaCl，0.4g/L；

KCl，0.4g/L；$CaCl_2 \cdot 2H_2O$，0.795g/L；$NaH_2PO_4 \cdot 2H_2O$，0.78g/L；$Na_2S \cdot 2H_2O$，0.005g/L；Urea，1g/L，调节pH值为7。

六、数据处理

采用SAS 9.2、Origin 8.0、Excel进行数据处理。

$$烟碱累积释放率（\%）=\frac{烟碱累积释放量}{烟碱总量}\times 100$$

七、结果与分析

（一）不同类型的晾晒烟原料制成口含烟后烟碱释放规律

先前研究（谭正兰，2015）表明，烟粉的烟碱含量和pH值对口含烟的烟碱释放量有影响，因此本研究从众多样品中筛选出烟碱含量和pH值接近的晒红烟、晒黄烟和雪茄烟，比较不同类型的晾晒烟制成口含烟后烟碱的释放规律差异。各类型晾晒烟的烟碱的累积释放量无显著性差异。即烟碱含量与pH值均相近的晾晒烟在制成口含烟后，烟碱的累计释放量差异与晾晒烟的类型无关（表6-12）。

表6-12 不同类型晾晒烟烟碱累积释放量

类型	烟碱含量（mg）	pH值	不同时间烟碱累积释放量（mg）								
			2min	4min	6min	8min	10min	15min	20min	25min	30min
晒红烟	7.717^{Aa}	5.540^{Aa}	2.783^{Aa}	4.500^{Aa}	5.763^{Aa}	6.501^{Aa}	6.950^{Aa}	7.436^{Aa}	7.643^{Aa}	7.730^{Aa}	7.761^{Aa}
雪茄烟	7.856^{Aa}	5.489^{Aa}	2.958^{Aa}	4.774^{Aa}	6.051^{Aa}	6.834^{Aa}	7.241^{Aa}	7.650^{Aa}	7.757^{Aa}	7.789^{Aa}	7.805^{Aa}
晒黄烟	7.799^{Aa}	5.422^{Aa}	2.713^{Aa}	4.578^{Aa}	5.671^{Aa}	6.398^{Aa}	6.789^{Aa}	7.320^{Aa}	7.549^{Aa}	7.650^{Aa}	7.695^{Aa}

（二）不同品种的晾晒烟原料制成口含烟后烟碱释放规律

选择同种类型晾晒烟的烟碱含量和pH值相近，分别比较晒红烟不同品种之间和雪茄烟不同品种之间的差异。各样品在不同时间烟碱累积释放量如表6-13所示，通过方差分析可以发现，不同品种的晒红烟制成的口含烟，其烟碱的累积释放量无显著性差异，不同品种的雪茄烟之间也没有显著差异。即烟碱含量与pH值均相近的同一类型晾晒烟在制成口含烟后，烟碱的累计释放量差异与品种无关。

表6-13 不同品种晒烟烟碱累积释放量

类型	品种	烟碱含量（mg）	pH值	不同时间烟碱累积释放量（mg）								
				2min	4min	6min	8min	10min	15min	20min	25min	30min
晒红烟	1	8.290^{Aa}	5.340^{Aa}	2.296^{Aa}	4.325^{Aa}	5.986^{Aa}	6.904^{Aa}	7.349^{Aa}	7.943^{Aa}	8.148^{Aa}	8.228^{Aa}	8.255^{Aa}
	2	8.019^{Aa}	5.340^{Aa}	2.421^{Aa}	4.635^{Aa}	5.899^{Aa}	6.765^{Aa}	7.307^{Aa}	7.796^{Aa}	8.069^{Aa}	8.155^{Aa}	7.991^{Aa}
	3	8.201^{Aa}	5.355^{Aa}	2.373^{Aa}	4.596^{Aa}	6.276^{Aa}	7.008^{Aa}	7.406^{Aa}	7.844^{Aa}	7.982^{Aa}	8.071^{Aa}	8.070^{Aa}
雪茄烟	1	6.957^{Aa}	5.325^{Aa}	2.455^{Aa}	3.989^{Aa}	5.372^{Aa}	6.024^{Aa}	6.265^{Aa}	6.879^{Aa}	7.149^{Aa}	7.218^{Aa}	7.246^{Aa}
	2	7.310^{Aa}	5.400^{Aa}	2.328^{Aa}	4.270^{Aa}	5.488^{Aa}	6.139^{Aa}	6.536^{Aa}	7.050^{Aa}	7.238^{Aa}	7.305^{Aa}	7.335^{Aa}
	3	7.392^{Aa}	5.400^{Aa}	2.349^{Aa}	4.135^{Aa}	5.474^{Aa}	6.101^{Aa}	6.429^{Aa}	6.965^{Aa}	7.173^{Aa}	7.205^{Aa}	7.321^{Aa}

（三）不同pH值的烟粉制成口含烟后烟碱的释放规律

根据样品pH值的，选取了具有四个代表性的pH值，分别为5.85、5.56、5.35、5.20，但由于不同pH值的样品烟碱含量不同，因此用烟碱的累积释放率表示烟碱的释放规律，以消除烟碱含量的影响。图6-8显示，烟碱释放率与样品pH值的变化没有明显的规律。即晾晒烟制成口含烟后烟碱的释放情况与烟叶自身pH值的没有明显的联系。

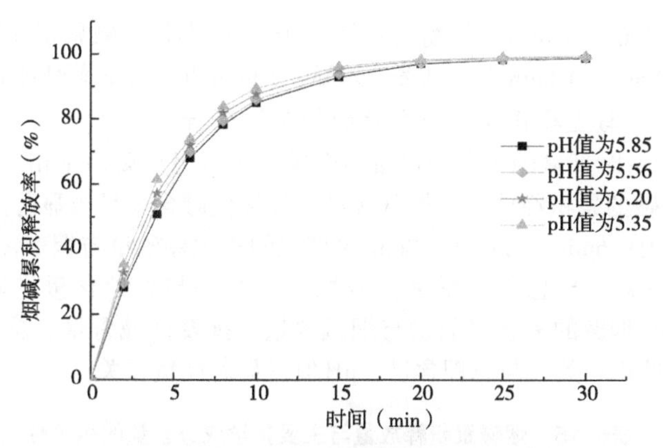

图6-8　不同pH值的烟粉烟碱累积释放率

（四）不同粒径的烟粉制成口含烟后烟碱释放规律

结合表6-14和图6-9，不同粒径烟粉的烟碱释放量存在差异性，总体来看烟碱的累积释放量随着粒径的增大而减少，尤其是前20min。随着时间的增加，不同粒径烟粉的烟碱释放量的差异性逐渐减小，25min以后，不同粒径烟粉的烟碱释放量无显著差异性。

表6-14　不同粒径的烟粉烟碱累积释放量　(mg)

粒径（μm）	时间（min）								
	2	4	6	8	10	15	20	25	30
<250	2.978Aa	4.906Aa	5.709Aa	6.318Aa	6.858Aa	7.392Aa	7.529Aa	7.580Aa	7.598Aa
250 ~ 500	2.677Ab	4.462ABa	5.539Aa	6.123Aab	6.764Aa	7.336ABa	7.505ABa	7.559Aa	7.598Aa
500 ~ 710	2.300Bc	3.961ABb	5.054ABb	5.913ABb	6.714ABa	7.224ABab	7.443ABab	7.546Aa	7.596Aa
>710	1.569Cd	3.146Bc	4.767Bc	5.518Bc	6.264Bb	7.095Bb	7.372Bb	7.541Aa	7.597Aa

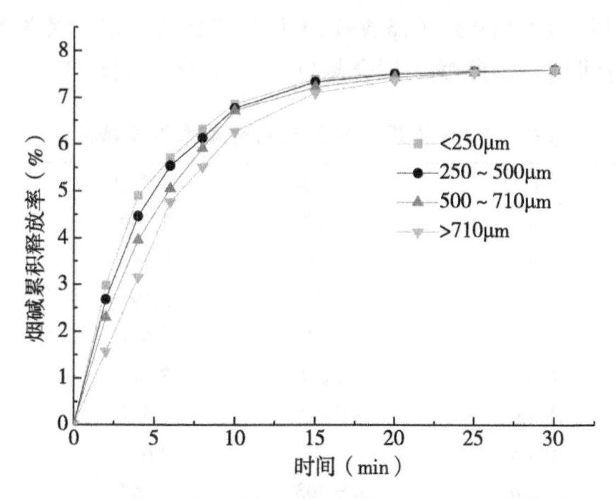

图6-9　不同粒径的烟粉烟碱的累积释放量

粒径<250μm的烟粉与粒径250 ~ 500μm的烟粉的烟碱累积释放量在前2min时有显著差异性，2min以后无显著差异性；与粒径500 ~ 710μm的烟粉的烟碱累积释放量在前2min时有极显著性差异，在4min、6min和8min内有显著性差异，8min以后无显著性差异；与粒径>710μm的烟粉烟碱累积释放量在前20min内均有极显著性差异，20min后无显著性差异。粒径250 ~ 500μm的烟粉与粒径500 ~ 710μm的烟粉的烟碱累积释放量在前2min有极显著性差异，在4min、6min内均有显著性差异，6min以后无显著性差异；与粒径>710μm的烟粉烟碱累积释放量在前20min内有极显著性差异，20min以后无显著性差异。粒径500～710μm的烟粉与粒径>710μm的烟粉烟碱累积释放量在前2min极显著差异性，在4min、6min、8min、10min内有显著性差异，10min以后无显著性差异。

（五）烟碱累积释放量与主要化学成分含量的相关性分析

从表6-15看出，2min时烟碱的累积释放量与烟碱含量呈极显著性正相关，与挥发性碱含量呈显著性正相关；4min时烟碱的累积释放量与烟碱含量、挥发性碱含量呈极显著性正相关，与总氮含量、总钾含量呈显著性正相关；6min、8min和10min时烟碱的累积释放量与烟碱含量、挥发性碱含量、总氮含量呈极显著性正相关，与总氯含量呈显著性正相关，与总钾含量呈显著性负相关；15min、20min、25min和30min时烟碱的累积释放量与烟碱含量、挥发性碱含量、总氮含量呈极显著性正相关，与总氯含量呈显著性正相关，与总钾含量、pH值呈显著性负相关。

表6-15 烟碱累积释放量与主要化学成分含量的相关性

时间	烟碱含量（mg）	总糖含量（%）	挥发性碱含量（%）	总氮含量（%）	总钾含量（%）	总氯含量（%）
2min	0.707 1**	-0.192 4	0.390 5*	0.328 9	-0.324 4	0.186 0
4min	0.872 3**	-0.250 5	0.515 1**	0.431 4*	-0.361 8*	0.348 6
6min	0.924 6**	-0.291 7	0.563 0**	0.479 6**	-0.383 0*	0.389 4*
8min	0.962 7**	-0.317 7	0.600 5**	0.510 5**	-0.391 2*	0.409 9*
10min	0.980 6**	-0.326 1	0.621 0**	0.526 6**	-0.392 1*	0.411 3*
15min	0.993 3**	-0.340 8	0.661 7**	0.555 9**	-0.399 7*	0.403 3*
20min	0.996 9**	-0.349 1	0.682 0**	0.572 2**	-0.402 1*	0.392 2*
25min	0.998 0**	-0.354 6	0.693 2**	0.581 4**	-0.403 5*	0.387 6*
30min	0.998 3**	-0.357 4	0.698 0**	0.585 9**	-0.404 2*	0.387 1*

注：*代表0.05显著性水平下的显著性，**代表0.01显著性水平下的显著性

（六）烟碱释放量与主要化学成分含量的线性关系

进一步研究烟粉制成口含烟后烟碱的释放规律，将不同时间烟碱的累积释放量与主要化学成分含量及其pH值进行线性分析，烟碱的累计释放规律主要与烟碱含量、挥发性碱含量和总钾含量有线性关系，且烟碱累计释放时间越长，曲线的拟合越好（表6-16和表6-17）。

表6-16 晒烟烟碱累积释放量基本数据特征

	时间	最大值	最小值	平均值	标准差
烟碱累积释放量（mg）	2min	3.877	1.599	2.435	0.606
	4min	6.112	2.566	4.146	0.992
	6min	7.395	3.192	5.292	1.181
	8min	8.282	3.641	6.078	1.310
	10min	8.806	3.976	6.580	1.366
	15min	9.468	4.441	7.144	1.431
	20min	9.773	4.670	7.347	1.448
	25min	9.903	4.757	7.409	1.457
	30min	9.961	4.810	7.437	1.459
烟叶成分含量	烟碱（mg）（x_1）	10.06	5.037	7.500	1.468
	总糖（%）（x_2）	5.718	1.863	2.849	0.798
	挥发性碱（%）（x_3）	0.955	0.558	0.767	0.097
	总氮（%）（x_4）	4.853	3.330	4.337	0.385
	总钾（%）（x_5）	3.825	2.028	2.742	0.450
	总氯（%）（x_6）	1.423	0.265	0.548	0.270

表6-17　烟碱累计释放量与主要化学成分含量关系

时间（min）	线性关系	R^2
2	$y=0.329\,5x_1-0.035\,8$	0.511 1
4	$y=0.516\,5x_1+0.363\,4$	0.677 1
6	$y=0.636x_1+0.639\,7$	0.762 5
8	$y=0.696x_1-0.341x_5+1.823$	0.822 5
10	$y=0.750x_1-0.314\,1x_5+1.836$	0.886 9
15	$y=0.814\,3x_1-0.321\,4x_5+1.922$	0.908 1
20	$y=0.789\,0x_1+2.196x_3-0.229\,4$	0.914 5
25	$y=0.785\,8x_1+2.432x_3-0.322$	0.917 5
30	$y=0.783\,4x_1+2.527x_3-0.35$	0.918 4

八、讨论

张杰等（张杰等，2011）通过对国外市售口含烟的烟碱释放规律研究发现，前10min左右时随着时间的增加，烟碱的释放累积释放增加，但增加量逐渐减少，15min以后烟碱的累积释放率基本稳定，烟碱释放量基本不再增加，与本研究的所得到的烟碱累计释放结果相似。

口含烟烟碱的释放规律受多种因素的影响，谭正兰（谭正兰，2015）的研究表明烟碱的释放速率随烟粉粒径的增大而减小，与本研究的结果相似，这可能与烟粉和人工唾液的接触面积有关，烟粉与人工唾液的接触面积越大，烟碱溶解到人工唾液的速度越快。谭正兰（2015）的研究还发现，随pH值的增大，烟碱的释放速率减小，但本研究结果表明，烟碱的累积释放率与烟粉的pH值的变化没有明显的规律，分析原因主要有以下两个方面：一是之前的研究过程中利用柠檬酸和碳酸氢钠进行样品pH值的调节，而本研究研究的是样品自身的pH值，未人为干涉；二是之前的研究过程中所设置的pH值梯度较大，而本研究受晾晒烟自身pH值范围的限制，所设置的pH梯度相对较小。

通过烟碱释放规律与其内在主要化学成分的关系发现，烟碱的释放规律与烟碱含量呈极显著正相关，而烟碱属于总氮化合物，游离烟碱属于挥发性碱，因此烟碱的释放规律与总氮含量和挥发性碱含量也呈极显著性相关。有研究表明（舒海燕等，2007），随着烟叶中的钾含量增多，烟碱的含量会减少，因此钾的含量与烟碱的释放规律呈显著负相关。同时，不同类型，不同品种晾晒烟之间的烟碱释放规律没有差异，也可能是由于这些晾晒烟之间烟碱含量相近。

九、结论

本研究选择不同的晾晒烟原料制成口含烟，研究其烟碱的释放规律。研究结果表明：

1. 烟碱和pH值相近的情况下，不同晾晒烟制成的口含烟的烟碱累计释放量与晾晒烟的类型和品种无关。

2. 不同粒径的烟粉其烟碱的释放规律总体表现为：烟粉粒径越大，烟碱的释放量越少，且最初阶段不同粒径的烟粉之间烟碱释放量差值较大，随着时间的延长，这种差距逐渐减小，至25min时，不同粒径烟粉的烟碱释放量无显著性差异。

3. 烟碱的释放率与烟叶pH值之间没有明显的规律。

4. 烟碱的累积释放量与烟叶主要化学成分含量存在相关性：烟碱释放量与烟叶的烟碱含量呈极显著性正相关；与挥发性碱呈显著性正相关，其中4min及4min以后二者极显著性正相关；4min及4min以后与总氮含量呈显著性正相关，其中6min及6min以后二者极显著性正相关；6min及6min以后与总氯含量呈显著性正相关；4min及4min以后与总钾呈显著性负相关。

5. 烟碱释放规律与主要化学成分的关系为：2min时，$y=0.329\,5x_{烟碱}-0.035\,8$，$R^2=0.511\,1$；4min时，$y=0.516\,5x_{烟碱}+0.363\,4$，$R^2=0.677\,1$；6min时，$y=0.636x_{烟碱}+0.639\,7$，$R^2=0.762\,5$；8min时，$y=$

$0.696x_{\text{烟碱}}-0.341x_{\text{总钾}}+1.823$，$R^2=0.822\,5$；10min 时，$y=0.750x_{\text{烟碱}}-0.314\,1x_{\text{总钾}}+1.836$，$R^2=0.886\,9$；15min 时，$y=0.814\,3x_{\text{烟碱}}-0.321\,4x_{\text{总钾}}+1.922$，$R^2=0.908\,1$；20min 时，$y=0.789\,0x_{\text{烟碱}}+2.196x_{\text{挥发性碱}}-0.229\,4$，$R^2=0.914\,5$；25min 时，$y=0.785\,8x_{\text{烟碱}}+2.432x_{\text{挥发性碱}}-0.322$，$R^2=0.917\,5$；30min 时，$y=0.783\,4x_{\text{烟碱}}+2.527x_{\text{挥发性碱}}-0.35$，$R^2=0.918\,4$。口含烟烟碱释放量主要影响因素为烟叶烟碱含量和挥发性碱含量。

第七章　口含烟加工工艺研究及配方验证

第一节　口含烟原料的加工试制研究

目前，国外口含烟产品使用的烟草原料主要有晾烟烟叶、晾烟烟梗、晒烟烟叶、晒烟烟梗、明火烤烟烟叶、烤烟烟梗、白肋烟烟梗等。长期以来，在中式卷烟的原料需求导向下，我国烤烟种植广泛，是烟叶生产的主要烟叶类型，在当前口含烟主流生产工艺条件下，烤烟烟叶能不能作为口含烟生产的原料值得尝试。口含烟的使用方式不同于卷烟产品，是一种通过口腔摄取烟碱从而获取生理满足感的产品，同时，在烟草香方面又具有烟草原料带来的独特滋味。在前期的研究中，我们发现烤烟在口腔中产生的刺辣感是口含烟感官质量方面的较大的不利因素。除风味因素外，在化学成分方面，烤烟区别于晾晒烟、白肋烟原料的一个最明显的特点在于其总糖含量远高于一般晾晒烟，在产品高水分含量的条件下，总糖是否会影响产品的物理状态还需要进一步明确。因此，本项目先以烤烟为研究对象，挑选出其中口感相对较好的原料，试制了一批口含烟，并对其加工性能进行了评价。

一、材料与方法

(一)总糖含量梯度设计

选取50份烤烟原料进行总糖及烟碱含量检测，从中挑选出烟碱含量在1.5%以上、总糖含量为12.41%～34.49%的12份烤烟原料作为研究对象，12份烤烟原料信息详见表7-1。

表7-1　不同总糖含量烤烟烟叶信息

序号	品名	等级	总烟碱	总糖	糖碱比
1	云南文山	B22	3.99	12.41	3.11
2	云南文山	C32	3.01	14.69	4.88
3	湖南	B22	3.63	16.37	4.51
4	湖南	C32	1.94	17.20	8.87
5	云南文山	C31	3.02	21.18	7.01
6	云南曲靖	B22	3.51	22.04	6.28
7	贵州	B22	4.02	22.74	5.66
8	云南曲靖	C32	2.31	25.69	11.12
9	云南红河	B22	3.29	27.65	8.40
10	四川	C31	2.30	29.42	12.79
11	云南大理	B2	3.25	31.85	9.80
12	黑龙江	C31	1.59	34.49	21.69

(二)感官质量评价

针对表7-1列举的12份原料，采用五分制赋分方法，组织原料感官质量评价小组重点以烟草原味、苦感以及刺辣感为主要考察因素开展感官评价。

(三)加工工艺评价

以筛选出的感官质量相对较好的烤烟为原料，按照ESTOC介绍的湿鼻烟工艺制作过程，进行工艺试制：磨粉，使用粉碎机对原料进行粉碎、筛分，舍弃250μm以下的细粉末；加盐，按照一定比例添加NaCl水溶液；灭菌，采用两段热处理的方式进行灭菌，分别进行30min、130℃蒸汽加热和60min、120℃烘箱加热；调节水分，补充灭菌过程散失的水分，将烟粉调节至目标水分含量；调节

pH值，添加一定量碱性食品添加剂，提高烟粉pH值；添加口味调节剂，添加一定量的香精，并搅拌使之分散均匀。

在不同工艺段采集样品，检测烟碱、总糖、TSNAs及铅、镉含量，并对最终烟粉进行结块倾向评价。

二、结果与分析

(一)感官质量评价结果

12份原料普遍存在较强的苦感和辣感，感官感受较差，其中4个相对较好，有云南文山C32、云南大理B2、四川C31、黑龙江C31（图7-1）。

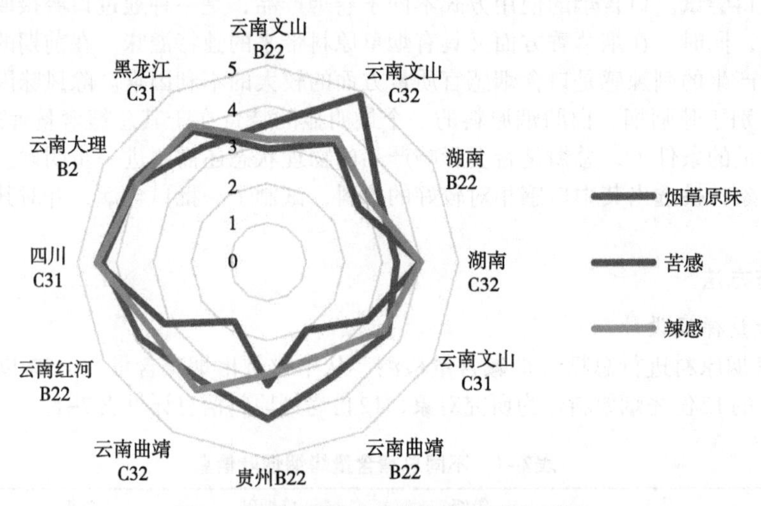

图7-1 不同总糖含量烤烟烟叶感官质量

(二)加工过程中内在化学成分的变化

对筛选出的感官质量相对尚好的4份烟叶原料进行了试制，其内在化学成分变化详见图7-2至图7-6，其中包括烟碱、总糖和代表性有害化学成分的变化。

从图7-2至图7-6可以看出，在采用的工艺条件下，加工前与加工后，除总糖含量最终上升外，其他总烟碱、TSNAs、重金属等含量变化很小，总糖上升较大的原因为添加糖料调节口味所致。

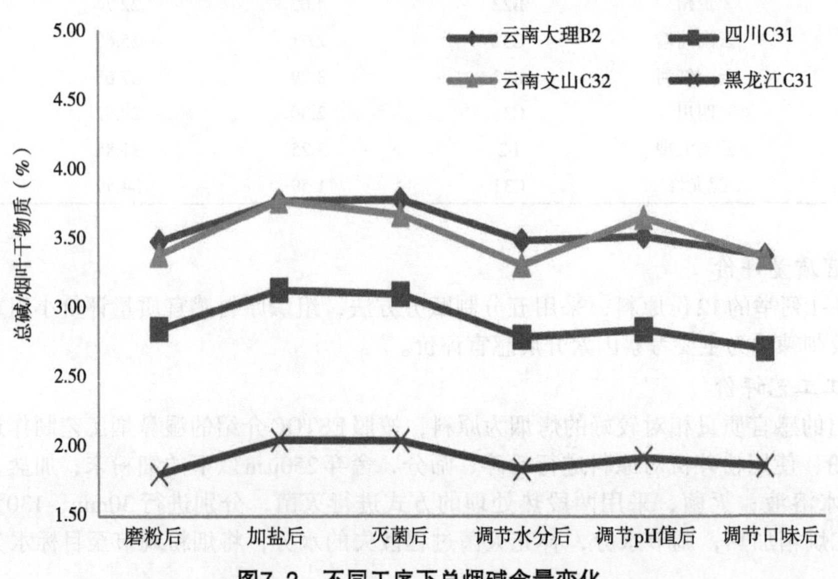

图7-2 不同工序下总烟碱含量变化

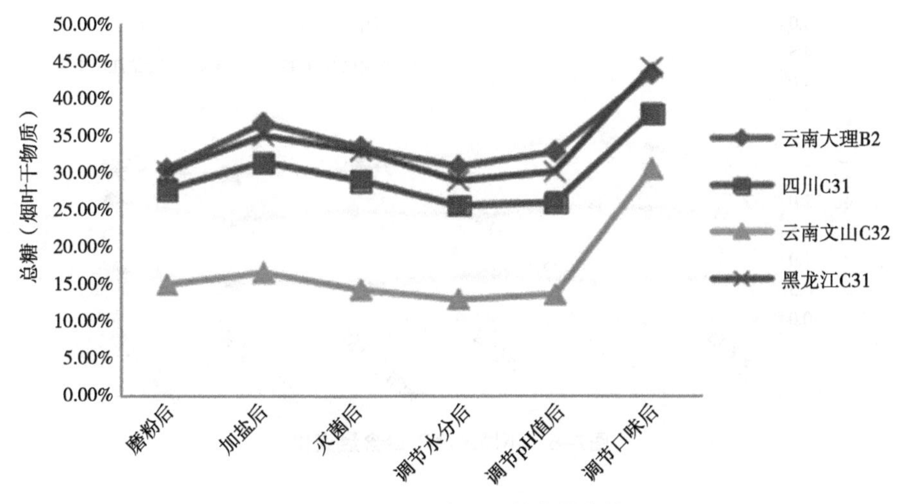

图7-3　不同工序下总糖含量变化

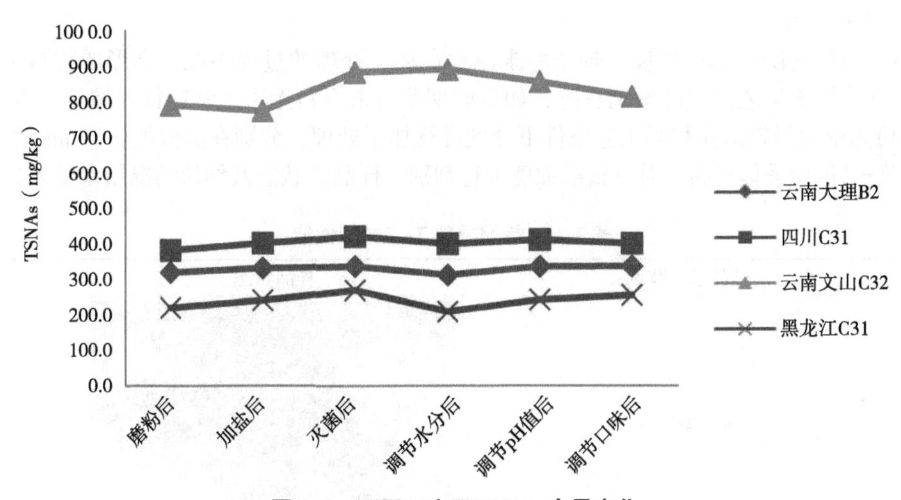

图7-4　不同工序下TSNAs含量变化

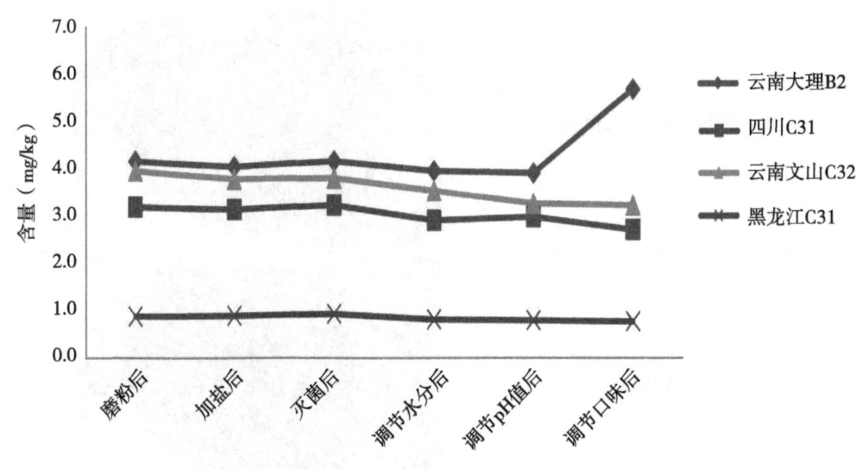

图7-5　不同工序下镉含量变化

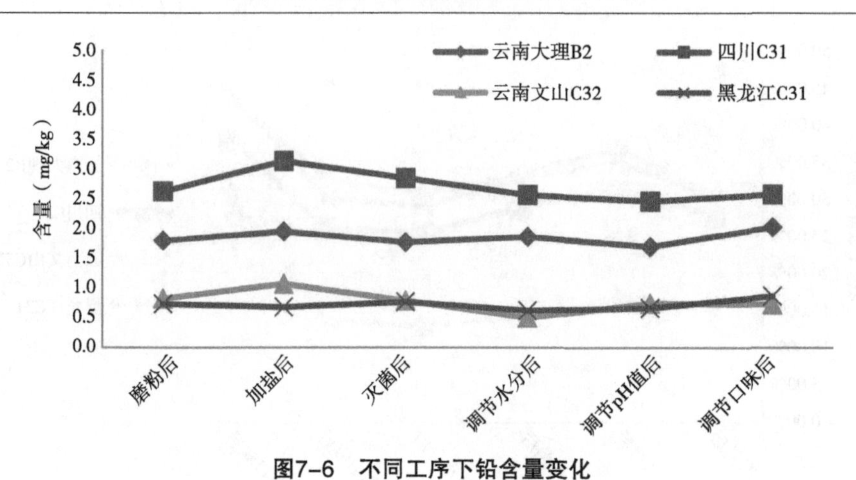

图7-6　不同工序下铅含量变化

（三）结块程度

1. 烤烟结块程度

（1）不同热处理阶段结块程度：烟草粉末原料在加工处理的过程中往往会形成物料结团或结块，一旦结块会直接影响工艺过程的顺利进行，如造成烟草粉末原料无法正常卸料入袋等。本书对感官质量较好的4份烤烟原料粉末在相同工艺条件下分别进行加工处理，分别在蒸汽加热30min后及烘箱加热60min并调节pH值后采集样品，对其松散程度进行判别，样品的状态及结块情况结果见表7-2。

表7-2　烤烟原料工艺加工性能

样品名称	样品采集节点	样品状态	结块程度
云南文山C32	蒸汽加热后		中等
	烘箱加热、调节pH值后		较轻
四川C31	蒸汽加热后		较重

（续表）

样品名称	样品采集节点	样品状态	结块程度
四川C31	烘箱加热、调节pH值后		较重
黑龙江C31	蒸汽加热后		较重
	烘箱加热、调节pH值后		较重
云南大理B2	蒸汽加热后		较重
	烘箱加热、调节pH值后		较重

从表7-2中可以看出，经过蒸汽灭菌后，4个烤烟原料均有体现不同程度的结块现象；在经过烘箱加热及pH值调节后，云南文山C32原料呈现比较松散的状态，结块较轻，其余3份原料仍然有较重的结块现象，4份原料样品中，云南文山C32总糖含量最低，为12.41%，其他则为30%左右。因此推测，结块的主要导致因素为具有较高黏度的水溶性总糖所致。

（2）不同热处理阶段结块程度：不同水分含量会影响烟草原料的结团程度。调节同一湿烟粉水分分别至25%、35%、45%，观察结团现象。由于生产工序中，包括热处理和加香工序都需伴随搅拌工作，因此实验室采用手捏成团来快速观察原料热处理后的结团程度。

a. 25%

b. 35%

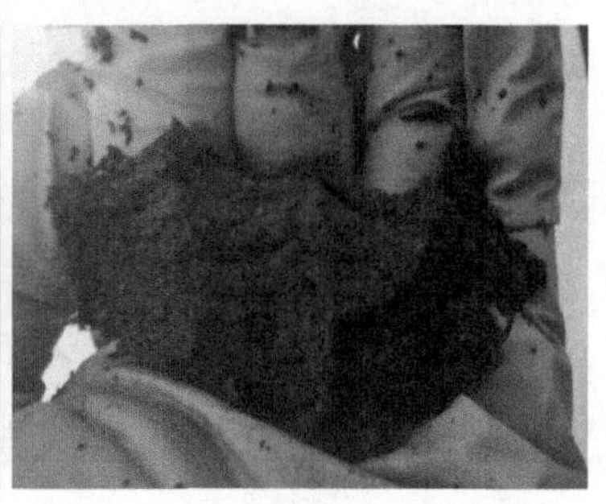
c. 45%

图7-7 水分烟粉

从图7-7（A—C）可以看出，低水分状态下，手捏烟粉成团，松手后，烟粉相对较容易松散开来。而高水分状态，湿烟粉手捏后结成一团，不易松散开来。因此，对于瑞典Snus类型的口含烟产品而言，水分通常在50%左右，对于烤烟原料来说结团概率明显，不利于工业上的生产制造。

2. 晾晒烟结块程度

通过对比晒烟粉与烤烟粉经热处理后的结团现象可以发现（图7-8），水分控制在25%～30%时晾晒烟烟粉可松散分布在表面，呈现褐黄色，烟草粉末的小碎片之间分散开来，无聚集现象；而烤烟原料烟草粉末的小碎片之间呈现一定程度的聚集，颜色表现为暗褐色。可见，从工艺实现的角度而言，晾晒烟的选择优于烤烟。这种结块的导致因素可能是晾晒烟的总糖含量一般远低于烤烟烟叶中总糖的含量，具有黏性的物质含量较少。此外，国际市场上的口含烟产品历经100多年的历史，原料主要使用晒烟和晾烟烟草原料，也进一步证明了晾晒烟是优选的口含烟产品原料。

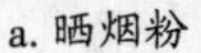
a. 晒烟粉

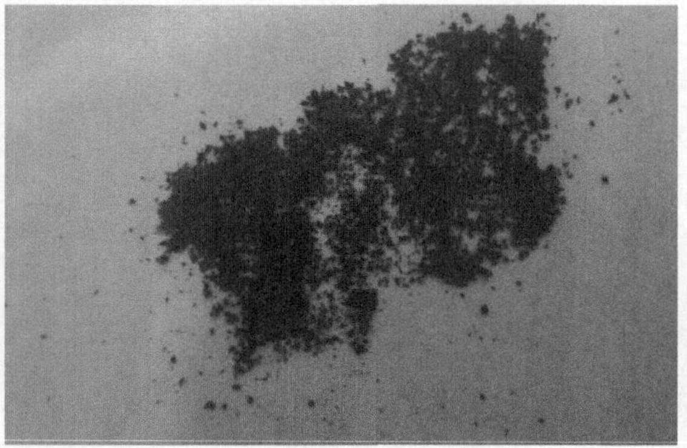
b. 烤烟粉

图7-8 热处理后

三、小结

通过对不同产地不同总糖含量烤烟原料的感官质量及加工过程的评价，发现：烤烟具有较强的苦感及刺辣感是普遍存在的现象，在两段热处理加工工艺条件下，烤烟在加工过程中烟碱、TSNAs、铅、镉等的含量在加工前后基本没有太大差异，总糖含量可能会因添加的口味调节剂含糖量不同而产生相应的增加；蒸汽加热及烘箱加热处理后，各烤烟样品均出现不同程度的结块现象，以总糖含量最低的样品云南文山C32的结块倾向较小，因此总糖含量普遍较高的烤烟原料，除其较强的苦感和刺辣感是不利因素之一外，在产品水分较高的条件下，总糖含量高导致的结块严重也是烤烟应用在口含烟中的限制瓶颈。晾晒烟的在项目采用的工艺试验条件下，工艺适用性（实现产品的容易程度）优于烤烟烟叶。

第二节　烟叶原料加工适用性评价

口含烟加工过程一般包括磨粉、筛分、热处理、水分调节、添加盐、碱、香精等添加剂、装袋等主要加工工序，这些工序中，由于原料自身属性而产生的与加工工艺关系密切的主要有磨粉得率、填充值和烟叶pH值。磨粉得率为原料磨粉筛分后得到适用目数烟粉质量占投料量的比例，得率低，则烟叶损耗量大，成本增加，直接反映原料的经济性；填充值单位重量烟草粉末所占体积的大小，在口含烟包装袋尺寸固定的条件下，填充值越高，则小袋外形更饱满，或者说，在固定的饱满程度要求下，填充值越高，使用原料质量越少，填充值过高导致的袋形过于饱满也有可能导致含食不方便。烟叶pH值和总烟碱含量决定了游离烟碱含量，口含烟加工过程中对烟粉调节pH值的目的就是在于增加游离烟碱的含量，烟叶pH值及烟叶pH值的可调性也是原料使用过程中的重要考量因素。因此，本节主要评价和分析了不同原料上述3项指标的差异，另外对不同贮存温度条件下烟碱和TS-NAs含量的变化作了简要研究。

一、试验材料与方法

（一）磨粉得率检测

将收集烟叶原料去梗得烟草叶片，烘干水分至含水率10%左右，上粉碎机粉碎，将粉碎后的烟草碎片及碎末加入震动筛分机，依次过500μm筛、250μm筛，震动15min，分别称量>500μm、>250μm且≤500μm、≤250μm的烟草粉末的重量，分别标记为大粒径、中等粒径和小粒径，以中大粒径的合并质量占总投料质量的比例为磨粉得率（大、中粒径一般不易窜出口含烟包装用无纺布，适用于产品包袋，不排除更致密的无纺布可使用更小粒径粉末的可能性）。

（二）填充值

将待测烟草粉末自然倒入200ml量筒中，确保烟草粉末自由落下，并填满至200ml刻度，称量对应烟草粉末的质量，以体积和质量之比计为填充值，单位cm^3/g。

（三）pH值及pH值可调度

取不同烟草原料粉末20g添加碳酸钠、碳酸氢钠水溶液，以溶质计每百克分别添加2.65g和2.10g，调节水分至含水率40%，搅拌烟粉混匀、静置过夜。分别按照YC/T 222 2007测量烟草pH值，调节后pH值与调节前pH值之比计为pH值可调度。

（四）贮存温度对烟碱和TSNAs的影响

选取一份晾烟和一份晒烟，检测烟碱和TSNAs含量，将烟叶原料样品分别放置在4℃和室温条件下，定期进行检测。

二、结果与分析

（一）磨粉得率

对收集样品中的65份样品进行了磨粉得率的检测，不同样品得率数据特征见表7-3和图7-9，从中可以看出，不同原料磨粉中大粒径粉末占比有一定差异，为68%～87%，平均为78%左右，变异系数不大，65份样品中有47份样品中大粒径烟粉得率为74%～83%，23份样品得率在80%以上，这部分样品在加工过程中利用率相对较高，相应地成本也较低。

表7-3 不同原料磨粉后粒径分布数据特征

项目	中大粒径粉末占比	中等粒径粉末占比	小粒径粉末占比
最大值（%）	87.00	38.46	32.00
最小值（%）	68.00	19.10	13.00
均值（%）	78.38	30.43	21.62
变异系数	4.59	4.65	4.64

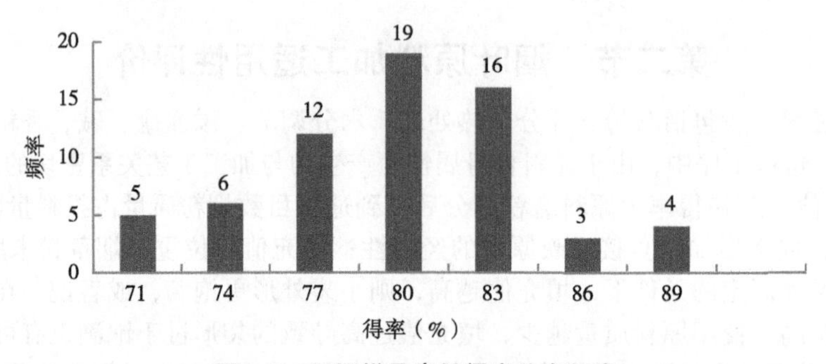

图7-9 不同样品磨粉得率分布频率

（二）填充值

对收集样品中的65份样品的大、中、小粒径进行了填充值的检测（表7-4和图7-10），不同原料不同粒径粉末的填充值差异较大，大粒径粉末和中等粒径粉末最大和最小填充值之间相差约1倍，但是变异系数较小，平均值分别为7.04cm³/g和6.32cm³/g，小粒径粉末的填充性能表现为最差，变异系数最小。

表7-4 不同原料不同粒径数据特征

项目	大粒径填充值	中等粒径填充值	小粒径填充值
最大值（cm³/g）	10.58	8.73	6.95
最小值（cm³/g）	4.56	4.36	4.28
均值（cm³/g）	7.04	6.32	5.70
变异系数	1.30	1.06	0.63

35份样品大粒径粉末填充值为6~8cm³/g，大粒径粉末填充值在7cm³/g以上的也有35份样品，这些样品相对来说具有更好的填充能力（图7-10）。

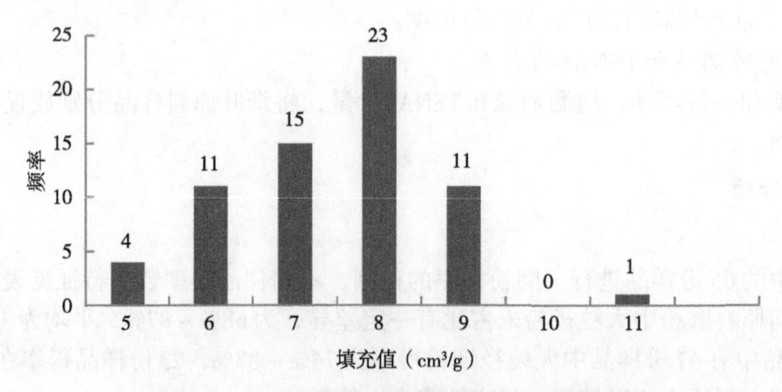

图7-10 不同样品大粒径粉末填充值分布频率

（三）pH值及pH值可调度

对收集样品中的38份样品的pH值及添加碱性调节剂后的pH值进行了检测，不同样品调节前后pH值及pH值可调度数据特征见表7-5和图7-11至图7-12，从中可以看出，不同原料pH值差异较明显，最小值4.62，最大值达6.88，所有样品均呈酸性，且35份样品pH值在6.0以下；调节后pH值为6.49～9.52，在添加同等比例的碱性调节剂的条件下，pH值增幅也呈明显差异，最大增幅达2.71，最小为0.83，推测为烟叶自身酸性物质的含量不同所致。从pH值可调度来看，变异系数较小，调节后pH值可升高至原pH值的1.14～1.49倍，以调至原pH值的1.2～1.5倍最为普遍，最多为1.3～1.4倍。

表7-5 不同样品pH值调节前后数据特征

项目	调节前pH值	调节后pH值	pH值增幅	pH值可调度
最大值	6.88	9.52	2.71	1.49
最小值	4.62	6.49	0.83	1.14
均值	5.32	7.06	1.74	1.33
变异系数	0.50	0.60	0.35	0.07

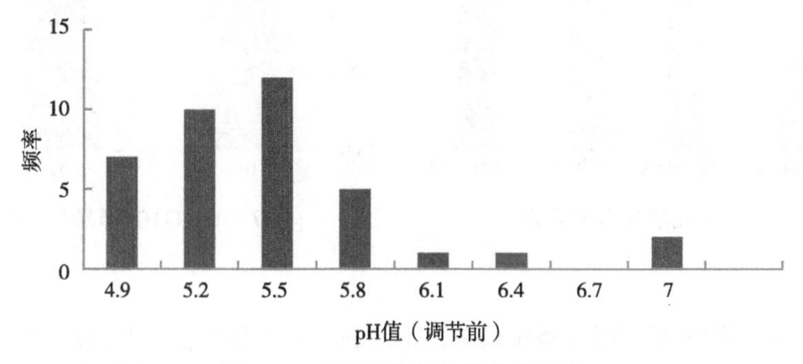

图7-11 不同样品pH值分布频率

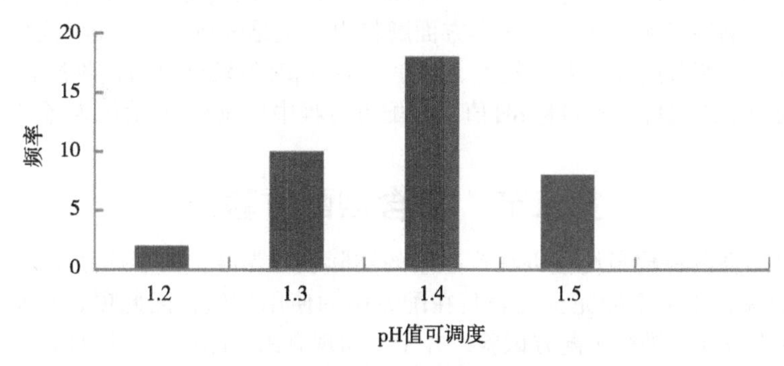

图7-12 不同样品pH值可调度分布频率

（四）贮存温度对烟碱和TSNAs的影响

不同温度下烟碱和TSNAs的含量变化详见图7-13至图7-16，从中可以看出，贮存约2年，C125样品的烟碱随着时间稍微降低，室温条件下降幅较4℃冷藏条件下略大，TSNAs稍微增长，但总体变幅很小；C107样品烟碱和TSNAs含量没有呈现规律性变化，不同温度条件和时间下，烟碱和TSNAs变化都很小。

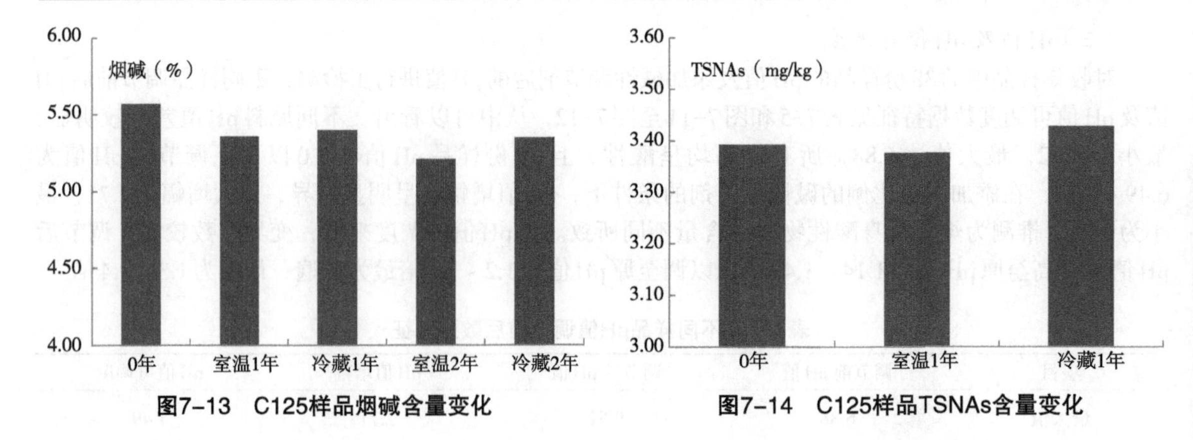

图7-13 C125样品烟碱含量变化

图7-14 C125样品TSNAs含量变化

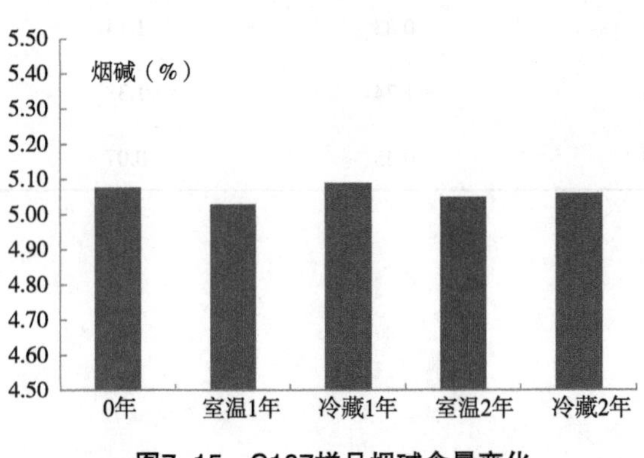

图7-15 C107样品烟碱含量变化

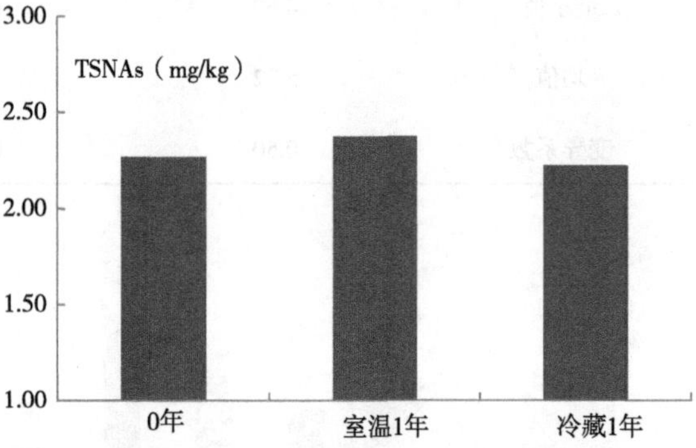

图7-16 C107样品TSNAs含量变化

三、小结

本节主要评价和分析了不同原料磨粉得率、不同粒径粉末填充值以及pH值和pH值的可调度3项指标的差异。结果表明不同原料的上述指标都存在不同程度的差异，样品间磨粉得率差异相对较小，填充值及pH值的差异相对较大，在加工环节评价烟叶原料时，填充值可作为主要的评价因素，其对成本和最终产品的饱满性影响较大，在成本方面磨粉得率也是较重要的考量因素；pH值方面，不同原料的pH值和pH值可调节的程度差别较大，但是，对于pH值较低且酸性物质含量较高的烟叶可通过增加碱性调节剂用量来实现达到目标pH值，在配方过程中也应将pH值纳入考量范围。

第三节 口含烟配方验证

口含烟原料可用性的评价最终应以在产品中的实际表现为准，由于产品配方中存在着配伍性的问题，单一原料的综合质量不能完全代表其在配方中的使用价值，因此项目对筛选到的感官质量、安全性指标较好的部分原料进行了配方试验，并于公司现有的产品进行了比对。

一、试验方法

采用研究院有限公司生产工艺进行热处理加工，热加工参数主要为：第一次热处理93℃，1h，第二段热处理82℃，18h；产品目标含水率40%。原料、添加剂、香精及添加顺序见表7-6至表7-9，其中表7-6为现有产品叶组配方样品（作为对照），制成本成品烟草粉末后，进行小袋包装，与对照进行了感官质量评价和对比，对照各指标定值。

表7-6 配方样品组成及加工过程

对照（产品）		
烟叶原料	产品叶组	热处理1

（续表）

对照（产品）		
矫味剂	氯化钠，按添加时物料量2%	热处理1
酸碱调节剂	碳酸钠、碳酸氢钠，按添加时物料量5.4%	热处理2
香精	青柠绿茶香精，按添加时物料量8%	搅拌

表7-7　配方样品组成及加工过程

配方1			
烟叶原料	C69	50%	热处理1
	C43	10%	
	C18	10%	
	C91	30%	
矫味剂	氯化钠，按添加时物料量2%		
酸碱调节剂	碳酸钠、碳酸氢钠，按添加时物料量5.4%		热处理2
香精	薄荷香精，按添加时物料量8%		搅拌

表7-8　配方样品组成及加工过程

配方2			
烟叶原料	C69	45%	热处理1
	C43	10%	
	C18	20%	
	C91	25%	
矫味剂	氯化钠，按添加时物料量2%		
酸碱调节剂	碳酸钠、碳酸氢钠，按添加时物料量5.4%		热处理2
香精	青柠绿茶香精，按添加时物料量8%		搅拌

表7-9　配方样品组成及加工过程

配方3			
烟叶原料	C69	55%	热处理1
	C88	15%	
矫味剂	氯化钠，按添加时物料量2%		
酸碱调节剂	碳酸钠、碳酸氢钠，按添加时物料量5.4%		热处理2
香精	红茶香精，按添加时物料量8%		搅拌

二、结果与分析

（一）重金属

3个配方重金属检测结果见表7-10，从中可以看出，配方样品的总体重金属含量较低，但是仍未达到瑞典火柴公司的产品标准，主要问题为镉含量仍然偏高，配方3镉含量最低，为0.61mg/kg，高于瑞典火柴公司0.50mg/kg的限量标准。其他指标则均符合瑞典火柴公司相应的限量标准。

表7-10　配方样品重金属含量（mg/kg，湿重计）

序号	砷	铅	铬	镉	镍	汞
配方1	0.07	0.19	0.19	0.78	0.93	<0.006
配方2	0.07	0.16	0.19	0.69	0.4	<0.006
配方3	0.08	0.17	0.26	0.61	0.54	<0.02

(二)感官质量

对采用筛选出来的原料制作的配方样品进行了感官质量评价，评价结果见图7-17，从中可以看出，与现有产品使用的叶组制成的样品相比，3个分别添加不同香精的配方样品在感官质量上接近或超过现有产品配方，配方1的嗅觉刺激和味觉的刺激明显较现有配方强，烟草本香则较弱，这可能与采用了薄荷香精有关；嗅香、综合感官感受方面，3个配方均较现有配方强，余味则均比较接近；新制作的配方样品的劲头、酸味、苦味、纤维、涩味和其他杂味都较现有配方样品弱，说明采用的原料的配伍性较好。

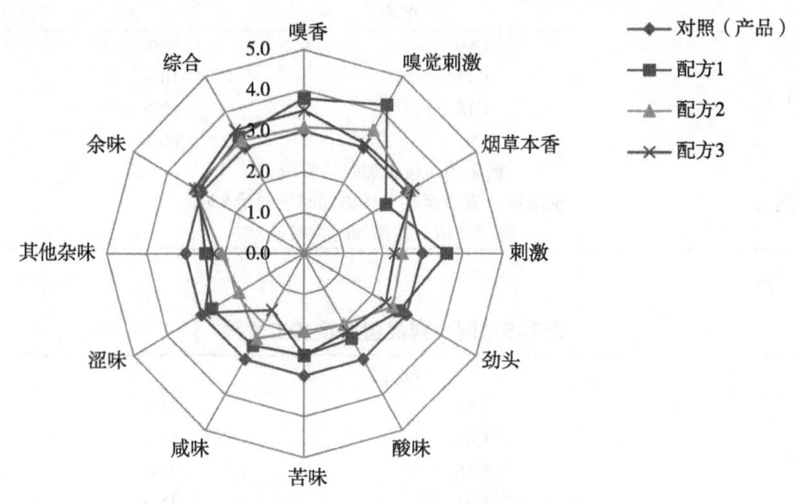

图7-17 配方样品感官质量评价

三、小结

将筛选到的部分质量较好的烟叶原料进行了配方试验。配方样品在重金属指标上比较接近国际先进水平，但是还有欠缺，尤其是在镉含量水平上，仍需进一步降低。试制的配方样品整体来看，感官质量也较好。

第八章　晒红烟栽培调制技术研究

第一节　基于口含烟烟叶原料的优质晒烟资源筛选

我国的晾晒烟资源丰富，但有关晾晒烟的研究主要集中在传统混合型或烤烟型卷烟方面。文献表明，瑞典口含烟配方中烟草成分占45%~50%，烟草类型主要为晾晒烟；美式口含烟主要原料是晾晒烟，也有烟碱含量较高的明火烤烟。灰色关联度分析在包括烟草在内的多种农作物的评价研究上有较为广泛的应用。

宋志美等对烤烟品种的重要性状进行综合评价；张晓兵等对云南烟叶的化学成分进行适应性分析，以及殷英等在研究烤烟主要农艺性状与产量产值的关系时，均运用了灰色关联度分析，且分析结果与实际评价结果基本一致。但采用灰色关联度分析对晾晒烟化学成分的研究则鲜见报道。聚类分析在晒烟中也曾有相关报道，李开和等采用聚类分析法对广西20个晾晒烟品种进行分类；刘岱松等运用聚类分析方法对32个晾晒烟品种的综合性状进行了分类；黄学跃等用聚类分析方法对157个晾晒烟品种进行了农艺性状分类。但这些研究均未涉及晒烟的化学成分分类，且所考察的品种较少。鉴于此，从国家烟草种质资源库中筛选出了88份晒烟种质，同时采用聚类分析和灰色关联度分析法分析了88份晒烟种质的烟碱、总糖含量和农艺性状，旨在筛选出优质晒烟种质资源，探索其在口含烟烟叶原料方面的应用。

一、材料与方法

(一)供试材料

从国家烟草种质资源库筛选出88份晒烟种质，分别以S1~S88表示（表8-1）。

表8-1　初步选定的88份晒烟种质

编号	材料名称	编号	材料名称	编号	材料名称	编号	材料名称
S1	朝阳早熟	S23	光把烟	S45	平坝犁口	S67	山东大叶
S2	青湖晚熟	S24	凤凰柳叶	S46	泸溪柳叶尖	S68	江油烟
S3	大蒜柳叶尖	S25	镇江	S47	邵严一号	S69	丹阳烟
S4	大青筋	S26	枇杷叶	S48	大晒烟	S70	塘蓬
S5	二青杆	S27	茄把	S49	大伏烟	S71	红花铁杆子
S6	密山烟草	S28	中叶子	S50	辰杂一号	S72	尚志一朵花
S7	龙井香叶子	S29	小样尖叶	S51	辰溪晒烟	S73	宣双晒烟76-2
S8	牛舌头	S30	无耳烟	S52	苦沫叶	S74	什邡枇杷柳
S9	兴仁大柳叶-1	S31	毛烟一号	S53	麻阳大叶烟	S75	沂水大弯筋
S10	付耳转刀小柳叶	S32	小样毛烟	S54	沅陵枇杷	S76	云罗03
S11	光炳柳叶-2	S33	凤农家四号	S55	小扇子烟	S77	人和烟
S12	光炳柳叶-3	S34	凤农家五号	S56	小尖叶	S78	伟俄小柳叶
S13	麻江小叶红花	S35	吉信大花	S57	龙里白花烟	S79	铁赤烟
S14	黄平小广烟	S36	大南花	S58	盘县红花大黑烟	S80	稀格巴小黑烟
S15	铜仁二黄匹	S37	南花烟	S59	仁怀竹笋烟	S81	迈多叶
S16	鸡翅膀	S38	红花南花	S60	德江大鸡尾	S82	柳叶尖
S17	元峰烟	S39	中山尖叶	S61	州852	S83	柳叶尖
S18	太兴烟	S40	毛大烟	S62	黄苗2220	S84	沂南柳叶尖
S19	万宝二号	S41	龙山转角楼	S63	红花铁杆	S85	柳叶尖
S20	绿春土烟-2	S42	二绺子	S64	小团叶	S86	沂水香烟
S21	元阳草烟	S43	马兰烟	S65	牡晒05-1	S87	黑苗柳叶尖
S22	把烟	S44	金枇杷	S66	督叶尖杆种	S88	新香烟

（二）试验方法

1. 试验地概况

试验地点设置在晒烟种植历史悠久的山东省沂水县西部的高庄镇。平均海拔532m，暖温带季风气候。年均气温12.3℃，年均降水量770.2mm，平均无霜期191.7d，平均日照6.6h。试验地前茬作物为甘薯，土壤类型为沙壤土，pH值为7.81，有机质15.4g/kg，碱性氮18.67mg/kg，有效磷31.69mg/kg，速效钾270.05mg/kg。

2. 试验设计

采用随机化完全区组试验设计。设88个小区，每小区种植1份种质，约180株，行株距110cm×50cm。按山东沂水县当地的栽培调制技术规范进行生产，烟叶成熟后去除下部叶，采收中部叶和上部叶。调制过程为烟叶采收后上索，拉开晒制4～5h后将烟叶挤紧，进行捂晒（塑料薄膜包裹），待叶片捂晒至八九成黄时，将烟索平铺于整洁、露水干后的草地上暴晒，傍晚烟叶回潮后收起，第二天晒制烟索的另一面，一般晒制2～3d烟叶就可以变红。将变红烟叶一索压一索地铺在整洁、露水干后的草地上晒制，露出叶片主脉和烟拐，傍晚回潮后收起；第二天晒另一面，随着烟筋干燥程度的增加，不断加大叠压面积，直至主脉和烟拐完全干燥为止。

（三）测定与调查方法

在烟草盛花期进行农艺性状调查，依据《烟草种质资源描述规范和数据标准》，选取30株烟株，测量其株高、茎围、有效叶片数和叶片长宽，每10株为1次重复，共3次重复。选取调制后的中部叶，按照标准YC/T 159—2002、YC/T 160—2002方法测定烟碱和总糖含量（质量分数）。

（四）数据处理

利用Excel、SAS9.2统计软件对试验数据进行聚类分析和灰色关联度分析。

计算公式：

数据无量纲化处理：

$$r'_{i(j)}\begin{cases}\dfrac{r_{i(j)}}{r_{\max}}\left(\text{适用于指标K1、K3~K9}\right)\\[2ex]\dfrac{r_{\min}}{r_{i(j)}}\left(\text{适用于指标K2}\right)\end{cases}\tag{1}$$

关联系数：

$$\varepsilon_{i(j)}=\frac{\min_i\min_j\left|r_{0(j)}-r_{i(j)}\right|+\rho\max_i\max_j\left|r_{0(j)}-r_{i(j)}\right|}{\left|r_{0(j)}-r_{i(j)}\right|+\rho\max_i\max_j\left|r_{0(j)}-r_{i(j)}\right|}\tag{2}$$

等权关联度：

$$\varepsilon_i=\sum_{j=1}^{m}\varepsilon_{i(j)}\tag{3}$$

加权关联度：

$$w_j=\frac{C_j}{\sum_{i=1}^{m}C_j}\tag{4}$$

$$\varepsilon'_i=\sum_{j=1}^{m}w_j\varepsilon_{i(j)}\tag{5}$$

式中：$r'_{i(j)}$为第i个种质的第j个指标无量纲化值；$r_{i(j)}$为第i个晒烟种质的第j个评价性状指标值（平均值）；$r_{\max}$为第j个评价指标的最大值，$r_{\min}$为第j个评价指标的最小值；K1～K9分别为烟碱含量、总糖含量、株高、茎围、有效叶数、上部叶面积、中部叶面积、下部叶面积和产量等性状指标；r_0为第j个评价指标的中间值；$\varepsilon_{i(j)}$为第i个种质第j个评价指标的关联系数；ρ为分辨系数，通常取值为0.5；$r_{0(j)}$为理想种质的第j个评价性状指值；ε_i为第i个种质的等权关联度；ε'_i为第i个种质的加权关联度；w_j为第j个评价性状的指标权重；m为评价性状指标数；C_j是第j项指标的变异系数。

二、结果与分析

(一)晒烟种质总糖和烟碱含量分析

根据瑞典火柴公司的研究，以及国内口含烟开发研究实践，口含烟原料烟叶烟碱含量要求在3.5%以上，优质原料烟叶烟碱含量在4.5%以上。用作口含烟的烟叶原料糖含量要求不能高于2%，若高于2%则烟粉易结块，影响加工和使用。由于口含烟使用方法不同于传统的抽吸方式，因此在筛选原料烟叶时本试验中不考虑总氮、氯和钾等与燃烧性能相关的化学成分指标。

根据表8-2和图8-1，结合国内外口含烟生产时对原料烟叶的要求，88份晒烟种质的烟碱和总糖含量状况表现，总体为烟碱含量适宜、总糖含量偏高。晒烟烟碱含量为1.45%～8.63%，平均含量为5.74%，其中烟碱含量大于3.5%的有78份种质，大于4.5%的有62份种质；晒烟总糖含量为1.51%～7.84%，平均为3.03%，低于2%的种质仅有6份。88份种质间烟碱和总糖含量的变异系数均较大，表明不同晒烟种质间烟碱和总糖含量的差异均较大。

表8-2　88份晒烟种质的烟碱和总糖含量分析

项目	最小值	最大值	平均值	标准差	变异系数（%）
烟碱	1.45	8.63	5.74	1.71	29.79
总糖	1.51	7.84	3.03	1.08	35.64

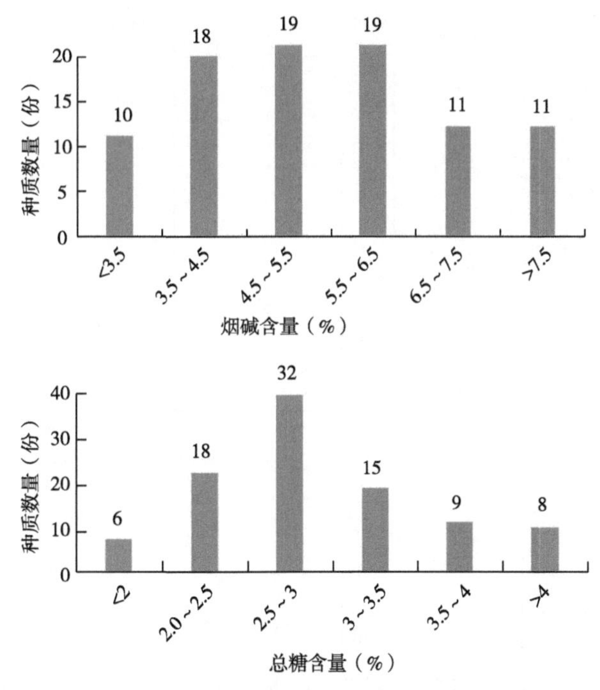

图8-1　88份晒烟种质的烟碱和总糖含量分布

(二)晒烟种质烟碱和总糖含量的聚类分析

根据晒烟的平均烟碱和总糖含量，对88份晒烟种质进行聚类分析，在欧式距离为2.0左右时将88份晒烟种质分为三大类（图8-2）。第一类晒烟种质有5份，第二类晒烟种质有32份，第三类晒烟种质有51份。

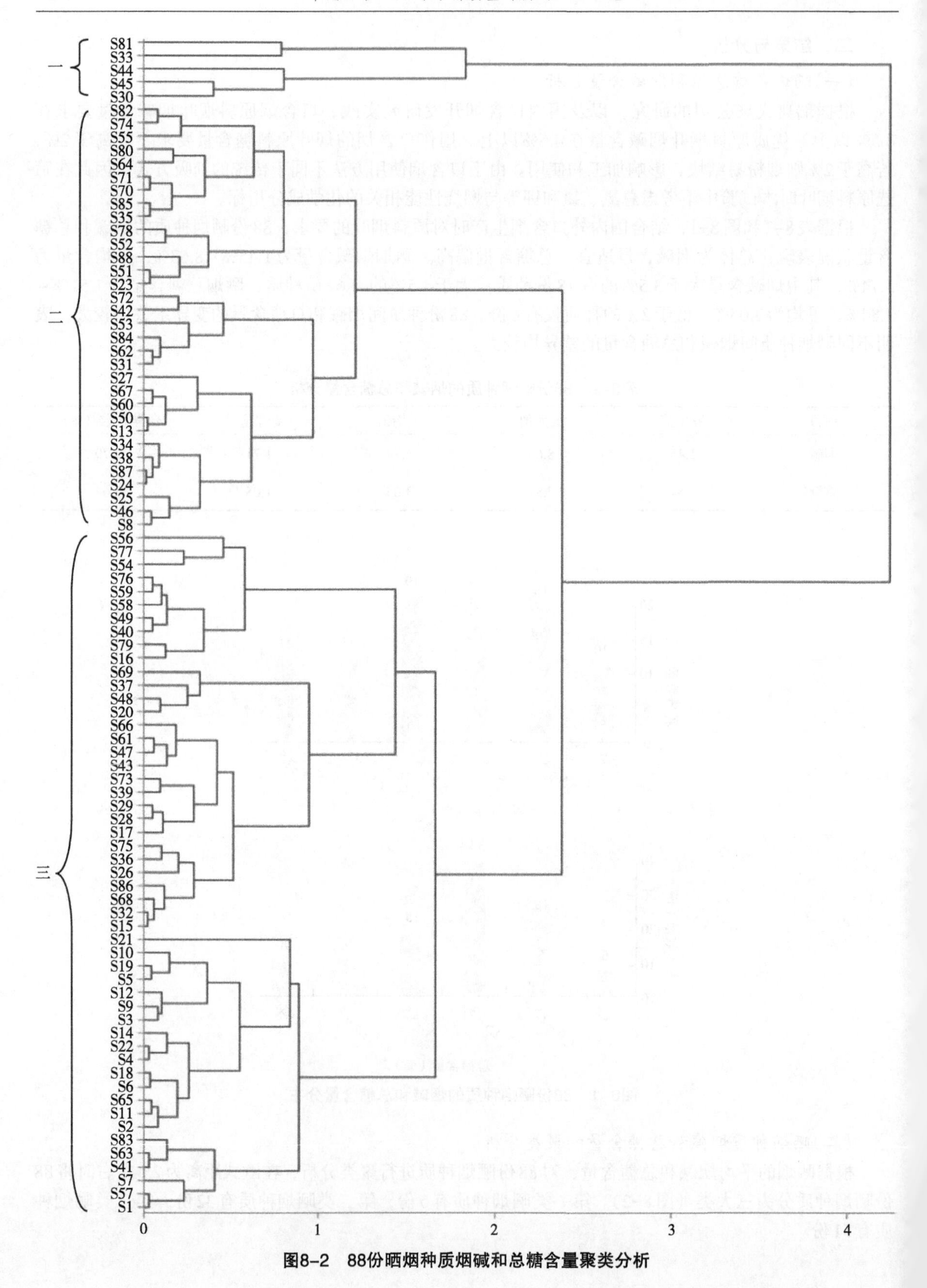

图8-2　88份晒烟种质烟碱和总糖含量聚类分析

表8-3　不同类别晒烟种质烟碱和总糖含量特征

类别	项目	最大值	最小值	平均值	标准差	变异系数
第一类	烟碱	3.40	1.45	2.61	0.72	0.28
	总糖	7.84	4.82	6.31	1.19	0.19
第二类	烟碱	5.33	2.48	4.09	0.73	0.18
	总糖	4.16	2.15	3.10	0.57	0.18
第三类	烟碱	8.63	4.80	6.43	1.05	0.16
	总糖	3.89	1.51	2.63	0.49	0.19

表8-3表明，三大类晒烟的特点分别为：第一类晒烟的烟碱含量低（平均含量2.61%），总糖含量高（平均含量6.31%）；第二类晒烟烟碱含量中等（平均含量4.09%），总糖含量中等（平均含量3.1%）；第三类晒烟，烟碱含量高（平均含量6.43%），总糖含量低（平均含量2.63%）。

根据口含烟对晒烟原料烟碱含量和总糖含量的要求，认为第三类晒烟烟碱和总糖含量优于其他两类。因此，对第三类的51份晒烟种质进行进一步筛选。51份晒烟种质为S1、S57、S7、S41、S63、S83、S2、S11、S65、S6、S18、S4、S22、S14、S3、S9、S12、S5、S19、S10、S21、S15、S32、S68、S86、S26、S36、S75、S17、S28、S29、S39、S73、S43、S47、S61、S66、S20、S48、S37、S69、S16、S79、S40、S49、S58、S59、S76、S54、S77、S56。

（三）晒烟种质农艺性状的聚类分析

对第三类51份晒烟种质进行农艺性状指标的聚类分析，在欧式距离1.7左右时，将51份晒烟种质又分成3类，第Ⅰ类有11份，第Ⅱ类有28份，第Ⅲ类有12份（图8-3）。

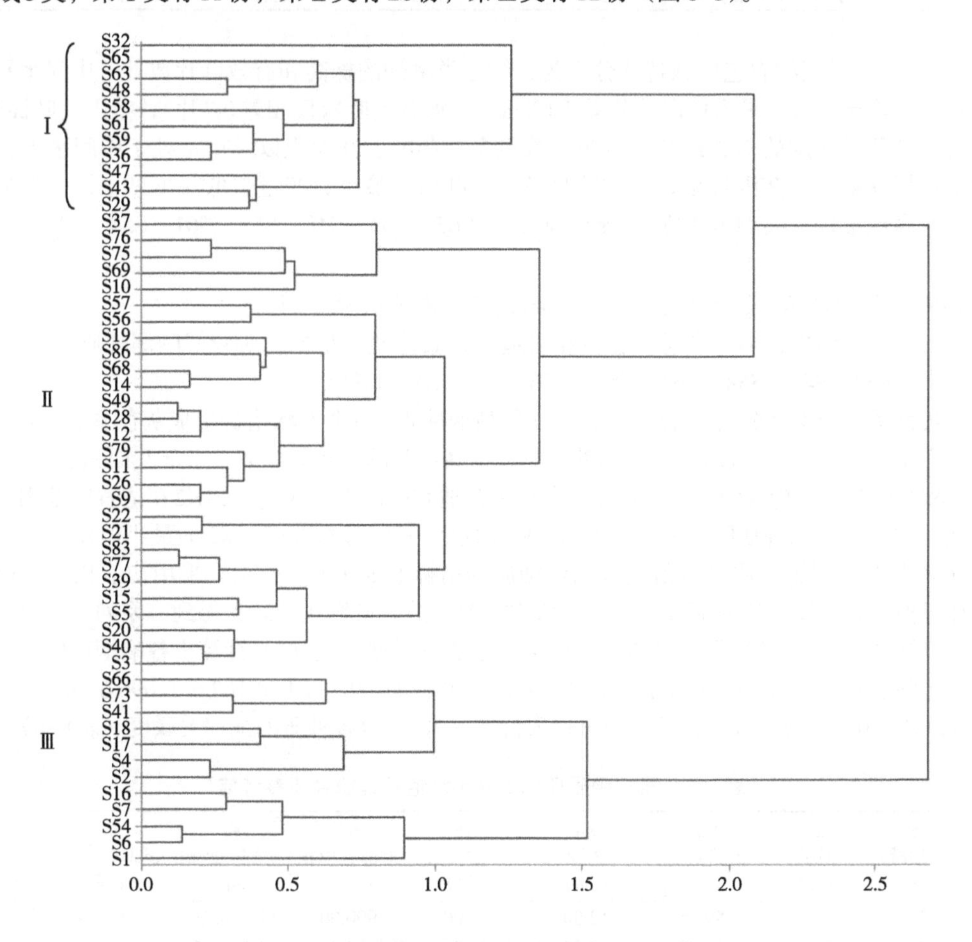

图8-3　晒烟种质的农艺性状指标聚类分析

表8-4 不同类别晒烟种质农艺性状特征

类别	项目	最大值	最小值	平均值	标准差	变异系数
第Ⅰ类	株高（cm）	159.56	103.89	132.41	16.89	0.13
	茎围（cm）	12.00	8.22	9.53	1.13	0.12
	有效叶数（片）	33.00	17.33	21.38	4.56	0.21
	上部叶面积（cm^2）	998.61	701.23	855.16	102.00	0.12
	中部叶面积（cm^2）	1 756.73	1 202.96	1 482.80	166.15	0.11
	下部叶面积（cm^2）	1 555.58	1 140.00	1 316.38	136.06	0.10
	产量（kg/hm^2）	1 923.60	1 111.17	1 533.80	207.83	0.14
第Ⅱ类	株高（cm）	179.33	101.56	136.59	20.15	0.15
	茎围（cm）	10.67	6.00	7.85	1.20	0.15
	有效叶数（片）	31.44	16.11	22.08	4.07	0.18
	上部叶面积（cm^2）	688.89	335.09	496.76	93.83	0.19
	中部叶面积（cm^2）	1 096.12	523.04	835.14	168.51	0.20
	下部叶面积（cm^2）	1 006.76	517.14	761.56	155.56	0.20
	产量（kg/hm^2）	2 310.00	350.00	1 017.13	468.24	0.46
第Ⅲ类	株高（cm）	126.17	67.67	91.66	20.43	0.22
	茎围（cm）	7.53	4.78	6.79	0.77	0.11
	有效叶数（片）	20.78	8.78	14.67	4.62	0.31
	上部叶面积（cm^2）	1 027.56	292.20	619.89	250.94	0.40
	中部叶面积（cm^2）	1 232.06	465.11	863.98	270.51	0.31
	下部叶面积（cm^2）	1 083.19	465.13	788.21	235.21	0.30
	产量（kg/hm^2）	2 205.00	407.33	873.03	453.11	0.52

根据表8-4，晒烟的农艺性状特征分别为：第Ⅰ类晒烟的株高和有效叶片数处于中间水平（但与第Ⅱ类晒烟的差异不大，平均株高仅相差4.18cm，平均有效叶数仅相差0.7片），茎围、叶面积最大，产量最高；第Ⅱ类晒烟的株高最高，有效叶数最多，茎围、叶面积以及产量处于中间水平；第Ⅲ类晒烟的晒烟烟株最矮，茎围最小，有效叶片最少，叶面积最小，产量最低。可见，第Ⅰ类晒烟种质的农艺性状表现最好，共11份种质，分别为S32、S65、S63、S48、S58、S61、S59、S36、S47、S43和S29。

（四）晒烟种质烟碱、总糖含量和农艺性状指标的灰色关联分析

根据聚类分析结果，烟碱和总糖含量相对适宜且农艺性状指标相对较好晒烟种质共11份，分别为S32、S65、S63、S48、S58、S61、S59、S36、S47、S43和S29。

根据灰色系统理论及分析方法的要求，11份晒烟种质的9个性状指标组成灰色系统，这9个性状指标编号为K1～K9分别为烟碱含量、总糖含量、株高、茎围、有效叶数、上部叶面积、中部叶面积、下部叶面积和产量。其中K1和K3～K9等8个指标在适宜范围内越大越好，K2在适宜的范围内越小越好。因此，在构造理想种质时，将K1和K3～K9的最大值作为参考值，K2的最小值作为参考值。理想种质命名为S0，理想种质参考值及各晒烟种质的指标值如表8-5所示。采用初值化法，运用公式（1）对理想种质参考值及各晒烟种质的指标值进行数据的无量纲化处理，得到一系列（0，1）范围内的数值。根据公式（2）计算得到参考种质的关联系数，根据公式（3）计算出各晒烟种质的等权关联度，根据公式（4）计算出各品指标的权重 w_j=（0.110 6 0.134 1 0.103 6 0.096 6 0.173 1 0.096 9 0.091 0 0.084 0 0.110 1），求得权重后即可代入公式（5）求得各种质的加权关联度（表8-6）。

表8-5 晒烟种质评价指标平均值及理想种质参考值

编号	K1 烟碱（%）	K2 总糖（%）	K3 株高（cm）	K4 茎围（cm）	K5 有效叶数（片）	K6 上部叶面积（cm^2）	K7 中部叶面积（cm^2）	K8 下部叶面积（cm^2）	K9 产量（kg/hm^2）
S0	7.73	2.28	159.56	12.00	33.00	990.00	1 756.73	1 555.58	1 923.60
S32	5.56	2.74	158.00	12.00	33.00	990.00	1 553.75	1 140.00	1 111.17

（续表）

编号	K1 烟碱 （%）	K2 总糖 （%）	K3 株高 （cm）	K4 茎围 （cm）	K5 有效叶数 （片）	K6 上部叶面积 （cm²）	K7 中部叶面积 （cm²）	K8 下部叶面积 （cm²）	K9 产量 （kg/hm²）
S65	7.73	2.43	132.94	10.89	17.33	761.00	1 756.73	1 397.06	1 923.60
S63	6.76	2.66	132.58	9.75	20.08	988.56	1 744.19	1 510.79	1 705.37
S48	6.37	3.89	134.11	9.06	22.44	916.79	1 530.84	1 555.58	1 575.00
S58	5.66	2.26	159.56	9.44	18.11	815.59	1 202.96	1 266.93	1 506.06
S61	5.16	2.74	140.33	8.69	19.00	998.61	1 440.49	1 185.59	1 666.00
S59	5.40	2.28	122.78	8.22	17.89	801.88	1 343.35	1 252.30	1 441.67
S36	6.14	2.65	137.11	8.72	17.78	825.48	1 486.11	1 202.94	1 578.30
S47	5.27	2.67	113.78	10.33	22.00	787.04	1 493.83	1 339.33	1 480.12
S43	5.16	2.52	103.89	8.89	23.89	820.62	1 333.33	1 402.72	1 546.88
S29	5.52	3.04	121.44	8.83	23.67	701.23	1 425.17	1 226.99	1 337.67

表8-6数据显示，各晒烟种质的等权关联度的排序为S32>S65>S63>S58>S48>S61>S36>S47>S43>S59>S29，加权关联度的排序依次为S32>S65>S63>S58>S48>S61>S59>S43>S36>S47>S29。经过加权以后，有4份种质的关联度排名发生变化，这4份种质分别为S59、S36、S47和S43，但名次变化幅度不大，排在前6位和最后1位的种质没有发生变化。最终将11份晒烟种质的加权关联度排名作为评价结果，认为S32的综合性状表现最好，其次是S65和S63，S29的综合性状表现较差。

表8-6　晒烟种质的综合评价

编号	等权关联度	排序	加权关联度	排序
S32	6.462 0	1	0.730 9	1
S65	6.611 7	2	0.710 5	2
S63	6.285 2	3	0.665 0	3
S58	5.418 9	4	0.598 7	4
S48	5.411 3	5	0.572 8	5
S61	5.184 2	6	0.559 8	6
S36	4.851 0	7	0.527 7	9
S47	4.813 4	8	0.524 3	10
S43	4.781 6	9	0.528 0	8
S59	4.767 8	10	0.529 6	7
S29	4.330 3	11	0.477 3	11

三、结论

根据烟碱和总糖含量对88份晒烟种质进行了聚类分析，在欧式距离为2.0左右时将88份晒烟种质分成三大类。第一类晒烟的烟碱和总糖含量相对适宜，相对最适宜用作口含烟原料，共有51份种质；第二类晒烟用作口含烟原料的适应性稍差，共有32份种质；第三类晒烟用作口含烟原料的适应性最差，有5份种质。通过对烟碱和总糖含量相对适宜的51份晒烟种质农艺性状的聚类分析发现，在欧式距离为1.7左右时又将51份种质分为3类。第Ⅰ类农艺性状表现最优，有11份种质；第Ⅱ类农艺性状居中，有28份种质；第Ⅲ类的农艺性状表现最差，有12份种质。通过对第Ⅰ类11份晒烟种质进行灰色关联度分析，得到11份种质的综合评价结果排序依次为S32>S65>S63>S58>S48>S61>S36>S47>S43>S59>S29。因此，优质晒烟种质为S32，其次是S65和S63。

第二节　施氮量对晒红烟质量影响

氮肥在烟草生长和发育中具有重要的作用。合理的氮肥施用量不但可以促进烟草正常生长发育，而且对烟叶产质量的提高也具有明显的促进作用。氮肥施用量过多、过少均会对烟株的生长、烟叶的产量和品质造成不利影响。过量施用氮肥，不仅会造成资源的巨大浪费，而且还会造成严重的环境污染。因此，研究烟草合适的氮肥施用量，对提高烟叶产质量、经济效益及降低环境污染具有十分重要的意义。

氮肥施用量对烟叶的影响与植烟土壤、环境以及品种特性关系密切。贺凌霄等研究表明，在豫南烟区，豫烟6号以45.0kg/hm²氮肥施用量烟株生长发育、主要经济性状、化学成分和感官质量方面的综合表现最优。彭桃军等研究发现，在各处理中，氮肥施用量为121kg/hm²的处理，成熟期落黄好，烟叶化学成分较协调。张鹏举等研究表明，在湖南龙山县，K326氮肥施用量为97.5kg/hm²较为适宜，烟叶产量高、品质好，且上等烟比例高。彭莹研究发现，当K326施氮量为98.25kg/hm²时，烟草长势最好，经济效益最高，是该品种的最佳施肥量。目前，关于氮肥施用量对烤烟产质的影响研究较多，而针对口含烟原料，氮肥施用量对晒红烟产质影响的研究鲜见报道。为此，我们以山东地方晒红烟品种小香叶和柳叶尖为试验材料，探究其在山东植烟区的最佳施氮量，以期为晒烟生产的减肥降本、增产提质增效以及口含烟原料的生产提供技术参考。

一、材料与方法

(一)参试品种

2个：①小香叶；②柳叶尖。

(二)施氮量

设5个水平（表8-7）：本试验的小区数量共计为24个（=4个处理×3次重复×2个品种）。

每处理8行，每行27m，行距为100cm，株距为45cm。每行分为2段，每段13m，一段种植黑烟，另一段种植柳叶尖。每处理设3次重复，每重复种植70～80株。

表8-7 不同处理施肥量及NPK比例

处理	实际NPK/（kg/hm²）			NPK 比例		
	N	P_2O_5	K_2O	N	P_2O_5	K_2O
T1	391.50	216.00	232.50	1	0.6	0.6
T2	259.50	145.50	157.50	1	0.6	0.6
T3	160.50	90.00	97.50	1	0.6	0.6
T4	81.00	45.00	48.00	1	0.6	0.6
T5	51.00	30.00	31.50	1	0.6	0.6

(三)其他栽培措施

1. 移栽密度，参照当地常规移栽密度（19 500株/hm²）。
2. 基肥的施肥方式：建议采取“窝施”的方式（尽量不要采取“条施”的方式）。
3. 其他按照当地原有技术实施。

(四)烟叶样品制取

按试验要求制取烟叶样品。取样时，只需要剔除“副组烟叶”即可（无需细分烟叶等级）；每份烟叶样品2kg。

二、结果与分析

(一)不同施氮量对晒红烟农艺性状的影响

小香叶：T2烟株株高最高，为65.87cm，其次为T4，T1最低，为49.93cm，T1与T2两者株高差距较大；节距以T3最长，其次为T2、T5，T1最短；茎围以T4最粗，其次为T5、T3，T1最细；有效叶片数以T2最多，T5最少；上二棚叶片长、宽以T2最长，T3最宽，T2叶面积最大，其次为T3，T5最小；腰叶叶面积以T3最大，其次为T2，T1最小；下二棚叶面积T3最大，其次为T4，T1最小。综上可见，试验处理农艺性状以T2、T3为最佳，两处理有效叶片数较多，且叶片较大（表8-8）。

表8-8　肥料试验平顶期农艺性状调查（小香叶）

处理	株高（cm）	节距（cm）	茎围（cm）	有效叶（片）	上二棚		腰叶		下二棚	
					长（cm）	宽（cm）	长（cm）	宽（cm）	长（cm）	宽（cm）
T1	49.93	13.53	7.43	16.40	41.87	22.33	47.00	24.67	37.47	22.40
T2	65.87	17.20	7.87	17.73	48.13	25.20	54.93	28.07	40.93	24.27
T3	60.53	17.60	8.07	16.33	46.67	25.73	55.73	30.13	45.93	27.27
T4	61.13	15.53	8.53	16.20	44.20	21.80	50.93	27.00	42.33	25.40
T5	57.93	17.13	8.13	15.27	40.20	21.00	48.60	24.93	43.40	22.73

柳叶尖：T2烟株株高最高，为83.80cm，其次为T3，T1最低，为60.00cm，T1与T2两者株高差距较大；节距以T2最长，其次为T3，T1最短；茎围以T4最粗，其次为T3、T2，T5最细；有效叶片数以T1、T4最多，T5最少；上二棚叶面积T3最大，其次为T2，T1最小；腰叶叶面积以T3最大，其次为T2，T1最小；下二棚叶面积T3最大，其次为T2，T1最小。综上可见，试验处理农艺性状以T2、T3为最佳，两处理有效叶片数较多，且叶片较大（表8-9）。

综合认为：小香叶与柳叶尖两个品种的不同施肥量试验，均以T2、T3两个处理农艺性状表现最优。初步认为适宜的施氮量为150～300kg/hm^2。

表8-9　肥料试验平顶期农艺性状调查（柳叶尖）

处理	株高（cm）	节距（cm）	茎围（cm）	有效叶（片）	上二棚		腰叶		下二棚	
					长（cm）	宽（cm）	长（cm）	宽（cm）	长（cm）	宽（cm）
T1	60.00	21.20	7.53	14.27	43.33	21.73	49.53	25.00	40.73	23.20
T2	83.80	29.80	9.10	14.00	56.40	29.60	62.53	33.53	51.53	31.53
T3	77.53	29.00	9.20	14.20	57.67	30.73	64.27	33.40	52.60	32.07
T4	75.73	27.20	9.60	14.27	51.27	26.20	60.07	32.00	48.73	30.07
T5	71.33	25.60	9.00	13.33	48.27	24.27	55.20	29.20	45.87	28.47

（二）不同施氮量对晒红烟产量的影响

小香叶及柳叶尖两个品种的不同施氮量试验，各处理的晒红烟产量均以T2、T3表现最好。较高（N>300kg/hm^2）与较低（N<150kg/hm^2）的施氮量均会造成晒红烟的产量降低（表8-10）。

表8-10　不同处理单位面积产量　（kg/亩）

处理	小香叶	柳叶尖
T1	56.63	84.78
T2	129.97	172.51
T3	119.66	179.93
T4	91.59	143.29
T5	76.62	116.13

（三）不同施氮量对晒红烟常规化学成分的影响

柳叶尖：柳叶尖常规化学成分含量见表8-11，各处理上部叶烟碱含量以T3、T1最高，其次为T2，T5最低；总糖含量T4最高，其次为T5，T1最低；挥发碱以T1最高，其次为T2、T3，T5最低；总氮T1最高，其次为T2、T3，T5最低；总钾含量T3最高，其次为T2，T1最低；总氯含量T3最高，其次为T5、T4，T1最低。

表8-11 不同处理烟叶常规化学成分（柳叶尖）

处理	部位	烟碱（%）	总糖（%）	挥发碱（%）	总氮（%）	总钾（%）	总氯（%）
T1	上	5.95	3.26	1.02	4.96	1.66	0.54
	中	5.76	2.75	0.88	4.25	1.77	0.35
T2	上	5.36	4.60	0.95	4.58	2.31	0.58
	中	5.32	3.39	0.83	3.68	2.62	0.49
T3	上	5.98	4.08	0.94	4.57	2.42	0.69
	中	5.26	3.56	0.90	4.37	2.20	0.54
T4	上	4.81	5.66	0.87	4.18	2.06	0.63
	中	5.43	4.32	0.91	4.49	1.78	0.56
T5	上	4.61	5.11	0.76	3.88	2.09	0.64
	中	5.20	3.85	0.70	3.57	1.76	0.67

各处理中部叶烟碱含量以T1最高，其他各处理烟碱含量相差较小；总糖含量以T4最高，T1最低；挥发碱含量T4、T3最高，其次为T1，T5最低；总氮含量T4最高，T5最低；总钾含量T2最高，其次为T3，T5最低；总氯含量T5最高，其次为T4、T3，T1最低。

根据以上分析，增加施氮量，柳叶尖烟碱、挥发碱和总氮含量表现为增加趋势，但增加的幅度较小；总糖含量表现为减少趋势，减少幅度也较小。

小香叶：小香叶常规化学成分含量见表8-12，各处理上部叶烟碱含量以T2、T3最高，其次为T1，T5最低；总糖含量T5最高，其次为T4，T1最低；挥发碱以T2最高，其次为T1、T4，T5最低；总氮T1最高，其次为T2、T3，T5最低；总钾含量T2最高，其他处理相差较小；总氯含量T5最高，其次为T4，T1最低。

各处理中部叶烟碱含量以T2最高，其次为T3，T5最低；总糖含量以T3最高，T1最低；挥发碱含量T1最高，其次为T2，T3最低；总氮含量T1最高，T3最低；总钾含量T4最高，其次为T3、T5，T1最低；总氯含量T4最高，T1最低。其他处理相差较小，

根据以上分析，增加施氮量，小香叶烟碱、挥发碱和总氮含量表现为增加趋势，但增加的幅度较小；总糖含量表现为减少趋势，减少幅度也较小；施氮量达到390kg/hm²时，小香叶烟碱、挥发碱和总氮含量出现下降现象。

表8-12 不同处理烟叶常规化学成分（小香叶）

处理	部位	烟碱（%）	总糖（%）	挥发碱（%）	总氮（%）	总钾（%）	总氯（%）
T1	上	6.47	1.62	0.97	5.17	2.05	0.75
	中	5.43	2.64	0.96	4.67	1.64	0.59
T2	上	7.09	2.46	1.05	4.98	2.36	0.78
	中	6.53	3.35	0.87	4.25	2.05	0.62
T3	上	6.82	2.63	0.91	4.75	2.03	0.92
	中	5.65	4.97	0.78	3.90	2.13	0.60
T4	上	6.31	2.77	0.95	4.56	2.03	1.13
	中	5.43	4.94	0.79	3.95	2.35	1.03
T5	上	6.09	3.58	0.82	4.48	1.99	1.21
	中	5.15	3.26	0.83	4.23	2.13	0.69

三、结论

综上所述，较高（N>300kg/hm²）的施氮量会影响烟株的农艺性状表现，降低烟田产量；160.5kg/hm²

和259.5kg/hm²两个处理的经济性状最高，但施氮量增施为259.5kg/hm²时，单位面积产量增加有限，烟叶的常规化学成分变化也较小。因此，初步认为，小香叶和柳叶尖最优的施氮量为160.5kg/hm²；但最终适宜施氮量的确定，需结合当年降水量及土壤类型、质地等生态条件。

第三节　基于口含烟原料的晒红烟调制方式研究（1）

口含烟作为一种烟草制品，其核心材料是烟草叶片，占配方的45%～50%，包括烟丝、烟草碎片、烟草颗粒和烟末等或烟草中的关键成分提取物（如烟碱、香味物质等）。用于口含烟配方中的烟草主要是晾晒烟及少数烟碱含量较高的明火烤烟。我国的晾晒烟资源丰富，其中晒红烟是种植历史最长、分布最广、种植面积最大的晾晒烟类型，其特点为烟碱含量较高、总糖含量较低（相对于烤烟而言）。在我国，晒红烟主要用作雪茄烟茄套和茄芯原料，以及混合型卷烟、优质旱烟丝和嚼烟，关于晒红烟用作口含烟原料的研究尚未见报道。根据瑞典火柴公司的研究以及实际生产经验，因口含烟生产加工过程中烟碱有部分损失，所以烟叶原料中烟碱含量以较高为宜；总糖含量则以较低为宜，否则烟粉易结块；挥发碱在口含烟中易导致不愉悦的氨臭味，因此其含量应较低为宜。晒红烟具有烟碱含量高、总糖含量较低的特点，是比较理想的口含烟原料。

烟草化学成分含量是决定烟草品质的重要因素，起主导作用的化学成分直接影响烟制品的质量。晒红烟的化学成分含量受多种因素的影响，其中调制方法就是一个重要的影响因素。晒红烟传统的调制方式主要有折晒、索晒、捂晒、半捂半晒等，除传统的晒制方法外，前人也探索了一些新方法，如热风循环干燥和近红外线干燥、晾晒结合、大棚晒制、晾房内晾制等，这些调制方法均能不同程度地改善晒红烟用于传统卷烟的适应性，但均未涉及其用作口含烟原料的适应性。鉴于此，我们拟在原有的调制方法的基础上，采用新的方法对沂水晒红烟进行一系列的调制试验，比较不同调制方式对其主要化学成分的影响，探寻出适合口含烟的调制方式。

一、材料与方法

（一）试验材料

1. 烟叶原料

试验品种：沂水当地的主栽品种小香叶。

种植地点：山东省临沂市沂水县高庄镇五台官庄村。

选择长势正常、生长一致的烟株，烟叶成熟后，分别采收上部叶和中部叶进行调制试验。

2. 试验设备

沂水县高庄镇五台官庄村当地烤房；美的M1-211A/201A/MM721NG1-PS微波炉。

（二）试验设计

比较上部烟叶及中部烟叶两个水平的烟叶部位和13个水平的调制处理方式对烟碱、总糖及挥发碱含量的影响。采用双因素无重复方差分析，不同调制处理方式见表8-13。

其中，T1～T5为晒烤结合的调制工艺，T6、T7为棚内晒制工艺，T8～T11为切丝烘干的调制工艺，T12为微波调制工艺。

表8-13　不同调制处理方式

处理	处理方式
T1	用烤烟干筋期的温度直接烤干
T2	按照当地晒制方式进行到凋萎出现黄片后，直接进入干筋期烤干
T3	按照当地晒制方式进行到烟叶由黄片变成褐色以后，不再进行吃露变红，用烤烟干筋期的温度烤干
T4	按照当地晒制方式进行到烟叶由黄片变成褐色以后，采取补水措施，让烟叶保持比正常湿度高的环境下继续变红，烟叶颜色达到要求后，用烤烟干筋期的温度烤干

（续表）

处理	处理方式
T5	按照当地晒制方式进行到烟叶由黄片变成褐色以后，让烟叶保持比正常湿度低的环境下继续变红，烟叶颜色达到要求后，用烤烟干筋期的温度烤干（在地上铺上稻草，掌握湿度高于或低于常规湿度的15%左右，湿度偏低时，在稻草上洒水，湿度偏高时铺上一层干稻草）
T6	先用绳索捆扎烟叶叶柄后，上架于遮阴棚内（棚的四周用塑料薄膜围起来）在棚内将烟叶晾干
T7	先用绳索捆扎烟叶叶柄后，上架于阴凉处（搭建小的遮阴棚，棚的四周不用塑料薄膜围起来）利用自然温湿度变化将烟叶晾干
T8	采收鲜烟叶、切丝、萎蔫（室内室温失水）、干燥（85℃，30min，烘干）
T9	采收鲜烟叶、切丝、揉捻、发酵（湿度95%，温度25℃，6h）、干燥（85℃，30min，烘干）
T10	鲜烟叶捂黄、切丝、萎蔫（室内室温失水）、干燥（85℃，30min，烘干）
T11	鲜烟叶捂黄、切丝、揉捻、发酵（湿度95%，温度25℃，6h）、干燥（85℃，30min，烘干）
T12	微波辐射8min，确保烟叶经过一定时间的微波辐射后，含水率降至15%左右
CK	沂水当地晒红烟调制处理方式

(三)取样

按照不同的处理，将调制后的烟叶去除“青杂烟叶”后，每份烟叶取1.5kg，烘干，磨粉。

(四)测定项目及方法

按照YC/T159—2002、YC/T160—2002、YC/T1592—2002、YC/T161—2002、YC/T217—2007、YC/T162—2002提供的方法测定烟叶中总糖、烟碱和挥发碱的含量。

(五)数据处理

所有数据采用Excel进行整理，用SPSS进行数据分析。

二、结果与分析

(一)不同调制方法对烟叶主要化学成分的影响

由表8-14可知，与CK样对比，T1、T2、T3、T6、T7、T10、T11使烟碱的含量升高，总糖及挥发碱含量下降，其中T6总糖的含量下降程度较高；T4使烟碱及挥发碱含量下降，总糖含量升高；T5使烟碱及总糖含量下降，而挥发碱含量升高；T8、T9、T12使烟碱、总糖、挥发碱三者含量均下降。不同烟叶部位的变化幅度不同，但在相同调制处理方式下变化趋势相同。

表8-14 不同调制方法下烟叶的烟碱、总糖及挥发性碱含量及变化

烟叶部位	处理方式	处理	烟碱含量(%)	总糖含量(%)	挥发性碱含量(%)	烟碱含量变化(%)	总糖含量变化(%)	挥发碱含量变化(%)
上部烟叶	晒烤结合	T1	7.5	4.66	0.67	16.46	−11.24	−20.24
		T2	8.08	4.11	0.72	25.47	−21.71	−14.29
		T3	7.69	4.24	0.82	19.41	−19.24	−2.38
		T4	5.04	5.86	0.79	−21.74	11.62	−5.95
		T5	6.39	4.67	0.87	−0.78	−11.05	3.57
	棚内晒制	T6	7.92	1.75	0.82	22.98	−66.67	−2.38
		T7	6.76	4.08	0.77	4.97	−22.29	−8.33
	切丝烘干	T8	5.61	4.37	0.59	−12.89	−16.76	−29.76
		T9	5.92	4.85	0.65	−8.07	−7.62	−22.62
		T10	7.07	3.63	0.81	9.78	−30.86	−3.57
		T11	7.05	4.07	0.82	9.47	−22.48	−2.38
	微波调制	T12	6.19	4.62	0.66	−3.88	−12.00	−21.43
	CK	CK	6.44	5.25	0.84	—	—	—

（续表）

烟叶部位	处理方式	处理	烟碱含量（%）	总糖含量（%）	挥发性碱含量（%）	烟碱含量变化（%）	总糖含量变化（%）	挥发碱含量变化（%）
中部烟叶	晒烤结合	T1	7.04	3.54	0.61	14.85	-11.28	-28.24
		T2	7.25	3.34	0.67	18.27	-16.29	-21.18
		T3	7.45	3.9	0.7	21.53	-2.26	-17.65
		T4	4.63	5.02	0.67	-24.47	25.81	-21.18
	棚内晒制	T5	5.53	3.49	0.91	-9.79	-12.53	7.06
		T6	6.23	1.92	0.77	1.63	-51.88	-9.41
		T7	6.38	2.12	0.84	4.08	-46.87	-1.18
		T8	5.41	3.36	0.68	-11.75	-15.54	-20.00
	切丝烘干	T9	5.7	3.6	0.69	-7.01	-9.55	-18.82
		T10	6.59	3.74	0.83	7.50	-6.27	-2.35
	微波调制	T11	6.64	3.87	0.82	8.32	-2.76	-3.53
		T12	6.01	3.48	0.7	-1.96	-12.78	-17.65
	CK	CK	6.13	3.99	0.85	—	—	—

（二）双因素无重复方差分析结果

分别以烟碱、总糖及挥发碱含量作为因变量，进行双因素无重复方差分析，以0.05为显著性水平。分析结果如表8-15所示。

如表8-15至表8-17所示，校正模型进行的是整个方差分析模型的检验，其原假设为模型中的烟叶部位、调制处理方式对烟碱、总糖及挥发碱含量无影响，所有的系数均为0，可以看出该检验的P值远小于0.05，即此方差模型有统计学意义，表明烟叶部位、调制处理方式中至少有一个因素对烟碱、总糖及挥发碱含量产生了影响。

表8-15以烟碱含量作为因变量，可知烟叶部位及调制处理方式对烟碱含量具有显著影响；表8-16以总糖含量作为因变量，可知烟叶部位及调制处理方式对总糖含量具有显著影响；表8-17以挥发碱含量作为因变量，可知烟叶部位对挥发碱含量无影响，调制处理方式对挥发碱含量有显著影响。

表8-15　烟叶部位及调制处理方式对烟碱含量的影响

源	Ⅲ类平方和	自由度	均方	F	显著性
修正模型	18.476[a]	13	1.421	16.562	0
截距	1 093.955	1	1 093.955	12 748.341	0
处理	16.765	12	1.397	16.281	0
部位	1.711	1	1.711	19.940	0.001
误差	1.030	12	0.086		
总计	1 113.460	26			
修正后总计	19.506	25			

R^2=0.947（调整后R^2=0.890）

表8-16　烟叶部位及调制处理方式对总糖含量的影响

源	Ⅲ类平方和	自由度	均方	F	显著性
修正模型	20.690[a]	13	1.592	8.493	0
截距	396.475	1	396.475	2 115.660	0
处理	16.213	12	1.351	7.209	0.001
部位	4.478	1	4.478	23.895	0

（续表）

源	III类平方和	自由度	均方	F	显著性
误差	2.249	12	0.187		
总计	419.414	26			
修正后总计	22.939	25			
R^2=0.902（调整后R^2=0.796）					

表8-17　烟叶部位及调制处理方式对挥发碱含量的影响

源	III类平方和	自由度	均方	F	显著性
修正模型	0.167[a]	13	0.013	5.610	0.003
截距	14.730	1	14.730	6 418.741	0
处理	0.167	12	0.014	6.066	0.002
部位	0	1	0	0.136	0.719
误差	0.028	12	0.002		
总计	14.925	26			
修正后总计	0.195	25			
R^2=0.859（调整后R^2=0.706）					

（三）讨论

根据瑞典火柴公司的研究以及实际生产经验，口含烟原料烟叶中烟碱的含量需要在3.5%以上，优质原料烟叶的烟碱含量应在4.5%以上；总糖含量应低于2%，否则烟粉易结块，影响加工和使用；挥发性碱含量越低越好，挥发性碱在口含烟中易产生氨臭味，影响使用。

晒烤结合调制处理方式中，与传统的调制方式相比，烟叶经过部分晒制阶段，或未经过晒制阶段，然后利用烤烟干筋期的温度（65℃）烤干，缩短了烟叶的调制时间。未经过晒制处理直接烘烤的调制方式的特点是温度高，失水快，在此过程中，由于温度的突然升高，叶片的呼吸作用会急剧增强，干物质的消耗增多，因此总糖含量会降低，烟碱含量相对增多。晒制变黄或者定色期后而未经过变红阶段的烟叶与直接烤干的烟叶主要化学成分含量的变化相似。高湿下变红的烟叶，烟碱含量降低，总糖含量增加，这是因为湿度高时淀粉酶的活性较高，淀粉分解速率大于呼吸消耗的速率，即总糖的消耗大于生成。低湿条件下变红的烟叶，总糖含量降低，总糖含量的降低可能是因为呼吸消耗。挥发性碱的含量变化可能是由于该类物质在调制过程中其他物质的降解；总氮含量减少可能是由于温度较高，蛋白质发生分解，也可能是烟叶其他化学成分含量减少而相对增加。

在棚内晾制的调制处理方式中，相较于传统的调制方法，其湿度条件更加恒定，温度较高，没有吃露的过程。由于棚内温度较高，因此烟叶的呼吸作用较强，糖类物质消耗较多，所以总糖含量降低，烟碱的含量相对增加。

在切丝烘干的调制处理方式中，经过捂黄处理的烟叶烟碱含量增加，总糖含量降低，可能是因为在捂黄阶段烟叶会进行呼吸作用，消耗总糖的含量，而使得烟碱含量相对增加。未经捂黄处理直接切丝的烟叶相较于传统调制的烟叶的烟碱含量降低，总糖含量增加，挥发性碱的含量降低，可能与切丝后调制时间大幅缩短，从而导致呼吸作用减弱，使得总糖的含量消耗减少。

在微波调制方式中，微波加热可迅速使烟叶升温，短时间就可以使烟叶水分降低，使酶的活性迅速钝化，短时间内失活。和传统的调制方式相比，烟叶在调制过程中的各种代谢活动会受到抑制，即物质的分解和合成都相对减少。

我们发现，晒红烟调制的过程中，前期变黄的阶段至关重要，在萎蔫变黄的过程中，烟叶的烟碱含量增加，总糖含量降低，挥发碱含量降低，使烟叶更加符合口含烟的工业加工要求。因此在调制的过程中，可以采取捂黄的方式，缩短烟叶的变黄时间，待烟叶变黄以后，可直接进行烤干，缩短烟叶的失水变干时间，进而缩短烟叶的调制周期。即采用捂烤结合的方式，不仅可以使晒红烟更加适宜用作口含烟原料，还可以提高效率，减轻劳动强度；也可以在大棚内控制温湿度相对室外较高的情况下对烟叶进行晾制。

（四）结论

通过改变晒红烟的调制方式，可以显著改变烟叶中烟碱、总糖以及挥发碱的含量。在调制工艺中，需注重烟叶前期变黄阶段，该过程的调制是使烟叶烟碱含量增加，总糖及挥发碱含量降低的主要过程。根据口含烟生产的需求，初步认为，棚内封闭晾制烟叶的烟碱高于4.5%、总糖含量低于2%且挥发性碱含量较低。因此，棚内封闭晾制的调制方式，可用于调制口含烟生产所需要的晒红烟。具体调制方式：先用绳索捆扎烟叶叶柄后，上架于遮阴棚内（棚的四周用塑料薄膜围起来）在棚内将烟叶晾干。

另外，基于晒红烟原料的棚内晒制工艺最适宜的温湿度以及相同调制工艺下烟叶不同成分之间的相关关系还需进一步的研究。

第四节　基于口含烟原料的晒红烟调制方式研究（2）

口含烟是一种重要的无烟气烟草制品，目前市场上的口含烟主要有三类：瑞典口含烟（Snus）、美国口含烟（Moist snuff）和含化烟草，其核心材料依然是烟草叶片，主要烟叶原料包括晾烟、晒烟及少量烤烟。其制作需要经过晾/晒干、烟熏/醇化、混合、研磨等复杂的工序，因此所选用的原料烟叶需经受得住繁琐的制作过程，其特点是外观宽厚且烟碱含量高，但总糖含量则以较低为宜，否则烟粉易结块，因此调制出烟碱含量高、总糖含量较低的烟叶是理想的口含烟原料。

调制后的烟叶化学成分受多种因素的影响，起主导作用的依然是烟草品种的特性，另外，调制方法是影响烟叶化学成分的另一重要因素。目前，晾晒烟生产上主要采用晒和晾的调制方法。其中，晒红烟的调制方法主要有索晒、捂晒、折晒、半捂等，除传统的晒制方法外，前人为满足不同的工业需要，也探索了一些新方法，如晾晒结合、晾房内晾制以及热风循环干燥、近红外线干燥等，这些调制方法均能不同程度地满足企业卷烟的应用，但均未涉及其用作口含烟原料的适用性。鉴于此，我们在前期研究的基础上，系统比较了烘干、微波、绿茶式炒干、红茶式炒干以及晒制等5种不同调制方式对烟叶主要化学成分的影响，制定出适用于口含烟调制的技术指标。

一、材料与方法

（一）品种

大白筋599（B7）、五峰白洋筋（B5）、小样尖叶（S24）以及盘县红花大黑烟（S32）等4个品种。

（二）试验设计

分别对4个品种的上部叶、中部叶进行烘干、微波、绿茶式炒以及红茶式炒、晒制等5个处理。另外，对大白筋599按当地烘烤方式进行烘烤。

处理1烘箱烘干：105℃杀青30min，65℃烘干。

处理2微波：烟叶划去主脉，微波炉12min左右直至干燥。

处理3绿茶式：烟叶划去主脉，叶片切丝，太阳底下萎蔫2～3h，晒后烟含水量40%～60%，用铁锅在文火上炒，铁锅温度80～300℃，烟叶温度50～100℃，直至干燥。

处理4红茶式：烟叶划去主脉，叶片切丝，太阳底下萎蔫2～3h，晒后烟含水量40%～60%，揉搓，把汁水搓出来，手握不散团，30～50℃塑料袋密封发酵2～3h，用铁锅在文火上炒，铁锅温度80～300℃，烟叶温度50～100℃，直至干燥。

处理5晒制：按照晾晒烟采收标准，按自下而上采收在打顶后2～3d采收下部烟叶，中部叶在打顶后5～7d采收，上部叶在打顶后10～15d采收。采收结束后，按照烤烟编烟方法进行编杆。按当地调制方法进行晾晒。

大白筋599烘烤调制：按“八点式”烘烤工艺进行。

(三)烟叶样品制取

按试验处理，留取烟叶样品。取样时，只需要剔除“副组烟叶”即可（无需细分烟叶等级）；每份烟叶样品1.5kg。

(四)烟叶样品检测

近红外光谱法测定常规化学成分。

二、结果与分析

(一)不同调制方式烟叶主要化学成分变异范围

从表8-18看出，不同调制方式烟叶中主要化学成分存在较大变异，尤其是氯离子含量，其次是钾含量，总氮变异较小，这可能与近红外预测模型有较大关系。

根据研究结果同品种同部位不同调制方式，其烟碱含量差异达1.84倍，总糖差异达1.96倍，说明不同的调制方式对提高或降低烟碱和总糖含量效果显著。4个调制方式烟碱含量均比常规调制方式有所提高，但在提高烟碱的同时，总糖含量也有所提高。

表8-18 不同调制方式烟叶中主要化学成分的变异系数

	烟碱（%）	总糖（%）	挥发碱（%）	总氮（%）	钾（%）	氯（%）
红茶	18.81	22.48	14.10	5.02	41.09	95.26
绿茶	30.46	16.85	12.92	9.47	73.67	46.73
微波	24.05	14.73	4.77	7.41	27.18	68.85
杀青	24.08	19.45	12.59	9.53	33.35	81.22
常规	31.58	38.75	35.41	11.21	28.49	68.08

(二)不同调制方式对烟叶主要化学成分含量的影响

由表8-19看出，不同调制方式烟叶中烟碱、挥发碱和总氯含量差异不显著，总糖、总氮和钾含量差异显著。

不同调制方式烟碱含量排序为：红茶式>绿茶式>微波>杀青>常规方法，红茶式调制方式烟碱含量最高，其次为绿茶式，常规调制方式烟碱含量最低。

不同调制方式总糖含量排序为：红茶式>杀青>微波>绿茶式>常规方法，红茶式总糖含量最高，常规方式最低。

挥发碱以常规方式含量最高，红茶式含量最低。

不同调制方式总氮含量排序为：红茶式>常规方法>绿茶>微波>杀青。

表8-19 不同调制方式烟叶主要化学成分含量比较

	绿茶	红茶	微波	杀青	常规方法	F值	P
烟碱（%）	6.68±1.26	7.20±2.19	6.41±1.54	6.08±1.46	5.86±1.85	0.66	0.62
总糖（%）	3.54±0.80	4.46±0.75	3.79±0.56	4.38±0.85	2.37±0.92	8.11	0.00
挥发碱（%）	0.73±0.10	0.74±0.10	0.71±0.03	0.57±0.07	0.83±0.30	2.58	0.06
总氮（%）	4.61±0.23	4.97±0.47	4.50±0.33	4.11±0.39	4.70±0.53	4.20	0.01
钾（%）	1.02±0.42	0.82±0.60	0.99±0.27	1.08±0.36	1.69±0.48	4.04	0.01
氯（%）	0.83±0.79	1.40±0.65	0.84±0.58	0.74±0.60	1.24±0.85	1.21	0.33

不同调制方式钾含量排序为：常规方法>杀青>绿茶>微波>红茶式，常规方法钾含量最高，绿茶式含量最低。

不同调制方式氯含量排序为：红茶式>常规方法>微波>绿茶>杀青。

三、结论

总体来看，红茶和绿茶式调制方式烟碱含量提高显著，但红茶式在提高了烟碱含量的同时，其总糖和氯离子含量也显著提高，而且是所有调制方式中含量最高的。因此，结合口含烟的原料特点，综合考虑5个调制方式初步认为绿茶式调制为晒红烟最佳调制方式。其调制方式为：烟叶划去主脉，叶片切丝，太阳底下萎蔫2~3h，晒后烟含水量40%~60%，用铁锅在文火上炒，铁锅温度80~300℃，烟叶温度50~100℃，直至干燥。

第五节　优质品种种植示范

近年来，由于世界控烟形势日益严峻，对烟草的监管立法愈加严格，国内外市场竞争压力持续增大，导致了烟草公司寻求风险更低的烟草制品，世界各国烟草行业已把新一代烟草制品的研究开发和推向市场作为解决烟草行业未来发展的重要手段。基于“相对于传统卷烟的安全性和消除了二手烟的危害”的特点，口含烟的研发在一些国家和地区取得了较快发展。

口含烟是不通过燃烧而直接进行口腔消费的烟草消费方式，是解决燃烧导致烟气有害成分释放的重要途径之一，是现阶段国际烟草领域重要发展方向，而开发口含烟新型原料是基础和关键。我们在前期晾晒烟资源抗病性、外观质量、常规化学成分、烟草特有亚硝铵以及感官质量鉴定的基础上，综合评价筛选出23份优异晒烟资源，并进一步在山东沂水县进行精准鉴定和试种示范，考察其作为口含烟原料的可行性，可为口含烟原料生产提供物质基础和技术支持。

一、材料与方法

（一）试验地点

山东临沂沂水县高庄镇、朝阳官庄。试验地选择有代表性的田块，保证试验位于同一地块。试验地块要求土地平整，中等肥力且肥力均匀一致。

（二）供试品种

试验材料共23份，包括S21、S22、S23、S24、S25、S26、S27、S28、S29、S30、S31、S32、S33、S34等14份重复鉴定品种，B1、B2、B3、B4、B5、B6、B7、B8、B9等9份新鉴定品种。品种名称见表8-20。

表8-20　试验材料名称

田间编号	品种名称	田间编号	品种名称
S21	元阳草烟（云南）	S33	云罗03（广东）
S22	凤凰柳叶（湖南）	S34	迈多叶（东北）
S23	中叶子（湖南）	B1	铁岭晒烟
S24	小样尖叶（湖南）	B2	丹东柳叶尖
S25	吉信大花（湖南）	B3	吉成村朝阳川
S26	南花烟（湖南）	B4	泗水村铜弗寺
S27	红花南花（湖南）	B5	五峰白洋筋
S28	泸溪柳叶尖（湖南）	B6	丹东黑叶
S29	大伏烟（湖南）	B7	大白筋599
S30	辰杂一号（湖南）	B8	延晒五号

（续表）

田间编号	品种名称	田间编号	品种名称
S31	麻阳大叶烟（湖南）	B9	延晒六号
S32	盘县红花大黑烟（贵州）		

(三)试验布局

试验站（朝阳官庄）：安排8个晒烟品种和一个烤烟品种大白筋599，试验设9个处理（每个品种一个处理），不设重复；种植丹东柳叶尖（B2）、铁岭晒烟（B1）、泗水村铜弗寺（B4）、吉成村朝阳川（B3）、五峰白洋筋（B5）、丹东黑叶（B6）、大白筋599（B7）、延晒五号（B8）、延晒六号（B9）9个品种，根据试验地块安排8个晒烟品种，除大白筋599（B7）安排的贫瘠的地块上，种植1亩（图8-4）。

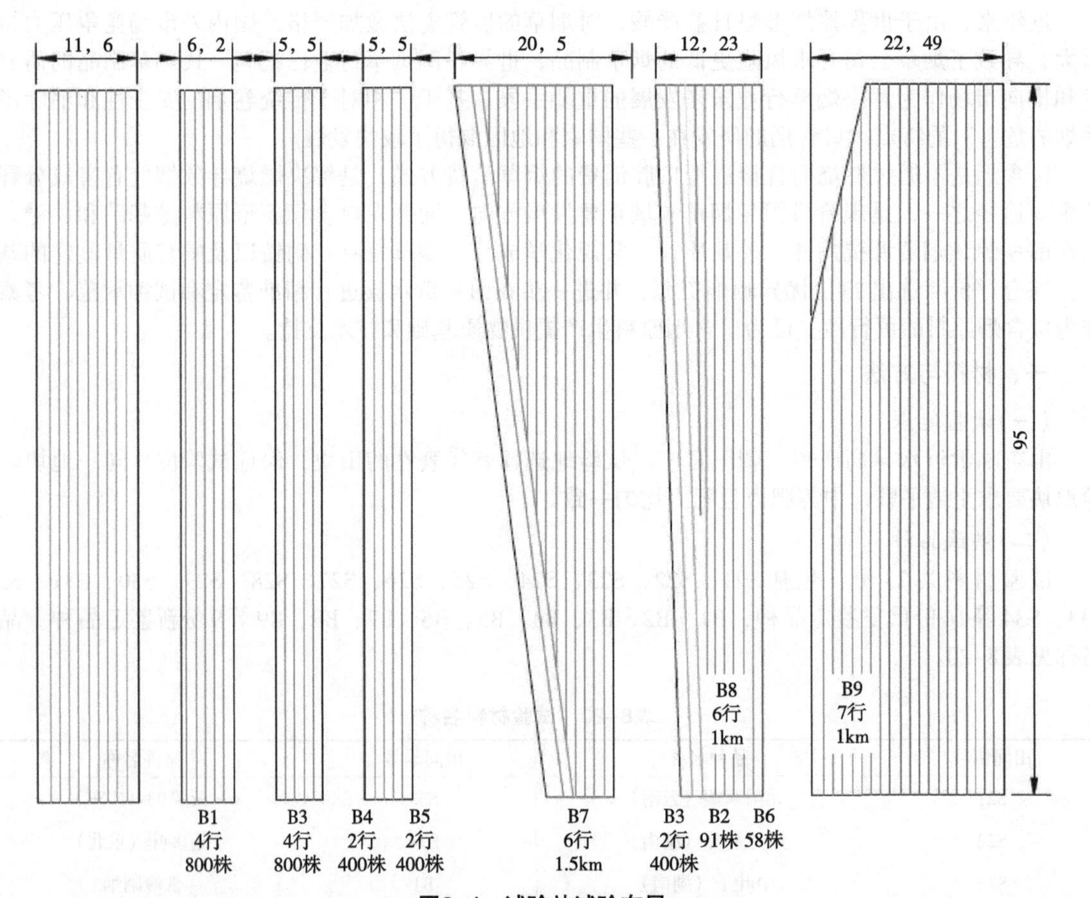

图8-4 试验站试验布局

高庄烟站：试验包括14个晒烟品种（S编号），S21、S22、S23、S24、S25、S26、S27、S28、S29、S30、S31、S32、S33、S34（图8-5）；

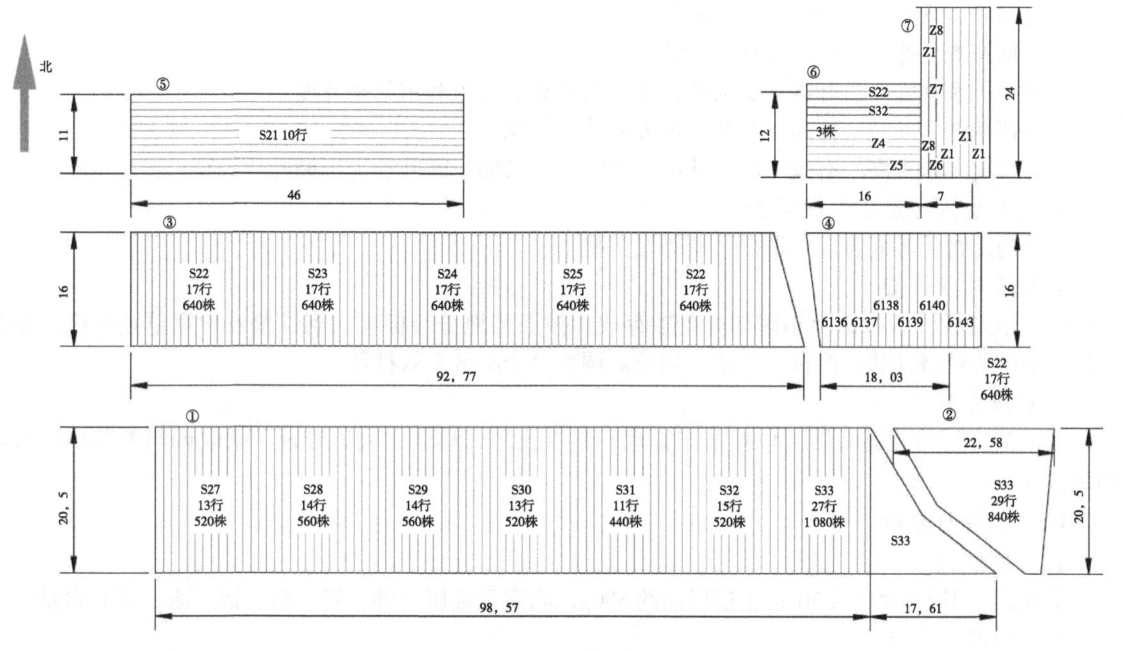

图8–5　高庄试验布局

(四)育苗方案

S21、S22、S23、S24、S25、S26、S27、S28、S29、S30、S31、S32、S33、S34分别假植1 200株盘，大白筋599假植3 000株；铁岭晒烟（B1）、丹东柳叶尖（B2）、吉成村朝阳川（B3）、泗水村铜弗寺（B4）、五峰白洋筋（B5）、丹东黑叶（B6）、延晒五号（B8）、延晒六号（B9）8个品种根据出苗全部假植。

(五)施肥方案

基肥：发酵大豆15kg/亩；中烟生物有机肥10kg/亩；撒可富40kg/亩；硫酸钾5kg/亩；硝酸钾5kg/亩（施肥前按行数分别称取实施，发酵大豆24.75g/m；中烟生物有机肥16.5g/m；撒可富66g/m；硫酸钾8.25g/m；硝酸钾8.25g/m）。

提苗肥：二胺5kg/亩（按行称取，8.25g/m），移栽时穴施。

追肥：碳酸氢铵50kg/亩（按行称取，82.5g/m）。

(六)病虫害防治

黑胫病：根茎类病害防治使用甲霜霜霉威，采用带药移栽方式，用量100g/亩；10d后再灌根防治1次，用量200g/亩。以后用药可根据实际情况对发病株进行灌根。

害虫：地下害虫使用氯氰菊酯类药剂防治，采用带药移栽方式防治，首次用量30ml/亩，10d后，灌根防治一次，用量30ml/亩；蚜虫用吡虫啉类药物；烟青虫用甲氨基阿维菌素苯甲酸盐防治。

叶斑病：旺长期喷施波尔多液。

用药浓度根据商品说明书进行。

(七)试验田间管理

行株距为110cm×45cm，移栽密度20 175株/hm^2。处理之间单灌单排，避免串灌串排，保证地表水不相互串流。没有特殊要求的田间管理按照当地生产技术执行。

(八)田间调查及记载

1. 生育期记载

观察记载各处理播种期、成苗期、移栽期、团棵期、现蕾期、打顶期、采收晒制期。

2. 主要农艺性状和生物学性状调查

在苗期调查长势、叶色、成苗时间等。

在团棵期调查株高、叶数、最大叶长宽、生长势、叶色和田间整齐度。

在现蕾期调查叶色、株高、叶数、最大叶片长、宽。

在打顶期调查株高、有效叶数、茎围、节距、下二棚、腰叶、上二棚叶片长宽。

3. 主要病虫害发生情况调查

调查当地常见等病害发生情况，调查发病率。

4. 经济性状调查

调制结束后，所有试验小区烟叶单独存放；按照当地分级标准，到试验农户家单独分级，并统计每个小区的经济性状：产量、产值、均价。调查每个小区有效株数。

5. 影像资料

在示范进行的关键时期，包括苗床管理、起垄施肥、移栽、大田管理、采收调制等都要留取数码照片资料。

(九)取样与分析

1. 土壤取样

整地之前用土钻取0～30cm土层样品约500g，测定重金属（砷、铅、铬、镉、汞、镍）含量。

2. 烟叶样品采集

按当地调制方法进行晾晒，去掉下部叶，取中部和上部叶进行调制。然后进行主要化学成分检测和感官质量评价。以试验处理为单位，每个处理采集1份，样品的数量为10.0kg。去青去杂即可，不必精挑细选。样品包装和水分含量按国家规定执行。取足样品后，将样品及时送至中国农业科学院烟草研究所。

(十)烟叶样品分析

1. 外观质量

烟叶颜色、成熟度、叶片结构、身份、油分等。

2. 主要物理特性

包括单叶重、失水速率、单位面积重量、含梗率、叶长宽、吸湿性、pH值。

3. 主要化学成分

测定烟叶样品的烟碱、总糖、还原糖、总氮等常规化学成分；烟叶TSNA；西松烷二萜、绿原酸等。

4. 重金属含量

烟叶砷、铅、铬、镉、汞、镍含量。

5. 感官质量评价邀请工业公司工程中心配方人员

对辣感、苦感、麻感、涩感、烟草原味及整体进行评价。

二、结果与讨论

(一)育苗情况统计表

实行定点定岗定人管理，要格执行托盘育苗技术标准与作业流程规范，做好育苗时间管理工作。结合项目安排需求及本地环境、气候，合理安排播种时间，3月10日播种，4月10日假植（表8-21）。

表8-21 育苗种子情况统计

品种	包数	株数	备注	实际盘数
S21	1	2 700	散种	15
S22	1	2 700	散种	15
S23	1	2 700	散种	15
S24	1	2 700	散种	15

（续表）

品种	包数	株数	备注	实际盘数
S25	1	2 700	散种	15
S26	1	2 700	散种	15
S27	1	2 700	散种	15
S28	1	2 700	散种	15
S29	1	2 700	散种	15
S30	1	2 700	散种	15
S31	1	2 700	散种	15
S32	1	2 700	散种	20
S33	1	2 700	散种	20
S34	1	2 700	散种	20
B1	1	2 700	散种	7
B2	1	810	散种	1
B3	1	810	散种	1
B4	1	810	散种	5
B5	1	810	散种	4
B6	1	810	散种	4
B7	1	810	散种	0
B8	1	810	散种	15
B9	1	810	散种	15

（二）加强大田精细化管理

全部处理采用膜上移栽方式，5月11日开始移栽，5月13日结束。

（三）品种生育期统计

不同晾晒烟品种的生育期存在一定的差异，以S27品种团棵期最晚，从移栽期到团棵期约42d，以B4品种团棵期最早，从移栽期到团棵期约为27d，两者团棵期相差15d。B品种系列从团棵期到现蕾期的29～32d，而S品种系列19～22d，B品种系列从团棵期到现蕾期的生育周期比S品种系列的生育周期要长。S系列打顶期与现蕾期相差2d左右，而B系列3～6d打顶（表8-22）。

通过对不同晾晒烟品种生育期分析可以看出，各个品种生育期之间存在一定的差异，且B品种系列与S品种系列现蕾期及打顶期差异明显，团棵期差异较小。

表8-22　品种生育期统计

品种	移栽期（月/日）	团棵期（月/日）	现蕾期（月/日）	打顶期（月/日）
S21	5/11	6/12	7/1	7/3
S22	5/11	6/15	7/4	7/6
S23	5/11	6/15	7/4	7/6
S24	5/11	6/14	7/4	7/7
S25	5/11	6/15	7/5	7/7
S26	5/11	6/15	7/5	7/7
S27	5/11	6/22	7/13	7/15
S28	5/11	6/15	7/4	7/7
S29	5/11	6/15	7/4	7/7
S30	5/11	6/13	7/4	7/7
S31	5/11	6/15	7/4	7/7
S32	5/11	6/15	7/4	7/7
S33	5/11	6/15	7/4	7/7
B1	5/12	6/9	6/22	6/28
B2	5/12	6/10	6/22	6/28
B3	5/12	6/9	6/22	6/28
B4	5/12	6/8	6/20	6/28

（续表）

品种	移栽期（月/日）	团棵期（月/日）	现蕾期（月/日）	打顶期（月/日）
B5	5/12	6/10	6/22	6/28
B6	5/12	6/10	6/22	6/28
B7	5/12	6/10	6/22	6/28
B8	5/12	6/10	6/22	6/28
B9	5/12	6/10	6/18	6/28

（四）团棵期农艺性状

不同品种在主要农艺性状方面存在一定差异，S22、S26、S32、S33、S34长势不均，S21、S24、S25、S27、S28、S29、S30、S31长势较均匀，B系列团棵期长势均强（表8-23）。不同晾晒烟品种中，以S32株高最高为67.4cm，S31茎围最粗为8.7cm，S25叶数最多为18.3片，S29最大叶长为54.4cm，S34最大叶宽为31.2cm。以B2品种株高最矮为35.8cm，B8及B9品种的茎围最小为4.6cm，B2叶数最少为10.2片，B2的最大叶长最短为24.1cm，B2的最大叶宽最窄为16.5cm。

通过以上分析可以看出，各个品种团棵期农艺性状均存在一定的差异，且品种之间的长势也不同，品种之间的差异主要由遗传特性及生态环境造成。

表8-23 团棵期农艺性状调查记载表

品种	株高（cm）	茎围（cm）	叶数（片）	最大叶长（cm）	最大叶宽（cm）	备注
S21	47.6	6.1	14.2	39.2	20.8	较均匀
S22	52.3	7.9	17.6	49.2	27.5	长势旺
S23	58.4	6.6	15.7	51.3	23.1	长势不均
S24	51.6	6.7	17.3	48.4	25.2	较均匀
S25	61.6	6.8	18.3	46.5	24.3	较均匀
S26	49.7	6.2	17.1	41.5	16.1	长势不均
S27	49.8	8.4	15.3	50.3	26.4	较均匀
S28	55.5	6.5	16.2	42.2	24.2	较均匀
S29	42.6	6.7	14.1	54.4	24.5	较均匀
S30	49.4	7.5	16.2	46.3	21.8	较均匀
S31	44.6	8.7	17.2	44.5	25.3	较均匀
S32	67.4	7.8	13.2	45.8	24.2	长势不均
S33	47.5	7.2	15.4	43.5	21.3	长势不均
S34	50.3	8.6	12.7	46.1	31.2	长势不均
B1	48.2	7.8	12.6	34.3	25.3	长势强
B2	35.8	5.7	10.7	24.1	16.5	长势强
B3	44.3	7.3	11.2	39.6	20.9	长势强
B4	33.5	4.9	11.4	29.2	18.2	长势强
B5	42.1	5.4	11.8	37.9	26.5	长势强
B6	33.5	5.3	13.3	28.7	18.9	长势强
B7	42.8	5.6	11.2	34.7	25.3	长势强
B8	41.8	4.6	11.3	38.4	20.9	长势强
B9	41.5	4.6	11.4	38.2	21.5	长势强

（五）现蕾期农艺性状调查

各个晾晒烟品种现蕾期农艺性状如表8-24所示，B7株高最高为189.6cm，S34株高最矮为60.3cm。B1品种茎围最粗为11.8cm，S31品种茎围最小为7.9cm。各个处理以B7处理的叶数最多为29.4cm，S34的叶数最少为13.0cm。B9的最大叶长为76.9cm，S31最小，为39.8cm。B5的最大叶宽最大，为43.6cm，S21、S31及S32的最大叶宽最小为22.3cm。

通过对各个晾晒烟品种现蕾期农艺性状的调查可以看出，各个品种现蕾期农艺性状各不相同，各自表现出其特有的农艺性状。

表8-24　现蕾期农艺性状调查记载

品种	株高（cm）	茎围（cm）	叶数（片）	最大叶长（cm）	最大叶宽（cm）
S21	116.7	8.0	15.3	41.7	22.3
S22	117.7	9.2	21.7	47.7	23.3
S23	111.3	9.9	23.3	46.7	26.0
S24	98.3	9.2	15.0	50.2	25.3
S25	77.7	9.3	16.0	58.8	29.0
S26	101.0	8.3	16.0	54.8	22.3
S27	116.3	10.1	22.3	53.3	25.7
S28	93.0	8.8	19.0	44.3	23.3
S29	80.7	8.5	18.2	44.9	26.8
S30	83.4	8.4	15.8	45.5	25.1
S31	95.0	7.9	22.7	39.8	23.0
S32	88.0	8.7	16.3	48.7	22.3
S33	89.0	9.0	17.7	50.0	22.3
S34	60.3	8.0	13.0	39.7	25.9
B1	145.5	11.8	20.4	77.9	36.5
B2	135.9	11.0	18.0	61.2	34.2
B3	130.8	10.5	23.0	67.8	30.9
B4	124.0	8.7	22.2	51.2	25.9
B5	130.6	11.9	18.4	67.9	43.6
B6	152.3	12.8	23.0	74.7	29.9
B7	189.6	11.3	29.4	69.8	38.0
B8	146.2	9.9	19.0	69.7	38.0
B9	156.7	11.7	18.8	76.9	37.6

各个晾晒烟品种平顶期农艺性状见表8-25，以B7处理株高最高为165.80cm，S34株高最矮45.73cm，其他品种株高为51.67～95.67cm。所有品种茎围为7.43～11.60cm。S23及S24品种叶数最多为19.33片，S34叶数最少，为9.33片。各个品种上部叶以B1品种最长为63.17cm，B6品种上部叶最短为40.07cm，上部叶宽以S32最大为35.07cm，S30最小为16.87cm。各个品种以B1品种中部叶最长为76.67cm，B5中部叶宽最大为44.33cm，S31中部叶长最短，为43.07cm，S31中部叶最窄，为22.13cm。下部叶长最长为B2及B8，为65.33cm，S25的下部叶最窄为65.33。

通过对晾晒烟各个品种平顶期农艺性状的调查可以看出，各个晾晒烟品种平顶期农艺性状之间的差异明显，均表现出各自特有的植物学特性。

表8-25　平顶期农艺性状

品种	株高（cm）	茎围（cm）	叶数	上部叶（cm）		中部叶（cm）		下部叶（cm）	
				长	宽	长	宽	长	宽
S21	84.00	7.77	15.33	44.00	22.77	48.90	24.27	38.50	20.33
S22	61.87	10.23	18.00	55.77	28.93	54.67	25.90	47.83	25.00
S23	64.97	10.33	19.33	61.83	35.07	66.43	24.93	46.20	24.93
S24	79.37	10.40	19.33	57.27	28.43	63.47	31.90	49.33	28.83
S25	61.40	9.57	14.67	41.57	19.33	53.90	26.17	44.87	20.03
S26	81.53	8.87	16.00	51.17	26.13	62.47	28.37	51.47	22.87
S27	88.70	10.93	16.00	48.53	25.37	61.13	26.30	54.17	24.17
S28	61.33	8.40	15.67	47.17	21.30	51.10	25.23	45.17	27.50
S29	51.67	9.70	15.33	52.23	25.47	58.40	23.93	51.03	23.60
S30	61.97	9.20	16.33	36.23	16.87	54.83	22.13	46.77	23.53
S31	66.33	8.50	16.00	45.43	24.37	43.07	22.67	40.13	22.80
S32	69.83	8.50	16.00	44.13	21.80	52.63	25.33	41.83	21.53
S33	54.33	7.43	13.67	44.43	17.60	46.47	20.13	38.10	18.00

（续表）

品种	株高（cm）	茎围（cm）	叶数	上部叶（cm）		中部叶（cm）		下部叶（cm）	
				长	宽	长	宽	长	宽
S34	45.73	10.50	9.33	53.83	25.43	58.10	26.87	49.67	22.27
B1	86.00	11.60	12.33	63.17	32.07	76.67	38.27	61.50	35.00
B2	69.33	10.70	11.67	58.67	26.33	72.33	30.83	65.33	32.67
B3	80.50	9.70	13.33	60.63	30.67	66.70	37.27	62.77	34.20
B4	53.87	8.50	11.67	45.17	23.27	57.00	29.83	49.50	28.63
B5	94.00	13.43	12.67	51.00	33.07	66.67	44.33	64.07	43.67
B6	56.67	8.33	12.67	40.07	17.93	53.23	24.20	45.10	20.37
B7	165.80	11.33	23.67	53.37	21.67	62.00	21.00	50.33	21.90
B8	95.67	10.70	11.67	58.67	33.00	72.33	30.83	65.33	32.67
B9	69.33	9.40	14.67	54.17	23.17	62.00	31.80	53.30	21.00

（六）主要病虫害发生情况调查

各个晾晒烟品种旺长期病虫害调查如表8-26所示，除B2品种出现普通烟草花叶病外，B系列品种主要以黑胫病为主，且以B7品种发病率最高，为40.33%，B5品种抗病性最强，发病率最低为0。S系列品种未发生黑胫病，主要以普通烟草花叶病为主，以S24及S30品种的发病率最高，分别为33.21%、33.33%，S34的发病率最低，为10.21%。

通过对各个晾晒烟品种旺长期病虫害调查可以看出，沂水地区晾晒烟主要以普通烟草花叶病及黑胫病为主，未见其他病虫害。各个品种之间的抗病性有明显的差异。

表8-26 旺长期病虫害调查

品种	普通烟草花叶病（%）	黑胫病（%）	赤星病（%）	青枯病（%）
B1	0	20.21	0	0
B2	5	14.31	0	0
B3	0	24.21	0	0
B4	0	14.11	0	0
B5	0	0	0	0
B6	0	3.21	0	0
B7	0	40.33	0	0
B8	0	3.1	0	0
B9	0	0	0	0
S21	21.4	0	0	0
S22	17.21	0	0	0
S23	23.33	0	0	0
S24	33.21	0	0	0
S25	16.33	0	0	0
S26	15.61	0	0	0
S27	17.33	0	0	0
S28	24.21	0	0	0
S29	22.21	0	0	0
S30	33.33	0	0	0
S31	18.31	0	0	0
S32	23.11	0	0	0
S33	25.21	0	0	0
S34	10.21	0	0	0

（七）经济性状调查

各个品种经济性状调查统计如表8-27所示，上部烟叶以S34品种产量最高，为38.73kg/亩，B5上部烟叶产量最低，为7.1kg/亩；中部烟叶以S33产量最高，为55.09kg/亩，S23中部烟叶产量最低，为17kg/亩；下部烟叶以B7产量最高，为44.86kg/亩，B3产量最低，为5.36kg/亩。通过以上分析可以看出，各个晾晒烟品种之间的经济性状存在差异，从总产量上可以看出S34产量最高，其次为B7，B4产量最低。

表8-27　各处理产量数据

品种	上部叶（kg/hm^2）	中部叶（kg/hm^2）	下部叶（kg/hm^2）	总重量（kg/hm^2）
B1	327.90	798.75	314.40	1 441.05
B2	250.50	562.50	409.05	1 222.05
B3	253.50	330.00	80.40	663.90
B4	240.75	660.00	149.55	1 050.30
B5	106.50	501.00	268.20	875.70
B6	177.00	721.50	301.50	1 200.00
B7	211.20	757.35	672.90	1 641.45
B8	406.50	676.50	286.20	1 369.20
B9	163.50	417.00	501.00	1 081.50
S21	338.25	491.55	158.10	987.90
S22	326.55	387.75	252.30	966.60
S23	226.95	255.00	104.55	586.50
S24	148.50	201.45	386.40	736.35
S25	382.20	375.45	319.05	1 076.70
S26	286.05	329.25	339.00	954.30
S27	365.70	356.10	365.70	1 087.65
S28	300.45	284.70	104.55	689.55
S29	291.45	280.50	187.05	759.00
S30	424.95	422.85	191.85	1 039.50
S31	277.05	271.50	271.50	820.20
S32	294.30	301.20	173.25	768.60
S33	266.10	826.35	183.60	1 276.05
S34	580.95	623.55	457.95	1 662.45

（八）外观评价

按桐乡晒红烟加工分级标准对晒制后烟叶进行外观质量评价表8-28至表8-30，从中可以看出，上部叶外观质量较好，表现最佳，其中B2、S27、黑烟及柳叶尖其外观综合评价得分超过45分，尤以B2得分最高。中部叶以B8和B1外观得分最高，其综合评价得分超过39分。下部叶以B1和B3外观得分最高，其综合评价得分超过30分。

表8-28　沂水晒烟外观评价（上部烟）

编号	颜色	光泽	油分	厚度	组织	其他	综合评价
B1	深红8	鲜明微差6	有-6	尚厚7	尚紧密细致-6	6	39
B2	深红8	鲜明微差7	有-7	尚厚+8	尚紧密细致+8	8	46
B3	棕红略带褐5	微差5	略有5	略厚5	略粗糙5	5	30
B4	棕红略带褐6	微差+6	略有5	略厚6	略粗糙+6	5	34
B5	棕红略带褐5	微差5	略有+6	略厚+6	略粗糙+6	5	33
B6	棕红略带褐5	微差5	略有-5	略厚5	略粗糙5	5	30
B7	浅红略带黄4	微差-4	略有4	略厚-4	略粗糙+5	4	25
B8	深红8	鲜明微差6	有-6	尚厚7	尚紧密细致-6	6	39

（续表）

编号	颜色	光泽	油分	厚度	组织	其他	综合评价
B9	赤红带黄6	鲜明微差7	有-6	尚厚7	尚紧密细致7	6	39
S21	浅红略带黄5	微差-4	略有5	略厚5	略粗糙5	5	29
S22	赤红带黄6	鲜明微差-6	有+8	尚厚7	尚紧密细致6	6	39
S23	浅红略带黄5	微差-4	略有-4	略厚5	略粗糙-4	5	27
S24	浅红略带黄4	微差-4	略有5	略厚4	略粗糙5	4	26
S25	浅红略带黄5	微差5	略有5	略厚5	略粗糙5	5	30
S26	深红带黄-6	鲜明微差-6	有-7	略厚-6	尚紧密细致7	6	38
S27	赤红带黄7	鲜明8	有+8	尚厚-6	尚紧密细致+8	7	45
S28	浅红略带黄4	微差-4	略有-4	略厚5	略粗糙-4	5	26
S29	浅红略带黄4	微差-4	略有-4	略厚5	略粗糙-4	5	26
S30	深红带黄-6	鲜明微差-6	有-6	略厚7	尚紧密细致-6	6	37
S31	深红带黄-6	鲜明微差7	有-7	尚厚-6	尚紧密细致7	6	39
S32	浅红略带黄5	微差5	略有5	略厚5	略粗糙5	5	30
S33	深红带黄-7	鲜明微差-6	有-6	尚厚7	尚紧密细致7	6	39
S34	棕红略带褐6	微差+6	略有6	略厚5	略粗糙+5	6	34
黑烟	深红8	鲜明微差7	有+8	尚厚7	尚紧密细致7	8	45
柳叶尖	深红8	鲜明微差7	有+8	尚厚7	尚紧密细致7	7	44
小香叶	浅红略带黄5	微差+6	略有5	略厚5	略粗燥6	5	32

表8-29 沂水晒烟外观评价（中部烟）

编号	颜色	光泽	油分	厚度	组织	其他	综合评价
B1	深红7	鲜微6	有-6.5	尚厚6.5	尚紧密细致6.5	6.5	39
B2	深红7	鲜微6	有-6	尚厚6	尚紧密细致-6	6	37
B3	浅红略带黄4.5	微差-4.5	略有-4.5	略厚-4.5	略粗糙-4.5	4.5	27
B4	棕红略带褐6	微差+6	略有+6	略厚6	略粗糙+6	6	36
B5	浅红略带黄4.5	微差-4.5	略有5	略厚5	略粗糙5	5	29
B6	深红略带褐6	微差-5.5	略有6	略厚-5.5	略粗糙-5	5	32.5
B7	浅红略带黄4.5	微差-4.5	略有4.5	略厚-4.5	略粗糙-4.5	4.5	27
B8	深红7	鲜微+7	有-7	尚厚6.5	尚紧密细致6.5	7	41
B9	深红7	鲜微6	有-6.5	尚厚6.5	尚紧密细致-6	6.5	38.5
S21	棕红略带褐5	微差5.5	略有5.5	略厚5	略粗糙5.5	5	31.5
S22	棕红略带褐6	微差5.5	略有5.5	略厚-5.5	略粗糙+6	6	34.5
S23	棕红略带褐5	微差5.5	略有5.5	略厚5.5	略粗糙5.5	5	32
S24	棕红略带褐5	微差5.5	略有5.5	略厚5.5	略粗糙+6	5	32.5
S25	棕红略带褐5.5	微差5.5	略有5.5	略厚-5.5	略粗糙-5	5	32
S26	棕红略带褐6	微差+6	略有+6	略厚-5.5	略粗糙+6	5	34.5
S27	棕红略带褐6	微差5.5	略有5.5	略厚-5.5	略粗糙+6	6	34.5
S28	棕红略带褐5	微差5.5	略有-5	略厚5	略粗糙-5	5	30.5
S29	棕红略带褐5	微差5.5	略有5.5	略厚5	略粗糙-5	5	31
S30	浅红略带黄4.5	微差-4.5	略有5	略厚-5	略粗糙5	5	29
S31	棕红略带褐5	微差5.5	略有5.5	略厚5.5	略粗糙+6	5	32.5
S32	浅红略带黄4.5	微差-4.5	略有5	略厚-5	略粗糙5	5	29
S33	棕红略带褐5.5	微差5.5	略有-5.5	略厚5.5	略粗糙-5	5	32
S34	棕红略带褐5	微差5.5	略有-5	略厚5.5	略粗糙5.5	5	31.5

表8-30 沂水晒烟外观评价（下部烟）

编号	颜色	光泽	油分	厚度	组织	其他	综合评价
B1	深红-5	微差5	略有5	略厚-5	略粗糙+5	5	30
B2	浅红-4	较暗4	较差4	微厚+4	粗糙4	4	24

（续表）

编号	颜色	光泽	油分	厚度	组织	其他	综合评价
B3	深红-5	微差5	略有5	略厚-5	略粗糙+5.5	5	30.5
B4	浅红带黄略带青3.5	较暗3.5	较差3.5	微厚4	粗糙4	3.5	22
B5	红黄褐青均有1.5	暗2	差2	薄1.5	差2	1.5	10.5
B6	浅红-4	较暗4	较差4	微厚+4	粗糙4	4	24
B7	红黄褐青均有1.5	暗1.5	差2	薄1.5	差2	2	10.5
B8	深红-4	微差4	略有-4	略厚-4	略粗糙-4	4	24
B9	深红-4	微差4	略有-4	略厚-4	略粗糙-4.5	4.5	25
S21	浅红带黄略带青2.5	较暗2.5	较差2.5	微厚2.5	粗糙3	3	16
S22	浅红带黄略带青3	较暗2.5	较差2.5	微厚-2.5	粗糙3	3	16.5
S23	浅红带黄略带青3.5	较暗3.5	较差3.5	微厚3.5	粗糙3.5	3	20.5
S24	浅红带黄略带青2	较暗2	较差2	微厚2.5	粗糙2.5	2.5	13.5
S25	浅红带黄略带青2	较暗2	较差2	微厚3	粗糙2.5	2.5	14
S26	浅红带黄略带青3.5	较暗+4	较差4	微厚-4	粗糙3.5	3.5	22.5
S27	浅红带黄略带青3.5	较暗4	较差4	微厚-4	粗糙3.5	3.5	22.5
S28	红黄褐青均有1.5	暗1.5	差1.5	薄=2	差1.5	1.5	9.5
S29	浅红带黄略带青3	较暗2.5	较差2.5	微厚3	粗糙3	3	17
S30	浅红带黄略带青3	较暗3	较差2.5	微厚3	粗糙3	3	17.5
S31	浅红带黄略带青3.5	较暗4	较差+4	微厚+4	粗糙3.5	4	23
S32	浅红带黄略带青3	较暗3	较差2.5	微厚3	粗糙3	3	17.5
S33	浅红带黄略带青3	较暗3	较差3	微厚3	粗糙3	3	18
S34	浅红带黄略带青2.5	较暗2.5	较差2.5	微厚3	粗糙2.5	2.5	15.5

（九）化学成分检测与分析

72份晒红烟烟碱含量为2.57%～8.86%，平均为5.50%；总糖含量为1.34%～4.87%，平均2.32%。钾离子含量较高，均值1.90%，其含量均大于1.24%（表8-31）。

6种化学成分的变异系数为13.34%～77.17%，氯离子含量变异范围最大，尤其是B系列，其氯离子含量明显较高，绝大多数均大于1%，含量最高的品种是B3达3.79%，最低的是S23，仅为0.2%。总氮的变异数最小，为13.34%。烟碱、总糖、钾的变异系数相当，挥发碱的变异系数为36.44%。

72份晒红烟品种烟碱含量较高，超过7%的样品有：B8、B4、S24的中部和上部烟叶；S26的上部；S32、S27和B2的中部。烟碱含量较低，低于3%有：B5、S28、S29和B7的下部叶。72份晒红烟品种总糖含量均较低，均不超过5%；总糖低于2%的品种也较多，包含：B8、B1、B2、B3、B4、B6、S21、S22、S24、S27、S29、S30、S32、S31、S32、S33的中部、上部或下部。

按照口含烟特点，从化学成分中以高烟碱、低糖为筛选条件，从72份晒红烟中筛选出了7份资源材料：B4、B8、B2、S24、S26、S27、S32。

表8-31　晒红烟化学成分基本数据特征

变量	最小值	最大值	均值	标准差	变异系数（%）
烟碱（%）	2.57	8.86	5.50	1.55	28.24
总糖（%）	1.34	4.87	2.32	0.69	29.49
挥发碱（%）	0	1.06	0.67	0.24	36.44
总氮（%）	3.13	5.55	4.03	0.54	13.34
总钾（%）	0.91	3.37	1.90	0.54	28.37
总氯（%）	0.2	3.79	1.18	0.91	77.17

从表8-32可以看出，晒红烟各部位间的差异明显，其中烟碱、挥发碱和总氮含量达极显著差异，总糖、总钾和总氯含量各部位间没有显著差异。不同部位烟碱含量排序为上部>中部>下部，上部叶含量最高；总氮规律相同上部>中部>下部；挥发碱含量排序为中部>上部>下部。

表8-32 晒红烟化学成分部位间的差异比较

变量	上部	中部	下部	F值	P
烟碱（%）	5.93±1.39	5.77±1.54	4.52±1.27	6.93	0.00
总糖（%）	2.36±0.80	2.29±0.57	2.25±0.65	0.14	0.87
挥发碱（%）	0.72±0.26	0.74±0.23	0.53±0.21	5.37	0.01
总氮（%）	4.27±0.59	4.17±0.49	3.63±0.28	12.45	0.00
总钾（%）	1.80±0.55	1.89±0.47	2.00±0.60	0.77	0.47
总氯（%）	1.17±0.85	1.14±0.94	1.26±0.11	0.11	0.89

三、结论

1. 各个品种生育期之间存在一定的差异，且B品种系列与S品种系列现蕾期及打顶期差异明显，团棵期差异较小。

2. 各个品种团棵期农艺性状均存在一定的差异，且品种之间的长势也不同，品种之间的差异主要由遗传特性及生态环境所造成。

3. 通过对各个晾晒烟品种现蕾期农艺性状的调查可以看出，各个品种现蕾期农艺性状各不相同，各自表现出其特有的农艺性状。

4. 通过对晾晒烟各个品种平顶期农艺性状的调查可以看出，各个晾晒烟品种平顶期农艺性状之间的差异明显，均表现出各自特有的植物学特性。

5. 通过对各个晾晒烟品种旺长期病虫害调查可以看出，沂水地区晾晒烟主要以普通烟草花叶病及黑胫病为主，未见其他病虫害。各个品种之间的抗病性有明显的差异。

6. 通过以上分析可以看出，各个晾晒烟品种之间的经济性状存在差异，从总产量上可以看出以S34产量最高，其次为B7，B4产量最低。

7. 从外观质量综合评价可以看出，上部叶晒晾烟外观质量较好，表现最佳，其中B2、S27、黑烟及柳叶尖其外观综合评价得分超过45分，尤以B2得分最高。中部叶以B8和B1外观得分最高，其综合评价得分超过39分。下部叶以B1和B3外观得分最高，其综合评价得分超过30分。

8. 从化学成分检测结果看，72份晒红烟烟碱含量为2.57%～8.86%，平均为5.50%；总糖含量为1.34%～4.87%，平均2.32%。钾离子含量较高，均值1.90%，其含量均大于1.24%。B系列的氯离子含量明显偏高，绝大多数均大于1%。

按照口含烟特点，综合考虑烟叶化学成分、农艺性状、产量及外观质量评价，以高烟碱低糖为筛选条件，筛选出7份口含烟优质资源B4、B8、B2、S24、S26、S27、S32中，其中由于B2、B8、S27的外观质量评价得分较高，可优先考虑，而B4产量偏低，建议适当增加种植密度。

附　录

白肋烟国家标准
GB/T 8966—2005(代替 GB/T 8966—1988)

白肋烟

1　范围

本标准规定了白肋烟的分级技术要求、检测方法、检验规则、实物标样、包装、标志与贮运。

本标准适用于生产、调制、经过晾制或复烤而未经发酵的白肋烟。以文字标准为主，辅以实物标准样品，是分级、收购的依据。

2　规范性引用文件

下列文件中的条款通过本标准的引用而成为本标准的条款。凡是注日期的引用文件，其随后所有的修改单（不包括勘误的内容）或修订版均不适用于本标准，然而，鼓励根据本标准达成协议的各方研究是否可使用这些文件的最新版本。凡是不注日期的引用文件，其最新版本适用于本标准。

GB/T 8170　数值修约规则与极限数值的表示和判定

YC/T 4　烟叶　自由燃烧性的测定

YC/T 6　烟叶储存保管方法

3　分组、分级

3.1　分组

按烟叶着生部位划分为脚叶、下部、中部、上部、顶叶五个部位，部位特征见表1。颜色由浅至深分为浅红黄、浅红棕、红棕三种颜色，另设杂色，颜色特征见表2。

表1　部位特征

部位	代号	特征		
		脉象	叶形	厚度
脚叶	P	较细	较宽圆、叶尖钝	薄
下部	X	遮盖	宽、叶尖较钝	稍薄
中部	C	微露	较宽、叶尖较钝	适中
上部	B	较粗	较窄、叶尖较锐	稍厚
顶叶	T	显露、突起	窄、叶尖锐	厚

注：在部位特征不明显的情况下，部位划分以脉相、叶形为依据。

表2　颜色特征

颜色	代号	颜色特征
浅红黄	L	浅红黄带浅棕色
浅红棕	F	浅棕色带红色
红棕	R	棕色带红色
杂色	K	烟叶表面存在着20%或以上与基本色不同的颜色斑块，包括带黄、灰色斑块、变白、褪色、水渍斑、蚜虫等

3.2 分级

根据烟叶的成熟度、身份、叶片结构、光泽、颜色强度、宽度、长度、均匀度、损伤度品级要素判定级别。分为脚叶组二个级；下部组五个级；中部组七个级；上部组六个级；顶叶三个级；顶、上、中下部组杂色各一个级；末级；共二十八个级。

4 技术要求

4.1 品级要素

将每一个品级要素划分成不同的程度档次，并与有关的其他因素相应的程度档次相结合，以划分出各级的质量状态，确定各等级的响应价值。品级要素级程度见表3。

表3 品级要素级程度

品级要素	程度				
成熟度	欠熟	熟	成熟	过熟	
身份	厚	稍厚	适中	稍薄	薄
叶面结构	密	稍密	尚疏松	疏松	松
叶面	皱	稍皱	展	舒展	
光泽	暗	中	亮	明亮	
颜色强度	差	淡	中	浓	
宽度	窄	中	宽	阔	

4.2 品质规定

品质规定见表4。

表4 品质规定

部位	等级代号	成熟度	身份	叶面结构	叶面	光泽	颜色强度	宽度	长度	均匀度（%）	损伤度（%）
叶脚P	P1	成熟	薄	松	稍皱	暗	差	窄	35	70	20
	P2	过熟	薄	松	稍皱	暗	差	窄	30	60	30
下部X	X1F	成熟	稍薄	疏松	展	亮	中	中	45	80	10
	X2F	成熟	薄	疏松	展	中	淡	窄	40	70	20
	X1L	成熟	稍薄	疏松	展	亮	中	中	45	80	10
	X2L	熟	薄	疏松	展	中	差	窄	40	70	20
	X3	过熟	薄	松	稍皱	暗	—	窄	40	60	30
中部C	C1F	成熟	适中	疏松	舒展	明亮	浓	阔	55	90	10
	C2F	成熟	适中	疏松	舒展	亮	中	宽	50	85	20
	C3F	成熟	稍薄	疏松	展	亮	淡	中	45	80	30
	C1L	成熟	适中	疏松	舒展	明亮	浓	阔	55	90	10
	C2L	成熟	适中-稍薄	疏松	舒展	亮	中	窄	50	85	20
	C3L	成熟	稍薄	疏松	展	中	淡	中	45	80	30
	C4	过熟	稍薄	松	展	中	—	宽	45	70	30
上部B	B1F	成熟	适中—稍厚	尚疏松	舒展	亮	浓	宽	90	85	10
	B2F	成熟	适中—稍厚	尚疏松	展	亮	中	宽	80	90	20
	B3F	熟	稍厚	稍密	稍皱	中	淡	窄	85	80	30
	B1R	成熟	稍厚	尚疏松	展	亮	浓	宽	80	70	10
	B2R	成熟	稍厚—厚	稍密	稍皱	亮	中	宽	60	—	20

（续表）

部位	等级代号	成熟度	身份	叶面结构	叶面	光泽	颜色强度	宽度	长度	均匀度（%）	损伤度（%）
上部B	B3R	熟	稍厚—厚	稍密	皱	中	淡	窄	—	—	30
顶叶T	T1	成熟	稍厚—厚	稍密	稍皱	中	中	中	—	90	20
	T2	熟	厚	密	皱	暗	淡	窄	85	80	20
	T3	熟	厚	密	皱	暗	差	窄	90	85	30
杂色K	TK	欠熟	厚	密	皱	—	—	窄	80	80	30
	BK	欠熟	厚	密	皱	—	—	窄	70	60	30
	CK	熟	稍薄	松	展	—	—	中	—	—	30
	XK	熟	薄	松	稍皱	—	—	窄	—	—	30
N	无法列入上述等级，尚有使用价值的烟叶										

5　验收规则

5.1　定级原则：白肋烟的成熟度、身份、叶面、光泽、颜色强度、宽度、长度、均匀度都达到某级规定，损伤度不超过某级允许时，才能定为某级。

5.2　同部位的烟叶在两种颜色的界线上，则视其身份和其他品质先定色后定级。

5.3　枯黄烟叶、死青烟叶、霉烂烟叶、杈烟叶均为不列级。

5.4　杂色面积规定杂色面积超过20%的烟叶，在杂色组相应部位定级；CK、BK、允许杂色面积不超过30%，XK、TK不超过40%。

5.5　含青面积不超过15%者，允许在末定级。

5.6　烟筋未干、含水率超标、掺杂、砂土率超过规定的烟叶应重新晾干整理后再收购。

5.7　纯度允差指混级的允许度，允许在上、下一级总和之内，以百分率表示。纯度允差、水分、自然砂土率的规定（表5）。

表5　纯度允差、水分、自然砂土率的规定

级别	纯度允差	水分（%）		自然砂土率（%）	
		原烟	复烤烟	原烟	复烤烟
C1F　C2F　C3F　C1L　C2L　B1F　B2F　BR	≤10	16～18	11～13	≤1.0	≤1.0
C3L　C4　B2R　B3F　B3R　X1F　X1L　X2F　T1	≤15				
X2L X3 T2 T3 XK CK BK TK P1 P2 N	≤20			≤2.0	

5.8　黄烟、生叶、霉变、糠枯、黑糟、烟杈、异味烟叶，无使用价值不予收购。

5.9　每把烟叶叶片数量要求上部叶15～20片，中下部叶20～25片。扎把需用同级白肋烟，绕宽。

5.10　每包（件）内烟叶自然碎片不超过3%。

5.11　杂色各级允许青痕和青斑面积不超过5%。

6　检验方法

6.1　品质检验

6.1.1　品质检验按本标准第四章的规定逐项检验，对照标准样品以感官鉴定为主。

6.1.2　品质检验取样数量为5～10kg，从现场检验打开的全部样件中随机抽取，每样件至少抽样两把。检验打开的样件超过40件，只需任选40件。

6.1.3　将送检样品逐把取三分之一称量，按标准逐片分级，经过复核无误，分别称量。在实验室采用重量法计算其合格率。如有异议时，可再取三分之一另行检验，以两次检验结果平均值为准。

6.1.4　如在收购和交接现场，按标准逐把定级，采用以把为单位的数量法计算合格率。

6.1.5　质量监督现场检验取样方法可另行制定。

6.1.6　烟农出售的未成件烟叶，按标准规定全部检验。

6.2　水分检验

现场检验用感官检验法，室内检验用烘箱检验法。

6.2.1　水分检验取样：取样数量不少于0.5kg，从现场检验打开的全部样件中平均随机抽取。现场检验打开的样件超过10件，则超过部分，每2～3件任选一件。每样件的取样部位，从开口一面的一条对角线上，等距离抽出2～5处，每处各一把，从每把中取半把，放入密闭的容器中，化验时从半把中选取完整叶片2～3片。

6.2.2　感官检验法：以手握松开后，能自然展开，烟筋稍软不易断，手握稍有响声，不易破碎为准。

6.2.3　烘箱检验法

6.2.3.1　检验原理

试样在规定的烘干温度下烘至恒重时，所减少的质量与试样原质量之比即为试样水分含量，以质量百分比表示。

6.2.3.2　仪器设备

分析天平：感量1/1 000g；电热鼓风干燥箱：温度波动度±1℃，温度均匀度±2℃；样品盒：铝制盒，直径约60mm，高约25mm，要求密封性好，且能在盖上或底盒侧壁标有号码。玻璃干燥器：内装干燥剂。

6.2.3.3　操作程序

从送检样品中随机抽取约四分之一的叶片，迅速切成宽度不超过5mm的小片或丝状。混匀后用已知干燥质量的样品盒称取试样5～10g，记下称得的试样质量。去盖后置入温度（100±2)℃的烘箱内，并只能放在烘箱中层搁板上，样品盒密度宜为1个/120cm；待温度回升至100℃时起计时，烘满2h后，加盖取出置入干燥器内，冷却至室温，再称量。按式（1）计算水分百分率：

$$水分（\%）=\frac{试样质量-烘后质量}{试样质量}\times 100 \quad (1)$$

注1：每批样品的测定均应做平行试验，二者绝对值的误差不得超过0.5%，以平行试验结果的平均值为检验结果。

如平行试验结果误差超过规定时，应做第三份试验，在三份结果中以两个误差接近的平均值为准。

注2：结果所取数字，保留一位小数，按GB/T 8170进行修约。

6.3　碎片、砂土检验

现场检验用感官检验法，室内检验用重量检验法。

6.3.1　碎片、砂土检验取样数量不少于2.5kg，从现场检验的全部样件中随机抽取，如现场检验打开的样件超过10件，则任选10件为取样对象，每件任取0.3kg。如双方仍有争议时，可酌情增加取样数量。

6.3.2　感官检验法

6.3.3　重量检验法

6.3.3.1　仪器设备

用手抖烟串无碎片、无砂土落下、看不见烟叶表面有碎片、砂土即为合格。分析天平：感量1/10g；分离筛：孔径8miT/和3mm，附有筛盖、筛底。

6.3.3.2　操作程序

从送检样品中随机取两个平行试样，每个试样重400～600g，在油光纸上将烟叶摊开，搜集落下的砂土和碎片，通过孔径8mm分离筛，并小心拌动，至筛不下为止，将筛下的碎片、砂土通过孔径31TIliq分离筛，并小心拌动，至筛不下为止，然后将留在筛上的碎片和筛下的砂土分别称量，记录质量。按式（2）和式（3）计算碎片及砂土百分率：

$$碎片（\%）=\frac{碎片质量}{试样质量}\times 100 \quad (2)$$

$$砂土（\%）=\frac{砂土质量}{试样质量}\times 100 \quad (3)$$

注1：以两次平行试验结果的平均数为测定的结果。

注2：检验结果所取数字位数，保留一位小数，按GB/T 8170进行修约。

6.4 自由燃烧性检验

按YC/T4进行检验。

6.5 检验报告

检验报告应包括以下内容：抽样时间；抽样地点；抽样单位；抽样人；试样的标志及说明；检验时间、所用的仪器和型号；检验结果；检验规则。

7 样品检验

7.1 原烟检验

烟农出售的烟叶按品质规定检验、定级。

7.2 现场检验

7.2.1 抽样数量，每批（指同一地区、同一级别的白肋烟）在100件（包）以内者抽取10%～20%的样件，超出100件的部分抽取5%～10%的样件，经双方商定可以酌情增减抽样比例。

7.2.2 成件取样，每件自中心向四周抽检5～7处，抽检样品3～5kg。未成件的烟叶可全部检验或按部位各取6～9处、3～5kg或30～50把进行检验。

7.2.3 对抽检样品按本标准的规定进行检验。

7.2.4 在现场检验时，任何一方认为需要进行室内检验，应由双方会同取样，严密包装，签封送检。

7.2.5 现场检验中任何一方对检验结果有不同意见时，送上一级质量技术监督主管部门进行检验。对本检验结果如仍有异议，可再进行复验，并以复验为准。

8 实物标样

实物标样是检验和验级的依据之一。

8.1 实物标样的类别

实物标样分基准标样及仿制标样两类。

8.1.1 基准标样根据本标准进行制定，经国家烟草主管部门组织审定后，报国家标准化主管部门批准执行。基准标样每三年更新一次。

8.1.2 仿制标样由各省、市、自治区有关部门共同仿制或委托基层单位仿制送省有关部门审定，经省质量技术监督主管部门批准执行。仿制标样每年更新一次。

8.2 实物标样的制定原则

8.2.1 实物标样分别以各级中等质量的叶片为主，包括数量大致相等的较好和较差的叶片。每把15～25片。

8.2.2 制样时可以用无损伤的叶片。

8.2.3 实物标样加封时，应注明品种、级别、叶片数、年份并加盖批准单位印章。

8.3 实物标样的执行

8.3.1 执行时，以实物标样的总质量水平做对照。

8.3.2 对仿制标样有争执时，应以基准标样为依据。

9 包装、标志、贮存与运输

9.1 包装

9.1.1 在本标准中对包装和其组成部分所规定的尺寸和质量值是公称值。在包装中所有尺寸应在规定值的5%内。

9.1.2　每件白肋烟应是同一产区、同一等级的烟叶。烟包、烟箱内不要混有任何杂物、水分超限、霉烂变质烟叶。自然碎片不得超过3%。

9.1.3　烟叶包装材料应牢固、干燥、清洁、无异味和残毒。

9.2　标志

9.2.1 烟包上应印刷下列几项内容：生产年份；产地（省别、县别）；级别（大写）及代号；质量（毛重、净重）单位为千克；供货单位名称。

9.2.2　特殊情况的烟叶应在烟包的级别、代号后面加注专用符号，水分超限加注“W”，自然砂土率超限的脚叶加注“PS”。

9.2.3　标志应清晰易读，使用印记或持久性墨水。

9.2.4　包装内应放置白肋烟验收卡片（图1）

品种名称:________________

类型:________________

级别:________________

净重（kg）:________________

产地:________________

企业名称:________________

产品年份:________________

检验员签章:________________

执行标准号:________________

图1　白肋烟验收卡片示意图

9.2.5　出口烟可根据买卖双方的协议印上标志。

9.3　贮存

9.3.1　烟叶的贮存应符合YC/T6的规定。

9.3.2　麻袋包装原烟存放的堆垛高度不超过六个包高，经过复烤的烟叶不超过七个包高。硬纸箱包装不受此限。

9.3.3　烟包存放地点应干燥通风，远离火源和油料，不得与有异味和有毒的物品混贮一处。

9.3.4　烟包需置于距地面30cm的垫石（木）上，距墙、柱30cm以上。

9.3.5　露天堆放时，上面和四周应有防雨遮盖物，四周封严，垛底需距离地面30cm以上，垫石（木）与包齐，以防雨水浸入。

9.3.6　贮存期间应定期检查，防潮、防霉、防虫、防火，确保商品安全。

9.4　运输

9.4.1　白肋烟烟包、烟箱不得与易腐烂、有异味、有毒和潮湿的物品混运。

9.4.2　运输白肋烟的工具应干燥、清洁、无异味。烟包、烟箱上面应有遮盖物，包严盖牢，避免日晒和受潮。

9.4.3　装卸时应轻拿轻放，不得摔包、钩包。

YC/T 193—2005 白肋烟　晾制技术规程

1　范围

本标准规定了白肋烟成熟采收、装棚的技术要求以及晾制技术规程。

本标准适合于白肋烟烟叶采收和晾制。

2　规范性引用文件

下列文件中的条款通过本标准的引用而成为本标准的条款。凡是注日期的引用文件，其随后所有的修改单（不包括勘误的内容）或修订版均不适用于本标准，然而，鼓励根据本标准达成协议的各方研究是否可使用这些文件的最新版本。凡是不注日期的引用文件，其最新版本适用于本标准。

GB /T 18771.1—2002烟草术语第1部分：烟草栽培、调制与分级。

3　术语和定义

GB /T 18771.1—2002确立的以及下列术语和定义适用于本标准。

3.1　成熟度

田间烟叶的成熟程度。即烟叶在田间生长发育和干物质积累过程中，其生理变化达到烟草工艺要求的程度。通常划分为尚熟、成熟、过熟三个档次。

3.1.1　尚熟

烟叶生长发育接近完成，干物质尚充实，叶片呈绿色。

3.1.2　成熟

烟叶在生理成熟后，内含物开始分解转化，化学成分趋于协调，外观呈现明显的成熟特征。

3.1.3　过熟

烟叶在成熟后未及时采收，内含物消耗过度，烟叶变薄，叶色变淡，叶尖、叶缘枯焦。

3.2　晾制

在不同晾制阶段，调控晾房内的温度、湿度条件到适宜的范围内，保证烟叶发生必要的生理生化反应，同时使烟叶逐渐失水干燥，获得满意品质的过程。

3.3　凋萎期

烟株斩株进晾房至烟叶因失水完全凋萎的过程。

3.4　变黄期

烟叶由完全凋萎至全部褪绿变黄的过程。

3.5　变褐期

烟叶由全部褪绿变黄至全部变褐的过程。

3.6　干筋期

烟叶由全部变褐至烟叶叶脉完全干燥的过程。

4　烟叶成熟采收的要求

4.1　成熟的外观特征

4.1.1　下部烟叶成熟特征

烟叶呈黄绿色，叶尖下垂，茎叶角度增大，接近90°，茸毛脱落。

4.1.2　中上部烟叶成熟标准

上部烟叶和中部烟叶呈柠檬黄色，沿烟叶主脉两侧略带青色，叶肉凸起，略现成熟斑点。

4.2 烟叶采收

4.2.1 下部烟叶采收

根据成熟标准，按部位由下而上逐叶采收，每次每株采1~2片，采2~3次，摘叶采收可达4~6片叶。一般在打顶后7~10d内完成。

4.2.2 中上部烟叶采收

在完成下部烟叶摘叶采收后，根据成熟标准，剩下的中上部烟叶半整株斩株采收，茎秆不剖开。

5 装棚的要求

5.1 下部烟叶装棚

用烟绳编扣或通过尖针穿烟叶在细烟绳上，一般1m编好烟叶的烟绳编烟叶25~30片，成熟度相同的烟叶应编在同一根烟绳上。要求2片一束，叶基对齐，叶背相靠，编扣牢固，束间距均匀一致，叶片一般不划筋。进入晾房晾制，烟绳要求拉直。

5.2 中上部烟叶装棚

烟株用木制或竹制烟杆穿挂，烟杆长90cm，每杆穿4株烟，烟株距20cm。要求由上而下，垂直装棚，装完一个垂直面再装第二个垂直面，同层烟杆间距25cm。烟杆要均匀排列，纵横一致，上、下排齐。切忌顺水平方向一层一层的装棚和交错排杆，以利通风顺畅。

6 晾制技术规程

6.1 基本原理

在晾制过程中，烟叶外观发生明显变化的同时，烟叶内也进行着与烟叶品质密切相关的一系列复杂的生理生化反应，并且烟叶逐渐失水干燥。据此将晾制过程划分为凋萎期、变黄期、变褐期和干筋期四个时期。在晾制的不同时期，通过调控晾房内的温度、湿度条件到适宜的范围内，即使晾房内相对湿度在凋萎期保持在75%~80%；在变黄期、变褐期保持70%~75%；在干筋期保持在40%~50%，促进有利于烟叶优良品质形成的一系列复杂的生理生化反应发生，以获得满意的品质。

6.2 温湿度调控途径

晾房温、湿度调控主要通过晾房门窗的开关、烟杆距离的调节、地表湿度的调节来实现。在以上方法不能奏效的情况下，可修建安装升温、排湿设施来解决。

6.3 晾制设施

白肋烟的调制过程应在晾房中进行，晾制种植面积为每亩的白肋烟，应有26~29m^{2}的标准晾房一间。

6.3.1 晾房修建要求

6.3.1.1 晾房选地

要求建在地势平坦，通风顺畅，地下水位低，光照条件好的地方，晾房地面应略高于四周地面，不能建在林荫地和潮湿的低洼处。

6.3.1.2 晾房朝向

晾房朝向应以晾房迎风面与风向垂直为原则，以便于通风排湿。一般以南北向建造晾房。

6.3.1.3 门窗设置

为了便于通风排湿，门窗总面积应占晾房四周墙面面积的三分之一以上。门、窗和地窗设置规格分别为门高2m、宽1.2m；窗高1.28m、宽1m；地窗高0.5m、宽0.6m；两块地窗设置在每个窗的下方（白肋烟晾制结构图）。

6.3.1.4 晾房房顶及四周的要求

用农膜在房顶覆盖压紧，然后在农膜上铺盖7cm厚的覆盖物，覆盖物可用麦秸、茅草或稻草等物。晾房四周应在晾房盖好后，用麦秸、茅草编扎成草帘，固定在晾房四周，四周草帘厚度为3~4cm，晾房四周应封闭严密，能防止雨天的湿空气进入和日晒。

6.3.1.5 晾房内层栏

晾房内层栏一般设置二层，可晾烟1 300株左右，也可设置三层晾烟2 000株，每层需放置四根横木作为放置烟杆的支架，横木为直径10cm以上的横圆材，朝向与晾房迎风面平行，横木距离1.2m（白肋烟晾制结构图）。

6.3.1.6 晾房规格

每间晾房规格为长（进深）7.2m、宽3.6m（迎风面）、檐柱高4m、中高5.2～5.5m、出檐0.5m，层栏底层距地面高2.5m，其余层栏1.6m（白肋烟晾制结构图）。晾房间数可根据需要顺延，增加间数晾房的高度可根据层栏的需要而增加。修建晾房时，晾房长度（进深）应严格控制，如果晾房长度过长，则晾房内通风不顺畅，湿度过高，会造成烟叶霉变烂烟；过短，则排湿过快，烟叶干燥过快，调制后烟叶颜色浅，光泽差，形成急干烟。

6.4 晾制技术

白肋烟晾制受自然气候条件影响较大，因此，白肋烟晾制技术也应根据当时、当地的气候条件和各晾制阶段的要求进行调整。

6.4.1 凋萎期

凋萎阶段要求迅速地将烟株内多余的水分排出，因此，要求在白天将门窗全部打开，使晾房内相对湿度最好低于80%，该阶段一般持续6～8d。

6.4.2 变黄期

当晾房内相对湿度低于70%时，关闭门窗，注意保湿，相对湿度高于75%时，应打开门窗及时排湿。当用开关门窗调节湿度不能及时奏效时，则应通过调整烟杆距离来辅助调节，湿度低时适当缩小杆距，以增加湿度，湿度高时则拉大杆距，以加强通风排湿。该阶段一般持续7～9d。

6.4.3 变褐期

晾房内相对湿度应继续保持在70%～75%，调控方法同变黄期；待最后一片顶叶变为红黄色时，即可将晾房门窗全部关闭，以加深叶片颜色，增加香气，但每天都要查看晾房内湿度情况。该阶段一般持续11～13d。

6.4.4 干筋期

晾房内相对湿度应保持在40%～50%，调控方法仍以开关门窗与调节烟杆距离来实现。该阶段一般持续11～13d。

6.4.5 低海拔地区晾制技术

低海拔地区一般指海拔高度低于800m的地区，针对该地区晾制季节相对湿度较低的气候特点，晾制技术需进行调整，即在湿度过低的情况下，采取各种便捷、可行的保湿、增湿手段来保障晾房内适宜的相对湿度，主要包括：

a.晾房房顶铺盖的麦秸（或毛草、稻草）以及四周遮围的草帘应加厚，厚度大于5cm；

b.白天将晾房门窗紧闭以保湿，夜间打开晾房门窗以吸潮；

c.在晾房地面上泼水；

d.缩小烟杆及烟株之间的距离，使之更紧密。

6.4.6 高海拔地区晾制技术

高海拔地区一般指海拔高度高于1 000m的地区，针对该地区晾制季节相对湿度较高、气温低的气候特点，晾制技术需进行调整，即在湿度过高的情况下，采取各种有效的增温排湿手段来保障晾房内达到适宜的相对湿度，主要包括：

a.夜间和早晨关闭门窗，白天打开门窗通风；

b.将烟杆及烟株之间的距离调大，以改善烟株之间的通风情况；

c.在晾房地面铺设薄膜等隔潮、防潮材料；

d.在晾房内修建安装升温徘湿设施

在采取其他措施不能将过高湿度降下来的情况下，可使用修建安装火龙升温和排风扇排湿，以降低湿度。

6.4.7 适时下架，按部位剥叶堆放醇化

当全部烟叶主脉干燥易折，晾房内相对湿度70%左右时，即可下架剥叶。剥叶应按顶叶、上二棚、腰叶和下二棚四个部位堆放，以便分级。晾制好的烟叶水分含量应严格控制在16%～17%，应妥善堆放保管，自然醇化一周以上。

白肋烟晾房结构图

1 白肋烟晾房正立面(图A.1)。

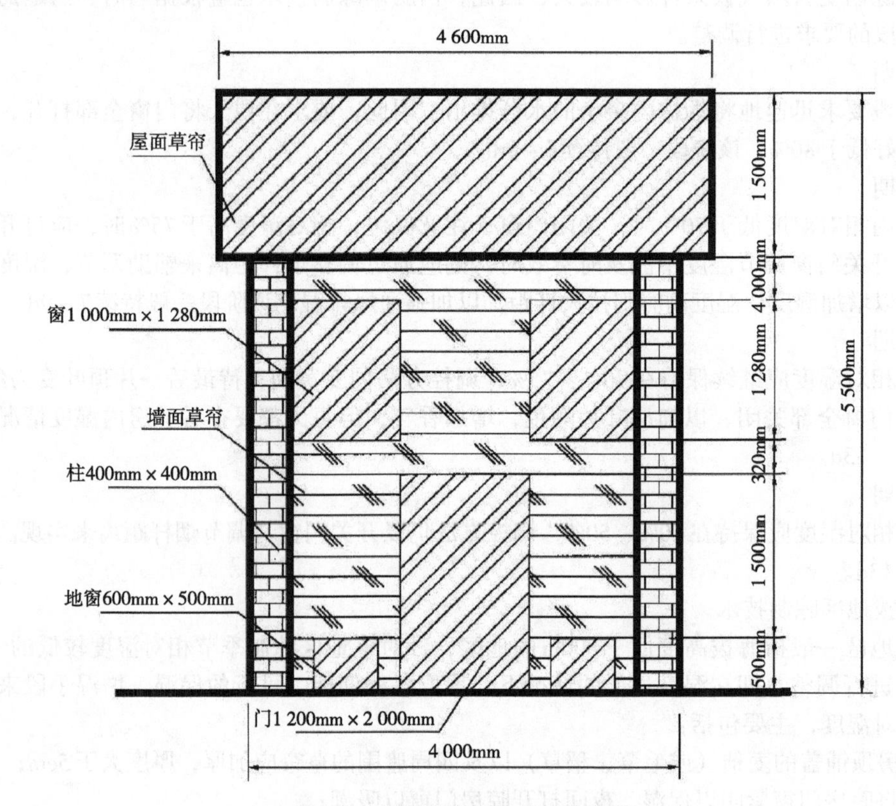

图A.1 白肋烟晾房正立面示意图

2 白肋烟晾房剖面图(图A.2)。

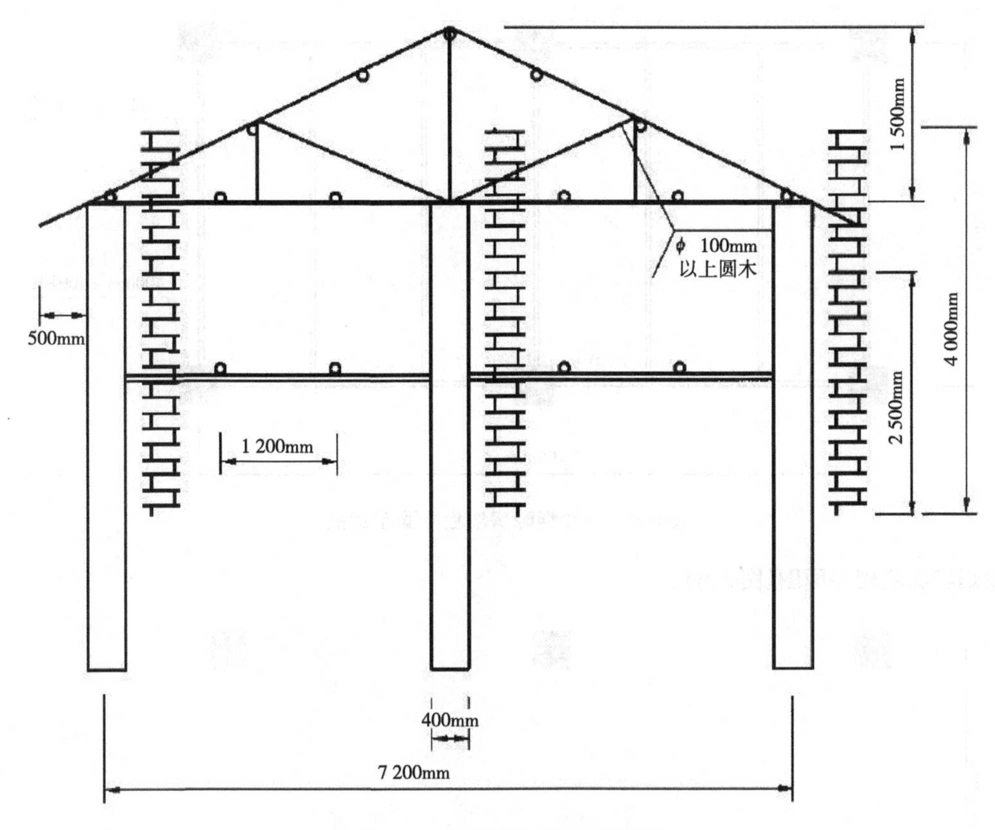

图A.2 白肋烟晾房剖面示意图

3 白肋烟晾房透视图(图A.3)。

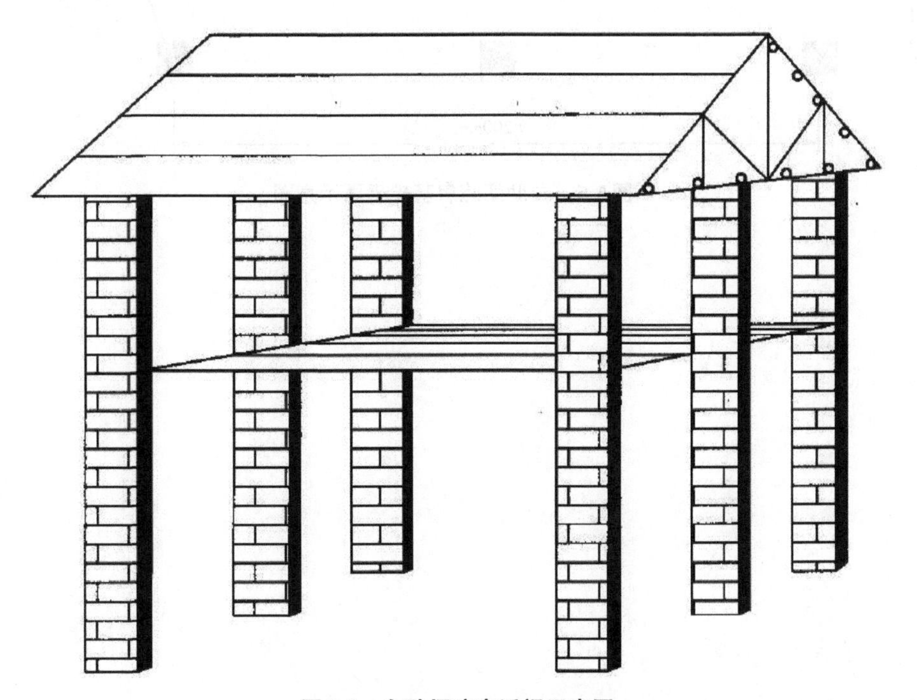

图A.3 白肋烟晾房透视示意图

4 白肋烟晾房层栏平面图(图A.4)。

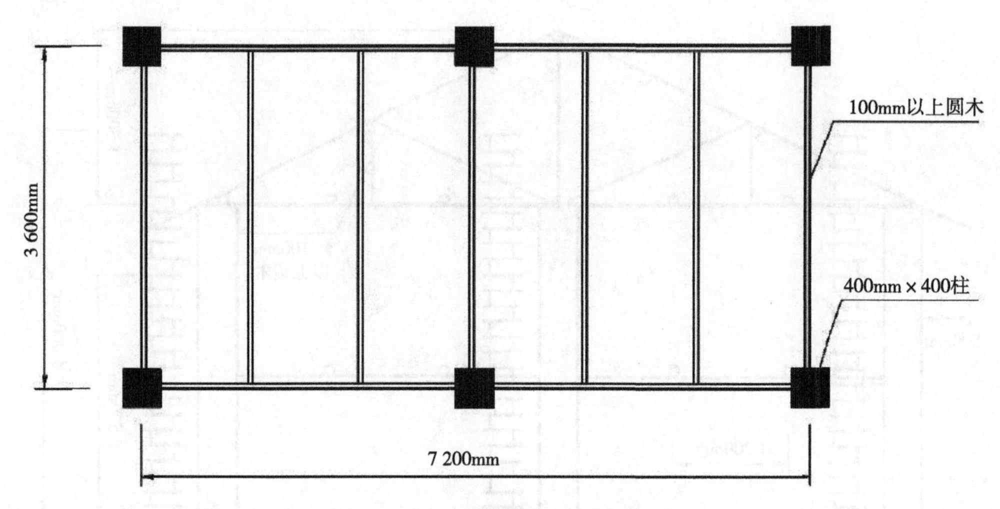

图A.4 白肋烟晾房层栏平面示意图

5 白肋烟晾房基础平面图(图A.5)。

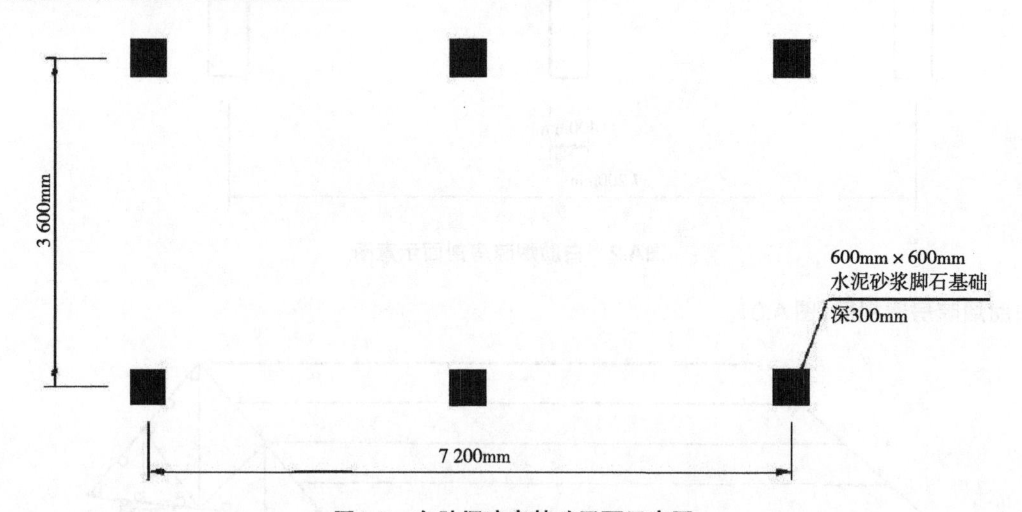

图A.5 白肋烟晾房基础平面示意图

YC/T 338—2010 白肋烟 栽培技术规程

1 范围

本标准规定了白肋烟的产量指标、质量指标、适栽品种、育苗技术、栽培技术、采收技术、病虫害控制技术。

本标准适合于白肋烟育苗、栽培及采收。

2 规范性引用文件

下列文件对于本文件的应用是必不可少的。凡是注日期的引用文件，仅所注日期的版本适用于本文件。凡是不注日期的引用文件，其最新版本（包括所有的修改单）适用于本文件。

GB/T 18771.1—2002 烟草术语 第1部分：烟草栽培、调制与分级

GB/T 25241.1—2010 烟草集约化育苗技术规程 第1部分：漂浮育苗

3 术语和定义

GB/T18771.1—2002《烟草术语 第1部分：烟草栽培、调制与分级》和GB/T 25241.1—2010《烟草集约化育苗技术规程第1部分：漂浮育苗》所界定的以及下列术语和定义适用于本标准。

3.1 烟草渗透调节包衣种

烟草种子经渗透调节技术处理后，用种衣剂和粉料等包裹后形成丸粒化的烟草种子。

3.2 抑芽

抑制或去除烟株腋芽的操作。

3.3 逐叶采收

按烟叶成熟特征，依部位由下而上逐叶采摘，每次每株采2～4片，采6～8次，采完为止。

3.4 半整株采收

按成熟标准，依部位由下而上采摘下部叶，每次每株采1～2片，采2～3次，采收可达4～6片叶，一般在打顶后7～10d内完成；完成下部烟叶采收后，剩下的中上部烟叶在打顶后4～5周斩株采收。

3.5 晾房

利用自然气候条件晾制烟叶的简易砖木结构房子。

3.6 装棚

将从田间采收的烟叶装入晾房的操作。

4 生育期田间长相标准

4.1 团棵期长相标准

移栽后25～30d团棵，株高通常达到33cm左右，叶数12～14片；叶片呈正常绿色，烟株营养充足，发育正常，株形近似半球形。群体生长整齐一致，病虫害发生率3.0%（统计方法参照“GB/T 23222—2008烟草病虫害分级及调查方法”，下同）以下。

4.2 旺长期长相标准

团棵到现蕾为旺长期，通常为30～35d。发育良好，茎秆粗壮，叶片开展，中部叶长度通常应达60cm以上，宽30cm左右；营养充足，无缺素症状；田间生长整齐一致，株间叶片稍有交叉；病虫害发生率3.0%以下。

4.3 成熟期长相标准

从现蕾后至烟叶达到成熟标准为烟叶成熟期，通常为30d左右。烟株发育完全，叶片充分展开；叶脉凹陷，叶肉明显凸起，叶缘有皱褶，叶尖叶缘明显下垂，叶色由绿色渐变为黄绿色直至柠檬黄

色；病虫害发生率3.0%以下。

5　适宜种植区域

5.1　生态条件

全年无霜期不少于220d，海拔800～1 200m；大田生长阶段（5—9月），日照时数不小于600h，平均降水量不小于500mm，日平均气温不小于20℃的累积天数不少于70d，田间适宜温度20～35℃；年平均相对湿度小于82%，最适为70%～80%。

5.2　土壤条件

植烟土壤地力均匀，耕层深厚，保水保肥能力较强，排灌方便。0～60cm土层含氯小于30mg/kg，土壤有机质含量大于2.0%，pH值为5.5～6.5。

6　种植制度

建立基本烟田保护制度，实行合理轮作种植，进行土壤改良。白肋烟严禁与其他作物间作，也要避免与其他作物套种。

7　适栽品种

应种植全国烟草品种审定委员会审定通过的白肋烟品种。

8　栽培技术

8.1　大田准备与整地

田块宜适度集中连片，烟杆及植株残体应于上一年11月底前清理出烟田，连同烟田及周围其他杂物一起处理，并进行土地深耕，越冬翻晒，在轮作较少的田区种植绿肥。3月下旬开始进行土地翻耕、平整。

8.2　起垄

大田整地、起垄、施肥、覆膜等各项操作应在移栽前10～15d结束。

起垄规格宜为行距1.1～1.2m，垄高10～25cm，垄底宽50～60cm，垄面呈拱形，垄直平整，土壤细碎，垄面无杂草；沟厢应腰沟、围沟、垄沟"三沟"配套，起垄后应在垄面喷施杀虫剂，防止地老虎等地下害虫的为害。

8.3　地膜覆盖

地膜规格为聚乙烯农用地膜，宽度70～90cm；覆膜要求在起垄后移栽前10～15d适墒覆膜，应进行全垄体覆盖。

8.4　育苗

在移栽之前60～70d播种，采用渗透调节包衣种。主要操作步骤如下：

基质装填前向基质反复喷水，使其充分湿润，然后再装填入盘，装填量为育苗孔穴深度的2/3；播种后均匀地喷洒温水，确保包衣种子吸足水分，包衣充分裂解；其他技术措施按照GB/T 25241.1—2010《烟草集约化育苗技术规程第1部分：漂浮育苗》中的要求操作。

8.5　施肥技术

8.5.1　肥料种类

可使用的肥料种类包括烟草专用复合肥和复混肥，辅以硝磷铵、硝酸钾、过磷酸钙、钙镁磷肥、硫酸钾、菜籽饼肥、腐熟厩肥、沼肥等。

8.5.2　施肥量及配比

施肥量及配比根据种植区域的气候、土壤类型及肥力状况，结合测土配方，将亩施纯氮量控制在15～18kg，N：P_2O_5：K_2O=1：（1～2）：（2～3）。

8.5.3　施肥方法

8.5.3.1　底肥

应在起垄时（移栽前10～15d）将60%～70%的氮肥、钾肥及100%的磷肥作底肥一次性条施，余下的氮肥、钾肥可作追肥。施肥方法：底肥实行平地条施后起垄，条施的深度距垄面为10～20cm，宽度为15～20cm。

8.5.3.2　追肥

应在移栽后25d内追肥，1～2次追施完。追肥方法：在烟株之间打孔施入，施肥深度为10～15cm，及时用水淋注追肥孔以实现以水带肥，并用土将追肥孔填满。根据土壤和烟株长势情况，可根外喷施磷酸二氢钾和中微量元素叶面肥。

8.6　移栽

8.6.1　移栽时间

应在日平均气温稳定在12℃以上、地温达到10℃以上、且不再有晚霜危害时进行移栽。

8.6.2　移栽规格

移栽规格以行距1.1～1.2m、株距0.45～0.55m为宜。

8.6.3　移栽方法

移栽时带水、带肥、带药、壮苗深栽。每亩用消毒的过筛细土350～400kg，混配2.5kg烟草专用复合肥，堆积发酵10d以上，混合均匀后，用于移栽封口，移栽必须没过茎秆，露出叶芯，距地面2～3cm，栽后烟苗呈喇叭状。烟苗移栽时，浇水于烟株根部，用水1kg/株以上。同时施用药剂以防治病害和地下害虫。

8.7　田间管理

田间应无病、无虫、无草、无花、无杈、土壤无板结；还苗期短，25～30d团棵，旺长期生长旺盛，成熟期叶片充分展开。

8.7.1　揭膜培土

宜在移栽后25～30d揭膜、中耕培土并清除田间杂草，高海拔烟区可不揭膜。

8.7.2　打顶留叶

宜在初花期一次性打顶，依品种、长势而决定留取有效叶22～26片，及时清除烟株残体。

8.7.3　抑芽

8.7.3.1　手工抹杈

腋芽生长至3～5cm时抹杈，每5～7d进行一次。抹杈时连同腋芽的基部一同抹去，所抹下的烟杈应及时清理出烟田销毁。

8.7.3.2　化学抑芽

打掉2cm左右的烟芽后，应按化学抑芽剂的使用说明书的要求进行化学抑芽。

8.8　灌溉

根据烟株形态特征进行灌溉，一般在烟株叶片发生萎蔫且下午还不能恢复时，应及时灌水，灌溉量为（1～2）kg/株。

9　采收及装棚

9.1　采收

根据品种、成熟度及劳动力状况，烟叶采收可选择逐叶采收（3.3）和半整株采收（3.4）两种方法。半整株采收时应选在晴天13：00以后进行，既要防止太阳灼伤，又要使烟株萎蔫，以便于烟叶搬运和晾制。10：00以前或者雨天均不可采收烟叶。

9.2　装棚

9.2.1　逐叶采收及半整株采收的下部烟叶的装棚方法

叶片不划筋，用烟绳编扣系扎于细烟绳上，成熟度相同的烟叶编在同一根烟绳上，2片/束，（25～30）片叶/m，叶基对齐，叶背相靠，编扣牢固，束间距均匀一致；进入晾房或晾棚后，烟绳要拉直。

9.2.2 半整株采收的中上部烟叶的装棚方法

烟株用木制或竹制烟杆穿挂，烟杆长90cm，4株/杆，同一杆上烟株距20cm，同一层烟杆间距25cm，层间距大于30cm。由上而下，垂直装棚，逐层逐面而装，装完一层再装下一层，装完一个垂直面再装第二个垂直面。烟杆应均匀整齐排列，以利于晾制期间能通风透湿。

10 病虫害防治

10.1 主要防治对象

主要病害防治对象为病毒病、青枯病、黑胫病、根黑腐病、赤星病、角斑病、野火病；主要虫害防治对象为烟蚜、烟青虫、斜纹夜蛾、地老虎、金针虫。

10.2 主要预防措施

10.2.1 病害防治

10.2.1.1 规范耕作制度

实行轮作制，烟田以冬闲地块为好，不宜以马铃薯、油菜等作物作为烟草的前茬。

10.2.1.2 烟田冬耕深松浅翻

烟田应在12月底之前完成冬耕深松浅翻，松土深度在20cm以上，松土后翻土，翻土深度5～15cm，以此减少有害生物的越冬成活量及侵染源。

10.2.1.3 搞好田间卫生

各项农事操作前应注意工具的消毒，并用肥皂水洗手。严禁施用未经腐熟的有机肥和农家肥；灌溉用水应清洁卫生。操作时应病健分开，先健株，后病株。发现中心病株或严重病株，应及时清除出田间进行深埋处理。烟叶采收结束后，彻底清除田间病残体，并集中销毁。

病虫害化学防治方法

1 病害防治

1.1 病毒病

8%宁南霉素水剂1 200～1 600倍液或用2%菌克毒克水剂200～250倍液在烟苗移栽成活后每隔7～10d喷施1次。

1.2 青枯病

200单位/ml农用链霉素，或20%或3 000亿个/每克荧光假单胞菌粉剂512.5～662.5g/亩灌根。

1.3 黑胫病

72%甲霜灵锰锌可湿性粉剂600～800倍液，或72.2%霜霉威水剂600～900倍液，或25%甲霜·霜霉威可湿性粉剂600～800倍液，或48%霜霉·络氨铜水剂1 200～1 500倍液灌根。

1.4 根黑腐病

50%甲基托布津可湿性粉剂500～800倍液灌根。

1.5 赤星病

40%菌核净可湿性粉剂400～500倍液，或19%噁霉·络氨铜水剂1 500～2 000倍液，或0.3%赤星杀手（多抗霉素）水剂300倍液。

1.6 角斑病、野火病

72%农用硫酸链霉素可溶粉剂1 000～4 000倍液或77%硫酸铜钙可湿性粉剂400～600倍液叶面喷雾。

2 虫害防治

2.1 烟蚜

5%吡虫啉乳油1 000～1 200倍液，或3%啶虫脒乳油1 500～2 500倍液叶面喷雾，或用5%涕灭威颗粒剂750～1 000g/亩在移栽时穴施。

2.2 烟青虫

0.5%苦参碱水剂600～800倍液，或25g/L溴氰菊酯乳油1 000～2 500倍液，或25g/L高效氯氟氰菊酯乳油1 000～2 000倍液。

2.3 斜纹夜蛾

40%乙酰甲胺磷乳油500～1 000倍液，或10%高效氯氟氰菊酯乳油1 000～2 000倍液，或用5%高氯·甲维盐微乳剂3 000～3 500倍液叶面喷雾。

2.4 地老虎

50%辛硫磷乳油1 000倍液灌根，或用90%晶体敌百虫500～800倍液喷雾或灌根。

2.5 金针虫

90%晶体敌百虫500～800倍液或50%辛硫磷乳油1 000倍液灌根。

湖北省地方标准

湖北晒红烟　分级标准

1　范围

本部分规定了晒红烟的分组、分级、技术要求和验收规则。

本部分适用于调制后堆放初步发酵后晒红烟。以文字标准为主，辅以实物标准样品，是分级、收购、加工、交接的依据。

2　规范性引用文件

下列文件为本标准引用文件。凡是注日期的引用文件，仅所注日期的版本适用于本部分。凡是不注日期的引用文件，其最新版本（包括所有的修改单）适用于本部分。

GB 2635—1992　烤烟

GB/T 18771.1—2002　烟草术语

YC/T 370—2010　烤烟中非烟物质控制技术规程

3　术语和定义

3.1　湖北晒红烟

晒红烟

晒红烟是指以晾晒相结合的方法进行调制，干燥后呈深浅不同的红色的烟叶。

3.2　组

同一组的烟叶部位相同或质量相近，

3.2.1　正组

生长发育正常，调制适当的烟叶组别。

3.2.2　副组

生长发育不良、采收不当或调制失误以及其他原因造成的低质量烟叶组别。

3.3　等级

同一组烟叶质量优劣的档次。

3.4　部位

烟叶在烟株上着生的部位。由下而上划分脚叶、下二棚、腰叶、上二棚、顶叶。

[GB/T 18771.1—2002，定义5.1]

3.5　叶片结构

指烟叶细胞排列的疏密程度。分以下档次：疏松（open）、尚疏松（firm）、稍密（close）、紧密（tight）、松（porous）。

[GB/T 18771.1—2002，定义5.17]

3.6　成熟度

烟叶田间成熟与调制后熟的综合表现，分以下档次：完熟、成熟、尚熟、欠熟、未熟、过熟。

3.7　油分

烟叶内含有的一种柔软半液体或液体的物质。在适度含水量下，根据感官鉴别有油润或枯燥、柔软或僵硬的感觉。分以下档次：足（rich）、较足（adequate）有（oily）、稍有（less oily）、少（lean）。

注：改写 GB/T 18771.1—2002，定义 5.19

3.8 身份

指烟叶厚度、细胞密度或单位面积重量的综合表现。分以下档次：薄（thin）、稍薄（slate thin）、中等（moderate）、稍厚（fleshy）、厚（heavy）。

注：改写 GB/T 18771.1—2002，定义 5.18

3.9 颜色

同一型烟叶经调制后的色彩、色泽饱和度和色值的状态[GB/T 18771.1—2002，定义 5.25]

包括红棕、红黄、黄红、褐红、棕褐、褐棕、青褐、黄褐。

3.9.1 红棕

烟叶表面呈现红棕色。

3.9.2 红黄

烟叶表面以红色为主，透出黄色。

3.9.3 黄红

烟叶表面以黄色为主，透出红色。

3.9.4 褐红

烟叶表面呈现褐色透红。

3.9.5 棕褐

烟叶表面棕色为主，透出褐色。

3.9.6 褐棕

烟叶表面褐色，透出棕色。

3.9.7 青褐

烟叶表面青色为主，透出褐色。

3.9.8 黄褐

烟叶表面黄色带褐色。

4 光泽

指烟叶表面色彩的明亮程度。档次分为：强、稍强、中（moderate）、稍暗、较暗、暗（dull）。

注：改写 GB/T 18771.1—2002，定义 5.38

4.1 长度

从叶片主脉柄端至尖端的直线距离，以厘米（cm）表示。

注：改写 GB/T 18771.1—2002，定义 5.21

4.2 杂色

烟叶表面存在着与基本色不同的颜色和斑块，分为轻微杂色、稍带小花片、稍带大花片、较多小花片、略多大花片、较多大花片。

注：改写 GB/T 18771.1—2002，定义 5.32

4.3 青痕

烟叶在调制前受到机械擦、压伤，造成调制后呈现青色的痕迹。

注：改写 GB/T 18771.1—2002，定义 5.35

4.4 残伤

烟叶受损害部分透过叶背使组织受损伤，失去成丝强度和坚实性的部分。

注：改写 GB/T 18771.1—2002，定义 5.23

4.5 含青度

烟叶上任何可见的青色占整片烟叶的比例，以百分数表示。

4.6 纯度允差

混级的允许程度。即某等级内允许混相邻上、下一级烟叶总和的百分比（%）。

注：改写 GB/T 18771.1—2002，定义 5.43

4.7 自然把

烟叶调制后自然形态下扎成的把烟。

注：改写 GB/T 18771.1—2002，定义 5.40

4.8 平摊把

烟叶调制后叶片平摊、叶面平展形态下扎成的把烟。

注：改写 GB/T 18771.1—2002，定义 5.41

4.9 非烟物质

混杂在烟叶中肉眼可辨的影响卷烟加工和产品质量的物质。

[YC/T 370—2010，定义 3.1]

5 分组、分级

5.1 分组

根据烟叶着生的部位以及与总体质量密切相关的特征划分为正组和副组。其部位特征见表1。

表1 部位特征

组别	部位	特征			
		脉相	叶形	叶基部	叶片厚度
下部	脚叶	较细	宽圆，叶尖钝	宽、扁平	薄
	下二棚	遮盖	较宽圆，叶尖较钝	较宽、稍扁平	稍薄
中部	腰叶	微露	宽，叶尖部较钝	宽度适中、厚度适中	中等
上部	上二棚	较粗	较宽，叶尖部较锐	较窄、较厚	稍厚
	顶叶	显露、突起	较窄，叶尖部锐	窄、厚	厚

5.2 分级

根据烟叶的颜色、成熟度、叶片结构、油分、光泽、身份、长度、杂色残伤以及含青度等外观质量因素判定级别。分为：上部五个级，中下部六个级、副组两个级及末级共14个级。

5.3 代号

5.3.1 组别代号

B：上部组，CX：中下部组，F：副组。

5.3.2 等级代号

B1：上部一级，B2：上部二级，B3：上部三级，B4：上部四级，B5：上部五级；CX1：中下部一级，CX2：中下部二级，CX3：中下部三级，CX4：中下部四级，CX5：中下部五级，CX6：中下部六级。副组：F1：副组一级，F2：副组二级。

5.4 技术要求

5.4.1 品级要素

5.4.1.1 品质因素

包括成熟度、颜色、叶片结构、油分、光泽、身份、长度。

5.4.1.2 控制因素

包括杂色残伤和含青度。

5.4.1.3　品级要素及档次见表2。

表2　品级要素及其档次

<table>
<tr><th colspan="2" rowspan="2">品级要素</th><th colspan="8">档次</th></tr>
<tr><th colspan="2">1</th><th colspan="2">2</th><th colspan="2">3</th><th colspan="2">4</th></tr>
<tr><td rowspan="6">品质因素</td><td>叶片结构</td><td colspan="2">疏松</td><td colspan="2">尚疏松</td><td colspan="2">稍密</td><td colspan="2">密、松</td></tr>
<tr><td>油分</td><td colspan="2">足</td><td colspan="2">有</td><td colspan="2">稍有</td><td colspan="2">少</td></tr>
<tr><td>身份</td><td colspan="2">中等</td><td colspan="2">稍薄、稍厚</td><td colspan="2">薄、厚</td><td colspan="2"></td></tr>
<tr><td>颜色</td><td>红棕</td><td>红黄</td><td>黄红</td><td>褐红</td><td>棕褐</td><td>褐棕</td><td>青褐</td><td>黄褐</td></tr>
<tr><td>光泽</td><td colspan="2">强</td><td>较强</td><td colspan="2">中</td><td>稍暗</td><td colspan="2">暗</td></tr>
<tr><td>长度</td><td colspan="8">以厘米（cm）表示</td></tr>
<tr><td rowspan="2">控制因素</td><td>杂色残伤</td><td colspan="8" rowspan="2">以百分比（%）控制</td></tr>
<tr><td>含青度</td></tr>
</table>

5.4.2　品质规定

品质规定见表3。

5.4.3　叶片长度

叶片大于或等于35cm的烟叶，上中部烟组的符合率大于85%，下部组符合率大于75%。

5.4.4　叶片定级上部一级只限上二棚叶，开片好的顶叶可在上部二级（含上部二级）以下定级。中下部一级只限腰叶，脚叶只限进中下部五级和六级。

表3　晒红烟品质规定

组别		等级	成熟度	颜色	身份	结构	油分	光泽	杂色	含青	残伤度（%）
主组	上部组	B1	成熟—完熟	红棕	厚—稍厚	疏松—尚疏松	足	强—较强	轻微	无	≤7
		B2	成熟	红棕—棕褐	稍厚	尚疏松	较足	中	稍带小花片	微带青或浮青10%以内	≤10
		B3	尚熟	红棕—棕褐	稍厚—中等	尚疏松	有	稍暗	稍带大花片	微带青或浮青20%以内	≤15
		B4	尚熟—略欠熟	棕褐—褐棕	中等—稍厚	稍密—紧密	稍有	较暗	较多小花片	—	≤20
		B5	欠熟	棕褐—褐棕	中等—稍厚	紧密	少	暗	较多大花片	—	≤25
	中下部组	CX1	成熟	红棕	中等	疏松	足	强—较强	轻微	无	≤7
		CX2	成熟	红棕	中等—稍薄	疏松	较足	中	稍带小花片	微带青或浮青10%以内	≤10
		CX3	成熟—尚熟	红棕—红黄	中等—稍薄	疏松	有	稍暗	有小花片	微带青或浮青20%以内	≤15
		CX4	成熟—尚熟	红棕—红黄	稍薄	尚疏松	稍有	稍暗	稍带大花片	—	≤20
		CX5	尚熟	黄红—红黄，棕褐	稍薄	尚疏松—稍密，稍松	稍有	较暗	较多小花片或略多大花片	—	≤25
		CX6	尚熟—欠熟	棕褐，褐黄、黑褐、褐黄、棕黄	稍薄—薄	紧密，松	少	暗	较多大花片	—	≤30
副组	副1	F1	过熟，未熟	—	厚—薄	稍密，稍过疏松	稍有	较暗	较多大花片	—	≤40
	副2	F2	过熟，未熟	—	厚—薄	紧密，过疏松	少	暗	大花片多	—	≤50
末级		达不到以上等级要求，尚有使用价值的均列为末级。									

5.4.5　小叶品种的规定

小叶品种长度可适当放宽，其他品质规定参照5.4.2。

5.5 定级原则

烟叶的成熟度、叶片结构、油分、身份、颜色、光泽、长度均达到某级的规定，杂色、残伤、含青度不超过某级允许度时，才定为某级。

5.6 几种烟叶的处理原则

5.6.1 品质达不到中部组最低等级质量要求的，允许在下部组定级。

5.6.2 副组一级限于腰叶、上、下二棚部位的烟叶。

5.6.3 光滑叶和褪色叶在副组定级。

5.6.4 每片烟叶的完整度必须达到50%以上，低于50%者列为级外烟。

5.6.5 烟筋未干或水分超过规定，以及掺杂、砂土率超标的烟叶，必须重新整理后再收购。

5.6.6 青片、糠枯、黑糟、烟杈、霉变、异味、熄火烟等无使用价值的烟叶，不予收购。

5.6.7 凡被禁用农药和其他有毒有害物质污染的烟叶，不收购。

5.6.8 烟叶的等级纯度允差、自然砂土率和水分的要求

烟叶的等级纯度允差、自然砂土率和水分的要求见表4。

表4 纯度允差、自然砂土率、水分的要求

级别	纯度允差不超过（%）	自然砂土率不超过（%）	水分（%）
中下一（CX1） 中下二（CX2） 上一（B） 上二（B2） 上三（B3）	10	1.0	16 ~ 18
中下三（CX3） 中下四（CX4） 中下五（CX5） 上四（B4） 上五（B5）	15	1.5	
中下六（CX6） 副一（F1） 副二（F2）	20	2.0	

注：表中规定的等级纯度允差指上、下一级。

5.7 扎把(捆)规定

去拐烟可扎成自然把，每把30 ~ 40片，扎把材料应用同等级烟叶，绕宽不超过50mm；把（捆）内不得有烟梗、烟杈、碎片及非烟物质。

6 检验规则

采购定级或工商交接检验时，任何一方认为需要进行室内检验，应由双方会同取样，严密包装，签封送检。对检验结果如有异议，可再行复验或送主管部门进行检验。

6.1 品质检验

6.1.1 取样方法

取样数量5 ~ 10kg。从现场检验打开的全部样件中平均抽取，每件至少随机抽取二把。如检验打开的样件超过40件，只需任选40件。

6.1.2 检验方法

将送检样品每包取1/3称重，以感官鉴定为主，按实物标准逐片定级。分别称重，经复核发无误，计算其合格率，如有异议时，可再取1/3另行检验，以两次检验结果平均数为准，等级合格式化率按公式（1）计算：

$$C\ (\%) = B/H \times 100 \quad (1)$$

式中：C——合格百分率；B——合格数；H——总检验数。

6.2　水分检验

6.2.1　取样方法

取样数量不少于0.5kg，从现场检验拆开的全部样件中平均抽取。现场检验打开的样件超过10件，则超过部分每2～3件任选1件。取样时应从烟包开口一面的一条对角线上等距离抽取2～5处，每处各0.1kg，放入密闭的容器中。化验时应将送检的全部样品混合均匀，随机抽取30～50g。

6.2.2　检验方法

现场检验用感官检验法，室内检验用烘箱检验法。

6.2.2.1　感官检验法

烟农出售的晒红烟用手握松开后能迅速展开，手折烟筋，较易折断，轻摇烟把有响声者，水分在规定范围之内。

6.2.2.2　烘箱检验法

从送检样品中均匀抽取约1/4的叶片，迅速切成宽度不超过5mm的小片或丝状，混匀后放置于预先烘至恒重的铝盒内，在感量千分之一克的分析天平上称取两份试样，每份重5～10g，记下称得的试验重量，去盖后放入温度（100±2）℃烘箱内，自温度回升至100℃时算起，烘2h，加盖、取出，放入干燥器内，冷却至室温，再称重，按公式（2）计算水分百分率

$$A\ (\%) = (W_1 - W_2)\ /W_1 \times 100 \tag{2}$$

式中：A——水分百分率；W_1——烘前试样重量（g）；W_2——烘后试样重量（g）。

平行试验结果允差不超过0.5%，求其平均，即为测定结果，测定结果取小数点后第三位。

6.3　砂土检验

6.3.1　取样方法

取样数量不少于1kg，从现场打开的全部样件中平均抽取，现场检验打开的全部样件超过10件，则任选10件，每件任取1把，如双方仍有异议时可酌情增加。

6.3.2　检验方法

现场检验用感官检验法，室内检验用重量检验法。

6.3.2.1　感官检验法

对抽取的样把用手抖或手拍，无砂土下落或看不见烟叶表面附有砂土即为合格。

6.3.2.2　重量检验法

用感量1/10克的天平称取试样两份，每份重400～600g，在蜡光纸上将烟叶解开，用毛刷逐片正反两面各轻刷5～8次，刷净，搜集刷下的砂土称重按公式（3）计算砂土率：

$$D\ (\%) = V/W \times 100 \tag{3}$$

式中：D——砂土百分率（g）；V——砂土重量（g）；W——试样重量（g）。

平行试样结果的平均数为测定结果，测定结量取小数点后第三位。

7　实物样品的制定和执行

7.1　实物样品分基本样品和仿制样品，两种均为代表性样品。基本样品根据文字标准制定，每两年更新一次，经省标准化行政部门执行。仿制样品每年更新一次。

7.2　制样烟以各级中等质量的叶片为主，加封时，必须注明级别（大写）、部位、日期和加盖批准单位印章。

7.3　执行时以实行样品的总质量水平作为对照。

7.4　对仿制样品有争执时，应以基本样品为依据。

湖北晒红烟外观鉴定标准制订说明

1 湖北晒红烟品质要求(表1)

表1 2012年“湖北晾晒烟项目”晒红烟外观鉴定标准

等级	成熟度	颜色	身份	结构	油分	光泽	杂色	含青	部位要求	残伤度(%)
1级	成熟—完熟	红棕	较厚—中等	疏松—尚疏松	足	强	轻微	无	上二棚、腰叶	≤7
2级	成熟	红棕—红黄	较厚—中等	尚疏松	较足	较强	稍带小花片	无	腰叶、上二棚	≤10
3级	成熟—尚熟	红黄—黄红(出现黄头)	稍薄—稍厚	尚疏松	有	中	有小花片	微带青或浮青10%以内	达不到1、2级中上部叶	≤15
4级	尚熟	褐红	厚—稍薄	尚疏松—密	稍有	稍暗	稍带大花片	微带青或浮青20%以内	下二棚—顶叶	≤20
5级	尚熟—略欠熟	黄红、褐黄带青、棕褐	厚—薄	尚疏松—密	稍有	较暗	较多小花片或略多大花片	—	—	≤25
6级	欠熟—未熟	褐黄、黑褐、褐黄带青、棕黄带青	薄—厚	密—松	少	暗	较多大花片	—	—	≤30
末级	达不到以上等级要求，尚有使用价值的均列为末级。									

2 术语及定义

2.1 部位

烟叶在烟株上着生的部位。由下而上划分为脚叶、下二棚、腰叶、上二棚、顶叶。

2.2 成熟度

烟叶田间成熟与调制后熟的综合表现，分以下档次：完熟、成熟、尚熟、欠熟、未熟、过熟。

2.3 叶片结构

指烟叶细胞排列的疏密程度。分以下档次：疏松、尚疏松、稍密、紧密、松。

2.4 油分

烟叶内含有的一种柔软半液体或液体的物质。在适度含水量下，根据感官鉴别有油润或枯燥、柔软或僵硬的感觉。分为以下档次：足、较足、有、稍有、少。

2.5 身份

指烟叶厚度、细胞密度或单位面积重量的综合表现。分以下档次：薄、稍薄、中等、稍厚、厚。

2.6 颜色

烟叶经调制后的色彩、色泽饱和度和色值的状态。包括：

红棕、红黄、黄红、褐红、褐黄带青、棕褐、褐黄、黑褐、褐黄带青、棕黄带青。

2.6.1 红棕

烟叶表面以红色为主，兼有棕色。

2.6.2 红黄

烟叶表面以红色为主，兼有黄色。

2.6.3　黄红

烟叶表面黄红色，黄色为主，兼有红色。

2.6.4　褐红

烟叶表面呈现较深红色，褐色中带红。

2.6.5　褐黄带青

烟叶颜色褐色为主，同时兼有黄色，稍带浮青。

2.6.6　棕黄带青

烟叶颜色棕色为主，同时兼有黄色，稍带浮青。

本标准术语和定义引用GB 2635—1992烤烟、GB/T 18771.1—2002烟草术语。主要参照湘西晒红烟地方标准——湘DB/4300 B352—88，结合其他地方标准，根据本年度烟叶样品整体质量状况拟定。

2012年度烟叶样品共计92份样品，根据所有样品外观质量综合表现，结合其他地方标准，对样品进行了等级划分，并初步拟定外观鉴定标准（表1），此标准存在以下局限性：本年度样品头茬烟较少，等级质量档次较低，根据本批样品制订的标准，很难全面体现湖北晒红烟的质量状况和涵盖湖北晒红烟的整体质量要求，因此本标准只对2012年度样品外观鉴定使用，完成本年度样品外观质量评价，初步形成湖北晒红烟地方性标准。为进一步制订、完善湖北晒红烟地方性标准，建议2013年度补充样品，提供所有头茬、二茬烟（可以不分等级），对样品进行全面综合的平衡评价后，制订一个相对完善的地方性标准，再通过工业验证来进一步进行标准的修订。

晒黄烟　等级标准

1　范围

本部分规定了晒黄烟的分型、分组、分级、技术要求和验收规则。

本部分适用于调制后但未经发酵和打叶复烤的晒黄烟。以文字标准为主，辅以实物标准样品，是分级、收购、加工、交接的依据。

2　规范性引用文件

下列文件对于本部分的应用是必不可少的。凡是注日期的引用文件，仅所注日期的版本适用于本部分。凡是不注日期的引用文件，其最新版本（包括所有的修改单）适用于本部分。

GB 2635—1992　烤烟

GB/T 18771.1—2002　烟草术语

YC/T 370—2010　烤烟中非烟物质控制技术规程

3　术语和定义

GB/T 18771.1—2002界定的以及下列术语和定义适用于本文件。为了便于使用，以下重复列出了GB/T 18771.1—2002中的某些术语和定义。

3.1　晒黄烟

以日光照晒为主，调制后呈现深浅不同黄色的烟叶。

3.2　折晒

将采收的烟叶夹在用竹蔑编织的烟折内，在阳光暴晒下变黄并干燥。

[GB/T 18771.1—2002，定义4.12]

3.3　索晒

将采收的烟叶用绳串起后挂在木架上，在阳光暴晒下变黄并干燥。

[GB/T 18771.1—2002，定义4.11]

3.4　型

类的再划分。同一型的烟叶具有相应的质量、相近的颜色、长度等某些共同特征。

3.5　组

型的再划分。同一组的烟叶部位相同或质量相近。

3.5.1　正组

为生长发育正常，调制适当的烟叶设置的组别。

3.5.2　副组

为生长发育不良或采收不当或调制失误以及其他原因造成的低质量烟叶设置的组别。

3.6　等级

同一组烟叶质量优劣的档次。

3.7　部位

烟叶在植株上着生的位置。由下而上划分脚叶、下二棚、腰叶、上二棚、顶叶。

[GB/T 18771.1—2002，定义5.1]

3.8　叶片结构

指烟叶细胞排列的疏密程度。分以下档次：松（porous)、疏松（open)、尚疏松（firm)、稍密（close)、密（tight)。

[GB/T 18771.1—2002，定义5.17]

3.9　油分

烟叶内含有的一种柔软半液体或液体的物质。在适度含水量下，根据感官鉴别有油润或枯燥、柔软或僵硬的感觉。分以下档次：多（rich）、有（oily）、稍有（less oily）、少（lean）。

注：改写 GB/T 18771.1—2002，定义 5.19

3.10　身份

指烟叶厚度、细胞密度或单位面积重量的综合表现。分以下档次：薄（thin）、稍薄（slate thin）、中等（moderate）、稍厚（fleshy）、厚（heavy）。

注：改写 GB/T 18771.1—2002，定义 5.18

3.11　颜色

同一型烟叶经调制后的色彩、色泽饱和度和色值的状态。

[GB/T 18771.1—2002，定义 5.25]

3.11.1　淡黄

烟叶表面呈现浅淡的黄色。

3.11.2　正黄

烟叶表面呈现纯正的黄色。

3.11.3　金黄

烟叶表面呈现较浓的黄色，同时有明显可见的红色。

3.11.4　深黄

烟叶表面呈现浑厚的黄色，同时红色明显。

3.11.5　棕黄

烟叶表面呈现棕色。

3.12　光泽

指烟叶表面色彩的明亮程度。分以下档次：亮（clear）、中（moderate）、暗（dull）。

注：改写 GB/T 18771.1—2002，定义 5.38

3.13　长度

从叶片主脉柄端至尖端的直线距离，以厘米（cm）表示。

注：改写 GB/T 18771.1—2002，定义 5.21

3.14　杂色

叶片表面存在非基本色的颜色斑块（青色除外），主要包括洇筋、挂灰、潮红、褐片、叶片受污染等。晒黄烟特有的棕黄色斑块（俗称“虎皮斑”），以及烟折造成的青痕不按杂色处理。

注：改写 GB/T 18771.1—2002，定义 5.32

3.15　褐片

叶面呈较严重褐色，光泽暗。

3.16　青痕

烟叶在调制前受到机械擦、压伤，造成调制后呈现青色的痕迹。

注：改写 GB/T 18771.1—2002，定义 5.35

3.17　残伤

烟叶组织受到破坏，失去成丝强度和坚实性的部分。如病斑、枯焦等。

注：改写 GB/T 18771.1—2002，定义 5.23

3.18　含青度

烟叶上任何可见的青色占整片烟叶的比例，以百分数表示。

3.19　光滑

烟叶组织平滑或僵硬的状态。任何叶片上平滑或僵硬面积达到或超过50%，均列为光滑叶。

注：改写GB/T 18771.1—2002，定义5.31

3.20 纯度允差

混级的允许程度。即某等级内允许混相邻上、下一级烟叶总和的百分比（%）。

注：改写GB/T 18771.1—2002，定义5.43

3.21 自然把

烟叶调制后自然形态下扎成的把烟。

注：改写GB/T 18771.1—2002，定义5.40

3.22 平摊把

烟叶调制后叶片平摊、叶面平展形态下扎成的把烟。

注：改写GB/T 18771.1—2002，定义5.41

3.23 非烟物质

混杂在烟叶中肉眼可辨的影响卷烟加工和产品质量的物质。

[YC/T 370—2010，定义3.1]

4 分型、分组、分级

4.1 分型

根据晒黄烟调制方式的不同，将其划分为Z型晒黄烟和S型晒黄烟。

4.1.1 Z型晒黄烟

Z型晒黄烟采用折晒的调制方式，调制后颜色以正黄、金黄、深黄为主，叶片以平摊为主。

4.1.2 S型晒黄烟

S型晒黄烟采用索晒的调制方式，调制后颜色以深黄、棕黄为主，叶片以自然形态为主。

4.2 分组

根据烟叶着生的部位以及与总体质量密切相关的特征划分为正组和副组。正组包括：上部组、中部组、下部组。其部位分组特征见表1。

表1 部位特征

组别	部位	特征		
		脉相	叶形	厚度
下部	脚叶	较细	宽圆，叶尖钝。	薄
	下二棚	遮盖	较宽圆，叶尖较钝	稍薄
中部	腰叶	微露	宽，叶尖部较钝	中等
上部	上二棚	较粗	较宽，叶尖部较锐	稍厚
	顶叶	显露、突起	较窄，叶尖部锐	厚

4.3 分级

根据烟叶的颜色、叶片结构、油分、光泽、身份、长度、杂色残伤以及含青度等外观质量因素判定级别。分为：上部三个级，中部三个级，下部二个级，副组二个级，共十个级。

5 代号

5.1 组别代号

X：下部组，C：中部组，B：上部组，F：副组。

5.2 等级代号

下一：X1，下二：X2，中一：C1，中二：C2，中三：C3，上一：B1，上二：B2，上三：B3，副一：F1，副二：F2。

6 技术要求

6.1 品级要素

6.1.1 品质因素

包括颜色、叶片结构、油分、光泽、身份、长度。

6.1.2 控制因素

包括杂色残伤和含青度。

6.1.3 品级要素及档次见表2。

表2 品级要素及其档次

品级要素		档次			
		1	2	3	4
品质因素	叶片结构	疏松	尚疏松	稍密	密、松
	油分	多	有	稍有	少
	身份	中等	稍薄、稍厚	薄、厚	
	颜色	金黄	正黄、深黄	淡黄、棕黄	
	光泽	亮	中	暗	
	长度	以厘米（cm）表示			
控制因素	杂色残伤	以百分比（%）控制			
	含青度				

6.2 品质规定

6.2.1 Z型晒黄烟等级品质要求应符合见表3的规定。

表3 Z型晒黄烟的品质规定

组别		级别	代号	叶片结构	油分	身份	颜色	光泽	长度≥cm	杂色残伤≤%	含青度≤%
正组	上部组	上一	B1	尚疏松	多	稍厚	正黄、深黄	亮	45	15	10
		上二	B2	稍密	有	稍厚	正黄、深黄	中	40	20	20
		上三	B3	密	稍有	厚	淡黄、棕黄	暗	30	30	30
	中部组	中一	C1	疏松	多	中等	金黄	亮	45	10	5
		中二	C2	疏松	有	中等	正黄、深黄	亮	40	15	10
		中三	C3	疏松	有	中等	正黄、深黄	中	35	20	20
	下部组	下一	X1	疏松	稍有	稍薄	正黄、深黄	中	30	20	20
		下二	X2	松	少	薄	淡黄、棕黄	暗	25	30	30
副组		副一	F1	稍密	稍有	稍薄 稍厚	—	中	35	40	40
		副二	F2	松、密	少	薄、厚	—	暗	25	50	50

6.2.2 S型晒黄烟的等级品质要求应符合见表4的规定。

表4 S型晒黄烟的品质规定

组别		级别	代号	叶片结构	油分	身份	颜色	光泽	长度≥cm	杂色残伤≤%	含青度≤%
正组	上部组	上一	B1	尚疏松	多	稍厚	深黄	亮	45	15	10
		上二	B2	稍密	有	稍厚	棕黄	中	40	20	20
		上三	B3	密	稍有	厚	棕黄	暗	30	30	30
	中部组	中一	C1	疏松	多	中等	深黄	亮	45	10	5
		中二	C2	疏松	有	中等	深黄	亮	40	15	10
		中三	C3	疏松	有	中等	棕黄	中	35	20	20

（续表）

组别		级别	代号	叶片结构	油分	身份	颜色	光泽	长度≥cm	杂色残伤≤%	含青度≤%
正组	下部组	下一	X1	疏松	稍有	稍薄	正黄、深黄	中	30	20	20
		下二	X2	松	少	薄	淡黄、棕黄	暗	25	30	30
副组		副一	F1	稍密	稍有	稍薄 稍厚	—	—	35	40	40
		副二	F2	松、密	少	薄、厚	—	—	25	50	50

6.3 小叶品种的规定

小叶品种长度可适当放宽，其他品质规定参照6.2。

6.4 定级原则

烟叶的叶片结构、油分、身份、颜色、光泽、长度均达到某级的规定，杂色、残伤、含青度不超过某级允许度时，才定为某级。

6.5 几种烟叶的处理原则

6.5.1 品质达不到中部组最低等级质量要求的，允许在下部组定级。

6.5.2 副组一级限于腰叶、上、下二棚部位的烟叶。

6.5.3 光滑叶和褪色叶在副组定级。

6.5.4 每片烟叶的完整度必须达到50%以上，低于50%者列为级外烟。

6.5.5 烟筋未干或水分超过规定，以及掺杂、砂土率超标的烟叶，必须重新整理后再收购。

6.5.6 青片、糠枯、黑糟、烟杈、霉变、异味、熄火烟等无使用价值的烟叶，不予收购。

6.5.7 凡被禁用农药和其他有毒有害物质污染的烟叶，不收购。

6.6 烟叶的等级纯度允差、自然砂土率和水分的要求

烟叶的等级纯度允差、自然砂土率和水分的要求见表5。

表5 纯度允差、自然砂土率、水分的要求

级别	纯度允差不超过（%）	自然砂土率不超过（%）	水分（%）
中一（C1） 中二（C2） 上一（B1）	10	1.0	15～18
中三（C3） 上二（B2） 上三（B3） 下一（X1）	15	1.5	
下二（X2） 副一（F1） 副二（F2）	20	2.0	

6.7 扎把（捆）规定

烟叶可扎成自然把或平摊把，每把20～25片，扎把材料应用同等级烟叶，绕宽不超过50mm；也可用细麻绳在叶基和叶尖1/3处各系一下，扎成8～10kg的烟捆；把（捆）内不得有烟梗、烟杈、碎片及非烟物质。

四川达州白肋烟　晾制技术规程

1　范围

本标准规定了达州烟区白肋烟晾制技术要点。

本标准适用于达州区域白肋烟的调制。

2　规范性引用文件

下列文件对于本文件的应用是必不可少的。凡是注日期的引用文件，仅所注日期的版本适用于本文件。凡是不注日期的引用文件，其最新版本（包括所有的修改单）适用于本文件。

YC/T 193—2005　白肋烟　晾制技术规程

3　调制前的准备

3.1　检修晾房。

3.2　清理干净晾房内的杂物等。

4　挂晾

4.1　采叶挂晾

4.1.1　编杆挂晾

采收的烟叶按每夹1～2片编杆挂入晾房，杆长1.2～1.5m，挂烟杆距0.25m，挂杆方向与风向平行。

4.1.2　穿柄挂晾

用直径为1.5～2.0mm的细铁丝穿叶柄进行挂晾，片与片之间间距为2～3cm，穿烟时叶背靠叶背，此法简单易行，在晾制过程中翻烟抖烟时，叶片不易脱落，挂烟时铁丝要拉直，减少弯曲度。

当天采收回的烟叶应及时挂晾，做到分类编烟。

4.2　半整株挂晾

4.2.1　切口挂晾

烟架用铁丝拉的可采用切口挂晾，切口是在砍收时先在烟茎基部用刀先砍好斜切口，在切口下3～4cm处砍断烟株，挂烟时将切口挂在铁丝上即可。挂晾时都是茎基向上，茎尖向下倒挂。

4.2.2　钉挂

晾烟架用烟杆搭成的烟架，采用竹钉，将铁钉斜钉入烟茎基部，把钉子挂在烟架上。

4.2.3　用铁丝制成“S”形钩挂

用10#铁丝握成“S”，一端钉入烟茎基部，一端挂在烟杆上。

4.3　挂烟的原则

挂烟时要把成熟好或稍过熟的烟株挂入晾房的上层，成熟稍差的挂入下层；把生长不正常或被病虫为害的烟株挂在晾房的四周。挂烟时要求均匀一致，但通风条件差的晾房应适当稀挂。株距在20cm左右，挂晾的方向（行距）与风向一致。

砍收回来的烟株不能长时间堆放，以免烧堆造成损失，要边运边挂。挂晾时要做到轻拿轻放，不损伤烟叶。

4.4　干湿球温度计的挂设

干湿球温度计必须挂在晾房下层中间烟株内，高度挂在烟株中部为宜。

5　白肋烟晾制期对温湿度的要求

平均温度控制在20～35℃，相对湿度为65%～80%时能调制出品质优良的白肋烟。白肋烟晾制以湿度调控为主，因此，要根据不同时期白肋烟生化反应对湿度的不同要求，结合当时气候和晾房内的湿度状况，人为地调节晾房内的湿度，满足烟叶变化的需要，才能调制出优质的白肋烟。

6 调制技术操作

6.1 摘叶编晾的调制

采叶编晾的烟叶失水速度快，在晾制的前期，遇到天干的年份要注意保湿，以防干燥过快，产生黄烟和黄斑烟。在褐变干叶期，遇到多雨时，要及时翻抖烟叶，让水分大量排出，防止霉变。干筋期由于主筋中的水分大量出，在多雨的情况下，也要及时翻抖烟叶，使烟叶的色泽均匀一致，防止花杂烟和霉烟的产生。

6.2 半整株的调制

晾制工艺技术见表1。

6.2.1 凋萎期

要求将烟株部分水分迅速排出，晾房内空气相对湿度宜调控低于80%。砍收应选择晴天下午或阴天进行砍收，让烟株在田间尽量失水，并及时翻动烟株，以防被太阳灼伤。挂入晾房后，烟株适当稀挂，设置通风道，让烟叶失水，拖条变软。

6.2.2 变黄期

此期的主要任务是要让烟株失水变黄。这时烟株的含水量比较高，晴天尽量加大通风排湿。到了变黄的后期，即砍后15d以后，下部烟叶已进入变褐定色，为防止日光直照烟叶。根据晾房内的情况，当晾房相对湿度低于70%时，关闭门窗，注意保湿；相对湿度高于75%时，应及时采取措施排湿。

6.2.3 变褐期

调控晾房内相对湿度继续保持在70%～75%。多雨天最大限度降低晾房内的湿度，提高温度，加强通风，杜绝霉变的产生，使颜色基本固定下来。久旱无雨，晾房内的湿度过低时应适当采取保湿措施。

6.2.4 干筋期

晾房内相对湿度宜保持在40%～50%，调控方法仍以开关门窗与调节烟杆距离来实现。若遇到连阴雨天气，应及时采取措施隔绝湿气进入晾房，必要时采取加温排湿措施。

表1 白肋烟晾制工艺技术

阶段	经历时间（d）	烟叶外观形态变化	适宜相对湿度（%）		门窗的开启调控	技术要点
			白天	夜间		
凋萎期	6～8	烟叶失水，叶片拖条变软，叶尖叶缘变黄	70～80	90～95	若室外大于室内全关，反之全开	挂烟时要抖动烟株，适当稀挂，留上通风道，加快排湿量，让烟叶失水拖条变软
变黄期	7～10	叶片由黄绿色变成柠檬黄，叶尖叶缘变成红褐色	70～75	85～90	晴天尽量打开门窗，湿度过低时应关小或关闭门窗	加大通风排湿，让烟叶继续发软变黄，对简易晾房和正面无围护的晾房，正面要用遮阳网围护，以防黄斑和黄烟的产生
变褐期	10～15	叶色由柠檬黄变为红褐色，叶肉逐渐干燥成近红黄或红棕	70～75	80～85	晴天全开，雨天夜间关闭	烟株水分大量排出，要及时翻抖烟株，若遇长时间降雨，要勤翻动烟株或者利用热源，或装配风机。反之，干旱无雨，空气干燥和到了褐变干叶的后期，看湿度情况，应采取白天关闭门窗、调密烟株、地面撒水等保湿措施
干筋期	10～20	叶肉、主脉、支脉全干燥	40～50	75～80	前期全开，当主脉干至70%以上时，门窗关闭	烟筋主脉干至70%以上，烟株调至10cm一株。关闭门窗，削弱光线，使烟叶的色泽固定下来

7　烟叶的保管

7.1　烟叶的回潮

晾干后干燥的烟叶，容易破碎造成损失，需要进行回潮，方法是利用烟叶吸湿性强的特点，于夜晚把晾房门窗或遮蔽物打开，让烟叶自然回潮。如天气过于干燥，可在晾房地面洒水回潮，但要防止烟叶霉烂变质。

7.2　下杆

在晴天的早上叶片稍回软，及时下杆进行保管堆积发酵。

7.3　下架剥叶

经过回潮的烟株下架后，按着生部位，将下二棚叶、腰叶、上二棚叶、顶叶分别剥下，分别堆积。

7.4　堆积发酵

7.4.1　堆积发酵的条件

水分以14%～16%为宜，水分含量过低烟叶发酵慢；过高烟叶发酵激烈，颜色变深变暗，如处理不当，还会引起发热造成损失。用于发酵的房间，要求干燥清洁，适当通风，防止潮湿，不受外界气候变化的影响。

温度以28～32℃最适宜，用手伸入烟堆中，微感温热即可。要勤检查，避免温度过高，注意翻垛，将上层烟叶改作下层烟叶，底层烟叶改作中层，中层烟叶改作上层。1～2次翻垛即可。经过10～15d的发酵后就可分级扎把交售。

7.4.2　方法

将叶尖向内，叶柄向外，堆成圆形或长方形，垛高一般以1.5～1.6m为宜，堆垛大小视烟叶多少而定，烟垛要离开墙0.2～0.5m，底部垫草席，用薄膜封堆顶及周围，堆顶用木板或其他重物压紧。

附录A
（资料性附录）

白肋烟晾房空气相对湿度算查表

干球温度（℃）	干湿差																
	0	0.5	1	1.5	2	2.5	3	3.5	4	4.5	5	5.5	6	6.5	7	7.5	8
40	100	97	94	91	88	85	82	79	76	73	71	68	66	63	61	58	56
39	100	97	94	91	87	84	82	79	76	73	70	68	65	63	60	58	55
38	100	97	94	90	87	84	81	78	75	73	70	67	64	62	59	57	54
37	100	97	93	90	87	84	81	78	75	72	69	67	64	61	59	56	53
36	100	97	93	90	87	84	81	78	75	72	69	66	63	61	58	55	53
35	100	97	93	90	87	83	80	77	74	71	68	65	63	60	57	55	52
34	100	96	93	90	86	83	80	77	74	71	68	65	62	59	56	54	51
33	100	96	93	89	86	83	80	76	73	70	67	64	61	58	56	53	50
32	100	96	93	89	86	83	79	76	73	70	66	64	61	58	55	52	49
31	100	96	93	89	86	82	79	75	72	69	66	63	60	57	54	51	48
30	100	96	92	89	85	82	78	75	72	68	65	62	59	56	53	50	47
29	100	96	92	89	85	81	78	74	71	68	64	61	58	55	52	49	46
28	100	96	92	88	85	81	77	74	70	67	64	60	57	54	51	48	45
27	100	96	92	88	84	81	77	73	70	66	63	60	56	53	50	47	43
26	100	96	92	88	84	80	76	73	69	66	62	59	55	52	48	46	42
25	100	96	92	88	84	80	76	72	68	64	61	58	54	51	47	44	41
24	100	96	91	87	83	79	75	71	68	64	60	57	53	50	46	43	39
23	100	96	91	87	83	79	75	71	67	63	59	56	52	48	45	41	38
22	100	95	91	87	82	78	74	70	66	62	58	54	50	47	43	40	36
21	100	95	91	86	82	78	73	69	65	61	57	53	49	45	42	38	
20	100	95	91	86	81	77	73	68	64	60	56	52	58	44	40	36	
19	100	95	90	86	81	76	72	67	63	59	54	50	56	42	38		
18	100	95	90	85	80	76	71	66	62	58	53	49	44	41	36		
17	100	95	90	85	80	75	70	65	61	56	51	47	43	39			
16	100	95	89	84	79	74	69	64	59	55	50	46	41	37			
15	100	94	89	84	78	73	68	63	58	53	48	44	39				
14	100	94	89	83	78	72	67	62	57	52	46	42	37				
13	100	94	88	83	77	71	66	61	55	50	45	40	34				
12	100	94	88	82	76	70	65	59	53	47	43	38					
11	100	94	87	81	75	69	63	58	52	46	40	36					
10	100	93	87	81	74	68	62	56	50	44	38						

晒红烟　湖南省地方标准

晒红烟

1　范围

本标准规定了晒红烟的术语和定义、分组分级、技术要求、验收规则、检验方法、检验规则、实物标样和包装、标志、运输与贮存。

本标准适用于初步醇化，但未打叶复烤的晒红烟。

2　规范性引用文件

下列文件中的条款通过本标准的引用而成为本标准的条款。凡是注日期的引用文件，其随后所有的修改单（不包括勘误的内容）或修订版均不适用于本标准，然而，鼓励根据本标准达成协议的各方研究是否可使用这些文件的最新版本。凡是不注日期的引用文件，其最新版本适用于本标准。

GB 2635烤烟

3　术语和定义

下列术语和定义适用于本标准。

3.1　晒红烟

指湘西土家族苗族自治州、怀化等地区种植的以晾晒结合的方法调制和初步醇化后，呈现深浅不同红色的烟叶。

3.2　分组

依据烟叶着生部位、颜色和其他与总体质量相关的某些特征，将密切相关的等级划分组成。

3.3　分级

将同一组列内的烟叶，依据质量优劣划分的级别。

3.4　成熟度

指调制后烟叶的成熟程度（包括田间成熟度和调制成熟度），成熟度划分为五个档次。

3.4.1　完熟

指中、上部烟叶在田间达到高度成熟，且调制后熟充分。

3.4.2　成熟

烟叶在田间及调制后熟均达到成熟程度。

3.4.3　尚熟

烟叶在田间刚达到成熟，但变化尚不充分或调制失当，后熟不够。

3.4.4　欠熟

烟叶在田间未达到成熟或调制失当。

3.4.5　假熟

指烟叶外观似成熟，实质上未达到真正成熟的烟叶。

3.5　叶片结构

指烟叶细胞排列的疏密程度分为下列档次：疏松、尚疏松、稍密、紧密。

3.6　身份

指烟叶厚度、细胞密度或单位面积重量。以厚度表示，分下列档次：薄、稍薄、中等、稍厚、厚。

3.7 油分

指烟叶内含有的一种柔软半液体或液体物质，根据感官感觉，分四个档次。

3.7.1 多

富油分，眼观油润，手摸柔软，弹性较好。

3.7.2 有

尚有油分，眼观有油润感，手感有弹性。

3.7.3 较少

较少油分，眼观尚有油润感，手感弹性差，较易破碎。

3.7.4 少

缺乏油分，眼观枯燥，无油润感，手感无弹性，易破碎。

3.8 色度

指烟叶表面颜色的饱和程度、均匀度和光泽强度。分五个档次：

3.8.1 浓

表面颜色均匀，色泽饱和。

3.8.2 强

颜色均匀，饱和度略差。

3.8.3 中

颜色尚均匀，饱和度一般。

3.8.4 弱

颜色不匀，饱和度差，色泽不鲜亮或灰暗。

3.8.5 淡

颜色不匀，色泽浅淡。

3.9 颜色

指正常情况下烟叶调制后呈现的色彩，分红棕、红黄、黄红、黄褐和红褐色。

3.9.1 红棕

指烟叶表面呈现红色并带有棕色。

3.9.2 红黄

指烟叶表面呈现红色并带有深黄色。

3.9.3 黄红

指烟叶表面呈现深黄色并带有红色。

3.9.4 黄褐

指烟叶表面呈现深黄色并带有褐色。

3.9.5 红褐

指烟叶表面呈现红色并带有褐色。

3.10 长度

从叶片主脉柄端至尖端间的距离，以厘米（cm）表示。

3.11 杂色

指烟叶表面存在的非基本色颜色斑块，主要包括青褐、青痕、黑褐、叶片受污染、受蚜虫损害等。凡杂色面积达到或超过20%者，均视为杂色叶片。

3.11.1 青痕

指烟叶在调制前受到机械压擦伤而造成的青色痕迹。

3.11.2 黑褐

指烟叶呈现黑色并带有褐色。

3.12 残伤

指烟叶组织受破坏，失去成丝的强度和坚实性，包括病斑和枯焦。

3.13 活筋

指烟叶在晾制过程中烟筋水分未完全排出的现象。

3.14 湿筋

指烟叶在晾制过程中烟筋水分排出后又重新吸湿的现象。

3.15 破损

指叶片因受到机械损伤而失去原有的完整性，且每片叶破损面积不超过50%，以百分数表示。

3.16 纯度允差

指烟叶混级的允许度，允许在上、下一级总和之内，纯度允差以百分数（%）表示。

4 分组、分级

4.1 分组

根据叶片生长的部位及内在质量，划分为上中部组、下部组。部位分组特征见表1。

表1 部位分组特征

组别	部位特征					
	脉相	叶形	叶面	厚度	油分	颜色
上中部组	较粗至粗，较显露至突起	较宽至较窄，叶尖部较锐	稍皱褶至平坦	中等至厚	较多至多	较深至深
下部组	较细，遮盖至微露	较宽，叶尖部较钝	较平展	薄至稍薄	较少	较浅

4.2 分组代号

BC—上中部组、X—下部组。

4.3 分级

根据烟叶的成熟度、叶片结构、身份、油分、颜色、色度、长度、杂色与残伤等外观品级因素区分级别。上中部烟分为五个级、下部烟分三个级，共8个级。

4.4 分级代号

BC1：上中一，BC2：上中二，BC3：上中三，BC4：上中四，BC5：上中五，X1：下一，X2：下二，X3：下三。

5 技术要求

5.1 品级要素

将各品质因素划分成不同的程度档次，与有关的其他因素相应的程度档次相结合，以划分出各等级的质量状况，确定各等级的相应价值。品级要素的程度档次见表2。

表2 品级要素及程度档次

品级要素		程度档次				
		1	2	3	4	5
品质因素	成熟度	完熟	成熟	尚熟	欠熟	假熟
	叶片结构	疏松	尚疏松	稍密	紧密	—
	身份	中等	稍薄、稍厚	薄、厚	—	—
	油分	多	有	稍有	少	—
	颜色	红棕、红黄	黄红	红褐、黄褐	—	—
	色度	浓	强	中	弱	淡
	长度	以厘米（cm）表示				
控制因素	杂色与残伤	以百分比（%）控制				

5.2　品质规定

品质规定见表3。

表3　品质规定

组别	级别	代号	成熟度	叶片结构	身份	油分	颜色	色度	长度（cm）	杂色与残伤（%）
上中部组	1	BC1	成熟、完熟	尚疏松至疏松	稍厚至中等	多	红棕	浓	40	10
	2	BC2	成熟	尚疏松至疏松	稍厚至中等	多	红棕、红黄	强	40	20
	3	BC3	成熟、尚熟	稍密至疏松	厚至中等	有	红棕、红黄、黄红	中	30	25
	4	BC4	成熟、尚熟	稍密至疏松	厚至中等	有	红褐、黄褐	中	30	30
	5	BC5	成熟、欠熟	紧密	厚至中等	稍有	黄褐、褐色	弱	30	30
下部组	1	X1	成熟	疏松	稍薄	有	红黄、黄红	强	35	15
	2	X2	成熟、尚熟	疏松	薄至稍薄	稍有	黄红、黄褐	中	30	25
	3	X3	成熟、欠熟、假熟	疏松	薄至稍薄	少	黄红、黄褐	—	25	30

5.3　品质等级

烟叶的等级纯度允差、自然砂土率和水分的规定见表4。

表4　纯度允差、自然砂土率、水分的规定

级别	纯度允差不超过（%）	自然砂土率不超过（%）	水分（%）
上中一（BC1） 上中二（BC2）	10	1.0	17～19
上中三（BC3） 上中四（BC4） 下一（Xl） 下二（X2）	15		
上中五（BC5） 下三（X3）	20	1.2	

6　验收规则

6.1　定级原则

烟叶的成熟度、叶片结构、身份、油分、颜色、色度、长度均达到某级规定，杂色及残伤不超过某级允许程度时，才定为某级。

6.2　定级要求

6.2.1　一批烟叶介于两个等级界线上，则定较低等级。

6.2.2　一批烟叶品级因素为B级，其中一个因素低于B级规定则定C级；一个或多个因素高于B级，仍为B级。

6.2.3　BC1、BC2限于腰叶、上二棚烟叶。

6.2.4　Xl限于下二棚部位烟叶。

6.2.5　顶叶在BC3及以下等级定级。

6.2.6　脚叶在X2及以下等级定级。

6.2.7　活筋、湿筋和水分超过规定的烟叶，不得用扣除水分的办法收购，应重新晾晒后定级。

6.2.8　烟梢、烟杈、烟梗及碎片、霉变、微带青面积超过30%的烟叶不定级。

6.2.9　熄火烟叶（指阴燃持续时间少于2s者），不列级。

6.2.10　每片烟叶的完整度应达到50%以上，低于50%的不列级。

6.3　每包（件）烟叶自然碎片超过3%的不列级。

6.4 BC5、X3以及列不进标准级别、但尚有使用价值的烟叶，收购部门可根据用户需要议定收购。

7 检验方法

按GB 2635的第7章进行检验。

8 检验规则

8.1 烟叶分级、收购、工商交接均按本标准执行。

8.2 现场检验

8.2.1 取样数量，每批（指同一地区、同一级别的）烟叶，在100件以内者取10%～20%的样件，超出100件的部分取5%～10%的样件，必要时可酌情增加取样比例。

8.2.2 成件取样，每件自中心向四周取5～7处，3～5kg。

8.2.3 未成件烟叶取样，可全部检验，或按堆放部位抽检样6～9处，取3～5kg或30～50把。

8.2.4 对抽检样按本标准第7章的要求进行检验。

8.2.5 现场检验中任何一方对检验结果有不同意见时，送上一级质监部门进行检验。检验结果如仍有异议，可再行复验，并以复验结果为准。

9 实物标样

9.1 实物标样根据文字标准制定，经省烟叶标准标样技术委员会审定，省质量技术监督局批准执行。应每年更新一次。

9.2 实物标样各级烟叶的上、中、下限烟叶应按三四三的比例搭配，每把20～25片。

9.3 加封时必须注明级别、日期，并加盖批准单位专用印章。

9.4 执行时，应以实物标样的总质量水平作对照。

10 包装、标志、运输与贮存

10.1 包装

10.1.1 每包烟必须是同一产地、同一等级。

10.1.2 烟叶包装材料应牢固、干燥、清洁、无异味、无残毒。

10.1.3 烟叶包装时烟把向两侧紧靠，排列整齐，循环相压，包体端正，捆包三横二竖，缝包不少于40针。

10.1.4 每包净重为50kg，成包体积为450mm×600mm×800mm。

10.2 标志

10.2.1 标志应字迹清晰，烟包须加挂标牌，标明产地、级别。

10.2.2 在烟包正面应标明以下内容：

a.产地（省、县）；b.执行标准号；c.级别（大写）；d.重量（净重、皮重）；e.出产年、月。

10.3 运输

10.3.1 运输时，烟包上面须有遮盖物，包严、盖牢、避免日晒和受潮，不得与有异味和有毒物品混运。有异味和污染的车辆不得装运烟叶。

10.3.2 装卸时应小心轻放，不得摔包、钩包。

10.4 贮存

10.4.1 存放时堆垛高度：BC1、BC2不得超过5个烟包，其他各级不超过6个烟包。

10.4.2 烟包存放地点应干燥通风，不得靠近火源和易燃物品，不得与有异味和有毒物品混贮一处。

10.4.3 烟包须置于距地面300mm以上的垫物上，距房墙应超过300mm。

10.4.4 露天堆放时，四周应有防雨遮盖物封严。垛底需距离地面500mm以上，垫木端应与烟包齐平。

10.4.5 贮存期间须防止霉变、虫蛀。要经常加强检查，确保商品安全。

吉林省晒黄烟品种生产技术规程

吴国贺　金妍姬　孙立娟　安承荣

1　适时早播，培育壮苗

3月15日前播完种。4月15日前假植结束。

1.1　床土配制

母床为双棚离地床，床土为70%腐殖土＋20%碳化稻壳＋10%中河沙，蒸汽熏蒸消毒。大棚内要彻底清除杂草、杂物。甲醛液棚内消毒：播种前15d，用37%甲醛稀释至4%浓度，按0.4kg/m²药液用量，用喷雾器对大棚地面及育苗工具消毒，喷药后密封3d，通风3d。也可以用其他广谱药剂消毒。

1.2　播种时间

全省各烟区在3月15日前。

1.3　播种方法

采取水播法和土播法。

a.水播法：4m²苗床，用水5kg，良种干子4g，搅拌均匀，均匀喷洒在苗床上。播种完毕后，撒一层1.5～2mm的床土覆盖。

b.土播法：4m²苗床，用床土2kg，良种干子4g，充分搅拌均匀，均匀撒播在苗床上。播种完毕后，撒一层1.5～2mm的床土覆盖。

1.4　苗床管理

1.4.1　水分管理：出苗前保持床土最大持水量的80%左右，床面呈湿润状态。出苗后到小十字期要适当晾床，保持床土最大持水量的70%左右，床面呈稍见干，浇水见湿。十字期后保持床土最大持水量的60%左右，床面见干，浇水见湿，为干干湿湿。

1.4.2　苗床浇水：浇水选择在上午9：00之前，下午3：00—5：00浇水。

1.4.3　温度管理：利用大棚增温、保温设施，达到棚内夜间温度不低于13℃。白天最高温度控制在30℃以下。

1.4.4　苗床追肥：根据烟苗长势确定何时追肥及追施次数。同时必须使用叶面肥（具体用量参照产品说明）。使用磷酸二铵或硝酸铵磷，浓度为0.2%～0.3%，追肥后须用清水冲刷几遍，冲掉烟叶上的肥料。

1.4.5　壮苗标准：烟苗茎秆达到8～12cm，茎粗4～5mm，8～9片叶龄，气温稳定超过13℃时，进行大田移栽。

1.4.6　假植育苗：全省各烟区烟苗假植在4月15日前必须结束。

床土配制：子床为双棚，用筒塑盘假植，假植土为70%黄豆地表土＋30%碳化稻壳（按体积计），假植土按每假植盘加25g育苗剂（含纯N15%），均匀混拌。

塑料托盘规格：假植育苗选用长60cm，宽55cm的塑料托盘。

假植时剔除过大苗、过小苗、弱苗和病苗。边假植、边浇水、边遮阴，防止风吹和太阳直接暴晒。时间要集中，每户在1～2d内结束。

水分管理：假植后缓苗前保持床土最大持水量80%左右，采用小水勤浇的方法，使床面保持湿润状态。缓苗后保持床土最大持水量的70%左右，床面稍见干，浇水见湿。伸根期时床面见干，浇水见湿，干湿交替。成苗后适度控水炼苗。

温度管理：最佳温度是25～28℃，最低温度13℃以上，最高温度30℃。

烟苗较小不能适时移栽时，应采取促苗措施。具体办法是增加水肥用量，适度提高苗床温度，增加光照。如烟苗生长过快，应适当控水控肥，增加通风时间，降低棚内温度，控制烟苗生长。

剪叶：用剪叶法以平衡烟苗大小，严格剪叶工具消毒，待烟苗伤口愈合后再浇水。

炼苗：在移栽前5～7 d，进行全期揭膜炼苗，增强烟苗抗旱能力，减少缓苗期。烟苗采取控水、控肥、通风、晒床、剪叶等方法适应外界环境。

炼苗时间：烟苗成苗后，在移栽前5～7d进行。

炼苗方法：运用控水、控肥、通风、晒床等措施进行炼苗。

2　示范田要求

整地起垄：要做到秋翻、秋耙、春起垄。秋耙要耙平、耙细。翻地深度为25～30cm，通过秋翻秋耙有效地减少和消灭越冬中的病菌和虫卵，并且改善土壤物理性状，加强好气性微生物的活动。春季解冻后再次纵横耙地15cm，改善和扩大烟草根系的分布。结合翻耙施用有机肥，有效提高土壤肥力，一般每公顷施用750kg有机肥为宜。

通过起垄，首先，增加地表受热面积、提高地温；其次，增加活土层，扩大根系纵深生长范围；第三，排灌方便，减轻病害。

3　移栽期

适时早栽，在5月20日前移栽完毕。

4　移栽密度

平地行株距：1.2m×0.5m（16 666株/hm^2）或1.1m×0.6m（15 151株/hm^2），坡地行株距：1.0m×0.55m（18 181株/hm^2）。

移栽技术：

a.移栽前一天在苗床上充分浇水，以便从托盘中取苗时不伤根，移栽后成活率高、还苗快。

b.移栽前2～3d喷施农用链霉素200单位，（100万单位链霉素1袋兑水50kg），链霉素和300倍的菌克毒克，以防大田初期野火病、TMV和马铃薯Y病毒的感染。

c.利用运苗架子运苗，防止运苗时烟苗受伤。

d.移栽时必须要浇足水，每穴浇水不少于2kg（最好是使用500倍的硝铵水）。

5　科学施肥，及时中耕培土

5.1　肥料种类

硫酸钾（50%）、二铵（N：P=18：46）、复合肥（N：P：K=15：15：15）、硝铵磷（N：P=30：6）

5.2　施肥标准

亩施纯N=5～6.5kg，N：P_2O_5：K_2O=1：1：（2.5～3.5）。

5.3　施肥方法

磷肥一次性施入，70%氮（氨态氮）、钾作为基肥施入，30%N（硝态氮）作为口肥（离烟苗根部10～15cm处），或水肥施入，视烟田和烟株长势情况进行氮钾的二次追肥（各示范点视当地情况具体细化）。

所有烟地必须施饼肥，穴施，离烟苗根部10～15cm处，防止烧苗，每亩（666.7m^2）12.5～15kg，增加油分，提高内在品质。

6　地膜覆盖栽培

6.1　地膜种类

采用黑白双色地膜覆盖栽培。

6.2　地膜移栽

移栽时剔除病苗、小苗、弱苗，选择大小一致的烟苗栽入大田，移栽时刨穴深度为15～20cm，刨出的土放在穴与穴之间垄台上，以便覆膜后烟苗与膜之间有足够的空间，使烟苗正常生长，防止烟苗与膜接触烫伤或冻伤。保证覆膜质量，地膜两侧压紧、压实，防止地膜被风掀起，提高保温保水效果。

6.3 揭膜培土

烟尖顶膜时，及时引苗，团棵期再及时揭膜。

7 中耕除草

中耕、要求培土后垄体饱满、土粒细匀，垄高达25～28cm。

8 打顶留叶数

打顶时留18～20片叶，然后再打掉3～4片底脚叶，留15～16有效片叶。提倡现蕾打顶。在移栽后50～60d，待大田烟株20%～30%现蕾、花蕾伸出叶面时进行1～2次统一打顶、药剂抑芽。

9 病虫害综合防治

根据烟田生态环境及烟草病虫害发生为害的规律及特点，贯彻“预防为主，综合防治”的植保方针，以农业防治为基础，辅以生物、物理防治，配合科学、合理的使用化学农药。苗期5d左右打一次菌克毒克和农用链霉素，移栽前2～3d打一遍农用链霉素和波尔多液，做到带药下地。

9.1 猝倒病

及时发现及时刨掉扔除（包括周围部分）。药物可喷施160～200倍波尔多液进行保护，每隔7～10d喷1次。如果发现已经发病时，就可选用25%甲霜灵可湿性粉剂500～600倍液，或用75%百菌清可湿性粉剂1 000倍液，或用40%乙磷铝可湿性粉剂250～300倍液喷施。

9.2 炭疽病

发病前可用1：1：150倍波尔多液进行预防；发病后可用50%退菌特500～800倍液或75%百菌清500～800倍液，或用70%甲基拖布津800～1 000倍液，或用50%代森锌500倍液，或用25%甲霜灵500～600倍液等进行治疗。

9.3 野火病和角斑病

要经常清除田间、田边杂草；合理施肥。在大田移栽前、掏苗，以及揭膜后，各喷一次农用链霉素200单位或4%春雷霉素800倍液。如果大田已经发生病斑时，要隔7～10d喷农用链霉素200单位或4%春雷霉素800倍液，共喷2次药物。

9.4 赤星病

进行合理密植、适当增施磷钾肥，并搞好田间卫生，彻底销毁烟秆等残体，以便减少侵染菌源。采收底脚叶后，及时用40%的菌核净400～500倍液或10%的宝丽安可湿性粉剂800～1 000倍液喷药，喷药部位为中下部烟叶，每隔7～8d喷一次，共喷2～3次。

9.5 PVY

栽培防病，首先是轮作，保证轮作周期长短和参与轮作的作物适宜。及时中耕、培土、除草、浇水，促使烟草健壮生长。搞好消毒，注意田间卫生，有效减少土壤和苗床周围的病毒量。施用抗病毒药剂，抑制病毒的活性和诱导烟株产生抗性。建议施用方法：苗期用药1～2次，移栽前1d用药1次，移栽后再施用2～3次。效果好的抗病毒剂及其使用浓度：金叶宝，400倍；病毒特，500倍；菌克毒克，250倍；植病灵2号乳油，600倍。

9.6 地老虎

进行深耕细耙，清除田间杂草。利用黑光灯或糖酒醋水液（加少量敌百虫）诱杀成虫。4月20日之前，大田耙地后起垄之前用50%辛硫磷乳液1 000倍液或2.5%敌杀死乳油进行喷雾。

9.7 蚜虫

在田间蚜虫发生初期，要喷洒40%氧化乐果乳油1 000倍液或50%辟蚜雾3 000～5 000倍液或50%的抗蚜威2 000倍液等防治蚜虫药物。

9.8　烟青虫、斑须蝽、斜纹夜蛾

可选用90%万灵粉剂3 000倍液、2.5%敌杀死乳油2 000倍液、50%辛硫磷乳油1 000倍液均匀喷洒。

10　烟叶成熟与采收

10.1　成熟标准

当顶叶变黄、叶片起皱呈蛤蟆皮状，叶边卷起呈铜锣边状时，说明烟叶已经成熟，即可采收。下部叶黄绿色（变黄六七成）为主，中部叶成熟（变黄七八成）采收，上部叶充分成熟（变黄90%～100%）采收。

10.2　采收方法

10.2.1　自下而上采收，肥力适中，生长正常的烟株都是自下而上成熟，落黄分层明显。通常每株一次采收4～5片，分2～3次采完，下部叶、下二棚、腰叶、上二棚分次采收，顶叶待充分成熟后一次性采完。

10.2.2　自上而下采收，肥力过足或留叶过少的烟叶，上部叶过长，往往产生天盖地的现象，先采收顶部光照充足，成熟特征明显的烟叶，使中、下部遮光的烟叶能够获得充足的光照，以利于中下部烟叶内含物的积累。分2～3次采完。

11　调制

11.1　晒制时间

烟叶调制是依靠自然条件进行的，晒制需要40～55d，其晒制场的面积要比烤烟大得多。在晒制前要选择能够充分利用自然条件的晒制场所。如果场地及设备不充分，勉强进行晒制，管理上又不细心就难免遭到损失。

11.2　晒制前准备

晒制时间较长，因此事前要做好晒制场、烟架、草绳、草帘、塑料薄膜等物质准备。

编烟用草绳的长短及数量是根据晒黄烟架间距离及烟田面积大小而定。但草绳的长度一般4m为宜。如果草绳太长，晒制操作麻烦，加上绳子中部因重量容易下垂，很容易接触地面，烟叶霉烂变质，造成不必要的损失。按绳长4～26m计算，每公顷需要400～1 500个的烟绳。晒制场的大小是根据烟田面积和产量大小而定，一般每公顷烟田需要的晒场是2 000m^{2}左右为宜。晒制场是以向阳的东南坡为好，挂烟绳的方向是南北为宜，这样才能充分得以光照，提高晒制质量。西北风较多的地方，西北角上设防风障，避免因风刮造成烟叶的破碎。

烟架规格：两根株间距离以4～5m，宽以4m，高以1.5～1.8m为适宜。一般每公顷需用6m长松木杆80根（不包括立柱），塑料薄膜200kg，草绳100团。

11.2.1　塑料烟棚的搭建：捂黄期后，每架烟做固定拱形塑料棚，棚高高于烟架50cm，棚裙捶地，白天晒制时棚裙揭起到烟尖处。

11.3　晒制

烟叶采收当天编烟后直接上架，大叶1片，小叶2片，叶背相对，编烟上绳。然后把15～20个烟绳靠到一起，盖上塑料黑膜，变黄初期用黑塑料膜捂严，避免叶片烫伤。变黄过程中必须打开烟绳2～3次，进行通风透气。4～5d后等烟叶叶尖端80%～90%变黄后，拉开架晾晒，这样任其日晒4～5d后在黎明进行晃绳，抖开互粘的烟叶，抖掉叶片上的尘土，并应经常把绳拉紧，防止叶尖触地霉变或受伤，影响品质。晒制过程中不能吃露或漏架。晒制前期利用晴天时间可连续开架裸晒4～5d，晒20～35d后叶片全干，仅主脉基部1/2未干透时，将烟绳并拢然后上覆塑料膜，约半个月后烟筋全干，即可下架。或采用地下挖池子，深50cm以上，把烟叶装入池子覆盖物遮阳变黄，变黄期为3～5d。期间勤打开检查，防止烟叶霉变。然后上绳晒制，方法同上。

11.4　下架堆放

烟叶晒好后，吸露下架，放入室内堆放发酵。烟垛要离地面30cm，离墙10cm。堆放时要做到叶

尖在里，叶柄朝外，垛高1.3～1.5m，然后覆盖塑料，麻袋片等物密封。发酵期间要勤检查，垛内温度达人体温度，即应翻垛，一般10～15d可以分级，包装。

12 分级

参照晒黄烟主产区的分级标准，初步研究制定了吉林省晒黄烟分级地方标准，为吉林省今后晒黄烟的分级及收购工作打下了良好的基础。烟叶调制以日光照晒为主，调制后呈现S型深黄色的烟叶(表1和表2)。烟叶的等级纯度允差、自然砂土率和水分的规定见表3。

表1 外观质量因素及其档次

外观质量因素		档次			
		1	2	3	4
品质因素	叶片结构	疏松	尚疏松	稍密	密、松
	油分	多	有	稍有	少
	颜色	金黄	正黄、深黄	淡黄、棕黄	
	光泽	亮	中	暗	
	身份	中等	稍薄、稍厚	薄、厚	
	长度	以厘米（cm）表示			
控制因素	杂色残伤	以百分比（%）控制			
	含青度				

表2 S型晒黄烟各等级外观质量因素规定

组别		级别	代号	外观质量因素							
				叶片结构	油分	颜色	光泽	身份	长度≥cm	杂色残伤≤%	含青度≤%
正组	下部组	下一	X1	疏松	稍有	正黄、深黄	中	稍薄	30	20	20
		下二	X2	松	少	淡黄、棕黄	暗	薄	25	30	30
	中部组	中一	C1	疏松	多	深黄	亮	中等	45	10	5
		中二	C2	疏松	有	深黄	亮	中等	40	15	10
		中三	C3	疏松	有	棕黄	中	稍薄	35	20	20
	上部组	上一	B1	尚疏松	多	深黄	亮	稍厚	45	15	10
		上二	B2	稍密	有	棕黄	中	稍厚	40	20	20
		上三	B3	密	稍有	棕黄	暗	厚	30	30	30
副组		副一	F1	稍密	稍有	—	—	稍薄 稍厚	35	40	40
		副二	F2	松、密	少	—	—	薄、厚	25	50	50

表3 纯度允差、自然砂土率、水分的规定

级别	自然砂土率不超过（%）	纯度允差不超过（%）	水分（%）
中一（C1）			
中二（C2）	1.0		
上一（B1）			
中三（C3）			
上二（B2）	1.5	20	15～18
上三（B3）			
下一（X1）			
下二（X2）			
副一（F1）	2.0		
副二（F2）			

桐乡晒红烟生产技术规范

1　地块选择

中等肥力的土壤。

烟稻轮作水田或前两年未种烟田块，地势较平坦、相对连片。

具有较好的水利设施条件。

土壤pH值为5.5～7.2，质地不黏重。

周边无过多蔬菜、杂草及春季作物的地块。

2　选用优良品种

种植品种为世纪一号

3　培育壮苗

3.1　壮苗标准

苗龄55～65d；真叶8～10片；茎高8～15cm，茎秆粗壮，茎基直径0.4～0.5cm，有韧性；叶色淡绿到绿；根系发达；整齐无病虫害。

3.2　苗床管理

苗床拱顶高度1m以上，覆盖40目银白色尼龙防虫网。于移栽前60～70d播种，在烟苗小十字期间苗定苗。

出苗后，棚内温度保持在20～28℃，高于30℃时要及时通风降温。水分管理前期一般每天喷水1～2次，渗透苗钵，烟苗竖膀后1～2d喷水一次，结合喷水用0.1%的硝胺或复合肥溶液喷施，每隔5～7d一次，共2～3次。移栽前7～10d控水，并逐渐全天揭膜炼苗。对苗期常发生的炭疽病、猝倒病等，可采用通风排湿控制病害发展，必要时喷1：1：（160～200）倍的波尔多液或25%甲霜灵500倍液防治。地下害虫可用90%敌百虫800倍液灌根或喷雾。防治病毒病可在苗床后期喷施1～2次抗病毒药剂，并在移栽前喷施防治烟蚜的药剂。其他病虫害可采用相应的药剂进行防治。

4　测土平衡施肥

根据情况对试验地取若干土样（并用GPS定位仪进行定位），根据化验结果和土壤质地等因素对施肥方案适当调整，确定本开发区的施肥方案，真正做到测土施肥。初步施肥方案为：亩施化肥氮22～25kg，N：P：K=1：1：3，硝态氮占总化肥氮40%，基肥每亩施氮、磷、钾复合肥40kg，另增施腐熟有机肥3 000kg和硫酸钾10～20kg，追肥每亩施硝酸钾10～20kg。基肥结合起垄条施，施肥深度15cm，作追肥的硝酸钾于栽后20d侧穴施入。在移栽后30d、45d、60d喷施0.2%磷酸二氢钾或其他叶面肥，以平衡营养，促进中上部叶开片。

5　起垄与移栽

烟田移栽前15～30d视墒情好时结合施肥起垄，垄距（行距）为120cm，垄高25～30cm。垄底宽70～80cm，垄顶宽35～40cm，垄顶呈龟背型，起垄要求垄直、饱满、行匀、土细。根据当时的气候实行膜下移栽或覆膜待栽，并将膜两边压实盖严。

移栽期为3月25日至4月5日。移栽株距为50～55cm，移栽密度1 000株/亩，实行“带水、带肥、带药、带土”移栽。膜下烟实行明水深栽。栽烟深度以烟苗生长点高出垄面3cm为准，栽后5～7d及时查苗补苗，喷药防病治虫。

6　适时揭膜培土、合理灌溉

在移栽墒情好的情况下，大田前期控制灌溉，以促进烟株根系的发育。移栽后4周，根据烟株长势，适时揭膜培土，培土高度7~10cm，培土前将底部2~3片苗床叶摘除。在进入旺长后，要保证土壤有充足的含水量，水分不足时要进行灌溉，达到以水调肥的目的。打顶以后遇干旱需实行隔行交替灌溉，保证上部叶的开片和结构疏松。

7 打顶抑芽

现蕾打顶，打顶时将带花主茎连同下面3~5片小于15cm的叶片一起打掉，留叶数18~20片，打顶后杯淋抹止芽素抑芽，通过调整烟叶株形，降低上部叶厚度，从而降低烟碱含量。

8 加强病虫害预测预报和综合防治

重点抓好避、防、治三个方面。避：适期早栽，避开病毒病发病高峰期；治：重点防治蚜虫，切断传病途径。大田主要病虫害药剂防治方法如下。

（1）青枯病：用200单位的农用链霉素灌根，每株40ml，或用50%DT粉剂250倍液灌根，每株40ml。

（2）黑胫病：每亩用25%甲霜灵原药80~100g兑水50kg或40%乙磷铝原药0.75kg兑水50kg进行灌根，每株用药液25~30ml。每隔7~10d喷1次，共进行2~3次。

（3）病毒病：地膜覆盖栽培、早栽早发、防病避病等综合防治。发病前应及时防治蚜虫控制传播流行，同时喷施一些病毒抑制剂如金叶宝、菌克毒克等。

（4）赤星病：50%菌核净500倍液进行正反面喷雾，一般进行2~3次。

（5）地老虎：用90%敌百虫50g加炒香麸皮5kg拌成毒饵，于傍晚撒于烟株周围，每亩用3.5~4.0kg进行诱杀。也可用2.5%敌杀死2 000倍液或乙酰甲胺磷1 000倍液喷洒基部和底叶防治。

（6）蚜虫、斑须蝽：用40%氧化乐果1 000~1 500倍液或抗蚜威3 000~3 500倍液、万灵1 000倍液喷雾防治。

（7）烟青虫：用25%速灭杀丁2 000~2 500倍液或2.5%敌杀死2 500倍液或万灵1 000倍液喷雾防治。

9 成熟采收与合理编烟

9.1 烟叶成熟的外观特征

下部叶：叶片绿色稍退，黄色显露，叶片四五成黄。

中部叶：叶片黄绿明显，六七成黄。

上部叶：叶片基本转黄色，八九成黄，主脉全白，支脉变白1/2以上。

9.2 烟叶采收

采收时间宜在上午10：00以前或下午3：00以后进行。天气干旱宜采露水烟；烟叶成熟后如遇短时降雨，应在雨后立即采收，如雨后返青，应等其重新成熟后再采收；假熟或病害烟应视具体情况及时采收。通常每次每株采2~3片，中部叶比习惯推迟5~7d采收，上部叶比习惯推迟10~15d采收，顶部叶4~6片等成熟后一次采收。采收人员要统一成熟标准，每次采收的烟叶部位、成熟度要一致，采收烟叶数量要与晾房容量相适应。采收、运输、堆放烟叶时，避免挤压、日晒和乱堆烟叶。

9.3 晾制

晾制密度应根据烟叶部位、大小、含水量的特性灵活掌握，一般按照每米70~80片密度挂晾，下部叶或含水量大的烟叶适当稀些；上部叶和含水量小的烟叶适当密编。2片一束，叶基对齐，叶背相靠，上烟牢固，束间均匀一致。每索距为20~25cm。当烟叶含水量大或阴雨天气时适当稀，索距为25~30cm；当烟叶含水量小或天气干旱时，适当密些，索距16~20cm。对成熟集中含水量又大的烟叶采取稀编烟、密装凉棚的方法。

刚采收的烟叶放置阴凉处，叶片充分萎蔫后晒制。当下部叶五成黄时，转晾制到七八成黄褐，中上部叶七成黄褐时转晾制，到90%~100%黄褐，且主脉变软。转入晒制定色直至烟叶全部干筋。

10 严格按照标准收购，保证等级合格率。

桐乡晒红烟塑料大棚调制技术规程

1　塑料大棚调制技术的优点

大棚调制与室外调制相比具有以下7方面优点：一是可以防淋雨，节省下雨搬动或遮盖的劳力；二是可以人为调控棚内的温湿度，有利于调制出优质烟叶；三是由于覆盖薄膜，棚内光照柔和，避免将烟叶直接暴晒而晒死晒青；四是可以降低昼夜温差过大造成的“掉温现象”造成烟叶色泽灰暗，出现花斑不均匀现象；五是在时雨时晴或太阳光很弱的天气，大棚内仍会保持较高温度，能基本满足正常调制要求；六是可改善一些后期因低温多雨而造成颜色深暗、霉变、品质下降等现象；七是由于大棚温度较高，可调制缩短变黄时间，减少了养分消耗，提高了干叶重，并使可溶性蛋白、淀粉等大分子物质降解更充分。调制后烟叶内部化学成分更协调、更具香气特征，符合晒红烟标准。

2　塑料大棚搭建方法

选择地势较高，阳光充足，不易积水的背风场地搭建塑料大棚，材料可根据当地实际采用竹子、细杉木檩条或钢架搭成屋脊形，棚顶覆盖塑料薄膜，一般场地需要20m^2左右，大棚宽3m，两侧立柱高2m，中间弧顶高2.5m，长度视地形和烟叶调制数量而定，一般6～7m，在棚两端做门便于通风及进出。通常按长度来算，每米搭建费用约为80元，若保养得当，一个棚可使用2～3年。

3　塑料大棚主要调制要点

3.1　成熟采摘

晒红烟采收的成熟度直接影响着调制后的烟叶质量。欠熟叶脱水和变黄困难，调制后烟叶含青较多；过熟叶虽然采收时已有一定程度变黄，调制过程中变黄快，但也很易变褐，尤其在调制空气湿度达80%时这种情况更容易出现；适熟叶由于其在大田光合作用中所积累的有机物质较为丰富，叶片组织较为充实，晒干率较高，在调制过程中变黄快且易定色，调制后叶面皱褶，油分多，光泽鲜明，常规化学成分比例协调，烟叶质量和经济效益较优。因此，采摘晒红烟烟叶时，宜自下而上成熟采收为佳。

3.1.1　晒红烟烟叶适熟特征

晒红烟一般在移栽后70d左右烟叶由下而上开始成熟，表现为：①叶色由深绿转为黄绿（下部烟叶由绿转微泛黄），叶面主脉两侧有黄色成熟斑。②主脉由绿色变为乳白色，叶片茸毛脱落，叶尖下垂，茎叶角度增大。③黏性物质增加，外观有油润感觉，采摘时断面干净整齐，容易摘下，并有清脆的响声。一般下部叶片淡绿色，叶尖部微黄；中部叶绿黄色，叶尖部变黄；上部叶黄绿色，叶尖过黄。

3.1.2　采摘要求

（1）采摘时间：早晨10：00之前或下午5：00之后，避开中午高温暴晒下采摘。

（2）计划采收：当天采收的烟叶应该当天编索上架，编烟时间一般是采叶时间的2倍。

（3）采收数量：每次每株采叶4片左右，一般隔7d采摘一次。

3.2　分类编叶

对采摘回来的鲜叶进行分类，编烟是要根据叶片部位、大小、成熟度的不同分类，以同一索烟叶品质一致，并以“背对背，面对面”的编烟方式为宜，避免多叶卷缩重叠影响品质。

编烟时还要严格掌握好叶片之间的稀密度。编烟密度是调制烟叶用以控制烟叶脱水速度及变色过程的主要因素。密度大，脱水慢，烟叶细胞生命活动维持时间太长而消耗过多的营养物质，定色时间长，一方面造成烂叶，另一方面烟叶紧贴部位易形成阴阳面；密度小，叶内物质尚未充分转化，细胞即脱水死亡，烟叶多呈绿色。一般按50片/m左右编烟（叶片小稍密，叶片大稍稀，索之间以不相互挤压、上下部叠挡为宜）。空气干燥时可以让索与索之间紧密些，空气湿度大则拉大索间距离。最好采用麻绳或草绳编烟，不宜用尼龙绳、塑料绳编烟。

3.3 烟索上架

把编好的烟索一次平拉在烟架上，索于索之间距离以叶片大小而定，线拉紧拉平，规范整齐。

3.4 凋萎变黄

将刚采收的鲜烟叶编好上架，在棚外失水凋萎一天（根据天气情况灵活掌握），之后进塑料棚晾制，烟叶在晾制期间一边失水一边变黄，随着烟叶水分的散失，叶片变软，绿色消失，黄色显现。此时要求棚内温度为35～40℃，干湿差2～4℃，如果温度不够应加温补足，温度太高则进行通风或揭膜降温；湿度太高要注意排湿，湿度太低可在大棚地面喷水补湿。晾制期以变黄为主，适量失水，烟叶变黄达到七八成（大部分叶片已经发软并变黄均匀，绿色消失），进行晒制。

变黄阶段，由于天气因素和烟叶部位不同，烟叶凋萎变黄速度也有差异，主要应确保烟叶失水速率和叶片变黄速率协调一致，既要避免天气干燥时晒制过急而导致的烟叶失水过快，色素、淀粉、蛋白质等大分子物质降解不充分，青杂气、刺激性增大，同时也要避免湿润气候条件下烟叶失水过慢导致的调制时间长，物质消耗过多，总糖含量低，颜色深，光泽暗，香吃味变差的情形发生（一般下部叶片薄，水分含量高，内含物质不充实，烟叶变黄快，凋萎变黄时间较短；中上部叶内含物质充实，烟叶变黄慢，凋萎变黄时间稍长）。

3.5 定色晒制

待变黄结束后可将烟架移出大棚全天晒制，在晒制过程中，前期不能暴晒，以防烟叶因失水过快、过早而影响内在质量，晒制的时间也要循序渐进，逐渐延长。直晒到烟筋全干、易折断为止，完成调制的全过程。

晒红烟的香气主要是在褐变时产生并随褐变程度增加而增加，在主筋干燥期增加更显著。褐变后期（褐变程度达75%以后），是烟叶香吃味形成的重要时期。因此在晾晒调制完成后，应继续在大棚内吊挂，促使烟叶香吃味继续变好。

4 塑料大棚调制技术常见问题

4.1 怎样防止烟叶失水过快

调制烟叶时遇高温低湿天气，失水过快易导致青张绿叶，故遇棚内温度过高，应及时通风降温，通风降温解决不了问题时，可将烟架移出棚外阴凉通风处，待晚间温度降低时再移入棚内调制；由于湿度低而导致青张绿叶的，可在地面喷水，或在晴天傍晚将烟架移出棚外，次日继续晒制，直至将烟叶颜色调制好。

4.2 怎样预防烟叶黑褐色

烟叶变黄期，须适当控制水分散失的速度。低温高湿情况下，叶片失水过慢易变黑褐色，水分凝聚在叶面部位散发不出，此时要进行加温排湿，并适当地对烟架进行翻面。如遇连续阴雨天气，环境湿度过大，则封闭大棚两侧的进出口，尽量减少人员进入，棚内薄膜出现水汽时，应及时对棚内进行加温排湿。

4.3 怎样防止大棚内湿度过大

棚内湿度过大时，应及时两头揭膜或用排风扇进行通风排湿。连续阴雨天气情况下，可以采取在室内用炭火烘烤、大功率灯光照射、空调排湿等方法。其中用炭火烘烤方法简便易用，效果也较好。

4.4 怎样防止叶片泡熟、烂叶

刚采收后的鲜烟叶直接拿进塑料大棚，由于湿度太大，容易造成叶片泡熟、烂叶。鲜烟叶采收之后应该在室外晾制凋萎一天（根据天气情况灵活掌握），之后拿到塑料大棚内进行变黄。注意避免将青烟或者是刚采摘的鲜烟叶和正处于干燥阶段的烟叶放在一起，以免正处于干燥阶段的烟叶吸收青烟散失的水分，影响烟叶的颜色。

4.5 怎样减轻叶片的含青度

直接晒制和变黄时间较短的烟叶由于失水凋萎较快，酶促反应不彻底，叶绿素不能充分分解造成不同程度的含青；其蛋白质等含氮化合物含量较高。一般以晾制 3d 和晾制 4d 的烟叶化学成分比例协调，烟叶等级高，外观质量好，从而也能获得较高的经济效益，烟叶质量较优。

桐乡晒红烟标准

第1部分：产地环境

1　范围

本标准规定桐乡晒红烟产地环境的定义、环境质量要求、检测方法。

本标准适用于桐乡晒红烟产地的选择和建立。

2　规范性引用文件

下列文件中条款通过本标准引用而成为本标准的条款。凡是注日期的引用文件，其随后所有的修改单（不包括勘误的内容）或修订版均不适用于本标准，然而，鼓励根据本标准达成协议的各方研究是否可使用这些文件的最新版本。凡是不注日期的引用文件，其最新版本适用于本标准。

GB 5084　农田灌溉水质标准

GB/T 8170　数值修约规则与极限数值的表示和判定

GB 9137　保护农作物的大气污染物最高允许浓度

GB/T 15618　土壤环境质量标准

DB33/T 291.3　无公害蔬菜　第3部分：质量标准

3　术语和定义

下列术语和定义适用于本标准。

3.1　桐乡晒红烟

按照本标准第3部分生产技术准则生产，其农药残留、重金属、硝酸盐、有害病原微生物等各项指标均符合DB33/T 291.3的烟叶。

3.2　桐乡晒红烟产地环境质量

指无公害生产地的空气环境、水环境和土壤环境质量。

4　环境质量要求

4.1　桐乡晒红烟产地土壤环境质量

应符合GB 15618中有关部分二级以上的要求（表1）。

表1　土壤环境质量

土壤pH值		<6.5	6.5 ~ 7.5
镉（mg/kg）≤		0.3	0.3
汞（mg/kg）≤		0.3	0.5
砷（mg/kg）	水田 ≤	30	25
	旱地 ≤	40	30
铜（mg/kg）	水田 ≤	50	100
	旱地 ≤	150	200
铅（mg/kg）≤		250	300
铬（mg/kg）	水田 ≤	250	300
	旱地 ≤	150	200
六六六（mg/kg）≤		0.5	0.5
滴滴涕（mg/kg）≤		0.5	0.5

4.2　农田灌溉水质

灌溉水中各项污染物含量不应超过GB 5084中有关部分的要求（表2）。

表2　农田灌溉水质标准

序号	项目		含量
1	化学需氧量（BOD5）（mg/L）	≤	150
2	pH值		5.5 ~ 8.5
3	氯化物（mg/L）	≤	250
4	总汞（mg/L）	≤	0.001
5	总镉（mg/L）	≤	0.005
6	总砷（mg/L）	≤	0.05
7	铬（六价）（mg/L）	≤	0.1
8	总铅（mg/L）	≤	0.1
9	氟化物（mg/L）	≤	3.0
10	氰化物（mg/L）	≤	0.5
11	石油类（mg/L）	≤	1.0

4.3　环境空气质量要求

桐乡晒红烟产地空气中二氧化硫、氟化物的含量不应超过GB 9137中的有关要求（表3）。

表3　产地二氧化硫、氟化物的最高允许浓度

污染物		生长季平均浓度	日平均浓度	任何一次浓度
总悬浮物			0.30	
二氧化硫（mg/m^3）	≤	0.05	0.15	0.5
氟化物［μg/（dm^2·d）］	≤	2.0	10	—

注：日平均浓度指任何一日的平均浓度

5　检测方法

5.1　土壤环境质量的采样和分析方法根据GB 15618中的5.1、5.2规定执行。

5.2　农田灌溉水质的采样和分析根据GB 5084中的6.2、6.3规定执行。

5.3　空气环境污染质量的采样分析方法根据GB 9137中的5.1、5.2和6.1、6.2.7规定执行。

5.4　其他的采样方法和分析方法按相关的国家标准执行。

5.5　检验结果的数据修约按GB/T 8170执行。

第2部分：生产技术准则

1 范围

本标准规定桐乡晒红烟生产田块要求、品种选择、播种、大田管理、病虫害防治等技术措施及要求。

本标准适用于桐乡晒红烟栽培管理。

2 规范性文件

下列文件中条款通过本标准引用而成为本标准的条款。凡是注日期的引用文件，其随后所有的修改单（不包括勘误的内容）或修订版均不适用于本标准，然而，鼓励根据本标准达成协议的各方研究是否可使用这些文件的最新版本。凡是不注日期的引用文件，其最新版本适用于本标准。

GB 4285 农药安全使用标准

GB/T 8321.1 农药合理使用准则（一）

GB/T 8321.2 农药合理使用准则（二）

GB/T 8321.3 农药合理使用准则（三）

GB/T 8321.4 农药合理使用准则（四）

GB/T 8321.5 农药合理使用准则（五）

GB/T 8321.6 农药合理使用准则（六）

GB/T 23221—2008 烤烟栽培技术规程

3 定语

3.1 釉叶

釉叶采用“直督”方法，即将上烟后的烟帘两副一对，叶背对叶背，叶面向外，或叶面对叶面，叶背向外，并在一起用竹竿撑起坐北朝南，以不倒为度，尽可能直立，使阳光照射角度较小，数日后两烟帘互换，叶色变黄、变褐均匀，干燥后色泽鲜亮。

3.2 烟帘

桐乡当地农户用竹蔑编制的晒烟工具，长、宽一般为140cm×80cm，竹蔑编制的网格密度10cm左右，两片烟帘称为“一副”。

3.3 堆码

烟叶晒制或晾制后按相关指标要求将烟叶堆放在一起进行发酵处理。

4 生产前准备

4.1 田块选择

选择土地平整，排灌条件较好，土壤肥沃疏松，地下水位较低的田块，应符合GB/T 23221—2008烤烟栽培技术规程的相关规定。生产田块应与其他作物进行轮作，以减轻病虫害，提高烟叶产质量。

4.2 品种选择及种子处理

桐乡硬尖杆，是桐乡传统的烟叶品种，该品种烟叶颜色均匀，组织细致紧密，质地柔韧，油分足，弹性强，筋脉细。

世纪一号，该品系株型大、叶片大且厚，组织比硬尖杆稍疏松，油分足，弹性较强，筋脉略粗。

每年7月中下旬挑选烟田长势整齐的烟株留做种子，不打顶，去除病残株，进行病虫害防治。8月上中旬采收种子，去除外壳和杂质，过筛，经过浸种、漂洗、消毒后，阴干包装后备用。

5　播种育苗

5.1　播种时间

根据当年实际气温状况，一般在1月下旬至2月上旬播种。

5.2　苗床准备

苗床用地应背风向阳、地势平坦、土层深厚、结构疏松而肥沃、排水良好、靠近水源、三年内未种过烟草的土地，作苗床宽1～1.2m，每亩大田准备苗床5～6m²。为防止地老虎、蝼蛄等地下害虫，一般在播种前，使用2%敌虫清或护地净2kg/667m²撒入苗床内进行灭杀；使用10%除草剂（草甘膦）乳油稀释1 000倍液喷施一次。

5.3　播种方法

苗床播种前两天应浇足底墒水，选择晴好无风天气播种，用种量0.3～0.4g/m²，采用拌消毒土后进行撒播，每千克细土或细沙拌50%福美双可湿性粉剂3g消毒、再拌入1g烟籽。

6　苗床管理

6.1　苗床保温

播种后应平铺地膜，搭小拱棚并盖膜，30%出苗后须及时揭去地膜。

6.2　苗期肥水管理

苗床水分管理以保持土壤湿润为宜。苗期若叶色偏黄，则用1‰～2‰进口复合肥喷施1～2次。

6.3　苗期病虫草害防治

齐苗后每隔7～10d，用70%百菌清稀释1 000倍液喷雾。三至四叶期开始间（定）苗，苗距3cm，并及时拔除杂草。

7　大田管理

7.1　大田准备

底肥每667m²用腐熟有机肥料2 000kg，45%含硫进口复合肥30kg，再加硫酸钾15kg，定植前结合整地进行全层基施。

筑畦宽1.5m，沟宽30cm，深30cm。定植前进行地膜覆盖，每畦铺60～80cm宽地膜二幅，分别由沟底边向内铺设，畦中央约留有空间20cm，便于追肥。

7.2　定植

7.2.1　烟苗定植前须经过揭膜低温炼苗，移栽应选择雨后晴好天气的上午或者傍晚时分，尽量避开中午气温较高时间，以免幼苗蒸腾萎蔫。

7.2.2　移栽前用90%“敌百虫”晶体0.5kg加水1～5kg，喷在25～30kg磨碎炒香的菜籽饼或豆饼上防治地老虎、蝼蛄等地下害虫。

7.2.3　在4月上旬，苗龄60～70d，叶龄5～6叶期定植，带土移栽，株距35～40cm。定植时每667m²穴施磷肥40kg，植后浇足定根水。

7.3　肥水管理

7.3.1　追肥

烟叶大田追肥一般分三次进行，第一次追肥在定植30d左右，用尿素10kg/667m²；第二次在定植50d左右，用进口复合肥20kg/667m²；第三次定植70d左右，用进口复合肥15～20kg/667m²。

7.3.2　水分管理

烟叶生长一般保持土壤潮润，生长盛期遇干旱要进行沟灌，在烟叶即将成熟时，进行适当控水，防止贪青晚熟，以提高烟叶品质。

7.4　打顶、抹芽、去脚叶

7.4.1　打顶

根据不同烟草品种、烟株长势合理确定留叶数，有效叶12～14张叶时进行打顶，并选择晴好天气进行。

7.4.2 抹芽

烟株打顶后，叶腋处易萌生杈芽，当杈芽2~5cm时，手工抹除比较容易操作，而且伤口小、易愈合，5~7d后抹除再生杈芽，一般需2~3次。

7.4.3 化学抑芽

烟株打顶、人工抹芽当天用12.5%“灭芽灵”乳油350倍，自上而下进行浇淋烟秆，每株浇淋10~20ml为宜，若遇雨需要重浇淋。

7.4.4 去脚叶

采收前15d需将烟株下部3~4张脚叶打掉，便于通风，减少养分消耗。

7.5 烟叶采摘

当叶色由深绿色变成黄绿色，叶片茸毛脱落，叶尖叶绿出现黄色并微向下垂，叶片主脉由绿色转变为乳白色，叶片与茎基部着生点的角度逐渐加大，上部叶片略带黄斑（俗称葡萄花纹），即已成熟可摘。

选择晴天露水干后进行，先采3~4张顶烟，隔5~7d再采中部3~4张叶片，再隔5~7d采摘下部叶，自上而下采摘可使下部叶片增加光照，提高烟叶品质。一般从7月中旬开始，到8月上旬采摘结束。

7.6 病虫草害防治

贯彻“预防为主，综合防治”方针，以农业防治为基础，根据病虫发生情况，因地制宜的运用化学防治、生物防治和物理机械防治等措施，按照有效、经济、安全的原则控制病虫害。

7.6.1 病毒病

主要有黄瓜花叶病（CMV）和烟草花叶病（TMV），以综合防治措施，合理进行轮作，选用无病种子，培育无病壮苗，及时清除烟田里的病株和杂草，采用地膜覆盖，做好蚜虫防治工作，加强肥水管理，提高烟株抗病性。发病后用20%病毒A或3.85%病毒必克可湿性粉剂500倍液喷雾，减轻病害。

7.6.2 黑胫病

选用抗病能力较强的晒烟品种；与水稻轮作2~3年以上；高起垄高培土，防止积水；及时拔除病株，病叶烧掉或深埋，同时要施腐熟有机肥；用58%甲霜灵锰锌混剂稀释500倍液或用75%可湿性粉剂百菌清稀释800~1 000倍液喷雾。

7.6.3 烟青虫

可选用90%晶体敌百虫、80%敌敌畏兑水1 000倍，或者用24%万灵水剂兑水1 500倍液进行喷雾。

7.6.4 蚜虫

采用5%的“吡虫啉”乳油1 200倍液稀释或3%“啶虫脒”乳油300倍液稀释喷施。

8 烟叶调制

烟叶采摘后进入调制阶段，其方法分晒制和晾制两种。

8.1 晒烟

晒烟基本分为上帘、釉叶、暴晒三个步骤。

8.1.1 上帘

上帘时，一般大叶两片、小叶三片成帖，帖与帖排成鱼鳞状。每副烟帘一般可上鲜烟5~6kg。

8.1.2 釉叶

釉叶时间需要4~5d，嫩叶片时间略长，老叶片略短。

8.1.3 暴晒

釉叶后即可架棚暴晒，架棚将两烟帘架成“人”字形，先晒叶背，再晒叶面，暴晒1~2d后，在叶肉已干，仅中脉茎部和叶柄未干时，将烟帘排成鱼鳞状放在晒场，5～6d，整个晒制过程需要15～20d。

8.2 晾烟

晾烟在室内阴凉处利用自然温湿度变化将烟叶晾干，要求避雨、通风条件，一般烟叶晾制整个过程需要20～30d。

9 后熟发酵

9.1 烟叶卸下来后，将晾、晒干的烟叶堆放在干燥、不受阳光直射的室内。上铺木板，再铺稻草、薄膜，然后码上烟叶。堆码离地面40cm，堆码应离墙壁40～50cm，堆码高宽各1.2m左右，长不等。堆码要远离化肥、农药、厕所等有异味的物质。

9.2 堆码时叶尖向里叶柄朝外，层层叠放整齐，级内烟和级外烟隔开堆放，每次码堆后用草帘、薄膜裹封，并加重物压住。

9.3 堆码过程中要及时检查，堆内温度不超过37℃，阴雨天要关闭门窗，晴天要打开门窗。堆码发酵期间要将上下部左右面烟叶交换翻码1～2次，促进烟叶均匀发酵和陈化。

第3部分：分级技术标准

1 范围

本标准适用于桐乡境内（原产地）正常生产，经过太阳光晒制、室内晾制和短期堆积醇化后颜色呈红色为主基色的桐乡晒红烟和以灰褐色为主基色的桐乡晾烟。

本标准适用于桐乡晒红烟、晾烟分级标准的建立和分级操作。

2 规范性引用文件

下列文件中的条款通过本标准的引用而成为本标准的条款，凡是注日期的引用文件，其随后所有的修改单（不包括勘误的内容）或修订版均不适用于本标准，然而，鼓励根据本标准达成的协议的各方研究是否可使用这些文件的最近版本。凡是不注日期的引用文件，其最新版本适用于本标准。

《嘉兴烟草志》晒红烟分级标准。

GB2635—1992《烤烟》。

3 名词、术语

3.1 组别

依照烟叶外观质量和内在品质划分3组，即晒烟外销、晒烟内销和晾烟。

3.2 分级

将同一组列内的烟叶，按部位、品质的优劣划分的级别。

3.3 部位

指烟叶在植株上的着生位置，由下而上分脚叶、下二棚、腰叶、上二棚和顶叶。

3.4 颜色

指烟叶经晒制、晾制后呈现深浅不同的色泽，分紫红、深红、赤红，微带黄、带黄、黄、浅黄、淡黄、灰色、灰褐色和褐色。

3.5 叶片结构

指叶片细胞排列的疏密程度，分疏松、尚疏松、稍密、紧密。

3.6 身份

指烟叶的厚薄程度，分厚、较厚、中等、稍薄、薄。

3.7 油分

指烟叶内含有的一种柔软半液体或液体物质，根据感观感觉分多，有、稍有、少。

3.8 光泽

指烟叶表面色彩的纯净鲜艳程度，分鲜明、尚鲜明、稍暗、较暗、暗。

3.9 长度

指烟叶叶尖至叶片底端（除叶柄）的距离，以厘米为单位。

3.10 浮青

指烟叶表面呈现部分块状浮青，经堆积醇化后完全或基本上可转变成正常颜色。

3.11 死青

经堆积醇化后基本上不能转正常颜色。

3.12 色差

指叶片上呈现多种色泽、颜色不统一。

3.13 杂色

指叶片上呈现与基本色不同的斑块、斑点，如红泡、青块、花点、黑槽、糠枯等。

3.14　破残伤

指烟叶损缺部分，失去其完整性，如机械伤、虫洞、病斑孔、红泡洞、枯焦等。

3.15　纯度允差

指烟叶分级中自然形成相邻级的等级误差，在上限与下限的规定范围内，它是混级的允许度。

3.16　自然砂土率

指烟叶中含非人为的砂土量占试样重量的比率，以百分数表示。

4　分组、分级

4.1　分组

分组见表1。

表1

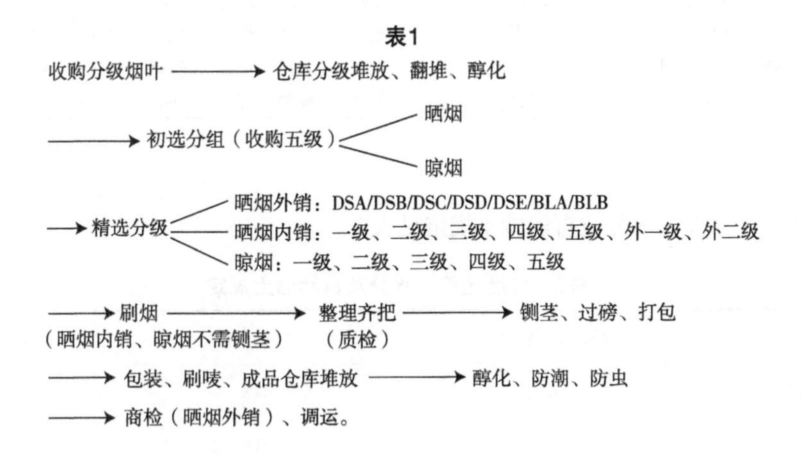

4.2　分组

收购后再进行分级，共分3个组。

4.3　分级

根据叶片的部位，参考等级、颜色、叶片结构、身份、油分、光泽、叶片长度及控制因素等品质划分级别。晒烟外销分7个级，晒烟内销也分7个级，晾烟分5个级。

5　技术要求

5.1　品质等级

品质等级规定见表2。

表2　品质规定

组别	级别代号	部位	品质因素					控制因素（cm）				
			颜色	叶片结构	身份	油分	光泽	长度	浮青	色差	杂色	破残伤
晒烟出口	DSA	顶叶、上二棚	紫红、深红	疏松	厚	有	鲜明	>45	<3	<2	<2	<5
	DSB	顶叶、上二棚、腰叶	紫红、深红、赤红带黄	疏松	较厚	有	尚鲜明	>40	<5	<3	<3	<5
	DSC	上、下二棚、腰叶	棕红略带褐浅红略带黄微带青	尚疏松	中等	稍有	稍差	>35	<5	<3	<3	<7
	DSD	下二棚	浅红带黄略带青	稍密	较薄	稍差	较暗	>30	<7	<5	<5	<7
	DSE	下二棚、脚叶	红黄褐青均有	稍密	薄	稍	暗	>30	<7	<5	<5	<8
	BLA	上、下二棚、腰叶	紫红、深红略带黄褐青	紧密	较厚	稍有	尚鲜明	>25	<8	<5	<5	<8
	BLB	下二棚	浅红带黄褐青均有	疏松	薄	少	较暗	>45	<10	<10	<10	<10
晒烟内销	一级	顶叶、上二棚	紫红、深红	尚疏松	较厚	稍有	尚鲜明	>45	<5	<5	<5	<5
	二级	顶叶、上二棚、腰叶	紫红、深红、赤红带黄	尚疏松	较厚	稍有	尚鲜明	>40	<7	<7	<7	<5

（续表）

组别	级别代号	部位	品质因素					控制因素（cm）				
			颜色	叶片结构	身份	油分	光泽	长度	浮青	色差	杂色	破残伤
晒烟内销	三级	上、下二棚、腰叶	棕红略带褐浅红略带黄微带青	稍密	中等	稍差	稍差	>35	<7	<7	<7	<7
	四级	下二棚	浅红带黄略带青	稍密	较薄	稍差	较暗	>30	<10	<10	<10	<7
	五级	下二棚、脚叶	红黄褐青均有	紧密	较薄	差	暗	>30	<15	<15	<15	<8
	等外一级	上、下二棚、腰叶	紫红、深红略带黄褐青	紧密	较厚	稍有	尚鲜明	>25	<7	<7	<7	<8
	等外二级	下二棚	浅红带黄褐青均有	疏松	薄	差	暗	>45	<15	<15	<15	<10
晾烟	一级	顶叶、上二棚	褐色	尚疏松	较厚	稍有	鲜明	>45	<3	<2	<2	<5
	二级	上二棚、腰叶	浅褐色	尚疏松	较厚	稍有	尚鲜明	>40	<5	<3	<3	<5
	三级	腰叶	灰褐色	稍密	中等	稍差	稍差	>35	<5	<3	<3	<7
	四级	腰叶、下二棚	浅灰色	稍密	较薄	稍差	较暗	>30	<7	<5	<5	<7
	五级	脚叶	灰色	紧密	较薄	差	暗	>30	<7	<5	<5	<8

5.2 品质等级

烟叶的等级纯度允差、水分及自然砂土规定见表3。

表3 纯度允差、水分及自然砂土规定

组别	纯度允差（%）	水分（%）	自然砂土率（%）
晒烟外销	<10	<18	<1.0
晒烟内销	<20	<18	<2.0
晾烟	<10	<18	<2.0

5.3 以感官评定叶面整体状况，依照品质规定确定等级。

5.4 某一等级烟把中的上限与下限交界要限定，达到概念清楚、使其品质标准化。

5.5 分级加工，有利于整批同等级烟叶的质量标准化。

6 加工

6.1 精选、分级

将烟叶叶片正反两面泥尘刷干净，要把烟茎青毒及蜘蛛网杂物清除干净，并防止将叶面刷破。

烟把要底小面大，依次排列，烟叶头尾对齐，以利于切烟茎头。烟把大小把均匀，叶片数以上部烟叶45～55片、中部烟叶55～70片、下部烟叶70～90片为宜。

6.2 加工成件

6.2.1 铡茎

铡茎以烟叶叶肩至烟茎处切平，一般要求铡茎时叶柄长度控制在1～1.5cm，然后由装箱工用铡刀将整理过的外销烟切掉叶茎。

6.2.2 装箱

由装箱工对分级挑选整理后的晒烟外销、内销和晾烟装箱。外销烟叶装箱下面先放麻片，再垫上牛皮纸后放入烟叶，烟把朝外，叶尖向内，每箱净重要求60kg，上面再放上牛皮纸和麻片后放入打包机；内销烟装箱则下面先放1张蒲包，然后放入内销烟叶，烟把朝外，叶尖向内，每箱烟叶净重60kg，上面再用1张蒲包改好后放入打包机；晾烟装箱在下面先放麻片，再垫上牛皮纸后放入晾烟，烟把朝外，叶尖向内，每箱净重要求40kg，上面再放上牛皮纸和麻片后放入打包机。

6.2.3 打包

将放入打包机的烟叶用机械压榨法打包成件，松散的烟叶经过物理机械压力作用压制成一定厚度的烟包，用麻绳进行捆扎（外销烟需要用麻线缝制麻片），并在打包成件的烟包上刷上相应烟叶等级代码。打包每件净重60kg，捆烟叠烟把以5横3直，错开烟茎，高低平衡摆放，打捆后体积为长80cm、宽60cm、高40cm。打捆后件烟扎绳以内3横、外3横2直，捆扎结实为准。

6.3 仓储

6.3.1 成品件烟堆放需放在烟架上，离地30cm，离墙50cm，以直叠5件高为宜，不得超过6件高。

6.3.2 成品件烟烟叶含水分以16%为宜，不得超过18%。

6.3.3 成品仓库储存烟叶库内相对湿度60%~70%为宜，超过80%开启吸潮机间断吸潮。若遇高温天气，需在上午9：00以前和下午5：00以后打开门窗，通风降温，保证烟叶品质不受影响。

6.3.4 成品仓库内经常检查虫情，以5—6月为高峰期，8月、10月同是发虫期，一年根据虫情约熏蒸2~3次。

7 制作样品

7.1 参考上年样品，结合当年烟叶特征制作样品。如需在仓库大批成品件烟中取样，应在不同方位、不同加工批次件烟中抽取所需等级烟叶，具有广泛的等级品质代表性。

7.2 实物样品具有等级和品质的代表性和参照性，分加工样品和寄存样品，加工样品无需切头，寄存样品需切头后用红绸带挂上标签，标签上注明产品名称、等级代号、年产。

7.3 制作实物样品的等级质量要与大样基本保持一致，应减少其差异性。

7.4 随机抽取，结合文字标准对照实物样品，进行分析对比，纠正偏移，把握整体等级质量标准。

8 检验方法

8.1 感官检验通过一看二摸三闻以品质规定为依据，采用实物样品对比，感官评定检验。

8.2 等级合格率测定，加工抽把检验以每把烟叶片数计算，抽出不符合某等级的烟叶片数，通过百分比计算，是否超出等级允差率，判定是否符合标准。

8.3 叶片长度，浮青、色差、杂色、破残伤用分度值1mm的直尺或钢卷尺测定计算。

8.4 含水率、自然砂土率测定按GB 2635烤烟国家标准进行。

9 废弃烟叶处理

加工残留的短茎、残次烟叶由装箱工统一堆放到指定的残损烟叶、短茎处理区，由县级烟草专卖局或者授权下级专卖管理所指派专卖监督管理人员到达现场进行核实并监督销毁，一般以回收作肥料使用或其他无害化处理为主（表1）。

主要参考文献

艾明欢，陈超英，郑赛晶，等，2017. 基于猪口腔黏膜模型的口含烟烟碱渗透速率的影响因素[J]. 烟草科技，（6）：33-39.

陈冰，肖维毅，尧珍玉，等，2015. 磁性多壁碳纳米管固相萃取—气相色谱质谱联用快速测定食用油中的苯并[a]芘[J]. 中国测试，41（11）：44-49.

陈超英，2017. 变革与挑战：新型烟草制品发展展望[J]. 中国烟草学报，082（3）：14-18.

窦玉青，沈轶，杨举田，等，2016. 新型烟草制品发展现状及展望[J]. 中国烟草科学，37（5）：92-97.

符云鹏，法鹏飞，冯小虎，等，2015. 氮肥水平对广昌晒烟品质及氮肥效率的影响 . 江西农业学报，27（8）：49-52.

葛子铭，赵海礁，杨雪，等，2015. 吸烟对慢性牙周炎患者牙槽骨缺损影响研究[J]. 中国实用口腔科杂志，8（1）：17-21.

郭磊，刘彦岭，2018. 国内不同产地烟叶的危害性指数分析[J]. 农产品加工（3）：43-47

胡彬，何四清，2015. 新型烟草制品的发展及对烟草行业的影响[J]. 环球市场信息导报（15）：34-35.

黄争鸣，2014-02-05. 加热型低温卷烟及其制备方法：中国，ZL201310562994[P].

李翔，谢复炜，刘惠民，2016. 新型烟草制品毒理学评价研究进展[J]. 烟草科技，49（1）：88-92.

刘翠梅，李莉莉，程勇，等，2016. 中国口腔专业感控30年回顾与展望[J]. 中国感染控制杂志，15（9）：714-718.

刘玲玲，孟甜甜，董希良，等，2020. 固相萃取/气相色谱—质谱法对土壤中有机氯农药的分析及基质效应研究[J]. 分析测试学报，39（5）：646-651.

刘善民，张扬，王以慧，等，2016. 晒红烟重要致香物质与使用用途关系研究[J]. 中国烟草学报，22（4）：44-51.

刘亚丽，洪群业，郑路，等，2015. 无烟气烟草制品技术发展现状及趋势研究[J]. 中国烟草学报，21（3）：134-139.

刘艳华，向德虎，闫宁，等，2016. 晒黄烟种质资源遗传多样性分析与评价[J]. 植物遗传资源学报，17（2）：252-256.

卢锦华，常建晖，刘庆萃，2015 人工唾液安全性研究[J]. 今日药学，25（6）：417-419.

齐乃申，2017. 吸烟与牙周病关系临床调查[J]. 临床军医杂志，45（1）：86-87.

秦亚琼，王晓瑜，贾云祯，等，2018. 无烟气烟草制品化学成分研究进展[J]. 烟草科技，51（2）：95-106.

孙静华，李仪红，侯本祥，2017. 龋病和牙周病主要致病菌分布的影响因素[J]. 北京口腔医学，25（3）：156-165.

孙学辉，赵乐，王宜鹏，等，2015. 无烟气烟草制品的发展现状和趋势[J]. 烟草科技，48（11）：83-90.

谭舒，张瑞娜，邹宇航，等，2015. 留叶方式对晾晒烟生长发育及内在品质的影响 . 现代农业科技（21）：19-20.

谭正兰，2015. 口用型无烟气烟草制品中烟碱体外释放规律研究[D]. 昆明：云南大学 .

向虎，何孝强，刘戈弋，等，2017. 基于烟丝填充值的卷烟重量设计模型研究[J]. 食品与机械，33（10）：190-193

于航，尚梦琦，方一，等，2019. 气相色谱—质谱法测定卷烟主流烟气中的多环芳烃[J]. 广州化工，47（1）：80-84.

袁大林，杨继，汤建国，等，2017. 紫外—可见分光光度法测定袋装口含烟溶入人工唾液中的烟碱含量[J]. 理化检验（化学分册），53（4）：377-380.

袁而文，严新龙，葛炯，等，2015. 再造烟叶原料常规化学组分的近红外定量分析研究[J]. 江西农业学报，27（3）：78-82 .

张建勋，宗永立，孙世豪，等，2010-06-02. 一种口含型烟草制品：中国，ZL200810050106.7[P].

赵尊康，尹辉，卢燕回，等，2015. 不同施肥模式对异地种植大宁晒烟产量和品质的影响 . 南方农业学报，46（5）：787-792.

邹艳，郭鹏，张博，等，2019. 顶空—气相色谱/质谱分析水果味电子烟烟气粒相物挥发性成分[J]. 化学试剂，41（2）:168-172.

Ferrence R，Slade J，Room R，et al.，2000. Nicotine and public health[M]. Washington，D. C.：American Public Health Association.

Food and Drug Administration，2017. Tobacco product standard for n- nitrosonornicotine level in finished smokeless tobacco products. Fed Regist, 82 (54): 8 004–8 053.

Gao Q, Li X, Huang H, et al., 2018. The Efficacy of a Chewing Gum Containing Phyllanthus emblica, Fruit Extract in Improving Oral Health[J]. Current Microbiology, 75 (5): 604–610.

Jing H, Sanad Y M, Deck J, et al., 2016. Bacterial Populations Associated with Smokeless Tobacco Products[J]. Appl Environ Micr obiol, 82 (20): 6 273–6283.

Liu S T, Nemeth J M, Klein E G, et al., 2015. Ri sk perceptions of smokeless tobacco among adolescents and adult users and nonusers[J]. Journal of Health Communication, 20 (5): 599–606.

Miriyala N, Ouyang D F, Perrie Y, et al., 2017. Activated carbon as a carrier for amorphous drug delivery: effect of drug characteristics and carrier wettability[J]. European Journal of Pharmaceutics and Biopharmaceutics, 115: 197–205.

POPOVA L, LING P M, 2014. Nonsmokers'responses to new warning labels on smokeless tobacco and electronic-cigarettes: an experimental study[J]. Bmc Public Health, 14 (1): 1–10.

Seema Mutti, Jessica L Reid, Prakash C Gupta, et al., 2015. Perceived effectiveness of text and pictorial health warnings for smokeless tobacco packages in Navi Mumbai, India, and Dhaka, Bangladesh: findings from an experimental study[J]. Tobacco Control, 33 (3): 437–443.

Sun X D, Li Y Y, Wang L J, et al., 2016. Impact of proton: Capturing tobacco specific N–nitrosamines (TS-NAs) in industrial tobacco extract solution by ZnO modified activated carbon[J]. Microporous and Mesoporous Materials, 222: 160–168.

Tong Z J, Yang Z M, Chen X J, et al., 2012. Large–scale development of microsatellite markers in Nicotianatabacum and construction of a genetic map of flue–cured tobacco[J]. Plant Breeding, 131 (5): 674–680.